普通高等教育材料科学与工程专业规划教材

热处理工程基础

主　编　陆　兴
副主编　刘世程　王德庆
参　编　任瑞铭　康煜平　覃作祥　赵秀娟
主　审　戚正风　王传雅

机械工业出版社

本书分热处理原理、热处理工艺和热处理设备三部分。分别包括金属固态相变基础、钢中奥氏体的形成、珠光体转变、马氏体转变、贝氏体转变、过饱和固溶体的脱溶分解（含钢的回火）；钢的退火与正火、钢的淬火与回火、钢的化学热处理；加热设备、冷却设备以及热处理参数的测量与控制。本书与其他教材相比，作了较多的简化，对各种组织的照片进行了全面更新，并根据国内外的发展，补充了新的内容。

本书可作为材料科学与工程专业、材料成形及控制工程专业本科生教材，也可供工程技术人员参考。

图书在版编目（CIP）数据

热处理工程基础/陆兴主编．—北京：机械工业出版社，2007.1（2024.6重印）

普通高等教育材料科学与工程专业规划教材

ISBN 978-7-111-20835-8

Ⅰ.热…　Ⅱ.陆…　Ⅲ.热处理-高等学校-教材　Ⅳ.TG15

中国版本图书馆CIP数据核字（2007）第012442号

机械工业出版社（北京市百万庄大街22号　邮政编码100037）
策划编辑：冯春生　责任编辑：董连仁　版式设计：霍永明
责任校对：李秋荣　封面设计：王伟光　责任印制：张　博
北京雁林吉兆印刷有限公司印刷
2024年6月第1版第9次印刷
184mm×260mm · 22.75印张 · 560千字
标准书号：ISBN 978-7-111-20835-8
定价：58.00元

电话服务　　网络服务
客服电话：010-88361066　　机　工　官　网：www.cmpbook.com
010-88379833　　机　工　官　博：weibo.com/cmp1952
010-68326294　　金　书　网：www.golden-book.com

机工教育服务网：www.cmpedu.com

前　言

根据教育部关于加强本科教学质量的要求，高等学校教材的编写与更新已被提上议事日程。“热处理原理与工艺”和“热处理设备”是材料科学与工程专业（金属材料方向）的主要专业课，与生产实际联系密切。这类课程的原有教材部分内容存在滞后，不能反映热处理专业发展的现状。为此我们根据近年来的教学实践，编写了本教材。

本书分为热处理原理、热处理工艺、热处理设备三个部分。热处理原理包括金属固态相变基础、钢中奥氏体的形成、珠光体转变、马氏体转变、贝氏体转变、过饱和固溶体的脱溶分解（含钢的回火）；热处理工艺包括钢的退火与正火、钢的淬火与回火、钢的化学热处理；热处理设备包括加热设备、冷却设备、热处理参数测量与控制。本书的热处理原理部分与原教材相比作了较多的简化。根据教学过程中学生的反映，对各种组织的照片进行了全面更新，提高了照片的清晰度，便于学生的理解。热处理设备部分根据国内外发展，补充了一些新的内容。

本书的第一、四、七章由陆兴教授编写，第二章由任瑞铭教授编写，第三章由康煜平教授编写，第五章由覃作祥教授编写，第六章由赵秀娟教授编写，第八、九、十章由刘世程教授编写，第十一、十二、十三章由王德庆教授编写。全书由陆兴教授担任主编，刘世程教授、王德庆教授担任副主编。戚正风教授审阅了热处理原理和热处理工艺部分；王传雅教授审阅了热处理设备部分。

本书作者虽力图以较少的篇幅阐明热处理的基本原理，注重与热处理生产密切相关的工艺和设备，反映热处理学科的新进展，但由于水平有限，加上时间紧迫，缺点与错误在所难免，诚恳希望同行和同学批评指正。

编　者

2006年9月

目　　录

第二部分 热处理工艺

第三部分　热处理设备

第一部分　热处理原理

金属热处理就是将固态金属通过特定的加热和冷却，使之发生组织转变以获得所需性能的一种工艺过程的总称。热处理原理则是阐明金属材料化学成分—微观组织结构—力学性能关系的科学。因此，它是热处理工程的理论基础。

第一章　金属固态相变基础

固态金属（包括纯金属和合金）在加热和冷却过程中可能发生各种相的转变，称为固态相变。金属的固态相变是金属能进行热处理的前题。

本章将讨论固态相变的一些共性问题，如固态相变的形核与长大等，为学习后续各章的种种相变做准备。

第一节　金属固态相变的主要类型

金属固态相变的类型很多：按相变过程中原子的运动特点可将固态相变分为扩散型相变和非扩散型相变；按平衡状态分为平衡相变和非平衡相变；按热力学分为一级相变和二级相变。

一、按相变过程中原子的运动特点分类

1. 扩散型相变

扩散型相变一般均借助于原子的热激活运动而进行。

扩散型相变大致有以下几种：①脱溶分解，②共析转变，③有序化转变，④块状转变，⑤多形性转变，⑥调幅分解。

脱溶分解是指由过饱和固溶体中析出新相的过程，如图 1-1a 所示。当单相固溶体 α 冷却到固溶度曲线以下时，α 变成 B 原子过饱和的固溶体，以 α′表示。B 原子以新相 β 的形式从过饱和的 α′相中析出。脱溶分解后的 α′相晶体结构与 α 相同，但成分更接近平衡状态。这一过程可以表示为

$$\alpha' \rightarrow (\alpha + \beta) \tag{1-1}$$

共析转变是指冷却时一个固相（γ）分解为与 γ 相晶体结构不同的两个新相 α 和 β 混合物的相变，可表示为

$$\gamma \rightarrow (\alpha + \beta) \tag{1-2}$$

图 1-1b 表示了这种相变的类型。钢在冷却时由奥氏体转变为珠光体（铁素体与渗碳体的混合物）即属于共析转变。

有序化转变是指固溶体组元原子从无序排列到有序排列的转变过程，可表示为

$$\alpha\text{（无序）}\rightarrow\alpha'\text{（有序）} \qquad (1\text{-}3)$$

在 Fe-Co、Fe-Ni、Au-Cu、Mn-Ni、Ti-Ni、Cu-Zn 等合金系中发生这种转变，如图 1-1c 所示。

块状转变中新相的成分与母相一样，但晶体结构不同，如图 1-1d 所示。例如，纯铁或低碳钢在一定的冷却速度下 γ 相可以转变为与之具有相同成分而形貌呈块状的 α 相。新相的长大是通过原子的短程扩散而实现的。在纯铁、铜锌等合金中就发生块状转变。

图 1-1e 所示的多形性转变是指发生在纯金属中的晶体结构的转变，如纯铁中 δ→γ→α 转变。这种转变本身在生产上没有多少实际意义，但以此转变为基础的 Fe 的固溶体固态相变是钢的热处理的基础。

另外，某些合金在高温下具有均匀单相固溶体，但冷却到某一温度范围时可分解成为与原固溶体结构相同但成分不同的两个微区，如 $\alpha\rightarrow\alpha_1+\alpha_2$，这种转变称为调幅分解。调幅分解的特点是，在转变初期形成的两个微区之间并无明显界面和成分突变，但是通过扩散，最

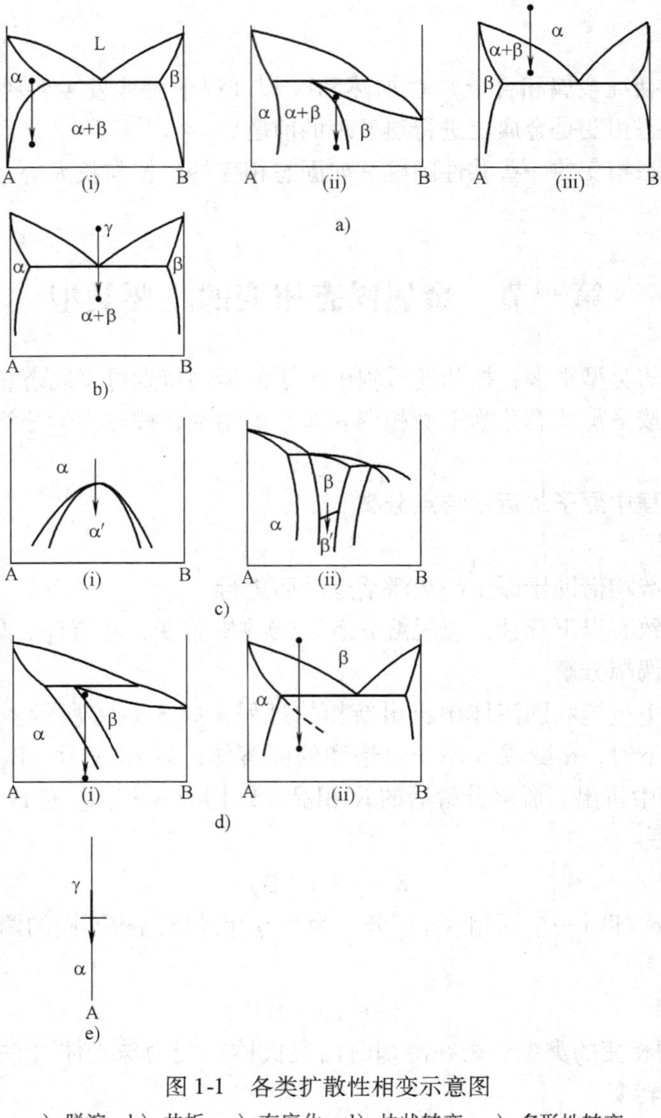

图 1-1 各类扩散性相变示意图

a）脱溶 b）共析 c）有序化 d）块状转变 e）多形性转变

终使原来的单相固溶体分解成两个共格相。

2. 非扩散型相变

非扩散型相变是指转变前后组元原子的运动不超过一个原子间距的转变。在通常情况下，非扩散型相变是在足够快的冷却速度下（即淬火）由于原子没有来得及进行扩散型相变而引起的。通过淬火使钢硬化是最重要的一种热处理工艺，广泛用于生产，其转变产物称为马氏体，而这种非扩散型相变称为马氏体转变。马氏体转变不仅在钢中发生，也在许多有色金属中发生，如 Ti-Ni、Cu-Zn-Si、Cu-Zn、Cu-Mn、Ni-Mn-Ga 等合金系。

此外，钢中还有一种介于马氏体转变与珠光体转变之间的转变，称为贝氏体转变。此时铁原子扩散已经极其困难，但碳原子还能扩散，故可以称为半扩散型相变。其转变产物也是 α 相和碳化物的混合物，称为贝氏体，但形态和分布与珠光体不同。根据贝氏体转变设计的贝氏体钢具有优异的强度和突出的韧性，近年来有很大进步。

二、按平衡状态分类

根据金属材料的平衡状态，也可将固态相变分为平衡相变和非平衡相变。

1. 平衡相变

在缓慢加热或冷却时所发生的能获得符合平衡相图的平衡组织的相变称为平衡相变。前面介绍的多形性转变、平衡脱溶分解、共析转变、有序化转变等均属于平衡相变。

2. 非平衡相变

若加热或冷却速度很快，上述平衡相变将被抑制，固态材料可能发生某些平衡相图上不能反映的转变并获得被称为不平衡或亚稳态的组织，这种转变称为非平衡相变。马氏体转变、贝氏体转变、非平衡脱溶分解以及第三章要详细介绍的伪共析转变均属于非平衡相变。就热处理工艺而言，非平衡相变具有更为重要的意义。

三、按热力学分类

根据相变前后热力学函数的变化，可将固态相变分为一级相变和二级相变。

1. 一级相变

相变时新旧两相的化学势相等，但化学势的一级偏微商不等的相变称为一级相变。设 α 代表旧相，β 代表新相，μ 为化学势、T 为温度、p 为压力，则有

$$\mu_\alpha = \mu_\beta;\left(\frac{\partial \mu_\alpha}{\partial T}\right)_p \neq \left(\frac{\partial \mu_\beta}{\partial T}\right)_p;\left(\frac{\partial \mu_\alpha}{\partial p}\right)_T \neq \left(\frac{\partial \mu_\beta}{\partial p}\right)_T$$

已知

$$\left(\frac{\partial \mu}{\partial T}\right)_p = -S;\left(\frac{\partial \mu}{\partial p}\right)_T = V$$

所以 $S_\alpha \neq S_\beta$，$V_\alpha \neq V_\beta$。

因此，在一级相变时，熵 S 和体积 V 将发生不连续变化，即一级相变有相变潜热和体积改变。材料的凝固、熔化、升华以及同素异构转变等均属于一级相变。几乎所有伴随晶体结构变化的金属固态相变都是一级相变。

2. 二级相变

相变时新旧两相的化学势相等，且化学势的一级偏微商也相等，但化学势的二级偏微商不等的相变称为二级相变。即相变时，$S_\alpha = S_\beta$；$V_\alpha = V_\beta$。但是

$$\left(\frac{\partial^2\mu_\alpha}{\partial T^2}\right)_p \neq \left(\frac{\partial^2\mu_\beta}{\partial T^2}\right)_p ; \left(\frac{\partial^2\mu_\alpha}{\partial p^2}\right)_T \neq \left(\frac{\partial^2\mu_\beta}{\partial p^2}\right)_T ; \frac{\partial^2\mu_\alpha}{\partial T\partial p} \neq \frac{\partial^2\mu_\beta}{\partial T\partial p}$$

说明在二级相变时，无相变潜热和体积改变，但比热容、压缩系数和膨胀系数有突变。材料的部分有序化转变、磁性转变以及超导体转变均属于二级相变。

第二节 金属固态相变的基本特征

金属固态相变与液态金属结晶一样，其相变驱动力也来自新相与母相的自由能差，也通过形核与长大两个过程来完成。但因相变前后均为固态，故有以下几个特点。

一、界面和界面能

固态相变时，母相和新相均为固相，故其界面与固/液界面不同。通常固/固界面可以按结构特点分为共格界面、半共格界面和非共格界面三种，如图 1-2 所示。共格界面是指界面两侧的两个相的原子能一一对应，相互保持匹配。半共格界面是指由于界面两侧的原子间距不同，故在界面上只有部分原子能够依靠弹性畸变保持匹配，在不能匹配的位置将形成刃型位错。非共格界面是指由于两相的原子间距差别太大，在界面上两侧原子不能保持匹配。界面上原子排列的不规则性将导致界面能的升高，因此非共格界面能最高，半共格界面次之，共格界面能最低。

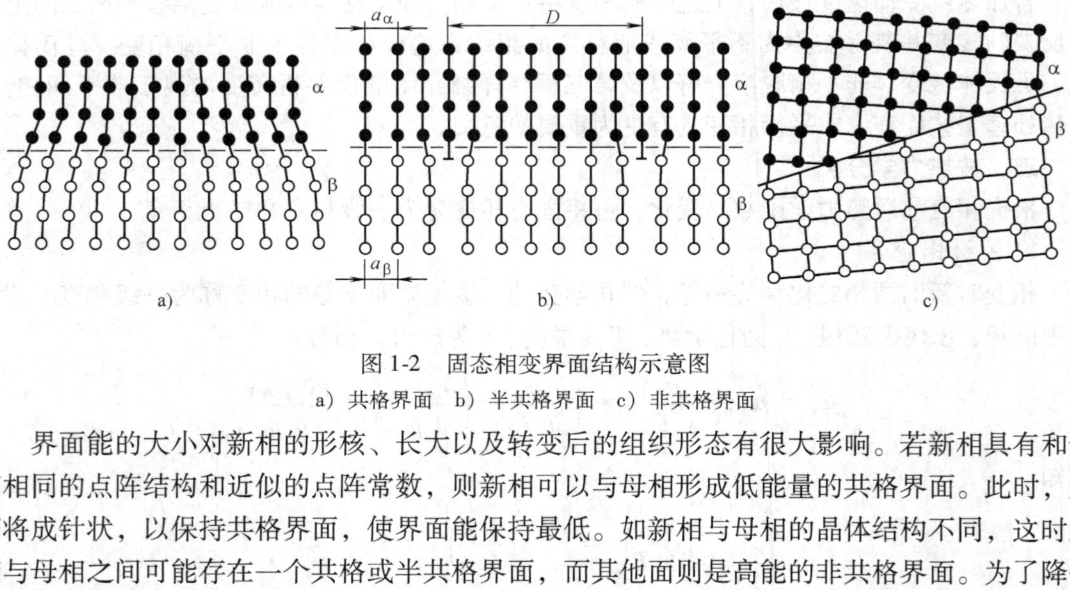

图 1-2 固态相变界面结构示意图

a）共格界面 b）半共格界面 c）非共格界面

界面能的大小对新相的形核、长大以及转变后的组织形态有很大影响。若新相具有和母相相同的点阵结构和近似的点阵常数，则新相可以与母相形成低能量的共格界面。此时，新相将成针状，以保持共格界面，使界面能保持最低。如新相与母相的晶体结构不同，这时新相与母相之间可能存在一个共格或半共格界面，而其他面则是高能的非共格界面。为了降低能量，新相的形态将是一个圆盘。圆盘面为共格界面，而圆盘的边为非共格界面。对于非共格新相，所有的界面都是高能界面，因此其平衡形状大致为球形，但也不排除由于不同方向的界面能差异而形成多面体。

二、惯习面和新、旧两相间的位向关系

新相可能是针状，也可能是片状或颗粒状。针状新相的长轴以及片状新相的主平面通常平行于母相的某一晶面。该晶面称为惯习面，通常用母相的晶面指数表示。例如，高碳钢中透镜片状马氏体的主平面与奥氏体的 $\{225\}_\gamma$ 或 $\{259\}_\gamma$ 平行。惯习面的存在是为了减小两

相的界面能。由于一个晶面族包括若干在空间互成一定角度的晶面，故沿惯习面形成的针状及片状新相将成一定角度或相互平行。

惯习面的存在表明新相与母相存在一定晶体学位向关系。因为两相的晶体各自相对于惯习面的位向关系是确定的，它们彼此间的位向关系也就确定了，结果两相的某些低指数晶向和某些低指数晶面相互平行。例如，低碳钢发生马氏体转变时，马氏体总是在奥氏体的 $\{111\}_\gamma$ 上形成，所以 $\{111\}_\gamma$ 就是惯习面；碳钢中 α 相的 $\{110\}_\alpha$ 晶面常与 γ 相的 $\{111\}_\gamma$ 晶面平行；α 相的 $<111>_\alpha$ 晶向又常与 γ 相的 $<110>_\gamma$ 晶向平行。这种晶体学位向关系可以记为

$$\{110\}_\alpha // \{111\}_\gamma ; <111>_\alpha // <110>_\gamma$$

一般来说，当新相与母相之间为共格或半共格界面时，两相间必然存在一定的晶体学位向关系；若两相间无一定的位向关系，则其界面必定为非共格的。但有时两相间虽然存在一定的晶体学位向关系，但未必具有共格或半共格界面，这是因为新相在长大过程中，其界面的共格性已被破坏所致。

三、弹性应变能

除了界面能，弹性应变能也对固态相变有重要影响。弹性应变能是指当新相与母相间存在点阵错配和体积错配时引起的应变能，如图 1-3 所示。点阵错配是指新相和母相的晶体结构和位向相同，但点阵常数不同，由此在所形成的共格界面附近产生应变能，称为共格应变能。显然，这种共格应变能以共格界面最大，半共格界面次之，非共格界面为零。体积错配是指新相和母相的比体积不同，故固态转变时必将发生体积变化，新相受到周围母相的约束以致不能自由涨缩，因此两者产生比体积差弹性应变能。图 1-4 给出了在非共格界面条件下，比体积差应变能与新相几何形状之间的关系。由图中可以看出，新相呈球状时应变能最大，圆盘（片）状最小，针（棒）状居中。

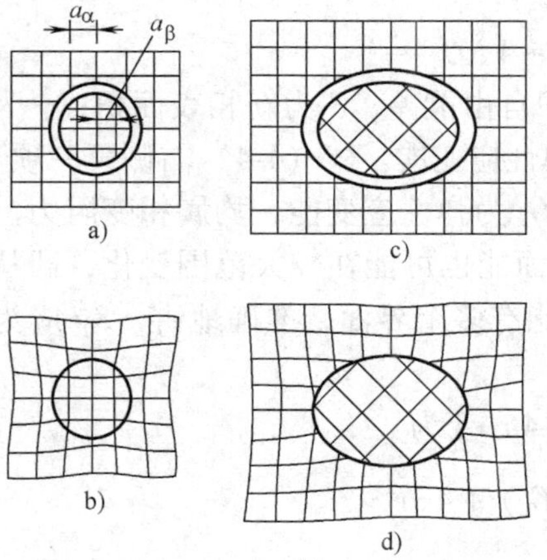

图 1-3　点阵错配与体积错配

a)，b）新相与母相共格，但点阵常数不同，从而产生点阵错配　c)、d）新相与母相非共格，而比体积不同，产生体积错配

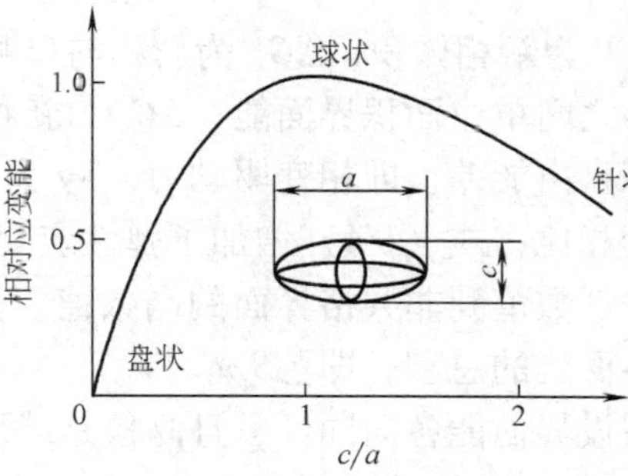

图 1-4　新相几何形状与相对应变能的关系

固态相变的阻力由界面能和弹性应变能构成，与液态金属的结晶相比，固态相变的阻力由于增加了弹性应变能这一项而变大。但在固态相变中究竟是界面能为主还是弹性应变能为主，取决于具体情况。如过冷度很大，新相尺寸很小，单位体积新相的界面积很大，则界面能起主导作用，两相界面易取共格方式以降低界面能，因界面能的降低可以超过共格应变能的增加，从而降低总的形核阻力。当过冷度很小，新相尺寸较大，界面能不起主要作用，易形成非共格界面。此时若两者比体积差较大，则弹性应变能起主导作用，新相为圆盘（片）状以降低弹性应变能；若两相比体积差不大，弹性应变能作用不大，则形成球状以降低界面能。

四、晶体缺陷

与液态金属不同，固态金属中存在各种晶体缺陷，如位错、空位、晶界或亚晶界。一般来说，固态相变时新相晶核总是优先在这些晶体缺陷处形成。这是因为晶体缺陷处是能量起伏、结构起伏和成分起伏最大的区域。在这些区域形核时，原子扩散激活能低，扩散速度快，相变应力也容易松弛。

第三节 固态相变中的形核

绝大多数金属固态相变是通过形核和长大过程完成的。形核过程往往是先在母相中某些微小区域内形成新相的结构和成分，成为核胚；若核胚尺寸超过一定值，便能稳定存在并自发长大，成为新相的晶核。若晶核在母相中无择优地均匀分布，称为均匀形核；若晶核在母相的某些区域不均匀分布，则称非均匀形核。

一、均匀形核

固态相变均匀形核的驱动力为新、旧相的自由能差，而形核的阻力包括界面能和弹性应变能。晶核的界面能与晶核的表面积成正比，而弹性应变能则与晶核的体积成正比。按照经典形核理论，均匀形核时系统自由能的总变化 ΔG 为

$$\Delta G = -V\Delta G_V + S\gamma + V\Delta G_s \tag{1-4}$$

式中，V 为新相体积；ΔG_V 为新相与母相的单位体积自由能差；S 为新相表面积；γ 为新相与母相之间单位面积界面能；ΔG_s 为新相单位体积弹性应变能。式（1-4）右侧第一项 $V\Delta G_V$ 为体积自由能差，即相变驱动力；$S\gamma$ 为界面能，$V\Delta G_s$ 为弹性应变能，均属相变阻力。与液固相变相比，式（1-4）增加了弹性应变能，同时界面能也可能在较大范围变化，即从共格界面的低数值到非共格界面的高数值。由于晶核可能有多个界面，准确地讲，$S\gamma$ 应为晶核各个界面能的总和，即 $\sum S_i\gamma_i$。

假设界面能各向同性，且晶核是球形，则式（1-4）变为

$$\Delta G = -\frac{4}{3}\pi r^3(\Delta G_V - \Delta G_s) + 4\pi r^2\gamma \tag{1-5}$$

式中，r 为球半径，这一方程的示意如图 1-5 所示。从图 1-5 可以看到，ΔG 有极大值存在，此时的核坯半径称为临界晶核半径 r^*，对应的自由能称为晶核的形核功 ΔG^*。只有核坯的半径大于 r^* 时，体系自由能才能随晶核的长大而降低，因此可以进一步长大，此时的核坯称为晶核。令 $d(\Delta G)/\mathrm{d}r = 0$，则可求得新相的临界晶核半径 r^* 为

$$r^* = \frac{2\gamma}{\Delta G_V - \Delta G_s} \tag{1-6}$$

形成临界晶核的形核功 ΔG^* 为

$$\Delta G^* = \frac{16\pi\gamma^3}{3(\Delta G_V - \Delta G_s)^2} \tag{1-7}$$

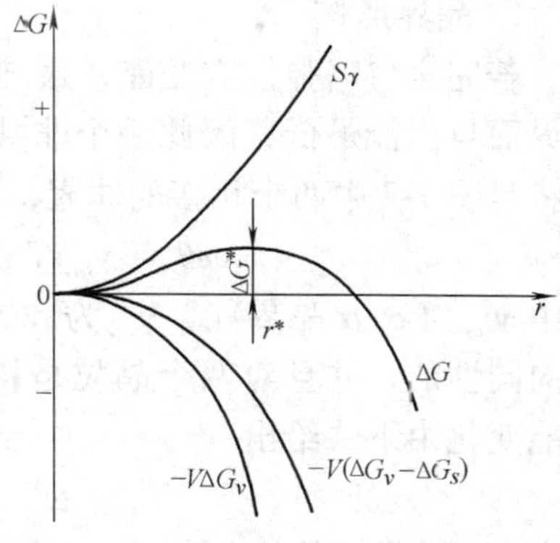

图 1-5　均匀形核时 ΔG 随 r 的变化

式（1-6）和式（1-7）与凝固过程的表达式非常相似，只是由于增加了弹性应变能，使相变阻力增加了，从而使临界晶核直径和形核功增大，表明固态相变中形核比液→固相变困难。临界晶核半径和形核功都是体积自由能差 ΔG_V 的函数，因此，它们也将随过冷度（过热度）而变化。随过冷度（过热度）增大，临界晶核半径和形核功都减小，即相变容易发生。由于固态相变中存在体积弹性应变能 ΔG_s，因此只有当 $\Delta G_V > \Delta G_s$ 时相变才能发生，亦即过冷度（过热度）必须大于一定值时，固态相变才能发生，这是与液→固相变的一个根本区别。此外，当表面能 γ 和弹性应变能 ΔG_s 增大时，临界晶核半径 r^* 增大，形核功 ΔG^* 增高，导致形核困难。

与液态结晶类似，临界尺寸晶核的浓度 c^* 由下式给出：

$$c^* = c_0\exp\left(-\frac{\Delta G^*}{kT}\right) \tag{1-8}$$

式中，c_0 是这一相中单位体积的原子数；k 为玻耳兹曼（Boltzmann）常数；T 为热力学温度。如果每一个晶核在每秒内以 f 速率超过临界尺寸，那么均匀形核的形核率 $N_{均匀}$ 就是

$$N_{均匀} = fc^* \tag{1-9}$$

f 取决于临界晶核从母相中得到一个原子的频率，与晶核的表面积和扩散速率有关。如果每个原子的迁移激活能是 ΔG_m，f 就可以写成 $\omega\exp(-\Delta G_m/kT)$。$\omega$ 是一个包含原子振动频率和临界晶核面积的因子。因此，均匀形核的形核率应为

$$N_{均匀} = \omega c_0\exp\left(-\frac{\Delta G_m}{kT}\right)\exp\left(-\frac{\Delta G^*}{kT}\right) \tag{1-10}$$

在上式中，随着温度的下降，代表晶核潜在密度的 $\exp(-\Delta G^*/kT)$ 升高很快，而原子迁移激活能 ΔG_m 几乎不随温度变化，所以 $\exp(-\Delta G_m/kT)$ 随温度降低而减小。因此均匀形核率 $N_{均匀}$ 随温度下降先增加后降低，在某一温度呈现极大值，如图 1-6 所示。

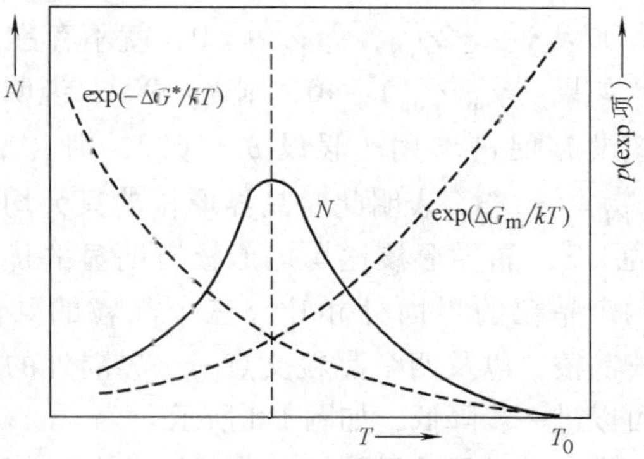

图 1-6　形核率 N 与温度 T 的关系

二、非均匀形核

如同在液相中一样，固相中的形核几乎总是非均匀的。固相中的各种缺陷诸如空位、位错、晶界、层错、夹杂物和自由表面等都能提高材料的自由能，如果晶核的形成能使缺陷消失，就会释放出一定的自由能（ΔG_d），与 ΔG_V 一样，成为转变的驱动力，各种缺陷也就成为合适的形核位置。其形核方程为

$$\Delta G = -V\Delta G_V + S\gamma + V\Delta G_s - \Delta G_d \tag{1-11}$$

1. 晶界形核

若完全忽略弹性应变能，最佳的晶核形状应当使总的界面自由能最低，因此一个非共格晶界晶核的最佳形状将是图 1-7 中两个相接的球冠，其 θ 角为

$$\cos\theta \approx \gamma_{\alpha\alpha}/2\gamma_{\alpha\beta} \tag{1-12}$$

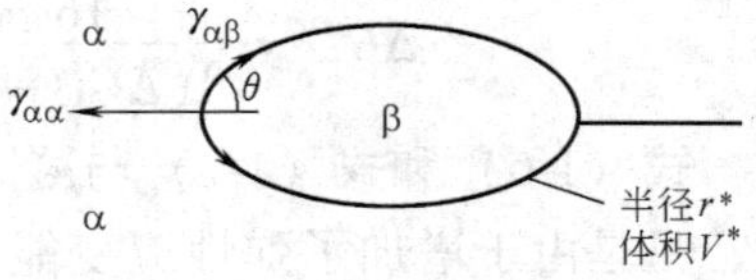

图 1-7 晶界形核时的临界晶核尺寸

式中 $\gamma_{\alpha\alpha}$ 为 α/α 晶界能，$\gamma_{\alpha\beta}$ 为 α/β 界面能。假如 $\gamma_{\alpha\beta}$ 是各向同性的，并且对两个晶粒是相等的，晶核引起的自由能变化由下式给出

$$\Delta G = -V\Delta G_V + S_{\alpha\beta}\gamma_{\alpha\beta} - S_{\alpha\alpha}\gamma_{\alpha\alpha} \tag{1-13}$$

式中，V 是晶核的体积；$S_{\alpha\beta}$ 是新产生的、能量为 $\gamma_{\alpha\beta}$ 的 α/β 界面面积；$S_{\alpha\alpha}$ 是能量为 $\gamma_{\alpha\alpha}$ 的 α/α 晶界面积，在形核过程中逐渐消失。上述方程中的最后一项 $S_{\alpha\alpha}\gamma_{\alpha\alpha}$ 就是（1-11）式中的 ΔG_d。

与计算式（1-6）的方法相似，考虑球冠的表面积和体积后，获得球冠的临界半径为

$$r^* = 2\gamma_{\alpha\beta}/\Delta G_V \tag{1-14}$$

而非均匀形核的形核功由下式给出

$$\frac{\Delta G^*_{非均匀}}{\Delta G^*_{均匀}} = \frac{V^*_{非均匀}}{V^*_{均匀}} = S(\theta) \tag{1-15}$$

式中，$S(\theta)$ 为一个形状因子，表达式为

$$S(\theta) = \frac{1}{2}(2+\cos\theta)(1-\cos\theta)^2 \tag{1-16}$$

由此可知，$\Delta G^*_{非均匀}$ 的大小，即晶界作为形核位置的潜力，取决于 $\cos\theta$，也就是取决于 $\gamma_{\alpha\alpha}/\gamma_{\alpha\beta}$ 的比值。如果 $\gamma_{\alpha\alpha}=2\gamma_{\alpha\beta}$，那么 $\theta=0$，就不存在形核势垒；如果（$\gamma_{\alpha\alpha}/\gamma_{\alpha\beta}$）$\rightarrow 0$，则 $\theta=90°$，说明晶界对形核没有促进作用；假设 $\theta=60°$，则（$\Delta G^*_{非均匀}/\Delta G^*_{均匀}$）$\approx 1/3$，表明此时晶界形核功只为均匀形核功的 1/3，晶界形核比均匀形核有明显的优势。与在两个晶粒的界面处相比，三个晶粒的共同交界——晶棱，以及四个晶粒交点——界隅处的形核功还可以进一步降低，如图 1-8 所示。

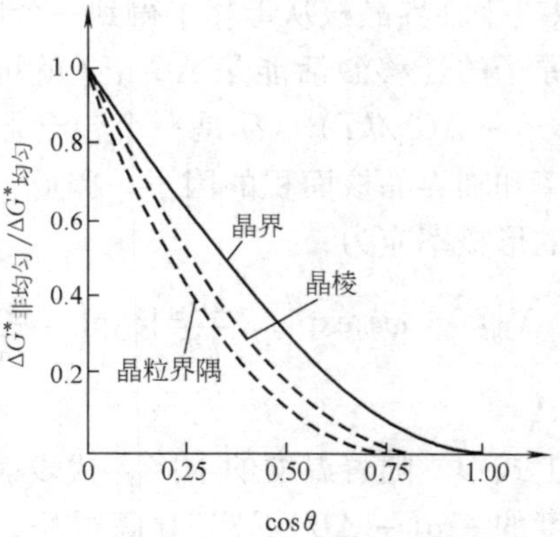

图 1-8 相对于均匀形核过程，θ 角对晶界形核激活能的影响

小角度晶界的界面能小于大角度晶界的界面能，因此对于具有高 $\gamma_{\alpha\beta}$ 的非共格脱溶物，大角度晶界是更为有利的形核位置。如果基体和晶核相互适应，以形成低能量界面，那么形核功可以进一步减少。图 1-9 所示是晶核与其中的一个晶粒有某种位向关系，形成共格或半共格晶界，这在固态相变中是极常见的现象。其他面缺陷，如夹杂—基体界面、堆垛层错和自由表面，同样可以减小形核功。

2. 位错形核

位错有以下几种方式促进形核：

1）位错周围的点阵畸变能可以降低核坯的总应变能而减小 ε 项，从而减小 ΔG^*。错配

为负的共格晶核（即其体积比基体小），在刃型位错上方的压应力区域形成，能够降低 ΔG^*；反之，如果错配为正，晶核在位错下方形成，在能量上更为有利。

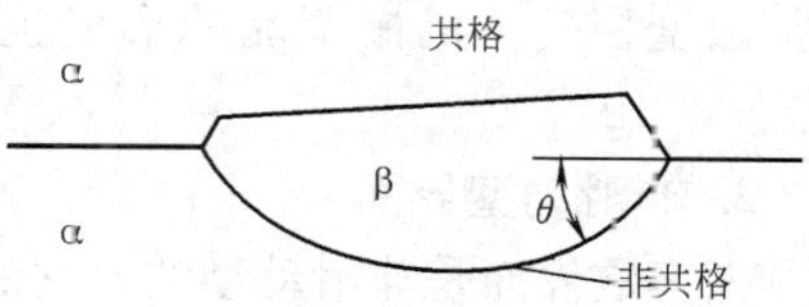

图 1-9　晶核与一个晶粒形成低能量的共格界面可以进一步减小临界晶核尺寸

2）溶质原子在位错线上的偏聚可以使成分接近于新相的成分，从而有利于形核；位错也提供了一个较低 ΔG_m 的扩散通道，帮助大于临界尺寸的核坯生长。

3）在 fcc 晶体中，a/2 <110> 全位错能够在（$\bar{1}11$）晶面上分解成由两个肖克莱不全位错相夹的堆垛层错。这个堆垛层错实际上是 hcp 晶体的四个密排面，所以它能作为一个 hcp 晶体析出物的潜在形核位置。

根据估算，当相变驱动力甚小，而新相与母相之间的界面能为 2×10^{-5} J/cm^2 时，均匀形核的形核率仅为 10^{-70}/（cm^3·s）；但即使晶体中位错密度只有 10^8/cm，由位错促进的非均匀形核的形核率仍高达 10^8/（cm^3·s）。可见晶体中位错形核的重要作用。

3. 空位形核

时效硬化合金在高温淬火时，过饱和的空位将被保留到室温。这些空位能提高扩散速度或者消除错配应变能，因此促进形核。此外空位聚集成位错也能促进形核。例如，将 Al-Cu 合金加热至平衡相图的溶解度曲线以上，经过保温后快速冷却，即可得到过饱和 α 固溶体。随后在溶解度曲线以下某一温度保温使之发生脱溶分解，结果发现晶界附近基本上没有沉淀相，形成所谓“无析出区”。这是因为重新加热至较低温度时，晶界附近的过饱和空位进入晶界而湮没，而远离晶界处仍保留较多空位，沉淀相优先在此形核所致。

如果将各种形核位置以释放自由能 ΔG_d 的增加，即临界形核功 ΔG^* 减小的顺序排列，其次序大体如下：均匀形核位置，空位，位错，堆垛层错，晶界或相界，自由表面。位置越后，形核越快。当相变驱动力不大时，优先在晶界或相界形核；驱动力较大时，则可能在层错、位错、空位等处形核；只有当驱动力非常大时，才有可能发生均匀形核。当然，这些缺陷的相对浓度也是影响形核率的重要因素。

第四节　固态相变中新相的长大

一、新相长大机理

新相形核之后，便发生晶核的长大过程，即相界面向母相方向的迁移。

根据相界面结构的不同，其界面迁移的机理也不同。从相变的角度看，界面可分为滑动型和非滑动型两种。

1. 滑动型界面

均是共格或半共格界面，靠位错滑动而迁移，母相通过点阵切变完成相变。它的迁移对温度不敏感，也就是所谓的非热激活迁移。例如马氏体转变，其晶核的长大是通过半共格界面上母相一侧的原子以切变方式来完成的。其特点是大量原子有规则地沿某一方向作小于一个原子间距的迁移，并保持各原子之间原有的相邻关系不变，如图 1-10 所示，所以这种晶核长大过程称为协同型长大。由于该相变中原子的迁移距离都小于一个原子间距，故又称为非扩散型相变。机械孪晶的形成也涉及滑动界面，所以孪生和马氏体转变有很多相似之处。

2. 非滑动型界面

大多数界面是非滑动型的，它的迁移类似于大角度晶界的迁移——界面上单个原子几乎随机地跳跃过界面。原子摆脱母相跳跃到新相所需的额外能量由热激活提供，所以非滑动界面的迁移对温度非常敏感。相应的晶核长大过程称为扩散型长大，也称为非协同型长大。扩散型长大时新相与母相的成分可以相同也可以不同。有些固态相变，如同素异构转变、块状转变等，其新、母相成分相同，界面附近的原子只需作短程扩散；有些固态相变，如共析转变、脱溶分解、贝氏体转变等，由于新、母相的成分不同，新相的长大必须依赖于溶质原子在母相点阵中长程扩散。

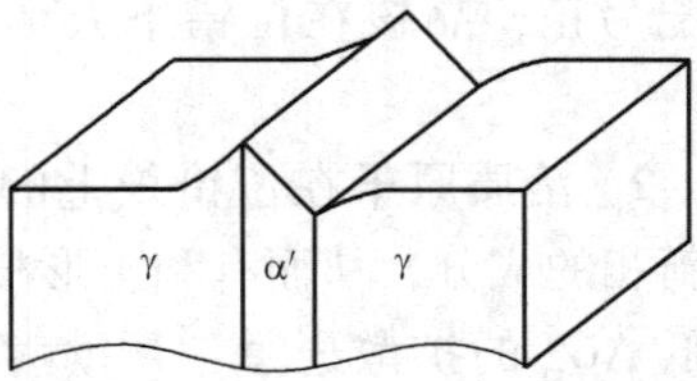

图 1-10 马氏体转变时的界面迁移

以上讨论的界面迁移以及形核长大转变的分类列于表 1-1。尽管很多转变可以按上述方式分类，但也有一些难于分类的相变，例如，贝氏体转变是热激活长大的，但也具有类似滑动界面迁移所产生的形状改变。

表 1-1 以形核和长大方式进行的固态相变分类

类别	协同型	非协同型			
温度变化的影响	非热激活	热激活			
界面类型	滑动型（共格或半共格）	非滑动型（共格、半共格、非共格）			
母相与新相的成分	成分相同	成分相同	成分不同		
扩散过程	无扩散	短程扩散（越过界面）	长程扩散（通过母相点阵）		
界面或扩散控制	界面控制	界面控制	主要是界面控制	主要是扩散控制	混合控制
例子	马氏体转变、孪生	块状转变、有序化、多形性转变、再结晶、晶粒长大	脱溶、溶解、贝氏体转变	脱溶、溶解	脱溶、溶解、共析分解、胞状脱溶

在非协同型长大过程中，共格界面与非共格界面的迁移率间存在明显差异，因而对新相的最终形状产生影响。例如，考虑面心立方和密排六方晶体的共格密排面，如图 1-11a 所示。如果密排六方依靠原子的单个跳跃来长大（即所谓的连续长大），在面心立方相的 C 位置原子必须换成 B 原子，如图 1-11b 所示。但可以看出，由于两个上下紧挨着的原子都是 B，相互排斥，同时还会出现围绕这个原子的位错，所以会被迫跳回原来的位置。由此可知，共格或半共格界面的迁移率很低，连续长大很困难。反之，松散的非共格界面原子跳跃比较容易，迁移率较高，见图 1-12。因此可以设想，在没有弹性应变能的影响时，为使总的界面自由能最小，临界晶核通常由共格或半共格面和非共格界面联合为界，由于非共格界面容易迁移，共格或半共格界面难于移动，晶核应当长大成薄的片状或盘状。

为了实现共格或半共格界面的法向长大，需要用台阶生长的机制来说明，如图 1-13 所示。当界面含有垂直于共格平面的一系列台阶时，共格界面的迁移可通过台阶的横向移动来实现。要强调的是，这里虽以非协同型相变来讨论，台阶生长机制也适合于协同型相变。

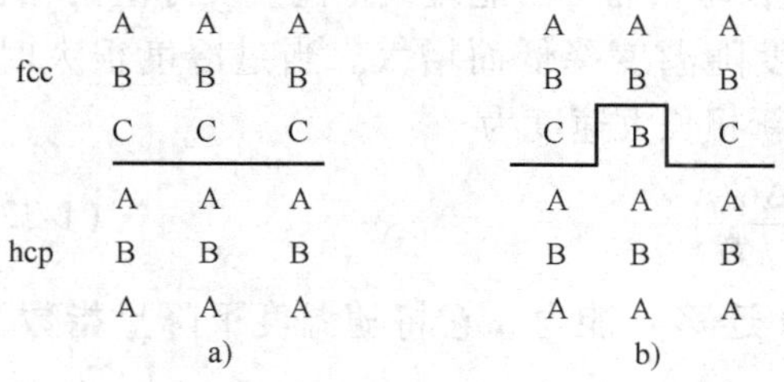

图 1-11　在两个不同晶体结构间共格界面的连续长大

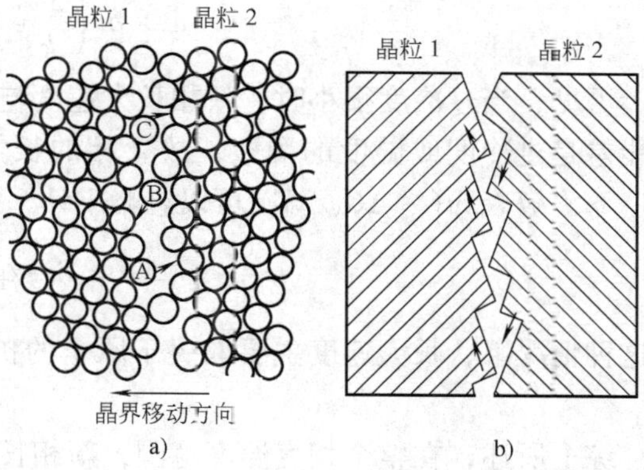

图 1-12　非共格界面的可能结构
a）原子不规则排列的过渡薄层
b）台阶状非共格界面

二、新相长大速度

新相的长大速度取决于相界面的移动速度。对于由可滑动界面引导的非扩散型相变，其相变是通过点阵切变进行的，无需原子的扩散，因此新相的长大速度很高。而对于扩散型相变，其界面迁移要借助于原子的扩散，故新相长大速度较低。这里只讨论扩散型相变的长大速度问题。

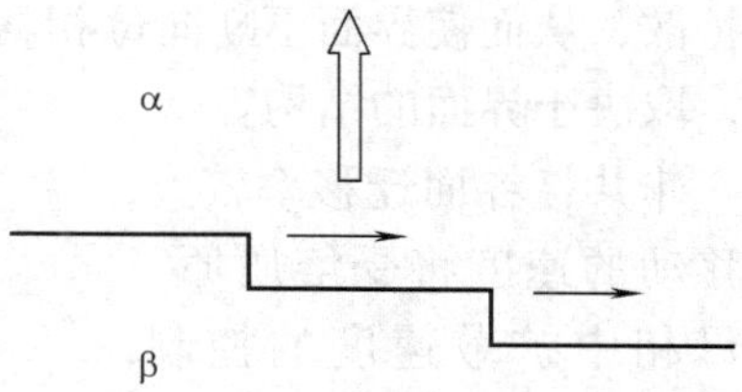

图 1-13　台阶生长机制示意图

1. 成分不变的扩散型转变长大

这种转变包括块状转变、多形型转变、再结晶和晶粒长大等。因为长大时没有成分的变化，只需原子在界面附近作短程扩散，因此这种转变仅仅受界面过程控制。令母相为 β，新相为 α，原子的振动频率为 ν，原子由 β 相进入 α 相的激活能为 ΔG_m，两相的自由能差为 ΔG_V。则原子由 β 相进入 α 相的频率为

$$\nu_{\beta\to\alpha} = \nu\exp\left(-\frac{\Delta G_m}{kT}\right) \tag{1-17}$$

而新相返回母相的激活能应为 $\Delta G_m + \Delta G_V$。原子由 α 相跳回 β 相的频率为

$$\nu_{\alpha\to\beta} = \nu\exp\left[-\frac{\Delta G_m + \Delta G_V}{kT}\right] \tag{1-18}$$

若单原子层的厚度为 δ，则界面迁移速度 v 应为

$$v = \delta(\nu_{\beta\to\alpha} - \nu_{\alpha\to\beta}) = \delta\nu\exp\left(-\frac{\Delta G_m}{kT}\right)\left[1 - \exp\left(-\frac{\Delta G_V}{kT}\right)\right] \tag{1-19}$$

当过冷度很小时，ΔG_V 很小，根据近似计算 $e^x \approx 1 + x$，有：

$$\exp\left(-\frac{\Delta G_V}{kT}\right) \approx 1 - \frac{\Delta G_V}{kT} \tag{1-20}$$

则有

$$v = \delta\nu\left(\frac{\Delta G_{V}}{kT}\right)\exp\left(-\frac{\Delta G_{m}}{kT}\right) \tag{1-21}$$

可见，当过冷度很小时，新相长大速度与新相和母相的自由能差成正比。实际上两相自由能差是过冷度或温度的函数，故新相的长大速度随温度降低而增大。当过冷度很大时，$\Delta G_V >> kT, \exp(-\Delta G_V/kT)$ 可以忽略不计，此时新相长大速度为

$$v = \delta\nu\exp\left(-\frac{\Delta G_{m}}{kT}\right) \tag{1-22}$$

在这种情况下，长大速度主要取决于原子的扩散（迁移）能力，它将随温度下降呈指数下降。

综上所述，在整个相变温度范围，新相长大速度先增加后减小，出现两头小中间大的趋势，即新相长大速度与过冷度有极大值的关系。

2. 有成分变化的扩散型转变长大

新相与母相的成分不同时，随新相的形核和长大，在新相附近将产生一个溶质原子的富集或贫化区，从而在母相中产生一个浓度梯度。在浓度梯度的作用下，溶质原子在母相中发生扩散，从而使界面不断向母相移动，如图 1-14 所示。其界面移动速度，也即新相长大速度，取决于界面的结构。

非共格界面迁移率较大，其移动的速度将受溶质原子在母相中扩散速度的控制，称扩散控制型；共格或半共格界面迁移率很低，则界面移动的速度将主要受界面迁移的控制，而不是溶质原子的扩散，称为界面控制型；如果介于两者之间，称为混合控制型。

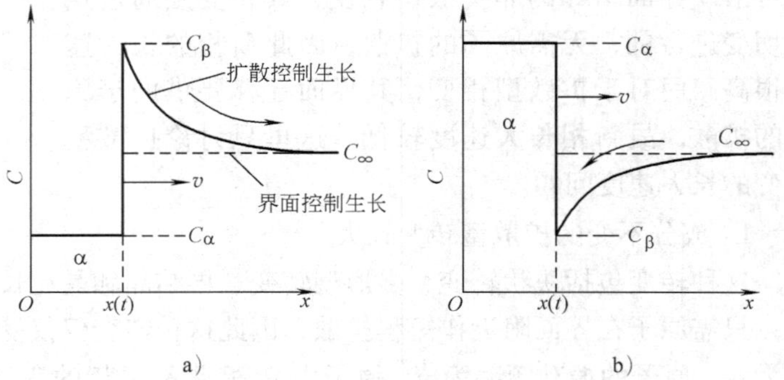

图 1-14 新相 α 生长过程中溶质原子的浓度分布

a) $C_\alpha < C_\beta$（母相浓度） b) $C_\alpha > C_\beta$

（1）扩散控制型长大

这可考虑无穷大片状新相的增厚（一维）情形。在这种情况下，新相被封闭在溶质原子贫化（富集）区内，因而被称为封闭式生长。假设新相 α 中的溶质原子浓度 C_α 高于母相 β 中溶质原子浓度 C_β，扩散系数 D 为与浓度无关的常数。

对于一维生长，单位时间 $\mathrm{d}t$ 内界面向前推进了 $\mathrm{d}x$ 距离，由菲克第一定律可知，扩散通量为 $D(\mathrm{d}C/\mathrm{d}x)\mathrm{d}t$，故有

$$(C_\alpha - C_\beta)\mathrm{d}x = D\left(\frac{\mathrm{d}C}{\mathrm{d}x}\right)_{x=R}\mathrm{d}t \tag{1-23}$$

则界面推进速度 v 为

$$v = \frac{\mathrm{d}x}{\mathrm{d}t} = \frac{D}{(C_\alpha - C_\beta)}\left(\frac{\mathrm{d}C}{\mathrm{d}x}\right)_{x=R} \tag{1-24}$$

随着新相的长大，溶质原子必然要从不断减少的母相中消耗掉，因此上述方程中的

(dC/dx) 随时间延长而减小。假设新相附近母相中的溶质原子浓度作线性分布，如图 1-15 所示。显然，溶质原子守恒要求图中两块影线面积相等，由此可以求出溶质原子贫化区的厚度 L 为

$$L = \frac{2(C_\alpha - C_o)R}{(C_o - C_\beta)} \tag{1-25}$$

式中，C_o 为母相的原始浓度；R 为析出物厚度。由此可以获得

$$\left(\frac{dC}{dx}\right)_{x=R} = \frac{(C_o - C_\beta)}{L} \tag{1-26}$$

代入式 (1-24) 并积分有

$$R^2 - R_o^2 = \frac{(C_o - C_\beta)^2}{(C_\alpha - C_o)(C_\alpha - C_\beta)}Dt \tag{1-27}$$

若 $R >> R_0$，可以求出生长速度为

$$v = \frac{dR}{dt} = \frac{(C_o - C_\beta)}{\sqrt{(C_\alpha - C_o)(C_\alpha - C_\beta)}}\sqrt{\frac{D}{t}} \tag{1-28}$$

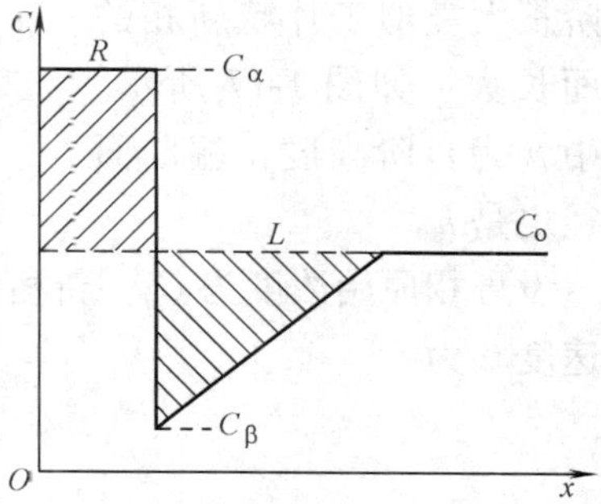

图 1-15　新相附近母相中的溶质原子浓度作线性分布

它表明，随着新相的加厚，其外侧的溶质原子贫化区的厚度也增加，继续长大所需的原子要从更远的地方扩散而来，因而沉淀加厚的速度将逐渐下降。

采用同样的方法，可以求出二维和球形新相生长速度 $v \propto (D/t)^{1/2}$ 。

由此可以获得以下几个重要结论：

1) $R \propto (Dt)^{1/2}$，即析出物厚度或直径的增加服从抛物线长大规律。

2) $v \propto (C_o - C_\beta)$，即长大速度正比于过饱和度。

3) $v \propto (D/t)^{1/2}$，即长大速度随时间延长而减小。

合金成分和温度对长大速度的影响表示在图 1-16 中。在低过冷度条件下，由于过饱和度低，其长大速度较慢；在过冷度大时，由于温度低扩散慢而使长大速度减慢，因此最大的长大速度出现在中间温区。如果原始成分在图 a 虚线处，则其长大速度如图 b 中的虚线，可见由于温度低、扩散慢以及过冷度小，长大速度较小。

还有一种情况需要讨论，便是片状或针状新相在厚度保持不变的情况下沿长轴方向生长。这时生长前沿只占界面的一小部分。随着新相向前伸展，生长前沿不断进入新的母相区域，因而又被称为开放式的长大机制。这时，在稳定情况下包围生长前沿的溶质原子贫化区，并不因新相的长大而变大，因此可以预期，长大速度保持恒定。

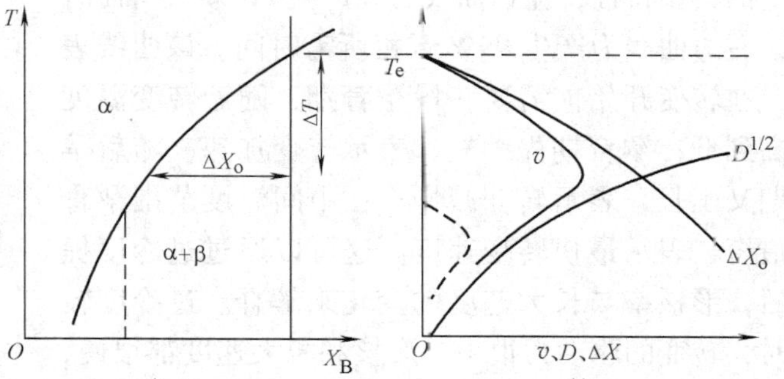

图 1-16　温度和成分对长大速度 v 的影响

a）温度与成分　b）温度与长大速度

(2) 界面控制长大　如果新旧相界面为共格或半共格界

面，则界面的法向移动只能依靠台阶的横向运动来实现。但与非扩散型相变不同，这里台阶的移动需要溶质原子的长距离扩散。这种台阶长大类似于片状新相的端面长大，如图 1-17 所示。图中 h 为台阶高度，端曲面半径也是 h。

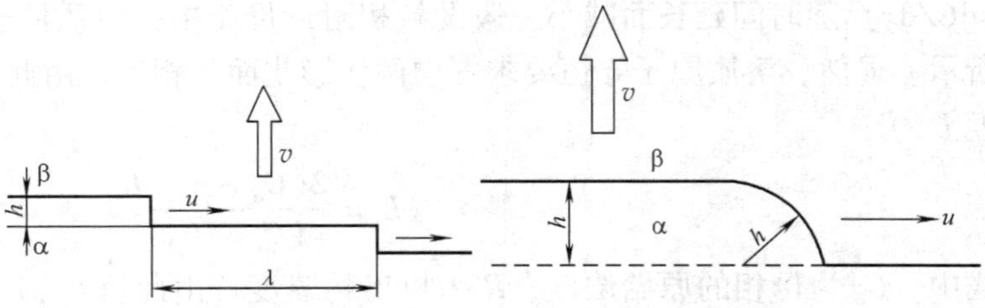

图 1-17 扩散型台阶长大示意图

设母相原始浓度为 C_o，新相 α 的浓度为 C_α，台阶侧面母相 β 的浓度为 C_β，则侧向运动的速度 u 为

$$u = \frac{D(C_o - C_\beta)}{ch(C_\alpha - C_\beta)} \tag{1-29}$$

式中，D 为扩散系数；c 为常数。说明侧向移动速度与扩散系数和过饱和度成正比。

设相邻台阶的平均间距是 λ，台阶法向移动的速度由式 $v = uh/\lambda$ 表示。由此可得

$$v = \frac{D(C_o - C_\beta)}{c\lambda(C_\alpha - C_\beta)} \tag{1-30}$$

上式表明，片状增厚与 h 无关，而与台阶的平均间距 λ 成反比。

这一方程的有效性取决于是否有恒定的台阶产生。表面形核、螺旋生长和析出物边缘上的形核都是新台阶形成的机制。

第五节 综合转变动力学-奥氏体等温转变图

等温转变过程可以方便地用转变分数 f 与时间 t、温度 T 的函数关系作图表示，称为奥氏体等温转变图，缩写为 TTT 曲线（Temperature-Time-Transformation）。转变分数 $f(t,T)$ 通常为新相的体积分数，转变开始时 f 为 0，而转变终了时 f 为 1，如图 1-18 所示。图示的 C 形 TTT 曲线是扩散型转变的典型特征，左边曲线为在产生 1% 新相所需时间，右边曲线为产生 99% 新相所需时间。该曲线表明，在转变开始前需要一段孕育期，随着转变温度由高到低，孕育期先缩短，表示转变加速；随后孕育期又延长，表示转变减慢；在中间温度范围孕育期最短，表示最快转变速度。这可以通过过冷度提高后，形核率与长大速度的变化来解释。过冷度较小时，转变的驱动力很小，形核和长大速度都很慢，转变需要很长时间；过冷度很大时，原子扩散速度慢，也限制了转变速度。

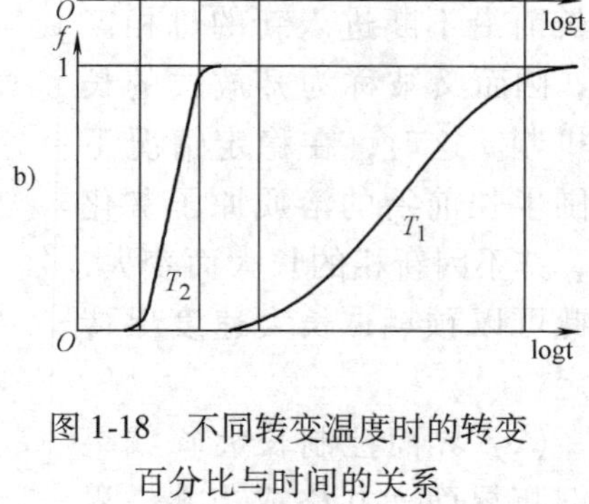

图 1-18 不同转变温度时的转变百分比与时间的关系

钢的过冷奥氏体转变就是一个与温度和时间

（冷却速度）相关的过程。奥氏体是高温稳定相，冷却到临界点（A_3 或 A_1）以下就不再稳定，称为过冷奥氏体。后面各章将陆续介绍，由于转变温度和冷却速度的不同，过冷奥氏体可以通过不同的相变机制进行转变并获得不同的组织，由此获得不同的力学性能。

第六节　组 织 粗 化

在转变的后期，系统中新相的总量将逐步趋近于平衡相图所给定的数量，但这并不意味着转变的进程已经完结。大量核心的形成和长大使转变产物中存在大量界面，相当数量的自由能以界面能的形式存在。它们是组织粗化的主要驱动力。

一、弥散沉淀相的粗化——奥斯瓦尔德（Ostwald）熟化

在相界面为曲面的情况下，靠近相界面的母相中溶质原子的平衡浓度与曲面的曲率半径有关，可由下式表示：

$$\ln\left[\frac{C_\alpha(r)}{C_\alpha(\infty)}\right]=\frac{2\sigma V_B}{kTr} \tag{1-31}$$

式中，$C_\alpha(r)$ 及 $C_\alpha(\infty)$ 分别是 β 相颗粒半径为 r 和∞时溶质原子 B 在母相 α 中的溶解度；σ 为界面能；V_B 是 β 相的摩尔体积。这一关系称为吉布斯-汤姆斯（Gibbs-Thomson）定律。可见，β 相半径 r 越小，溶质原子在基体相中的溶解度越大。

设想在固态相变过程中，球形新相细小弥散，大小不等，且颗粒间的平均距离 d 远大于颗粒直径 $2r$，如图 1-19 所示，则在半径不同的两个 β 相附近的母相 α 中，B 原子浓度呈现差异，即 $C_\alpha(r_1)>C_\alpha(r_2)$。在此浓度梯度的作用下，B 原子将从小颗粒周围向大颗粒附近扩散，于是在两个相附近 B 原子浓度不再平衡。扩散的结果是，小颗粒逐渐溶解，大颗粒不断吸收来自小颗粒的溶质原子而长大，同时颗粒之间的距离将增加，这种粗化称为奥斯瓦尔德（Ostwald）熟化。

二、片状和纤维状组织的粗化

片状组织（例如珠光体）的相界面为平面。由于界面状态与平面的任何微小的偏离都会导致界面面积的增大，所以片状组织是相当稳定的。但是片状组织的排列难免存在缺陷，它们往往成为片状组织粗化的发源地。图 1-20 为一个 β 相片层终止在周期排列的片状组织内部形成一个缺陷的示意图。片层终止处有条棱边。按照吉布斯-汤姆斯效应，在棱边附近

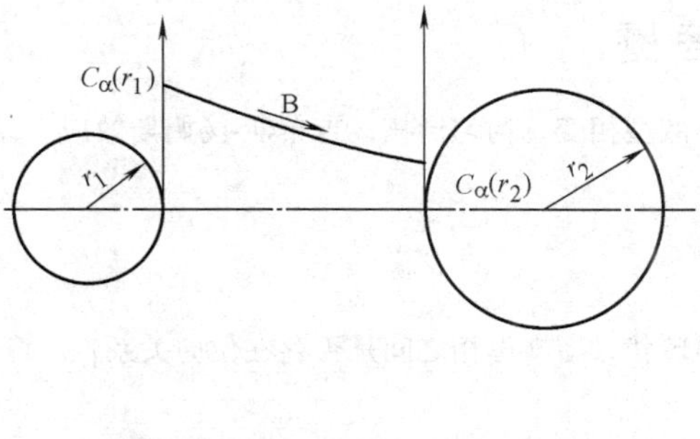

图 1-19　球形析出相长大示意图：大颗粒长大，小颗粒变小直至消失

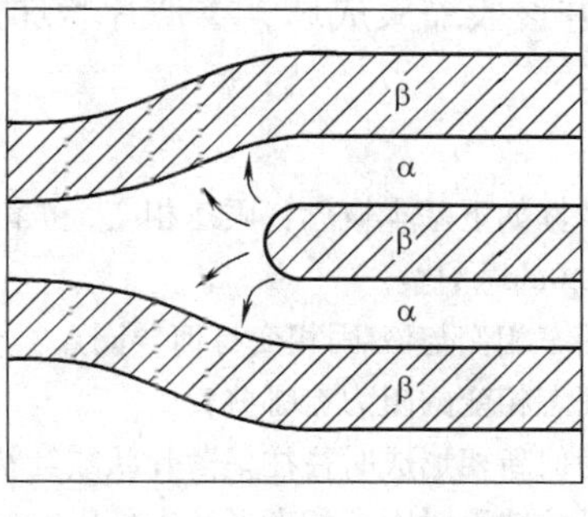

图 1-20　一个 β 相片层终止在片状组织内部形成的缺陷（图中箭头表示溶质原子流动的方向）

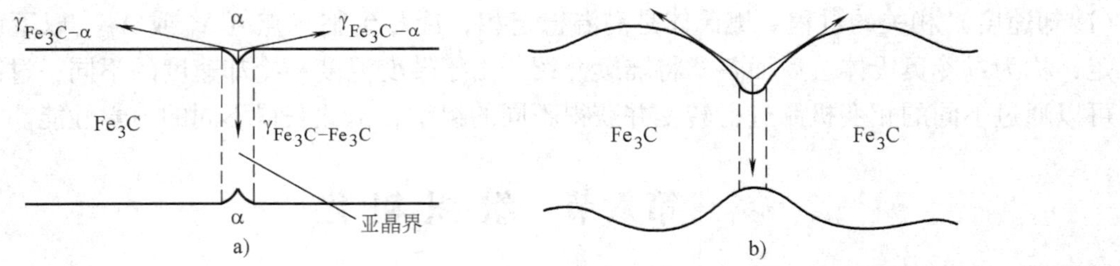

图 1-21 渗碳体球化机理示意图
a）形成沟槽 b）随碳的扩散沟槽加深

母相 α 的 B 原子浓度高于其他区域。这种浓度梯度将导致如图中箭头所示的 B 原子扩散流。结果将使中断的片层缩短，而附近的两个 β 片层加厚。

片状组织的另一种粗化机制是球化。片状珠光体由渗碳体片和铁素体片组成。在渗碳体片中存在着的亚晶界处形成微观的沟槽，如图 1-21 所示。在沟槽处的曲率半径显然小于平面，因此其周围将富集碳原子，从而在铁素体内产生碳的扩散。随着扩散的不断进行，沟槽将进一步加深，直至溶断，并逐步球化。

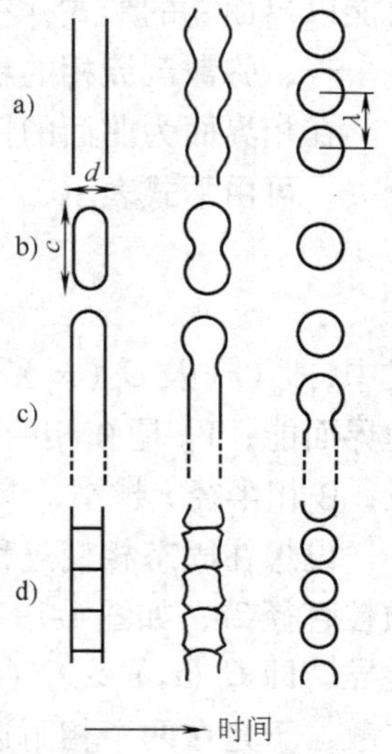

图 1-22 纤维状沉淀失稳变成一列球形沉淀的不同机制

纤维状组织的粗化较多地表现为以下两种方式：一是二维奥斯瓦尔德熟化，即细纤维附近溶质原子向粗纤维附近扩散，细纤维不断减小，粗纤维不断变粗；二是瑞利（Reyleigh）失稳，它原指一根粗细均匀的圆柱形液体将破碎成一连串球形液滴。对于纤维状组织，局部区段上直径的某些微小涨落可以在保持纤维体积不变的条件下使界面面积减小，从而导致纤维断裂。图 1-22 示出纤维直径为 d，长度为 l 的单根纤维的失稳情况。对于无限长的纤维，由于瑞利失稳纤维最终将变成一列圆球，球的直径和间距 λ 取决于界面能和扩散系数（图 a）。如果纤维很短，$l/d<7.2$，那么它将逐步收缩为一个圆球（图 b）。对于 $l/d>7.2$ 的有限长纤维，失稳演变的最快途径将是依次在杆的端部形成一个一个圆球，并与纤维脱开（图 c）。如果纤维中存在晶界，或者在包围纤维的基体中存在与纤维相交的一组平行晶界，那么由于晶界扩散的帮助，纤维倾向于沿这些界面逐步断开，并逐段缩聚成球，类似片状珠光体的球化（图 d）。

复习思考题

1. 掌握如下基本概念：固态相变，扩散型相变，非扩散型相变，均匀形核，吉布斯-汤姆斯效应，瑞利失稳，Ostwald 熟化。
2. 固态相变与液-固相变有何异同点？
3. 固态相变的阻力有哪些？
4. 为何新相形成时往往呈薄片状或针状？如果新相呈球状，新、母相之间是否存在位向关系？
5. 晶体缺陷对固态相变形核有何影响？
6. 试推导固态相变均匀形核时临界形核半径、临界形核功和形核率的表达式。
7. 假设新相附近的溶质原子浓度作线性分布，请推导一维扩散控制长大速度方程。

第二章　钢中奥氏体的形成

为使钢件经热处理后能获得所要求的组织和性能，大多数热处理工艺（如淬火、正火和普通退火）都需要先将钢件加热至临界点以上，使之转变为奥氏体，称为奥氏体化，然后再以一定的方式冷却使之转变为所需的组织。钢加热时形成的奥氏体的组织形态对热处理后的组织和性能有很大的影响，因此加热转变是钢进行各种热处理的基础。本章在认识奥氏体的基础上，着重讨论平衡组织加热时奥氏体的形成规律，对非平衡组织加热时奥氏体的形成也作必要介绍。

第一节　奥氏体的结构、组织和性能

奥氏体的组织通常由多边形等轴晶粒组成，有时在晶粒为可观察到孪晶，如图 2-1 所示。

钢中的奥氏体是碳（C）溶于 γ-Fe 形成的固溶体。经 X 射线衍射分析证明，C 处在 γ-Fe 八面体中心空隙处，即面心立方点阵晶胞的中心或棱边的中点（图 2-2）。当 γ-Fe 的点阵常数为 3.64Å㊀时，最大空隙的半径为 0.52Å，与 C 原子半径（0.77Å）比较接近。因此，当空隙周围的铁原子因某种原因偏离平衡位置而使空隙“扩大”时，C 原子将进入空隙而形成间隙式固溶体。C 原子进入空隙后，引起点阵畸变，点阵常数增大。溶入的碳越多，点阵常数越大，如图 2-3 所示。

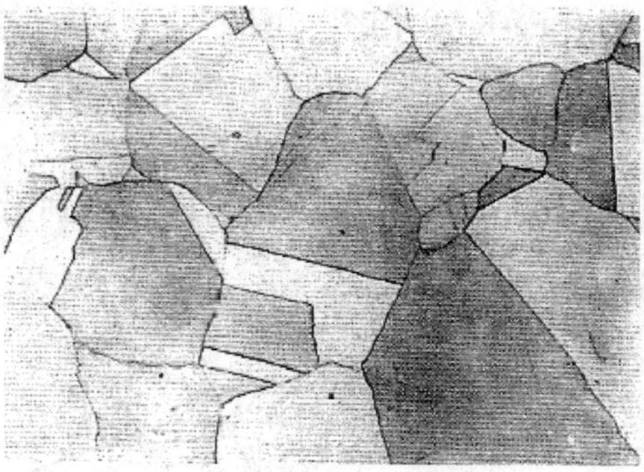

图 2-1　奥氏体的金相组织

实际上碳在奥氏体中的最大溶解度是 w_C㊁ 为 2.11%（1148℃），而不是按所有的八面体空隙均被填满时计算所得的 w_C 为 17.7%。按最大溶解度计算，大约 2.5 个 γ-Fe 晶胞中才有一个 C 原子。

碳原子在奥氏体中的分布是不均匀的，存在着浓度起伏。用统计理论计算表明，在含碳 w_C 为 0.85% 的奥氏体中可能存在着比其平均浓度高八倍的区域。

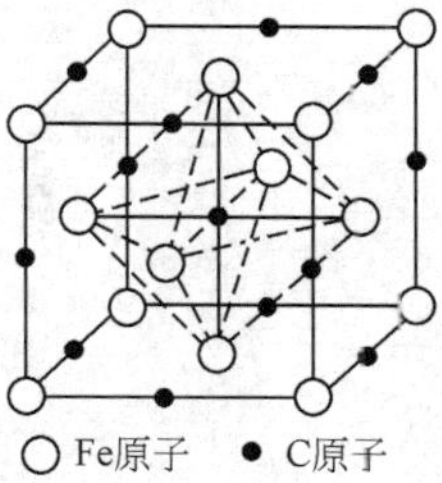

图 2-2　C 在 γ-Fe 中可能的间隙位置

合金钢中的奥氏体是 C 及合金元素溶于 γ-Fe 中形成的固溶体。Mn、Si、Cr、Ni、Co 等合金元素溶入 γ-Fe 后将取代 Fe 原子形成置换式固溶体，引起点阵畸变和点阵常数变化。所以合金奥氏体的点阵常数除与碳含量有关外，还与合金元素的含量及合金元素原子和 Fe 原子的半径差等因素有关。

㊀ Å 是非法定单位，1Å = 0.1nm。

㊁ w_C 表示碳的质量分数，下同。

Fe-C 合金的奥氏体在 727℃以下是不稳定相。但在 Fe-C 合金中加入足够数量的能扩大 γ 相区的合金元素后，可使奥氏体在室温甚至室温以下成为稳定相。能在室温下以奥氏体状态使用的钢称为奥氏体钢。奥氏体呈顺磁性，故奥氏体钢可以用作无磁钢。

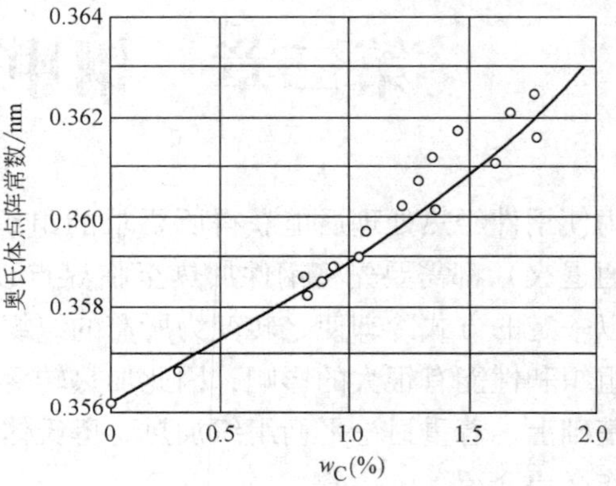

图 2-3 奥氏体点阵常数和碳含量的关系

在钢的各种组织中，以奥氏体的密度最高，比体积最小，线膨胀系数最大，导热性能最差，故奥氏体钢在加热时应适当降低加热速度。奥氏体滑移系多，屈服强度低，易于产生塑性变形，这为钢铁材料的塑性成形加工提供了便利条件。

第二节 奥氏体形成的热力学条件

由 Fe-Fe_3C 相图（图 2-4）可知，在 A_1 以下，碳钢的平衡相为铁素体和渗碳体。当温度超过 A_1 后，由两相组成的珠光体将转变为单相奥氏体。随着温度继续升高，亚共析钢中的过剩相——铁素体将不断转变为奥氏体，而过共析钢中的过剩相——渗碳体也将不断溶入奥氏体，此时，奥氏体的化学成分分别沿 GS 和 ES 曲线变化。当温度升高到 GSE 线以上时，都将得到单相奥氏体。

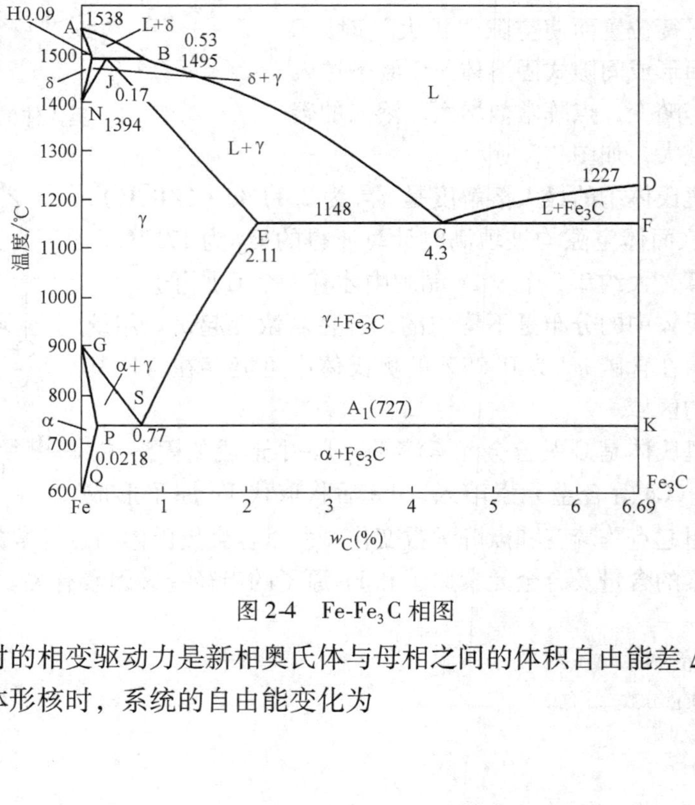

图 2-4 Fe-Fe_3C 相图

钢加热转变时的相变驱动力是新相奥氏体与母相之间的体积自由能差 ΔG_V。按固态相变形核理论，奥氏体形核时，系统的自由能变化为

$$\Delta G = V\Delta G_V + S\gamma + V\Delta G_S \tag{2-1}$$

式中，V 为新相（奥氏体）的体积；S 为新相表面积；γ 为单位面积界面能，ΔG_S 为应变能。因为奥氏体在高温下形成，应变能较小，因此相变的阻力主要是界面能。图 2-5 示出了共析钢奥氏体和珠光体的体积自由能随温度的变化曲线，它们交于 A_1 点（727℃）。当温度等于 727℃时，珠光体和奥氏体自由能相等，相变不会发生。当温度高于 A_1 时，ΔG_V 为负值，即式（2-1）右侧第一项为负值，这时才有可能发生相变，珠光体将转变为奥氏体；反之奥氏体将转变为珠光体，亦即相变必须在有过热（过冷）的条件下才能进行。

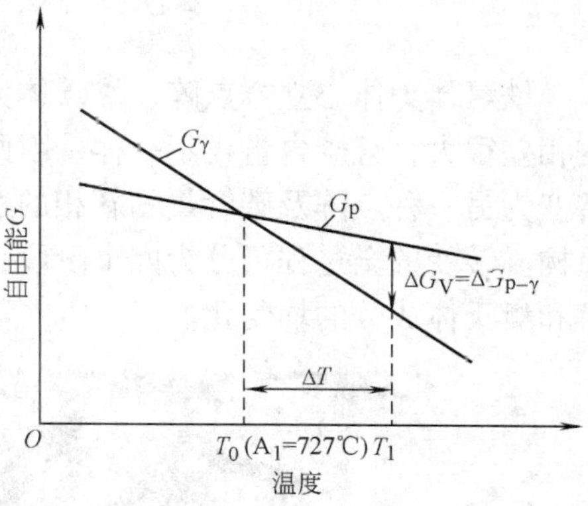

图 2-5　珠光体（P）和奥氏体（γ）自由能和温度的关系示意图

加热（冷却）速度越大，过热（过冷）程度也越大。这就使加热和冷却时发生转变的温度（即临界点）不在同一温度。通常给加热时的临界点加脚标 c，如 Ac_1、Ac_3、Ac_{cm} 等；而给冷却时的临界点加脚标 r，如 Ar_1、Ar_3、Ar_{cm} 等。图 2-6 示出在加热速度和冷却速度均为 0. 125℃/min 时的临界点。

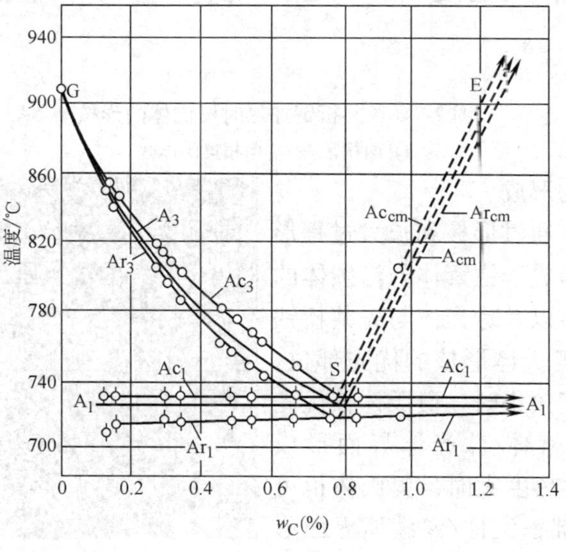

图 2-6　加热速度和冷却速度为 0. 125℃/min 时，$Fe\text{-}Fe_3C$ 相图中的临界点

第三节　奥氏体的形成机制

本节着重以共析成分的珠光体为例，讨论珠光体→奥氏体转变机制。珠光体由渗碳体和

铁素体组成，当加热至 Ac_1 以上温度时，将转变成单相奥氏体，即

$$\underset{\substack{w_C 0.02\% \\ \text{体心立方点阵}}}{\alpha} + \underset{\substack{w_C 6.67\% \\ \text{复杂斜方点阵}}}{Fe_3C} \xrightarrow{\text{加热至 } Ac_1 \text{ 以上}} \underset{\substack{w_C 0.77\% \\ \text{面心立方点阵}}}{\gamma}$$

铁素体为体心立方点阵，渗碳体为复杂斜方点阵，奥氏体为面心立方点阵，三者点阵结构相差很大，且碳含量也不一样。因此，奥氏体的形成是由点阵结构和碳含量不同的两个相转变为另一种点阵及碳含量的新相的过程，其中包括碳通过扩散的重新分布和 $\alpha \rightarrow \gamma$ 的点阵重构。转变的全过程可分为四个阶段：奥氏体晶核的形成、奥氏体晶核的长大、渗碳体的溶解和奥氏体成分的均匀化。

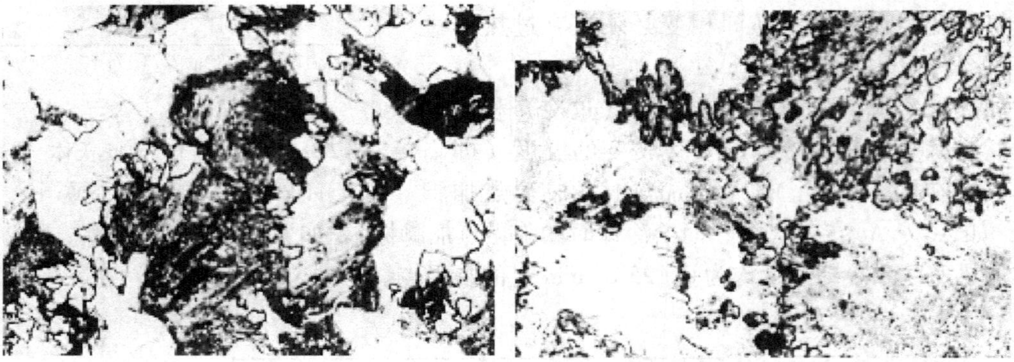

a) b)

图 2-7 亚共析钢加热时奥氏体的形核

a）两相区 b）单相奥氏体区

一、奥氏体晶核的形成

研究证明，奥氏体通过形核和长大过程形成。奥氏体晶核通常形成于铁素体与渗碳体的交界面。珠光体团边界以及珠光体与先共析铁素体之间的界面均是奥氏体形核的优先部位。在亚共析钢中，过热度较小时，奥氏体核优先在珠光体团边界、铁素体/珠光体界面形成（图 2-7a，图 2-8）；过热度大时，奥氏体也可以在片状珠光体团内部铁素体/渗碳体界面形核（图 2-7b）。在快速加热时因为相变过热度大，奥氏体临界晶核半径小，奥氏体成分范围大，故奥氏体核也可以在铁素体内的亚晶界上形成。

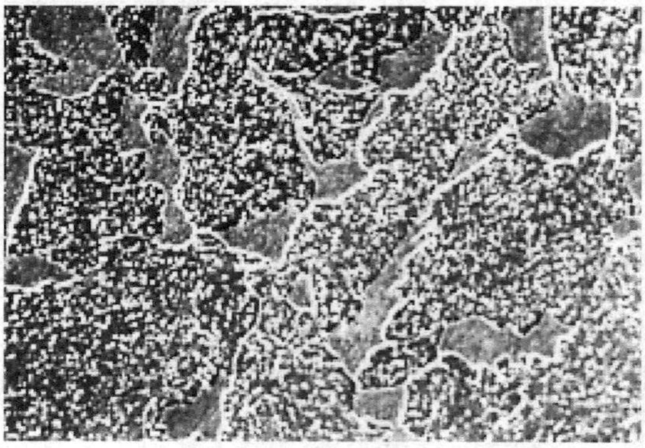

图 2-8 20CrMnTi 钢淬火 + 高温回火组织（$\alpha + Fe_3C$）加热到两相区时奥氏体的形成

二、奥氏体晶核的长大

奥氏体晶核在铁素体与渗碳体相界面上形成后，将同时出现 γ-α 和 γ-Fe_3C 相界面。奥氏体的长大过程也就是这两个相界面向铁素体和渗透体中推进的过程。若奥氏体晶核在 Ac_1 以上

的某一温度 T_1 形成，且设与渗碳体及铁素体的界面为平直界面（图 2-9a），则相界面处各相的碳浓度可由 Fe-Fe_3C 相图确定（图 2-9b）。图中 $C_{\alpha\text{-}\gamma}$ 为与奥氏体相接触的铁素体的 C 浓度，$C_{\alpha\text{-}C}$ 为与渗碳体相接触的铁素体的 C 浓度，$C_{\gamma\text{-}\alpha}$ 为与铁素体相接触的奥氏体的 C 浓度，$C_{\gamma\text{-}C}$ 为与渗碳体相接触的奥氏体的 C 浓度，$C_{C\text{-}\gamma}$ 为与奥氏体相接触的渗碳体的 C 浓度（6.67%）。

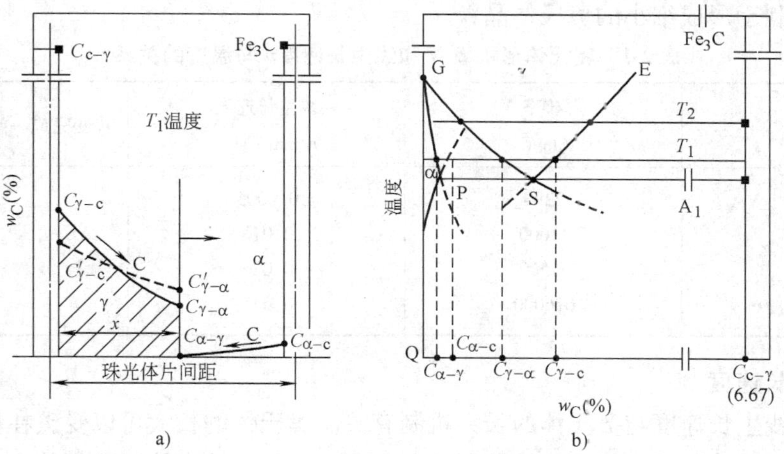

图 2-9　共析钢奥氏体晶核长大示意图
a）相界面推移示意图　b）奥氏体在 T_1 温度形核时各相中 C 的浓度

由图 2-9b 可见，$C_{\gamma\text{-}C} > C_{\gamma\text{-}\alpha}$，因此在奥氏体内出现碳浓度梯度，C 从高浓度的奥氏体/渗碳体界面向低浓度的奥氏体/铁素体界面扩散，使 C 浓度梯度降低（图 2-9a 中虚线），结果破坏了相界面的平衡。为恢复平衡，必然导致渗碳体溶入奥氏体中，以使渗碳体/奥氏体界面处 C 浓度恢复至 $C_{\gamma\text{-}C}$。与此同时，在奥氏体/铁素体相界面处，低碳铁素体将转变为奥氏体，使界面处奥氏体的 C 浓度降低到 $C_{\gamma\text{-}\alpha}$。通过奥氏体的相界面同时向渗碳体和铁素体中推移，奥氏体不断长大。

C 在奥氏体中扩散的同时，也在铁素体中扩散（图 2-9a）。这种扩散同样也促进奥氏体的长大，但作用甚微。

三、渗碳体的溶解和奥氏体的均匀化

如上所述，奥氏体晶核形成后将不断向 α 铁素体和 Fe_3C 中长大，但长大速度不同，通常向 Fe_3C 中长大的速度较低。因此在铁素体全部消失后将残留一部分 Fe_3C，同时在奥氏体中还存在碳的不均匀性。随着保温时间的延长，残留的 Fe_3C 将继续溶入奥氏体。Fe_3C 溶解结束时，奥氏体中仍存在 C 的不均匀性，需要继续通过扩散过程才能消除，称为奥氏体的均匀化。

第四节　奥氏体等温形成动力学

奥氏体形成速度取决于形核率 N 和线生长速度 v。在等温条件下，N 和 v 均为常数。

一、形核率

在奥氏体均匀形核的条件下，形核率 N 与温度 T 之间的关系为

$$N = C' e^{-\frac{\Delta G_m}{kT}} e^{-\frac{\Delta G^*}{kT}} \tag{2-2}$$

式中，C' 为常数；ΔG_m 为扩散激活能；T 为热力学温度；k 为波耳兹曼常数；ΔG^* 为临界形

核功。

由表 2-1 可见，当转变温度升高时，形核率 N 将迅速增大。这是因为随转变温度升高，原子扩散能力增加，相变驱动力增大而使临界形核功 ΔG^* 减小以及奥氏体形核所需要的 C 含量起伏减小所致。因此，提高加热速度，使奥氏体形成温度升高，即可使奥氏体形核率急剧增大，这有利于形成细小的奥氏体晶粒。

表 2-1 奥氏体形核率 N 和线生长速度 v 与温度的关系

转变温度/℃	形核率 N /个·(mm³·s)$^{-1}$	线生长速度 v/mm·s^{-1}	转变完成一半所需的时间 t/s
740	2280	0.0005	100
760	11000	0.010	9
780	51500	0.026	3
800	616000	0.041	1

二、线生长速度

奥氏体的线生长速度与奥氏体的长大机制有关。奥氏体的长大可以受碳在奥氏体中的扩散所控制，也可受碳在铁素体中的扩散所控制。奥氏体位于铁素体与渗碳体之间时将按前一种机制长大，此时，奥氏体两侧将分别向铁素体与渗碳体推移。奥氏体线生长速度包括向两侧的推移速度。显然，推移速度取决于碳原子在奥氏体中的传输速度。碳原子的传输速度取决于碳在奥氏体中的扩散系数及浓度梯度。扩散系数随温度的升高而增加，碳的浓度梯度则与奥氏体的厚度以及取决于温度的浓度差（$C_{\gamma\text{-C}} - C_{\gamma\text{-}\alpha}$）有关。

如忽略铁素体与渗碳体中碳的浓度梯度，则可由扩散定律导出奥氏体长大时的界面推移速度为

$$v_{\gamma\to\alpha} = -K\frac{D_{\mathrm{C}}^{\mathrm{r}}\dfrac{\mathrm{d}C}{\mathrm{d}x}}{C_{\gamma\text{-}\alpha} - C_{\alpha\text{-}\gamma}} \tag{2-3}$$

$$v_{\gamma\to\mathrm{C}} = -K\frac{D_{\mathrm{C}}^{\mathrm{r}}\dfrac{\mathrm{d}C}{\mathrm{d}x}}{6.67 - C_{\gamma\text{-}C}} \tag{2-4}$$

式中，K 为常数；D_{C}^{γ} 为 C 在奥氏体中的扩散系数；$\frac{\mathrm{d}C}{\mathrm{d}x}$为相界面处奥氏体中 C 的浓度梯度；$C_{\gamma\text{-}\alpha}$为与铁素体相接触的奥氏体的 C 浓度；$C_{\alpha\text{-}\gamma}$为与奥氏体相接触的铁素体的 C 浓度；$C_{\gamma\text{-c}}$为与渗碳体相接触的奥氏体的 C 浓度。式中负号表示下坡扩散。

由式（2-3）及式（2-4）可见，奥氏体界面向两侧推移速度与 D_{C}^{γ} 及$\frac{\mathrm{d}C}{\mathrm{d}x}$成正比，与界面两侧碳浓度差成反比。温度升高时，由于：①扩散系数 D_{C}^{γ} 呈指数增加；②随 $C_{\gamma\text{-C}}$与 $C_{\gamma\text{-}\alpha}$差值增加而使$\frac{\mathrm{d}C}{\mathrm{d}x}$增加；③界面两侧碳浓度差（$C_{\gamma\text{-}\alpha} - C_{\alpha\text{-}\gamma}$）及（$6.67 - C_{\gamma\text{-C}}$）均减小，故 $v_{\gamma\to\alpha}$ 及 $v_{\gamma\to\mathrm{C}}$均随温度的升高而增加。

当铁素体位于奥氏体与渗碳体中间时，奥氏体的长大将受碳在铁素体中的扩散所控制。同样可推导出 $v_{\gamma\to\alpha}$为

$$v_{\gamma\to\alpha} = -K\frac{D_{\mathrm{C}}^{\alpha}\dfrac{\mathrm{d}C}{\mathrm{d}x}}{C_{\gamma\text{-}\alpha} - C_{\alpha\text{-}\gamma}} \tag{2-5}$$

式中，K 为常数；D_{C}^{α} 为 C 在铁素体中的扩散系数；$\frac{\mathrm{d}C}{\mathrm{d}x}$为 γ/α 相界面处铁素体中 C 的浓度梯度；$C_{\gamma\text{-}\alpha}$为与铁素体相接触的奥氏体的 C 浓度；$C_{\alpha\text{-}\gamma}$为与奥氏体相接触的铁素体的 C 浓度。

对比式（2-3）及式（2-5）可见，虽然 D_{C}^{α} 大于 D_{C}^{γ}，但因式（2-5）中的 $\frac{\mathrm{d}C}{\mathrm{d}x}$远小于式（2-3）中的$\frac{\mathrm{d}C}{\mathrm{d}x}$，故此时的 $v_{\gamma\to\alpha}$极小。

综上所述，奥氏体形成温度升高时，形核率 N 和线生长速度 v 均随温度升高而增大。所以，奥氏体形成速度随形成温度的升高而单调增大。

三、奥氏体等温形成动力学曲线

为简便起见，首先讨论共析钢的奥氏体等温形成动力学曲线。奥氏体等温形成时，形核率 N 和线生长速度 v 均为常数，转变量与转变时间的关系如图 2-10a 所示，称为奥氏体等温形成动力学曲线。从这些曲线可以得出各个温度下等温形成的开始及终了时间。等温温度越高，N 和 v 越大，等温形成动力学曲线越靠左，等温形成的开始及终了时间也越短，见表 2-1。将所得等温形成的开始及终了时间综合绘制在转变温度与时间坐标系上，即可得到奥氏体等温形成图，如图 2-10b。通常，将奥氏体开始形成以前的一段时间称作奥氏体形成的孕育期。

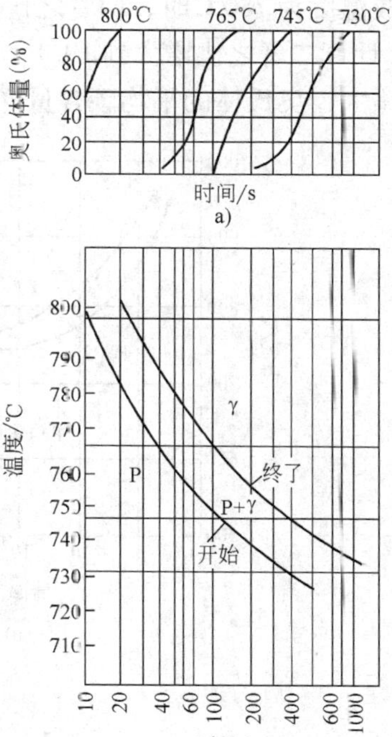

图 2-10　w_{C} 为 0.86% 钢奥氏体等温形成图

a）动力学曲线　b）等温形成图

图 2-10b 中的转变终了曲线对应于铁素体全部消失的时间，此后，还需经过一段时间才能使残留渗碳体全部溶解和奥氏体成分完全均匀化。在整个奥氏体形成过程中，残留渗碳体的溶解以及奥氏体成分的均匀化所需的时间都很长（图 2-11）。

对于亚共析钢或过共析钢，当珠光体全部转变为奥氏体后，还有铁素体或渗碳体的继续转变。这也需要通过 C 原子在奥氏体中的扩散及奥氏体与剩余相之间的相界推移来进行。也可以把铁素体转变终了曲线或渗碳体溶解终了曲线画在奥氏体等温形成图上（图 2-12）。与共析钢相比，过共析钢的碳化物溶解和奥氏体成分均匀化所需的时间要长得多。

四、影响奥氏体形成速度的因素

影响奥氏体形核率和线生长速度的因素都会影响奥氏体的形成速度，如加热温度、钢的原始组织和化学成分等。

1. 加热温度的影响

由于奥氏体的形成过程受碳在奥氏体中的扩散所控制，故随温度升高，相变驱动力增大，C 原子扩散速度加快，奥氏体形核率 N 及线生长速度 v 均大大增加，如表 2-1 所示，因此奥氏体形成速度也随加热温度升高而迅速增大。由图 2-10 可见，奥氏体形成温度越高，转变的孕育期越短，转变完成所需时间也越短。

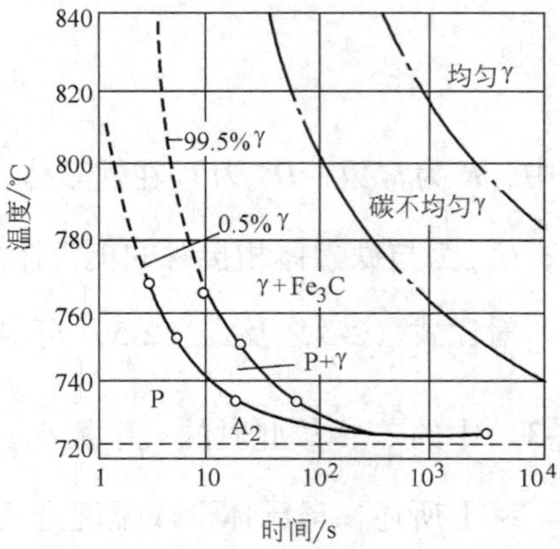

图 2-11 共析钢奥氏体等温形成图

随奥氏体形成温度升高，形核率的增长速率高于线生长速度的增长速率。从表 2-1 可知，转变温度从 740℃提高到 800℃时，形核率增长 270 倍，而线生长速度只增加 80 倍。因此，奥氏体形成温度越高，所得起始晶粒也越细小。同时，随转变温度升高，奥氏体/铁素体界面向铁素体推移的速度与奥氏体/渗碳体界面向渗碳体推移的速度之比也增大。例如，奥氏体形成温度为 780℃时，两者之比约为 14.8，而当奥氏体形成温度升高至 800℃时，由式（2-4）计算二者之比增大到 19.1。因此，随奥氏体形成温度升高，铁素体消失时残留渗碳体的量增大，奥氏体的平均碳含量降低。

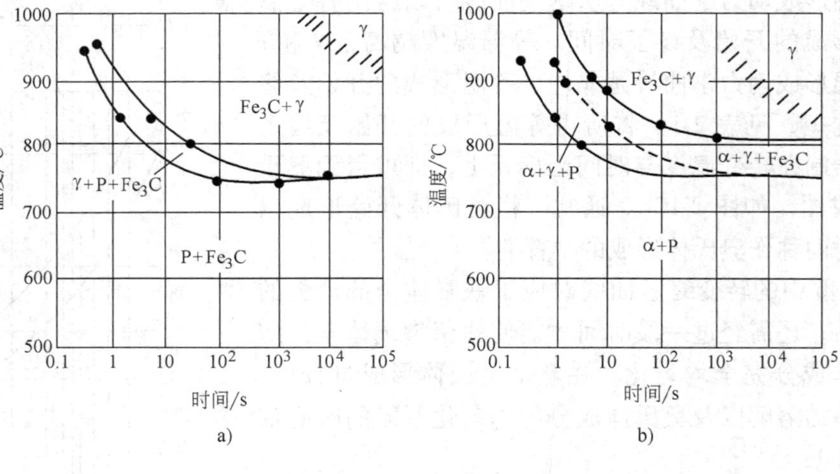

图 2-12 奥氏体等温形成图

a) w_C 为 1.2% 钢 b) w_C 为 0.45% 钢

综上所述，随奥氏体形成温度的升高，由于形核率的增长速度高于线生长速度的增长速率，导致奥氏体起始晶粒细化；同时，由于相变温度升高，相变的不平衡程度增大，在铁素体消失的瞬间，残留渗碳体量增多，因而奥氏体的平均碳含量降低。这两个因素均有利于改善淬火钢的韧性，尤其是对高碳工具钢更有重要的实际意义，由此发展了快速加热、短时保温等强韧化处理新工艺。

2. 钢的碳含量和原始组织的影响

钢中碳含量越高，奥氏体形成速度越快。因为钢中碳含量增加时，碳化物数量增多，增加了铁素体/渗碳体相界面，因而增加了奥氏体形核部位，使形核率增大。同时，碳化物数量增加后，使 C 的扩散距离减少，另外，C 和 Fe 原子的扩散系数也增大，这些因素都将加快奥氏体的形成。但在过共析钢中，由于碳化物数量过多，随碳含量增加，也会引起残留碳化物溶解和奥氏体均匀化时间的延长。

在钢的成分相同的情况下，原始组织中的碳化物的分散度越高，则铁素体/渗碳体相界面越多，形核率便越大；同时，碳化物分散度高时，珠光体片层间距减小，奥氏体中C的浓度梯度增大，使扩散速度加快。因此，钢的原始组织越细，奥氏体形成速度越快。例如，奥氏体形成温度为760℃时，若珠光体的片层间距从0.5μm减至0.1μm时，奥氏体的线生长速度约增加7倍。所以，钢的原始组织为托氏体时，其奥氏体形成速度比索氏体和珠光体都快。

原始组织中碳化物的形状对奥氏体形成速度也有一定的影响。片状珠光体与粒状珠光体相比较，由于片状珠光体中的渗碳体呈薄片状，相界面大，所以加热时奥氏体形核率高。

3. 合金元素的影响

合金元素不影响珠光体向奥氏体转变的机制，但影响碳化物的稳定性及C在奥氏体中的扩散系数，且许多合金元素在碳化物与基体之间的分配是不同的，所以合金元素的存在会影响奥氏体的形成速度以及碳化物溶解和奥氏体均匀化的速度。

强碳化物形成元素Cr、Mo、W等可降低C在奥氏体中的扩散系数，因而显著减慢奥氏体形成速度。非碳化物形成元素Co和Ni等可增大C在奥氏体中的扩散系数（钢中加入w_{Co} 4%约使C在奥氏体中的扩散系数增加一倍），加速奥氏体形成。Si和Al对C在奥氏体中的扩散影响不大，因此对奥氏体形成速度无显著影响。

合金元素可以改变临界点A_1、A_3、A_{cm}等的位置，并使之扩大为一个温度范围，因而改变了相变时的过热度，从而影响奥氏体形成速度。如Ni、Mn、Cu等降低A_1点，相对地增大了过热度，提高了奥氏体的形成速度。Cr、Mo、Ti、Si、Al、W、V等提高A_1点，相对地降低了过热度，所以减慢了奥氏体的形成速度。

此外，钢中加入合金元素还可以影响珠光体片层间距，改变C在奥氏体中的溶解度，从而影响相界面的浓度差及C在奥氏体中的浓度梯度以及形核功等，这些都会影响奥氏体的形成速度。

合金元素在钢中的分布是不均匀的，弱碳化物形成元素主要分布在Fe_3C中，如Mn；非碳化物形成元素主要分布在α相中，如Ni、Si；强碳化物形成元素主要分布在特殊碳化物中，如Mo、W、V、Ti等。钢中含w_{Cr}为1%时，退火状态下碳化物中约含w_{Cr}为5%，而α-Fe中仅含w_{Cr}为0.5%，可见Cr主要集中在碳化物中。钢中含w_{Ni}为4%时，在退火状态下碳化物中仅含w_{Ni}为1%，大部分存在于固溶体中。合金元素在钢中分布的不均匀性，即使在碳化物完全溶解后也还存在。因此，合金钢的奥氏体均匀化过程，除C的均匀化以外，还包括了合金元素的均匀化。由于合金元素的扩散系数仅相当于碳的1/1000～1/10000，同时，碳化物形成元素还降低C在奥氏体中的扩散系数，故VC、TiC等特殊碳化物更难于溶解。因此，合金钢奥氏体均匀化过程要比碳钢长得多。鉴于这些原因，为了使合金钢奥氏体成分均匀化，需要加热到较高的温度和保温较长的时间。

第五节 连续加热时奥氏体的形成

在生产实际中奥氏体往往是在连续加热过程中形成的。这是因为在生产条件下，加热速度比较快，奥氏体形成过程开始后，由于工件能够吸收到的热量超过转变所需的热量，所以温度仍将继续升高。连续加热过程中奥氏体的形成过程可以看成是由许多个等温过程的叠加。因此，连续加热过程中奥氏体的形成过程与奥氏体等温形成过程基本一样，也经过形核、长大、残留碳化物溶解、奥氏体均匀化四个阶段，但与等温形成过程相比，有以下几个特点。

一、转变在一个温度范围内完成

钢在连续加热时，奥氏体形成的各个阶段都是在一个温度范围内完成的，而且随加热速度的增大，各个阶段的转变温度范围均向高温推移并扩大。

在等速加热条件下，奥氏体形成过程的热分析曲线如图 2-13 所示，呈马鞍形。当加热速度不大时，在转变初期，因珠光体向奥氏体的转变速度小，故吸收的热量（相变潜热）q 亦很小，如果外界提供给试样的热量 Q 等于转变所消耗的热量 q，则全部热量都用于形成奥氏体，温度不再上升，出现平台，转变在等温下进行。但若加热速度较快，此时 $Q>q$，即提供给试样的热量除用于转变之外尚有剩余，这部分热量将使温度继续上升，但升温速度减慢，因而偏离直线，如图 2-13 中的 aa_1 段。随转变温度升高，转变速度加快，转变所需热量增加，当达到 $q=Q$ 时，将出现平台。随转变速度进一步加快，奥氏体大量形成，消耗大量热量，导致 $q>Q$，温度开始下降，出现 a_1c 段；最后，转变速度逐渐降低，当 $Q>q$ 时，温度复又上升。

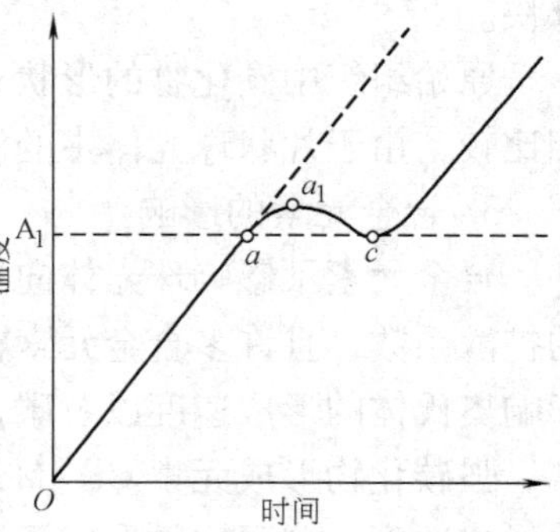

图 2-13 连续加热条件下奥氏体形成的热分析曲线

提高加热速度，aa_1 段向高温推移，下降段 a_1c 逐渐消失，两者合并为一斜率较小的直线，且随加热速度的进一步提高继续向高温推移并直线缩短，如图 2-14 所示。

二、转变速度随加热速度增加而增加

从图 2-14 中可以得出在不同加热速度下的奥氏体形成开始及终了的温度与时间。将所得数据绘入温度-时间图中并分别将开始点及终了点连接成线，即可得出图 2-15 所示的共析碳钢在连续加热时的奥氏体形成图。由图可见，加热速度越快，转变开始和终了温度越高，转变所需的时间越短，即奥氏体形成的速度越快。同时，还可明显看到，连续加热时，珠光体到奥氏体转变的各个阶段都不是在恒定的温度下进行的，而是在一个相当大的温度范围内进行的，加热速度越快，转变温度范围越大。

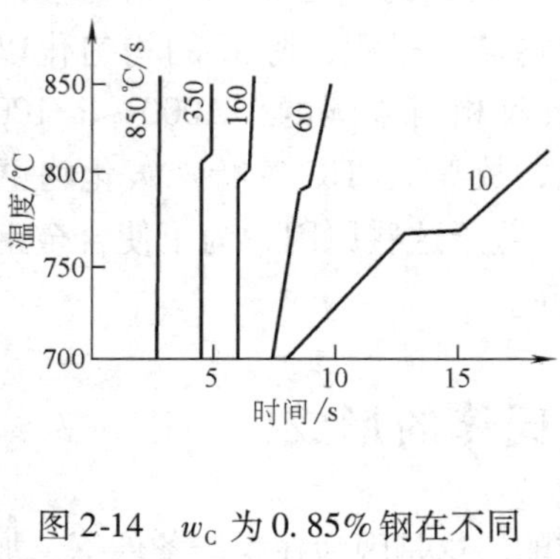

图 2-14 w_C 为 0.85% 钢在不同加热速度下的加热曲线

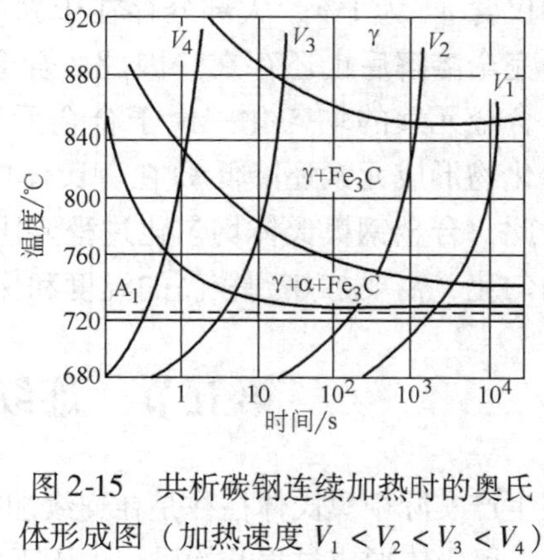

图 2-15 共析碳钢连续加热时的奥氏体形成图（加热速度 $V_1<V_2<V_3<V_4$）

三、奥氏体成分不均匀性随加热速度增大而增大

前已述及，钢在连续加热时，随加热速度的增加，转变温度将升高。由图 2-9 可知，$C_{\gamma\text{-}\alpha}$将随转变温度升高而减小，$C_{\gamma\text{-}c}$则随转变温度升高而增大。另外，在快速加热的条件下，碳化物来不及充分溶解，C 和合金元素的原子也都来不及充分扩散，这些都将造成奥氏体中碳和合金元素分布的不均匀。图 2-16 给出了加热速度和加热温度对 40 钢奥氏体内高碳区最高碳含量的影响。由图可见，随加热速度的升高，高碳区内最高碳含量也增大，并向高温方向推移。当以 230℃/s 的加热速度加热至 960℃时，奥氏体中高碳区的最高碳含量可高达 w_C1.7%。当淬火加热温度一定时，随加热速度增大，转变时间缩短，原为珠光体和铁素体区域内的奥氏体碳含量差别增大，并且剩余碳化物数量增多，导致奥氏体基体的平均碳含量降低。在实际生产中，可能因为加热速度快，保温时间短，而导致亚共析钢淬火后得到碳含量低于平均成分的马氏体和尚未完全转变的铁素体及碳化物。这种情况应注意避免。在高碳钢中，则可能出现碳含量低于共析成分的低、中碳马氏体及剩余碳化物，这有助于提高韧性，应加以利用。

四、奥氏体起始晶粒大小随加热速度增大而细化

在快速加热时，随转变过热度增大，奥氏体形核率急剧增大，线生长速度也随之增加，转变在短时间内即告结束（如用 10^7℃/s 加热时，奥氏体形成时间只有 10^{-5}s），形成的奥氏体晶粒来不及长大，若立即淬火可以获得超细组织。例如，采用超高频脉冲加热（时间为 10^{-3}s）淬火后，在两万倍的显微镜下也难以分辨出奥氏体晶粒大小。

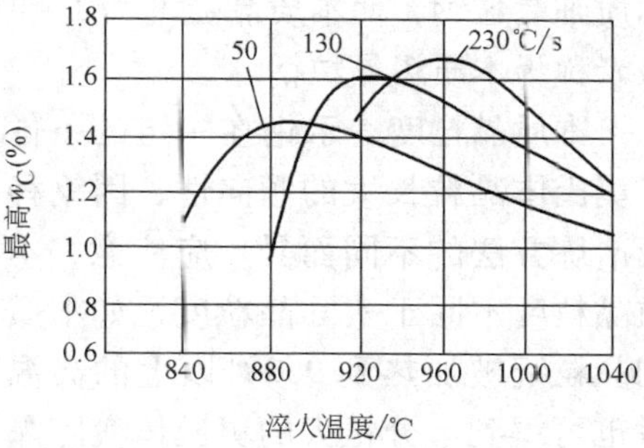

图 2-16　加热速度和淬火温度对 w_C 为 0.4% 钢奥氏体中高碳区最高碳含量的影响

综上所述，在连续加热时，随加热速度的增大，奥氏体形成被推向高温，奥氏体起始晶粒细化；同时，由于残留碳化物数量随加热速度增加而增多，故奥氏体的平均碳含量下降，这两个因素均可提高淬火马氏体的强韧性。近年来发展起来的快速加热、超快速加热和脉冲加热淬火均是据此而发展出来的。

第六节　奥氏体晶粒长大及其控制

奥氏体晶粒大小对冷却转变过程及其所获得的组织与性能有很大影响。因此，了解奥氏体晶粒长大的规律及控制奥氏体晶粒大小的方法，对于热处理实践具有重要意义。

一、奥氏体晶粒度

奥氏体晶粒大小可以用晶粒度表示，晶粒度级别与晶粒大小的关系为

$$n = 2^{N-1} \tag{2-6}$$

式中，n 为放大 100 倍时，视场中 1 平方英寸面积内的晶粒数（个/in^2）㊀；N 为奥氏体晶粒度级别。

㊀ 1 in = 25.4mm。

一般将 1 ~4 级称为粗晶粒（晶粒平均直径为 0.25 ~0.088mm），5 ~8 级称为细晶粒（晶粒平均直径为 0.062 ~0.022mm），8 级以上为超细晶粒。随着控制轧制、控制冷却工艺的发展，已经很容易获得 11 ~12 级超细晶粒钢（晶粒平均直径小于 10μm），由于奥氏体晶粒细化使钢铁材料的性能得到大幅度提高。

为了便于进行生产检验，国家标准 GB/T 6394—2002 备有标准评级图，可将显微镜下观察到的组织或拍摄的照片与标准评级图对比即可确定奥氏体晶粒度。这种方法简便易行，在生产中广为采用。

奥氏体晶粒度有三种：

1）起始晶粒度——奥氏体形成过程刚结束时的晶粒度。

2）实际晶粒度——热处理加热终了时的晶粒度。

3）本质晶粒度——在 930 ±10℃、保温 3 ~8h 下测定的奥氏体晶粒度。本质晶粒度为 5 ~8 级者称为本质细晶粒钢，而本质晶粒度为 1 ~4 级者称为本质粗晶粒钢。

本质晶粒度表示钢在一定的条件下奥氏体晶粒长大的倾向性，因钢种及冶炼方法的不同而异。应注意，本质晶粒度不同于实际晶粒度，如本质细晶粒钢被加热到 950℃以上的高温时也可得到十分粗大的奥氏体实际晶粒。相反，本质粗晶粒钢当加热温度略高于临界点时也可得到细小的奥氏体晶粒。图 2-17 示出这两种钢不同的奥氏体晶粒的长大倾向。由图可见，本质细晶粒钢在 930 ~950℃以下加热时，晶粒长大倾向很小，所以其淬火加热温度范围较宽，生产上易于掌握。这种钢也可以在 930℃渗碳后直接淬火。但是，对本质粗晶粒钢必须严格控制加热温度，以防止过热而引起奥氏体晶粒粗大。

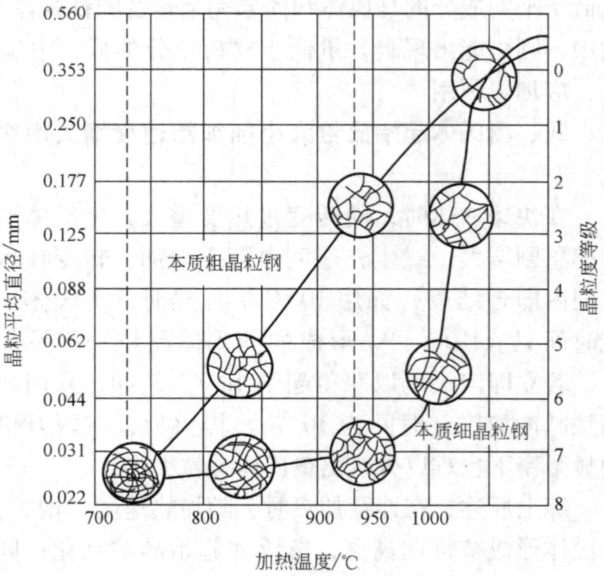

图 2-17 两种不同钢种奥氏体晶粒长大的倾向

奥氏体起始晶粒大小决定于奥氏体的形核率 N 和线生长速度 v。其关系可用下式表示：

$$n = 1.01\left(\frac{N}{v}\right)^{\frac{1}{2}} \tag{2-7}$$

式中，n 为 $1mm^2$ 面积内的晶粒数。

由（2-7）式可知，N/v 值越大，则 n 越大，晶粒越细小。

奥氏体实际晶粒度既取决于钢材的本质晶粒度，又与实际加热条件有关。一般来说，在一定的加热速度下，加热温度越高，保温时间越长，越容易得到粗大的奥氏体晶粒。

二、影响奥氏体晶粒长大的因素

奥氏体晶粒形成后将进一步长大。长大的一般规律是大晶粒吞并周围的小晶粒而使总的晶界面积减小。由界面能减小提供的长大驱动力与晶界曲率半径和界面能大小有关。晶界曲率半径越小（晶粒越细），界面能越大，则奥氏体晶粒长大驱动力越大，即晶粒长大的倾向性越强。分布在晶界上的未溶粒子则对晶界起钉扎作用，阻止晶界移动。由此可见，晶粒长大过程受加热速度、加热温度、保温时间、钢的成分，未溶粒子的性质、数量、大小和分布，以及原始组织等因素的影响。

1. 加热温度和保温时间的影响

加热温度越高，保温时间越长，奥氏体晶粒就越粗大（图2-18）。由图可见，在每一个加热温度的加热和保温过程中都有一个加速长大期，当奥氏体晶粒长大到一定的大小后，长大趋势将减缓直至停止长大。

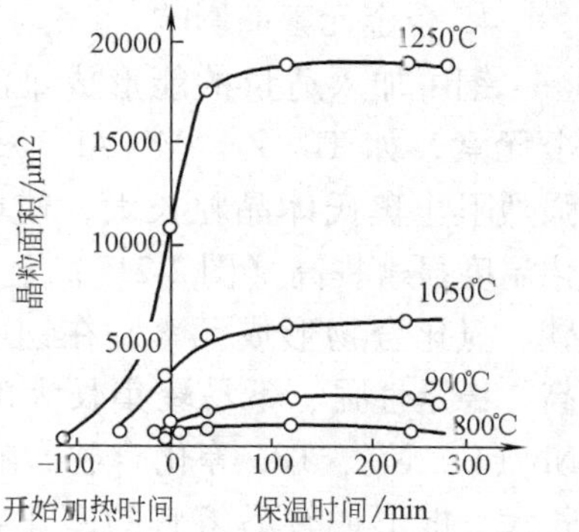

图2-18 奥氏体晶粒大小与加热速度、保温时间的关系（w_C为0.48%，w_{Mn}为0.82%钢）

奥氏体晶粒平均长大速度$\bar{v}$（晶粒平均直径随时间的变化率）与晶界迁移速率及晶粒长大驱动力（总晶界能σ）成正比，与晶粒平均直径$\bar{D}$成反比，即

$$\bar{v} = K' e^{-\Delta G_m/kT} \frac{\sigma}{\bar{D}} \tag{2-8}$$

式中，K'为常数；k为波耳兹曼常数；T为热力学温度；ΔG_m为扩散激活能。

由式（2-8）可见，随加热温度升高，奥氏体晶粒长大速度成指数关系迅速增大。同时，晶粒越细小，界面能越高，晶粒长大速度越大。当晶粒长大到一定限度时，由于$\bar{D}$增大，σ减小，而使$\bar{v}$降低，即长大速度减慢。

由图2-18还可以看出，为控制奥氏体晶粒大小，必须同时控制加热温度和保温时间。低温下保温时间的影响较小，高温下保温时间的影响增大。因此，加热温度高时，保温时间应相应缩短，这样才能获得较为细小的奥氏体晶粒。

2. 加热速度的影响

加热速度越大，奥氏体形成温度越高，奥氏体形核率与长大速度之比随之增大（见表2-1），因此快速加热时可以获得细小的起始晶粒度。加热速度越快，奥氏体起始晶粒度越细小（图2-19）。所以，快速加热，短时间保温可以获得细小的奥氏体晶粒。但如长时间保温，由于奥氏体起始晶粒细小，加之加热温度高，奥氏体晶粒很容易长大。

3. 碳含量的影响

加热温度及保温时间一定时，奥氏体晶粒的大小在一定范围内随钢中碳含量的增加而增大，之后又随碳含量的增加而减小，出现极大值。极大值与加热温度有关，900℃ w_C为1.2%，1000℃ w_C为1.4%，1100℃ w_C为1.6%，1200℃ w_C为1.25%，1300℃ w_C为1.2%（图2-20）。这是因为钢中碳含量增加时，C原子在奥氏体中的扩散系数及Fe的自扩散系数均增大，故奥氏体晶

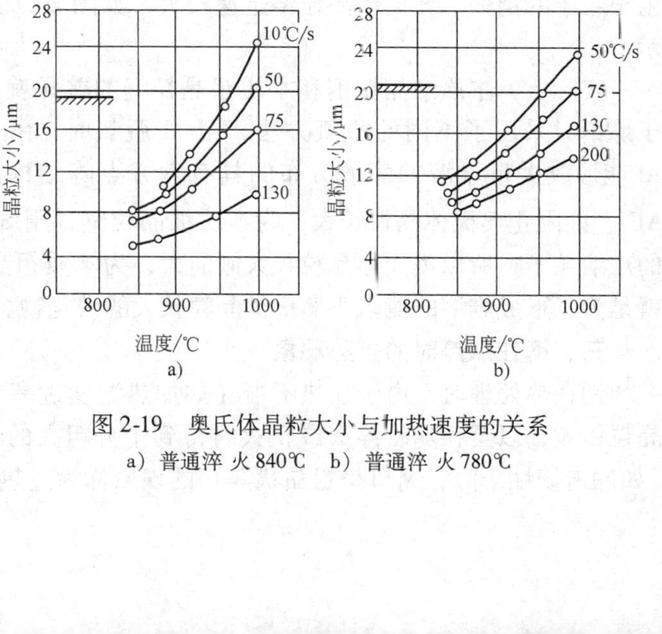

图2-19 奥氏体晶粒大小与加热速度的关系
a）普通淬火840℃ b）普通淬火780℃

粒长大倾向增大。但当超过一定碳含量时，由于出现了能阻止奥氏体晶粒长大的二次渗碳体，故随钢中碳含量的增加，二次渗碳体数量增多，阻止奥氏体晶粒长大，使奥氏体晶粒度等级增加。通常，过共析钢在 $Ac_1 \sim Ac_{cm}$ 之间加热时，可以保持较为细小的晶粒，而在相同的加热温度下，共析钢的晶粒长大倾向最大，这是因为共析钢的奥氏体中没有未溶二次渗碳体所致。

4. 合金元素的影响

钢中加入适量的能形成难溶化合物的合金元素，如 Ti、Zr、V、Al、Nb、Ta 等都能强烈阻止奥氏体晶粒长大，使奥氏体晶粒粗化温度显著提高（图 2-21）。上述元素都是强碳、氮化合物形成元素，在钢中能形成熔点高、稳定性强、不易聚集长大的 NbC、NbN、Nb（C、N）、TiC 等化合物，有效阻止晶粒长大。能形成较易溶解的碳化物的合金元素如 W、Mo、Cr 等也能阻止奥氏体晶粒长大，但其影响程度为中等。不形成化合物的合金元素如 Si 和 Ni 对奥氏体晶粒长大影响很小，Cu 几乎没有影响。另外，Mn、P、C、O 含量，在一定限度以下可增加奥氏体晶粒长大倾向。

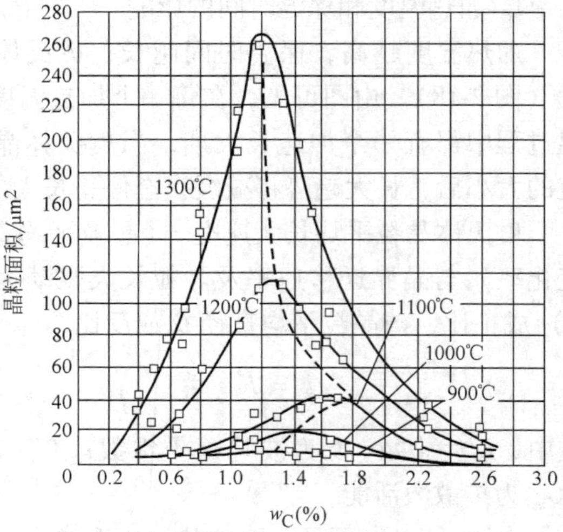

图 2-20 钢中碳含量对奥氏体晶粒长大的影响（保温时间均为 3h）

能阻止奥氏体晶粒长大的未溶粒子所提供的阻力与未溶粒子所占的体积分数以及奥氏体晶界的界面能成正比，与未溶粒子的半径成反比，亦即未溶粒子数量越多，粒子越细，提供的阻力越大。而曲面晶界提供的推动奥氏体晶界移动的推力决定于界面曲率半径。随奥氏体晶粒长大，晶界曲率半径不断增加，推力逐渐降低，当降到与未溶粒子提供的阻力相等时晶界停止移动，亦即停止长大。当加热温度超过未溶粒子发生溶解的温度后，由于粒子的消失，奥氏体晶粒将迅速长大，如图 2-17 所示。

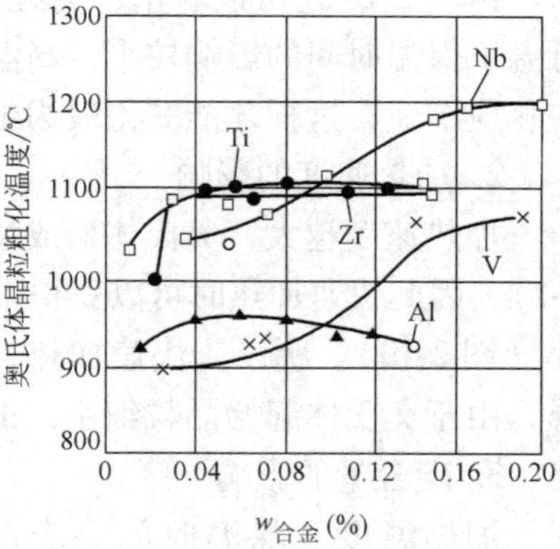

图 2-21 Ti、Zr、Nb、V、Al 对奥氏体晶粒粗化温度的影响

实际上，本质细晶粒钢和本质粗晶粒钢的差异就在于炼钢时采用了不同的脱氧方法。用 Al 脱氧时，由于 Al 能形成大量难溶的弥散分布的具有六方点阵结构的 AlN，能阻止奥氏体晶粒长大，为本质细晶粒钢；用 Si、Mn 脱氧时，因为不形成弥散分布的难溶粒子，所以奥氏体晶粒长大倾向大，为本质粗晶粒钢。在钢中加入少量 Nb、V、Ti，就是为了形成难溶的能阻止奥氏体晶粒长大的碳化物。

三、钢在加热时的过热现象

钢在热处理时，由于加热不当（如加热温度过高或保温时间过长）而引起奥氏体实际晶粒粗大，以至在随后淬火或正火时得到十分粗大的组织，从而使钢的力学性能显著恶化（如冲击韧性下降，断口呈粗晶状等）的现象称为过热。钢过热后不仅使性能下降而且在淬火时极易发生变形和开裂，因此，在热处理生产中不允许有过热发生。一旦由于加热不当，发生了过热，必须进行返修，即重新加热到正常加热温度，以获得新的细小的奥氏体晶粒，然后冷却。过热不严重时，只需进行一次正火即可消除过热组织，使钢的性能得到恢复，使断口细化。但实践表明，钢在过热后，只有在冷却过程中转变为珠光体时，才可以用一次重新加热奥氏体化来消除过热。如果过热的奥氏体在冷却过程中转变成马氏体等非平衡组织，则很难用上述方法消除过热。

第七节　非平衡组织加热时奥氏体的形成

钢以非平衡组织（包括淬火马氏体、贝氏体、回火马氏体、魏氏组织等）作为原始组织进行加热时，常可在奥氏体形成初期获得针状和颗粒状两种形态的奥氏体晶粒，它们的形成规律与钢的成分、原始组织和加热条件等因素有关。现以板条马氏体为例，讨论非平衡组织加热时奥氏体的形成。

一、针状奥氏体的形成

试验证明，低、中碳合金钢以板条状马氏体为原始组织在 $Ac_1 \sim Ac_3$ 之间进行慢速和极快速加热时，在马氏体板条间可形成针状奥氏体（图 2-22）。而在原奥氏体晶界、马氏体束界及块界形成颗粒状奥氏体。在慢速加热时，针状奥氏体常在马氏体板条边界上的渗碳体处形核，沿板条界长成针状奥氏体。

在同一束板条马氏体中的板条间形成的针状奥氏体可能具有相同的空间取向，且都与马氏体板条保持 K-S 关系，即

$$\{111\}_\gamma // \{011\}_{\alpha'}；\langle 0\bar{1}1\rangle_\gamma // \langle \bar{1}\bar{1}1\rangle_{\alpha'}$$

这种针状奥氏体沿板条界面的长大速度较快，如果延长保温时间或提高加热温度，同一板条束内的针状奥氏体将长大合并成为一个等轴奥氏体晶粒，但仍可在其中观察到原来针状奥氏体的痕迹。图 2-23 示出了在 $Ac_1 \sim Ac_3$ 之间形成针状奥氏体后，再加热到 Ac_3 以上时，针状奥氏体长大合并成等轴奥氏体晶粒的过程。由图可见，新形成的奥氏体晶粒基本上恢复了原始奥氏体晶粒的大小，但与原奥氏体晶粒相比较有以下两点不同：①在原奥氏体晶界上存在部分细小的等轴奥氏体晶粒；②在原始奥氏体晶粒内也存在与周围奥氏体位向不同的孤立的等轴奥氏体晶粒，它们可能在马氏体束界、块界或夹杂物边界上形成。

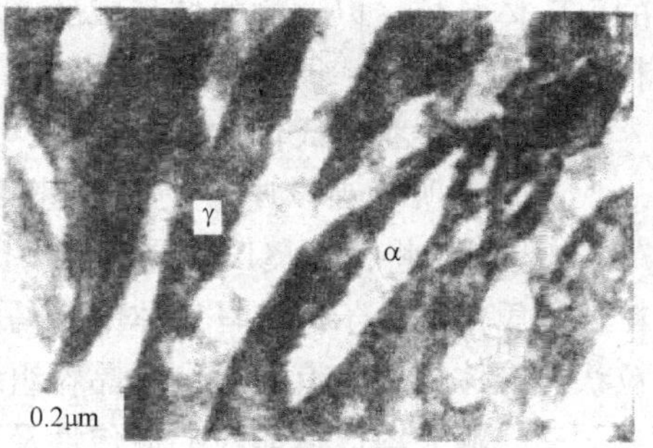

图 2-22　非平衡组织加热时形成的针状奥氏体

形成针状奥氏体的先决条件是原始组织中的马氏体板条在加热到 Ac_1 以上时未发生再结晶。如在加热到 $Ac_1 \sim Ac_3$ 之间的高温区时马氏体板条已经发生了再结晶，板条特征已经消失，则不能再形成针状奥氏体，因此不会导致原始奥氏体晶粒的复原。

关于针状奥氏体的形核机制目前还不很清楚，一般认为，慢速加热时在针状奥氏体形核前马氏体已经发生分解，沿板条界析出了 Fe_3C，但 α 基体并未发生再结晶。奥氏体晶核一般在有 Fe_3C 的板条边界形成。核形成后沿板条界长成针状奥氏体。新形成的奥氏体晶核与铁素体及渗碳体都保持晶体学位向关系，故只可能有一种取向。

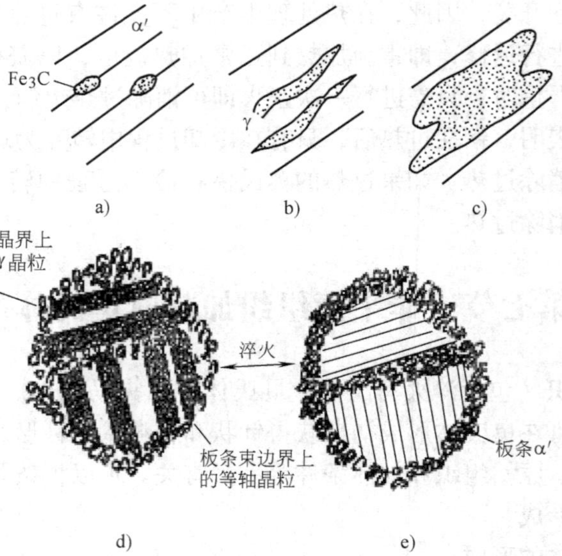

图 2-23 在板条马氏体基体上针状奥氏体形核长大过程示意图

a) 析出 Fe_3C 的板条马氏体 b) 针状奥氏体形核 c) 针状奥氏体合并长大

d) 粗大奥氏体晶粒复原 e) 淬火后获得的粗大板条马氏体

当以极快速度加热时，由于淬火时保留下来的少量残留奥氏体来不及分解，就成了现成的奥氏体晶核。以这样的核长成的针状奥氏体将具有相同的空间取向，故能合并成一个大晶粒。

二、颗粒状奥氏体的形成

试验证明，当以中等的加热速度将非平衡态组织加热到 $Ac_1 \sim Ac_3$ 之间或直接加热到 Ac_3 以上时，将在原奥氏体晶界、马氏体束界、块界，甚至在板条界通过扩散型相变形成颗粒状奥氏体。由于淬火马氏体中的马氏体束界、块界和板条界等形核位置较多，故形成的颗粒状奥氏体往往具有非常细的晶粒组织。

三、粗大奥氏体晶粒的遗传性及其控制

对粗大的非平衡组织进行加热时，在一定的加热条件下，新形成的奥氏体晶粒有可能继承和恢复原粗大奥氏体晶粒，这种现象被称为钢的组织遗传。出现组织遗传时，钢的韧性得不到恢复，断口仍呈粗晶状，即过热组织的影响在重新奥氏体化后并未得到消除。下面讨论组织遗传的一般规律。

1. 影响钢的组织遗传的因素

(1) 原始组织　钢的组织遗传性首先与钢的原始组织有关。当原始组织为珠光体类型组织时，一般不发生组织遗传现象；而当原始组织为非平衡组织时，组织遗传是一个较为普遍的现象。在非平衡组织中又以贝氏体较马氏体的组织遗传性强，因为合金结构钢容易得到非平衡组织，所以容易出现组织遗传。

(2) 加热速度　对具有非平衡组织的合金钢进行加热时，不论是慢速加热还是快速加热都容易出现组织遗传现象，只有采用中速加热时才有可能避免出现组织遗传。但对不同钢种，不发生组织遗传的加热速度差别很大，需要通过试验才能确定。

快速加热时出现的组织遗传现象随加热速度的提高而增强。例如，30CrMnSi 经 1280℃

油淬获得粗大淬火组织后，若再以 800℃/s 的加热速度快速加热至 900℃ 水淬，则二次加热时形成的奥氏体晶粒的大小、形状和取向均将完全恢复到原来的奥氏体的粗晶状态。据此，有人认为这时发生的是马氏体相变的逆转变，即通过切变机制由马氏体转变成奥氏体。如果将加热速度降低到 200~300℃/s 再次加热到 900℃ 时，在原奥氏体晶界上将会形成许多细小的颗粒状奥氏体，但在晶内仍将恢复原来状态。显然，降低加热速度促进了颗粒状奥氏体的形成，使钢的组织遗传性有所减弱。

马氏体的分解程度可能对奥氏体形成机制有一定的影响。淬火而未回火的马氏体在加热过程中发生的分解程度将随加热速度的提高而减轻。马氏体分解程度大时，增加了颗粒状奥氏体的形核部位，所以当加热速度降低到某一定值以下时，可能在奥氏体形成之前马氏体已发生了局部分解，因此在原奥氏体晶界上便出现了颗粒状奥氏体。随加热速度减慢，马氏体分解程度增大，颗粒状奥氏体更易形成，故组织遗传性减弱。反之，加热速度增大，马氏体分解程度降低，抑制了颗粒状奥氏体的形成，组织遗传性随之增强。但按照马氏体以切变方式逆转变成奥氏体的观点，无法解释为何针状奥氏体具有相同的空间取向。因为按照 K-S 位向关系，由一个奥氏体晶粒转变得到的马氏体晶粒最多可以有 24 个空间取向，以每一个位向的马氏体为原始组织再切变回奥氏体时，最多又可以有 24 个空间取向的奥氏体。因此，理论上在原来一个粗大奥氏体晶粒范围内，最多应该有 24×24 个空间取向的针状奥氏体晶粒（其中有重复的）。即使实际情况下可能没有这么多空间取向，但也不应该是一个相同的空间取向。很有可能是淬火马氏体中的残留奥氏体起了决定性作用。加热速度越快，在低温阶段停留的时间就越短，在加热到奥氏体化温度时残留奥氏体可能没有发生转变。这些保留到高温的残留奥氏体就有可能成为现成的奥氏体的核，这些奥氏体核长大到相互接触时将合并成一个粗大的奥氏体晶粒，导致组织遗传。这样可以很好地解释加热速度对快速加热时组织遗传现象的影响，以及为什么贝氏体较马氏体更容易出现组织遗传的现象，因为贝氏体组织中存在比淬火马氏体更多的残留奥氏体。

与快速加热时的情况相反，慢速加热时的组织遗传性随加热速度增大而减弱。例如，35CrMnSi 钢经 1300℃ 淬火获得粗大淬火组织后以 2℃/min 的加热速度加热至 950℃ 淬火时，也将出现组织遗传现象，使奥氏体晶粒大小、形状和位向均得到恢复。加热速度增大时，将在原奥氏体晶界上形成细小颗粒状奥氏体，组织遗传性减弱。例如 0.12%C-3.5%Ni-0.35%Mo 钢淬成马氏体后，在再次加热时形成的针状和颗粒状奥氏体的量随加热速度而变化。加热速度提高，颗粒状奥氏体量增大；加热速度小于 1.7℃/min 时，不形成颗粒状奥氏体，只形成针状奥氏体，导致组织遗传。在热处理生产中，大型合金钢零件从 600℃ 加热到 860℃ 往往需要 4h，此时，加热速度约为 1℃/min。因此，若前面的热加工工序造成了粗大的非平衡组织，然后再用 1℃/min 的速度加热便有可能出现组织遗传。加热速度对组织遗传的影响可概括成图 2-24 所示。

合金结构钢过热淬火组织慢速加热时出现组织遗传的原因可能是在加热的过程中虽然发生了碳化物的析出，但是 α 基底没有发生再结晶，因而有利于针状奥氏体形成。由于新形成的奥氏体核与 α 相及碳化物均保持一定的晶体学位向关系，因此，在同一个板条束内形成的针状奥氏体具有同一种取向，故在长大到相互接触时能相互合并，导致组织遗传。加热速度增大时，过热度增大，α 相有可能发生再结晶，促使形成更多的颗粒状奥氏体，因而使组织遗传程度降低。另外，提高加热速度，在原奥氏体晶界、板条马氏体束界等处形成的小

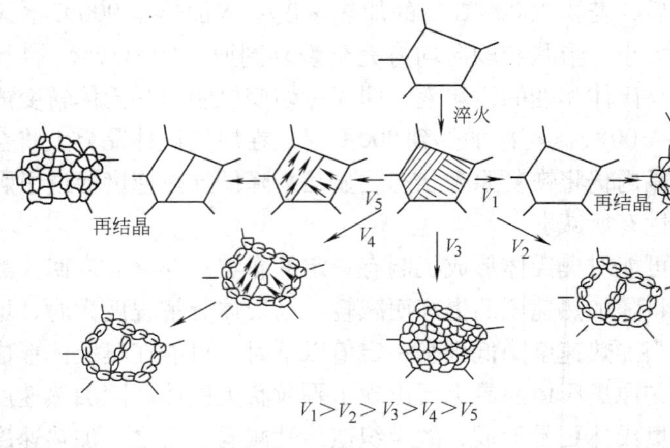

图 2-24 加热速度 V 对非平衡态钢加热所得组织的影响示意图

颗粒状奥氏体数量增多，也使组织遗传性减弱。加热速度增大到一定程度时，晶界、界内均可形成颗粒状奥氏体，组织遗传被消除。

2. 断口遗传性

显然，在出现组织遗传时，断口也应该是粗大的。但是，有时在消除了组织遗传后，奥氏体晶粒已经细化，但其断口仍是粗大的，即细晶粒显微组织出现了粗晶断口，这种现象称为断口遗传。例如，30CrMnSi 和 37CrNi3 钢经 1280℃加热淬油，奥氏体晶粒为 1 级，再次以 100 ~ 200 ℃/min 的速度加热至 860℃水淬，奥氏体晶粒已经细化至 6 ~ 8 级，但断口仍是粗大的。

断口遗传按形成机制可分为四类：

（1）石状断口　由于过热，钢中的 MnS 等将溶入奥氏体中，因 Mn 与 S 是内表面活性物质，溶入奥氏体后将向奥氏体晶界偏聚，如果在过热后缓慢冷却，溶入奥氏体中的 MnS 将沿奥氏体晶界析出，再次正常温度加热时虽然粗大组织得到了细化，但这些沿原粗大奥氏体晶界分布的 MnS 不能溶解，仍分布在原奥氏体晶界，使原奥氏体晶界弱化，故断裂将沿原奥氏体晶界发生，形成粗大断口，称为石状断口。

（2）伪断口遗传　在过热不太严重，沿原粗大奥氏体晶界未析出 MnS 等的情况下仍有可能出现断口遗传。出现这种断口遗传的原因是过热淬火组织中速加热时在原粗大奥氏体晶界形成的新的奥氏体的核只能往一侧长成球冠状，故原粗大奥氏体晶粒边界将成为新形成的小奥氏体晶粒边界而被保留。当引起断裂的最大拉应力与该晶界接近垂直时断裂将沿该界面发展，在断口上出现一个粗大的反光小平面，亦即此时断裂既是沿新形成的小晶粒边界，也是沿原粗大晶粒边界发展的。当裂纹发展到另一个与最大拉应力不垂直的原粗大晶粒的边界时，裂纹将沿新形成的小晶粒边界，穿越原粗大晶粒而发展，得到凹凸不平的细小的断口表面。这二种断口组合在一起便形成了类似于粗晶的断口，但实际上则是沿新形成的小晶粒边界断裂的细晶断口，故不降低钢的韧性，可以认为这是一种伪断口遗传。

（3）与晶粒内织构有关的伪断口遗传　在发生穿晶准解理断裂时也可能出现一种伪断口遗传。众所周知，穿晶解理断裂和准解理断裂都是沿晶内某低指数晶面发展的一种断裂。过热粗大组织转变为非平衡组织时新形成的贝氏体或马氏体与原粗大的奥氏体之间保持 K-S 关系。与同一个奥氏体晶粒保持 K-S 关系的贝氏体或马氏体可以有 24 个不同的空间取向。以中速加热非平衡组织时形成的细小奥氏体晶粒也与贝氏体或马氏体保持 K-S 关系，同样也可以具有许多不同的空间取向。但是由一个粗大奥氏体晶粒衍生出来的空间取向不同的众多的细小奥氏体晶粒的低指数晶面很可能是平行的，这种现象被称为形成了晶内织构。如果穿晶准解理断裂是沿这样的低指数晶面发展将呈现出粗晶穿晶断口。

（4）与回火脆性有关的断口遗传　当第二次正常温度加热淬火得到细小马氏体组织后，如果在发生低温回火脆性或高温回火脆性的温度区域回火，则伴随着回火脆性的发生，将出现沿原粗大奥氏体晶界的断裂，出现断口遗传。出现这类断口遗传的原因是，第一次过热时在原奥氏体晶界发生了 Cr、Ni、S、P 等能促进回火脆性的元素的偏聚。第二次正常温度加热时，这些偏聚未能消除，因此在低温回火时，与在晶界上析出的碳化物一起，使晶界弱化，发生沿原粗大奥氏体晶界的断裂，出现断口遗传。如在发生高温回火脆性的温度回火，则这些偏聚的元素会进一步促进 Cr、Ni、S、P 等有害元素向原粗大奥氏体晶界偏聚，使原粗大奥氏体晶界上的偏聚量高于后形成的细小奥氏体晶界上的偏聚量，故裂纹易于沿原粗大奥氏体晶界扩展，形成粗大断口，出现断口遗传。也有可能偏聚在原粗大奥氏体晶界上的 Cr 等元素促进了回火时碳化物在晶界的析出，使晶界弱化出现回火脆性，导致断口遗传。

显然，如果避免了回火脆性，这种与回火脆性有关的断口遗传就不会出现。

3. 奥氏体晶粒的反常细化

如前所述，过热粗大组织冷却后得到的非平衡组织以快速或慢速加热至 Ac_3 以上的正常加热温度时，有可能仍得到粗大奥氏体晶粒，出现组织遗传。但如果继续加热到更高温度（Ac_3 + 100 ~ 200℃），则奥氏体晶粒可能不仅不粗化，反而形成了细小的、晶体学位向不同的奥氏体晶粒。这种现象称为奥氏体晶粒的反常细化。例如，30CrMnSi 钢经 1280℃ 淬火获得粗大奥氏体晶粒，再次以 800℃/s 快速加热到 1050℃ 淬火，结果发现奥氏体晶粒不仅不粗化，反而从 1 级细化至 4 ~ 5 级。其断口为沿晶和韧窝组成的混合型断口，晶内断裂无方向性，晶粒细化和断口细化趋于一致。

上述奥氏体晶粒的反常细化发生在奥氏体单相区内，故不可能是相变过程引起的，因此人们推想可能是发生了再结晶而导致晶粒细化，这种再结晶可称之为奥氏体的自发再结晶。其示意图见图 2-24。

在奥氏体发生自发再结晶而使晶粒细化后，如果再提高加热温度，奥氏体晶粒将正常长大。

4. 控制粗大奥氏体晶粒遗传的方法

一般认为，导致粗大奥氏体晶粒遗传的主要原因是针状奥氏体的形成及其长大合并。针对这种情况可以采取以下措施消除遗传。

1）对非平衡组织的过热钢，可以采用中速加热，得到细小的奥氏体晶粒。

2）对非平衡组织的过热钢，在淬火前先进行一次退火或高温回火，使非平衡组织转变为平衡组织，获得细小的碳化物和等轴铁素体的混合组织，使针状奥氏体不能形成，从而避免粗大奥氏体晶粒遗传。一般说来，采用等温退火的效果比连续冷却退火好。采用高温回火时，多次回火比一次回火效果好。对于高合金钢，因马氏体难以分解和再结晶，故采用高温回火不如等温退火效果好。

3）利用奥氏体的自发再结晶，快速加热（大于 100℃/s）至临界点以上 100 ~ 200 ℃，然后淬火，可消除粗大奥氏体晶粒的遗传，使奥氏体晶粒得到细化。但是，这种方法生产中难以控制。

4）对低合金钢，可采用多次正火使过热得到校正，因为这类钢的遗传倾向相对较小，每经一次转变，遗传性均有所减弱，故多次转变即可校正。但这种办法在热处理生产中因耗能过多而难于实用。

应该指出，某些特殊情况下，如为了提高金属的高温蠕变抗力，改善硅钢片的导磁性等，则均希望获得粗大晶粒。

复习思考题

1. 试从点阵结构分析奥氏体塑性好的原因。
2. 试述钢中奥氏体的点阵结构，C原子可能存在的部位及其在单胞中的最大含量，并计算奥氏体中 w_C 为2.11%时平均几个 γ-Fe 晶胞才有一个碳原子。
3. 温度高于 A_1 时，珠光体中铁素体的碳含量是多少？
4. 如何用金相法研究奥氏体等温形成过程？
5. 以共析钢为例，说明奥氏体的形成过程及碳的扩散。
6. 试用 $Fe\text{-}Fe_3C$ 相图说明受碳在铁素体中的扩散所控制的奥氏体的长大过程。
7. 以共析钢为例，讨论为什么在 α 相消失的瞬间，还有部分渗碳体未溶解。
8. 试讨论 $Fe\text{-}Fe_3C$ 相图所给出的临界点与生产实际中加热、冷却时的临界点之间的关系。
9. 钢在连续加热时珠光体-奥氏体转变有何特点？快速加热对奥氏体形成过程有何影响？
10. 何谓钢的本质晶粒度、起始晶粒度和实际晶粒度？钢中第二相粒子对奥氏体晶粒长大有什么影响？
11. 影响奥氏体晶粒长大的因素有哪些？如何影响？
12. 钢以非平衡组织加热时，奥氏体形成过程有什么特点？
13. 何谓钢的组织遗传？它主要受哪些因素影响？
14. 试讨论产生组织遗传的可能机制。
15. 何谓钢的断口遗传？讨论其形成机制。
16. 试述在实际生产中如何防止粗大奥氏体晶粒遗传？
17. 根据奥氏体的形成规律讨论细化奥氏体晶粒的途径。
18. 在钢中 Al、Nb、V、Ti 等含量一定的情况下如何能提高奥氏体的实际晶粒度？
19. 实验测得共析钢试样（0.5mm厚）在780℃盐浴炉中加热奥氏体化时，在 α 相消失瞬间奥氏体基体的 w_C 为0.61%，如果采用900℃盐浴炉奥氏体化，奥氏体基体碳含量下降到 w_C 为0.46%，试分析产生的原因，并讨论对钢淬火后性能的影响。

第三章　珠光体转变

珠光体转变是铁碳合金的一种共析转变，发生在过冷奥氏体转变的高温区，故又称高温转变，属于扩散型相变。钢铁材料在退火、正火时，都要求发生珠光体转变。在淬火或等温淬火时，则力求避免发生珠光体转变。

铁碳合金经奥氏体化后，如以慢速冷却，具有共析成分的奥氏体将在略低于 A_1 的温度下通过共析转变分解为铁素体与渗碳体的双相组织。如冷速较快，奥氏体可以被过冷到 A_1 以下宽达200℃左右的高温区内发生珠光体转变，其产物为珠光体。

本章主要讨论珠光体的组织形态、转变机制、伪共析和先共析转变、转变动力学以及珠光体组织的性能等。此外，相间沉淀也将在本章中进行讨论。

第一节　珠光体的组织形态及晶体学

一、珠光体的组织形态

珠光体是由铁素体和渗碳体组成的双相组织。珠光体在光学显微镜下，呈现珍珠般的光泽，故称珠光体。按渗碳体的形态，珠光体可分为片状珠光体和粒状珠光体两种。

1. 片状珠光体

渗碳体为片状的珠光体，称为片状珠光体。片状珠光体由相间的铁素体和渗碳体片组成，如图3-1所示。若干大致平行的铁素体与渗碳体片组成一个珠光体领域（pearlite colony），或称珠光体团（pearlite group）。在一个奥氏体晶粒内，可以形成几个珠光体团（图3-2）。

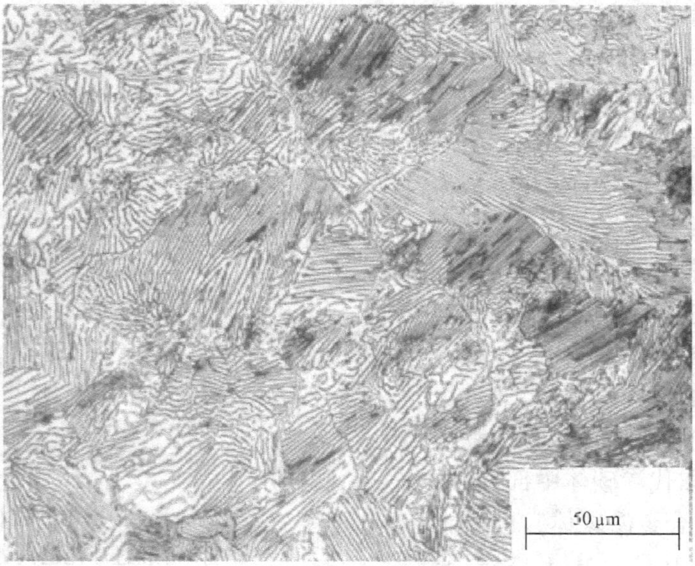

图3-1　T8钢中的片状珠光体

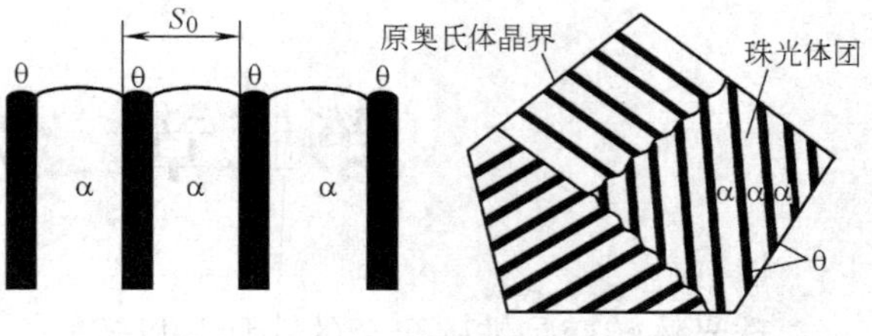

图 3-2 片状珠光体的片间距和珠光体团示意图

珠光体中渗碳体 θ 与铁素体 α 片厚之和称为珠光体的片间距，用 S_0 表示（图 3-2）。片间距是用来衡量片状珠光体组织粗细程度的一个主要指标。片间距的大小主要取决于转变时的过冷度，过冷度越大，即转变温度越低，珠光体的片间距越小。这是因为转变温度越低，碳的扩散速度越慢，碳原子难以作较大距离的迁移，故只能形成片间距较小的珠光体；另一方面，珠光体形成时，由于新的铁素体与渗碳体界面的形成将使界面能增加，这部分界面能是由奥氏体与珠光体的自由能差提供的，过冷度越大，所能提供的自由能越大，能够增加的界面能也越多，故片间距有可能越小。

共析碳钢珠光体片间距 S_0（nm）与过冷度 ΔT（K）之间的关系可用下面的经验公式表达：

$$S_0 = \frac{8.02}{\Delta T} \times 10^3 \tag{3-1}$$

进一步研究结果说明，只有当过冷度 ΔT 较小时，S_0 才与 ΔT 的倒数存在线性关系。当过冷度较大时，数据较为分散。

按照片间距的大小，生产实践中将片状珠光体分为珠光体、索氏体和托氏体。在光学显微镜下能明显分辨出片层组织的片状珠光体称为珠光体。若珠光体的形成温度较高，如在 A_1 ~650℃，则片间距较大，约为 150 ~450nm；若形成温度较低，如在 600 ~650℃范围内，则珠光体的片间距小到 80 ~150 nm，光学显微镜已难以分辨出片层形态，这种细片状珠光体被称为索氏体。若形成温度更低，如在 550 ~600℃范围内，则片间距为 30 ~80 nm，被称为托氏体。只有在电子显微镜下，才能分辨出托氏体组织中渗碳体与铁素体的片层形态。

2. 粒状珠光体

在铁素体基体中分布着颗粒状渗碳体的组织称为粒状珠光体（图 3-3）或球状珠光体。粒状珠光体一般是通过球化退火等一些特定的热处理获得的。对于高碳钢中的粒状珠光体，常按渗碳体颗粒的大小，分为粗粒状珠光体、粒状珠光体、细粒状珠光体和点状珠光体。渗碳体颗粒大小、形状及分布均与所用的热处理工艺有关，渗碳体的多少则决定于钢中的碳含量。

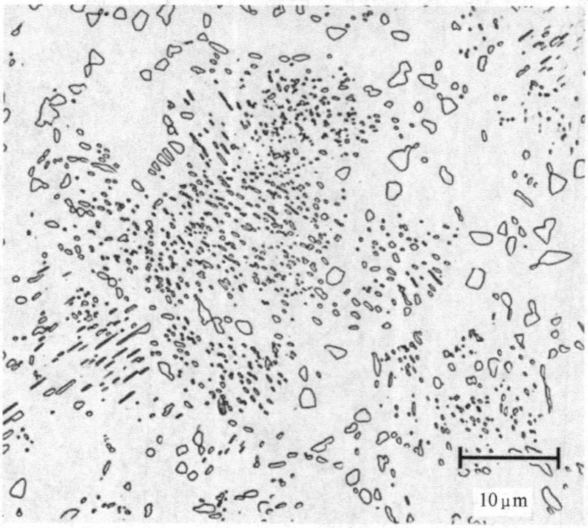

图 3-3 T8 钢中的粒状珠光体（经过球化退火处理）

3. 特殊形态的珠光体

当钢中加入合金元素时，碳化物形成元素的原子 M 可能取代渗碳体中部分铁原子，形成（Fe，M）$_3$C 合金渗碳体，也可能形成 MC、M_2C、M_6C、M_7C_3、$M_{23}C_6$ 等合金碳化物，即特殊碳化物。当钢中存在合金渗碳体或合金碳化物时，珠光体的组织形态仍然主要是片状珠光体和粒状珠光体两种。但是此外，还有一些特殊形态的珠光体，如碳化物呈针状或纤维状的珠光体。

碳化物呈纤维状的珠光体其实是纤维状碳化物与铁素体的聚合体。这种聚合体的形态变化较多，有的像珠光体那样有球团组织；有的直接从奥氏体长出具有大体平行的边界；有的像枞树叶，纤维以一个中轴对称排列，如图 3-4 所示。纤维的直径约为 20～50nm，其间距至少比普通珠光体组织小一个数量级，而且在碳的质量分数为 0.2% 时，就可以使钢具有“全共析”组织。因此，这种组织具有很好的力学性能，例如，含 w_C 为 0.2% 和 w_{Mo} 为 4% 的钢，在 600～650℃转变后其屈服强度可达 770MPa。已经在许多钢中，主要在直接等温处理或有时在控制冷却中发现这种纤维状组织。就目前所知，以这种形态存在的特殊碳化物可以是 Mo_2C、W_2C、VC、Cr_7C_3 和 TiC。

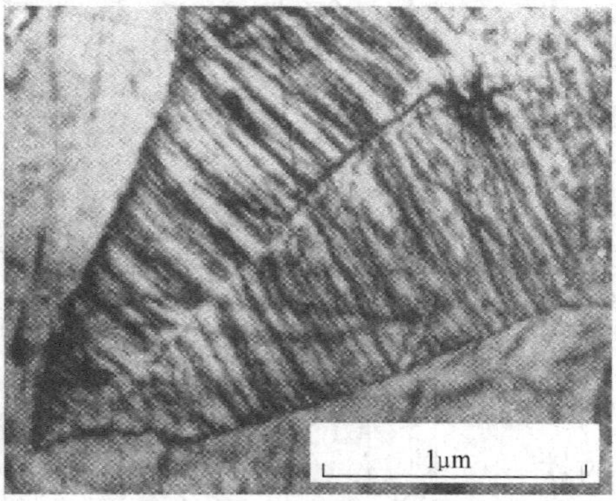

图 3-4　含 w_C 为 0.2% 和 w_{Mo} 为 4% 的钢在 650℃转变 2h 后的组织（复型）

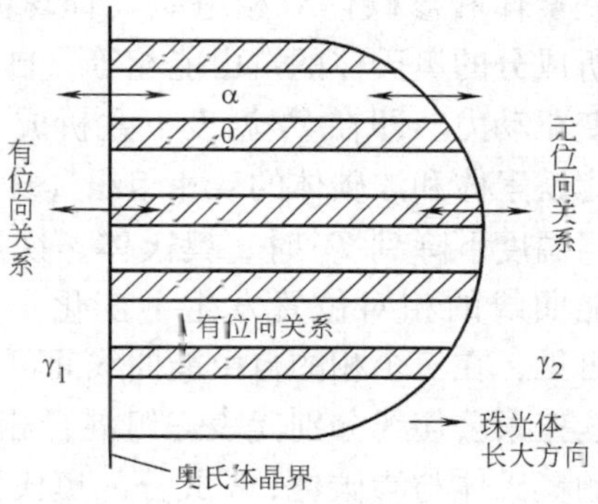

图 3-5　珠光体相变时同一领域内各相间的取向关系

二、片状珠光体的晶体学

片状珠光体一般在两个奥氏体 γ_1 与 γ_2 的晶界上形核，然后向与其没有特定取向关系的奥氏体 γ_2 晶粒内长大形成珠光体团。如图 3-5 所示，珠光体团中的铁素体及渗碳体与被长入的奥氏体晶粒之间不存在位向关系，形成可动的非共格界面；但与另一侧的不易长入的奥氏体 γ_1 晶粒之间则形成不易移动的共格界面，并保持一定的位向关系。铁素体 α 与不易长入的奥氏体 γ_1 之间保持 K-S 关系：

$$\{110\}_\alpha // \{111\}_\gamma,\ [111]_\alpha // [110]_\gamma$$

渗碳体 θ 则与不易长入的奥氏体 γ 之间保持 Pitsch 关系，该关系接近于：

$$(100)_\theta // (1\bar{1}1)_\gamma,\ [010]_\theta // [110]_\gamma,\ [001]_\theta // [\bar{1}12]_\gamma$$

一个珠光体团内的铁素体与渗碳体之间也存在着一定的位向关系，即 Pitsch-Petch 关系：

$$(001)_\theta // (5\bar{2}\bar{1})_\alpha,\ [010]_\theta // [113]_\alpha\ （差 2°36'），[100]_\theta // [13\bar{1}]_\alpha\ （差 2°36'）$$

如果在奥氏体晶界上有先共析渗碳体存在，珠光体是在先共析渗碳体上形核长成的，则珠光体团中的铁素体与渗碳体之间存在 Богарячкий 位向关系：

$$(001)_\theta // (2\bar{1}\bar{1})_\alpha,\ [100]_\theta // [01\bar{1}]_\alpha,\ [010]_\theta // [111]_\alpha$$

如果有先共析铁素体存在，珠光体是在先共析铁素体上形核长成的，则珠光体团中的铁素体与渗碳体之间存在 Isaichv 位向关系，即 $(101)_\theta // (112)_\alpha$。

第二节 珠光体转变机制

一、珠光体转变的热力学条件

共析成分奥氏体过冷至 A_1 点以下，将发生珠光体转变。珠光体转变的驱动力是珠光体与奥氏体的自由能差。由于珠光体转变温度较高，原子能够长距离扩散，珠光体又是在晶界形核，形核所需的驱动力较小，所以在较小的过冷度下即可发生珠光体转变。

图 3-6 为铁碳合金的奥氏体、铁素体和渗碳体三个相在 T_1、T_2 温度的自由能-成分曲线图。图 3-6a 为在 T_1（即 A_1）温度三个相的自由能-成分曲线有一条公切线，说明铁素体和渗碳体双相组织（即珠光体）的自由能与共析成分的奥氏体的自由能相等，自由能差为零，没有相变驱动力。即在 T_1 温度下共析成分的奥氏体不能转变为铁素体和渗碳体的双相组织（珠光体）。

当温度下降到 T_2 时，奥氏体、铁素体和渗碳体的自由能曲线的相对位置发生了变化，如图 3-6b 所示。由图可见，在三个相的自由能曲线间可以作出三条公切线。这三条公切线分别代表三组混合相的自由能，即 d 成分的奥氏体与渗碳体；c 成分的奥氏体与 a 成分的铁素体；a' 成分的铁素体与渗碳体等三组混合相。共析成分的奥氏体的自由能在三条公切线之上，所以共析成分的奥氏体有可能分解为 d 成分的奥氏体与渗碳体、a 成分的铁素体与 c 成分的奥氏体以及 a' 成分的铁素体与渗碳体。由于后者的公切线位置最低，所以由共析成分的奥氏体转变为 a' 成分的铁素体与渗碳体（即珠光体）在热力学上的可能性最大。

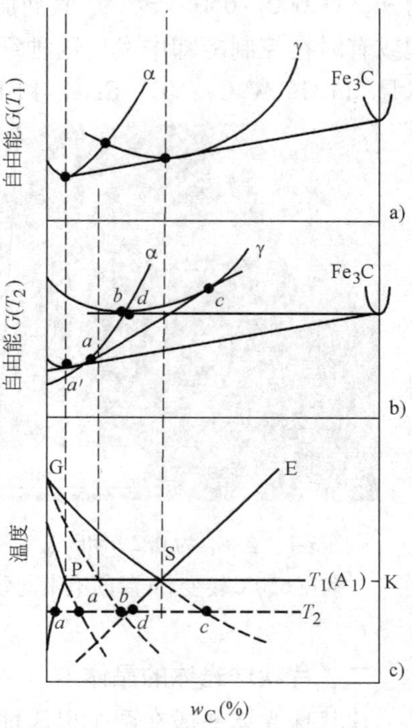

图 3-6 Fe-C 合金各相在 T_1（A_1）、T_2 温度的自由能-成分曲线

当共析成分的奥氏体同时转变为 d 成分的奥氏体与渗碳体、a 成分的铁素体与 c 成分的奥氏体时，奥氏体的成分是不均匀的，与铁素体接壤处为含碳较高的 c 成分，与渗碳体接壤处为含碳较低的 d 成分，如图 3-6c 所示。因此，在奥氏体内部将出现碳的浓度梯度，碳将从高碳区往低碳区扩散，使奥氏体的上述转变过程得以继续进行，直至奥氏体消失，全部转变为自由能最低的、成分为 a' 的铁素体与渗碳体组成的两相混合物，即珠光体。

二、片状珠光体的形成机制

下面我们以共析碳钢为例，讨论片状珠光体的形成过程。

珠光体转变时，共析成分的奥氏体将转变为铁素体和渗碳体的双相组织，这一反应可用下式表示：

$$\gamma_{(0.77\%C)} \rightarrow \alpha_{(0.02\%C)} + Fe_3C_{(6.67\%C)} \tag{3-2}$$

可见，珠光体的形成包含着两个不同的过程：一个是点阵的重构，即由面心立方的奥氏体转变为体心立方的铁素体和正交点阵的渗碳体；另一个则是通过碳的扩散使成分发生改变，即由共析成分的奥氏体转变为高碳的渗碳体和低碳的铁素体。

珠光体转变也是通过形核和长大进行的。珠光体转变时哪个相首先形核，即哪个相为领先相？究竟有没有领先相？由于领先相很难用实验直接观察到，所以自从1942年提出这个问题以来，学术界一直都有争论。不过，近年来对领先相的认识已基本趋于一致，即珠光体转变有领先相，渗碳体和铁素体哪个为领先相，则视钢的化学成分、奥氏体化条件及珠光体转变过冷度而定。亚共析钢的领先相通常是铁素体，过共析钢的领先相通常是渗碳体，共析钢的领先相，可以是渗碳体，也可以是铁素体。过冷度小时，渗碳体为领先相；过冷度大时，铁素体为领先相。如果共析钢的领先相是渗碳体，珠光体形成时渗碳体的晶核通常优先在奥氏体晶界上形成。这是因为晶界在晶体结构、化学成分以及能量等方面均不同于晶粒内部，缺陷较多，能量较高，原子易于扩散，故易于满足形核的需要。因为薄片状晶核的应变能小，且由于表面积大容易接受到碳原子，所以渗碳体晶核初形成时为一小薄片，如图3-7a所示。

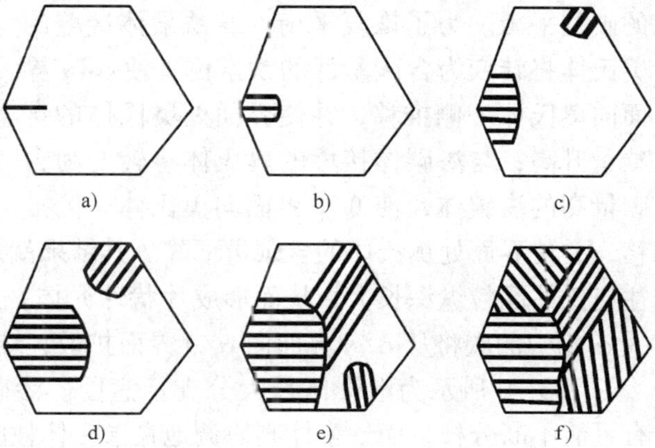

图3-7 片状珠光体转变过程示意图

渗碳体晶核形成后长大时，将从周围奥氏体中吸取碳原子而使周围出现贫碳奥氏体区。在贫碳奥氏体区中将形成铁素体晶核，同样铁素体核也最易在渗碳体两侧的奥氏体晶界上形成（图3-7b）。在渗碳体两侧形成铁素体晶核以后，已经形成的渗碳体片就不可能再向两侧长大，而只能向纵深发展，长成片状。新形成的铁素体除了随渗碳体片向纵深方向长大外，也将向侧面长大。长大的结果在铁素体外侧又将出现奥氏体的富碳区，在富碳区的奥氏体中又可以形成新的渗碳体晶核（图3-7c）。如此沿奥氏体晶界不断协调合作，交替地形成渗碳体与铁素体晶核，并不断平行地向奥氏体晶粒纵深方向长大。这样就得到了一组片层大致平行的珠光体团（或珠光体领域），如图3-7d所示。

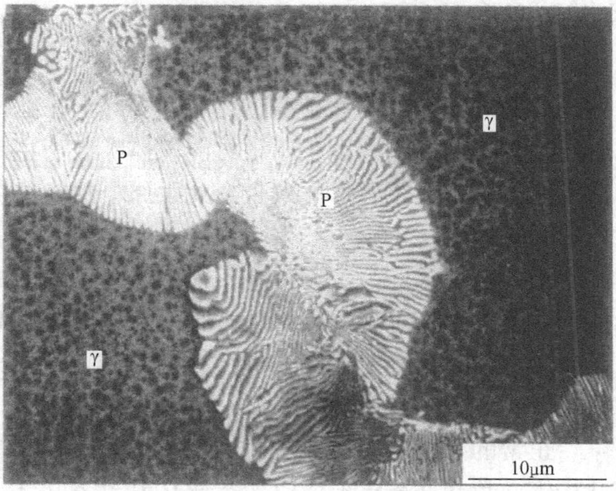

图3-8 Fe-12Mn-0.8C钢中片状珠光体优先在奥氏体晶界形核

在第一个珠光体团形成的过程中。有可能在奥氏体晶界的另一个地点，或是在已经形成的珠光体团的边缘上形成新的另一个取向的渗碳体晶核，并由此而形成一个新的珠光体团（图3-7e）。当各个珠光体团相互完全接触时（图3-7f），珠光体转变结束，全部得到片状珠光体组织。图3-8表明，Fe-12Mn-0.8C钢中片状珠光体优先在奥氏体晶界形核。

图3-9表明片状珠光体长大过程受碳原子扩散控制。由图3-9可知，转变在 T_1 温度进

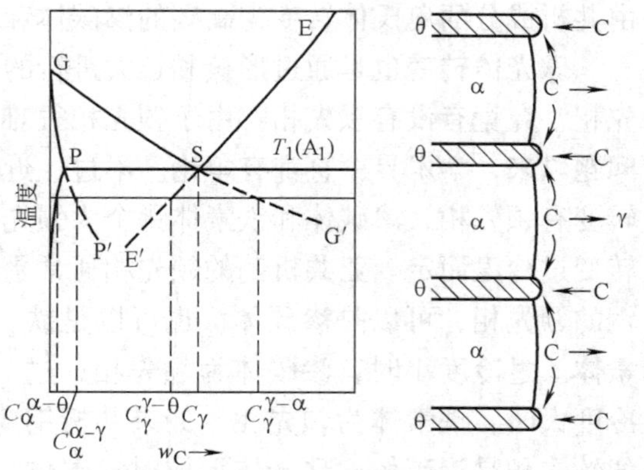

图 3-9 片状珠光体形成时碳的扩散示意图

行，由图 3-9 得出与铁素体接壤的奥氏体的含碳量为 $C_\gamma^{\gamma-\alpha}$，高于与渗碳体接壤的奥氏体的含碳量 $C_\gamma^{\gamma-\theta}$。因此，在奥氏体中形成了碳的浓度梯度，从而引起碳的扩散。扩散的结果，使与铁素体接壤的奥氏体中含碳量下降，与渗碳体接壤的奥氏体的含碳量升高，破坏了相界面上的碳的平衡。为了恢复平衡，与铁素体接壤的奥氏体将转变为含碳量低的铁素体，使 α/γ 界面向奥氏体一侧推移，并使界面处奥氏体的含碳量升高；与渗碳体接壤的奥氏体将转变为含碳量高的渗碳体，使 θ/γ 界面向奥氏体一侧推移，并使界面处奥氏体的含碳量下降。其结果就是渗碳体与铁素体均随着碳原子的扩散同时往奥氏体晶粒纵深长大，从而形成片状珠光体。此外，由图 3-9 还可见，由于 $C_\alpha^{\alpha-\gamma} > C_\alpha^{\alpha-\theta}$，故 α 相中的碳将从 α/γ 界面向 α/θ 界面扩散，结果将导致渗碳体向两侧长大。

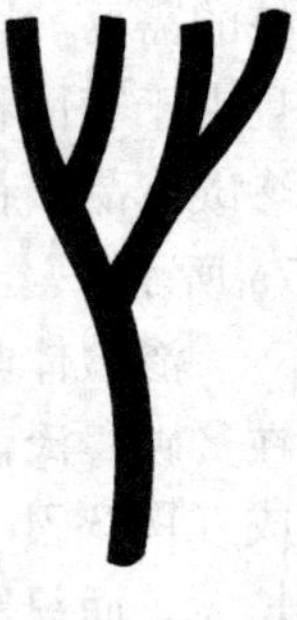

图 3-10 片状珠光体中渗碳体的分枝长大示意图

图 3-10 所示为渗碳体长大分支示意图。渗碳体片在向前长大的过程中，有可能不断分枝，而铁素体则协调地在渗碳体枝间形成。这样形成的珠光体团中的渗碳体是一个单晶体，渗碳体间的铁素体也是一个单晶体，即一个珠光体团是由一个渗碳体晶粒和一个铁素体晶粒互相穿插起来而形成的。渗碳体主干分枝长大的原因之一，很可能是前沿奥氏体中塞积位错引起的。

由于上述珠光体形成机制仅涉及碳原子在奥氏体内的扩散，所以又被称为体扩散机制。按照体扩散模型计算共析钢中铁素体的长大速度为 0.16μm/s，渗碳体的长大速度为 0.06μm/s，都远小于实测的珠光体长大速度 50μm/s。因此，有人又提出了界面扩散机制，并且认为在 650℃ 以下珠光体相变主要是通过母相与珠光体的界面扩散进行的。实际上，在珠光体转变的过程中同时存在着这两种扩散，过冷度小时很可能以体扩散为主，过冷度大时很可能以界面扩散为主。对合金钢，考虑到合金元素原子的空位扩散，其珠光体相变很可能也以界面扩散为主。

需要指出，在一定条件下，片状珠光体转变的领先相很可能在晶内第二相界面上形核。能与铁素体形成 Baker-Nutting 取向关系、具有 B1 结构的第二相，能有效地促进晶内形核，其中含 V 和 Mn 的非共格（MnS + VC）复合粒子是晶内珠光体领先相——铁素体的有利形核位置，如图 3-11 所示。

正常的片状珠光体形成时，铁素体和渗碳体是交替配合长大的。但在某些情况下，在过共析钢中片状珠光体形成时，渗碳体和铁素体不一定交替配合长大。图 3-12 表示过共析钢珠光体转变由于渗碳体和铁素体不匹配成核而产生的几种反常组织。图 3-12a 表示在晶界渗碳体的一侧长出一片铁素体，此后却不再配合成核长大。图 3-12b 表示从晶界上形成的渗碳体中长出一个分枝伸向晶粒内部，但无铁素体与之配合，因此形成一片孤立的渗碳体。图 3-12c 则表示由晶界长出的渗碳体片，伸向晶内后在分枝的端部长出一个珠光体团。其中图 a 和图 b 称为离异共析组织，以此可以解释在过共析钢或在渗碳钢的渗层中所出现的一些反常组织。

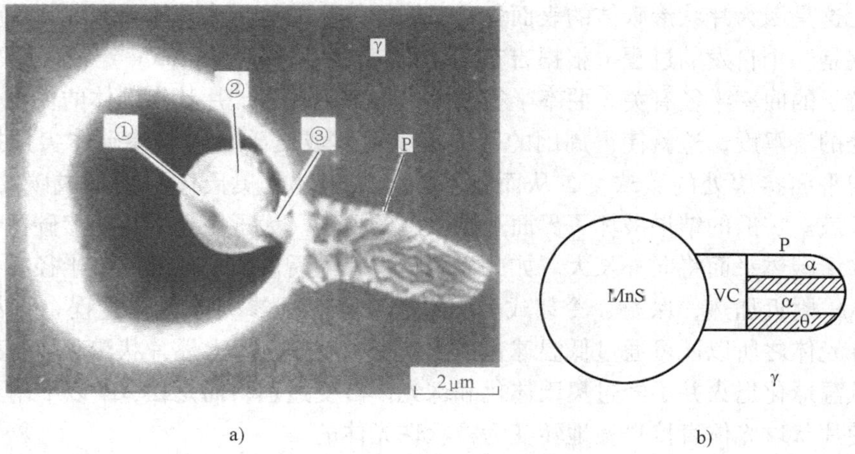

图 3-11 珠光体在奥氏体晶内第二相上形核
a) 显微照片 b) 示意图
①—氧化物 ②—MnS ③—VC

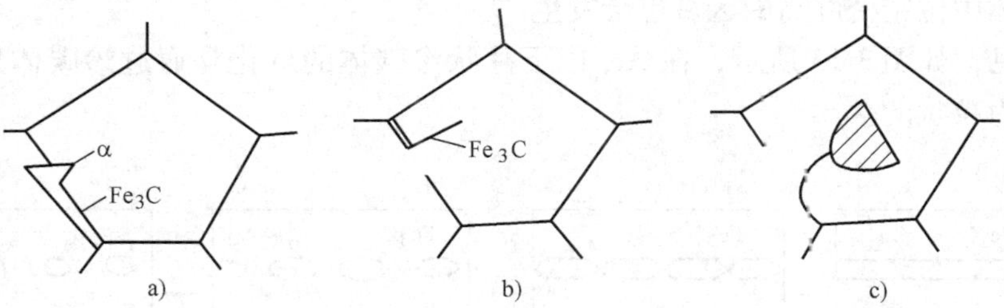

图 3-12 过共析钢中的几种反常组织

三、粒状珠光体的形成机制

在奥氏体晶界形成的渗碳体核向晶内长大将长成片状珠光体。在奥氏体晶粒内形成的渗碳体核向四周长大并形成粒状珠光体。因此形成粒状珠光体的条件是保证渗碳体的核能在奥氏体晶内形成。而要达到形成粒状珠光体的转变条件，则需要特定的奥氏体化工艺条件和特定的冷却工艺条件。所谓特定的奥氏体化工艺条件是：奥氏体化温度很低（一般仅比 Ac_1 高 10～20℃），保温时间较短。所谓特定的冷却工艺条件是：冷却速度极慢（一般小于 20℃/h），或者过冷奥氏体等温温度足够高（一般仅比 Ac_1 低 20～30℃），等温时间要足够长。上述特定的奥氏体化工艺条件和特定的冷却工艺条件，实际上就是普通球化退火和等温球化退火的工艺条件。

由于奥氏体化温度低，加热保温时间短，所以加热转变不能充分进行，得到的组织为奥氏体和许多未溶的残留碳化物，或许多微小的碳的富集区。这时残留碳化物已经不是片状，而是断开的、趋于球状的颗粒状碳化物。当慢速冷却至 Ar_1 以下附近等温时，未溶解的残留粒状渗碳体便是现成的渗碳体核，此外，在富碳区也将形成渗碳体核。这样的核与在奥氏体晶界形成的核不同，可以向四周长大，长成粒状渗碳体。而在粒状渗碳体四周则出现低碳奥氏体，通过形核长大，协调地转变为铁素体，最终形成颗粒状渗碳体分布在铁素体基体中的粒状珠光体。

如果加热前的原始组织为片状珠光体，则在加热过程中片状渗碳体有可能自发地发生破裂和球化。这是因为片状渗碳体的表面积大于同样体积的粒状渗碳体，因此从能量考虑，渗碳体的球化是一个自发的过程。根据吉布斯-汤姆斯（Gibbs-Thomson）定律，第二相粒子的溶解度与粒子的曲率半径有关。曲率半径越小，溶解度越高。片状渗碳体的尖角处的溶解度高于平面处的溶解度，这就使得周围的基体（铁素体或奥氏体）与渗碳体尖角接壤处的碳浓度大于与平面接壤处的碳浓度，从而在基体（铁素体或奥氏体）内形成碳的浓度梯度，引起碳的扩散。扩散的结果破坏了界面上碳浓度的平衡。为了恢复平衡，渗碳体尖角处将进一步溶解，渗碳体平面将向外长大。如此不断进行，最后形成了各处曲率半径相近的粒状渗碳体。在 Ac_1 附近加热、保温、冷却或等温过程中，上述渗碳体球化过程一直都在自发进行。粒状珠光体之所以还可通过低温球化退火获得，就是按照上述片状渗碳体自发球化机理进行的。低温球化退火并不经过奥氏体化和珠光体转变过程，而是在 Ar_1 以下附近长时间等温加热，使片状珠光体直接自发地转变为粒状珠光体的。

片状渗碳体的断裂还与渗碳体片内的晶体缺陷有关。图 1-21 表明由于渗碳体片内存在亚晶界而引起渗碳体的断裂。亚晶界的存在将在渗碳体内产生一界面张力，从而使片状渗碳体在亚晶界处出现沟槽，沟槽的两侧将成为曲面而逐渐球化。同理，这种片状渗碳体断裂现象，在渗碳体中位错密度高的区域也会发生。

由此可见，如图 3-13 所示，在 Ac_1 以下片状渗碳体的球化是通过渗碳体片的破裂、断开而逐渐成为粒状的。

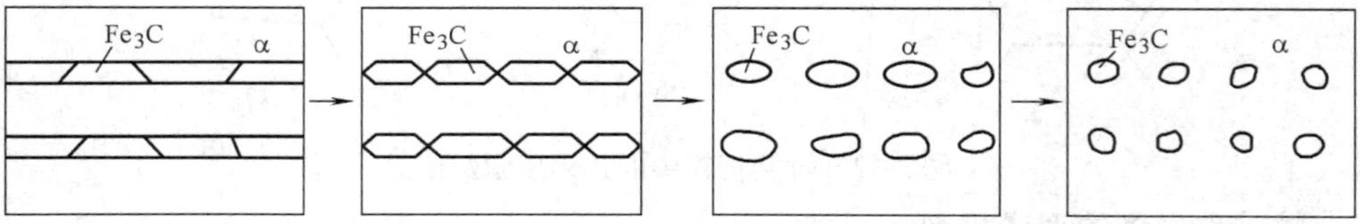

图 3-13 片状渗碳体在 Ac_1 以下球化过程示意图

除了上述球化退火工艺外，通过调质处理也可获得粒状珠光体。钢淬成马氏体后，通过高温回火，自马氏体析出的碳化物经聚集、长大成颗粒状碳化物，均匀分布在铁素体基体中，成为粒状珠光体。

对组织为片状珠光体的钢进行塑性变形，会使渗碳体片断开、碎化、溶解，会增加珠光体中铁素体和渗碳体的位错密度和亚晶界数量，故有促进渗碳体球化的作用。如高碳钢的高温形变球化退火（锻后余热球化退火），可使球化速度加快。

有网状碳化物的过共析钢在 Ac_1 ~ Ac_{cm}之间加热时，网状碳化物也会发生断裂和球化，但所得碳化物颗粒较大，且往往呈多角形、“一”字形或“人”字形。由于网状碳化物为先共析相，采用正常的球化退火无法消除网状碳化物。为使其断裂、球化所需的加热温度应高于正常球化退火温度。因此，对有网状碳化物的过共析钢，一般应先进行正火以消除网状碳化物，然后再进行球化退火。

上面讨论的是珠光体的等温转变机制。连续冷却时发生的珠光体转变与等温中发生的基本相同，只是连续冷却时，珠光体是在不断降温的过程中形成的，故片间距不断减小。而等温转变所得片状珠光体的片间距基本一样，粒状珠光体中的碳化物的直径也大致相同。

第三节　先共析转变和伪共析转变

在生产中大量使用的非共析钢（亚共析钢和过共析钢）的珠光体转变基本上与共析钢相似，只不过在珠光体转变之前会发生先共析相的析出，冷却速度大时还会发生伪共析转变。因此，在了解共析钢珠光体转变后，有必要进一步弄清先共析析出和伪共析转变等问题。

图3-14是Fe-Fe_3C相图的左下角，图中SG′为GS的延长线，SE′为ES的延长线。GSG′和ESE′两线将相图左下角划分为四个区域，GSE为熟知的奥氏体单相区，G′SE′为伪共析转变区，GSE′为先共析铁素体析出区，ESG′为先共析渗碳体析出区。

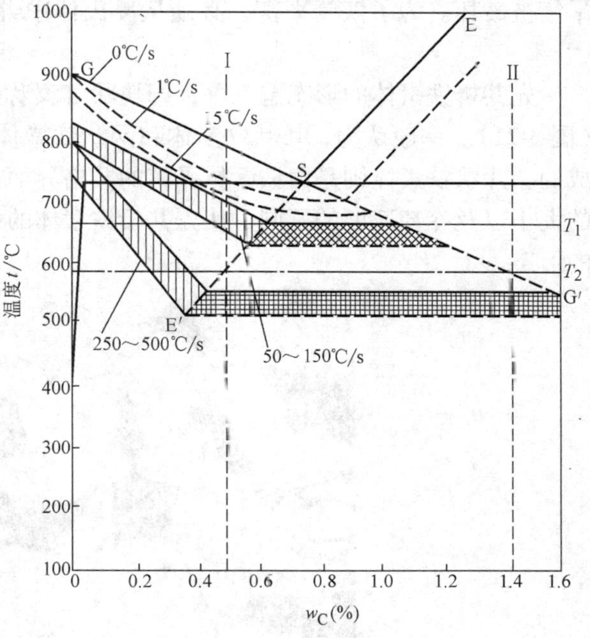

图3-14　先共析相与伪共析组织形成范围

一、先共析转变

非共析钢完全奥氏体化后冷至GSE′或ESG′区域，将析出先共析相，待奥氏体进入E′SG′区时将发生珠光体转变，从奥氏体同时析出铁素体和渗碳体。非共析成分的奥氏体在珠光体转变之前析出先共析相的转变称为先共析转变。

1. 亚共析钢先共析铁素体的析出

亚共析钢完全奥氏体化后如被冷却到GSE′区，将有先共析铁素体析出，如图3-14中的合金Ⅰ。随温度降低，铁素体的析出量逐渐增多，当温度降至T_2时，先共析相停止析出。

析出的先共析铁素体的量取决于奥氏体的碳含量和冷却速度。碳含量越高，冷速越大，析出的先共析铁素体量越少。

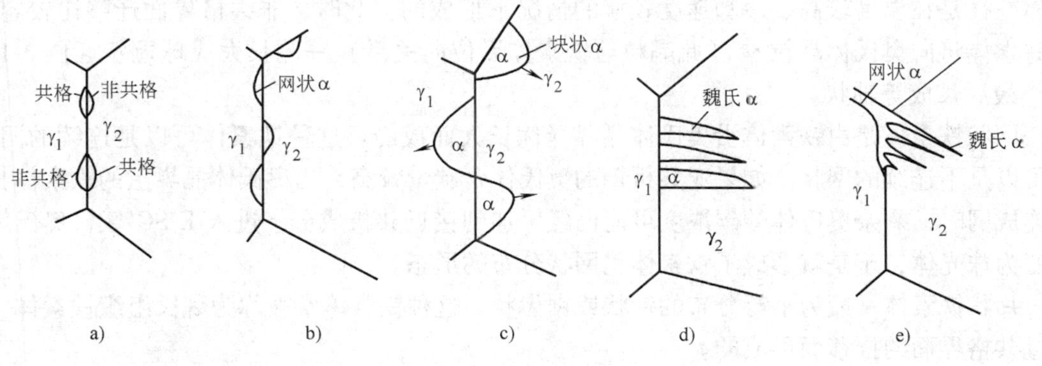

图3-15　先共析铁素体不同形态形成示意图

先共析铁素体的析出也是一个形核、长大的过程，并受碳在奥氏体中的扩散所控制。先共析铁素体的核大都在奥氏体晶界上形成。晶核与一侧的奥氏体晶粒（图3-15a中的γ_1）

存在K-S关系，两者之间为共格界面，但与另一侧的奥氏体晶粒（图3-15a中的γ_2）无位向关系，两者之间是非共格界面。当然，在同一个奥氏体晶界上形成的另一个铁素体晶核，可能与奥氏体晶粒γ_1无位向关系，而与奥氏体晶粒γ_2存在K-S关系。核形成后，与其接壤的奥氏体的碳浓度将增加，在奥氏体内形成浓度梯度，从而引起碳的扩散，结果导致界面上碳平衡被破坏。为了恢复平衡，必须从奥氏体中继续析出低碳铁素体，从而使铁素体不断长大。

先共析铁素体的形态有三种，即块状（又称等轴状，图3-16）、网状（图3-17）和片状（图3-21）。一般认为，块状铁素体和网状铁素体都是由铁素体晶核的非共格界面推移而长成的。片状铁素体则是由铁素体晶核的共格界面推移而长成的。钢的化学成分、奥氏体晶粒的大小以及冷却速度的不同，使先共析铁素体的长大方式也各不相同，因而表现出各种不同的形态。

图3-16 亚共析钢（20钢）块状铁素体及珠光体

块状铁素体的形貌趋于等轴形。它可以在奥氏体晶界也可以在奥氏体晶内形成。当亚共析钢奥氏体含碳量较低时，在一般的情况下，先共析铁素体大都呈等轴块状。这种形态的铁素体往往是在温度较高、冷却速度较慢的情况下形成的。此时，非共格界面迁移比较容易，故铁素体将向奥氏体晶粒γ_2（此晶粒与铁素体无位向关系）一侧长大成球冠状（图3-15b、c），最后长成等轴状。

网状铁素体是由铁素体沿奥氏体晶界择优长大而成的。这种铁素体可以是连续的网状，也可以是不连续的网状。如果亚共析钢的奥氏体含碳量较高，当奥氏体晶界上的铁素体长大并连成网时，剩余奥氏体的碳浓度可能已经增加到接近共析成分，进入E′SG′区，奥氏体将转变为珠光体，于是就形成了铁素体呈网状分布的形态。

片状铁素体一般为平行分布的针状或锯齿状。这种铁素体常被称为魏氏组织铁素体，是通过共格界面的推移而形成的。

2. 过共析钢先共析渗碳体的析出

过共析钢加热到A_{cm}以上完全奥氏体化后，过冷到E′SG′区域时将析出先共析渗碳体。先共析渗碳体的组织形态可以是粒状（图3-3）、网状（图3-18）或针状（图3-19）。但在

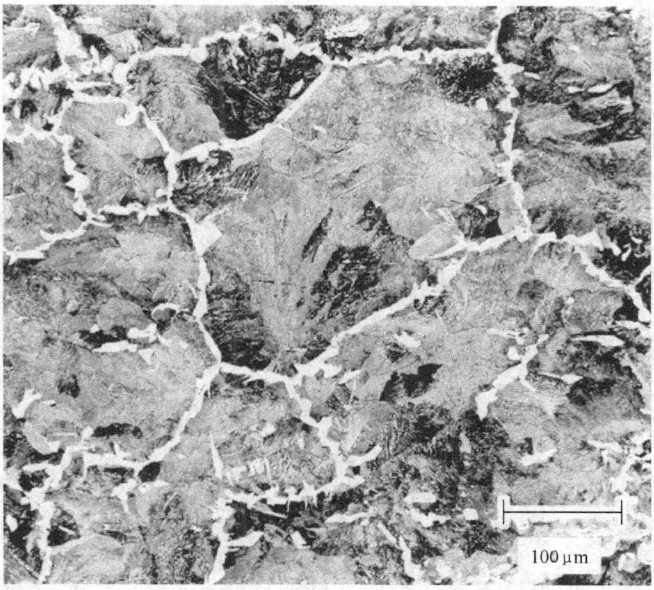

图 3-17　亚共析钢（50 钢）网状铁素体及珠光体

奥氏体晶粒粗大、成分均匀的情况下，先共析渗碳体的形态呈粒状的可能性很小，一般均呈针状（立体形状实际为片状，下同）或网状，称为魏氏组织渗碳体。

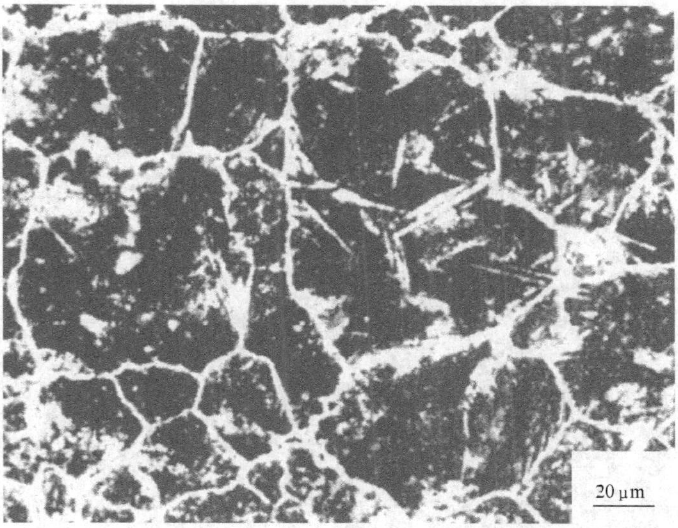

图 3-18　过共析钢（T12A 钢）的网状先共析 Fe_3C 及细片状珠光体

先共析针状渗碳体与奥氏体之间具有 Pitsch 关系，即

$$[100]_\theta // [5\bar{5}4]_\gamma,\ [010]_\theta // [110]_\gamma,\ (001)_\theta // (\bar{2}25)_\gamma$$

二、魏氏组织

1. 魏氏组织的形态和分布特征

魏氏组织是一种沿母相特定晶面析出的针状组织，由奥地利矿物学家 A. J. Widmanstatten 于 1808 年在铁-镍陨石中发现。

钢中的魏氏组织是由针状先共析铁素体或先共析渗碳体及其间的珠光体组成的复相组织。魏氏组织中的先共析渗碳体，被称为魏氏组织渗碳体（图3-19）；魏氏组织中的先共析铁素体，被称为魏氏组织铁素体（图3-20）。从奥氏体中直接析出的针状先共析铁素体被称为"一次魏氏组织铁素体"，如图3-15d所示；从网状铁素体长出的先共析针状铁素体被称为"二次魏氏组织铁素体"，如图3-15e所示。

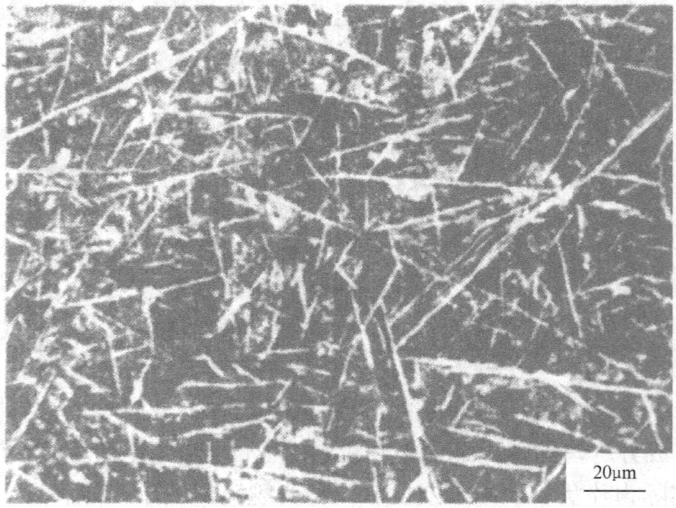

图3-19 过共析钢中的针状魏氏组织渗碳体

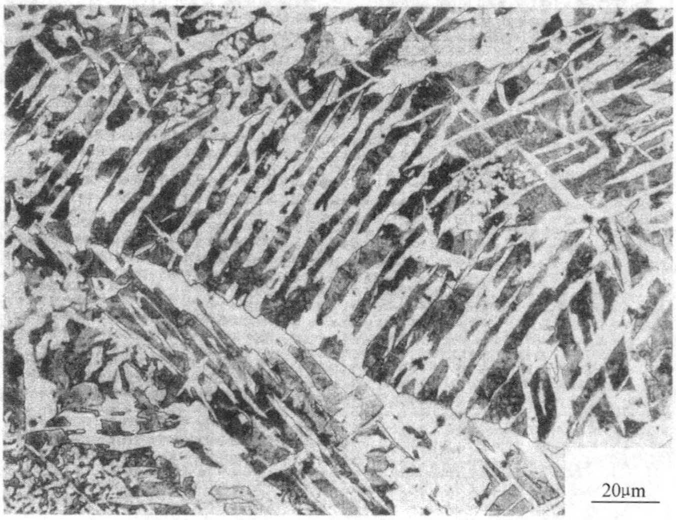

图3-20 亚共析铸钢ZG270—500中的魏氏组织铁素体

魏氏组织薄片在母相中所占据的平面被称为惯习面。

魏氏组织铁素体的惯习面为 $(111)_\gamma$，与母相奥氏体的位向关系为K-S关系，即

$$(110)_\alpha /\!/ (111)_\gamma, [111]_\alpha /\!/ [110]_\gamma$$

魏氏组织渗碳体的惯习面为 $\{227\}_\gamma$，与母相奥氏体的位向关系为

$$\{001\}_\theta /\!/ \{311\}_\gamma, \langle 100\rangle_\theta /\!/ \langle 112\rangle_\gamma$$

因为魏氏组织铁素体的惯习面是 $(111)_\gamma$，因同一奥氏体晶粒内的 $\{111\}$ 晶面或是相

互平行，或是相交一定角度，因此针状铁素体常常呈现为彼此平行，或互成60°或90°。有时可能是由于析出开始时温度较高，最先析出的铁素体沿奥氏体晶界成网状，随后温度降低，再由网状铁素体的一侧以针状向晶粒内长大，呈现为二次魏氏组织铁素体形态。

亚共析钢中的魏氏组织铁素体，单个的形貌是针状的，而从分布状态来看，则有羽毛状的、三角形的，也有的是几种形态的混合型。在对20CrMo等亚共析钢进行组织观察时，应注意不要把魏氏组织与上贝氏体混淆起来。虽然这两种组织的形貌很相似，但分布状况则不同。上贝氏体成束分布；魏氏体组织铁素体则彼此分离，而且片之间常常有较大的交角。

魏氏组织形成时，在抛光的试样表面也会出现表面浮凸。

2. 魏氏组织的形成条件

魏氏组织的形成条件与钢的化学成分、过冷度及奥氏体晶粒度有关。对碳钢而言，形成魏氏组织的条件如图3-21所示。由图可看出，只有当钢的碳含量w_C为0.2%～0.4%时，并在适当的过冷度下，才能形成魏氏组织铁素体W。魏氏组织的形成有一个上限温度W_S点。在这个温度以上，魏氏组织不能形成。钢的碳含量对W_S点的影响规律与对GS线及ES线的影响相似。奥氏体晶粒越细，W_S点越低。当碳含量w_C大于0.4%时主要形成网状铁素体G，w_C低于0.2%时，主要形成块状铁素体M。

钢中加入锰，会促进魏氏组织铁素体的形成，而加入钼、铬、硅等则会阻碍魏氏组织的形成。

魏氏组织铁素体的形成还与原奥氏体晶粒的大小有关，奥氏体晶粒越粗大，越容易形成魏氏组织。这是因为晶粒越大晶界越少，使晶界铁素体的数量减少，剩余的奥氏体所富集的碳也较少，有利于魏氏组织铁素体的形成，如图3-21a所示。另一方面，奥氏体晶粒越粗大，网状铁素体析出后剩余的空间也越大，给魏氏组织铁素体的形成创造了条件。因此魏氏组织常常出现在过热的钢中。当奥氏体晶粒较细小（如7～8级）时，则形成魏氏组织的可能性减少，如图3-21b所示。

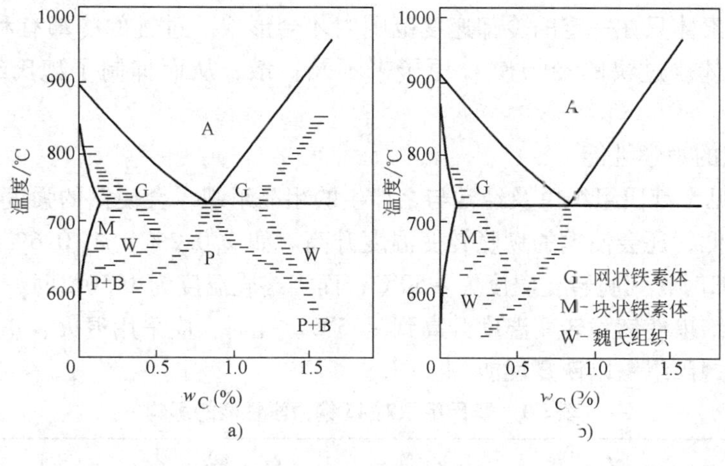

图3-21 先共析铁素体（渗碳体）的形态与转变温度及含碳量的关系

a）奥氏体晶粒度为0～1级的粗晶粒 b）奥氏体晶粒度为7～8级的细晶粒

连续冷却时，只有当钢的含碳量和过冷度都在适当的范围内才会形成魏氏组织。当奥氏体晶粒大小适中时，只有在含碳量w_C为0.15%～0.32%的较窄范围内，且冷却速度大于

140℃/s 时才会形成魏氏组织。当奥氏体化温度较高，晶粒较粗大时，在 w_C 为 0.15% ~ 0.5%（特别是 w_C 为 0.3% ~0.5%）之间的亚共析钢，在较慢的冷速下就会形成魏氏组织。含碳量在共析成分附近的钢，一般不容易形成魏氏组织，如含碳量 w_C 大于 0.6% 的亚共析钢就难于形成魏氏组织铁素体。含碳量较高的过共析钢，只有当奥氏体晶粒较粗大，在适当的冷却速度下才会形成魏氏组织。

在实际生产中，如果工件在铸造、锻造或热轧后砂冷或空冷，焊接件的焊后空冷，热处理过热后以一定速度冷却等都可能出现魏氏组织。通过降低终锻、终轧温度，控制冷却速度，即可防止魏氏组织的产生。

3. 魏氏组织的形成机制

魏氏组织铁素体也是通过成核、长大形成的。与网状或块状先共析铁素体的形成不同，在形成时有浮凸现象，因此魏氏组织铁素体是通过类似马氏体相变的切变机制形成的。铁素体核在奥氏体晶界上形成后，如温度较低，由于铁原子扩散变得困难，故使非共格界面不易迁移，而共格界面仍能迁移。因此，铁素体晶核不会向与其没有位向关系的奥氏体晶粒内长大，而只能向与其有位向关系的奥氏体晶粒内通过共格切变机制长大成针状。据此，很多人认为魏氏组织铁素体即无碳化物贝氏体（见第五章）。

魏氏组织铁素体的长大过程受碳原子在奥氏体中的扩散所控制。随着铁素体的不断长大和增多，未转变的奥氏体的碳含量不断增高，当整体碳浓度达到该转变温度下与铁素体接界处的平衡浓度 $C_{\gamma}^{\gamma-\alpha}$ 值时，长大停止。未转变的高碳奥氏体，在继续等温保持或随后连续冷却时，将转变为珠光体，最终形成针状铁素体加珠光体的组织。

奥氏体晶粒越细小，先共析铁素体越易在晶界形核并长大，C 原子扩散距离越短，奥氏体富碳越快，使 W_S 点下降到处理温度以下，故细晶粒奥氏体不易形成魏氏组织。

当钢的 w_C 超过 0.6% 时，魏氏组织难于形成，因为钢的碳含量高时不易形成铁素体核，即使形成，也很容易从高碳奥氏体中析出碳化物形成上贝氏体，而不易形成魏氏组织。

魏氏组织铁素体只在一定的冷却速度范围内才会形成。过慢的冷却有利于 Fe 原子扩散而形成网状铁素体。过快的冷却使 C 原子来不及扩散，从而抑制了魏氏组织铁素体的形成。

4. 魏氏组织的力学性能

由表 3-1 可见，魏氏组织以及经常与之伴生的粗晶组织，会使钢的强度，尤其是塑性和冲击韧性显著降低，还会使钢的韧脆转变温度升高。如 w_C0.2%、w_{Mn}0.6% 的造船钢板，当终轧温度为 950℃时，韧脆转变温度为 -50℃；而当终轧温度为 1050℃时，由于形成魏氏组织和粗晶组织，结果使韧脆转变温度升高到 -35℃。此时，应采用退火、正火或锻造等方法细化晶粒，消除魏氏组织以恢复性能。

表 3-1 魏氏组织对 45 钢力学性能的影响

组织状态	σ_b/MPa	σ_s/MPa	δ_5（%）	ψ（%）	a_K/J·cm^{-2}
有严重魏氏组织	524	337	9.5	17.5	12.74
经细化晶粒处理	669	442	26.1	51.5	51.94

当奥氏体晶粒较小，只有少量魏氏组织铁素体时，并不明显降低钢的力学性能，在某些情况下仍可使用。

三、伪共析转变

非共析成分的奥氏体经快冷而进入 E′SG′区后将发生共析转变，即分解为铁素体与渗碳体的混合组织。这种共析转变被称为伪共析转变，转变产物被称为伪共析组织。伪共析组织仍属于珠光体类型的组织。例如图 3-14 中的合金Ⅰ和Ⅱ，当奥氏体被过冷到 T_2 温度时，合金Ⅰ不再析出先共析铁素体，合金Ⅱ不再析出先共析渗碳体，而是全部转变为珠光体类型的组织。其分解机制和分解产物的组织特征与珠光体转变完全相同，但其中的铁素体和渗碳体的量则与共析成分珠光体中的量不同，与奥氏体的碳含量有关，碳含量越高，渗碳体量越多。

产生伪共析转变的条件与奥氏体的含碳量及过冷度有关。含碳量越接近于共析成分，过冷度越大，越易发生伪共析转变。总之，只有当非共析成分的奥氏体被过冷到 E′SG′区后，才可能发生伪共析转变。

第四节　珠光体转变动力学

珠光体转变与其他转变一样，也是通过形核和长大进行的，因此，转变动力学也取决于晶核的形核率 N 及晶体的线长大速度 v。

一、珠光体的形核率及长大速度

1. 珠光体的形核率、长大速度与温度的关系

珠光体转变的形核率 N 及线长大速度 v 与转变温度之间的关系均具有极大值。含 w_C 为 0.78%、w_{Mn} 为 0.63%、奥氏体晶粒度为 5.25 级的共析钢的珠光体转变的形核率 N 及线长大速度 v 与转变温度之间的关系曲线如图 3-22 所示。由图可见，N 及 v 均随过冷度的增加先增后减，在 550℃附近有一极大值。这是因为随着过冷度的增加（转变温度降低），将同时存在使 N 及 v 增长和减小的两个方面的因素。一方面，随着过冷度的增加，转变温度的降低，奥氏体与珠光体间的自由能差将增加，使转变驱动力增加，从而将使 N 及 v 都增加；此外，随着过冷度的增加，转变温度的降低，将使 $C_\gamma^{\gamma-\alpha}$ 增加、$C_\gamma^{\gamma-\theta}$ 下降（图 3-9）、珠光体片间距减小，使得奥氏体中的碳浓度梯度增大，碳原子的扩散速度加快，扩散距离减小，导致 v 增加。但是另一方面，随过冷度增加、转变温度降低，原子活动能力减弱，原子扩散速度变慢，使 N 及 v 减小。当转变温度高于 550℃时，前一因素起主导作用，使得 N 及 v 均随转变温度的下降，过冷度的增加而增加；当转变温度低于 550℃时，后一因素起主导作用，导致 N 及 v 均随过冷度的增加而减少。以上两方面的因素综合作用的结果，使得珠光体转变的形核率曲线和线长大速度曲线呈图 3-22 所示规律。

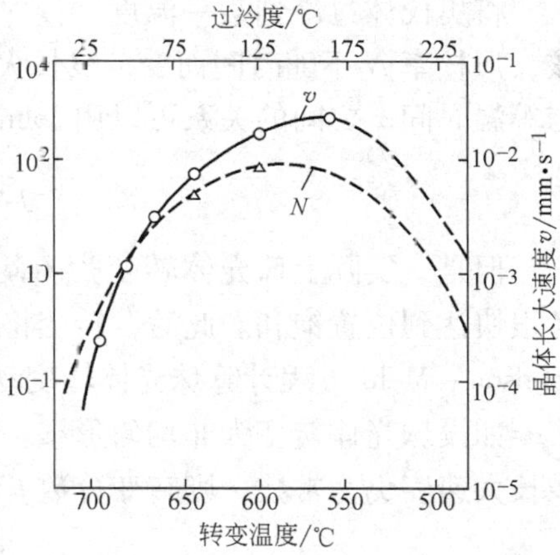

图 3-22　共析钢珠光体转变的形核率 N 及线长大速度 v 与过冷度的关系

还应指出，由于共析钢在 550℃以下存在贝氏体转变，而用现有的试验方法难以单独测出珠光体转变的 N 及 v，故图 3-22 中 550℃以下的曲线都划为虚线。

2. 珠光体转变的 N、v 与时间的关系

当转变温度一定时，形核率 N 与等温时间的关系曲线呈 S 形，如图 3-23 所示。开始，随着转变时间的延长，形核率逐渐增大。但是由于珠光体转变一般都在晶界形核，其中界隅形核优于界棱，界棱又优于界面，故随时间推移，适于珠光体形核的位置越来越少，最后很快达到饱和，称为位置饱和（site saturation），使形核率 N 急剧下降。

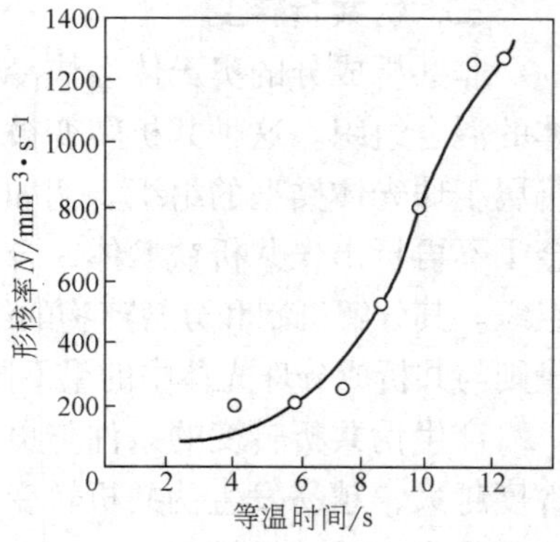

图 3-23 共析钢在 680℃时珠光体转变形核率与等温时间的关系

线长大速度 v 则与等温时间无关。温度一定时，线长大速度 v 为定值。珠光体的长大速度，受碳原子在奥氏体中的扩散所控制。过去认为，珠光体的长大速度受碳原子在奥氏体中的体扩散所控制。现在的实验研究结果认为，珠光体长大时，碳在奥氏体中的重新分配，一部分是通过体扩散完成的，另一部分是通过界面扩散完成的。有的研究结果表明，珠光体片间距大于 70nm 时，长大速度基本上受体扩散所控制；片间距小于 70nm 时，长大速度基本上受界面扩散所控制。还有的文献认为，珠光体长大速度的主导扩散机制，可能与合金的成分有关：在 Fe-C 合金中，珠光体的生长可能以体扩散机制为主；而在 Fe-C-M（M 为合金元素）合金中，珠光体的生长可能以界面扩散机制为主。试验与计算结果表明，在合金钢或非铁合金的共析分解中，界面扩散在控制其长大速率上起着较为主要的作用。

二、珠光体等温转变动力学曲线

将奥氏体过冷到某一温度，使之在该温度下进行等温转变。假设珠光体转变为均匀形核，形核率 N 不随时间而变，线长大速度 v 不随时间和珠光体团的大小而变，则转变分数 f 与等温时间 τ 之间的关系可以用 Johnson-Mehl 方程式表达：

$$f = 1 - \exp\left(-\frac{\pi}{3}Nv^3\tau^4\right) \tag{3-3}$$

但是，实际上珠光体转变为不均匀形核，形核率 N 不是常数，而是随等温时间而变，且很快达到位置饱和。此后，转变将完全由线长大速度 v 所控制，而与形核率无关。所以用 Johnson - Mehl 方程计算珠光体转变动力学有一定困难。

如设珠光体转变为非均匀形核，形核率 N 随时间 τ 呈指数变化，且有位置饱和，假定线长大速度仍为常数，则转变分数 f 可用 Avrami 方程表示：

$$f = 1 - \exp\ (-K\tau^n) \tag{3-4}$$

式中 K、n 均为常数，在位置饱和的情况下，对于不同的形核位置，K，n 的值见表 3-2。表中 A 为单位体积中的晶界面积，L 为单位体积中的界棱长度，n 为单位体积中的界隅数，v 为线长大速度。由于该方程推导前的假设更接近于实际情况，所以 Avrami 方程较适合于珠光体转变动力学的计算。

表 3-2 不同形核位置的 K、n 值

形核位置	K	n
界面	$2Av$	1
界棱	πLv^2	2

将珠光体转变量 f 与等温时间 τ 之间的关系绘成曲线，则如图 3-24 所示。由图可见 f 与

τ 之间呈 S 形曲线，称为等温转变动力学曲线。转变开始前有一段孕育期，转变刚开始时转变速度较慢，随着时间的增长转变速度增加。当转变分数达到 50% 时，转变速度达最大值，随后转变速度又随时间延长逐渐降低，直到转变结束。

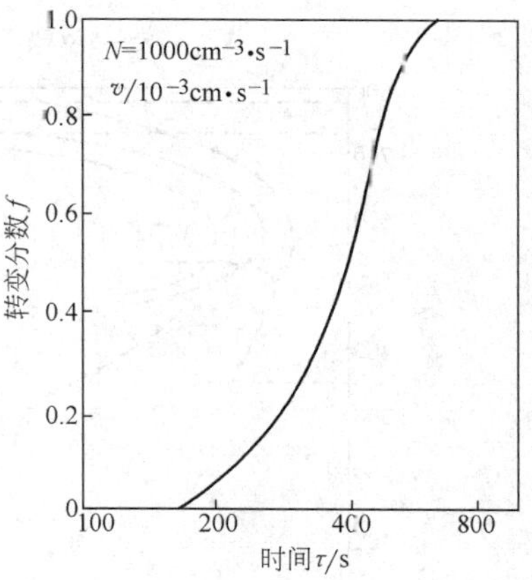

图 3-24　珠光体转变的等温动力学曲线示意图

三、珠光体等温转变动力学图

珠光体等温转变动力学图[㊀]一般都是用实验方法来测定的，常用的方法有金相法、硬度法、膨胀法、磁性法和电阻法等。图 3-25a 表示用实验方法测得的共析成分奥氏体，在不同温度下的等温转变曲线。一般可以取转变分数为 5% 时所需的时间为转变开始时间，取转变分数为 95% 时所需的时间为转变终了时间，则可得出各个转变温度下的转变开始及终了时间。然后仍以时间为横坐标，等温转变温度为纵坐标，将各个温度下的珠光体转变开始和终了的时间绘入图中，并将各温度下的珠光体转变开始时间连接成一曲线，转变终了时间连接成另一曲线，即得珠光体转变动力学图（图 3-25b）。将珠光体转变温度、时间和转变量三者结合在一起，一目了然，可供制定热处理工艺参考。因为图中曲线的形状与字母“C”相似，故称 C 曲线图，也称 TTT 曲线。

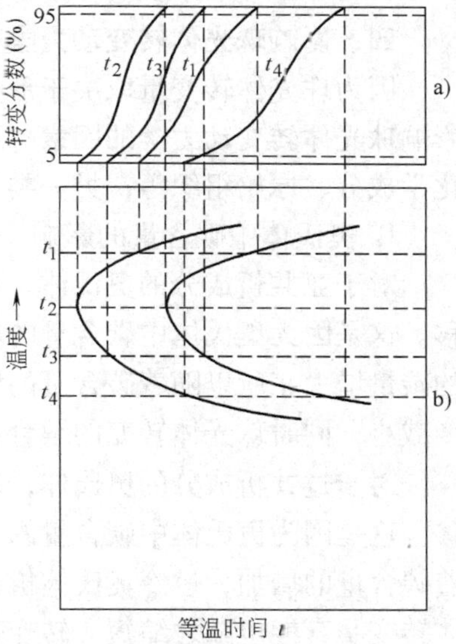

图 3-25　共析钢珠光体等温转变动力学图

由 C 曲线图可看出，珠光体等温转变动力学图具有如下的一些特点；

1）各温度下的珠光体等温转变开始前，都有一段孕育期。所谓孕育期是指从等温开始至转变开始的这段时间。

2）当等温温度从 A_1 点逐渐降低（即过冷度增大）时，珠光体转变的孕育期开始时逐渐缩短；降低到某一温度时（如 550℃），孕育期达到最短；然后随着温度的降低，孕育期又逐渐增长。孕育期最短处，通常被称为 C 曲线的鼻子。

3）转变温度一定时，转变速度随时间的延长逐渐增大；当转变分数为 50% 时，转变速度达到极大值；其后，转变速度又逐渐降低，直至转变结束。

4）亚共析钢珠光体等温转变动力学图的左上方，有一条先共析铁素体析出线，如图 3-26 所示。这条析出线随着钢中碳含量的增加，逐渐向右下方移动，直至消失。

5）过共析钢如果奥氏体化温度在 A_{cm} 以上，则珠光体转变的 C 曲线的左上方，有一条先共析渗碳体析出线，如图 3-27 所示。这条析出线随钢中碳含量的增加，逐渐向左上方移动。

㊀　这里所指的就是奥氏体等温转变图的部分。

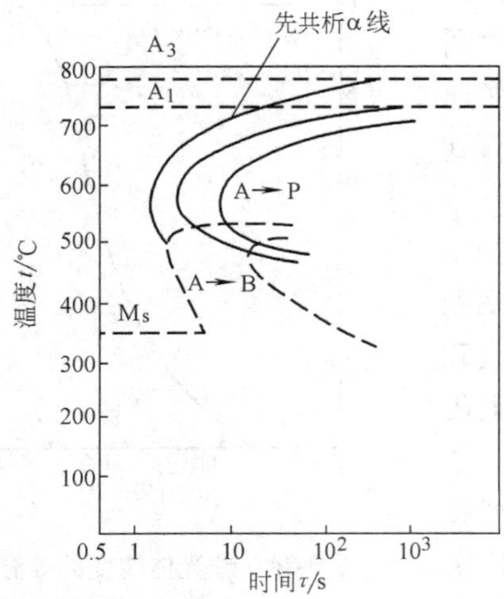

图 3-26 亚共析钢珠光体等温转变动力学图

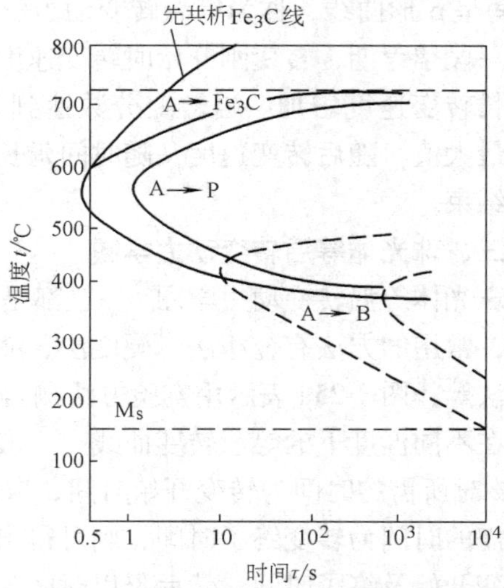

图 3-27 过共析钢珠光体等温转变动力学图

四、影响珠光体转变动力学的因素

因为珠光体转变量取决于形核率和长大速度，所以影响形核率和长大速度的因素，都是影响珠光体转变动力学的因素。这些影响因素可以分为两类：一类属于材料的内在因素，如化学成分、原始组织等；另一类属于材料的外在因素，如加热温度、保温时间等。

1. 奥氏体中碳含量的影响

对于亚共析成分的奥氏体，珠光体转变速度将随着碳含量的增加而减慢，C 曲线逐渐右移。这是因为奥氏体中碳含量的增加将使铁素体的形核率下降，铁素体长大时所需扩散离去的碳量增大，所以随着碳含量的增加，过冷奥氏体析出先共析铁素体的孕育期增长，析出速度减小，同时珠光体转变的孕育期也随之增长，转变速度下降。

对于过共析成分的奥氏体，珠光体转变速度将随着碳含量的增加而加快，C 曲线逐渐左移。这是因为奥氏体中碳含量的增加将使渗碳体的形核率提高，碳的扩散系数增大，所以随着碳含量的增加，过冷奥氏体析出先共析渗碳体的孕育期将缩短，析出速度加快，并且珠光体转变孕育期也随之缩短，转变速度增大。正因为如此，经高浓度渗碳、碳氮共渗的钢件，在淬火时渗层比较容易出现托氏体。因此。可相对地说，共析成分的过冷奥氏体最稳定，C 曲线位置最靠右。

还应指出，这里所指的碳含量是奥氏体中的碳含量，而不是钢的碳含量，因为有时二者并不一致。对亚共析钢及过共析钢进行不完全奥氏体化时，所得奥氏体的碳含量并不是钢的碳含量，只有在完全奥氏体化的情况下，奥氏体的碳含量才与钢的碳含量相同。

2. 奥氏体中合金元素的影响

与碳相比，合金元素对珠光体转变动力学的影响更大。溶入奥氏体中的合金元素能显著影响珠光体转变动力学。当钢中的合金元素充分溶入奥氏体的情况下，除钴和含量 w_{Al} 大于 2.5% 的以外，所有的常用合金元素都使珠光体转变的孕育期加长，转变速度减慢，C 曲线右移；除镍和锰外，所有的常用合金元素都使珠光体转变的温度范围升高，C 曲线向上方移动。图 3-28 综合了各种合金元素对珠光体转变动力学定性的影响。

合金元素推迟珠光体转变的作用，按大小排列的顺序为：Mo、Mn、W、Ni、Si。其中

Mo 对珠光体转变动力学的影响最强烈，在共析钢中加入 w_{Mo}为 0.8%，可使过冷奥氏体分解完成所需的时间增长 2800 倍。

强碳化物形成元素 V、Ti、Zr、Nb、Ta 等，溶入奥氏体后也会推迟珠光体转变；但是在一般奥氏体化的情况下，这类元素形成的碳化物极难溶解，而未溶碳化物则会促进珠光体转变。

微量的 B（w_B0.001% ~0.0035%）可以显著降低亚共析成分的过冷奥氏体析出先共析铁素体的速度和珠光体的形成速度。但随着钢中碳含量的增加，硼的作用逐渐减小，碳含量 w_C 超过 0.9%后，B 几乎不起作用。因此，B 只用于亚共析钢中。

合金元素 Co 则相反，使珠光体转变的孕育期缩短，转变速度加快，C 曲线左移。

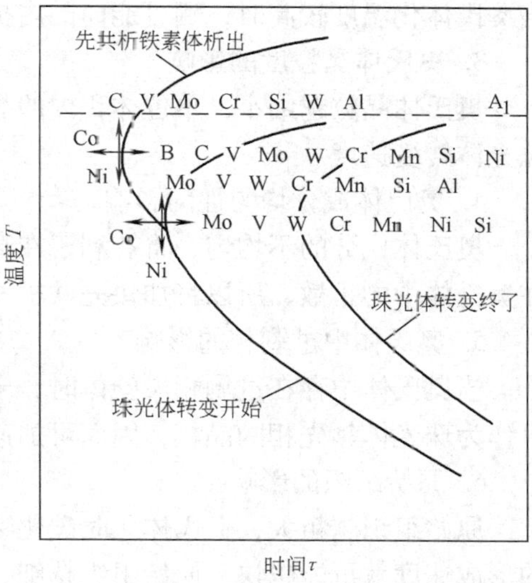

图 3-28 合金元素对珠光体转变动力学的影响示意图

合金元素对珠光体转变动力学图的影响是很复杂的，特别是钢中同时含有几种合金元素时，其作用并不是单一合金元素作用的简单迭加。

合金元素对珠光体转变动力学产生的上述影响是通过以下几个途径产生的：

（1）合金元素通过影响碳在奥氏体中的扩散速度，影响珠光体转变动力学 除 Co 和 w_{Ni} 小于 3% 的以外，所有合金元素都提高碳在奥氏体中扩散激活能，降低碳在 A 中的扩散系数和扩散速度，所以使珠光体转变速度下降。相反，Co 提高碳在奥氏体中的扩散速度，故使珠光体转变速度加快。

（2）合金元素通过改变 γ→α 同素异构转变的速度，影响珠光体转变动力学 非碳化物形成元素 Ni 主要是由于降低了 γ→α 同素异构转变的速度，特别是增大了 α-Fe 的形核功，从而降低了珠光体转变速度。而 Co 由于提高了 γ→α 同素异构转变的速度，从而提高了珠光体转变速度。

（3）通过合金元素在奥氏体中的扩散和再分配，影响珠光体转变动力学 珠光体转变时，除了要求碳的扩散和再分配之外，还要求合金元素的扩散和再分配。而合金元素特别是碳化物形成元素的扩散系数又远远小于碳的扩散系数，约为碳扩散系数的 10^{-2} ~ 10^{-4}，故使珠光体的转变速度大大减慢。

（4）合金元素通过改变临界点，影响珠光体转变动力学 转变温度相同时，由于临界点的改变将改变转变的过冷度。例如 Ni 和 Mn 降低 A_1 点，故减小了过冷度，而使转变速度降低。而 Co 提高 A_1 点，则增加了过冷度，从而加快了转变速度。

（5）合金元素通过影响珠光体的形核率及长大速度，影响珠光体转变动力学 Co 增加珠光体的形核率，所以提高珠光体的转变速度。其他合金元素降低珠光体的形核率及长大速度，所以降低珠光体的转变速度。

（6）合金元素通过改变界面的表面能，影响珠光体转变动力学 例如 B 这样的元素为内表面活性元素，有富集于晶界的强烈倾向。它在晶界的富集可使晶界处的表面能大大降低，使先共析铁素体（从而使珠光体）在晶界的形核非常困难，故大大降低了珠光体转变速度。

当奥氏体化温度较高时，硼可能向晶内扩散，降低了硼的作用，故硼钢淬火温度不宜太高。

3. 奥氏体晶粒度的影响

奥氏体晶粒越细小，单位体积内的晶界面积越大，珠光体的形核部位越多，所以将加快珠光体转变速度。

4. 奥氏体成分均匀性的影响

奥氏体成分的不均匀，将有利于在高碳区形成渗碳体，在贫碳区形成铁素体，并加速碳在奥氏体中的扩散，所以将加快先共析相和珠光体的形成速度。

5. 奥氏体中过剩相的影响

当奥氏体中存在过剩相渗碳体时，未溶渗碳体既可作为先共析渗碳体的非均质晶核，也可作为珠光体领先相的晶核，因而可加速珠光体转变的速度。

6. 原始组织的影响

原始组织越粗大，奥氏体化时碳化物溶解速度越慢，奥氏体均匀化速度也越慢，珠光体的形成速度就可能越快。原始组织越细，则珠光体形成的速度可能越慢。

7. 加热温度和保温时间的影响

提高奥氏体化温度和延长保温时间，可提高奥氏体中碳和合金元素的含量并使之均匀化，故可使珠光体转变的孕育期增长，转变速度降低。

如果奥氏体化温度较低，或保温时间较短，碳化物没有全部溶解，或碳化物虽已溶解，但还未均匀化，奥氏体中碳和合金元素的含量将低于钢的含量。未溶的碳化物，可以作为珠光体转变的晶核。如果碳化物已溶解，但奥氏体成分仍不均匀，则高碳区和低碳区可为珠光体转变时渗碳体和铁素体的形核准备有利条件。所以奥氏体化温度低，时间短，均将加速过冷奥氏体的珠光体转变。

8. 应力的影响

拉应力将使珠光体转变加速，而压应力则使珠光体转变推迟，这是由于珠光体转变时比体积将增加所致。例如，压应力由 29×10^8Pa 增加到 38.5×10^8Pa 时，可使铁碳合金及钢的孕育期约增加 5 倍，并使珠光体形成的温度降低，共析成分移向低碳。

9. 塑性变形的影响

在奥氏体状态下进行塑性变形，有加速珠光体转变的作用，且形变量越大，形变温度越低，珠光体转变速度越快。这是因为形变增加了奥氏体晶内缺陷密度，故增加了形核部位，提高了形核率。晶内缺陷密度的增加也提高了原子扩散速度，故使转变速度加快。

第五节 珠光体的力学性能

珠光体转变的产物与钢的化学成分及热处理工艺有关。共析钢珠光体转变产物为珠光体，亚共析钢珠光体转变产物为先共析铁素体加珠光体，过共析钢珠光体转变产物为先共析渗碳体加珠光体。同样化学成分的钢，由于热处理工艺不同，转变产物既可以是片状珠光体，也可以是粒状珠光体；同样是片状珠光体，而珠光体团的大小、珠光体片间距以及珠光体的成分也不相同。对同一成分的非共析钢，由于热处理工艺不同，转变产物中先共析相所占的体积分数就不相同，珠光体中渗碳体的量也不相同。既然珠光体转变的产物不同，则其力学性能也必然不同。

通常，珠光体的强度、硬度高于铁素体，而低于贝氏体、渗碳体和马氏体，塑性和韧性则高于贝氏体、渗碳体和马氏体，见表3-3。因此，一般珠光体组织适合于切削加工或冷成形加工。

一、片状珠光体的力学性能

片状珠光体的硬度一般在160～280 HBW之间，抗拉强度在784～882 MPa之间，伸长率在20%～25%之间。

片状珠光体的力学性能与珠光体的片间距、珠光体团的直径以及珠光体中铁素体片的亚晶粒尺寸等有关。珠光体的片间距主要决定于珠光体的形成温度，随形成温度降低而变小；而珠光体团直径不仅与珠光体形成温度有关，还与奥氏体晶粒大小有关，随形成温度的降低以及奥氏体晶粒的细化而变小。故可以认为共析成分片状珠光体的性能主要取决于奥氏体化温度以及珠光体形成温度。由于在实际情况下，奥氏体化温度不可能太高，奥氏体晶粒不可能太大，故珠光体团的直径变化也不会很大，而珠光体转变温度则有可能在较大范围内调整，故片间距可以有较大的变动。因此从生产角度来看，片间距对珠光体力学性能的影响就更具有生产实际意义。

表3-3　0.84C、0.29Mn钢经不同温度等温处理后的组织和硬度

等温温度/℃	组织	硬度 HBW	等温温度/℃	组织	硬度 HBW
720～680	珠光体	170～250	550～400	上贝氏体	400～460
680～600	索氏体	250～320	400～240	下贝氏体	460～560
600～550	托氏体	320～400	240～室温	马氏体	580～650①

① 由58～62HRC换算而得。

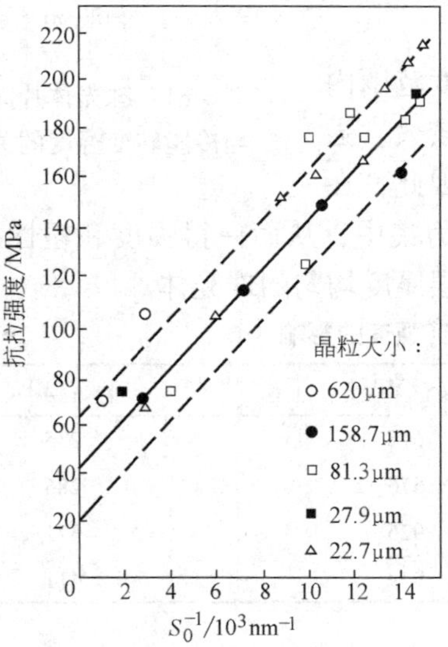

图3-29　共析钢珠光体片间距 S_0 与强度的关系

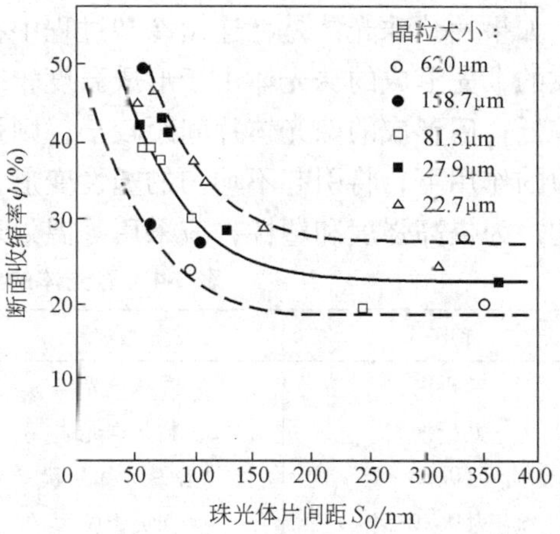

图3-30　共析钢珠光体片间距 S_0 与断面收缩率的关系

随着珠光体团直径以及片间距的减小，珠光体的强度、硬度以及塑性均将升高。图3-29和图3-30给出了共析钢珠光体片层间距与抗拉强度、断面收缩率的关系。由图可见，抗拉强度和断面收缩率随片间距的减小而增加。这与表3-3中的珠光体、索氏体（细珠光体）、托氏体（极细珠光体）硬度的变化规律是一致的。比如，粗片状珠光体的硬度可达200HBW，细片状珠光体的硬度可达300HBW，极细珠光体的硬度可达450HBW。有的文献还给出了根据珠光体片间距计算屈服强度的经验公式为

$$\sigma_s = 139 + 46.4S_0^{-1} \tag{3-5}$$

式中，σ_s 为屈服强度（MPa）；S_0 为片间距（μm）。

强度与硬度随片间距的减小而升高是因为片间距减小时铁素体与渗碳体变薄，相界面增多，铁素体中位错不易滑动，故使塑变抗力升高所致。在外力足够大时，位于铁素体中心的位错源被滑动后，滑动的位错将受阻于渗碳体片，渗碳体及铁素体片越厚，因受阻而塞积的位错也越多，塞积的位错将在渗碳体薄片中造成正应力，而使渗碳体片产生断裂。片层越薄，塞积的位错越少，正应力也越小，越不易引起开裂。只有提高外加作用力，才能使更多的位错塞积在相界面一侧，造成足够的正应力使渗碳体片产生断裂。当每一个渗碳体片发生断裂并且裂纹连接在一起时便引起整体脆断。由此可见，片间距的减小可以提高断裂抗力。

片间距的减小能提高塑性，这是因为渗碳体片很薄时，在外力作用下，塞积的位错可以切过渗碳体薄片引起滑移，产生塑性变形而不使之发生正断，也可以使渗碳体薄片产生弯曲，致使塑性增高。

片间距对冲击韧度的影响比较复杂，因为片间距的减小将使冲击韧度下降，而渗碳体片变薄又有利于提高冲击韧度。前者是由于强度提高而使冲击韧度下降；后者则是由于薄的渗碳体片可以弯曲、形变而使断裂成为韧性断裂，从而提高冲击韧度。这两个相互矛盾的因素使韧脆转变温度与片间距之间的关系出现一极小值（图3-31），即韧脆转变温度随片间距的减小先降后增。

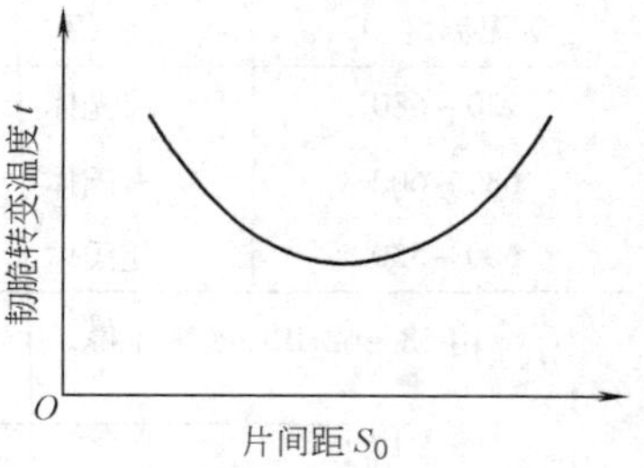

图3-31 珠光体片间距与冷脆转变温度的关系

如果片状珠光体是在连续冷却过程中在一定的温度范围内形成的，先形成的珠光体由于形成温度较高，片间距较大，强度较低；后形成的珠光体片间距较小，则强度较高。因此，在外力的作用下，将引起不均匀的塑性变形，并导致应力集中，从而使得强度和塑性都下降。因此，为提高强度和塑性，应采用等温处理以获得片层厚度均匀的珠光体。

表3-4 珠光体的组织形态对疲劳强度的影响

钢种	显微组织	σ_b/MPa	σ_{-1}/MPa
共析钢	片状珠光体	676	235
共析钢	粒状珠光体	676	286
w_C 为0.7%钢	细珠光体片状	926	371
w_C 为0.7%钢	回火索氏体	942	411

二、粒状珠光体的力学性能

经球化退火或调质处理，可以得到粒状珠光体。

在成分相同的情况下，与片状珠光体相比，粒状珠光体的强度、硬度稍低，但塑性较好，如图3-32所示。粒状珠光体的疲劳强度也比片状珠光体高，见表3-4。另外，粒状珠光体的可切削性、冷挤压时的成形性好，加热淬火时的变形、开裂倾向小。所以，粒状珠光体常常是高碳工具钢在切削加工和淬火前要求预先得到的组织形态。碳钢和合金钢的冷挤压成

形加工，也要求具有粒状珠光体组织。GCr15 轴承钢在淬火前也要求具有细粒状珠光体组织，以保证轴承的疲劳寿命。

粒状珠光体的硬度、强度比片状珠光体稍低的原因是铁素体与渗碳体的界面比片状珠光体少。粒状珠光体塑性较好是因为铁素体呈连续分布，渗碳体呈颗粒状分散在铁素体基底上，对位错运动的阻碍较小所致。

粒状珠光体的性能还取决于碳化物颗粒的大小、形态与分布。一般来说，碳化物颗粒越细、形态越接近等轴、分布越均匀，韧性越好。

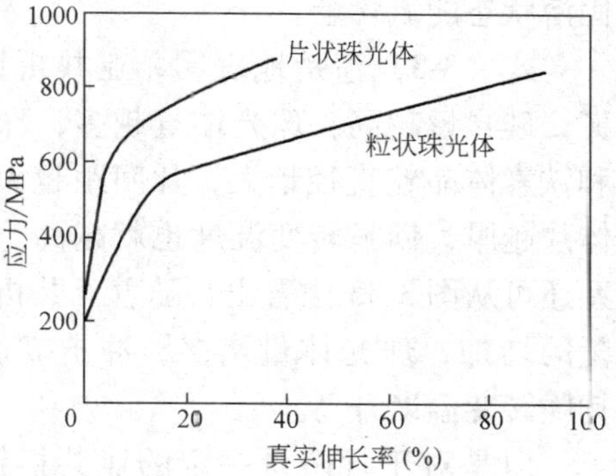

图 3-32　片状珠光体与粒状珠光体的应力应变图

三、铁素体 + 珠光体的力学性能

与共析钢、过共析钢相比，亚共析钢的碳含量低，退火态的显微组织中除了有珠光体外还有先共析铁素体，所以亚共析钢的强度、硬度低，塑性、韧性高。

亚共析钢珠光体转变产物的力学性能主要取决于 C、Mn、Si、N 等固溶强化元素的含量和显微组织中铁素体和珠光体的相对量、铁素体晶粒的直径和珠光体的的片间距。C、Mn、Si、N 等元素的含量越多、珠光体相对量越多、铁素体晶粒越细、珠光体片间距越小，其强度和硬度也就越高。亚共析钢的抗拉强度和屈服强度可由下式求出：

$$\sigma_s\ (\text{MPa}) = 15.4\ \{\varphi_\alpha^{\frac{1}{3}}\ [2.3 + 3.8\ (\text{Mn}) + 1.13\ d^{-\frac{1}{2}}] + (1 - \varphi_\alpha^{\frac{1}{3}})[11.6 + 0.25\ S_0^{-\frac{1}{2}}] + 4.1\ (\text{Si}) + 27.6\ (\text{N})^{1/2}\} \quad (3\text{-}6)$$

$$\sigma_b\ (\text{MPa}) = 15.4\ \{\varphi_\alpha^{\frac{1}{3}}\ [16 + 74.2\ (\text{N})^{\frac{1}{2}} + 1.18\ d^{-\frac{1}{2}} + (1 - \varphi_\alpha^{\frac{1}{3}})[46.7 + 0.23 S_0^{-\frac{1}{2}}] + 6.3\ (\text{Si})\} \quad (3\text{-}7)$$

式中，φ_α 为铁素体的体积分数（%）；d 为铁素体晶粒的平均直径（mm）；S_0 为珠光体片平均间距（mm）；式中化学元素符号代表该元素的质量分数。

式（3-6）、式（3-7）不仅适用于亚共析钢，也适用于共析钢。由关系式可见，当珠光体量少时，珠光体对强度贡献不占主要地位，此时强度的提高主要依靠铁素体晶粒尺寸的减小。而当珠光体的量趋近 100% 时，珠光体对强度的贡献就成为主要的，此时强度的提高主要依靠珠光体片间距的减小。

塑性则随珠光体量的增多而下降，随铁素体晶粒的细化而升高。

亚共析钢珠光体转变产物的韧脆转变温度与铁素体的体积分数 φ_α、铁素体晶粒直径 d、珠光体团直径 D、片间距 S_0、渗碳体片厚度 t 以及 Si、N 含量等有关。韧脆转变温度可用断口形貌转变温度 FATT_{50} 表示（FATT 为 Fracture Appearance Transition Temperature 的字头缩写）。FATT_{50} 是指出现体积分数为 50% 解理断口和 50% 纤维断口时的温度。中高碳与共析钢的韧脆转变温度（与 27 J 冲击吸收功相对应）可由下式求出：

$$\text{FATT}_{50}\ (℃) = \varphi_\alpha\ [-46 - 11.5 d^{-\frac{1}{2}}] + (1 - \varphi_\alpha)\ [-335 + 5.6 S_0^{-\frac{1}{2}} - 13.3 D^{-\frac{1}{2}} + 3.48 \times 10^8 t\ ] + 48.7\ (\text{Si}) + 762 \text{N}_f^{\frac{1}{2}} \quad (3\text{-}8)$$

式中，d 为铁素体直径（mm）；D 为珠光体团直径（mm）；t 为渗碳体片厚度（mm）；N_f 为固溶状态的氮含量。

式（3-8）清楚地表明，亚共析钢的碳、氮、硅含量越高，珠光体量越多，珠光体团和铁素体晶粒直径越大，片间距越大，渗碳体片越厚，韧脆转变温度也就越高。这一关系还可从图3-33中看出，随着亚共析钢碳含量的增加，珠光体量增多，冲击韧度下降，韧脆转变温度升高。

但是对于含碳量一定的亚共析钢来说，增加珠光体的相对量，使珠光体的平均含碳量降低，将有助于改善韧性。

为了获得最大的冲击韧度，应使用细晶粒以及硅、碳含量低的钢，因为细化铁素体晶粒及珠光体团对韧性是有益的，而固溶强化对韧性是有害的。

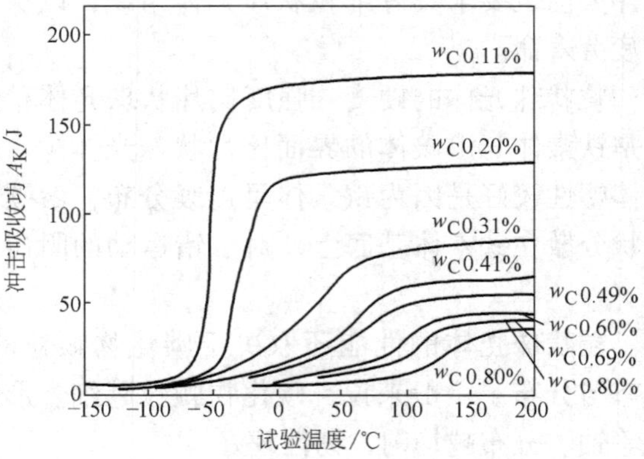

图3-33 亚共析钢碳含量（珠光体体积分数）对正火钢韧脆转变温度和冲击韧度的影响

四、形变珠光体的力学性能

索氏体经塑性变形可以大幅度提高材料的强韧性。

将高碳钢或中碳钢经奥氏体化后，先在 Ar_1 以下适当温度（大约500℃）的铅浴中等温，获得索氏体（或主要是索氏体）组织。这种组织适于深度冷拔，经冷拔后可获得优异的强韧性配合。这种工艺被称为派登脱处理（Patenting）或称铅浴处理。

高碳钢经派登脱处理后所达到的强度水平，是钢在目前生产条件下能够达到的最高水平。比如，w_C 为0.9%、直径1mm的钢丝，预先经845～855℃奥氏体化，经516℃等温索氏体化处理，再经断面收缩率80%以上的冷拔变形，抗拉强度可接近4000MPa，如图3-34所示。

含碳量 w_C 为0.78%的15mm厚的共析钢板，经850℃×30min奥氏体化后于600℃等温10min空冷，得到平均片间距为260nm的片状珠光体（图3-35a）。经压下率为40%的冷轧，珠光体片层发生变形和不规则弯曲，渗碳体片层向轧制方向倾斜，有些渗碳体发生溶解并断开，片间距减为160～230nm（图3-35b）。经压下率为90%的冷轧，珠光体片层严重变形，渗碳体片发生细化、溶解及碎化，珠光体变为极细片型，与轧制方向基本趋于平行排列，片间距仅为20～30nm（图3-35c）。XRD谱分析结果表明，铁素体的点阵常数增大为2.8718nm，含碳量 w_C 为0.14%，呈现过饱和状态，抗拉强度由原来的1220MPa提高到2220MPa。

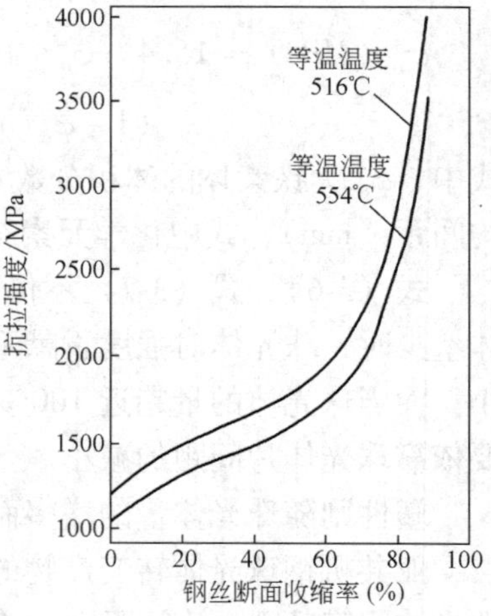

图3-34 索氏体化等温温度和冷拔变形率对钢丝抗拉强度的影响

索氏体具有良好的冷拔性能是因为索氏体的片间距很小，使位错沿最短途径滑移的可能性增加；同时，由于渗碳体片很薄，在进行较强烈塑性变形时它能够产生弹性弯曲和塑性变形。正是这两种因素使得索氏体的塑性增高。

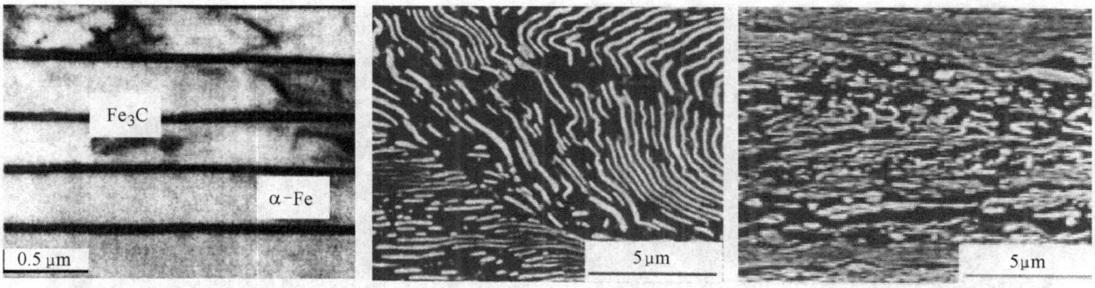

a) b) c)

图 3-35 共析钢片状珠光体冷变形前后的组织形貌

a) 原始组织（TEM） b) 压下率 40%（SEM） c) 压下率 90%（SEM）

综上所述，深度冷变形可以使索氏体产生显著强化的原因在于铁素体内的位错密度大大增加，使由位错缠结所组成的胞块即铁素体的亚晶粒明显细化，而且点阵畸变明显增大，渗碳体部分溶解碎化，使铁素体含碳量过饱和，产生更大的固溶强化。冷变形率越大，铁素体内位错密度增加的幅度也越大，亚晶粒细化越明显，铁素体含碳量过饱和度越大，强化效果越显著。

第六节 钢中碳化物的相间沉淀

含有强碳（氮）化物形成元素的过冷奥氏体，在珠光体转变之前或转变过程中可能发生纳米碳（氮）化物的析出，因为析出是在 γ/α 相界面上发生的，所以称为相间析出，又称相间沉淀（interphase precipitation）。相间沉淀首先在含 Nb、V 等强碳化物形成元素的钢中发现，后来被广泛接受和大量研究。现在不但在低碳合金钢中发现存在相间沉淀，而且在中高碳合金钢中也发现存在相间沉淀。与从奥氏体中析出和从铁素体中析出的碳化物一样，相间沉淀析出的碳化物也起着重要的沉淀强化作用，并被应用于控制扎制生产高强度微合金化钢中。

一、相间沉淀组织

利用强碳化物形成元素产生的相间沉淀反应可发生在铁素体、珠光体或贝氏体内。现今使用的低碳或中碳微合金钢，均是添加少量的强碳化物形成元素，使之发生相间沉淀，得到由相间沉淀碳化物与铁素体组成的相间沉淀组织以及珠光体组织。在光学显微镜下观察，相间沉淀组织与典型的先共析铁素体毫无差别。但在高倍电子显微镜下观察，可以看到在铁素体中有极细小的颗粒状碳化物，或呈互相平行的点列状分布（图 3-36a），或呈不规则分布（图 3-36b）。这些极细小的颗粒状碳化物分布在有一定间距的平行的平面上。当电镜入射电子束与平面相平行时所观察到的碳化物呈互相平行的点列状分布，否则呈不规则分布。

相间沉淀组织也称为“变态珠光体”或“退化珠光体”（degenerate pearlite）。

相间沉淀碳化物是纳米级的颗粒状碳化物。碳化物的直径随钢的成分和等温温度的不同而发生变化，有的小于 10nm 甚至小于 5nm，有的达到 35nm，一般平均直径为 10～20nm。相邻平面之间的距离称为面间距或层间距，面间距一般在 5～230nm。几乎所有熟知的特殊碳化物，如 VC、NbC、TiC、Mo_2C、Cr_7C_3、$Cr_{23}C_6$、W_2C 等在适当条件下都可以成为相间沉淀碳化物，其中以 VC、NbC、TiC 最为常见。与 NbC、TiC 相比，VC 在奥氏体中的溶解度

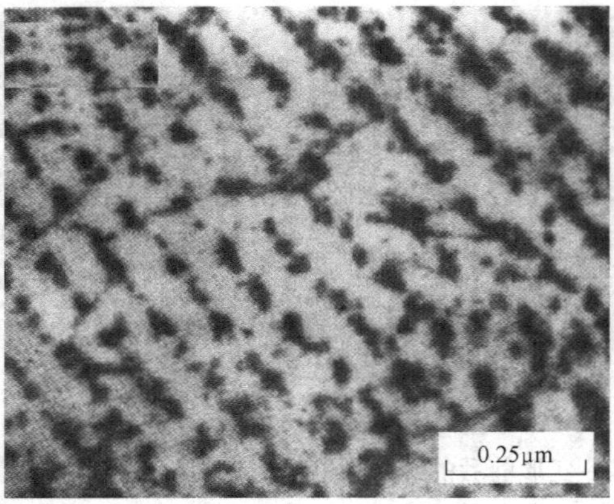

a)

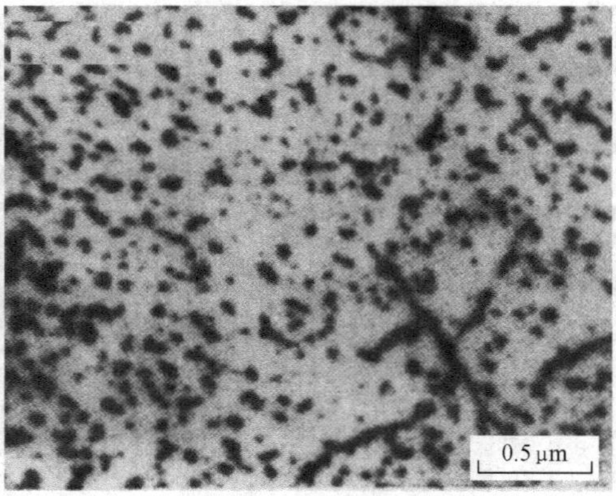

b)

图 3-36 w_C 为 0.02%、w_{Nb} 为 0.032% 钢在 600℃ 等温 40min 后 NbC 相间沉淀的分布

a）垂直于 γ/α 界面 b）平行于 γ/α 界面

最大，因此能获得最大的强化效果。钢中加入氮，可促进形成 V（C，N）相间沉淀，进一步提高强化效果。

相间沉淀碳化物颗粒的大小和层间距主要决定于析出时的温度（冷却速度）和奥氏体的化学成分。随着冷却速度的增大，析出温度的降低，碳化物颗粒尺寸和层间距均变小。当钢中碳（氮）化物形成元素和碳含量增加时，碳（氮）化物的体积分数将增加，碳化物的颗粒尺寸及面间距略有减小。

二、相间沉淀机制

低、中碳微合金钢经奥氏体化后过冷到 A_1 以下，贝氏体转变开始温度 B_S 以上的某一温度等温，或以一定的冷却速度连续冷却经过 $A_1 \sim B_S$ 区间时均可发生相间沉淀。如图 3-37a 所示，成分为 C_0 的奥氏体在 t_1 温度将在奥氏体晶界形成铁素体，出现 γ/α 界面。由于铁素体的形成，在 γ/α 界面的奥氏体一侧碳的浓度增高至 $C_\gamma^{\gamma-\alpha}$。图 3-38b 左边的剖面线代表已析出的铁素体，右边部分代表奥氏体，图中的曲线表示奥氏体中碳浓度的变化。由于 γ/α 界面处奥氏体的碳浓度增高，使铁素体的长大受到抑制。由于此时温度较低，碳原子很难向奥氏体内部作长距离扩散，只能在界面的奥氏体一侧富集起来。当碳含量超过碳化物在奥氏体中的溶解度 $C_\gamma^{\gamma/Cem}$ 时，将通过析出碳化物析出消耗富集的碳原子。在 γ/α 界面析出碳化物后，如图 3-37c 所示，在碳化物和奥氏体交界处的奥氏体一侧，碳含量下降至 $C_\gamma^{\gamma/Cem}$，已析出的碳化物不能继续长大，但给铁素体的继续长大创造了条件。铁素体将越过碳化物进一步长大，亦即 γ/α 界面向奥氏体方向推移，如图 3-38d 所示，图中的虚线代表析出的碳化物颗粒。铁素体向前长大后，又提高了 γ/α 界面奥氏体一侧的碳浓度，恢复到图 3-38b 的状态。因此又将在 γ/α 界面上析出碳化物。转变如此往复，铁素体与细粒状特殊碳化物交替形成，直至过冷奥氏体完全分解，形成一系列平行排列的细小碳化物。

图 3-38 是相间析出的碳化物空间分布示意图。从图中 *A* 方向观察，可以看到析出的碳化物颗粒呈点列状排列（图 3-38a），而从 *B* 方向观察，看到的析出物颗粒则呈不规则分布（图 3-38b）。

相间沉淀也是一个形核和长大过程，受碳及合金元素的扩散所控制。因为转变温度较

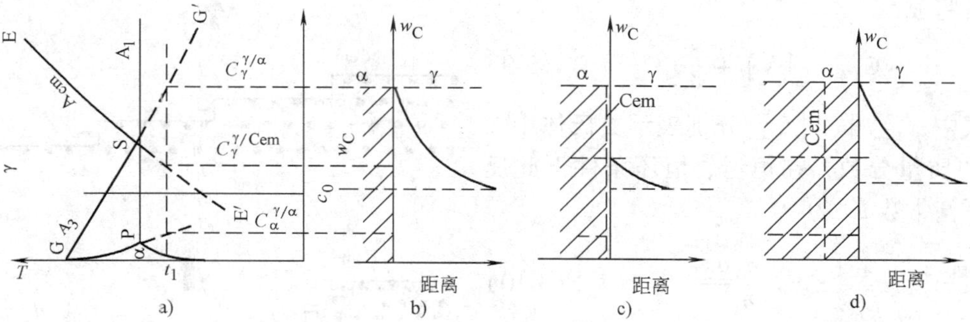

图 3-37 铁素体长大过程中的相间沉淀示意图

a) t_1 温度相变时，各相界面上的平衡浓度 b) 铁素体成核后长大时，界面处奥氏体中碳浓度的分布 c) γ/α 界面上碳化物沉淀后，界面处奥氏体中碳浓度的分布 d) 铁素体长大时，界面处奥氏体中碳浓度的分布

低，合金元素和碳原子的扩散均较困难，故析出的碳化物难以长大，只能成为细小颗粒状。

相间沉淀碳化物与铁素体呈一定的晶体学位向关系。对于等温沉淀的 VC，其位向关系为

$$\{100\}_{VC} /\!/ \{100\}_\alpha;\ [110]_{VC} /\!/ [100]_\alpha$$

对于 V_4C_3 与铁素体的位向符合 Baker-Nutting 关系，即

$$(100)_{V_4C_3} /\!/ (100)_\alpha;[010]_{V_4C_3} /\!/ [011]_\alpha$$

说明相间沉淀碳化物与铁素体之间为共格界面。

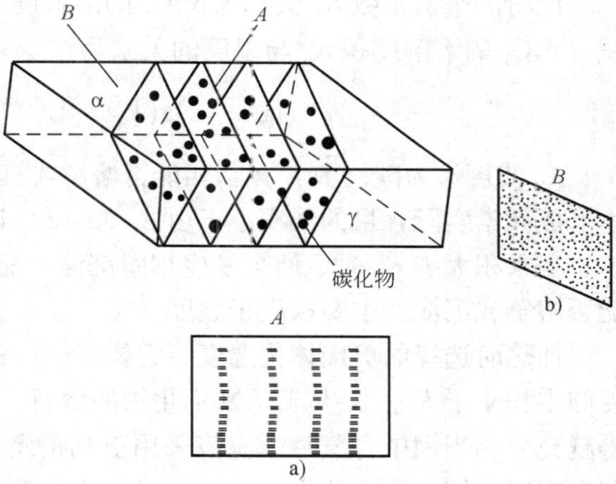

图 3-38 相间析出碳化物空间分布图

Honeycombe 提出了相间沉淀的台阶机制，模型如图 3-39 所示。铁素体的长大依赖于台阶端面沿细箭头方向的迁移，导致台阶宽面沿粗箭头方向推进。台阶端面为非共格界面，界面能高，可动性大，易于迁移。它的迁移必伴有碳原子与碳化物形成元素原子的扩散，使端面 γ/α 界面一侧的奥氏体中溶质原子浓度升高。由于端面可动性高，碳化物不易在其上成核，所以在端面迁移的同时该处的溶质原子向台阶宽面上扩散。台阶宽面系共格或半共格界面，界面能低，可动性也低，从台阶端面扩散来的溶质原子便在其上沉淀出合金碳化物。但有时台阶高度（即面间距）小且均匀（图 3-39a），而有时台阶高度大而不均匀（图 3-39b），其原因尚待进一步研究。

三、相间沉淀条件

能否产生细小弥散相间沉淀碳化物，取决于钢的化学成分、奥氏体化温度、等温温度（连续冷却速度）。

首先，要求奥氏体中必须溶有足够的碳（氮）元素和碳化物形成元素，其次必须采用足够高的奥氏体化温度，使碳（氮）化物能够溶解到奥氏体中。碳（氮）化物能否溶入奥氏体与钢的化学成分、碳（氮）化物的类型及奥氏体化温度下的极限溶解度有关。

碳（氮）化物在奥氏体中的极限溶解度与温度有关。例如，当 V_4C_3 溶入奥氏体时，其

反应可写成

$$VC_{3/4} \rightarrow [V] + \frac{3}{4}[C] \qquad (3\text{-}9)$$

式中，[V]、[C] 分别表示奥氏体中 V 与 C 的质量分数，在恒温、恒压条件下此反应的平衡常数 K_S 为

$$K_S = \frac{a_V a_C^{\frac{3}{4}}}{a_{V_4C_3}} \qquad (3\text{-}10)$$

式中，a_V、a_C、$a_{V_4C_3}$ 分别为 V、C 及 V_4C_3 的活度，其中 $\alpha_{V_4C_3}$ 为 1。在稀固溶体中，可近似地认为活度等于含量。因此，式（3-10）可写成

$$K_S = [V][C]^{3/4} \qquad (3\text{-}11)$$

此时的平衡常数 K_S 又称为 V_4C_3 的溶解度积。V_4C_3 的溶解度积 K_S 与温度的关系为

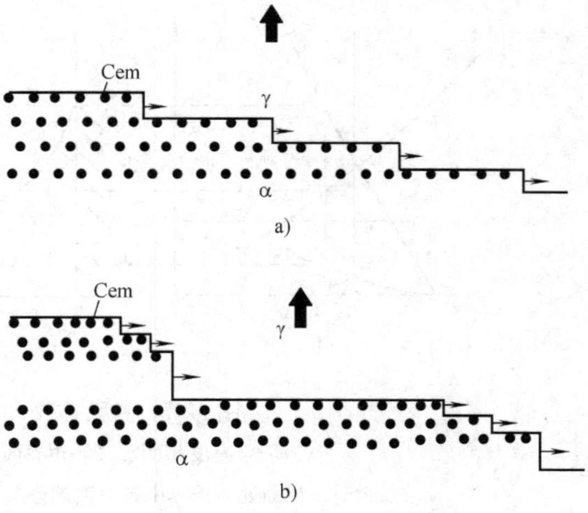

图 3-39 相间沉淀的台阶机制模型

a）高度小而均匀的台阶 b）高度大而不均匀的台阶

$$\lg K_S = \lg([V][C]^{3/4}) = -\frac{10800}{T} + 7.06 \qquad (3\text{-}12)$$

K_S 值可作为碳（氮）化物相能否溶解或沉淀的判据。当钢中碳（或氮）和碳（氮）化物形成元素实际含量的乘积小于由式（3-12）计算出的 K_S 时，便会发生碳（氮）化物的溶解；当乘积大于 K_S 时，便会发生相间沉淀。显然，在钢的化学成分一定时，碳（氮）化物能否溶解或沉淀，主要取决于温度。

加热时选择的奥氏体化温度一定要高于由式（3-12）计算出的温度，才能使溶质实际浓度的乘积小于 K_S，发生碳（氮）化物的溶解。可见奥氏体化温度越高，碳（氮）化物溶解得越充分。当钢中含氮时，应该采用更高的奥氏体化温度。但需注意，碳（氮）化物的溶解温度还与钢中的其他成分有关，因为其他成分可通过影响 C 和 N 的活度来起作用。

奥氏体冷却时能否发生相间析出，主要决定于转变温度。一定要低于由式（3-12）计算出的温度，才能使溶质实际浓度的乘积大于 K_S，发生碳（氮）化物的沉淀。可见等温温度越低，溶质实际浓度的乘积大于 K_S 的差值越大，发生碳（氮）化物沉淀的可能性就越大。但是，等温温度不能低于 B_S，否则过冷奥氏体将发生贝氏体转变。

K_S 与热力学温度 T 的关系，已有不少报导，表 3-5 是一些常见沉淀相在奥氏体中的溶解度积与温度的关系。图 3-40 是溶解度积与 $1/T$ 的关系图。这样的图表可供选择奥氏体化温度、等温温度、冷却速度时参考。

表 3-5 钢中常见的 C、N 化合物在奥氏体中溶解度积与温度的关系

化合物	溶解度积方程
V_4C_3	$\lg[V][C]^{3/4} = -10800/T + 7.06$
TiC	$\lg[Ti][C] = -7000/T + 2.75$
NbC	$\lg[Nb][C]^{0.87} = -7530/T + 3.11$
VN	$\lg[V][N] = -7733/T + 2.99$
AlN	$\lg[Al][N] = -6770/T + 1.03$

不同碳含量的钢的相间析出温度范围不同，含碳量低时范围较宽，为 700 ~ 450℃；含

碳量较高时范围较窄，如 w_C 高达0.8%时为320～450℃。

低碳合金钢相间沉淀的等温转变动力学图与珠光体转变相似，也具有“C”字形特征，如图3-41所示。图中实线为相间沉淀动力学曲线。可以看出，相间沉淀是在一定的温度范围内发生的，而且转变温度较高或者较低时，都使相间沉淀的速度减慢。除了温度以外，其他合金元素的加入和塑性形变也会影响相间沉淀动力学。镍、锰、铬的加入会使钒钢中的相间沉淀变慢，这些元素对钛钢和钒钢也有类似的影响。塑性形变一般会加速相间沉淀的进行。

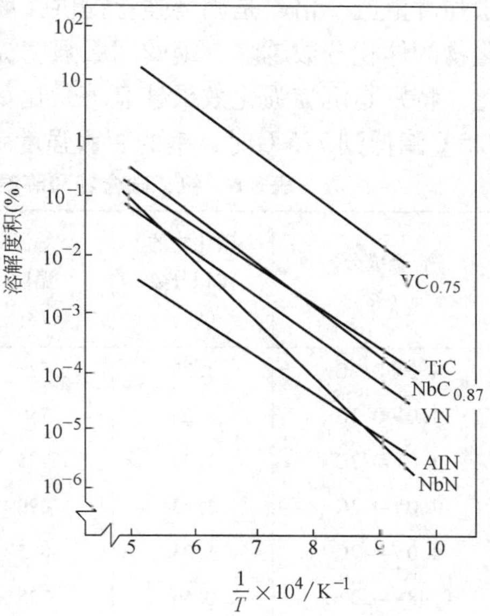

图3-40　几种特殊碳化物、氮化物在奥氏体中溶解度积与奥氏体化温度的关系

在连续冷却条件下，如果冷却速度过慢，在较高的温度下停留的时间过长，则由于碳化物聚集长大，组织粗化，会使钢的硬度、强度降低。如果冷却速度过快，即在可发生相间沉淀的温度范围内停留时间过短，细小的碳化物来不及形成，过冷奥氏体将转变为先共析铁素体和珠光体以及贝氏体，也会使钢的硬度、强度降低。

因此，对于低碳合金钢，必须根据钢的成分及奥氏体化温度（或轧制温度）控制冷却条件，使其在合适的温度和时间范围内进行转变，才会发生相间沉淀，得到好的强化效果。

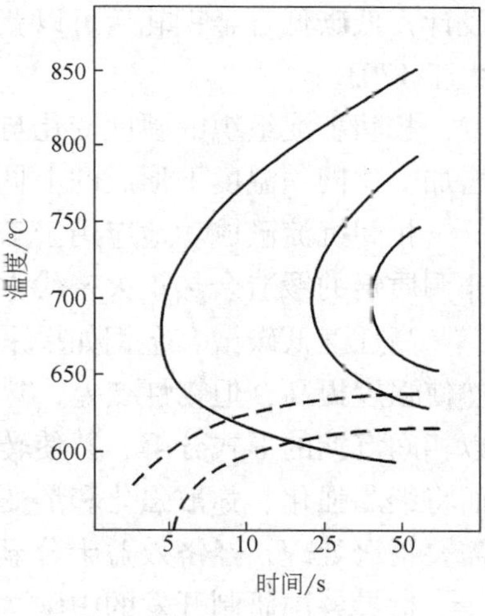

图3-41　w_C 为0.23%、w_V 为0.85%钢过冷奥氏体等温转变动力学图

四、相间沉淀钢的强化机制及应用

相间沉淀钢的强度主要由三种强化机制提供，即细晶强化、沉淀强化和固溶强化，并以沉淀强化与细晶强化为主。假定各强化机制的作用可以相互叠加，则有

$$\sigma_s = \sigma_0 + \sigma_{sss} + \sigma_{disp} + K_y d^{-\frac{1}{2}} \tag{3-13}$$

式中，σ_0 为纯铁的屈服强度；σ_{sss} 为固溶强化项，对于低碳微合金钢而言 σ_{sss} 值很小，可以忽略；σ_{disp} 为沉淀强化项；$K_y d^{-1/2}$ 为细晶强化项。其中 σ_{disp} 项，可按Kocks模型中位错切过沉淀粒子的临界切应力 τ 计算：

$$\tau = \frac{1}{1.18}\left(\frac{1.2\mu b}{2\pi\lambda}\right)\ln\left(\frac{\bar{x}}{2b}\right) \tag{3-14}$$

式中，μ 为基体相的切变弹性模量；b 为柏氏矢量；$\bar{x}$ 为在观察平面上截取的粒子平均直径；λ 为相邻粒子的表面间距，它是以 $1/\sqrt{n_s}-\bar{x}$ 来定义的（n_s 是单位滑移面积上的粒子数目）。

按式（3-13）计算所得结果，与实验值符合得很好。可见，增加沉淀粒子的体积分数，减小粒子尺寸及其间距，可有效地提高相间沉淀的强化效果。表3-6是钒、碳含量和等温温度对三种强化机制所提供的强度值的影响。由表可以看出，在三种强化机制所提供的强度中，以沉淀强化的效果最大，固溶强化的效果最低。沉淀强化提供的强度值，是细晶强化提供强度值的2倍，是固溶强化提供强度值的11～29倍。钢的碳、钒含量越高，相间沉淀碳化物的体积分数越多，钢的屈服强度提高越大。在化学成分一定时，等温温度越低，细晶强化，特别是沉淀强化效果越显著。比如，1.0 V －0.2 C钒钢经奥氏体化后，当等温温度由825℃降低到725℃时，钢的屈服强度就由442MPa提高到了843MPa。

表3-6 钒、碳含量和等温温度对三种强化机制所提供的强度值的影响

合金成分 w（%）	碳化物的体积分数（%）	等温温度/℃	屈服强度/MPa	固溶强化/MPa	细晶强化/MPa	沉淀强化/MPa
1.0V-0.2C	1.23	725	843	19.6	238	587
1.0V-0.2C	1.23	750	843	19.6	215	608
1.0V-0.2C	1.23	775	667	19.6	194	453
1.0V-0.2C	1.23	899	549	19.6	168	362
1.0V-0.2C	1.23	825	442	24.5	136	280
0.48V-0.09C	0.56	725	647	19.6	236	391
0.48V-0.09C	0.56	756	559	19.6	215	324
0.48V-0.09C	0.56	775	475	19.6	228	228

相间沉淀最大的优点是在提高钢的强度的同时并不明显降低钢的韧性。通过适当的成分设计，低碳低合金钢轧后可以获得相间沉淀组织，屈服强度可大于500MPa，冲击吸收功可大于170J。

相间沉淀组织的硬度变化与强度变化相似。钒钢相间沉淀组织的硬度随转变温度降低而增加，比同一温度下形成的上贝氏体硬度要高。

相间沉淀已成功地应用于工业生产，如对高强度低碳微合金钢的控制轧制，中碳微合金非调质钢的锻造余热正火替代常规调质处理等。

高强度低碳微合金钢如果采用普通热轧工艺，钢中的铌或钒只能起到沉淀强化作用，虽然使强度提高，但韧性变差，热轧后不得不进行正火处理。如采用控轧工艺，则可使奥氏体以相间沉淀的形式分解，并使转变前的奥氏体和转变后的铁素体尽可能变为细晶粒组织，从而将细晶强化、弥散强化和形变强化结合起来，使钢的强度和韧性同时得到提高，且轧后不需要正火处理，经济效益十分显著。

世界各国研制开发的中碳微合金非调质钢均采用钒进行微合金化，我国也成功地开发出YF35MnV、YF40MnV、YF45MnV、F35MnV、F35MnVN等中碳微合金非调质钢。由于中碳微合金非调质钢不需要提高淬透性的铬、钼等贵重合金元素，取消了调质工序，故可大幅度节约能源，降低成本，所以目前在机械、汽车等行业中已经获得了广泛的应用。

复习思考题

1. 绘图描述片状珠光体和粒状珠光体的组织形态。
2. 片状珠光体片间距与过冷度之间有何关系？退火态的共析钢的抗拉强度与珠光体片间距有何关系？
3. 以共析钢为例，试述片状珠光体转变机制，并用铁碳相图说明片状珠光体形成时碳的扩散行为（要求绘图）。

4. 试述等温球化退火时粒状珠光体的形成机制。

5. 试述低温球化退火时粒状珠光体的形成机制。

6. 何谓伪共析转变？45 钢的共析组织与伪共析组织有何不同？分别具有这两种组织的 45 钢的力学性能有何区别？

7. 亚共析钢奥氏体化后进行珠光体转变时，其先共析铁素体的形态可能有几种？它们各自的形成条件如何？

8. 过共析钢奥氏体化后进行珠光体转变时，其先共析渗碳体的形态可能有几种？它们各自的形成条件如何？

9. 试述珠光体等温转变动力学图的一些特点。影响珠光体转变动力学的因素有哪些？

10. 就碳素钢而言，在共析钢、亚共析钢和过共析钢中，哪一种钢 C 曲线的位置最靠右？

11. 高碳钢丝进行“派登脱（Patenting）处理”的目的和实质是什么？试分析高碳钢丝经“派登脱”处理后具有高强度的原因。

12. 在化学成分相同的情况下，试比较片状珠光体与粒状珠光体在性能上的差别。

13. 何谓魏氏组织？魏氏组织铁素体的形成条件是什么？具有魏氏组织的钢的力学性能有何特点？

14. 何谓相间沉淀？相间沉淀钢的强度由哪几种基本强化机制提供？其中哪种强化机制贡献最大？

15. 相间沉淀的条件是什么？相间沉淀在生产中有何应用？

第四章　马氏体转变

在第一章中我们已经知道，相变可以分为扩散性相变和非扩散性相变两种，其中非扩散性相变是指在相变前后，其相邻原子的运动不超过一个原子间距的相变。根据柯亨（Cohen）的定义，非扩散性相变包含广泛的内容，马氏体转变只是其中的一个分支。当然，由于在工业上的重要性，马氏体转变无疑是其中最重要的分支。本章将只讨论马氏体转变的有关问题。

马氏体转变的应用可以追朔到战国时期。我们的祖先当时已经知道，将钢加热到高温后淬入水或油中急冷能提高钢的硬度。经过淬火的钢制宝剑可以“削铁如泥”。当然，当时人们对淬火硬化的机理并不知晓。直到 19 世纪金相显微镜的发明，人们才清楚，钢在加热和冷却过程中内部组织发生了变化，因而引起了钢性能的变化。为了纪念著名的德国冶金学家 Adolph Martens，将钢淬火得到的高硬度相称为马氏体，因此将获得马氏体的转变过程称为马氏体转变。

由于实验技术的不断进步，马氏体转变的研究得以不断深入，并在马氏体转变的形核机制、长大过程、晶体学和形态学以及新材料设计等方面取得了丰硕成果，研究的范围也从钢扩大到有色金属、陶瓷甚至生物物质。可以毫不夸张地说，马氏体转变是相变研究领域最多姿多彩的一个分支。当然，正是这种奇妙，使马氏体转变变得异常复杂，很多问题至今尚未澄清，需要进一步的研究。

第一节　马氏体转变的主要特征

由于马氏体转变研究范围的不断扩大，马氏体转变的定义也在不断更新，也有不少争论。本书中的马氏体转变仅指晶体通过切变（原子沿相界面作协作运动）进行的非扩散性相变。它具有以下的特点。

一、切变共格性和表面浮凸现象

马氏体转变时，在预先磨光的试样表面上可以出现倾动，形成表面浮凸，这表明马氏体转变是通过奥氏体均匀切变进行的。奥氏体中已转变为马氏体的部分发生宏观切变而使点阵发生改组，且带动靠近界面的还未转变的奥氏体也随之发生弹塑性变形，如图 4-1 所示。相变前在试样表面上的直线 ACB，在切变以后变成折线 $ACC'B'$。在显微镜光线照射下，浮凸两边呈现明显的山阴和山阳，图 4-2 给出了 Cu-14. 2Al-4. 2Ni 合金表面抛光试样在淬火冷却时形成的马氏体浮凸。由此可见，马氏体是以切变方式形成的，同时马氏体与奥氏体之间界面上的原子为两相共有，即整个相界面是共格的，因此称为切变共格。

切变共格界面的界面能比非共格界面小，但其弹性应变能却较大。随着马氏体的形成，必定会在其周围奥氏体中产生一定的弹性应变，从而积蓄一定弹性应变能（或称共格应变能）。当马氏体长大到一定程度时，奥氏体中的弹性应力可能超过其弹性极限，此时两相的共格关系即遭破坏，这时马氏体便停止生长。

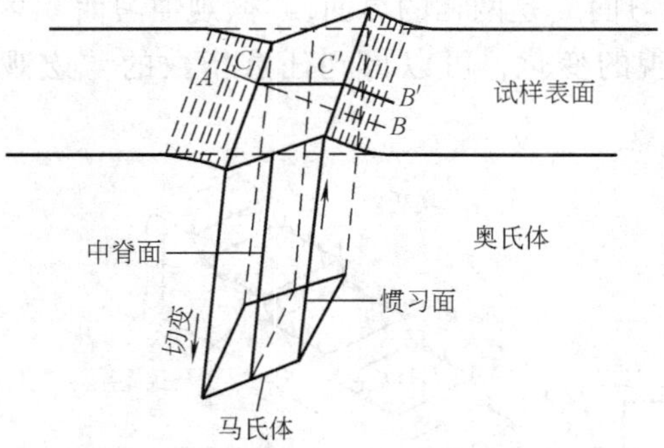

图 4-1　马氏体浮凸示意图

图 4-2　Cu-14.2Al-4.2Ni 合金的马氏体浮凸

二、无扩散性

首先，马氏体转变是通过奥氏体的均匀切变实现的，因此马氏体的成分与原奥氏体的成分完全一致；其次，马氏体可以在极低的温度下（例如 -196℃）进行，在如此低的温度下，无论是置换原子还是间隙原子都已经极难扩散，而此时马氏体的生长速度仍可达到 10^3m/s，这意味着马氏体的生长速度已经达到了固体中的声速。这种情况下，马氏体转变是不可能依靠扩散来进行的。试验表明，某些低碳钢的马氏体转变过程中存在碳的扩散，可见马氏体转变的无扩散性特征是指合金中置换原子无扩散，而间隙原子可能扩散。但间隙原子扩散不是马氏体转变的主要过程和必要条件，因此仍应称其为无扩散性转变。

三、具有特定的位向关系和惯习面

通过均匀切变所得的马氏体与原奥氏体之间存在严格的晶体学位向关系。在钢中常见的位向关系包括 K-S 关系、西山关系、G-T 关系。K-S（kurdjumov-Sachs）关系为 $\{111\}_\gamma // \{011\}_{\alpha'}$[㊀]；$<110>_\gamma // <111>_{\alpha'}$。西山（Nishiyama）关系为 $\{111\}_\gamma // \{011\}_{\alpha'}$；$<112>_\gamma // <110>_{\alpha'}$。G-T（Greninger-Troiano）关系与 K-S 关系接近，只是角度存在一定偏差：$\{111\}_\gamma // \{011\}_{\alpha'}$差 1°；$<110>_\gamma // <111>_{\alpha'}$差 2°。此外，马氏体转变有惯习面，由于马氏体转变是以切变共格的形式进行的，所以惯习面也就是新旧相的相界面，如图 4-1 所示。惯习面为不畸变平面，或称不变平面，即在转变过程中它不发生畸变和转动。这种在不变平面上所产生的均匀应变称为不变平面应变。图 4-3 是三种不变平面应变，底面均为不变平面，图 a 为简单的膨胀或压缩；图 b 为切变；图 c 既有膨胀又有切变。马氏体转变属于图 c 状态。

钢中马氏体转变的惯习面随含碳量不同而异，常见的有三种：$\{111\}_\gamma$、$\{225\}_\gamma$、$\{259\}_\gamma$。含碳量 w_C 小于 0.4% 时为 $\{111\}_\gamma$；w_C0.5% ~ 1.4% 时为 $\{225\}_\gamma$；w_C1.5% ~ 1.8% 时为 $\{259\}_\gamma$。此外，随着温度的下降马氏体转变的惯习面有向高指数面变化的趋势，例如含碳量较高的奥氏体在较高温度转变时，马氏体的惯习面是 $\{225\}_\gamma$，而在较低温度转变时惯习面变为 $\{259\}_\gamma$。由于马氏体惯习面不同，马氏体的组织形态也将有所差异。

马氏体—奥氏体的界面并不都是平直的。这种情况下的惯习面可以用图 4-4 来说明。图 a

㊀ 下角 α′为 bct 体心正方马氏体。

为设想的台阶模型，图b和图c分别表示因台阶结构不同而造成的“宏观惯习面”与“微观惯习面”彼此异同的情况。实际上“宏观惯习面”是两相的界面，“微观惯习面”才是真正的惯习面。可以想象，随着台阶密度或形貌的变化，可以得到任意指数的“宏观惯习面”，而微观惯习面却始终不变。

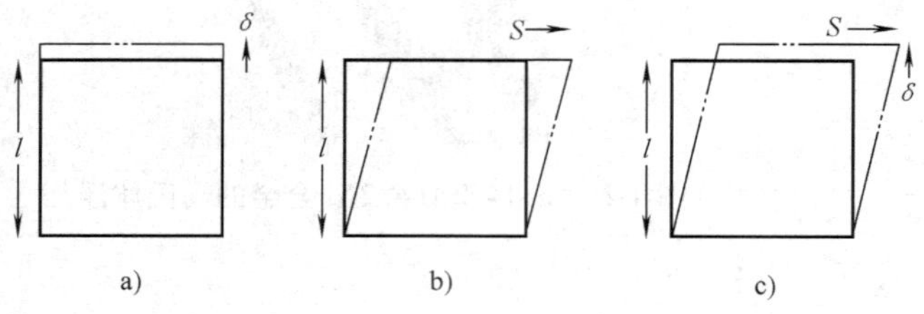

图4-3 三种不变平面应变示意图

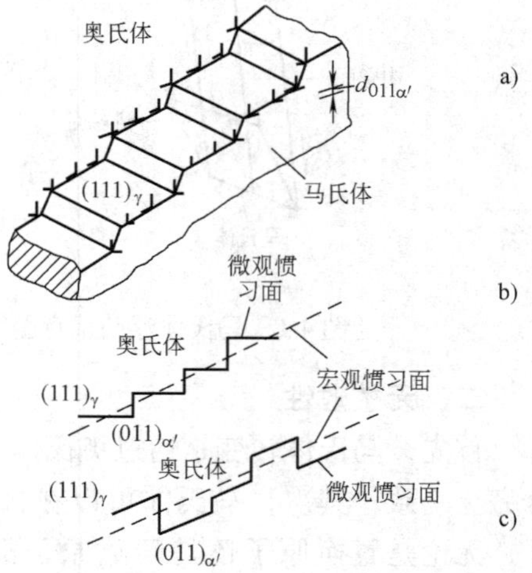

图4-4 马氏体—奥氏体界面的台阶模型和惯习面

四、马氏体的亚结构

马氏体组织内出现的组织结构称为马氏体的亚结构。在低碳马氏体内通常呈现密度较高的位错，而在高碳马氏体内以细的孪晶作为亚结构；有色金属马氏体的亚结构为孪晶或层错。这些亚结构是马氏体的一个重要特征，对马氏体的力学性能有着直接的影响。

五、马氏体转变的可逆性

将母相以大于临界冷却速度的冷速（在钢中是为了避免发生珠光体转变）冷至某一温度以下才能发生马氏体转变，这一温度称为马氏体转变开始点，以 M_S 表示。当冷却至 M_S 以下某一温度时，马氏体转变便不再继续进行，这个温度称为马氏体转变终了点，用 M_f 表示。一般情况下，冷却到 M_f 点以下仍不能得到100%马氏体，而保留一部分未转变的奥氏体，称为残留奥氏体。重新加热时，马氏体也可以转变为奥氏体，即马氏体转变具有可逆性。一般将加热时马氏体向奥氏体的转变称为逆转变。逆转变与冷却时的马氏体转变具有相同的特点，与冷却时的 M_S 及 M_f 相对应。逆转变时也有转变开始点 A_S 及转变终了点 A_f。通常，A_S 比 M_S 高，两者之差视合金成分不同而异。如Au-Cd、Ni-Mn-Ga等合金的 A_S 与 M_S 之差较小，仅为几摄氏度到几十摄氏度；而Fe-Ni等合金的 A_S 与 M_S 之差就很大，大于400 ℃。图4-5给出了Au-Cd和Fe-Ni合金的例子。需要指出的是，在钢中一般不

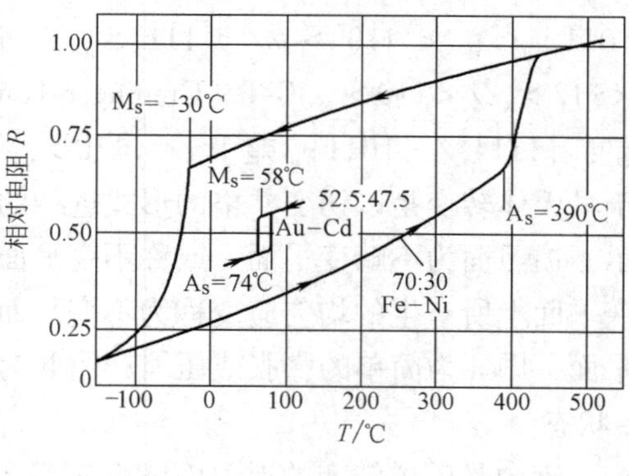

图4-5 $Fe_{70}Ni_{30}$ 和 $Au_{52.5}Cd_{47.5}$ 合金马氏体转变时的相对电阻变化

出现马氏体逆转变。这是因为钢中马氏体在未加热到 A_S 以前就会析出碳化物而向更稳定的状态转变。

综上所述，马氏体转变区别于其他转变的最基本的特点有两个：一是转变以切变共格方式进行；二是转变的无扩散性。其他特点均可由这两个基本特点派生出来。

第二节 钢中马氏体转变的晶体学

一、马氏体的晶体结构

在 fcc 点阵的 γ 相中，八面体间隙尺寸为 0.414*D*，*D* 为 Fe 原子直径（室温 γ-Fe 的 Fe 原子直径为 0.252nm），故能容纳的间隙原子的最大尺寸是 0.1043nm。而碳原子的直径是 0.154nm，这就意味着碳原子进入八面体间隙将引起奥氏体的畸变。

bcc 点阵的 α 相中，扁八面体间隙（图 4-6）可以接纳的不产生点阵畸变的最大间隙原子尺寸为 0.155*D*，远小于 fcc 点阵的 0.414*D*。这说明，尽管 bcc 点阵的致密度小于 fcc 点阵，但其间隙尺寸却小于 fcc。因此碳原子填入扁八面体间隙位置时，将引起更大的畸变，这正是在室温平衡状态下碳在 bcc 点阵的 α 相中溶解度（仅 0.006%）低于具有 fcc 点阵的 γ 相的原因。

一般碳钢中的碳含量远高于碳在 α 相中的溶解度，所以在发生马氏体转变时，原奥氏体中的碳原子完整保留在晶格中，其产生的畸变之大可想而知。因此，钢中马氏体通常被称为碳在 α-Fe 中的过饱和固溶体。这些间隙碳原子在 $\frac{1}{2}$［001］位置呈择优分布，由此造成 bcc 点阵被畸变成体心正方（bct）结构，如图 4-6 所示。马氏体中最大含碳量 w_C 仅为 2%，也就是约 10～11 个晶胞才能分摊一个碳原子，但由于碳原子在 $\frac{1}{2}$［001］的择优分布，其对点阵畸变的影响已经相当明显。点阵在一个方向上的伸长，引起了在垂直方向上的收缩，轴比 *c/a* 为

$$c/a = 1.005 + 0.045x \tag{4-1}$$

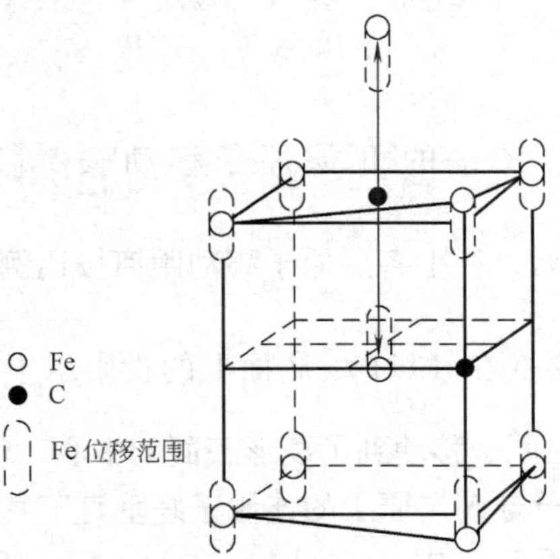

图 4-6 体心立方中的扁八面体间隙

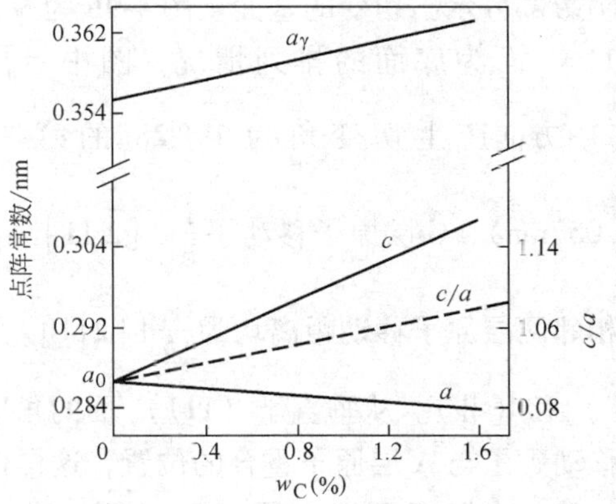

图 4-7 碳含量对钢奥氏体和马氏体点阵常数的影响

式中，*x* 为碳原子的质量分数。据计算，约有 80% 的碳原子呈择优分布的状态。实际上，碳含量 w_C 小于 0.2% 的 Fe-C 马氏体具有体心立方结构；而碳含量 w_C 大于 0.2% 时的马氏体为

体心正方结构。其原因可能是当碳含量 w_C 小于 0.2% 时，碳原子偏聚于位错附近形成科垂尔（Cottrell）气团；只有当碳含量 w_C 大于 0.2% 时，碳原子才在八面体间隙呈有序分布。碳含量对钢奥氏体和马氏体点阵常数的影响如图 4-7 所示。

二、马氏体转变的经典切变模型

1. 贝茵（Bain）模型

Bain 最早注意到，可把 fcc 点阵看成 bct 点阵，其轴比（c/a）为 1.41（即$\sqrt{2}/1$），如图 4-8 所示。如果将 z 方向压缩 20%，沿 x 和 y 方向拉长 12%，则该晶胞可以转变成 bcc 结构，也就是轴比（c/a）为 1。实际上，马氏体含碳量不同时，轴比介于 1.00 ~ 1.08。因此在转变过程中，只需将轴比调整到与含碳量对应的数值，转变即告完成。在图 4-8 中未标出碳原子的位置，但由于碳原子在 bct 中有序分布（在 fcc 中不存在），碳原子实际上作了非常小的挪动。

从图 4-8 可以得出以下的结论：①马氏体转变时，原子只进行很小距离的挪动；②在晶格改建过程中，原子进行集体协同、有规则的位移，转变前后原子间的相对位置不变，并有如下的关系：$(111)_\gamma \rightarrow (011)_{\alpha'}$，$[10\bar{1}]_\gamma \rightarrow [11\bar{1}]_{\alpha'}$，$[1\bar{1}0]_\gamma \rightarrow [100]_{\alpha'}$，符合 K-S 关系；③碳原子处于马氏体晶格的八面体间隙位置。但 Bain 模型不能解释表面浮凸效应、惯习面和亚结构等的存在，因此不能完整地说明马氏体转变的特征。

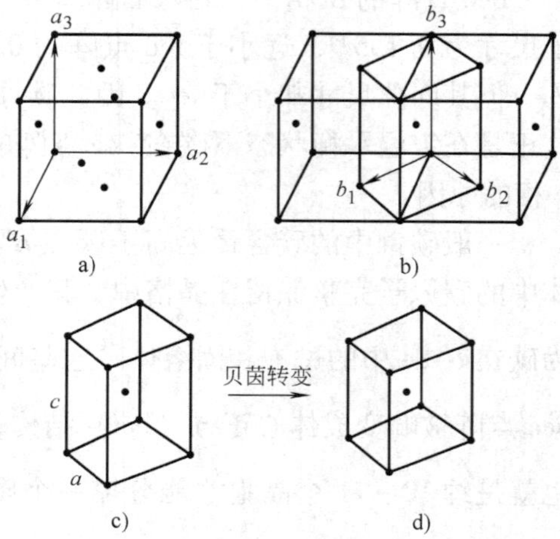

图 4-8 Bain 切变模型示意图
a）面心立方：奥氏体 b）从相邻面心立方点阵中取出体心正方点阵 c）体心正方：奥氏体 d）体心立方：马氏体

2. K-S（Kurdjumov-Sachs）模型

K-S 切变模型是在确定 K-S 关系后提出的，认为马氏体转变是通过两次切变完成的，如图 4-9 所示。图 4-9a 为面心立方点阵示意图，其中突出了 $(111)_\gamma$ 面的排列情况，并在 $(111)_\gamma$ 面上以阴影部分示出切变的基面。图 4-9b 为 γ 点阵以 $(111)_\gamma$ 面为底面的排列情况，图中示出了沿 $[\bar{2}11]$ 方向产生切变角为 19°28′ 的第一次切变。图中的 B 层原子移动 $\frac{1}{12}d\,[\bar{2}11]_\gamma$（0.057nm），C 层原子移动了 $\frac{1}{6}d\,[\bar{2}11]_\gamma$（0.114 nm），往上各层原子移动距离按比例增加，但相邻两层原子移动距离均为 $\frac{1}{12}d\,[\bar{2}11]_\gamma$。第一次切变在 $(111)_\gamma$ 底面上的投影示于图 4-9（Ⅰ）和（Ⅱ）。从垂直于 $(111)_\gamma$ 面的角度看，B 层原子移动到了菱形底面的中心，C 层原子移动到了与 A 层原子重合的位置，这样使 C 层原子与 A 层原子的连线正好垂直于底面。

第二次切变可以在图 4-9（Ⅲ）和（Ⅳ）中看到。它是在 $(11\bar{2})_\gamma$ 面上（垂直于 $(111)_\gamma$ 面）沿 $[1\bar{1}0]$ 方向产生一个 10°32′ 的切变，结果是底面的锐角从 60° 增加到 70°32′，从而得到体心立方点阵（图 4-9c）。

第二次切变后需再对晶面间距作一些微小调整，使其符合实测数值，γ→α 转变即告完成。

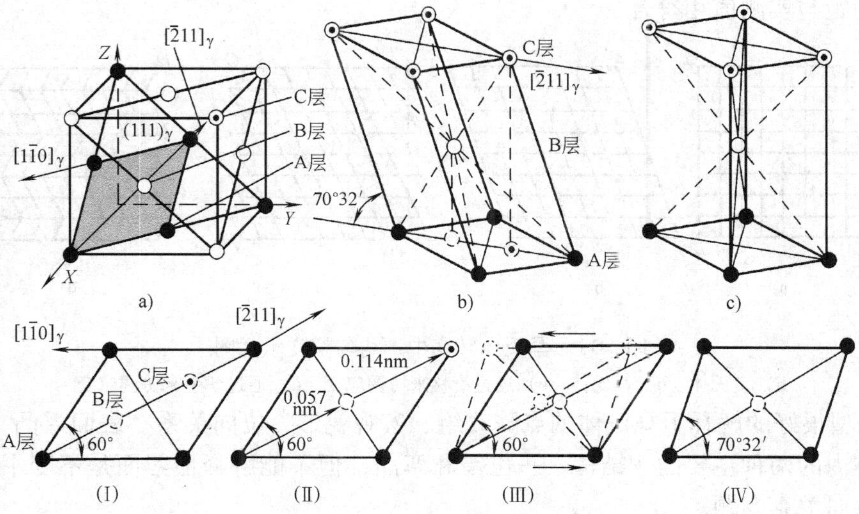

图 4-9 K-S 切变模型示意图

在 γ 相中含有碳而成为奥氏体时，其马氏体转变过程与以上所述基本相同，只是由于含有碳，使最后得到的是体心正方结构，并且第一次切变角为 15°15′，第二次切变角为 9°。

经过 K-S 切变后，$(111)_\gamma$ 变为 $(110)_{\alpha'}$，$[110]_\gamma$ 变为 $[111]_{\alpha'}$，很好地反映了新相与母相的晶体学关系。但此模型的惯习面是 $(111)_\gamma$，只能解释低碳钢中的情况，不能解释高碳钢的惯习面为 $(225)_\gamma$ 和 $(259)_\gamma$ 的切变过程，此外，其引起的表面浮凸也与实测结果不符。

在奥氏体中共有 4 个 $\{111\}_\gamma$ 晶面，每一个 $(111)_\gamma$ 晶面上共有 6 个 $[110]_\gamma$ 晶向，因此经过 K-S 切变后，马氏体在奥氏体中共有 24 种可能的取向。每一个取向的马氏体称为一种马氏体变体，所以一个奥氏体单晶经过 K-S 切变后可能出现 24 种马氏体变体。

3. G-T（Greninger-Troiano）模型

G-T 模型的切变过程也是由两次切变组成，如图 4-10 所示。首先在接近于 $(259)_\gamma$ 面上产生宏观均匀切变，造成样品表面的浮凸，并确定马氏体的惯习面。由于晶胞的变形和宏观变形相似，通常称为均匀切变。所谓均匀切变指的是如图 4-11b 所示有宏观变形的切变。此时的相变产物是复杂的三棱结构，还不是马氏体，但它有一组晶面间距及原子排列与马氏体的 $(112)_{\alpha'}$ 面相同。第二次切变是在 $(112)_{\alpha'}$ 面上沿 $[1\bar{1}1]_{\alpha'}$ 方向产生 12°～13°的不均匀切变。如图 4-11c 滑移和图 4-11d 孪生的情形，不均匀切变时只有点阵的改组而无晶体外形的改变。图 4-10 中的不均匀切变使点阵转变为体心正方点阵，取向与马氏体一样，晶面间距也相近。由于不均匀切变限制在三棱点阵范围，对第一次均匀切变产生的浮凸没有影响。最后再作一些微小调

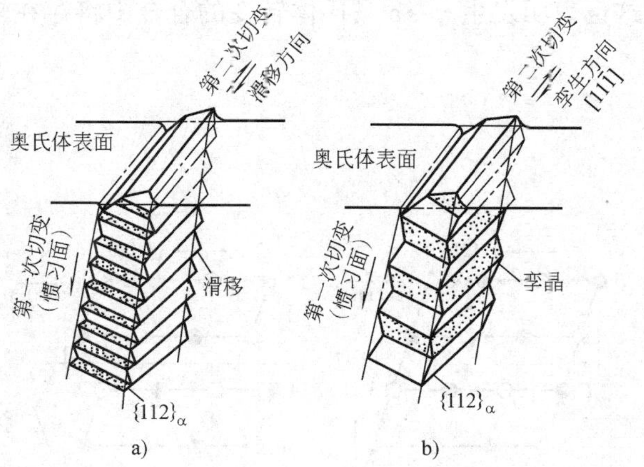

图 4-10 G-T 模型立体示意图

a）二次切变为滑移 b）二次切变为孪生

整使晶面间距与实测值相符合。

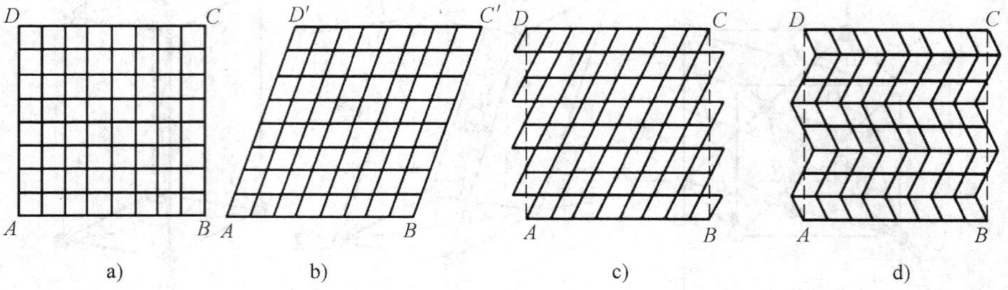

图 4-11 马氏体转变中不均匀切变示意图

a）奥氏体 b）马氏体 c）通过滑移来协调应变 d）通过孪生来协调应变

G-T 模型很好的解释了马氏体的点阵改组、宏观变形、位向关系、表面浮凸，特别是预测了马氏体内的两种主要的亚结构——位错和孪晶，但不能解释惯习面是不变平面以及低、中碳钢的位向关系问题。

4. γ→ε 马氏体转变切变模型

与前述的体心立方或体心正方结构的 α′马氏体不同，在 Cr-Ni（Mn）不锈钢和高锰钢中，常存在一种具有密排六方结构的马氏体，称为 ε 马氏体。从晶体结构分析可知，面心立方结构（奥氏体）的密排面堆垛顺序为 ...*ABCABC*...，密排六方结构（ε 马氏体）为 ...*ABAB*...。其中 *A*、*B*、*C* 为密排面。因此 γ→ε 马氏体转变实质上是密排面堆垛顺序的变化。实现这一转变，只需要在母相（111）面（密排面）上每隔一层滑过一个萧克莱（Shockley）不全位错，如图 4-12 和图 4-13 所示。这对于层错能较低的铬镍不锈钢、高锰钢、Fe-Ni-Mn 合金是完全可能的。全位错很容易发生下面的分解：

$$1/2[\bar{1}01] \rightarrow 1/6[\bar{1}\bar{1}2] + 1/6[\bar{2}11] \tag{4-2}$$

其结果，在两个 Shockley 不全位错之间夹着一层层错，层错的宽度随层错能的降低而增大。这也表明发生 γ→ε 马氏体转变的合金中将存在较多的层错。

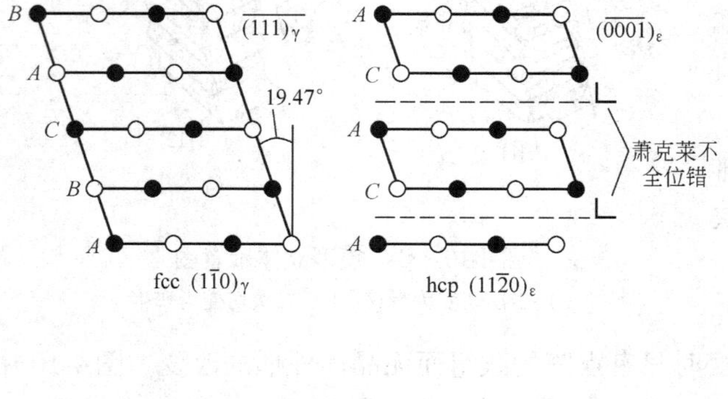

图 4-12 fcc→hcp 切变侧视示意图

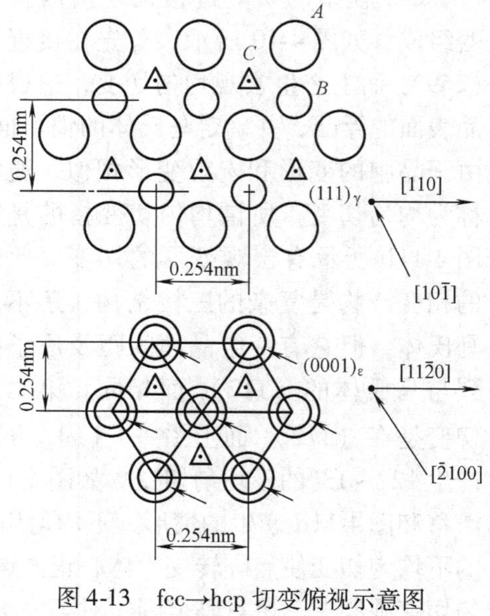

图 4-13 fcc→hcp 切变俯视示意图

第三节　马氏体的组织形态及影响因素

众所周知，各种材料的性能除取决于成分外还决定于组织形态。马氏体的组织形态取决于钢的成分和热处理条件，因此了解马氏体的组织形态及其影响因素具有重要的实际意义。

一、马氏体的组织形态

钢中马氏体的组织形态有：板条状马氏体、蝶状马氏体、透镜片状马氏体、薄片状马氏体。这里主要介绍板条状马氏体和透镜片状马氏体。

1. 板条状马氏体

板条状（lath）马氏体是在低、中碳钢，以及马氏体时效钢、不锈钢、Fe-Ni 合金中形成的一种典型的马氏体组织。图 4-14 是碳钢淬火所得板条状马氏体。其特征是每个单元的形状为窄而细长的板条，并且许多板条总是成群地相互平行地聚一起，故称为板条状马氏体。又因为这种马氏体的亚结构主要是位错，其位错密度约为（0.3～0.9）$\times 10^{12} cm^{-2}$，故也称为位错马氏体，图 4-15 给出了 Fe-21Ni-4Mn 合金板条马氏体在透射电子显微镜下观察到的位错网络。

图 4-14　碳钢板条马氏体的金相显微组织（3% 硝酸酒精腐蚀）

a）Fe-0.0026C　b）Fe-0.18C　c）Fe-0.38C　d）Fe-0.61C

板条状马氏体与奥氏体的位向关系绝大多数符合K-S关系，惯习面为（111）$_\gamma$。板条状马氏体的组织形态与其晶体学之间存在对应关系。图4-16a是w_C为0.0026%～0.38%的低碳板条马氏体组织示意图。一个奥氏体晶粒由几个马氏体“束”（Packet）构成，每一束对应奥氏体｛111｝$_\gamma$晶面族中的一个晶面。每个束由平行的“块”（Block）构成。一个束内有三个不同取向（取向差较大）的块；每个块则由两种特定K-S取向的变体群构成，这两个变体群取向相差比较小，约10°左右。这种变体群称为板条群，是板条马氏体的基本单元。随着含碳量增加，束和块的尺寸均减小。在w_C为0.15%钢中，板条的平均宽度大约在0.15μm，束的尺寸则与原奥氏体晶粒的尺寸有关。在较高含碳量w_C为0.61%钢中，马氏体束由宽度仅为几个微米的细小块构成，每一个块由单一变体的板条构成。在一个束中则共有6个块组成，见图4-16b。这些变化与协调各马氏体变体间由切变引起的应变有关。

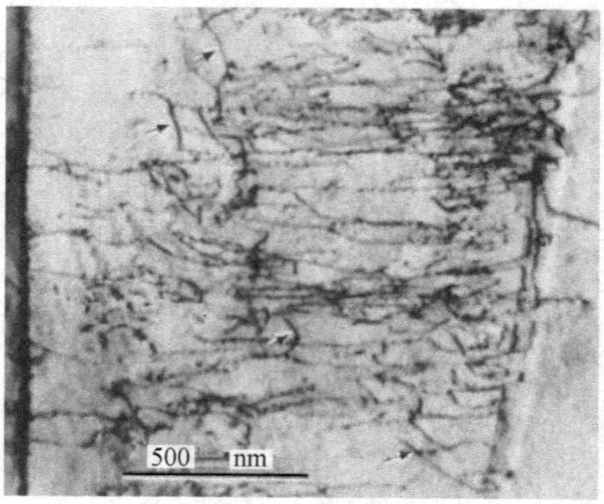

图4-15 Fe-21Ni-4Mn合金板条马氏体中位错网络

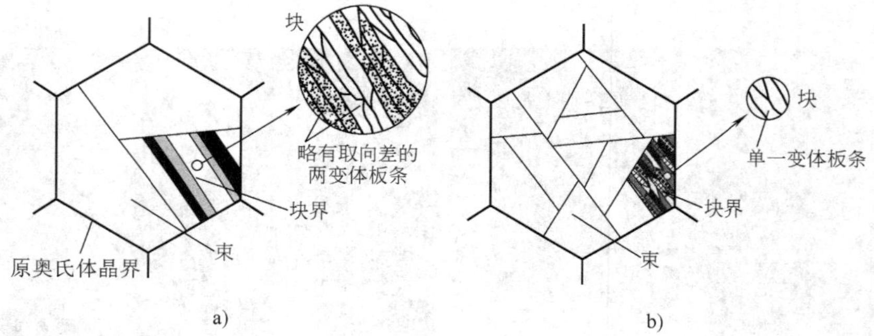

图4-16 板条马氏体组织示意图

a）w_C0～0.4% b）w_C0.6%

2. 透镜片状马氏体

透镜片状（lenticular plate）马氏体是在中、高碳钢及Fe-Ni（$w_{Ni}>29\%$）合金中形成的一种典型马氏体组织。对于碳钢，当w_C小于1.0%时，与板条马氏体共存，只有w_C大于1.0%时才单独存在。它的立体形状是双凸透镜片状，与试样表面相截成针状或竹叶状，故又称片状马氏体或针状马氏体。当奥氏体被过冷到M_S点以下时，最先形成的第一片马氏体将贯穿整个奥氏体晶粒，将晶粒分为两半，使以后的马氏体的生长受到限制（马氏体不能互相穿越，也不能穿过母相晶界和孪晶界），因此马氏体的大小不一。图4-17为透镜状马氏体在光学显微镜下的基本特征。多数透镜片状马氏体的中间有一条中脊线（按立体应为中脊面），其厚度约为0.5～1μm。一般认为中脊面是最先形成的，因此中脊面被视为转变的惯习面。根据钢含碳量的不同和形成温度的高低，惯习面为｛225｝$_\gamma$或｛259｝$_\gamma$。典型透镜片状马氏体的组织如图4-18所示。透镜状马氏体的亚结构主要是｛112｝$_{\alpha'}$孪晶，如图4-19所示，因此也称透镜片状马氏体为孪晶马氏体。观察表明，中脊面附近的孪晶密度最高，在马氏体的边缘则存在高密度的位错；与此同时，马氏体与奥氏体的位向关系也从中脊及其附

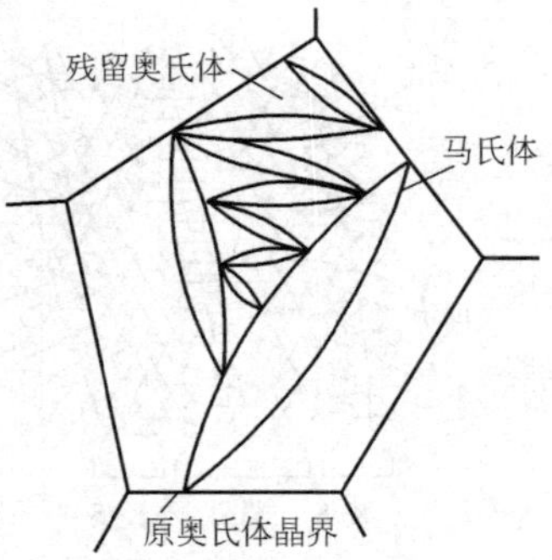

图 4-17 透镜片状马氏体示意图

图 4-18 Fe-1.86C 合金中的透镜片状马氏体（箭头所指为显微裂纹）

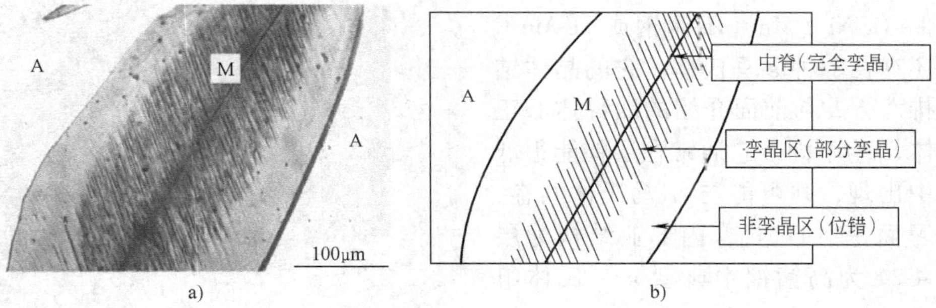

图 4-19 Fe-31Ni-0.28C（M_S = 192K）的透镜片状马氏体及其亚结构示意图

a）片状马氏体 b）亚结构示意图

近区域的 G-T 关系过渡到外围区的 K-S 关系，如图 4-20 所示。从图中还可以看到，与马氏体相邻的奥氏体区域也存在较高密度的位错，这是由于马氏体转变引起的相变应力在奥氏体中产生的形变所致。随着 M_S 温度的降低，孪晶的比例逐步增大，以至变成完全孪晶。在马氏体的周围往往存在残留奥氏体，表明马氏体转变不能完全。

3. 蝶状马氏体

图 4-21 是 Fe-29Ni 合金在 −30℃形变 20% 后获得的马氏体组织。这种马氏体的形状似蝴蝶（butterfly），故被冠以蝶状马氏体的美名。蝶状马氏体在碳钢中也有。从金相形态、内部组织和形成温度看，它是介于板条状马氏体与透镜片状马氏体之间的一种特殊形态的马氏体。

4. 薄片状马氏体

这种马氏体出现在 M_S 点低于 0 ℃的 Fe-Ni 合金中，其立体形状为薄片状（thin-plate），而片很薄，无中脊，亚结构全部为孪晶，如图 4-22 所示（注意与图 4-19 的差异）。与奥氏体具有平直的界面，惯习面接近 $\{259\}_\gamma$，孪晶面为 $\{112\}_{\alpha'}$。当两片马氏体相遇时，可以发生交叉、分枝、折褶等特异形态。图 4-23 为 Fe-31Ni-0.28C 合金（M_S = −171 ℃）在 −196 ℃形成的马氏体片 A 与先形成的马氏体片 B 相遇时交叉的情形。相遇时在内部形成形

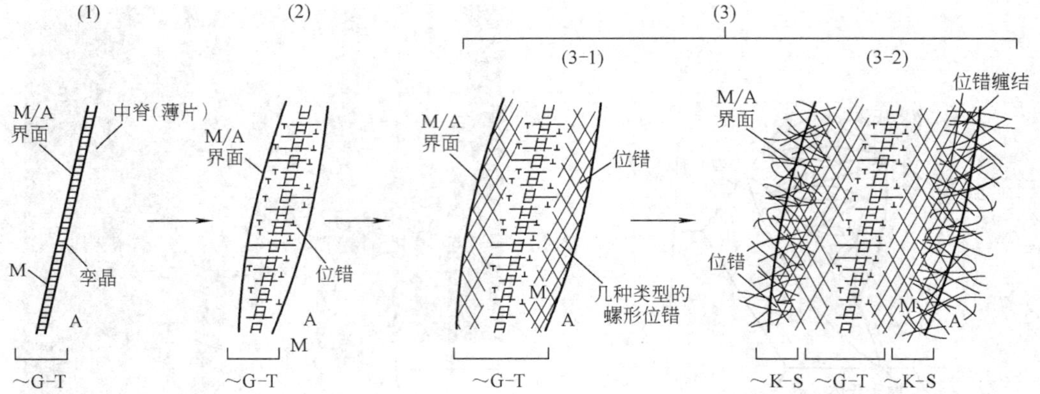

图4-20 透镜片状马氏体长大过程中位向关系与亚结构的变化

变孪晶，并与相变孪晶几乎平行。

5. ε马氏体

在Fe-Cr-Ni（Mn）不锈钢或Fe-Mn-C合金中还存在一种ε马氏体。它的晶体结构为密排六方，与前面介绍的四种体心正方马氏体α′均不同。它通常在层错能很低的合金中出现，并可能与α′马氏体共存。它的惯习面是$\{111\}_{\gamma}$，内部亚结构为层错。图4-24为高锰钢中典型ε马氏体组织。

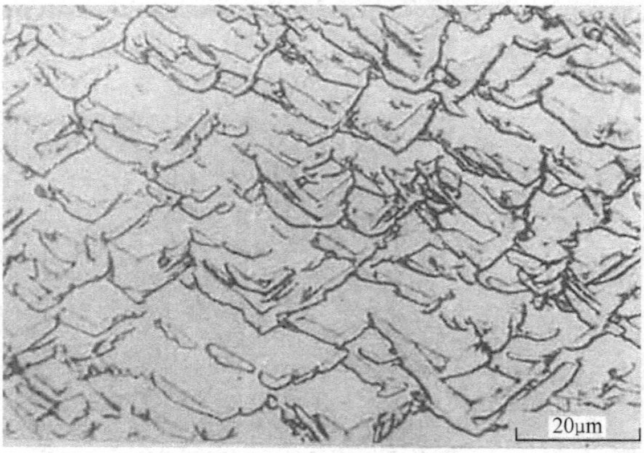

图4-21 Fe-29Ni-0.26C（$M_S \approx -60$℃）在-30℃形变20%后所形成的蝶状马氏体

二、影响马氏体形态及其内部亚结构的因素

影响马氏体形态的关键因素是奥氏体的化学成分和形成温度，此外还有一些其他的影响因素。

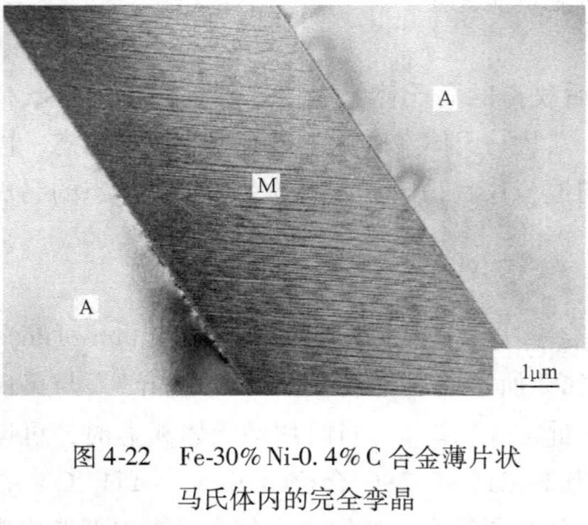

图4-22 Fe-30%Ni-0.4%C合金薄片状马氏体内的完全孪晶

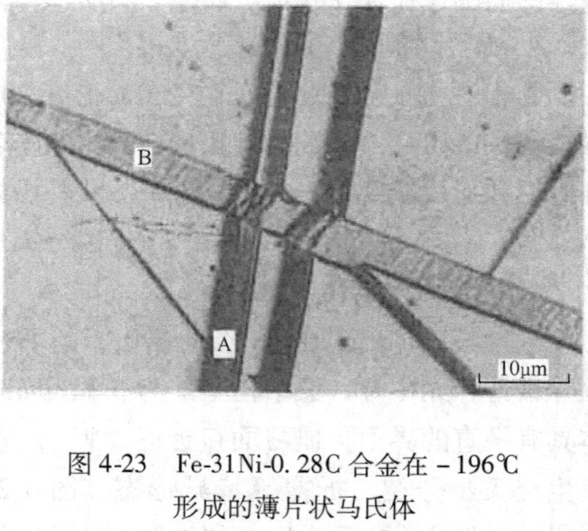

图4-23 Fe-31Ni-0.28C合金在-196℃形成的薄片状马氏体

1. 化学成分和形成温度的影响

由图 4-25 可见，Fe-Ni-C 合金（w_{Ni} 为 25%～35%）随含碳量的增加及温度的降低，马氏体的形态由板条状向透镜片状转化，当温度下降到 -100 ℃左右时，马氏体的形态又变成了薄片状。

图 4-24 Fe-24Mn-2Ge 合金中的 ε 马氏体

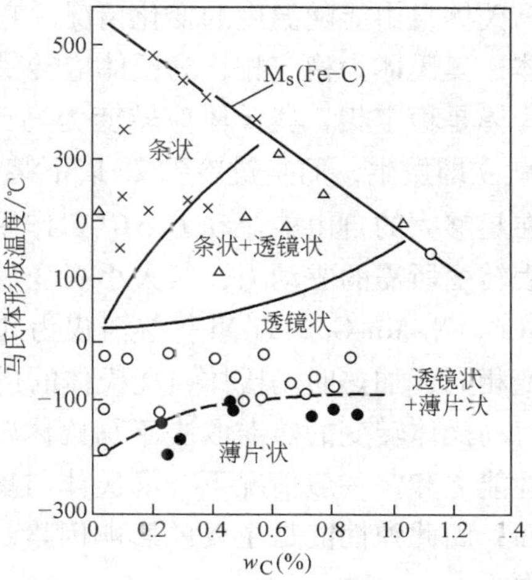

图 4-25 Fe-Ni-C 合金形成的各类马氏体形态与形成温度和碳含量的关系

对于其他的合金元素，凡是能够缩小 γ 相区的元素均促使得到板条马氏体；凡是扩大 γ 相区的元素均促使形成透镜片状马氏体。在某些钢中，随着形成温度的降低，马氏体的形态可能按照下列顺序转化：板条→蝶状→透镜片状→薄片状，亚结构则由位错转化为孪晶。

2. 奥氏体屈服强度的影响

研究发现，不论在奥氏体中加入何种元素或其 M_S 点如何变化，只要在 M_S 点时奥氏体的屈服强度小于 206MPa，就形成惯习面为 $\{111\}_\gamma$ 的板条马氏体或 $\{225\}_\gamma$ 的透镜片状马氏体；而大于此值时，则形成惯习面为 $\{259\}_\gamma$ 的透镜片状马氏体。相应的亚结构为：惯习面为 $\{111\}_\gamma$ 的板条马氏体为位错；惯习面为 $\{225\}_\gamma$ 的透镜片状马氏体为位错加孪晶；惯习面为 $\{259\}_\gamma$ 的透镜片状马氏体为单一孪晶。这是因为奥氏体的强度决定了变形方式（滑移或孪生），从而导致形成位错马氏体或孪晶马氏体。

3. 奥氏体的层错能

奥氏体的层错能越低，越难以形成孪晶马氏体，易于形成位错马氏体；反之，高层错能的奥氏体容易形成孪晶马氏体。

总而言之，马氏体的组织形态和亚结构表观上受多种因素的影响，但从马氏体转变是切变这一基本特征出发，不难得出判断：马氏体转变时的驱动力相当于切变应力；奥氏体的屈服强度相当于切变阻力；奥氏体向马氏体转变时由切变引起的应变，相当于转变时产生的额外应力，它们共同控制着马氏体的组织形态及其亚结构。

第四节 马氏体转变的热力学

一、马氏体转变的热力学特点

根据相变的一般规律，系统的自由能变化 $\Delta G<0$ 时，相变才能进行。图 4-26 为奥氏体与马氏体自由能随温度的变化情况。它们在 T_0 相交：温度大于 T_0 时，奥氏体自由能小于马氏体，奥氏体为稳定相，马氏体应转变为奥氏体；低于 T_0 时，马氏体的自由能小于奥氏体，马氏体是稳定相，奥氏体应转变为马氏体。但实际上奥氏体向马氏体的转变并不是冷却到 T_0 就立即发生，而是过冷到 T_0 以下某一温度 M_S 才能进行，如图 4-26 所示。这就是说，只有在足够大的自由能驱动力 $\Delta G^{\gamma\to\alpha'}$ 作用下，马氏体转变才能发生。M_S 与 T_0 之差称为热滞，代表转变所需的驱动力，其大小视合金而异。钢的马氏体转变热滞很大，如图 4-5 所示；而 Au-Cd、Ni-Mn-Ga、Ti-Ni 等热滞仅为几摄氏度或十几摄氏度。这与冷却时的奥氏体→马氏体转变相同，加热时马氏体→奥氏体的逆转变也是在 T_0 以上某一温度 A_S 才发生。

马氏体转变的热滞取决于马氏体转变时增加的界面能与弹性能之和。一般情况下，马氏体与奥氏体的界面多为共格界面，因此弹性能是主要的影响因素。可以细分为以下几个方面：

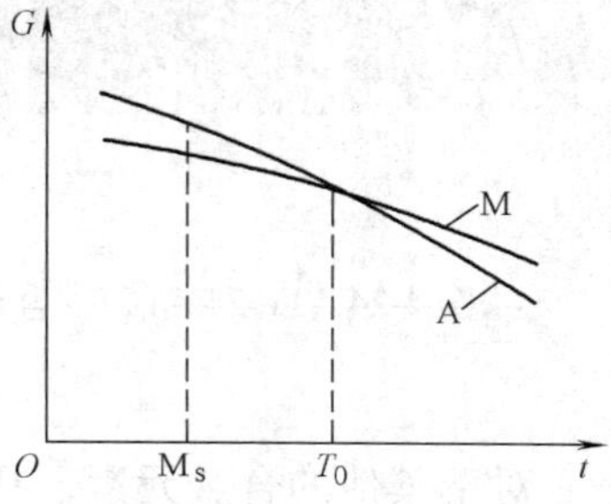

图 4-26 奥氏体与马氏体自由能随温度的变化

1）因新相与母相比体积不同和维持切变而引起的弹性应变能。

2）产生宏观均匀切变而作的功。

3）产生不均匀切变而在马氏体内形成的高密度位错或孪晶所消耗的能量。

4）近邻奥氏体基体发生的协作形变而作的功。

根据以上分析，马氏体转变时需要增加的能量比较多，因此阻力比较大，需要很大的过冷度才能进行。而且在中高碳钢中，即使温度降低到 M_f 以下，奥氏体也不能全部转变为马氏体，即总有残留奥氏体存在。

二、影响 M_S 点的因素

M_S 点是马氏体转变的一个重要参数，也是制定钢铁热处理工艺的主要参考依据。其高低决定了钢中奥氏体发生马氏体转变的温度范围及冷却到室温所得的组织状态。因此了解影响 M_S 点的因素十分必要。

1. 母相的化学成分

母相的化学成分是影响 M_S 点最主要的因素。图 4-27 给出了 Fe-C 合金中 C 的影响。随碳含量增加，M_S 和 M_f 均不断下降，但下降趋势不同。$w_C<0.6\%$ 时，M_f 较 M_S 下降得快，故扩大马氏体转变的温度范围；$w_C>0.6\%$ 时，M_f 低于室温，故冷却到室温时仍将保留较多的残留奥氏体。与碳一样，氮也强烈降低奥氏体的 M_S 点。多数合金元素均降低 M_S 点，但作用相对较弱。如果将合金元素含量对 M_S 点的影响看成直线关系，且各元素的影响可以叠加，则可以获得 M_S 点与合金元素含量的经验关系。对于 $w_C0.11\%\sim0.6\%$，$w_{Mn}0.04\%\sim4.87\%$，$w_{Si}0.11\%\sim1.89\%$，$w_S0\sim0.046\%$，$w_P0\sim0.048\%$，$w_{Ni}0\sim5.04\%$，$w_{Cr}0\sim4.61\%$，$w_{Mo}0\sim5.4\%$ 钢，M_S 点可由下式计算获得：

$$M_S(℃)=539-423C-30.4Mn-17.7Ni-12.1Cr-7.5Mo \quad (4\text{-}3)$$

误差为±10℃。式中的元素符号代表该元素的质量分数。

应注意，这里的成分指的是奥氏体的成分，而不是钢的成分。如加热时未完全奥氏体化，即有未溶碳化物或其他相存在，则钢的成分就不同于奥氏体成分。

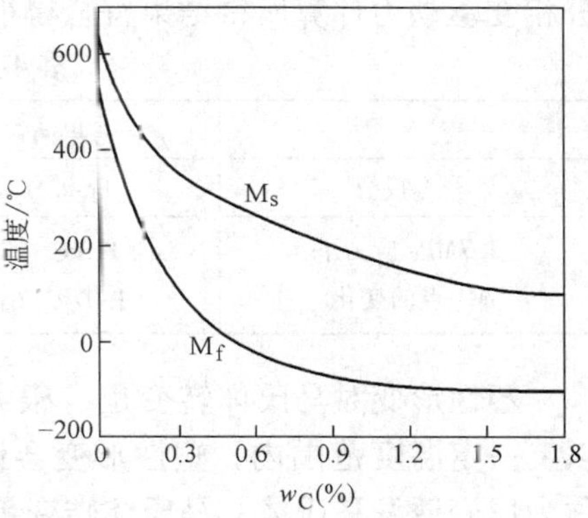

图 4-27 碳含量对碳钢 M_S 和 M_f 的影响

2. 母相的晶粒大小和强度

在母相成分相同的情况下，母相的晶粒大小对 M_S 点有明显的影响。图 4-28 为 Fe-Ni 及 Fe-Ni-C 合金母相晶粒大小与 M_S 点的关系。从图中可以看到，随着奥氏体晶粒的增大，M_S 点升高。由于奥氏体的晶粒大小通常与奥氏体化温度有关，因此有人认为这是受奥氏体化温度的影响。但进一步的研究表明，奥氏体的屈服强度是决定性的因素。因加热温度越高，奥氏体晶粒越粗大，奥氏体的屈服强度越低，导致 M_S 越高。其原因在于母相切变时，需要克服母相晶体的阻力。屈服强度越高，阻力越大，M_S 越低。

3. 冷却速度

冷却速度大于临界冷却速度时，奥氏体才能过冷到 M_S 点以下转变为马氏体。如果进一步提高冷速，则 M_S 点也会发生变化。图 4-29 表明，当冷却速度增加到 6600℃/S（对 Fe-0.5C 合金）时，M_S 点将上升，此外硬度也会提高。若加入减小碳扩散的元素（如 Co，W）则冷速增至 5000℃/s，即可使 M_S 点升高；若加入加快碳扩散的元素（如 Ni，Mn），则冷速需增至 13000℃/s 才能使 M_S 点升高。一般工业用淬火介质的冷却速度对 M_S 点基本没有影响。

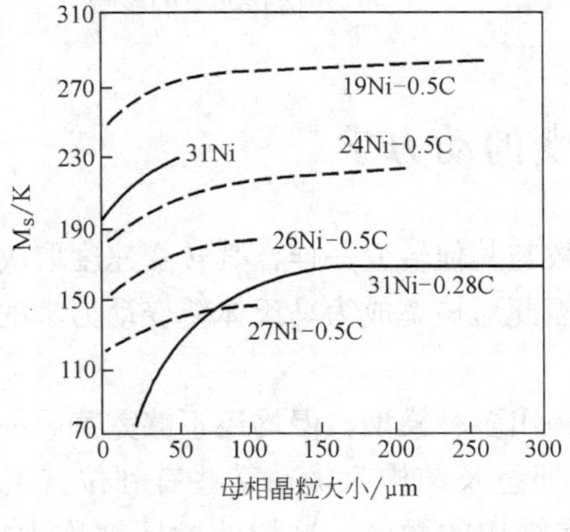

图 4-28 Fe-Ni 及 Fe-Ni-C 合金的 M_S 点随奥氏体晶粒尺寸的变化

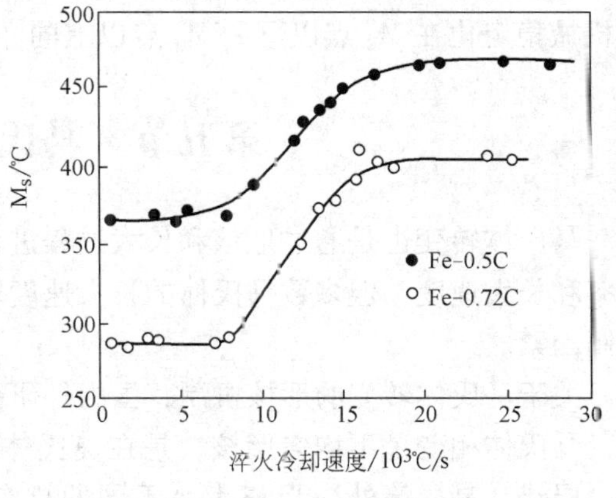

图 4-29 淬火冷却速度对 Fe-C 合金 M_S 点的影响

4. 应力和塑性形变

单向弹性拉应力或压应力将改变马氏体的开始形成温度 M_S，马氏体变体的取向和形态，进而影响其性能。表 4-1 给出了应力对 Fe-Ni 和 Fe-Ni-C 合金 M_S 的影响。由于 Fe-Ni 和 Fe-Ni-C 合金从母相转变为马氏体时体积将膨胀，在惯习面上的分切应力提供了部分相变驱动力，结果单向拉伸使 M_S 点升高；单向压缩使 M_S 点升高，但 M_B 点（马氏体爆发式转变温度）下降；三向压缩则使 M_S 和 M_B 点下降。从表 4-1 可以看到，实验值与将切应力作为部分相变驱动力计算所得结果符合得很好。

表 4-1 应力对合金 M_S 点的影响

应　　力	单向拉伸	单向压缩	三向压缩
合金成分	Fe-0.5C-20Ni	Fe-0.5C-20Ni	Fe-30Ni
每 7MPa 应力下 M_S 点的变化	+1.0℃（实验值） +1.07℃（计算值）	+0.65℃（实验值） +0.72℃（计算值）	−0.57℃（实验值） −0.38℃（计算值）

塑性形变对马氏体转变也有很大影响。在 M_S 点以上一定温度范围内，塑性形变会诱发马氏体转变，称为形变诱发马氏体。马氏体转变量与形变温度和形变量有关。一般情况下，形变量越大，形变诱发马氏体越多；但当形变温度超过一定值时，形变不再能诱发马氏体转变，这一温度被称为形变马氏体点 M_d。但有一点应当注意，塑性形变虽能诱发形变马氏体转变，但对随后冷却发生的马氏体转变起抑制作用。由图 4-30 可见，当形变量 ψ 大于 1.5% 时，即可看到形变诱发马氏体的作用，但随着形变量的增加，随后冷却时所形成的马氏体量越来越少。当形变量 ψ 为 72% 时，随后冷却时的马氏体转变几乎被完全抑制。这种现象称为奥氏体的机械稳定化。其原因可能是大塑性形变强化了奥氏体，从而阻碍了马氏体转变。这种机械稳定化在 M_S 点以下和 M_d 点以上同样存在。

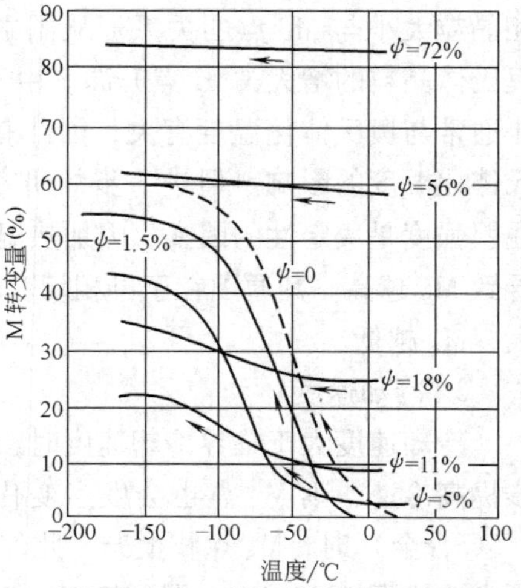

图 4-30 室温预变形对（Fe-22.7% Ni-3.1% Mn，M_S = −10℃）马氏体转变量的影响

第五节 马氏体转变的动力学

马氏体转变也是通过形核和长大过程进行的，故与其他转变一样，其转变速度取决于形核率和长大速度。但多数马氏体的长大速度较高，因此形核率成为马氏体转变动力学的主要控制因素。

关于马氏体转变的形核机制，国内外研究者曾提出多种模型，但均还不够完善。一般认为，马氏体相变是不均匀形核，是在奥氏体中通过能量及结构起伏在某些有利位置（如位错、层错、晶界等处）形成大小不同的具有马氏体结构的微区。这样的微区被称为核胚。从经典相变理论可知，冷却温度越低，过冷度越大，临界晶核尺寸就越小。当奥氏体被过冷至某一温度，尺寸大于该温度下临界晶核尺寸的核胚时就能成为晶核，长大成马氏体。具体形核模型这里不进行详细介绍。马氏体转变形式介绍如下。

一、变温转变

变温转变的特点是当奥氏体被过冷到 M_S 点以下某一温度时，马氏体晶核能瞬时形成并即刻长大到极限尺寸。若不再降温，转变即告终止。只有继续降低温度，转变才能继续。此时马氏体量的增加主要是通过新马氏体片的形成而不是通过原有的马氏体片的进一步长大。由此可见，马氏体的量取决于冷却到的温度，也就是 M_S 点以下的过冷度，而与在该温度的保温时间无关。这表明马氏体变温转变不存在热激活形核，因此也把变温转变称为非热学性转变。由于马氏体转变时的相变驱动力很大，而长大激活能极小，故长大速度极快。据测定，低碳型和高碳型马氏体的长大速度分别为 10^2mm/s 和 10^5mm/s 数量级。所以一般长成一片马氏体所需的时间仅 $10^{-4}\sim10^{-7}$s。

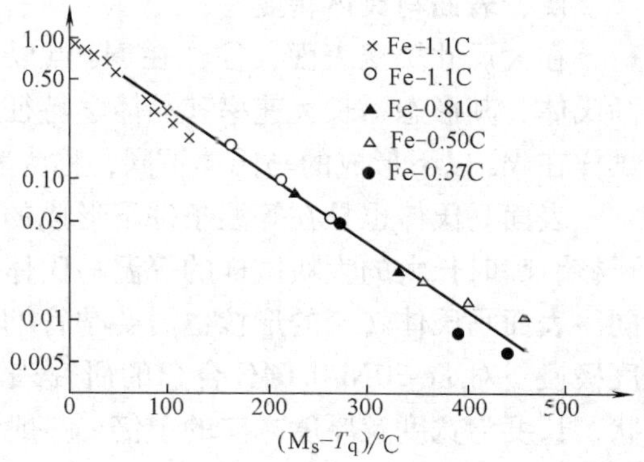

图 4-31 高、中碳钢变温马氏体形成动力学曲线

大多数碳钢和合金钢的马氏体转变属于变温转变。图 4-31 为各类碳钢变温马氏体形成的动力学曲线，以半对数坐标作图。图中曲线可以由下式表示：

$$1-\varphi_M=\exp[\alpha(M_s-T_q)] \tag{4-4}$$

式中，φ_M 是马氏体的体积分数；T_q 为冷却（淬火）温度；α 为一常数，决定于钢的成分，在碳钢中（$w_C<1.1\%$），α 为 -0.011。

二、等温转变

马氏体转变也有等温转变，随等温时间的延长马氏体量增多，即转变量是等温时间的函数。这表明马氏体晶核也能通过热激活形成。

马氏体等温转变的主要特点是马氏体的形核也需要一定的孕育期，形核率随过冷度增加，先增后减，符合一般热激活形核规律。图 4-32 为 Fe-Ni-Mn 合金的等温马氏体转变动力学曲线；图中百分数代表 M 转变量。可以看出，它与珠光体转变极为相似，曲线也呈“C”形。不同的是在任意温度下，等温马氏体转变都不能进行到底。

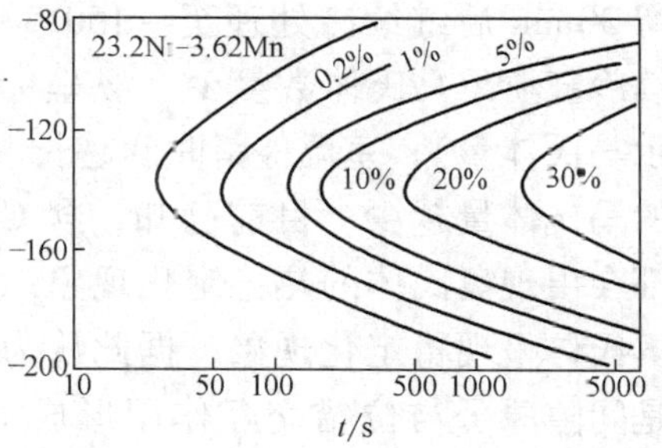

图 4-32 Fe-Ni-Mn 合金等温马氏体转变动力学曲线

观察表明，等温马氏体的形成包括原有马氏体的继续长大和新马氏体的形成。

三、爆发式转变

M_S 低于 0 ℃的 Fe-Ni、Fe-Ni-C 等合金的奥氏体被过冷到零下某一温度时，将形成惯习面为 $\{259\}_\gamma$ 的透镜片状马氏体。当第一片马氏体形成时，有可能在几分之一秒内激发出大量马氏体而引起所谓的爆发式转变。该转变往往伴有响声，并释放出大量相变潜热，爆发量达 70% 时可以使温度上升 30 ℃。图 4-33 是 Fe-Ni-C 合金的马氏体转变曲线，其中直线部分为爆发式转变，随后的降温又表现为正常的变温转变。随着 Ni 含量的增加，爆发转变量先增后减，其最大值可达 70%。习惯上用 M_B（$\leqslant M_S$）表示发生爆发式转变时的温度。除了合金成分的影响外，M_B 点随冷却速度的提高和晶粒尺寸的减小而降低。

对 Fe-Ni-C 合金爆发式形成的马氏体组织的研究表明，这种马氏体的惯习面为 $\{259\}_\gamma$，有中脊，马氏体呈“Z”字形。据计算，在 $\{259\}_\gamma$ 马氏体的尖端存在很高的应力场。这个应力促使另一片马氏体核在另一取向的形成，即“自促发”形核，以致呈现连锁反应式转变。因此，能够进行大量爆发式转变的合金，必须具有较多的惯习面。惯习面之间的夹角又必须使转变的切应变在惯习面上产生足够大的切应力。

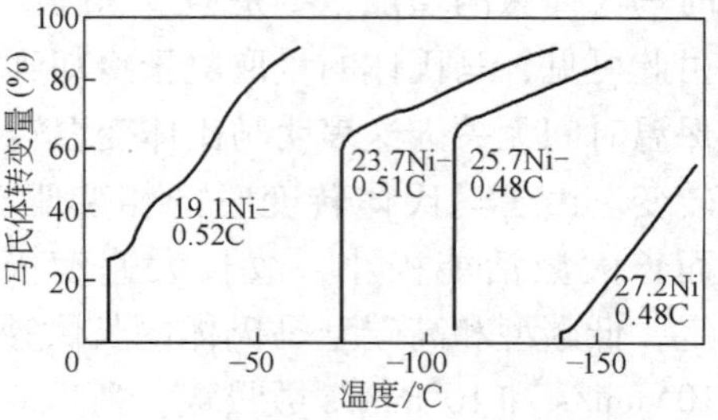

图 4-33 Fe-Ni-C 合金的马氏体转变曲线

四、表面马氏体转变

在大尺寸块钢表面，往往在 M_S 点以上就能形成马氏体，其形态、长大速率和晶体学特征等都和整块试样在 M_S 以下形成的马氏体不同，称为表面马氏体。

表面马氏体也是在等温条件下形成的，但与等温形核、瞬时长大的大块试样的等温马氏体转变有所不同。表面马氏体转变的形核也需要孕育期，但长大速度极慢。对 Fe-30Ni-0.04C 合金的研究表明，表面马氏体的深度一般仅为 5～30μm，呈条状，长度为宽度及厚度方向的千倍。一般认为，表面马氏体的形成是由于表面不存在静压力而使 M_S 提高引起的。在试样内部由于马氏体比体积大于奥氏体，因此马氏体转变将给周围造成很大的静压应力，从而降低 M_S。

五、奥氏体的热稳定化

奥氏体由于冷却缓慢或冷却中断引起的稳定化，称为奥氏体的热稳定化。

图 4-34 示出 w_C 为 1.17% 钢淬至室温后停留不同时间再继续冷却（冷处理）时，室温停留时间对奥氏体转变为马氏体的影响。由图可见，在室温停留 30min 后继续冷处理至 −150 ℃时，比不停留连续冷却所得马氏体数量少（纵坐标的指针偏转量表示马氏体量）；室温停留时间越长，在 −150 ℃得到的马氏体量越少。目前已知，含 C、N 的铁基合金都会出现奥氏体的热稳定化现象；淬火空位也能使奥氏体呈现稳定化现象。据此认为，热稳定化机制是间隙原子与位错交互作用形成柯垂尔（Cottrell）气团，增加位错运动的阻力，阻碍转变的进行所致。按此机制，若将已经热稳定化的奥氏体加热到一定温度以上，由于原子热运动加剧，柯垂尔气团中的原子将会脱离位错使柯垂尔气团消失，从而使热稳定化作用降低或消失，即所谓反稳定化现象。出现反稳定化的温度因钢种和热处理工艺不同而异，高速钢中出现反稳定化的温度约为 500～550 ℃。利用高速钢的反稳定化，通过多次 550 ℃回火可以降低残留奥氏体含量，提高回火后硬度。除了柯垂尔气团机制外，停留过程中的应力弛豫对奥氏体的稳定化也有一定作用。因为淬火应力在一定条件下会有助于马氏体形核以及马氏体自触发形核。

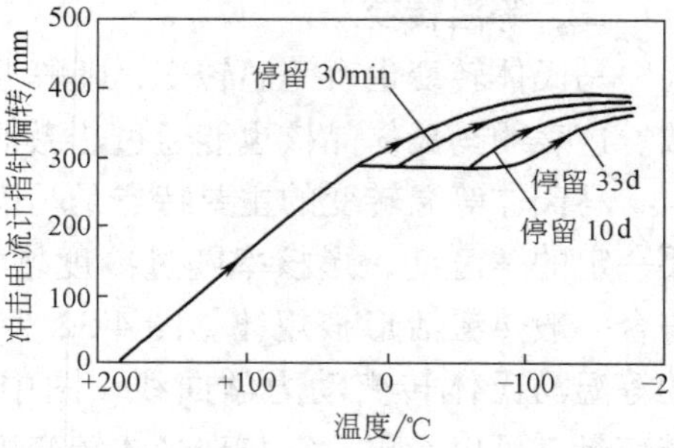

图 4-34 w_C 为 1.17% 钢在室温停留时间对继续冷却时马氏体转变的影响

在热处理实践中，利用奥氏体的热稳定化可以协调淬火后工件变形和硬度这一对矛盾，因而具有重要的意义。冷却速度越快，钢的马氏体量越多，残留奥氏体量越少，其硬度自然越高，但同时将带来工件淬火变形的加剧；反之，冷却速度慢，虽然工件淬火变形较小，但硬度可能不足。因此要恰当地制定热处理工艺，使之既能满足硬度要求，又能把淬火变形控制在合理的范围内。此外，某些钢中的残留奥氏体量较高，在使用过程中可能发生马氏体转变，导致尺寸增大并使脆性增加。因此有必要利用奥氏体的热稳定化现象来解决这些问题，如进行低温时效或回火等。

第六节　马氏体的性能

淬火成马氏体是强化钢的一种主要手段。淬成马氏体后，虽然还要根据需要进行回火，但回火后的性能在很大程度上取决于淬火所得的马氏体的性能，因此有必要对马氏体的性能特点进行全面了解。

一、马氏体的硬度和强度

钢中马氏体最主要的特点是高的硬度和强度。实验证明，钢中马氏体的硬度主要取决于碳的含量而不是合金元素的含量。图 4-35 是 4320 钢渗碳淬火后测得的碳含量与显微硬度、纳米压痕硬度和残留奥氏体量的关系。显微硬度在碳含量低时随碳含量增加而提高，但 w_C 超过 0.4% 时趋于稳定，并与残留奥氏体量逐渐增多相对应。其原因在于显微硬度测量中压头的作用范围较大，包含了残留奥氏体的影响。采用纳米压痕实验，则可以准确测定马氏体片的真实硬度。由图 4-35 可见，在 w_C 小于 0.8% 时，马氏体的纳米硬度一直随含碳量增加而提高，在高碳区硬度增长趋势明显减缓，但其硬度已经提高到相当于 70 HRC。

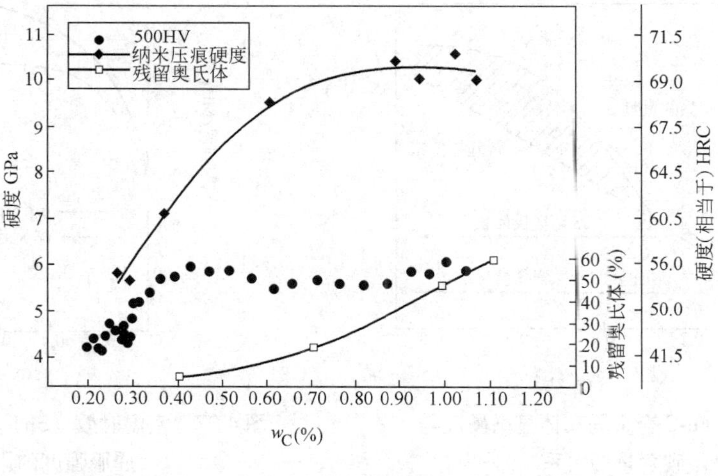

图 4-35　美国 4320 钢（相当 20CrNiMo 钢）渗碳淬火后碳含量与显微硬度、纳米压痕硬度和残留奥氏体量的关系

马氏体之所以具有如此高的硬度和强度，是由固溶强化、相变（亚结构）强化和时效强化等因素引起的。

1. 过饱和碳引起的固溶强化

钢中马氏体是碳在 α-Fe 中的过饱和固溶体。碳原子溶入奥氏体只能使奥氏体点阵发生膨胀（对称畸变）而不产生畸变，因此对强度与硬度影响不大；在马氏体中碳原子处于一个对角线的长度小于其他两个对角线长度的扁八面体中心，因此碳原子的溶入不仅引起点阵的膨胀，还将使点阵发生不对称畸变，使短轴伸长，长轴稍有缩短。畸变的结果是在点阵内造成一个强烈的应力场，能阻止位错运动，从而使马氏体的硬度和强度显著提高。当 w_C 超过 0.4% 后，由于碳原子靠得太近，相近应力场互相抵消，以致减弱了部分强化作用。合金元素在马氏体中多为置换元素，对点阵畸变的影响远不如碳原子强烈，故固溶强化的作用较小。

2. 相变（亚结构）强化

马氏体在形成过程中形成大量位错、孪晶等亚结构，这些晶体缺陷也是提高马氏体硬度和强度的重要因素。在 w_C 小于 0.3% 的碳钢中，马氏体为板条马氏体，亚结构为位错，这时主要靠碳原子钉扎位错引起固溶强化。进一步增加碳含量，亚结构中孪晶增多，孪晶能有效阻止位错运动，故孪晶的存在也将强化马氏体。图 4-36 为碳含量对 Fe-C 合金马氏体显微硬度的影响。图中虚线为 0.3% C 以下位错马氏体硬度的延长线，表明碳原子钉扎位错的固溶强化作用，实测值高于虚线的部分说明了孪晶对强度的附加贡献。可见在相同碳含量的条件下，孪晶马氏体的硬度和强度略高于位错马氏体。

3. 马氏体的时效强化

由于碳原子极易扩散，马氏体在淬火过程中，或淬火后在室温停留过程中，碳原子也可能发生偏聚甚至弥散析出碳化物，引起时效强化。由图 4-37 可见，Fe-Ni-C 合金在室温停留 3h 的屈服强度明显提高，且碳含量越高，提高得越多。

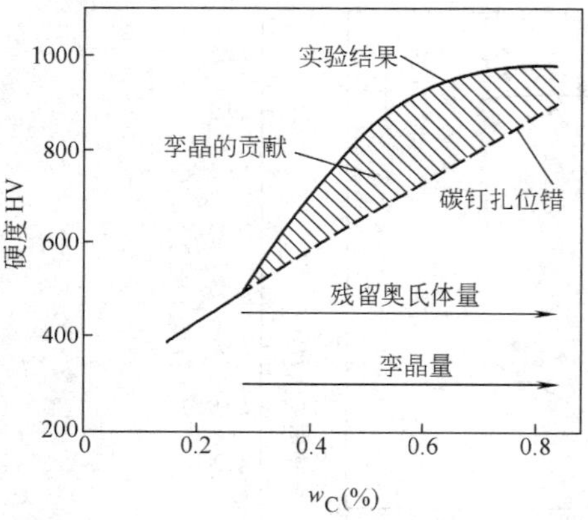

图 4-36 Fe-C 合金马氏体显微硬度与碳含量的关系

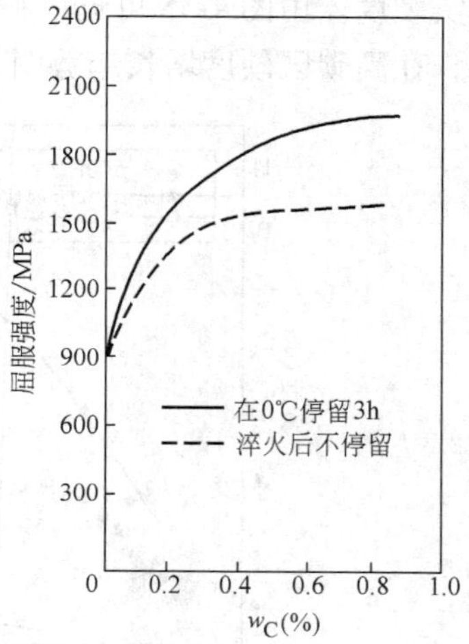

图 4-37 室温时效（3h）对 Fe-Ni-C 合金屈服强度的影响

除了以上三种强化方式外，原始奥氏体晶粒大小和马氏体束的尺寸对马氏体的强度和硬度也有一定影响，即奥氏体晶粒和马氏体束尺寸越细小，马氏体的强度越高，如图 4-38 所示。但总的来说，除采用形变热处理或奥氏体的超细化处理外，常规热处理工艺中晶粒尺寸的影响没有前面三种方式明显。

二、马氏体的韧性

一般认为马氏体硬而脆，韧性很低。但实际上马氏体的韧性取决于其碳含量和亚结构，可以在很大范围内变化。图 4-39 为碳含量对镍铬钼钢冲击韧性的影响。由图可见，$w_C <$ 0.4% 时，马氏体具有较高的韧性；$w_C >$ 0.4% 时，马氏体韧性很低，变得硬而脆，即使低温回火，韧性也不高。此外，碳含量越低，冷脆转变温度也越低。由此可见，从保证韧性考虑，马氏体的 w_C 不宜大于 0.4%。位错亚结构对马氏体韧性有影响。如含 w_C 为 0.17% 和 w_C 为 0.35% 的铬钢淬成马氏体后在不同温度回火，测出屈服强度与断裂韧度的关系，如图

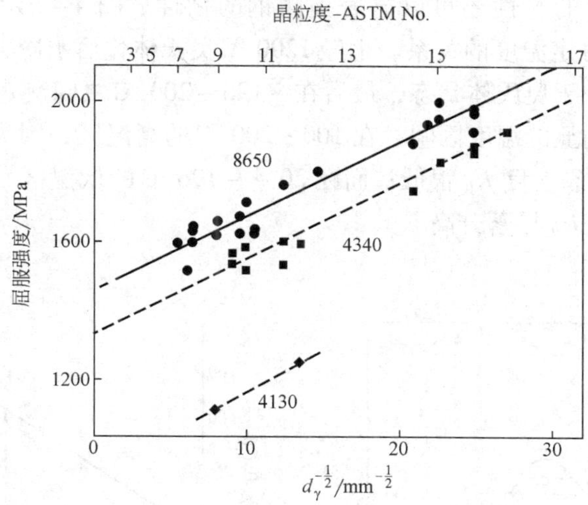

图 4-38　奥氏体晶粒尺寸对马氏体屈服强度（200℃回火）的影响（图中 8650 等为美国钢号）

8650：0.5C-0.9Mn-0.5Ni-0.5Cr-0.2Mo　4340：0.4C-0.7Mn-1.8Ni-0.8Cr-0.25Mo　4310：0.1C-0.5Mn-1.8Ni-0.5Cr-0.25Mo

4-40 所示。可见，强度相同时位错马氏体的断裂韧度显著高于孪晶马氏体。这是由于孪晶马氏体滑移系少，位错不易开动，容易引起应力集中，从而使断裂韧度下降。

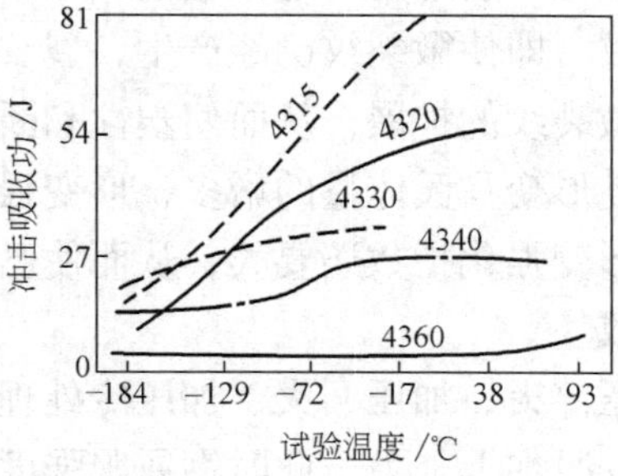

图 4-39　铬镍钼钢含碳量对冲击韧性的影响（美国钢号）

4315：0.15C　4320：0.2C　4330：0.3C　4340：0.4C　4360：0.6C

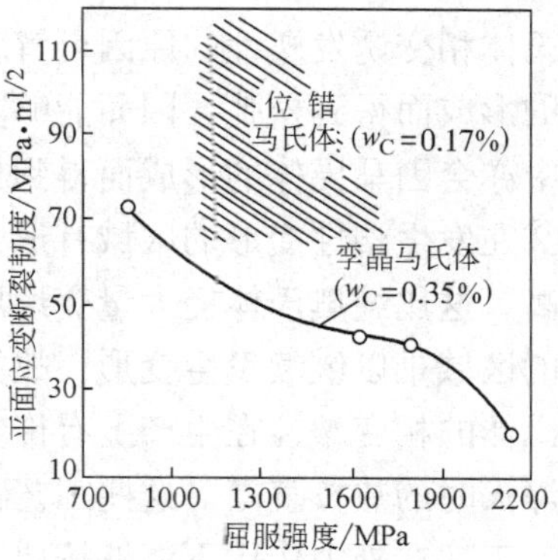

图 4-40　马氏体亚结构对钢断裂韧度的影响

三、马氏体的相变塑性

金属及合金在相变过程中屈服强度显著下降，塑性显著增加，这种现象称为相变诱发塑性。钢在马氏体转变时也产生相变诱发塑性，称为马氏体相变诱发塑性。

图 4-41 为 Fe-15Cr-15Ni 合金在不同温度下进行拉伸时测得的伸长率。可以看出在 M_s ~ M_d 温度范围内，钢的伸长率有了明显的提高。显然这是由于塑性形变诱发了马氏体转变，马氏体形成又诱发了塑性所致。

马氏体相变所诱发的塑性还可以显著提高钢的韧性。图 4-42 示出了 Fe-9Cr-8Ni-2Mn-0.6C 钢的断裂韧度与测定温度的关系。钢经 1200 ℃奥氏体化后水冷，然后在 460 ℃挤压变形 75%，此时试样仍处于奥氏体状态，最后在 -196 ~ 200 ℃之间测定其断裂韧度。由图 4-42 可见，存在着两个明显的温度区间，在 100 ~ 200 ℃的高温区，因为在断裂过程中没有发生马氏体相变，所以断裂韧度 K_{IC} 很低；而在 20 ~ -196 ℃的低温区，因在断裂过程中伴随有马氏体相变，结果使 K_{IC} 显著升高。

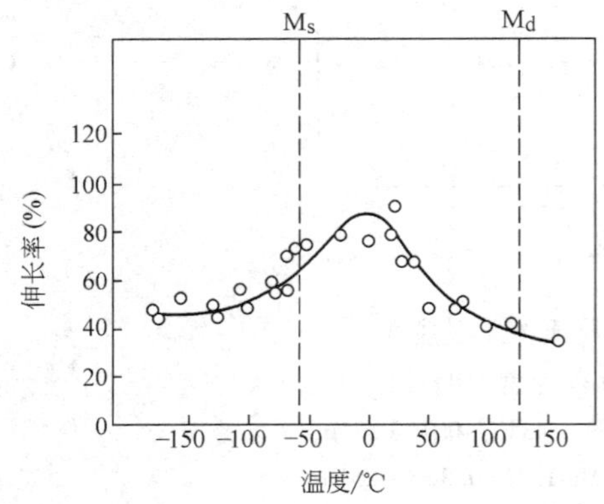

图 4-41 Fe-15Cr-15Ni 合金在 M_s ~ M_d 温度范围内的相变诱发塑性

M_d—形变马氏体相变开始点

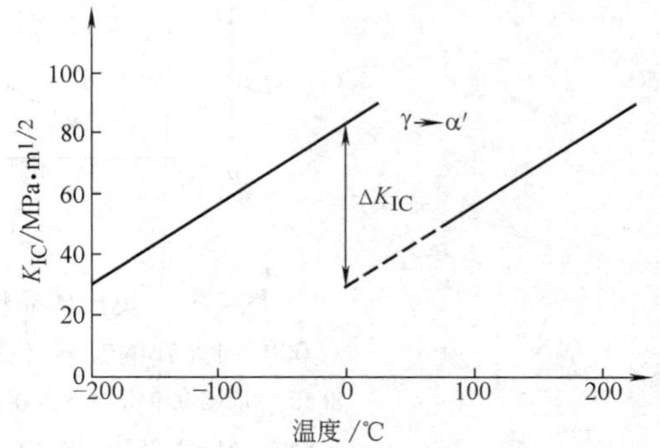

图 4-42 Fe-9Cr-8Ni-2Mn-0.6C 钢的断裂韧度与测定温度的关系

马氏体相变诱发塑性的原因可解释如下：①因塑性变形引起的局部区域应力集中，由于马氏体的形成而得到松弛，因而能够防止微裂纹的形成。即使微裂纹已经产生，裂纹尖端的应力集中亦会因马氏体的形成而得到松弛，故能抑制微裂纹的扩展，从而使塑性和断裂韧度提高。②在发生塑性变形的区域有形变马氏体形成，随形变马氏体量的增多，形变强化指数不断提高，这比纯奥氏体经大量变形后接近断裂时的形变强化指数还要大，从而使已发生塑性变形的区域难以继续发生变形，故能抑制颈缩的形成。

马氏体的相变塑性在生产上有许多应用，例如加压淬火、加压回火、加压冷处理、高速钢拉刀淬火时的热校直等。这些工艺都是在马氏体转变时加上外力，此时钢屈服强度小，伸长率大，工件在外力作用下能够按要求进行变形。应用马氏体相变诱发塑性理论还设计出相变诱发塑性钢（TRIP 钢），这种钢符合 $M_d > 20℃ > M_S$，即钢的马氏体相变开始点低于室温，而形变马氏体相变开始点高于室温。这样，当钢在室温变形时便会诱发出形变马氏体，而马氏体转变又诱发出相变塑性。因此，这类钢具有很高的强度和塑性。

四、马氏体的物理性能

钢中马氏体具有铁磁性和高的矫顽力，马氏体钢是早期的永磁材料，其磁饱和强度随马氏体中碳含量和合金元素含量的增加而下降。马氏体的电阻率也较奥氏体和珠光体高。

在钢的各种组织中，马氏体与奥氏体的比体积差最大。表 4-2 列出碳钢中各种组织的比体积。由表可以计算出，当 w_C 为 1% 时，马氏体与奥氏体的比体积差为 0.00525cm^3/g。这一比体积差将导致淬火零件的变形、扭曲和开裂。但也可以利用这一效应，在淬火钢表面造成压应力，提高零件的疲劳强度。

表 4-2 碳钢各种组织的比体积（20℃）

组 织	比体积/$cm^3 \cdot g^{-1}$	组 织	比体积/$cm^3 \cdot g^{-1}$
铁素体	0.1271	奥氏体	0.1212 +0.0033 (w_C)
渗碳体	0.130 ±0.001	铁素体 + 渗碳体	0.1271 +0.0005 (w_C)
ε 碳化物	0.140 ±0.002	贝氏体	0.1271 +0.0015 (w_C)
马氏体	0.1271 +0.00265 (w_C)	0.25% C 马氏体 + ε 碳化物	0.12776 +0.0015 (w_C −0.25)

五、马氏体中的显微裂纹

高碳钢在淬成透镜片状马氏体时，经常在马氏体片的边缘以及马氏体片内出现显微裂纹。图 4-18 示出了 Fe-1.86C 合金的透镜片状马氏体及其显微裂纹。这种显微裂纹是淬火钢开裂的重要原因之一，当回火不及时或不充分时，在淬火宏观应力的作用下，它可以发展成为晶内的宏观开裂或晶界开裂。目前一般公认，这种显微裂纹只在透镜片状马氏体内产生。裂纹形成的原因是片状马氏体形成时的互相碰撞所致。因为马氏体形成速度极快，相互撞击时形成相当大的应力场，高碳马氏体又很脆，不能通过相应的形变来消除应力，当应力足够大时就形成显微裂纹。

一般以单位体积马氏体内出现的显微裂纹的面积 S_v（mm^{-1}）作为形成显微裂纹的敏感指标。影响 S_v 的因素包括碳含量、奥氏体晶粒大小、淬火冷却温度和马氏体转变量等，其中奥氏体晶粒尺寸具有非常重要的影响，如图 4-43 所示。原因在于奥氏体晶粒越大，初期形成的马氏体片越大，产生的内应力越高，被其他马氏体片撞击的机会越多，显微裂纹也就越多。在奥氏体晶粒相同的条件下，碳含量越高，奥氏体与马氏体的比体积差越大，S_v 越大。淬火冷却温度越低，马氏体形成量则越多，S_v 越大。但在马氏体转变分数超过 27% 后，S_v 不再增加。原因在于后期形成的马氏体片较小，不致于形成显微裂纹。

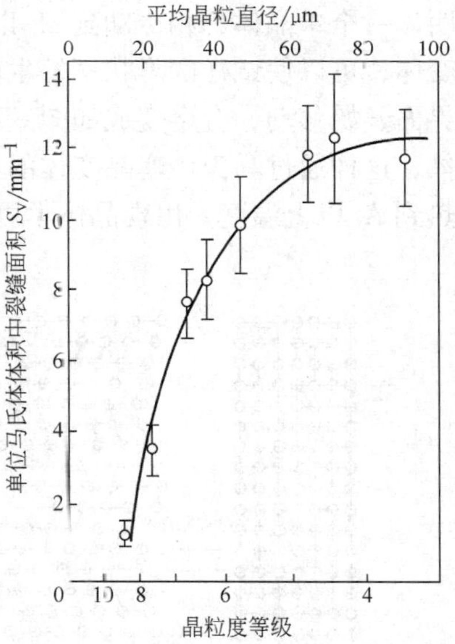

图 4-43 Fe-1.22C 合金奥氏体晶粒度等级对马氏体内形成微裂缝敏感度的影响

如果淬火过程中已经产生了显微裂纹，则可采取及时回火以使部分显微裂纹通过弥合而消失。研究表明，马氏体的显微裂纹经 200℃回火大部分可以弥合。但进一步提高回火温度并不能使剩余的显微裂纹弥合，只有当回火温度高于 600 ℃，碳化物在裂纹处析出才能使裂纹消失。根据这些特点，在实际生产中，可通过改变钢的成分、采用较低的淬火加热温度或缩短加热保温时间、等温淬火或淬火后及时回火等，来降低或避免高碳马氏体中显微裂纹的产生。

六、超弹性与形状记忆效应

钢中马氏体转变的一个重要特征是晶核形成后以极快的速度长大到一定尺寸后就不再长大，这是因为马氏体边界的共格关系遭到破坏所致。但在一些有色合金如 Ni-Ti、Cu-Al、Ag-Cd、Cu-Al-Zn、Ni-Mn-Ga 中还存在一种马氏体，这种马氏体与相邻母相始终保持共格联系，依靠自由能差与弹性能及界面能之间的平衡来控制马氏体的尺寸大小，可随温度降低而长大，随温度升高而缩小，称为热弹性马氏体。由于转变时没有不可逆的能量消耗，故转变的热滞很小，仅几摄氏度到几十摄氏度。一般来说，热弹性马氏体为保持界面共格关系不被破坏，母相与马氏体的比体积差要小，以减小共格应变；其次，母相的弹性极限要高，切变不是通过滑移而是通过孪生实现，因此热弹性马氏体的亚结构通常是孪晶；第三，母相多数呈有序结构，因为有序点阵中原子排列的规律性强，对称性低，易保持共格关系。图 4-44 给出了热弹性马氏体转变的示意图。

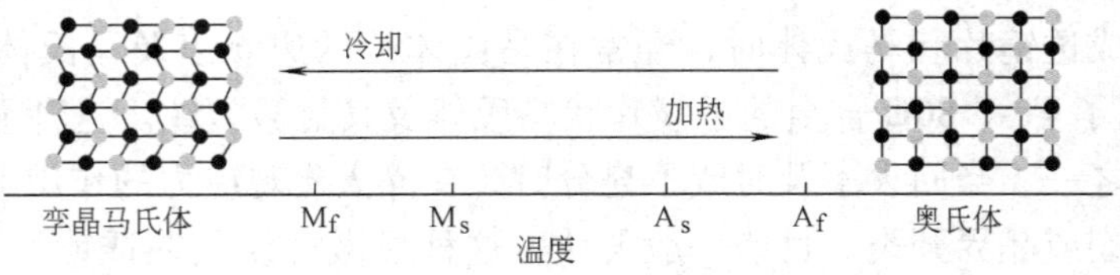

图 4-44 热弹性马氏体转变的示意图

形状记忆效应是指当热弹性马氏体在低于 A_S 的温度下变形后，加热到 A_f 以上温度，通过马氏体的逆转变，使试样恢复到变形前形状的现象。形状记忆效应的机制可由图 4-45 说明。一个单晶体母相冷却到 M_f 以下，马氏体以自协调的方式形成（图 b），图中为两个孪晶变体，可以使试样的形状不发生变化。其孪晶界面是非常容易移动的。如果外加应力，孪晶界面开始移动，合金变成如图 c 和图 d 情形。当应力足够高时，就变成应力作用下的单一变体，这样通过马氏体孪晶变体的再取向可以产生相当大的孪生切应变。然后将图 d 的试样加热到 A_f 以上温度，出现晶体学可逆的转变，原始形状就可以恢复（图 e）。

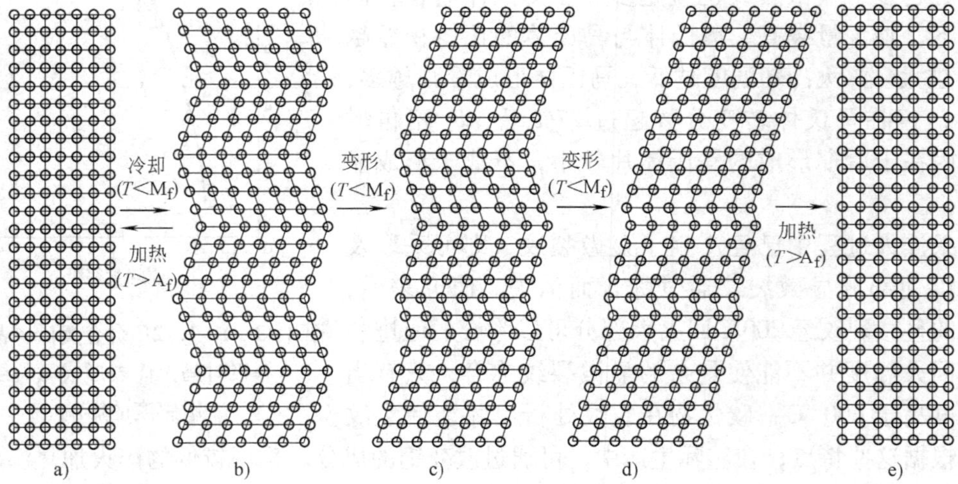

图 4-45 形状记忆效应机制

a）初始母相单晶体 b）自协调马氏体 c）、d）马氏体的一个变体以消耗其他变体而长大的方式进行相变 e）加热到 A_f 以上，各变体通过逆转变回复成原始取向的母相

具有热弹性马氏体的合金，如果在 $M_S \sim M_d$ 温度区间施加应力，由母相应力诱发形成马氏体；当去除应力后，部分或全部应变因应力诱发马氏体逆变为母相而回复，称为伪弹性（由相变和逆相变呈现的弹性）。当应变全部回复时，称为超弹性。图 4-46 为热弹性马氏体

的应力-应变示意曲线。当应力超过母相的弹性极限后，发生应力诱发马氏体转变。在外应力的作用下，形成的马氏体孪晶变体与外力作用的方向一致，倾向于获得单变体的马氏体组织，因此它与降温过程中的热形成多变体孪晶马氏体的自协调机理不同。当外应力减小和去除时，应力诱发马氏体逐步回复成奥氏体，并恢复原状。图4-47为Cu-34.7Zn-3Sn合金单晶体在不同温度下的应力-应变曲线。

超弹性与形状记忆效应是密切相关的。两者之间的关系如图4-48所示。原则上，只要马氏体晶体发生位错滑移的临界应力足够高，随着温度的变化，同一试样既可以观察到形状记忆效应，又可以呈现超弹性。马氏体在A_s以下温度形变，加热到A_f以上可以回复原状，即呈形状记忆效应；在A_f以上，合金出现超弹性，此时的马氏体是热力学不稳定的。在$A_s \sim A_f$之间，部分地兼有两者。图中的实斜线是诱发马氏体转变的临界应力，只有外加应力大于临界应力才能在M_s以上温度诱发马氏体转变。图中的滑移临界应力表示所加应力引起晶体滑移的临界应力。只有外加应力低于这条线，或者说不发生晶体位错滑移的条件下，才能呈现超弹性和形状记忆效应。

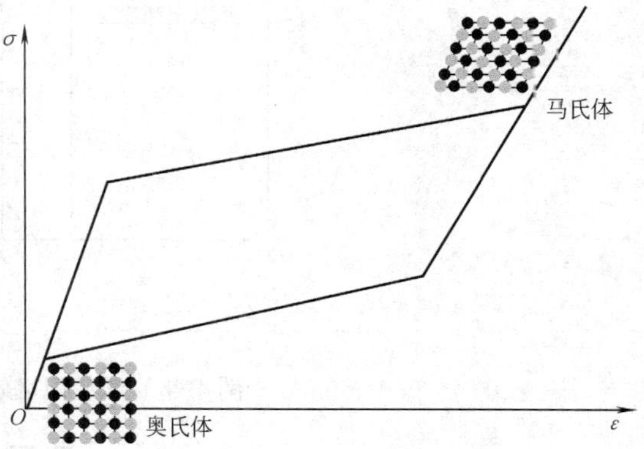

图4-46 热弹性马氏体的应力-应变示意曲线

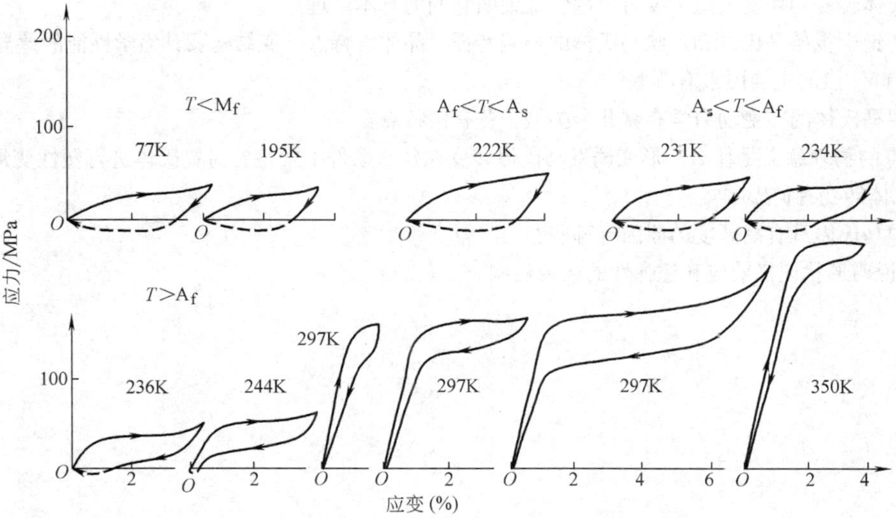

图4-47 Cu-34.7Zn-3.0Sn单晶体不同温度下的应力-应变曲线

($M_S = 221K$, $M_f = 208K$, $A_S = 223K$, $A_f = 235K$)

呈现超弹性和形状记忆效应的合金称为形状记忆合金，包括Ni-Ti、Cu-Zn-Al等主要类别（此外有Fe-Mn-Si形状记忆合金，但不属热弹性马氏体相变，可参阅有关专著）。其中应用最成功的当属Ni-Ti合金，从卫星天线、航空管接头到心脏支架、牙齿校直器、脊椎矫正器等，可谓眼花缭乱。新的应用在不断开发，其中形状记忆合金薄膜在微机电系统上（MEMS）的应用令人瞩目。

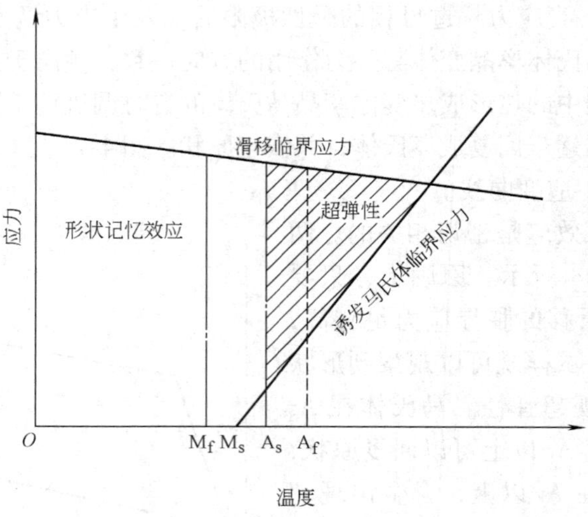

图 4-48 形状记忆效应和超弹性出现的范围

复习思考题

1. 名词解释：马氏体转变，马氏体的逆转变，不变平面应变，热弹性马氏体，伪弹性，相变塑性，表面马氏体，形状记忆合金，热稳定化，反热稳定化，机械稳定化。

2. 马氏体转变有哪些特点？

3. 请说明钢中马氏体的晶体结构。马氏体的正方度取决于什么？

4. 马氏体转变的切变模型主要有哪些？试说明它们的基本原理。

5. 简述钢中板条马氏体和片状马氏体的形貌特征、晶体学特点、亚结构及其力学性能的差异。

6. 影响 M_s 点的主要因素有哪些？

7. 钢中马氏体的转变动力学有哪几个类型？各有何特点？

8. M_d 点的物理意义是什么？形变诱发马氏体转变在什么条件下发生？对奥氏体进行塑性变形对随后冷却时的马氏体转变有何影响？

9. 钢中马氏体具有高硬度的原因有哪些？

10. 试说明形状记忆效应和超弹性的微观机制。

第五章　贝氏体转变

第一节　贝氏体转变特征

一、贝氏体的发现

钢中过冷奥氏体在 A_1 稍下的温度区间发生珠光体转变，而在 M_S 以下的低温发生马氏体转变。在珠光体转变区与马氏体转变区之间的较宽温度区间内，过冷奥氏体将按另一种转变机制转变。由于这一转变在中间温度范围内发生，故被称为中温转变。

20 世纪 20 年代，Robertson 首先发现钢的中温转变产物，随后 Devenport 和 Bain 等人对这种组织进行了大量细致的研究。在此温度区间内，铁原子已难以扩散，而碳原子还能进行扩散，这就决定了这一转变不同于铁原子也能扩散的珠光体转变以及碳原子也基本上不能扩散的马氏体转变。为纪念美国著名冶金学家 Bain，此转变被命名为“贝氏体转变”，转变所得产物则被称为“贝氏体”。贝氏体转变既具有珠光体转变的一些特征，又具有马氏体转变的某些特征，是一种相当复杂的转变。

大量研究表明，贝氏体具有多种不同的组织形态，Mehl 于 1942 年将贝氏体转变的高温区和低温区所得的转变产物分别称为“上贝氏体”和“下贝氏体”。后来研究人员又进一步发现了粒状贝氏体、无碳化物贝氏体、柱状贝氏体、反常贝氏体、准贝氏体等组织形态。由于转变的复杂性和转变产物的多样性，致使至今还未完全弄清楚贝氏体转变的机制，对转变产物贝氏体也无法下一个确切的定义。但可以认定的是，贝氏体是铁素体和碳化物所组成的非层片状组织。

虽然人们对贝氏体转变了解得还很不够，但贝氏体转变在生产上却很重要，因为通过贝氏体转变所得的下贝氏体组织具有非常好的综合力学性能，据此发展了等温淬火工艺，并开发了一系列贝氏体钢。因此，对贝氏体转变进行研究和了解，不仅具有理论上的意义，而且具有重要的应用价值。

二、贝氏体转变的基本特征

贝氏体转变兼有珠光体转变与马氏体转变的某些特征。归纳起来，主要有以下几点：

1. 贝氏体转变有上、下限温度

对应于珠光体转变的 A_1 点及马氏体转变的 M_S 点，贝氏体转变也有一个上限温度 B_S 点。奥氏体必须过冷到 B_S 以下才能发生贝氏体转变。合金钢的 B_S 点比较容易测定，碳钢的 B_S 点由于有珠光体转变的干扰很难测定。贝氏体转变也有一个下限温度 B_f 点，B_f 与 M_s 无关，即，B_f 可以高于 M_S，也可以低于 M_S。

2. 转变产物为非层片状

与珠光体一样，贝氏体也是由 α 相与碳化物组成的两相机械混合物，但与珠光体不同，贝氏体不是层片状组织，α 相形态也不同于珠光体中的铁素体而类似于马氏体，且组织形态与转变温度密切相关，其中包括 α 相的形态、大小以及碳化物的类型及分布等。

3. 贝氏体转变通过形核及长大方式进行

贝氏体转变也是一个形核及长大的过程，既可以等温形成，也可以连续冷却形成。贝氏体等温转变需要孕育期，等温转变图也具有“C”字形㊀。应当指出，精确测得的贝氏体转变的C曲线，明显地是由两条C曲线合并而成的，这表明，贝氏体转变很可能包含着两种不同的转变机制。

4. 转变的不完全性

贝氏体等温转变一般不能进行彻底，在贝氏体转变开始后，经过一定时间形成一定数量的贝氏体后，转变会停下来。换言之，奥氏体不能全部转变为贝氏体。这种现象被称为贝氏体转变的不完全性。通常随着温度的升高，贝氏体转变的不完全程度增大。未转变的奥氏体，在随后的等温过程中有可能发生珠光体转变，称之为“二次珠光体转变”。

5. 转变的扩散性

由于贝氏体转变是在中温区进行，在这个温度范围内尚可发生碳原子的扩散，因此，贝氏体转变中存在着碳原子的扩散，而铁及合金元素的原子则不发生扩散。碳原子可以在奥氏体中扩散，也可以在铁素体中扩散。由此可见，贝氏体转变的扩散性是指碳原子的扩散。

6. 贝氏体转变的晶体学

在贝氏体转变中，当铁素体形成时，也会在抛光的试样表面上产生“表面浮凸”。这说明铁素体的形成与母相奥氏体的宏观切变有关，母相奥氏体与新相铁素体之间维持第二类共格（切变共格）关系，贝氏体中的铁素体与母相奥氏体之间存在着一定的惯习面和位向关系。

7. 贝氏体铁素体也为碳过饱和固溶体

贝氏体中铁素体的碳含量一般均为过饱和，且过饱和程度随贝氏体形成温度的降低而增加，但低于马氏体的过饱和程度。

由上述主要特征可以看出，贝氏体转变与珠光体转变、马氏体转变既有区别，又有联系，表现出从扩散型转变到无扩散型转变的过渡性、交叉性，同时又具有自己的特殊性。

第二节 贝氏体的组织形态

如前所述，贝氏体一般是由铁素体和碳化物所组成的非层片状组织，其形态随钢的化学成分及形成温度的改变而变化。贝氏体按金相组织形态的不同可区分为上贝氏体、下贝氏体、无碳化物贝氏体、粒状贝氏体、反常贝氏体以及柱状贝氏体等。下面分别介绍各类贝氏体的组织形态。

一、上贝氏体

1. 形成的温度范围

在贝氏体转变区的较高温度区域内形成，对于中、高碳钢，上贝氏体大约在550～350℃之间形成。因其在转变区的上部（高温区）形成，所以称为上贝氏体。

2. 组织形态

㊀ 这也是奥氏体等温转变图一部分。

上贝氏体是一种由铁素体和渗碳体组成的两相机械混合物，在光学显微镜下观察呈羽毛状，故又称羽毛状贝氏体（图5-1）。

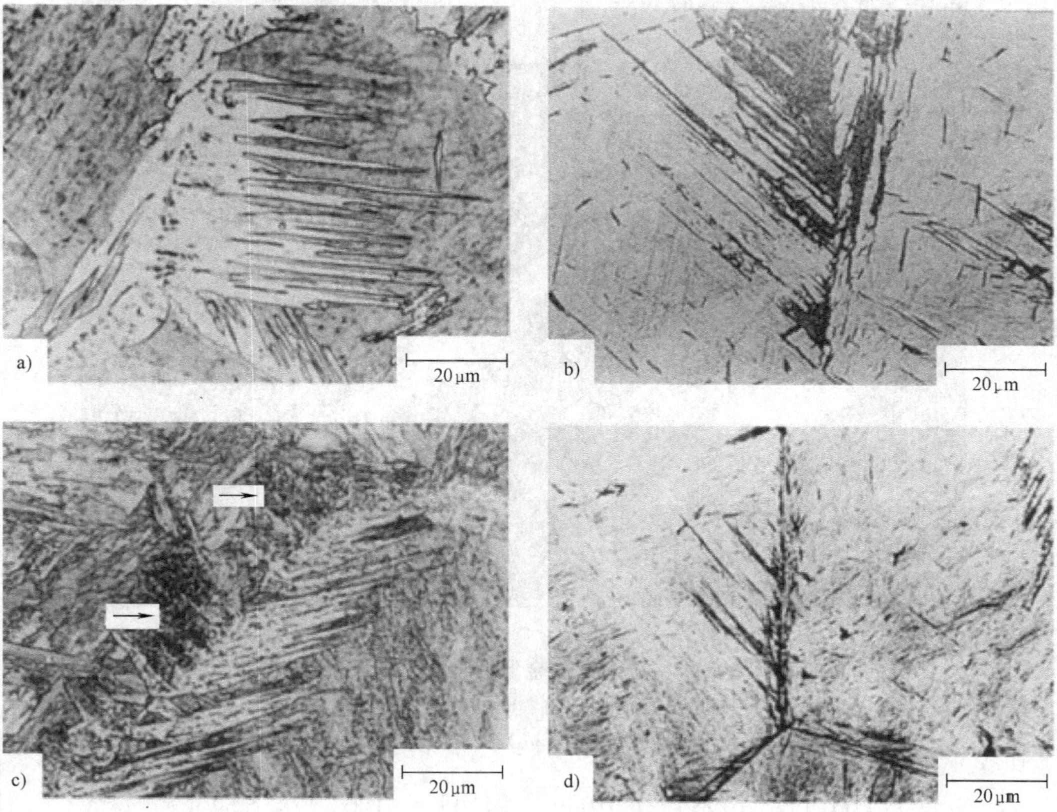

图5-1　上贝氏体组织形态

a）Fe-0.21C-8.81Ni合金500℃等温3min　b）Fe-0.41C-8.74Ni合金450℃等温3min

c）Fe-0.41C-8.74Ni合金350℃等温12min　d）Fe-0.41C-8.74Ni合金220℃等温150min

上贝氏体中的铁素体通常成束地自奥氏体晶界向晶内长入，不会穿越奥氏体晶界。在透射电镜下观察到铁素体束（即光学显微镜中羽毛状贝氏体的羽枝）由位向差很小的细小铁素体板条所组成，这些板条称为"亚基元"，如图5-2所示。束中的亚基元相互平行并具有一定的惯习面，它们被小角晶界或渗碳体颗粒分隔。在一束中，每个亚基元长到一定尺寸后，新的亚基元将优先在束的尖端而不是侧面形核。亚基元的长轴通常平行于铁素体的密排方向，该方向也是奥氏体的密排方向。它们的晶体学位向关系接近K-S关系和西山关系。铁素体束和亚基元示意图见图5-3。上贝氏体铁素体束的宽度通常比相同温度下形成的珠光体铁素体片大，其亚结构为位错，位错密度较高，且可形成缠结。

上贝氏体中的渗碳体分布在铁素体亚基元之间，渗碳体的形态取决于奥体氏的碳含量，碳含量低时，渗碳体沿条间呈不连续的粒状或链珠状分布，随钢中含碳量的增加，上贝氏体亚基元变薄，渗碳体量增多并由粒状、链状过渡到短杆状，甚至可分布在铁素体亚基元内。渗碳体惯习面为 $(2\bar{2}7)_\gamma$，与奥氏体之间存在Pitsch关系，即

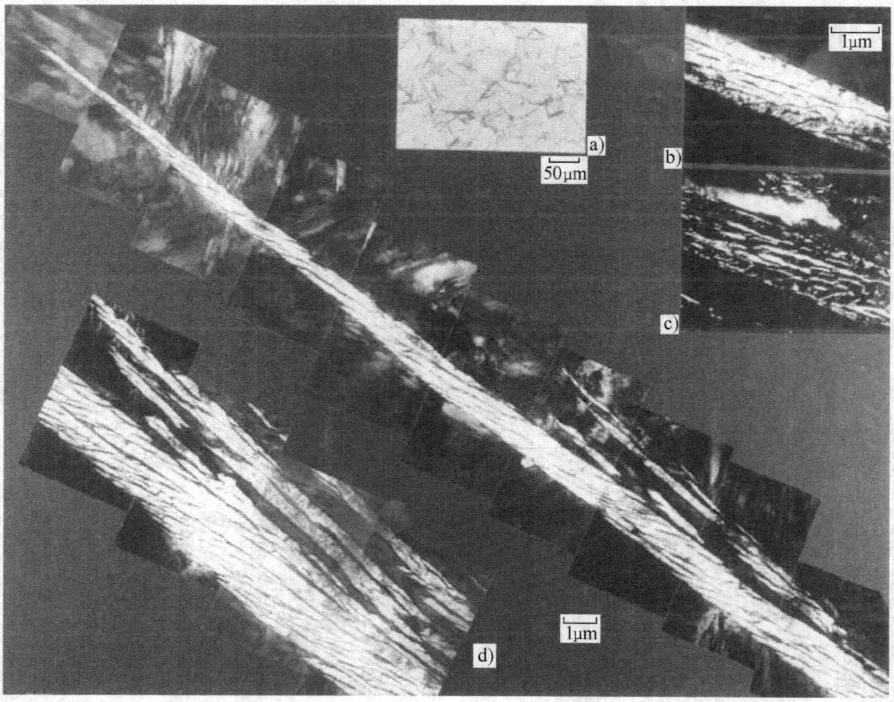

图 5-2 Fe-0.43C-2Si-3Mn 合金上贝氏体板条的透射电镜照片
a）光学显微镜照片 b）透射电镜明场像
c）残留奥氏体暗场像 d）贝氏体束的拼接画面

$$(001)_\theta /\!/ (\bar{2}25)_\gamma, [010]_\theta /\!/ [110]_\gamma, [100]_\theta /\!/ [5\bar{5}4]_\gamma$$

由于渗碳体与奥氏体之间存在位向关系，故一般认为上贝氏体中的碳化物是从奥氏体中析出的。

在上贝氏体中，除贝氏体铁素体及渗碳体外，还可能存在未转变的残留奥氏体，尤其是当钢中含有 Si、Al 等元素时，由于 Si、Al 能抑制渗碳体的析出，故使残留奥氏体量增多。当钢中含有较多量的硅、铝等元素时，可延缓渗碳体的析出，使贝氏体亚基元间很少或无渗碳体的析出，成为一种特殊的贝氏体形态。

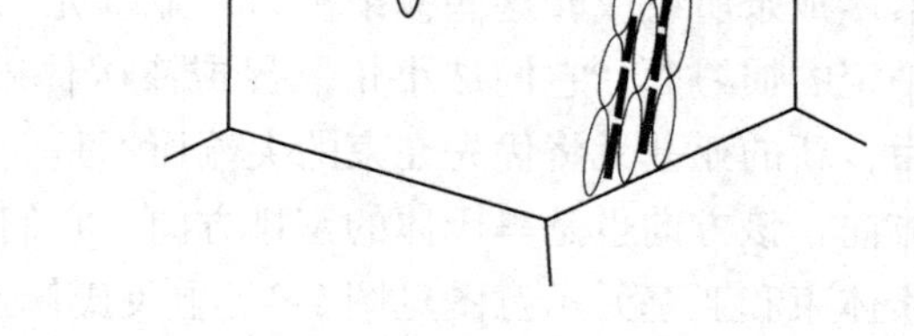

图 5-3 上贝氏体组织示意图

形成温度对上贝氏体组织形态影响显著，随形成温度的降低，铁素体亚基元变薄、变小，渗碳体也更细小和密集。

二、下贝氏体

1. 形成的温度范围

在贝氏体转变区域的低温范围内形成的贝氏体称为下贝氏体。下贝氏体大约在 350℃以下形成。碳含量低时，下贝氏体形成温度有可能略高于350℃。

2. 组织形态

与上贝氏体相似，下贝氏体也是由铁素体和碳化物组成的两相混合组织。其与上贝氏体最显著的差异是铁素体的形态及碳化物的分布。

下贝氏体中铁素体的形态与马氏体很相似，亦与奥氏体碳含量有关，随碳含量的变化而变化。碳含量低时呈板条状（图5-4），碳含量高时呈透镜片状（图5-5），碳含量中等时两种形态兼有。由于贝氏体片之间互成交角，在金相显微镜下常可观察到的“竹叶状”组织。无论是条状的还是片状的下贝氏体铁素体，在其内部总有细微碳化物沉淀。碳化物为渗碳体或ε碳化物，碳化物呈极细的片状或颗粒状，排列成行，约以55°~60°的角度与下贝氏体的长轴相交，并且仅分布在铁素体的内部。

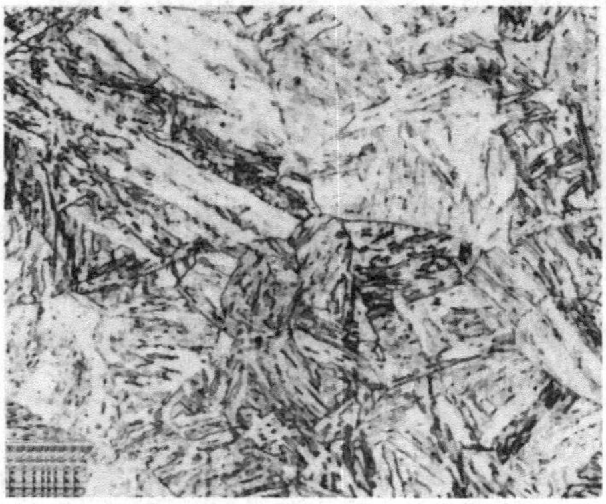

a)

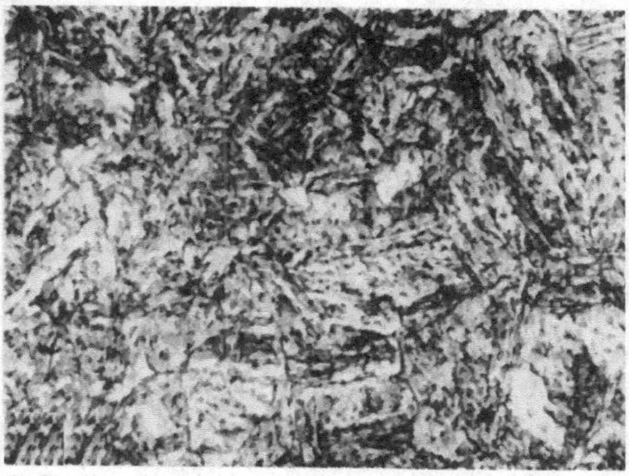

b)

图5-4　低碳钢中下贝氏体形态

a）超低碳　b）Fe-0.15C-3.0Mn

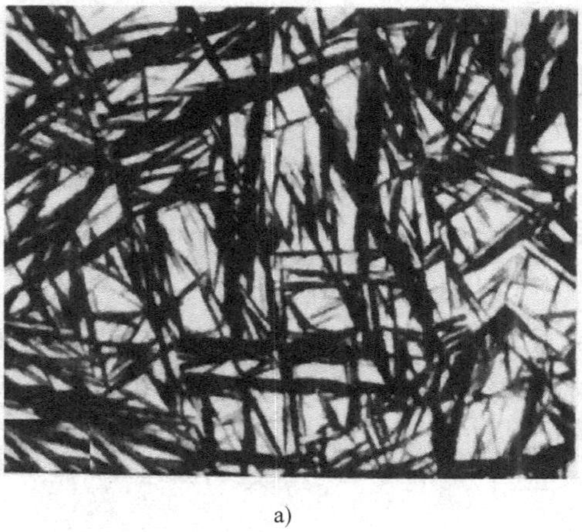

a)

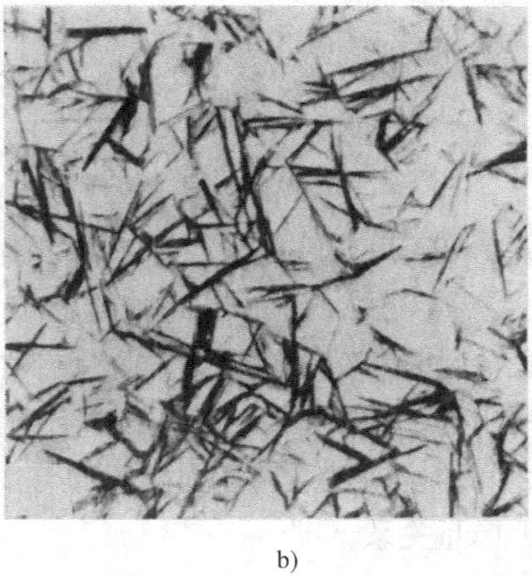

b)

图5-5　中高碳钢下贝氏体形态

a）45钢　b）0.9C-1.3Si-1.1Cr钢

Hehemann用光镜及电镜观察发现，下贝氏体铁素体片与板条也是由亚基元所组成。下贝氏体铁素体中的亚结构为位错，位错密度较高可形成缠结。在下贝氏体铁素体中未发现有孪晶亚结构存在。

下贝氏体铁素体的碳含量远高于平衡碳含量。测定初形成的铁素体的碳含量比较困难，因为铁素体形成后立即可以通过析出碳化物而使碳含量下降，故实际测出的碳含量均较初形成时的碳含量低。

下贝氏体中的碳化物均匀分布在铁素体内。由于碳化物极细，在光镜下无法分辨，故看到的是与回火马氏体极相似的黑色针状组织，但在电镜下可清晰看到碳化物呈短杆状，沿着与铁素体长轴成55°~60°角的方向整齐地排列着，如图5-6所示。

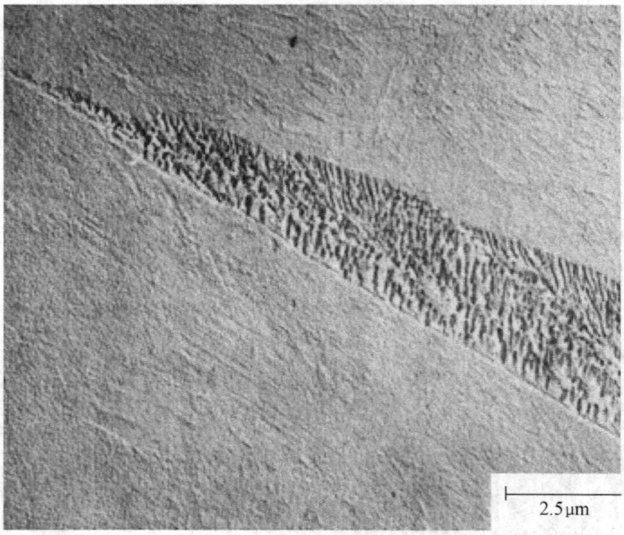

图5-6 60CrNiMo钢在345℃等温形成的下贝氏体的电镜照片

下贝氏体中的碳化物也是渗碳体型的，但形成温度低时，最初形成的是ε碳化物，随时间的延长，ε碳化物将转变为θ碳化物（渗碳体）。在含Si的钢中，由于Si能阻止θ碳化物的析出，故贝氏体转变时主要析出ε碳化物。目前在下贝氏体中还未观察到η碳化物与χ碳化物。

下贝氏体铁素体与θ碳化物之间的位向关系与回火马氏体中的位向关系相近，即

$$(001)_\theta // (112)_\alpha,$$
$$[100]_\theta // [0\bar{1}1]_\alpha,$$
$$[010]_\theta // [1\bar{1}\bar{1}]_\alpha;$$

或

$$(010)_\theta // (1\bar{1}1)_\alpha,$$
$$[103]_\theta // [011]_\alpha。$$

ε碳化物与下贝氏体铁素体之间的位向关系为

$$(0001)_\varepsilon // (011)_\alpha,\ [10\bar{1}1]_\varepsilon // [101]_\alpha$$

由于碳化物与下贝氏体铁素体之间存在一定的位向关系，故一般认为碳化物是从过饱和铁素体中析出的。但Thomas指出，由于铁素体与奥氏体之间存在K-S关系，故可将碳化物与铁素体之间的位向关系转换为碳化物与奥氏体之间的位向关系。转换得出θ碳化物与奥氏体之间为Pitsch关系，即

$$(001)_\theta // (\bar{2}25)_\gamma,\ [010]_\theta // [110]_\gamma,\ [100]_\theta // [5\bar{5}4]_\gamma$$

已知θ碳化物自奥氏体中析出时两者之间保持Pitsch关系，因此，Thomas认为θ碳化物是从奥氏体中析出的。应该指出，转换问题到目前为止还未最后定论，因为每一种位向关系均存在多种空间取向，如K-S关系就有24种，并不是所有的取向经转换后均符合Pitsch关

系，故碳化物究竟自何处析出还不能根据位向转换得出结论。

三、无碳化物贝氏体

当钢中含有一定量的硅或铝时，贝氏体组织由铁素体束及富碳的残留奥氏体组成，在铁素体之间为富碳的奥氏体，在铁素体与奥氏体内均无碳化物析出，故称为无碳化物贝氏体，是贝氏体的一种特殊形态（图 5-7）。在光学显微镜下，难以与一般的上贝氏体区别，只能在透射电子显微镜下予以区别。

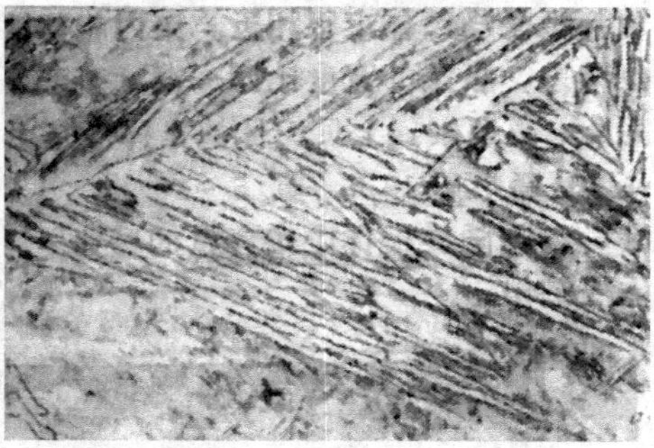

a)

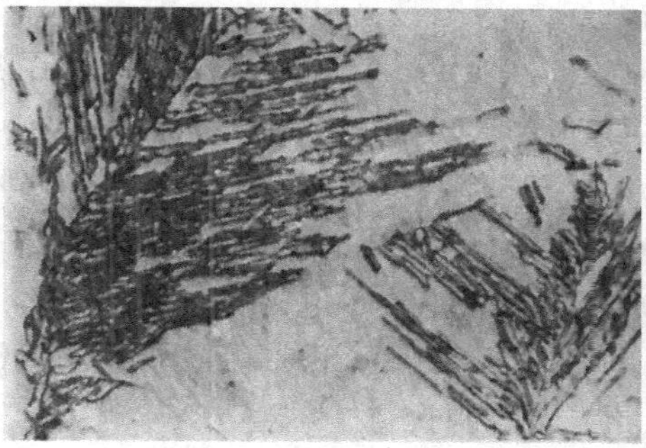

b)

图 5-7 无碳化物贝氏体

a）20CrMo，1150℃→535℃（×800） b）30CrMnSi，900℃→550℃（×1000）

1. 形成温度范围

在贝氏体转变的最高温度范围内形成。

2. 组织形态

主要由大致平行的铁素体束组成。铁素体束在原奥氏体晶界处形核，成束地向一侧晶粒内长大，铁素体束较宽，束之间的距离也较大。随着贝氏体形成温度的降低，铁素体束变窄，束之间的距离也变小，在铁素体束之间分布着富碳的奥氏体。

富碳的奥氏体在随后的等温和冷却过程中还会发生相应的变化，可能转变为珠光体、其他类型的贝氏体或马氏体，也有可能保持奥氏体状态不变。所以说无碳化物贝氏体是不能单独存在的。

四、粒状贝氏体

粒状贝氏体一般是在低碳或中碳合金钢中以一定的速度连续冷却时获得的。如在正火后、热轧空冷后，或在焊缝热影响区中都可发现这种组织，在等温冷却时也可以形成。由于转变是在连续冷却过程中逐渐进行的，故铁素体束很粗大。

1. 形成温度范围

这种贝氏体的形成温度稍高于上贝氏体的形成温度。

2. 组织形态

粒状贝氏体由块状铁素体与富碳奥氏体所组成，其形态为在铁素体基体上分布着小岛状的奥氏体。由于富碳奥氏体区一般呈颗粒状，因而得名。实际上，富碳奥氏体区通常呈小岛状、小河状等，形状很不规则，在铁素体基体中呈不连续平行分布如图 5-8 所示。用透射电镜观察，基体铁素体呈针片状，小岛分布在相邻针片间。形成条形粒状贝氏体时也可在抛光表面引起针状浮凸。电子探针成分分析表明，在粒状贝氏体中铁素体的碳含量很低，接近平衡浓度，而奥氏体区的碳含量则较平均碳浓度高出很多。铁素体与富碳奥氏体区的合金元素含量则与平均浓度相同。这表明粒状贝氏体形成过程中有碳的扩散而合金元素则不扩散。综上所述不难看出，粒状贝氏体与上面讨论的无碳化物贝氏体很相近，只是铁素体量较多已汇合成片，奥氏体呈小岛状分布在铁素体基体中。

富碳奥氏体区在继续冷却过程中，由于冷却条件和过冷奥氏体稳定性不同，可能发生以下三种不同转变：

1）部分或全部分解为铁素体和碳化物。

2）可能通过马氏体相变部分转变为马氏体，这种马氏体中的碳含量甚高，含有精细的孪晶，属于孪晶马氏体。这种马氏体加上残留下来的奥氏体被称为 M-A 组织或 M-A 组成物。

3）可能全部保留下来而成为残留奥氏体。

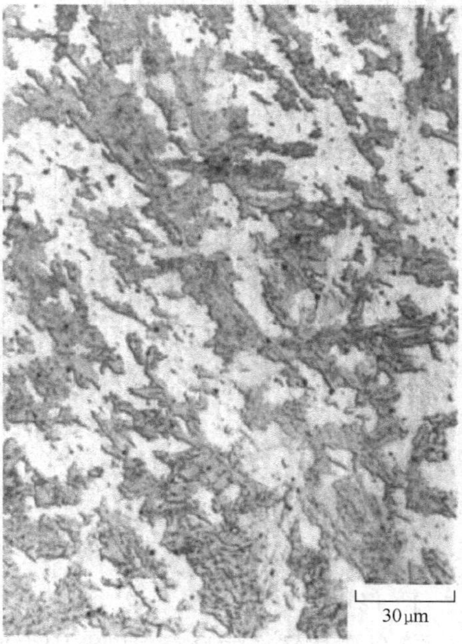

图 5-8 粒状贝氏体

五、反常贝氏体

在某些过共析钢中，渗碳体也可以作为贝氏体形成时的领先相，渗碳体首先在奥氏体晶粒内部形成，并长大成薄片状，随后铁素体在其周围形核长大，并将渗碳体包围，最终形成含有渗碳体中脊的片状形态贝氏体，称之为反常贝氏体，如图 5-9 所示。反常贝氏体形成后，开始正常贝氏体的形核和长大。

六、柱状贝氏体

图 5-9 反常贝氏体

柱状贝氏体通常出现在中碳钢或高碳钢中，一般在下贝氏体形成温度范围内出现。在高压下，柱状贝氏体也可在中碳钢中形成，因为高压会使共析点 S 左移。例如 w_C 为 0.44% 的钢在 2400MPa 下于 288℃ 等温就可形成。

图 5-10 为 1.02C-3.5Mn-0.1V 钢的柱状贝氏体组织，图中基体是马氏体。由光学显微组织（图 5-10a）可以看出，柱状贝氏体中的铁素体呈放射状，其整体形状不规则或呈稍微拉长的柱状，这是柱状贝氏体组织的一个特征。由电子显微组织（图 5-10b）可以看出，柱状贝氏体中的碳化物分布在铁素体内部。单从碳化物分布状态来看，柱状贝氏体与下贝氏体类似。另外，柱状贝氏体形成时不产生表面浮凸。

a)

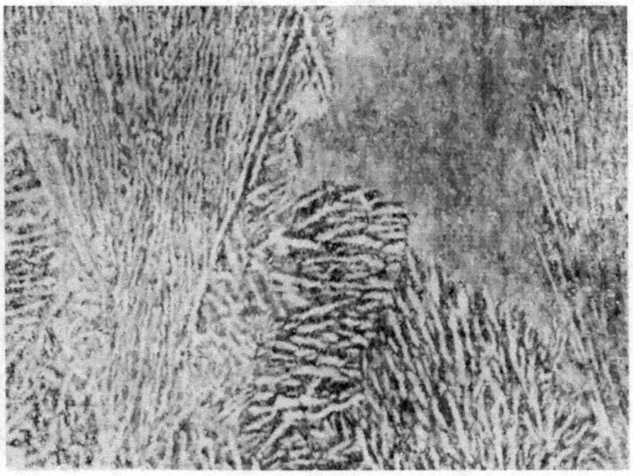

b)

图 5-10 1.02C-3.5Mn-0.1V 钢经 950℃加热，250℃等温 80min 后水淬的柱状贝氏体
a）光学显微组织（×500） b）电子显微组织（×5000）

第三节 贝氏体的形成条件

为使相变能够进行，必须满足热力学条件，即必须有足够的相变驱动力，且在动力学上应有一定的速度。下面将讨论贝氏体转变热力学、动力学及影响因素。

一、贝氏体转变热力学

贝氏体转变遵循固态相变的一般规律，也服从一定的热力学条件。

贝氏体转变是通过形核与长大进行的；转变时铁素体是领先相；转变过程中有碳原子的扩散，转变的驱动力是新旧两相之间的体积自由能差。一般认为，与马氏体转变类似，贝氏体转变时点阵的改组也是通过共格切变方式进行的。相变驱动力即体积自由能差必须能够补偿表面能、弹性应变能以及缺陷能等能量消耗的总和，相变才能发生。

假如贝氏体铁素体确是按马氏体转变机制形成的，则贝氏体形成的上限温度 B_S 应是马氏体转变开始温度 M_S。事实上 B_S 显著高于 M_S，对此可作如下解释：

无论是贝氏体转变还是马氏体转变，自发进行转变的热力学条件都是：自由能总变化值为负。但与马氏体转变不同，贝氏体转变时相变驱动力较大，而弹性应变能较小。相变驱动力的增大是因为贝氏体转变时 C 的扩散降低了贝氏体铁素体的碳含量，使铁素体自由能降低引起的。弹性应变能较小的原因是贝氏体与奥氏体之间的比体积差较小，使由体积变化产生的应变能减小，加之贝氏体形成温度较高和长大速度较小，奥氏体的强度较低，致使奥氏体发生塑性变形和共格界面移动所需克服障碍的能量减小。

二、贝氏体转变动力学

了解贝氏体转变动力学，不仅可以为弄清贝氏体转变机制提供线索，而且可以为制定与贝氏体转变有关的热处理工艺提供依据。

1. 贝氏体转变动力学的特点

（1）贝氏体转变速度比马氏体转变速度慢得多 用高温金相显微镜对 3% Cr 钢在等温下形成的下贝氏体表面浮凸长大速度进行实测时发现，在等温下的贝氏体长大速度，无论是纵向（长度方向），还是横向（宽度方向），都是常数，其中以纵向长大速度快得多（是指在各片表面浮凸发生碰撞之前而言)。实测下贝氏体纵向长大速度约为0.0012cm/min，比马氏体的纵向长大速度要慢很多。为了解释这一现象，人们曾提出许多假设、成长模型以及计算公式。一般认为这是由于贝氏体的长大受碳原子从铁素体中的脱溶所控制。

(2) 贝氏体转变的不完全性　温度降至 B_S 点以下贝氏体才能形成，而且随着等温温度的降低，最大转变量将增加(图5-11)。但有两种情况：一是当等温温度降至某一温度(如图5-11中温度 t_5)，奥氏体可以全部转变为贝氏体，碳钢、中碳Mn钢、中碳Si-Mn钢等就属于这种情况；二是等温温度即使降低到很低的温度，仍然不能完全转变，仍有部分奥氏体残留下来，许多合金钢属于这种情况，这种现象称为“转变不完全性”或“转变的自制”。

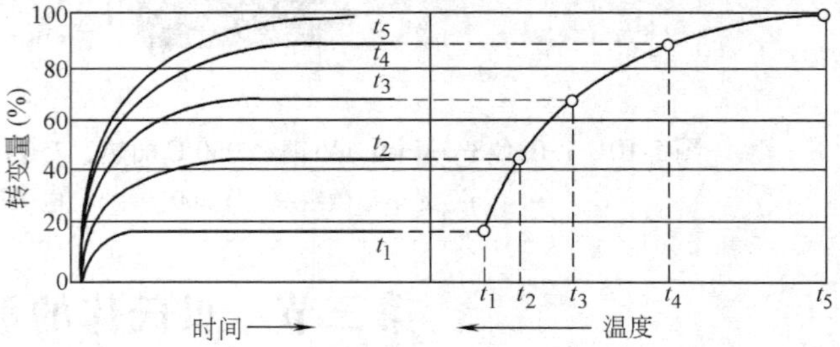

图5-11　贝氏体转变量与等温温度 t 的关系示意图

由于贝氏体转变不完全性而残留下来的奥氏体在继续保温过程中可能发生下列两种情况：

1) 随等温时间延长残留奥氏体一直保持不变。如4340钢通过定量金相分析证明，在510℃下等温，当时间从1h延长到二个多月，贝氏体转变量并没有增加。需要指出的是，这种奥氏体在冷却到室温时可能部分转变为马氏体。

2) 等温温度较高时，残留下来的奥氏体可能转变为珠光体，直至终了获得“贝氏体+珠光体”的混合组织。此时所发生的珠光体转变，一般称为“二次珠光体转变”。在这种情况下，如果需要鉴别这两种组织组成物，可采用金相分析法。与珠光体相比，贝氏体浸蚀得稍浅，且层间距离较大。

(3) 可能与珠光体转变或与马氏体转变重叠　在碳钢和一些合金钢中，在某一等温温度范围之内贝氏体转变可能与珠光体转变发生部分重叠。这可能有两种情况：一是珠光体开始转变在贝氏体转变之前，过冷奥氏体在形成一部分珠光体以后接着转变为贝氏体；二是贝氏体开始转变在珠光体开始转变之前，过冷奥氏体在形成一部分贝氏体以后，接着转变为珠光体。

对于具有较高 M_S 点的钢，当温度在 M_S 点以下时，贝氏体转变与马氏体转变可能发生重叠。当奥氏体急冷至 $M_S \sim M_f$ 温度范围的某一温度并保持恒定以后，奥氏体先有一部分发生马氏体转变，以后其余部分发生贝氏体转变，马氏体转变可以对贝氏体转变产生促进作用。

2. 贝氏体等温形成图

贝氏体等温转变动力学曲线与珠光体等温转变相同，也呈S形，但与珠光体转变不同，贝氏体转变不能进行到底。等温温度越高，越接近 B_S 点，等温转变量越少。根据等温转变动力学曲线也可以作出贝氏体等温转变动力学图。与珠光体转变相同，贝氏体等温转变动力学图也呈C字形(图5-12)。在某一温度以上观察不到贝氏体转变，该温度称为 B_S 点。在 B_S 点以下，随转变温度降低，等温转变速度先增后减，与珠光体转变一样，在等温动力学图中也有一个鼻子(图5-12)。对于碳钢，由于珠光体转变与贝氏体转变的C曲线重叠在一起，故合并成一个C曲线(图5-13)。

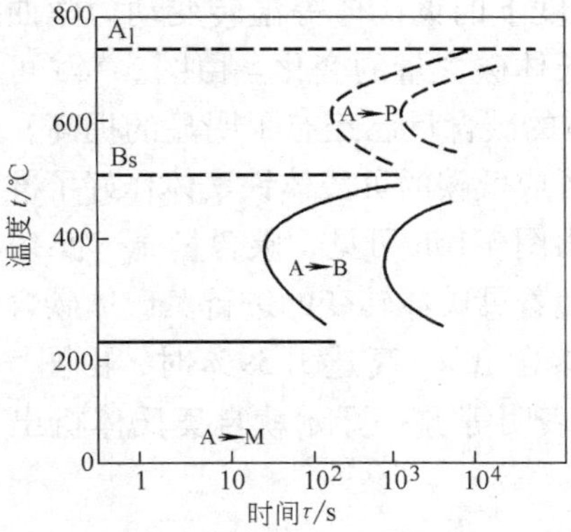

图 5-12　合金钢等温转变动力学图（珠光体转变与贝氏体转变已分离）

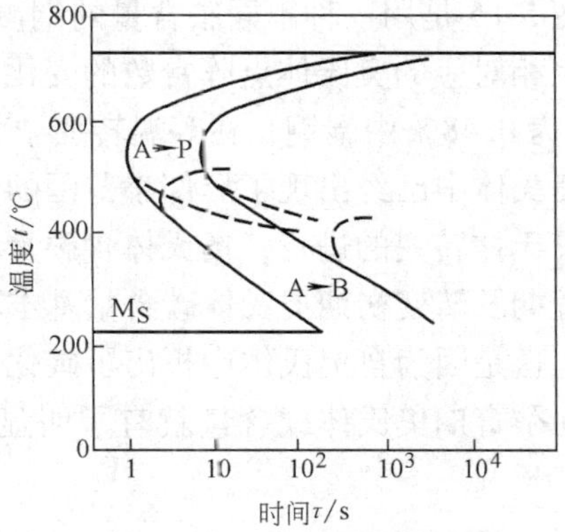

图 5-13　碳钢等温转变动力学图（珠光体转变与贝氏体转变合并成一条 C 曲线）

近年来，由于测试灵敏度的提高，人们发现，贝氏体转变的 C 曲线是由两个独立的 C 曲线合并而成的，即由上贝氏体转变 C 曲线及下贝氏体转变 C 曲线合并而成。图 5-14 是 40CrMnSiMoVA 钢奥氏体等温转变动力学图。图 5-15 是共析钢等温转变动力学示意图。由此可见，上贝氏体与下贝氏体是通过不同机制形成的。

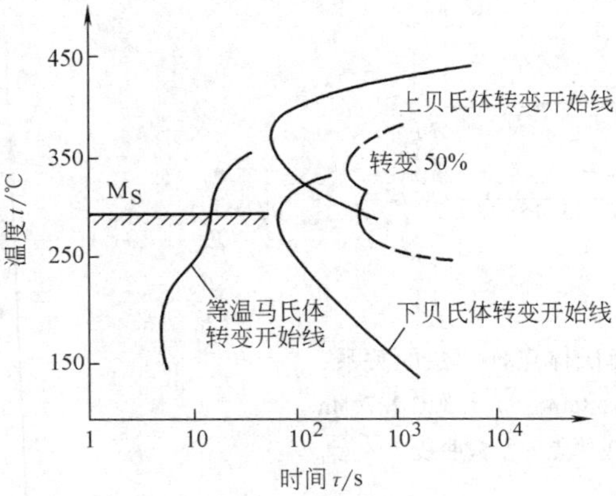

图 5-14　40CrMnSiMoVA 等温转变动力学图

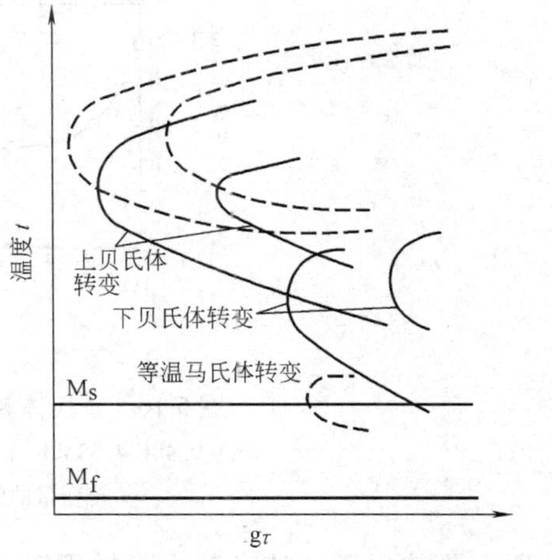

图 5-15　共析碳钢等温转变动力学示意图

三、贝氏体转变时碳的扩散

贝氏体转变是在碳原子还能扩散的中温范围内发生的。与马氏体转变不同，贝氏体转变的进行依赖于碳原子的扩散。由 Fe-Fe_3C 相图可知，为了在奥氏体中形成低碳的铁素体，碳必将向奥氏体富集。当奥氏体的碳含量超过 Fe_3C 在奥氏体中的溶解度 ES 曲线及其延长线时，碳又将以渗碳体形式自奥氏体中析出，而使奥氏体的含碳量下降。由此可见，在贝氏体转变过程中，奥氏体的碳含量有可能升高，也有可能降低，视奥氏体成分及转变温度而定。用实验方法在贝氏体转变过程中测得的奥氏体碳含量的变化证实了上述分析。此外，由于贝氏体铁素体初形成时是过饱和的，而贝氏体转变温度范围又较马氏体转变高，故贝氏体铁素体在形成后必将发生分解，以碳化物形式自贝氏体铁素体析出过饱和的碳而使铁素体的碳含量下降。由此可见，贝氏体转变与碳原子的扩散密切相关。

图 5-16 是用三种不同碳含量的钢测得的某一温度下的贝氏体等温转变动力学曲线，以及与之相对应的奥氏体点阵常数的变化，即表示奥氏体碳含量的变化。由图 5-16a 可见，对于 w_C 为 0.48% 中碳钢，在等温转变孕育期，奥氏体的碳含量已经有了明显的提高，这意味着在奥氏体中已经出现了局部小范围的低碳区，为形成低碳的贝氏体铁素体作好了准备。以后随贝氏体转变的进行，奥氏体含碳量不断升高。由图 5-16b 可见，碳含量 w_C 为 1.18% 时，在孕育期及转变初期奥氏体碳含量基本不变，以后随着贝氏体转变的进行奥氏体碳含量显著下降，这是因为自奥氏体中析出了碳化物所致。当碳含量 w_C 高达 1.39% 时，由图 5-16c 可见，在孕育期奥氏体碳含量就有了明显的下降，这表明等温一开始就自奥氏体析出了碳化物。

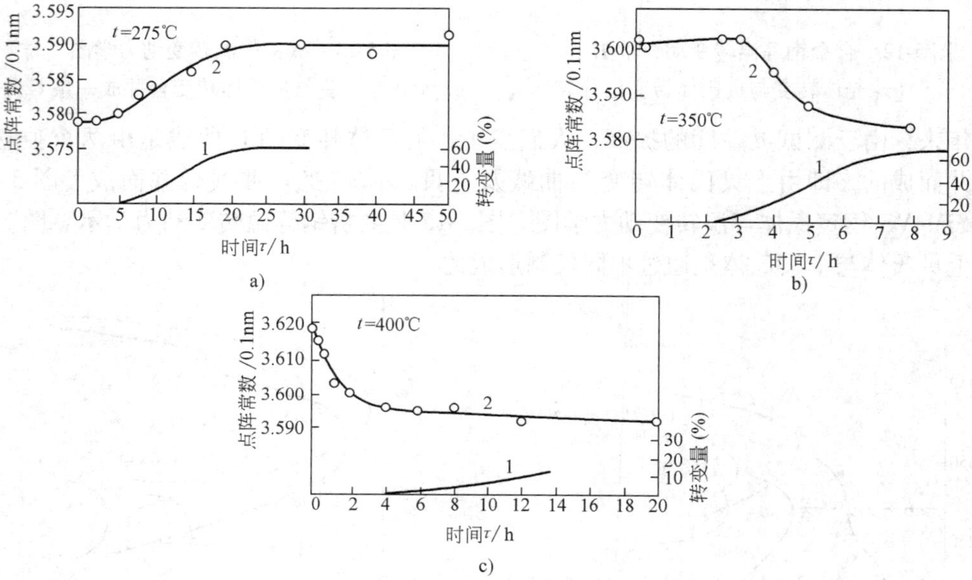

图 5-16　贝氏体转变量与奥氏体点阵常数的关系

a）0.48C-4.33Mn　b）1.18C-3.58Mn　c）1.39C-2.74Mn

1—转变量曲线　2—奥氏体点阵常数曲线

四、影响贝氏体转变动力学的因素

关于这个问题，迄今了解得还很不够，特别是关于多种合金元素的复合影响，由于问题本身以及研究方法的复杂性，了解得更少，在此仅作简单介绍。

1. 碳的影响

随奥氏体中碳含量的增加，贝氏体转变速度下降。这是因为奥氏体中碳含量高，形成贝氏体时需要扩散的碳原子量增加。

2. 合金元素的影响

除了 Co、Al 能加速贝氏体转变以外，其他合金元素如 Mn、Cr、Ni 等都会延缓贝氏体转变，但作用均不如 C 显著。Si 的作用更弱。Mo 对奥氏体分解为珠光体有强烈的抑制作用，但对奥氏体分解为贝氏体却影响甚小，故使过冷奥氏体等温转变图中的珠光体转变部分显著右移，而贝氏体转变部分却和碳钢的相近，结果使钢经奥氏体化后在连续冷却时（如正火后）即可获得贝氏体组织。B 能降低奥氏体的晶界能，抑制先共析铁素体晶核的形成。

所以有人把“w_{Mo}0.5%加微量B”作为低碳贝氏体钢的基本成分，国产低碳贝氏体钢14CrMnMoVB和12MnMoVB钢等大体上也是按照这个思路设计的。

至于多种合金元素的复合影响，尚待进一步研究。一般说来，合金元素由于影响C在奥氏体和铁素体中的扩散速度，从而影响贝氏体的转变速度；同时，合金元素影响了体积（化学）自由能与温度之间的关系，从而提高或降低B_S温度。

合金元素对贝氏体等温转变动力学图的影响如图5-17所示。

3. 奥氏体晶粒大小和奥氏体化温度的影响

一般来说，随奥氏体晶粒增大，贝氏体转变孕育期增长，转变速度减慢。

随奥氏体化温度升高，贝氏体转变速度先降后增。奥氏体化时间对贝氏体转变也有类似影响，即随时间延长贝氏体转变速度先降后增。

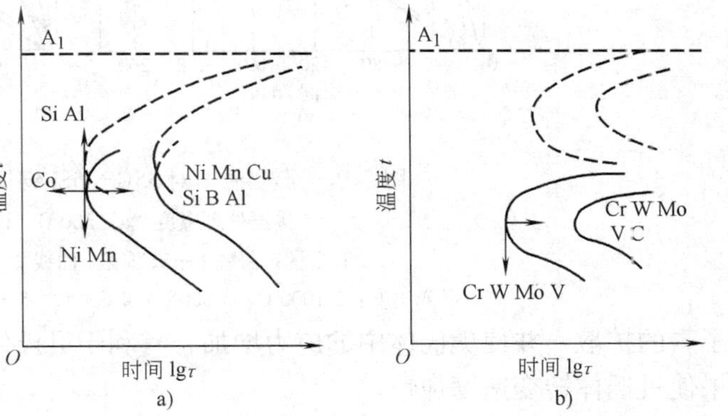

图5-17　合金元素对贝氏体等温转变动力学图的影响
a）非碳化物形成元素　b）碳化物形成元素

4. 应力的影响

拉应力能使贝氏体转变加速。中碳铬镍硅钢的贝氏体转变动力学曲线与拉伸应力的关系如图5-18所示。由图可见，随着拉应力的增加，该钢在300℃下的贝氏体转变速度不断增加，当拉应力超过该钢在同一温度下的屈服强度（245～294MPa）时，速度增加得尤为显著。如果在施加应力3～5min后将应力去除（图中虚线7～8），则转变在开始阶段较快，而后变慢。

5. 塑性形变的影响

试验证明塑性形变对贝氏体转变的影响较为复杂。形变程度和形变温度都有影响，其中以形变温度的影响为最大。形变温度的影响可以分为两种不同的情况：

1）在较高温度（1000～800℃）范围内对奥氏体进行塑性形变，将使奥氏体向贝氏体转变的孕育期增长，转变速度减慢，转变的不完全程度增加。

2）在较低温度（350～300℃）范围内对奥氏体进行塑性形变，则结果正好与上述相反，如图5-19所示。

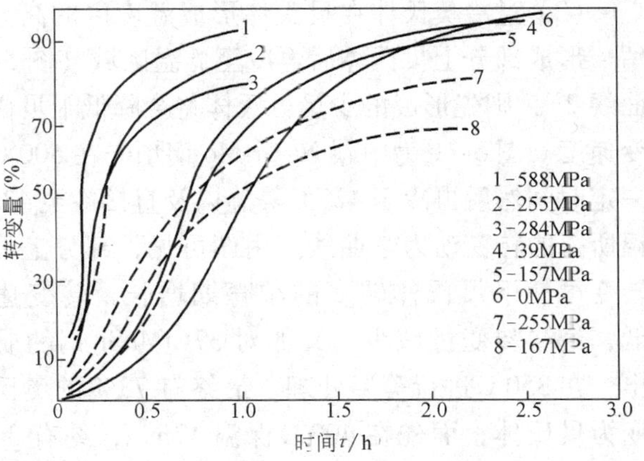

图5-18　0.37C-1.81Cr-4.77Ni-1.25Si钢在300℃贝氏体转变与拉应力的关系

在1000～800℃高温形变时可能发生两种相反的作用，一方面形变使奥氏体中的晶体缺陷密度增加，有利于Fe原子的扩散；另一方面，奥氏体在形变后会产生多边化亚结构，这种亚结构对贝氏体中铁素体的共格成长是不利的，从而使贝氏体转变速度减慢。后一种作用为主时，通过抑制贝氏体转变来提高钢淬透性。

在350～300℃范围内对奥氏体进行塑性形变，使奥氏体中的晶体缺陷密度更大，促进

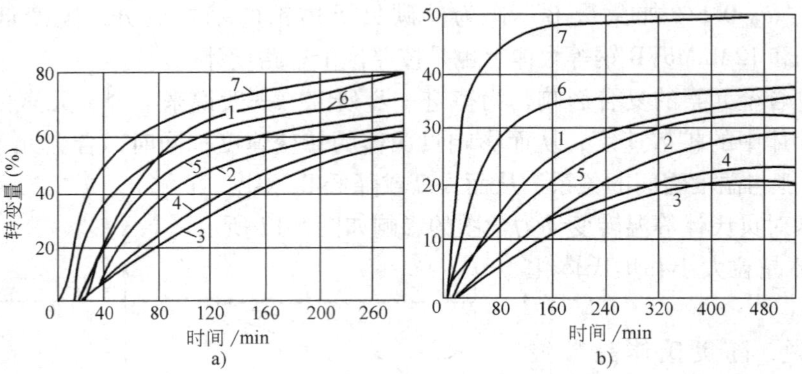

图 5-19 形变温度对 35CrNi5Si 钢贝氏体转变的影响

等温处理温度：a）300℃ b）350℃

形变量：曲线 1—未形变 曲线 2～7—形变 30%

形变温度：2-1000℃ 3-800℃ 4-600℃ 5-500℃ 6-350℃ 7-300℃

了碳的扩散，并使奥氏体中的应力增加，有利于贝氏体铁素体按马氏体型转变机理形成，结果使贝氏体转变速度加快。

6. 冷却时在不同温度下停留的影响

研究这一问题具有一定的实际意义，因为可以借此了解在各温度下停留时各种相变的动力学之间的相互影响，并可以为探索热处理新工艺提供线索。

（1）过冷奥氏体在珠光体-贝氏体之间的亚稳区域进行等温停留 会加速随后的贝氏体形成速度（图 5-20 中曲线 1）。这可能是由于在等温停留过程中自奥氏体中析出了碳化物，降低了奥氏体稳定性。如高速钢 W18Cr4V 在 500℃保温一定时间后，由于析出了碳化物，降低了奥氏体中的碳含量，故使随后的贝氏体转变加快。

（2）过冷奥氏体在贝氏体形成温度区的高温区停留 形成部分上贝氏体后再冷至低温区域（图 5-20 中曲线 2），则先形成的少量贝氏体将会降低下贝氏体转变速度。图 5-21 为中碳 Ni-Cr-Mo 钢预先在 500℃停留一定时间然后再冷至 425℃等温以及直接冷至 425℃等温所得的转变动力学曲线。由图可见，部分上贝氏体转变可使下贝氏体转变的孕育期增长，转变速度降低，最终转变量减少。又如对 37CrMnSi 钢的研究指出，在 350℃进行等温处理，最终有 73% 的奥氏体转变为贝氏体；而先在 400℃保温 17min，约有 36% 的奥氏体发生转变，然后降至 350℃ 等温，最终只有 65% 的奥氏体转变为贝氏体。这可能是一种奥氏体稳定化现象，原因还不太清楚。

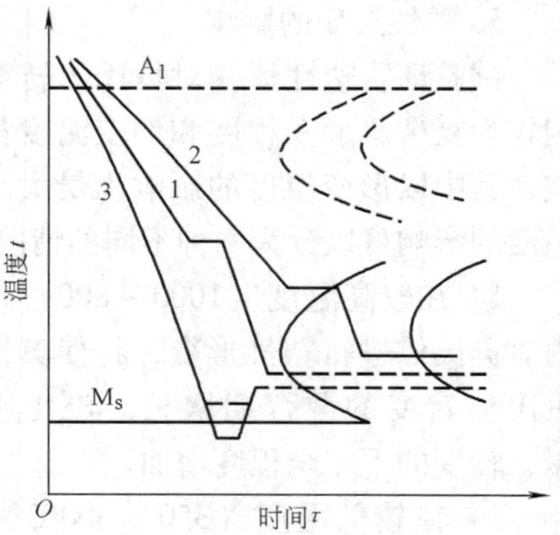

图 5-20 冷却时在不同温度停留的三种不同情况

根据这一现象，在进行等温淬火时，应严格控制等温淬火槽中盐浴的温度。当工件淬入后，等温淬火槽中盐浴的温度不应升得过高，否则残留奥氏体的数量将增加。

（3）先冷至低温停留形成少量马氏体或下贝氏体，然后再升至较高温度 先形成的马氏体及少量贝氏体可以使随后的贝氏体转变速度加快（图 5-20 中曲线 3）。如 GCr15 钢中有部分马氏体存在时将使以后 450℃ 的贝氏体转变的速度提高 15 倍，而先在 300℃ 短时停留，形成少量下贝氏体后，也可使 450℃ 的贝氏体转变速度增加 6～7 倍。

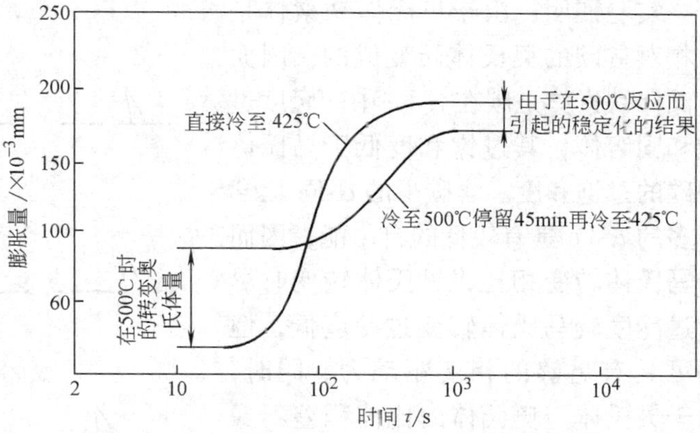

图 5-21　中碳 Ni-Cr-Mo 钢部分上贝氏体转变对下贝氏体转变的影响

五、钢中贝氏体组织的获得

为了获得贝氏体组织，一般可将经奥氏体化的钢淬入温度稍高于 M_S 点的盐浴或碱浴中，停留一定时间以获得下贝氏体组织，然后取出空冷却。这种热处理操作被称为贝氏体等温淬火。经等温淬火的零件具有良好的综合力学性能，淬火应力小，适用于形状复杂及要求较高的小型件。

某些贝氏体钢还可通过连续冷却（空冷）获得贝氏体组织。在低碳低合金钢的焊缝组织中经常能获得粒状贝氏体。

第四节　贝氏体的转变机制

关于贝氏体转变机理，目前学术界尚无统一观点。一般认为，钢中贝氏体转变是有碳原子扩散的共格切变，即贝氏体形成时，由于温度较低铁和合金元素不能扩散，只有碳原子能扩散，贝氏体中的铁素体是通过奥氏体的共格切变实现点阵改组，碳化物的形成则依靠碳原子的扩散来达到。贝氏体转变过程可用图 5-22 来描述。

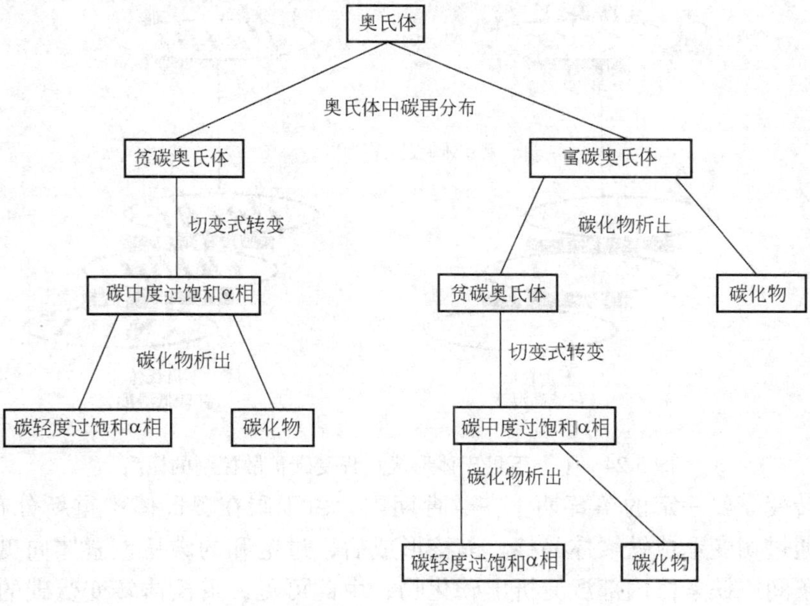

图 5-22　贝氏体转变过程示意图

实验证明，由于贝氏体铁素体是由相对贫碳的奥氏体转变成的，因而贝氏体铁素体是碳在α-Fe中的轻度过饱和固溶体，其过饱和度低于马氏体中碳的过饱和度。含碳少的α-Fe比含碳多的α-Fe具有较低的自由能，因而与马氏体转变相比，贝氏体转变时尽管过冷度较马氏体转变过冷度低，但仍可具有足够的相变驱动力。同时，由于贝氏体与奥氏体的比体积差不像马氏体与奥氏体之间那样大，故贝氏体转变时的弹性应变能较小，加之贝氏体转变的温度较高，奥氏体的强度较低，实现共格切变所需克服的阻力较小，因此，即使贝氏体转变的温度高于 M_S 点，也可以发生共格切变。

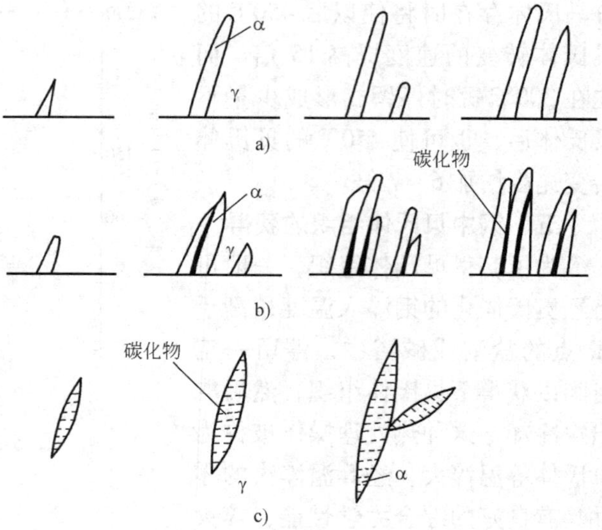

图 5-23 贝氏体形成机制示意图
a）无碳化物贝氏体 b）上贝氏体 c）下贝氏体

贝氏体转变也是形核和长大的过程。无碳化物贝氏体、上贝氏体、下贝氏体的形成过程如图5-23所示。

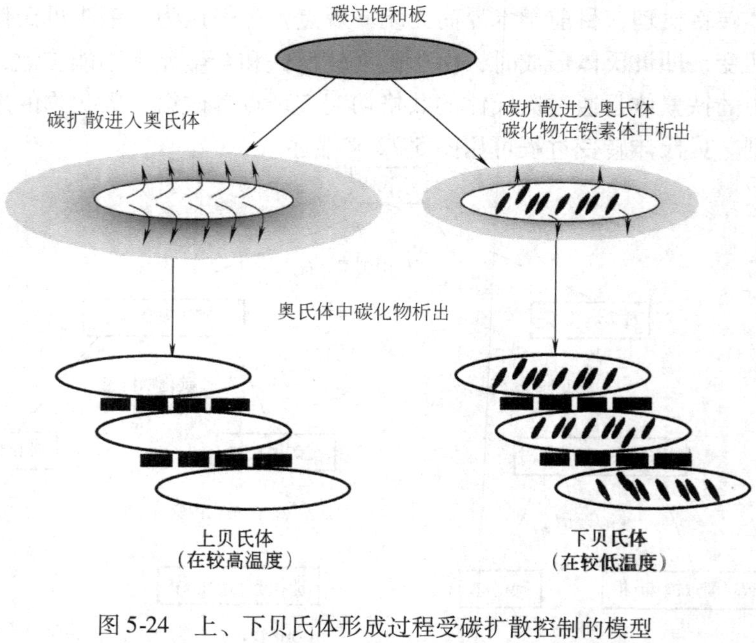

图 5-24 上、下贝氏体形成过程受碳扩散控制的模型

贝氏体转变需要一定的孕育期。在孕育期内，由于碳在奥氏体中重新分布出现了贫碳区，贫碳区通过切变形成铁素体晶核。晶核形成后，过饱和的碳从铁素体向奥氏体中扩散，并于铁素体条间或铁素体内部沉淀析出碳化物，由此可见，贝氏体转变受碳的扩散所控制。图5-24是上、下贝氏体形成过程受碳扩散控制的模型。

一、无碳化物贝氏体转变机制

形成温度较高时，碳不仅可在铁素体中扩散，而且在进入奥氏体后在奥氏体中迅速扩散，使碳原子在奥氏体中均匀分布，不出现高碳区，故无碳化物析出，从而形成无碳化物贝氏体。这时由于转变温度较高，过冷度小，新相与母相之间的自由能差小，故形成的贝氏体铁素体量较少，铁素体束也就长得较宽，条间距亦较大。存在于束间的奥氏体在随后的冷却过程中，依其稳定性和冷速的差异，既可能部分转变为马氏体，亦可能转变为其他奥氏体分解产物。

二、上贝氏体转变机制

转变温度稍低时，碳虽仍可在铁素体中充分扩散，但碳在奥氏体中的扩散却不能充分进行。此时由于过冷度较大，相变驱动力增大，形成的铁素体量增多，铁素体束较密，由铁素体扩散进入奥氏体的碳不能充分扩散，在奥氏体中将出现高碳区，当碳浓度足够高时将以粒状或短杆状碳化物从奥氏体析出，从而得到羽毛状上贝氏体。随转变温度的下降，贝氏体铁素体量增多，束和亚基元均趋窄；随着碳的扩散系数的减小，碳化物亦趋细。

三、下贝氏体转变机制

转变温度继续降低，碳不仅在奥氏体中的扩散难以进行，在铁素体中的扩散亦受到限制。

随转变温度降低，转变驱动力增加，转变所得贝氏体铁素体的碳过饱和度也增加。此时碳在铁素体中尚能作短程扩散，并在一定的晶面上偏聚，进而在贝氏体铁素体内以碳化物的形式析出，从而形成在片状铁素体基体上析出与主轴呈一定交角排列碳化物的下贝氏体。转变温度越低，铁素体的过饱和度越高，形成的碳化物的弥散度也越高。

四、粒状贝氏体转变机制

可以认为某些低合金钢中出现的粒状贝氏体是由无碳化物贝氏体演变而来的。当无碳化物贝氏体的条状铁素体长大到彼此汇合时，剩下的岛状富碳奥氏体便为铁素体所包围，沿铁素体条间呈条状断续分布。因钢的碳含量低，岛状奥氏体中的碳含量不至于过高而析出碳化物，这样就形成粒状贝氏体。如果延长等温时间或进一步降低温度，则岛状富碳奥氏体将有可能分解为珠光体或转变为马氏体，也有可能保留到室温。

第五节 贝氏体转变产物的力学性能

贝氏体转变产物的性能取决于贝氏体的形态、尺寸大小和分布，以及贝氏体与其他组织的相对量等。由于铁素体和渗碳体是贝氏体中最主要的组成相，且铁素体又是基本相，因此铁素体的强度是贝氏体强度的基础。

一、贝氏体的强度与硬度

贝氏体的强度随形成温度的降低而提高，如图 5-25 所示。贝氏体的硬度与形成温度的关系与此相似。

影响贝氏体强度的因素有：

(1) 贝氏体铁素体的粗细 铁素体亚基元越细，晶界越多，强度越高；符合 Hall-Petch 公式，因此，形成温度越低，强度越高。

(2) 碳化物颗粒大小与分布 根据弥散强化理论，碳化物颗粒越小，分布越弥散，贝氏体强度越高。下贝氏体中碳化物颗粒小，颗粒量多，故下贝氏体强度高于上贝氏体。贝氏体形成温度越低时，碳化物颗粒越小、量越多，强度也越高。

（3）铁素体过饱和度及位错密度　转变温度越低，铁素体的碳过饱和度越高，位错密度也越高，强度也越高。

总之，贝氏体形成温度越低，强度越高。

二、贝氏体的韧性

1. 贝氏体的冲击韧性和脆性转变温度

研究表明，下贝氏体的冲击韧性优于上贝氏体，且下贝氏体的韧脆转变温度亦明显低于上贝氏体，如图5-26所示。由图可见，随着上贝氏体抗拉强度的升高，韧脆转变温度明显上升，而在形成下贝氏体时，其韧脆转化温度突然下降，以后随抗拉强度的升高，韧脆转变温度又有所升高。

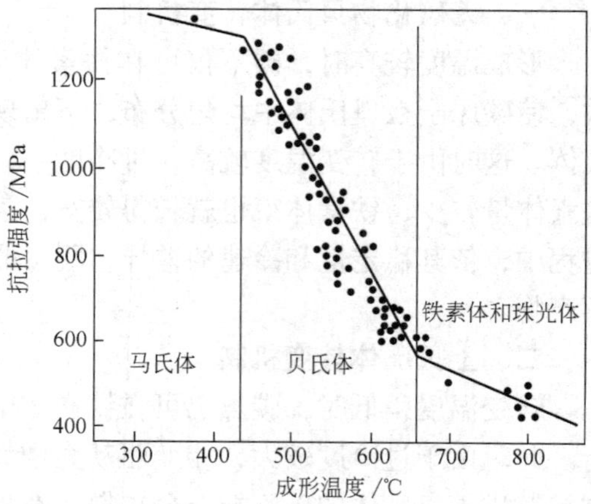

图5-25　贝氏体抗拉强度与形成温度的关系

上贝氏体的冲击韧性低于下贝氏体的原因有：

1）脆性Fe_3C分布于铁素体条间，造成脆性通道。

2）上贝氏体由彼此平行的铁素体条构成，好似一个晶粒，而下贝氏体铁素体片彼此位向差很大，故每一片贝氏体铁素体片均能起分割晶粒的作用，将原奥氏体晶粒分割成小晶粒，所以下贝氏体的有效晶粒直径远远小于上贝氏体。

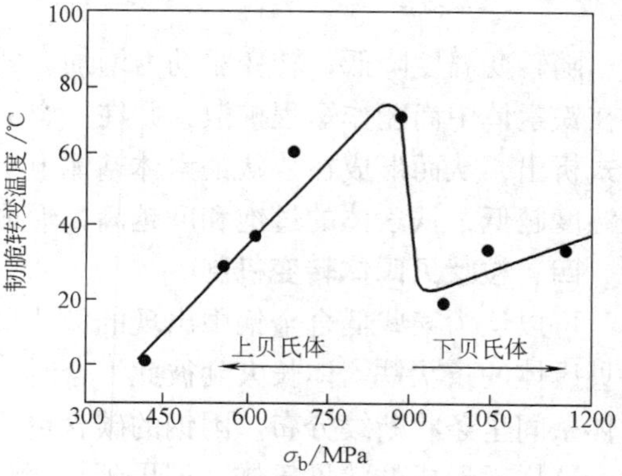

图5-26　贝氏体的韧脆转变温度与σ_b的关系

（w_C为0.1%～0.5%的0.5Mo-B钢）

2. 影响冲击韧性的因素

（1）铁素体亚基元及其束的尺寸　一般情况下，亚基元厚度增加，铁素体束的直径亦增加，而铁素体束大小对韧脆转变温度的影响则主要表现在对断裂解理小平面的影响上。由于相邻铁素体束的位向差较大，裂纹的扩展容易受阻于束界。故解理小平面的直径随铁素体束直径的增大而增大，从而导致韧脆转变温度的升高。又由于上贝氏体铁素体束直径大于下贝氏体的，故其韧脆转变温度较高，这对冲击韧性是不利的。

（2）碳化物的形态及其分布　由于上贝氏体中的碳化物分布在铁素体板条之间，呈线状，且其粒子又较为粗大，故在碳化物与铁素体的界面处易于萌生微裂纹并迅速传播。而下贝氏体的碳化物分布在铁素体内，且粒子极为细小，不易产生裂纹；一旦出现解理裂纹，又为大量碳化物及高密度位错所阻止，从而具有较高的冲击韧性和较低的韧脆转化温度。

（3）奥氏体晶粒度　对于上贝氏体，奥氏体晶粒的细化将有助于韧性的提高；而下贝氏体铁素体的尺寸较小，奥氏体晶粒的细化对下贝氏体韧性的贡献则不太明显。

3. 贝氏体和马氏体回火组织的冲击韧性

在较高强度水平的情况下，强度相同时下贝氏体的韧性往往高于淬火+回火钢，其韧脆转变温度也常高于后者。

在强度相同的条件下，低碳钢贝氏体组织的冲击韧性稍低于回火后板条马氏体的冲击韧性；而在高碳钢中，下贝氏体的冲击韧性则高于回火孪晶马氏体。

在工业上，常常通过控制等温转变过程，获得适当数量的贝氏体加马氏体的复合组织，以获得良好的强韧性。

三、贝氏体的抗疲劳性能和耐磨性能

同一种钢在要求热处理后硬度相同时，选用等温淬火获得的贝氏体组织较淬火回火组织具有更高的疲劳性能，这是因为贝氏体较其他组织具有最佳的强韧性配合，疲劳裂纹的产生和扩展都较困难所致；此外，在重载和大的冲击载荷工作条件下，应首选贝氏体作为使用组织，因为抗冲击耐磨损性能亦以强韧性配合较佳的组织为最好。

第六节　贝氏体组织的应用

一、贝氏体钢

贝氏体转变所得的贝氏体组织具有非常好的综合力学性能。国内外学者根据贝氏体相变理论设计了多种成分以及相关工艺，生产出不同系列、通过连续冷却就能得到贝氏体组织的贝氏体钢。由于贝氏体钢在应用中可将热加工成形工序与热处理工序合并，省去淬火工序，不仅节约能源，简化工艺，提高生产效率，而且可以避免淬火引起的变形、开裂以及淬火加热时的氧化、脱碳等热处理缺陷，故贝氏体钢一出现，就很快受到欢迎，大大推动了贝氏体相变理论在生产上的应用。

20 世纪 50 年代，在系统研究合金元素对过冷奥氏体转变动力学的影响，以及贝氏体转变温度与形态和性能之间的关系的基础上，人们首先开发出在正火状态便可获得贝氏体组织的 Mo-B 及 Mo 系贝氏体钢。贝氏体钢的出现受到世人的重视，但由于 Mo 原料价格昂贵，同时 Mo-B 钢起始转变温度较高，产品强韧性差，为降低此温度，还必须将 Mo-B 钢复合金化，从而进一步增加了钢的成本，因此在应用上受到一些限制。

根据 Mn 能使过冷奥氏体等温转变 C 曲线上、下两部分的分离，以及 Mn 与 B 结合能使高温转变孕育期明显大于中温转变的特点，我国成功地开发出廉价的 Mn-B 系空冷贝氏体钢。在中温区，适量的 Mn 可以在奥氏体晶界处富集，显著降低贝氏体相变驱动力，使贝氏体相变温度降低，细化贝氏体组织尺寸，改善韧性和强度。随着对贝氏体钢强韧性研究的深入，逐步形成了 Mn-B 系低碳、中低碳、中碳和高碳的系列贝氏体钢。

超低碳贝氏体钢（ULCB）是近 20 年来国际上发展起来的一大类高强度、高韧性、多用途新型钢种，被国际上誉为 21 世纪钢种。这类钢的成分设计改变了原有高强度低合金钢的设计思路。大幅度降低了钢中的碳含量（一般碳含量 w_C 均小于 0.05%），这样彻底消除了碳对贝氏体韧性的影响，得到极细的含有高位错密度的贝氏体基体组织。这时钢的强度不再依靠碳的强化，而主要是依靠晶粒细化强化，位错及亚结构强化，Nb、Ti、V 微合金化强化以及 ε-Cu 沉淀强化，从而使钢的强韧性得到很好匹配，尤其是具有优良的野外焊接性能和抗氢致开裂能力，现已广泛用于油气管线、工程机械、重型汽车、集装箱、造船、桥梁、海军舰艇、压力容器等诸多领域。

二、奥/贝复合强韧化——贝氏体球墨铸铁

20世纪70年代末期，出现了通过等温淬火获得贝氏体+奥氏体复合组织的贝氏体球墨铸铁。这种铸铁的性能优异，在伸长率相同的情况下，贝氏体球墨铸铁的 σ_b 是普通（珠光体—铁素体型）球墨铸铁的两倍，弯曲疲劳强度与合金锻钢相当，冲击韧性比普通球墨铸铁高数倍，因此，已广泛用于生产凸轮轴、曲轴、齿轮、拖拉机配件、火车车轮等。贝氏体球墨铸铁主要分为两大类：一类是以奥氏体+贝氏体为基体组织的贝氏体球墨铸铁，称为奥贝球墨铸铁，简称ADI。这种材料具有较高的强度，同时具有一定的耐磨性。另一类是以贝氏体+少量碳化物为基体组织的贝氏体球墨铸铁，称为贝氏体球墨铸铁，简称BDI。这种材料具有很好的耐磨性，同时具有一定的强度和韧性。目前，生产贝氏体球墨铸铁的方法已由过去的等温淬火发展到连续冷却淬火和合金化铸态等多种方法。

三、马/贝复合强韧化

对 $w_C<0.15\%$ 的低碳低合金钢的研究结果表明，屈服强度相同时，马氏体+（10~20)%下贝氏体复相组织的韧脆转变温度比回火马氏体和回火贝氏体都低。这是由于10%~20%下贝氏体的存在分割了原奥氏体晶粒，使淬火组织得到细化，在断裂过程中裂纹不断曲折转向，吸收更多的能量，从而提高韧性。进一步工作表明，在中碳合金钢中将等温处理获得的下贝氏体/马氏体复相组织再进行低温回火后，具有优于马氏体或下贝氏体单相组织的强韧性。在中高碳低合金钢中，当低温回火马氏体中存在少量下贝氏体时，韧性 K_{IC} 和 A_K 大幅度上升，塑性和疲劳性能显著改善。这种复相组织经中温回火后，$\sigma_{0.2}$ 下降极少，韧性明显上升，获得优良的强韧配合。

四、减小变形开裂

在上世纪30年代已经注意到等温淬火可以减少工件的淬火应力及变形。迄今，等温淬火仍然是一种重要的热处理工艺。例如，对于一些淬透性低的碳钢和低合金钢零件，只要零件尺寸不大，也可以采用等温淬火。对于尺寸较大、精度要求高的工模具，也经常采用等温淬火。

复习思考题

1. 简述贝氏体转变的主要特征。
2. 钢中贝氏体组织有哪几种主要形态？其特征及各自形成条件如何？
3. 简述贝氏体形成热力学，并解释上贝氏体和下贝氏体的形态特征。
4. 说明影响贝氏体力学性能的主要因素。
5. 试述贝氏体转变动力学特点。影响贝氏体转变动力学的因素有哪些？
6. 造成上贝氏体与下贝氏体韧性差别的主要因素是什么？
7. 贝氏体铁素体与珠光体铁素体有何差异？
8. 如何区别片状马氏体与下贝氏体组织？
9. 试述贝氏体的转变机理？

第六章　钢的过冷奥氏体转变图

从以上各章可以看到，由于转变温度不同，过冷奥氏体可以通过不同机制进行转变而获得完全不同的组织。在较高的温度范围内，过冷奥氏体可以通过珠光体转变机制转变为珠光体；在中温范围内，过冷奥氏体可以通过贝氏体转变机制转变为贝氏体；而在低温范围内，过冷奥氏体将通过马氏体转变机制转变为马氏体。对于亚共析钢和过共析钢来说，在高温范围内还可能出现先共析转变，析出先共析铁素体或先共析渗碳体。

上述三种不同的转变虽然是因温度的下降而依次出现，但转变温度范围并不是截然分开，而是相互重叠的。贝氏体转变的上限温度 B_S 并不是珠光体转变的下限温度。同样，马氏体转变的上限温度 M_S 也不是贝氏体转变的下限温度。

虽然转变类型主要取决于温度，但是转变速度或程度又往往与时间相关。就是说，成分一定的过冷奥氏体的转变是一个与温度和时间（或冷却速度）相关的过程，通常可以用表征转变程度与温度、时间之间关系的过冷奥氏体转变图予以表示。

本章将讨论在低于 A_1 点的各种温度下等温保持或以不同速度连续冷却时过冷奥氏体的转变规律，以及在制定热处理工艺、合理选用钢材中的应用。

第一节　过冷奥氏体等温转变图

在生产中，过冷奥氏体大多是在连续冷却过程中一个温度范围内发生转变的，而且几种转变可能重叠出现，情况比较复杂。为此，这里首先讨论比较简单的过冷奥氏体的等温转变。

一、过冷奥氏体等温转变图的建立

将奥氏体迅速冷却到临界温度以下的某一温度，并在此温度下等温，在等温过程中所发生的相变称为过冷奥氏体等温转变。过冷奥氏体等温转变图可综合反映过冷奥氏体在不同过冷度下的等温转变过程：转变开始和终了时间、转变产物的类型以及转变量与温度和时间的关系等。由于等温转变图通常呈“C”形状，所以又俗称为C曲线，亦称为TTT图。

可以采用金相、膨胀、磁性、电阻和热分析等方法测定等温转变图。下面简要介绍用金相法测定等温转变图的方法。

将试样（$\phi 10 \sim 15 \times 1.5$mm）放入浴炉中加热保温一段时间（通常为10～15min），在获得均匀的奥氏体组织后自浴炉取出，迅速淬入恒温盐浴槽（或金属浴），等温保持一定时间后取出淬入盐水中，使尚未转变的奥氏体转变成马氏体。磨制成金相试样，用光学显微镜确定在给定温度下保持一定时间后转变所得产物的类型和转变量。绘出转变量与时间的关系曲线，即等温转变动力学曲线，如图6-1a所示。由图可见，转变前有孕育期，转变开始后转变速度逐渐加快，当转变量达50%左右时转变速度最大，以后逐渐降低，直至转变终了。

将不同温度下的等温转变开始时间和终了时间绘制在温度-时间半对数坐标系中，并将不同温度下的转变开始点和转变终了点分别连接成曲线，则可得到如图6-1b所示的过冷奥氏体等温转变图。图中 *ABCD* 线代表不同温度下的转变开始（通常取转变量为2%左右）时间，而

EFGH 线和 *JK*、*LM* 线分别表示发生 50% 和 100%（实际上常为 98% 左右）转变的时间。

也可用金相法确定 M_S 和 M_f 温度，但方法十分繁杂，已很少被采用。目前多采用膨胀或磁性等物理方法来测定 M_S 和 M_f 温度。

图 6-2 为一典型的 C 曲线图。通常还在图中标出临界点 Ac_1 和 Ac_3，各个相区（如 A-奥氏体，F-铁素体，P-珠光体，B-贝氏体），转变产物的硬度（圆圈内数值为 HRC，其中 190 和 240 为 HB）和 M_S、M_f 点等，有时也给出各类组织所占的百分数。如过冷奥氏体于 650℃ 等温时，保持 5s 左右开始析出铁素体，约经 12s 形成 30% 铁素体后开始珠光体转变，约经 105s 后 70% 未转变的过冷奥氏体全部转变为珠光体。

图 6-1b 中的等温转变曲线可以看成是由两个“C”形曲线组成的，第一个“C”曲线与珠光体形成相对应，第二个“C”曲线与贝氏体形成相对应。曲线中两个凸出部分称为珠光体和贝氏体转变曲线的“鼻子”，分别对应着珠光体和贝氏体转变孕育期最短的温度。在两个曲线相重叠的区域（如图 6-2 的 550℃）内等温时可以得到珠光体和贝氏体混合组织。在珠光体区内，随着等温温度的下降，珠光体片层间距减小，珠光体组织

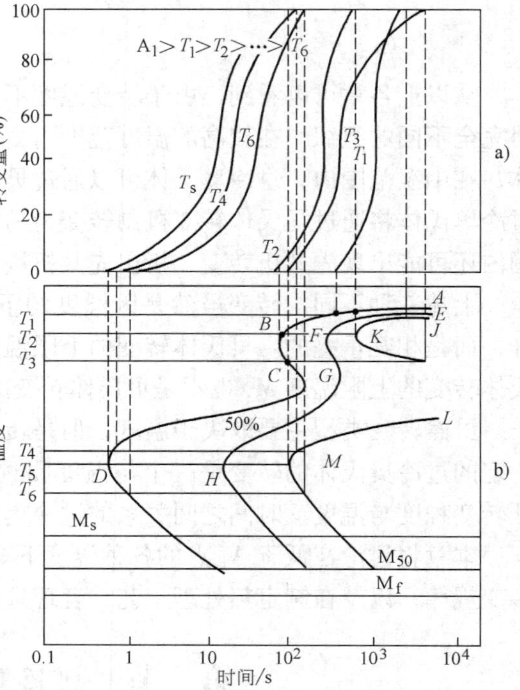

图 6-1 过冷奥氏体等温转变图的建立

a）不同温度下的等温转变动力学曲线

b）过冷奥氏体等温转变图

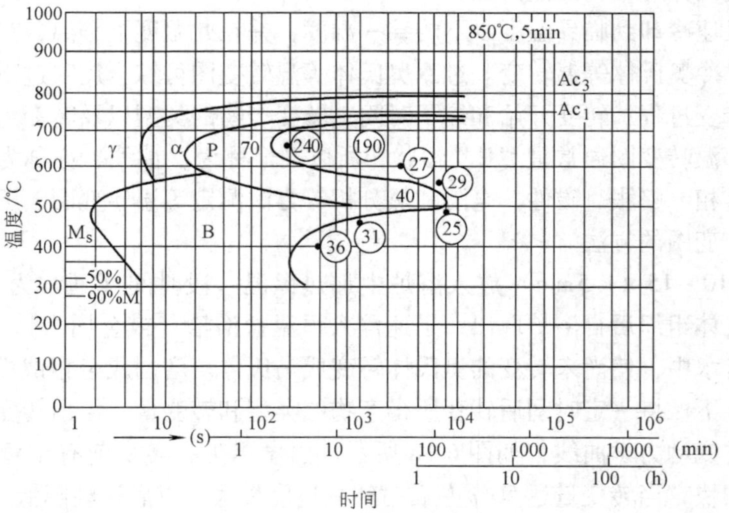

图 6-2 中碳 Cr-Ni 钢（w_C0.35%，w_{Cr}1.11%，w_{Ni}0.23%，w_{Si}0.23%，w_{Mn}0.65%，w_{Cu}0.18%，w_P0.026%，w_S0.013%）的 C 曲线图

变细。在贝氏体较高温度区等温时，获得上贝氏体，在较低温度区等温时，获得下贝氏体。

对 M_S 点较高的钢，贝氏体等温转变曲线可延伸到 M_S 线以下，即贝氏体与马氏体转变重叠。这时如果在稍低于 M_S 温度等温，则在形成少量马氏体后继而形成贝氏体。

共析碳钢的 C 曲线呈简单的“C”字形，实际上是由两个邻近的 C 曲线合并而成，如图 6-3 所示。在鼻尖以上温度（>550℃）等温时形成珠光体；在鼻尖以下温度等温时，形成贝氏体。

二、奥氏体等温转变图的基本类型及影响因素

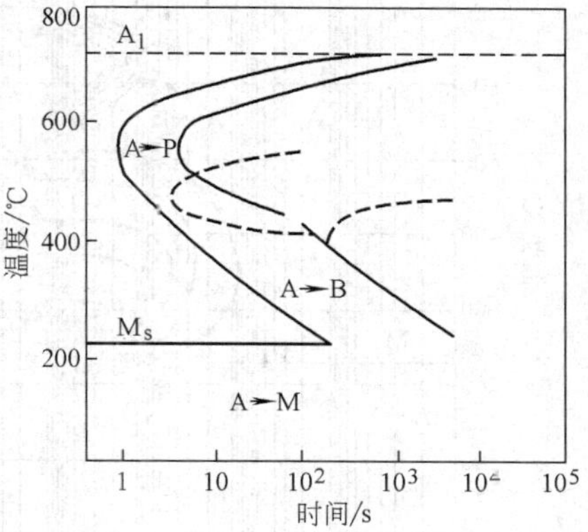

图 6-3　两个 C 曲线合并为一个 C 曲线

C 曲线的形状是多种多样的，这是由于各种合金元素对过冷奥氏体的三种冷却转变的温度范围及转变速度具有不同影响的结果。C 曲线的基本类型大体有以下六种：

第一种，具有单一的“C”形曲线。除碳钢外，含有 Si、Ni、Cu、Co 等元素的钢均属此种（图 6-4），其鼻尖温度为 500～600℃。

第二种及第三种，曲线呈双“C”形。钢中加入能使贝氏体转变温度范围下降，或使珠光体转变温度范围上升的合金元素（如 Cr、Mo、W、V 等）时，则随着合金元素含量的增加，珠光体转变 C 曲线与贝氏体转变 C 曲线逐渐分离（图 6-5）。当合金元素含量足够高时二曲线将完全分开，在珠光体转变与贝氏体转变之间出现一个奥氏体稳定区。

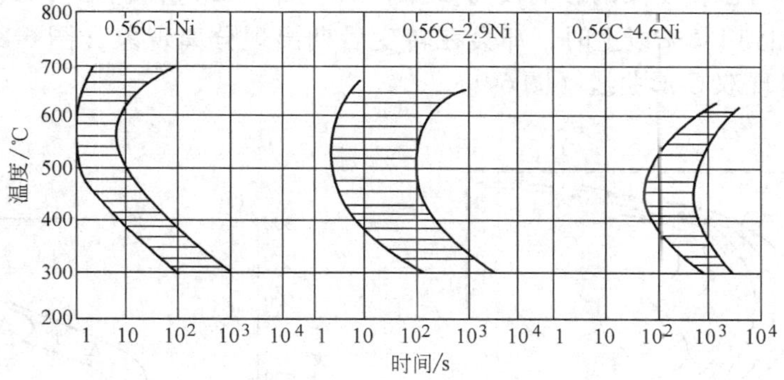

图 6-4　Ni 对 C 曲线的影响

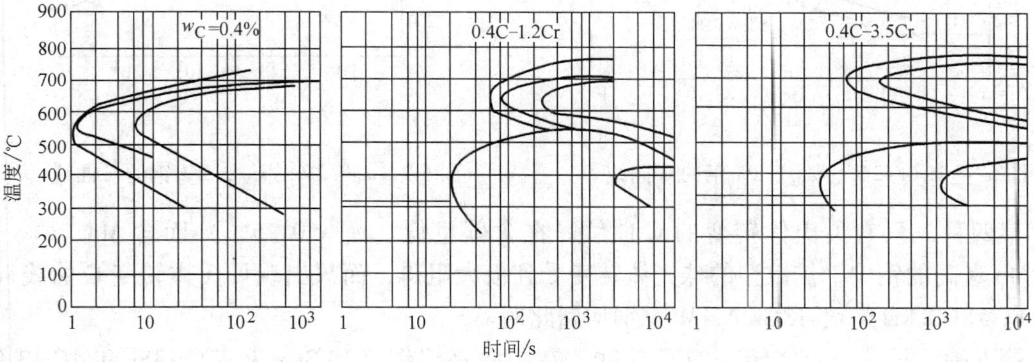

图 6-5　Cr 对 C 曲线的影响

如果加入的合金元素不仅能使珠光体转变与贝氏体转变分离，而且能使珠光体转变速度显著减慢，但对贝氏体转变速度影响较小，则将得到如图6-6所示的等温转变图（第二种）；反之，如果加入的合金元素能使贝氏体转变速度显著减慢，而对珠光体转变速度影响不大，则将得到如图6-7所示的等温转变图（第三种）。

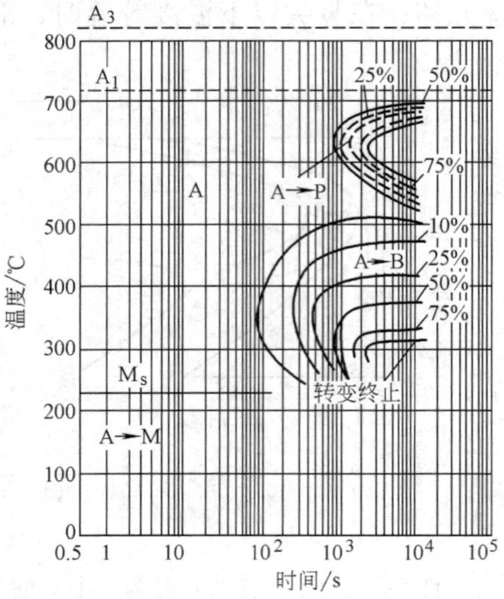

图6-6 5CrNiMo钢的C曲线

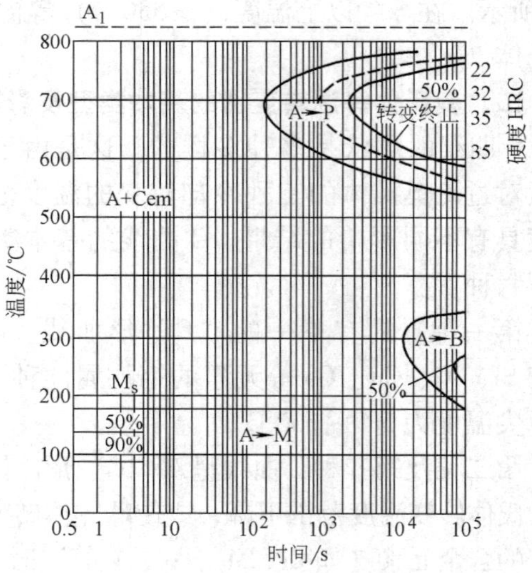

图6-7 Cr12MoV钢的C曲线

Mn对奥氏体等温转变图的影响较为特殊。钢中加入Mn量较少时，只出现单一的C曲线；但w_{Mn}量增加到1.5%以上时，却会在转变后期出现分离现象（图6-8）。w_{Mn}量增加到3%以上时，也呈现双C形曲线（图6-9）。

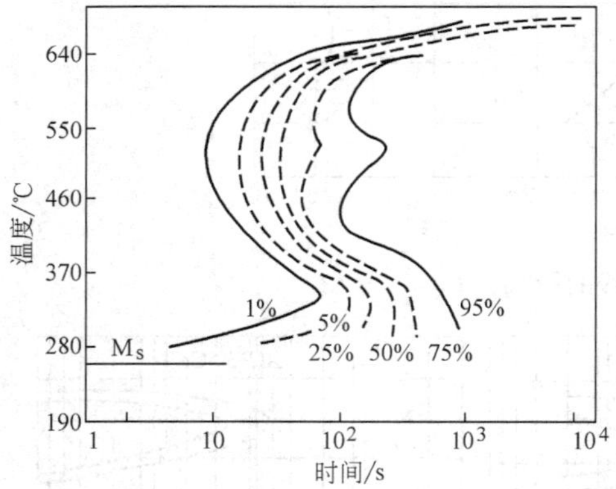

图6-8 w_C0.42%，w_{Mn}1.8%钢的C曲线

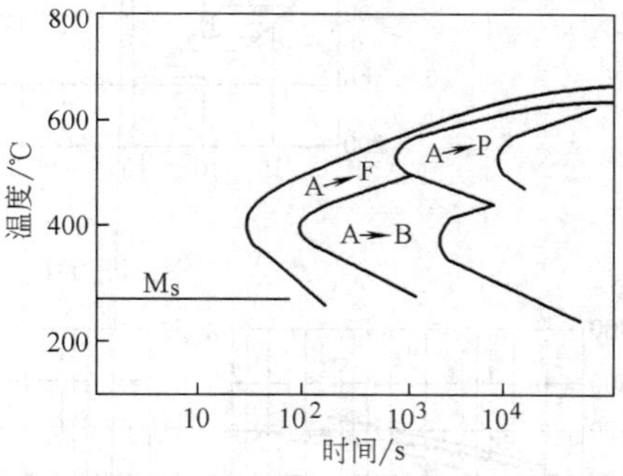

图6-9 w_C0.2%，w_{Mn}3.2%钢的C曲线

第四种，只有贝氏体转变的C曲线。在含碳量低（$w_C < 0.25\%$）而含Mn、Cr、Ni、W、Mo量高的钢中，扩散型的珠光体转变受到极大阻碍，而只出现贝氏体转变C曲线（图6-10）。18Cr2Ni4WA、18Cr2Ni4MoA钢均属此例。

第五种，只有珠光体转变的C曲线。在中碳高铬钢（如3Cr13、3Cr13Si和4Cr13等）中出现此种等温转变图（图6-11）。

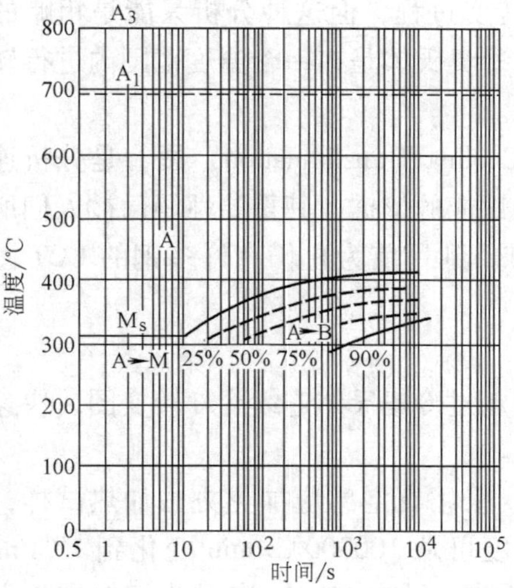

图 6-10　18Cr2Ni4WA 钢的 C 曲线

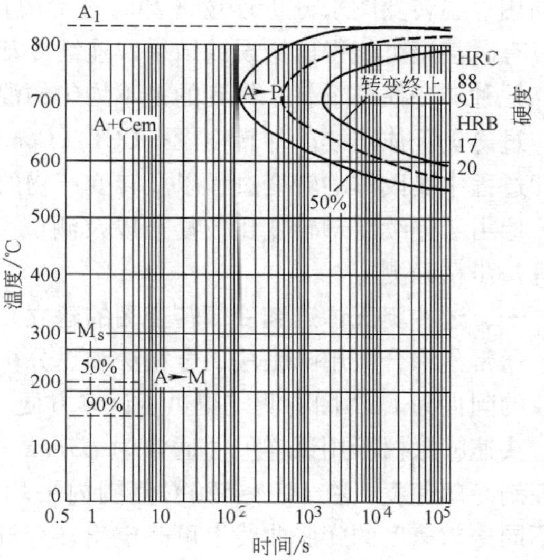

图 6-11　3Cr13 钢的 C 曲线

第六种，在马氏体点（M_s）以上整个温度区内不出现 C 曲线。这类钢通常为奥氏体钢，高温下稳定的奥氏体组织能全部过冷至室温。但可能有过剩碳化物的析出，使得在 M_s 点以上出现一个碳化物析出的 C 形曲线（图 6-12）。

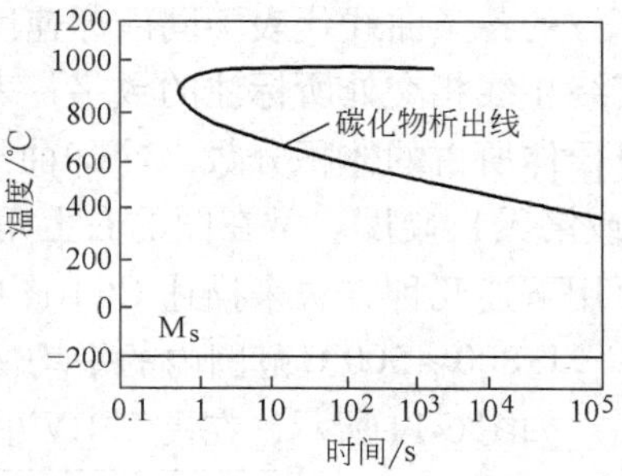

图 6-12　只有碳化物析出的 C 曲线

应该指出，C 曲线的形状除了与钢的化学成分有关外，还与钢的热处理规程有关。如细化奥氏体晶粒，会加速过冷奥氏体向珠光体的转变。当原始组织相同时，提高奥氏体化温度或延长奥氏体化时间，将促使碳化物溶解、成分均匀和奥氏体晶粒长大，导致 C 曲线右移等。此外，奥氏体的高温和低温形变均会显著影响珠光体转变动力学。一般来说，形变量越大，珠光体转变孕育期越短，即加速珠光体转变。关于形变加速珠光体转变的原因，应根据形变条件分别讨论，可以区分为三种情况。第一种情况是相变前形变奥氏体处于完全再结晶状态。这时形变加速珠光体转变的原因是再结晶细化了奥氏体晶粒所致。第二种情况是相变前形变奥氏体处于加工硬化-回复状态。这时形变加速珠光体转变的原因是形变促进了晶界与晶内（如滑移带、孪晶）形核。第三种情况是相变前形变奥氏体中析出大量细小的形变诱发碳化物。这时形变加速珠光体转变的原因是形变诱发碳化物，促进了珠光体的形核。

综上所述，奥氏体等温转变图的形状和位置是许多因素综合作用的结果。在应用等温转变图时，必须注意所用钢的化学成分、奥氏体化温度和晶粒度等，否则，可能导致错误的结果。

第二节　过冷奥氏体连续冷却转变图

等温转变图反映的是过冷奥氏体的等温转变规律，可以直接用来指导等温热处理工艺的制定。但是，实际热处理常常是在连续冷却条件下进行的，如淬火、正火和退火等。虽然可以利用等温转变图来分析连续冷却时过冷奥氏体的转变过程，但这种分析只能是粗略的估计，有时甚至可能得出错误的结果。连续冷却时，过冷奥氏体是在一个温度范围内进行转变的，几种转变往往重叠，得到的是不均匀的混合组织。

过冷奥氏体连续冷却转变图—CCT（Continuous Cooling Transformation）图，是分析连续冷却过程中奥氏体的转变过程以及转变产物的组织和性能的依据，其重要性早已被人们所认识。但由于连续冷却转变比较复杂以及测试上的困难，到目前为止仍有许多钢的 CCT 图有待进一步精确测定。

一、过冷奥氏体连续冷却转变图的建立

通常是综合应用膨胀法、金相法和热分析法来测定过冷奥氏体连续冷却转变图。快速膨胀仪的问世为 CCT 图的测定提供了许多方便。

快速膨胀仪所用试样尺寸通常为 ϕ3mm×10mm。采用真空感应加热方法加热试样，程序控制冷却速度，在 800～500℃范围内平均冷却速度可从 100000℃/min 变化到 1℃/min。从不同冷却速度的膨胀曲线上可确定出转变开始点（转变量为 1%）、各种中间转变量点和转变终了点（转变量 99%）所对应的温度和时间。将数据记录在温度—时间半对数坐标系中，连接相应的点，便得到连续冷却转变图，如图 6-13 所示。为了提高测量精度，常用金相法或热分析法进行定点校对。

二、冷却速度对转变产物的影响

图 6-13 为 w_C0.46% 钢的 CCT 图，图中标注的符号意义与 C 曲线图相同。自左上方至右下方的各条曲线代表不同冷却速度的冷却曲线。这些曲线依次与铁素体、珠光体和贝氏体转变终止线相交处所标注的数字，表示是以该冷却速度冷至室温后的组织中铁素体、珠光体和贝氏体所占的体积分数。冷却曲线下端的数字，代表以该速度冷却时获得组织的室温维氏（或洛氏）硬度。常在图的右上角注明奥氏体化温度和时间。从目前已公布的 CCT 图来看，可用下述几种方法来描述 CCT 图中的冷却速度。

1. 800～500℃范围内的平均冷却速度（℃/s 或℃/min）

如图 6-14 所示，在硬度 HV 值上方标示了 800～500℃范围内的平均冷却速度（℃/min）。

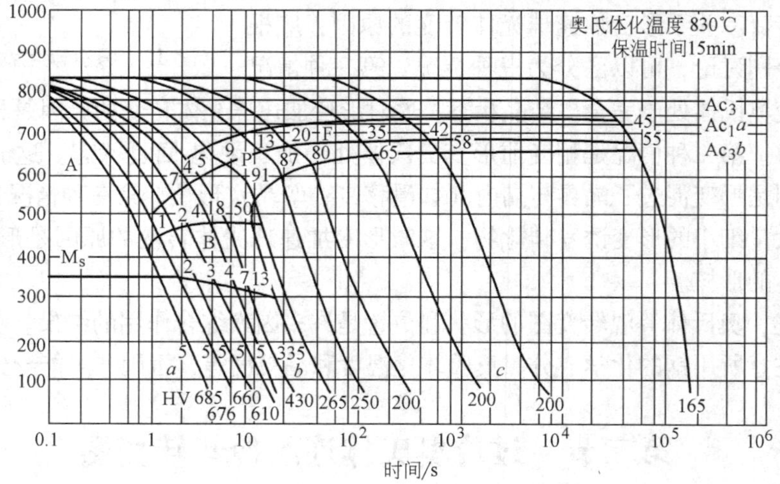

图 6-13 中碳钢（质量分数：C0.46%，Si0.26%，Mn0.39%，P0.012%，S0.026%，Al0.003%，Cr0.12%，Cu0.215% 和 N0.06%）的 CCT 图

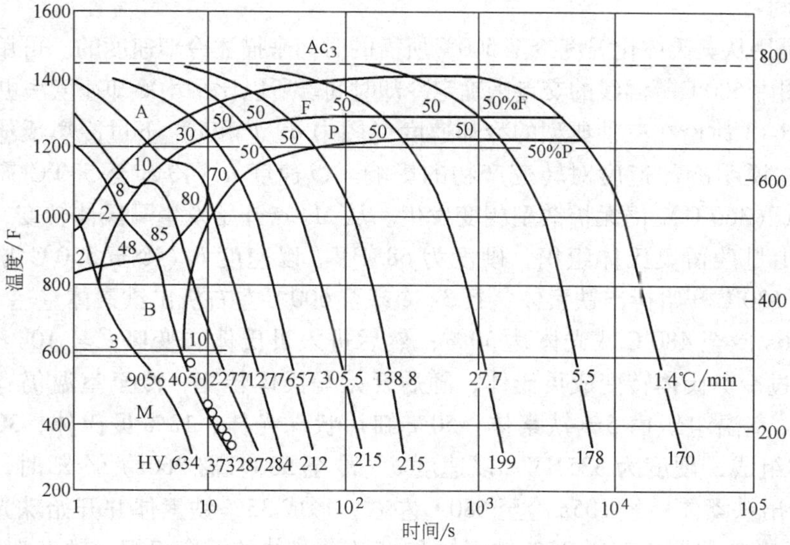

图 6-14　40 钢的 CCT 图

2. 距端淬试样水冷端的距离

在端淬规定的冷却条件下，试样的各点均相应于一定的冷却速度，而且因距水冷端距离的增大而降低。因此可使 CCT 图上的各条冷却曲线与端淬试样上某些点的冷却速度对应，如图 6-15 所示。用这种方法描述某些冷却曲线的优点是能把 CCT 图和端淬试样的数据联系起来，便于分析钢件在淬火后截面上的硬度分布和淬透层深度。这种方法的实例如图 6-16 所示。

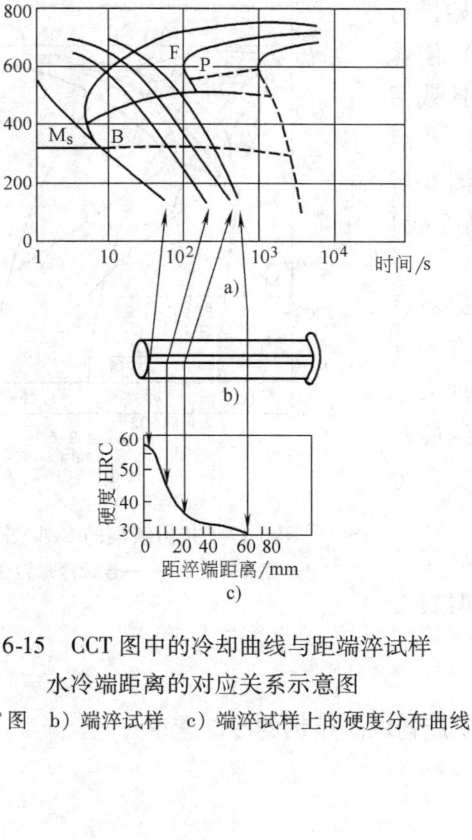

图 6-15　CCT 图中的冷却曲线与距端淬试样水冷端距离的对应关系示意图

a）CCT 图　b）端淬试样　c）端淬试样上的硬度分布曲线

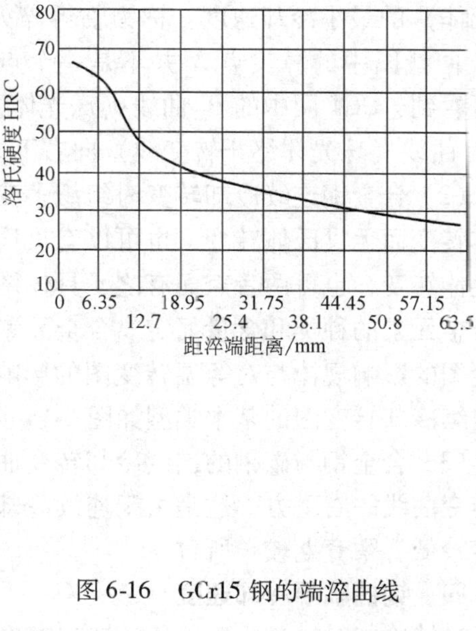

图 6-16　GCr15 钢的端淬曲线

3. 冷却时间

这种方法是用从奥氏体化温度冷至500℃所需的时间来描述冷却速度的。可用CCT图中各条冷却曲线与图中500℃等温线的交点来确定冷却时间。所以比平均冷却速度法更方便些。

现根据图6-13讨论在三种典型的冷却速度（图中 *a*、*b* 和 *c*）下过冷奥氏体的转变过程和产物组成，并说明冷却速度对转变产物的影响。以速度 *a*（冷却至500℃需0.7s）冷却时，直至 M_S 点（360℃）仍无扩散型相变发生。从 M_S 点开始发生马氏体转变，冷至室温后得到马氏体加少量残留奥氏体组织，硬度为685HV。以速度 *b*（冷至550℃需5.5s）冷却时，约经2s在630℃开始析出铁素体；经3s冷却至600℃左右析出铁素体量达5%后开始珠光体转变，经6s冷至480℃珠光体达50%；然后进入贝氏体转变区，经10s冷至305℃左右，有13%的过冷奥氏体转变成贝氏体；随后开始马氏体转变，冷至室温仍有奥氏体没转变而残留下来，室温组织由5%铁素体、50%细片状珠光体、13%贝氏体、30%马氏体和2%残留奥氏体组成，硬度为335HV。以速度 *c*（冷至500℃需260s）冷却时，经80s冷至720℃时开始析出铁素体；经105s冷至680℃左右，形成35%铁素体并开始珠光体转变；经115s冷至655℃转变终了，获得35%铁素体和65%珠光体的混合组织，硬度为200HV。

三、连续冷却转变图与等温转变图的比较

在连续冷却条件下，过冷奥氏体转变是在一个温度范围内发生的，可以把连续冷却转变看成为许多温度相差很小的等温转变过程的总和。因此可以认为，连续冷却转变组织是不同温度下等温转变组织的混合。

与等温转变相比，过冷奥氏体连续冷却转变有如下特点：

（1）共析碳钢的CCT图只有高温的珠光体转变区和低温的马氏体转变区，而无中温的贝氏体转变区　由图6-17可见，以90℃/s的速度冷却时，到 *a* 点有50%的奥氏体转变为珠光体，余下的50%在 *a*-*b* 间不转变，从 *b* 点开始进行马氏体转变。通过 *A* 点的冷却速度（140℃/s）使珠光体转变不能发生，可获得100%马氏体（包括残留奥氏体）的最小冷却速度，称为临界淬火速度。*A* 点与C曲线图中的鼻尖点 *N* 并不是一个点。从图6-17还可看到，CCT图中的 P_S 曲线（珠光体开始转变线）和 P_f 曲线（珠光体终止转变线）向右下方移动。

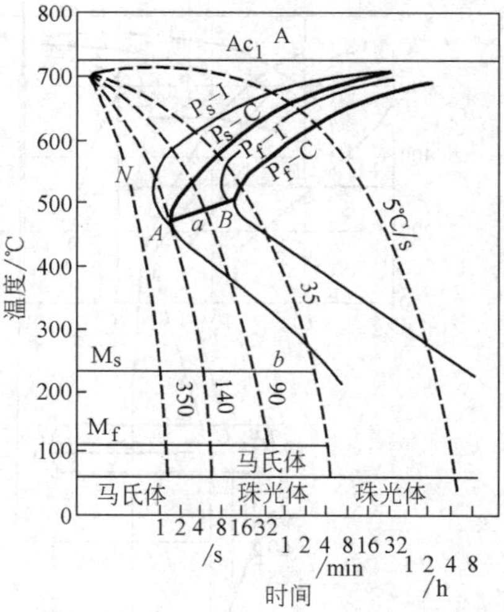

图6-17　共析碳钢的CCT图

I—等温转变　C——连续冷却转变

（2）合金钢连续冷却转变时组织多变　可以有珠光体转变而无贝氏体转变，也可以有贝氏体转变而无珠光体转变，也可两者兼而有之，具体图形由加入钢中合金元素的种类和含量而定。合金元素对连续冷却转变图的影响规律与对等温转变图的影响相似。合金钢连续冷却转变图的基本类型如图6-18所示。

（3）合金钢与碳钢的连续冷却转变曲线都处于等温转变曲线的右下方　这是由于连续冷却转变时转变温度较低、孕育期较长所致。

四、钢的临界冷却速度

连续冷却时，过冷奥氏体的转变过程和转变产物取决于钢的冷却速度。

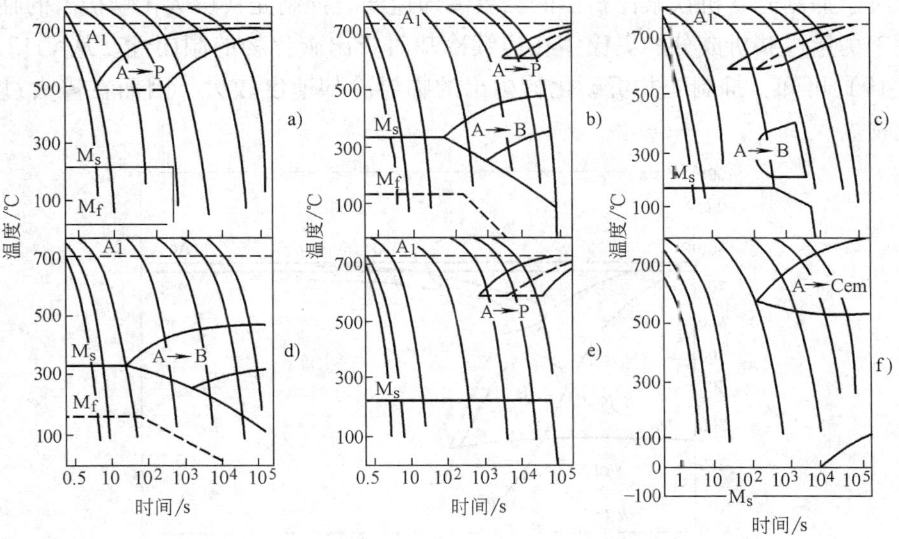

图 6-18　过冷奥氏体连续冷却转变图的基本类型

a）碳钢和含非碳化物形成元素的低合金钢　b）合金结构钢　c）合金工具钢

d）含有多量 Mn、Cr、Ni、Mo 的合金结构钢（如 18Cr2Ni4WA）

e）高铬钢（如 3Cr13）　f）易形成碳化物的奥氏体钢

在连续冷却中，使过冷奥氏体不析出先共析铁素体（亚共析钢）、先共析碳化物（过共析钢高于 A_{cm} 奥氏体化）或不转变为珠光体、贝氏体的最低冷却速度，分别称为抑制先共析铁素体、先共析碳化物、珠光体和贝氏体的临界冷却速度。它们分别用与 CCT 图中先共析铁素体和先共析碳化物析出线或珠光体和贝氏体转变开始线相切的冷却曲线对应的冷却速度来表示。

为了使钢件在淬火后得到完全的马氏体组织，应使奥氏体在冷却过程中不发生分解。这时钢件的冷却速度应大于某一临界值。上面已经谈到，此临界值称为临界淬火速度，通常以 v_c 表示。v_c 是得到完全马氏体组织（包括残余奥氏体）的最低冷却速度，代表钢接受淬火的能力，是决定钢件淬透层深度的主要因素，也是合理选用钢材和正确制定热处理工艺的重要依据之一。

临界淬火速度与 CCT 图的形状和位置有关。图 6-19 是高碳高铬工具钢的 CCT 图。由图可见，珠光体转变的孕育期较短，而贝氏体转变的孕育期较长，因而 Cr12 钢的临界淬火速度取决于抑制珠光体转变的临界冷却速度 v_1。与此相反，中碳 Cr-Mn-V 钢珠光体转变孕育期比贝氏体长（图 6-20），这时临界淬火速度将取决于抑制贝氏体转变的临界冷却速度 v_2。

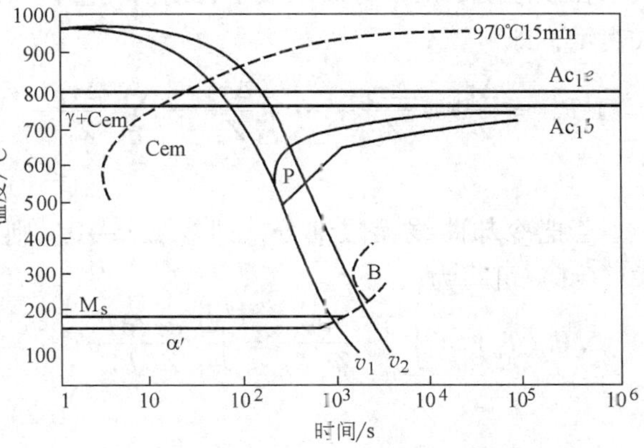

图 6-19　Cr12 钢的 CCT 图

亚共析碳钢和低合金钢的临界淬火

速度多取决于抑制先共析铁素体析出的临界冷却速度。抑制先共析碳化物析出的临界冷却速度，可用来衡量过共析成分的奥氏体在连续冷却时析出碳化物的倾向性。从 Cr12 钢的 CCT 图（图 6-19）可知，抑制先共析碳化物析出的临界冷却速度较大，因而在淬火过程中容易析出碳化物。

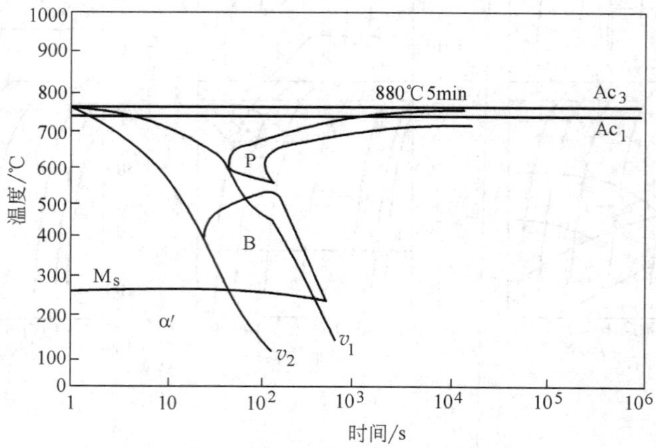

图 6-20 中碳 Cr-Mn-V 钢的 CCT 图

（w_C0.55%，w_{Si}0.22%，w_{Mn}0.88%，w_{Cr}1.02%，w_V0.77%）

临界淬火速度主要取决于 CCT 图曲线的位置。使 CCT 图曲线左移的各种因素，都将使临界淬火速度增大；而使 CCT 图曲线右移的各种因素，都将降低临界淬火速度。

五、利用等温转变图估计临界冷却速度

因为连续冷却转变图在测试上的困难，所以到目前为止还有许多钢的 CCT 图未被测定。而有关 C 曲线图的资料却比较多，因此研究 CCT 图与 C 曲线图的关系，应用 C 曲线图来估计 v_c 是有实际意义的。

可以把连续冷却看成许多保持时间非常小的等温阶段的总和。其中每一个极小的时间段（$\Delta\tau_i$）都对应着一个相应的温度（T_i）。从 C 曲线图可知，每个温度（T_i）又与一定的孕育期（Z_i）相对应（图 6-21）。因此在过冷奥氏体分解的温度范围内任一温度 T_i 下的 $\frac{\Delta\tau_i}{Z_i}$，即表示在该温度下的孕育效果或孕育期消耗量，以 I. P. 表示。从 A_1 冷至 T_n 时的 I. P. 可用下式表示，即

$$\text{I. P.} = \frac{\Delta\tau_1}{Z_1} + \frac{\Delta\tau_2}{Z_2} + \cdots + \frac{\Delta\tau_n}{Z_n} = \sum_{i=1}^{n} \frac{\Delta\tau_i}{Z_i} \tag{6-1}$$

若把冷却曲线无限细分，即令 $\Delta\tau_i \to 0$，则式（6-1）可写为

$$\text{I. P.}(T_n) = \int_{\tau_0}^{\tau=\tau_n} \frac{d\tau}{Z(T)} = \int_{A_1}^{T_N} \frac{d\tau/dT}{Z(T)} dT \tag{6-2}$$

式中，A_1 为珠光体和奥氏体的平衡温度；$d\tau/dT$ 为冷却速度的倒数。

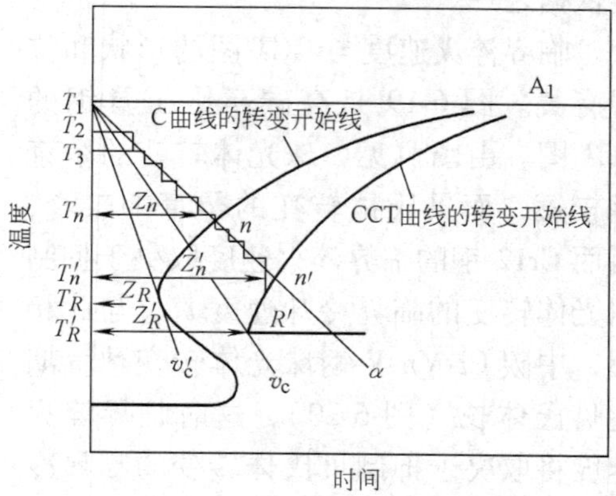

图 6-21 CCT 图曲线与 C 曲线的关系

令冷却速度为常数，并以 α 表示，则 $dT/d\tau=\alpha$，式（6-2）可写成

$$\text{I. P.}(T_n)=\frac{1}{\alpha}\int_{A_1}^{T_N}\frac{dT}{Z(T)} \tag{6-3}$$

设 I. P. 等于 1 时孕育过程完成，开始转变。则由图 6-21 可知，当温度高于 T_R（C 曲线鼻尖所对应的温度）时

$$Z_1>Z_2>Z_3>\cdots>Z_R$$

所以

$$\frac{1}{Z_1}<\frac{1}{Z_2}<\frac{1}{Z_3}<\cdots<\frac{1}{Z_n}<\frac{1}{Z_R}$$

令

$$\Delta\tau_1=\Delta\tau_2=\Delta\tau_3=\cdots=\Delta\tau_n$$

而且

$$\Delta\tau_1+\Delta\tau_2+\Delta\tau_3+\cdots+\Delta\tau_n=Z_n$$

所以

$$\frac{\Delta\tau_1}{Z_1}+\frac{\Delta\tau_2}{Z_2}+\frac{\Delta\tau_3}{Z_3}+\cdots+\frac{\Delta\tau_n}{Z_n}<1$$

即

$$\frac{1}{\alpha}\int_{A_1}^{T_n}\frac{dT}{Z(T)}<1$$

这就是说，冷却速度为 α 的冷却曲线与 C 曲线开始转变线相交时（这时的温度为 T_n，孕育期为 Z_n），过冷奥氏体并不开始转变。只有进一步冷却至更低温度（T_n'），并满足 $\frac{1}{\alpha}\int_{A_1}^{T_n}\frac{dT}{Z(T)}=1$ 时才开始转变。所以连续冷却时，转变开始点处于冷却曲线与相应的等温转变开始线交点的右下方，即连续冷却转变开始线应处在相应的等温转变开始线的右下方（图 6-21）。

在临界淬火速度 v_c 下，从 A_1 冷至 T_R'时孕育期消耗量为

$$\frac{1}{v_c}\int_{A_1}^{T_n'}\frac{dT}{Z(T)}=1 \tag{6-4}$$

所以

$$v_c=\int_{A_1}^{T_n'}\frac{dT}{Z(T)} \tag{6-5}$$

因此，若已知 A_1、T_R'和 $Z(T)$，则可代入式（6-5）求出临界淬火速度。而 $Z(T)$ 是一个复杂函数，所以根据式（6-5）对 v_c 作精确计算是不可能的。但可根据钢的 C 曲线图粗略估计临界淬火速度。方法如下：从纵坐标轴上的 A_1 点作冷却曲线与 C 曲线图的转变开始线相切（图 6-21），该冷却曲线所代表的冷却速度 v_c'可用下式描述

$$v_c'=\frac{A_1-T_R}{Z_R} \tag{6-6}$$

式中，T_R 和 Z_R 为切点所对应的温度和时间。

考虑到 CCT 曲线总是在 C 曲线的右下方，将式（6-6）修正为

$$v_c=\frac{v_c'}{1.5}=\frac{A_1-T_R}{1.5Z_R} \tag{6-7}$$

上述方法纯属估算，而且只适合 v_c 决定于抑制珠光体转变的临界冷却速度的情况。

六、连续冷却过程中冷却速度变化对临界淬火速度的影响

钢的 CCT 图大多是在一系列恒定的冷却速度下测定的。但是，在实际热处理操作中冷却速度却往往是非恒定的。例如油淬火时，在蒸汽膜覆盖、沸腾和对流等阶段的冷却速度显

然是不一样的。冷却途中冷却速度的变化必然导致过冷奥氏体转变行为的变化，从而难以用CCT图对转变行为作出直接判断。研究结果表明，这时的珠光体转变行为取决于低于A_1点的孕育期消耗量和冷却速度发生变化的温度。

假设一个试样开始以恒定的冷却速度α从A_1冷至P点，在P点冷速改变为β（图6-22）。由式（6-3）可知，冷却速度越大，则孕育期消耗量越小。因此，当$\beta>\alpha$时，以β速度冷却时的孕育期消耗量较小，因而当冷至CCT图转变开始线上的B点时，I. P. <1。只有经历更长时间并冷至更低温度（如T_E），并满足下式时过冷奥氏体才开始转变。

$$\frac{1}{\alpha}\int_{A_1}^{T_P}\frac{dT}{Z(T)}+\frac{1}{\beta}\int_{T_P}^{T_E}\frac{dT}{Z(T)}=1 \tag{6-8}$$

这就是说，与恒定冷速α比较，当$\beta>\alpha$时，转变将滞后发生；反之，转变将提前发生。冷却途中改变冷速时的转变行为综合于图6-23中。图6-23a是以比临界淬火速度（v_c）低的恒定冷却速度α冷却，中途于P点改变冷速为β。根据式（6-8）可知，当变更后的冷却速度$\beta>\alpha$时，转变将滞后发生；当$\beta<\alpha$时，转变将提前发生；当$\beta=\alpha$时，转变开始点（B）不变。图中RF代表以α速度继续冷却时的转变开始线，$R'F'$代表以冷速β的转变开始线，$T_R=T_{R'}$。

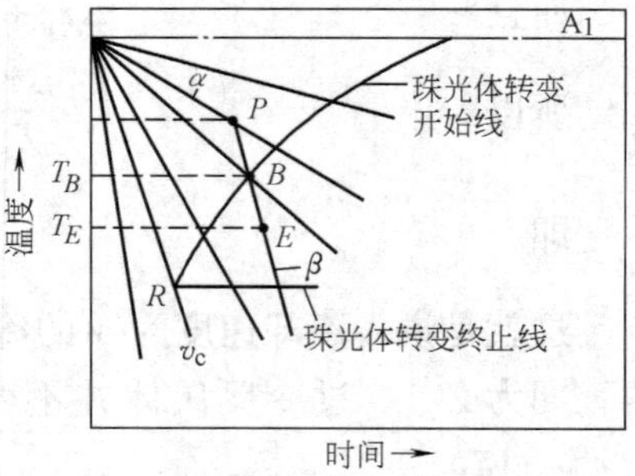

图6-22 冷却途中冷却速度变化时的孕育期消耗示意图

下面讨论冷却途中改变冷速时的临界淬火速度问题。假如开始以α速度冷至P点（图6-23a），那么从P点起的临界淬火速度（以δ表示）与从A_1开始的临界淬火速度（v_c）应该相同还是不同呢？

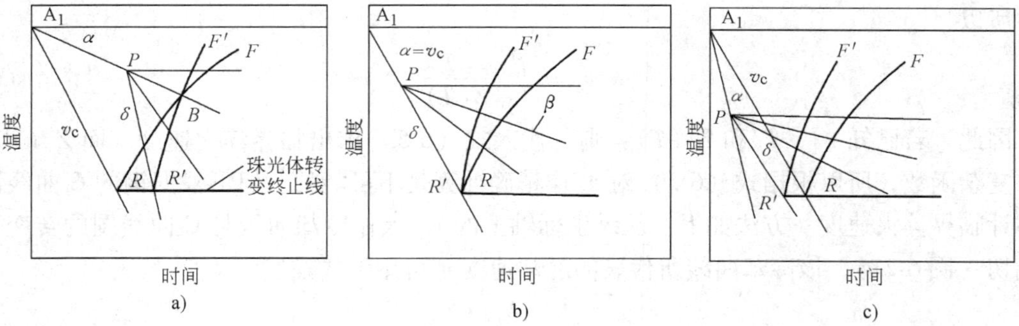

图6-23 冷却速度在P点发生变化的转变行为示意图

RF—连续冷却转变开始线 $R'F'$—冷却速度变化后的转变开始线

a）$\alpha<v_c$ b）$\alpha=v_c$ c）$\alpha>v_c$

假如开始缓冷至P点，随后以临界淬火速度δ继续冷却时，过冷奥氏体全部转变成马氏体，则应满足下式

$$\frac{1}{\alpha}\int_{A_1}^{T_P}\frac{dT}{Z(T)}+\frac{1}{\delta}\int_{T_P}^{T_P'}\frac{dT}{Z(T)}=1 \tag{6-9}$$

因为$v_c>\alpha$，所以用α冷至P点的消耗量I. P.（T_P）大于以v_c冷至P点的消耗量I. P.（T_P），因此为了满足式（6-9），δ必须大于v_c。这就是说，缓冷至P点的过冷奥氏体如果要

全部转变为马氏体，所需的最低冷却速度应大于 v_c。由式（6-9）可知，T_P 越低（即 P 点越接近 B 点），或 α 越小（即初始冷速越小），则 δ 越大（即新的临界淬火速度越大）。

图 6-23b 表示以 $\alpha = v_c$ 冷至 P 点，从 P 点起以低的冷速（$\beta < \alpha$）继续冷却时的情况。由式（6-3）可知，降低冷却速度（$\beta < \alpha$）将使消耗量 I. P. 增加，导致过冷奥氏体提前发生转变（见图 6-23b 中的 $R'F'$ 线）。而且变更后的冷速越小，转变提前越多。从 P 点起的临界淬火速度不变，仍为 v_c。

图 6-23c 表示以 $\alpha > v_c$ 冷至 P 点，而后以低的冷速（$\beta < \alpha$）继续冷却时的转变情况。根据上边已多次讲述过的原因，不难解释这时转变将提前发生，以及从 P 点起的临界淬火速度将低于 v_c。

总之，在连续冷却时，从某一瞬时起的临界淬火速度将随孕育期消耗程度的增加而增大。

滚珠轴承钢等在油淬后常常发生所谓“逆硬化”现象，指的是钢件经淬火后表面硬度低于心部硬度的反常现象，经金相观察表明，表面为托氏体加马氏体组织，而次表层则为马氏体组织。试验表明，钢件在淬火前于空气中预冷或在具有较长蒸气膜覆盖期的油中淬火时才会出现“逆硬化”现象。可用图 6-24 对“逆硬化”现象予以解释。由图可见，如果钢件表面的温度已降低到 A_1 点以下的 P 点，已消耗一部分孕育期，而心部的温度仍高于 A_1，孕育期尚未消耗。在随后淬火时，尽管表面的冷速大于钢的 v_c，但却低于从 P 点起的临界淬火速度，发生了部分珠光体转变，导致表面硬度下降；而次表层和心部的冷速大于 v_c，得到了完全马氏体组织和较高的硬度。

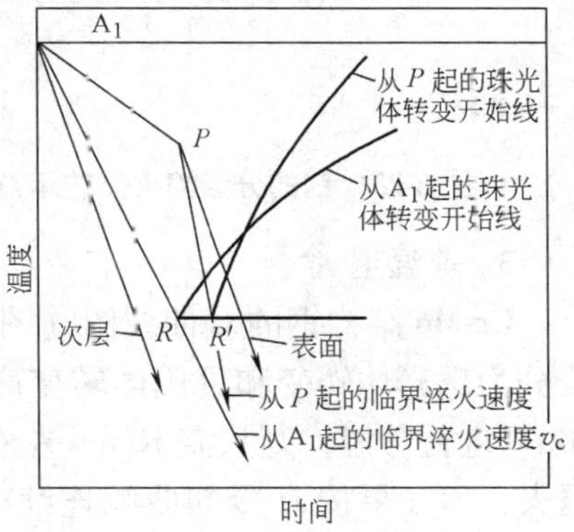

图 6-24　“逆硬化”现象解释示意图

第三节　过冷奥氏体转变图的应用

钢的冷却转变图反映了在临界点（A_3 和 A_1）以下等温或以一定冷却速度连续冷却时过冷奥氏体的转变规律，综合显示了合金元素和其他因素对转变动力学的作用，示出了等温温度或冷却速度对转变产物和硬度的影响。因此，过冷奥氏体转变图可以为正确制定钢的热处理工艺、分析热处理后的组织和性能以及合理选用钢材等提供依据。

一、过冷奥氏体等温转变图的应用

1. 分级淬火（Martempering）

分级淬火是一种减少内应力、避免工件变形开裂的淬火工艺。其操作程序是将奥氏体化后的工件在 M_S 点以上、奥氏体较稳定区的某一温度下等温保持，使钢件中心基本达到该温度，而后取出在空气中冷却（图 6-25）。C 曲线图可以告诉我们过冷奥氏体比较稳定区域的位置、M_S 温度和分级淬火所需的冷却速度，还可以为选择浴槽温度和估计钢件在浴槽中的可能保持时间提供依据。

2. 等温淬火（Austempering）

等温淬火是一种使过冷奥氏体转变为下贝氏体的热处理工艺（图 6-26）。C 曲线图可以给出过冷奥氏体等温转变为贝氏体的温度范围，完成这种转变所需要的时间以及贝氏体的硬度与等温温度的关系等。

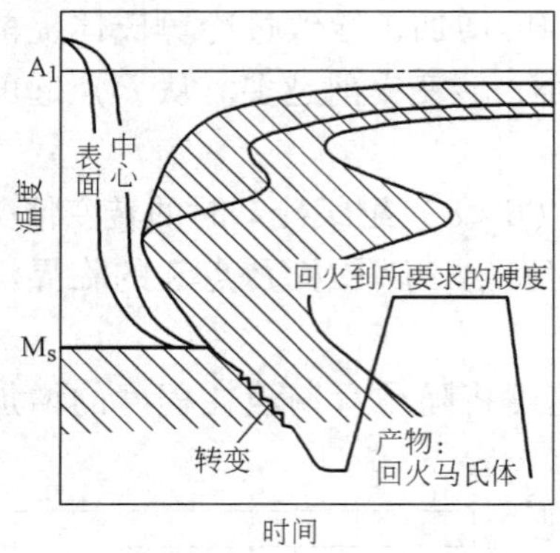

图 6-25 钢的分级淬火工艺示意图

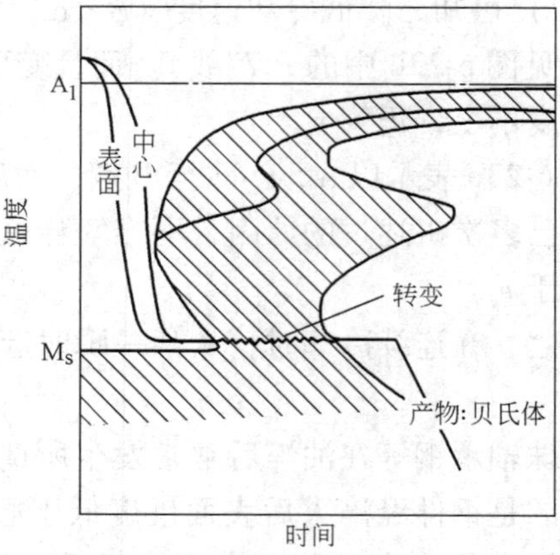

图 6-26 钢的等温淬火工艺示意图

3. 等温退火

Cr-Mo 结构钢的 C 曲线图（图中细线）和 CCT 图示于图 6-27。Cr、Mo 元素使钢的 C 曲线分为珠光体转变和贝氏体转变两支，连续冷却时有贝氏体形成。从图中可看到，如果在 600℃进行等温，则只需 10min 左右转变即可完成达到软化钢材的目的，这就是所谓的等温退火。但如果按 *D* 冷却曲线连续冷却，尽管慢冷几个小时，得到的却是铁素体、珠光体、贝氏体和马氏体的混合组织，达不到退火软化钢材的目的。

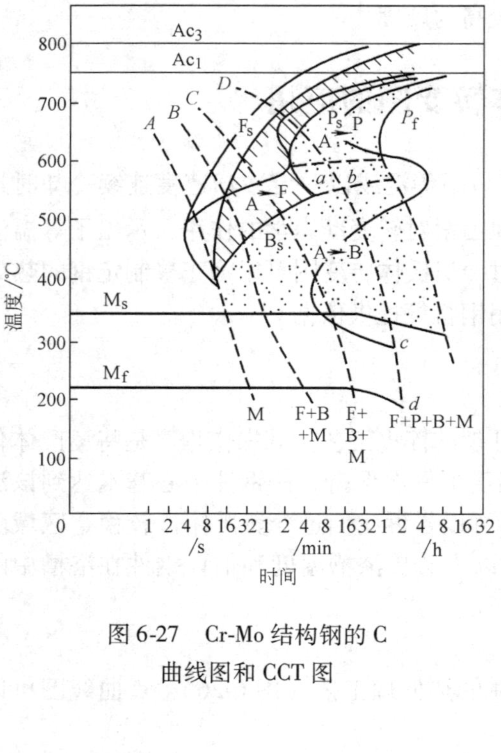

图 6-27 Cr-Mo 结构钢的 C 曲线图和 CCT 图

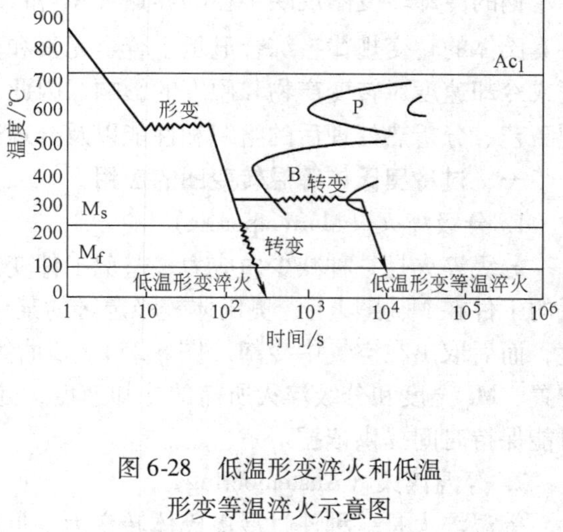

图 6-28 低温形变淬火和低温形变等温淬火示意图

4. 形变热处理

形变热处理是在金属材料上有效的综合利用形变强化及相变强化，将压力加工与热处理操作相结合，使成形工艺同最终性能的获得统一起来的一种工艺方法。这种方法不但能够得到一般加工处理所达不到的高强度与高塑性（韧性）的良好配合，而且还能大大简化金属材料或零件的生产流程，从而带来相当高的经济效益。在制定形变热处理工艺时往往以C曲线图为依据。例如低温形变淬火和低温形变等温淬火中的形变都是在过冷奥氏体稳定区（图6-28）进行的，然后淬火或等温淬火。因此可根据C曲线图判断某种钢是否适于进行这两种形变热处理，以及选择形变温度、形变时间或等温淬火温度和保持时间等。

二、过冷奥氏体连续冷却转变图的应用

钢的热处理大多是在连续冷却条件下进行的，因此CCT图对热处理生产具有更为直接的指导意义。

1. CCT图在预测热处理后的组织和性能以及在合理选用钢材上的应用

如果已知钢材截面上各点的冷却速度，则可根据其CCT图很方便地预先估计出热处理后钢件各部位的组织和硬度；也可以反过来，根据组织和硬度的要求来合理选择钢材。下面介绍确定连续冷却时钢件截面上各点冷却速度的方法。

（1）端淬试验数据的利用　端淬试验是在固定的冷却条件下进行的，端淬试样上每一点就相应于一定的冷却速度。同样，在一定冷却条件下，不同直径钢材截面上各点的冷却速度，也可以用距端淬试样水冷端距离来表示。图6-29中表示了在中等强度搅拌的油中冷却时，它们之间的等效对应关系。同样也可测得在其他各种冷却条件下两者间的等效对应关系。根据这类冷却速度关系图，可确定在一定冷却条件（图6-29的冷却条件是在中等强度搅拌的油中冷却）下，ϕ（12.5～100）mm棒料不同位置的冷速与端淬试样的对应关系。例如，要确定ϕ75mm钢棒距表面2mm处的冷却速度。从纵坐标为2mm处作水平线与ϕ75mm曲线相交，交点的横坐标值为14mm，就是说，ϕ75mm钢棒距表面2mm处的冷却速度与端淬试样距水冷端14mm处的冷却速度相同。而端淬试样各点的冷速是已知的，于是根据上述关系，可以预计在一定冷却条件下，不同直径钢件截面上各点的冷却速度，并结合钢的CCT图曲线预计出钢件沿截面分布的硬度和组织变化。

（2）不同直径钢料冷却曲线的应用　图6-30是不同直径棒料在水、油和空气中的冷却曲线。在一定冷却条件下，某一直径钢料的冷却曲线随奥氏体化温度而变化，但形状相同。若合理选用一组温度坐标，则同一组冷却曲线对常用奥氏体化温度都可适用。图中五组温度坐标的奥氏体化温度分别为Ⅰ—960℃，Ⅱ—860℃，Ⅲ—800℃，Ⅳ—1000℃和Ⅴ—1050℃。据此，可以确定在水、油和空气中冷却时不同直径钢件表面和心部的冷却曲线，并结合钢的CCT图预计出不同直径钢件，在不同介质中冷却时硬度和组织沿截面的分布状况。也可以在直径确

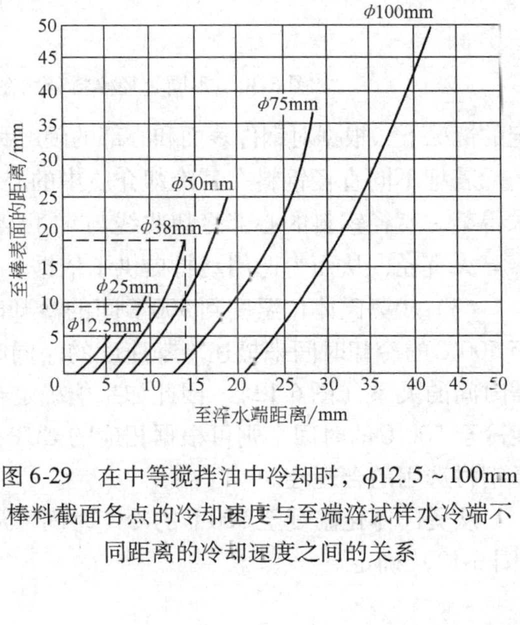

图6-29　在中等搅拌油中冷却时，ϕ12.5～100mm棒料截面各点的冷却速度与至端淬试样水冷端不同距离的冷却速度之间的关系

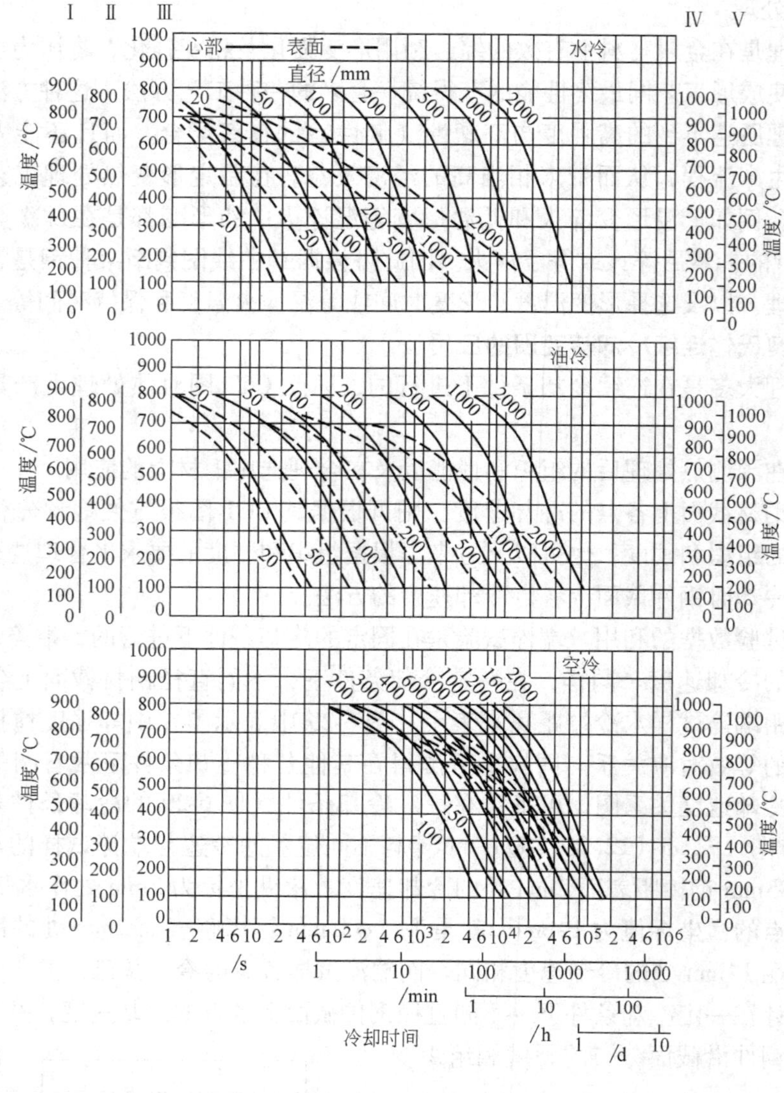

图6-30 不同直径棒料分别在水、油和空气中冷却时的冷却曲线

定的情况下，根据对钢件表面和心部的硬度和组织要求来确定材质或冷却介质。

若把不同直径钢料在某冷却介质中的心部冷却曲线与钢的CCT图中的v_c作比较，则可求得某一直径钢料的心部冷却曲线与v_c相当，这一直径就是这种钢在该介质中淬火时的临界淬火直径，从而为选用钢材提供了依据。

（3）从奥氏体化温度到500℃间的冷却时间的利用　有些CCT图是用从奥氏体化温度至500℃的冷却时间来描述冷却速度的。同时图中还给出转变产物和硬度与冷却至500℃所需时间的关系（图6-13）。因此如果能确定在一定冷却条件下钢件截面上各点从奥氏体化温度冷至500℃的时间，则可根据相应的CCT图确定出组织和硬度沿截面的分布状况，从而判断钢材选用的合理性。

从奥氏体化温度至500℃的冷却时间可从相应的手册和书籍中查到，也可根据冷却曲线（图6-13）确定。

2. CCT 图在选择冷却规范上的应用

由于 CCT 图反映了过冷奥氏体在连续冷却时转变的全过程，并给出对应于每一个冷却规范所得到的组织和性能，这样有可能按照工件的尺寸、形状以及性能要求，根据 CCT 图选择适当的冷却规范及冷却介质。方法是根据工件所用钢种查出它的 CCT 图，然后分析在哪些冷却规范内能够满足组织与性能要求，最后考虑到减少工件变形、开裂和提高生产效率等因素，选择出合适的冷却介质及冷却方法。

复习思考题

1. 试述过冷奥氏体等温转变图和连续冷却转变图的建立方法。
2. 奥氏体等温转变图有哪些基本类型？受哪些因素影响？
3. 试述可用来描述 CCT 图中冷却速度的各种方法。
4. 请就同一种钢，对 CCT 图和 C 曲线图进行比较。
5. 何谓临界冷却速度？如何根据 CCT 图确定临界冷却速度？
6. 如何利用 C 曲线图估计临界淬火速度？
7. 试讨论在连续冷却过程中冷却速度发生变化时可能对临界淬火速度带来的影响。
8. 试用连续冷却过程中的孕育期消耗理论来解释钢淬火时的“逆硬化”现象。
9. 试述 C 曲线图在制定热处理规范中的应用。
10. 试讨论确定连续冷却时钢件截面上各点冷却速度的方法。

第七章　过饱和固溶体的脱溶分解

脱溶分解是指从过饱和固溶体中析出第二相（沉淀相）或形成溶质原子聚集区以及亚稳定过渡相的过程。产生脱溶分解的前提是在合金平衡相图上有固溶度的变化，即随着温度下降固溶度减小。一般情况下，首先要将合金加热到固溶线以上一定温度保温足够时间，获得均匀的单相固溶体，快冷至室温得到过饱和固溶体，整个过程称为固溶处理。然后，将固溶处理的合金加热到固溶线以下某一温度保温一定时间，实现脱溶分解，这个过程称为时效。时效可以在室温下进行，称为自然时效；也可以升温至某一温度进行，称为人工时效。脱溶分解析出的第二相将显著提高合金的强度和硬度，称为沉淀强（硬）化或时效强化，是合金强化的主要方法之一。

按脱溶分解过程中母相成分变化的特点，可以分为连续脱溶和不连续脱溶。连续脱溶是指随着新相形成时，母相的成分连续地、平缓地由过饱和状态逐渐达到饱和状态。不连续脱溶也称为胞状脱溶，脱溶时两相耦合成长，与共析转变很相似，因其脱溶物中的 α 相与母相 α 之间的溶质浓度不连续而称为不连续脱溶。若 α_0 为原始 α 相，β 为平衡脱溶相，α_1 为胞状脱溶区的 α 相，则不连续脱溶可表示为：$\alpha_0 \rightarrow \alpha_1 + \beta$。由于不连续脱溶与共析转变相似，本章不再赘述。

在实际生产中应用的固溶与时效工艺有很多，例如：有色金属的固溶处理与时效；低碳钢的时效；马氏体沉淀硬化不锈钢的固溶处理与时效；奥氏体不锈钢的固溶处理；高锰钢的水韧处理；淬火钢的回火。本章将主要讨论有色金属的脱溶分解和淬火钢的回火，最后将简要介绍调幅分解。

第一节　铝合金在时效过程中组织和性能的变化

早先人们偶然发现 Al-Cu-Mn-Mg 合金淬火后在室温放置，硬度随时间的推移不断升高，但在光学显微镜下没有观察到任何变化，因此无法推测硬度升高的原因，只能称此现象为时效硬化。1920 年 Merica 在确定了几种元素在 Al 中的固溶度曲线后提出，发生时效硬化原因是，在固溶度曲线以下从过饱和固溶体中析出了某种提高硬度的细小第二相，之后采用 X 射线结构分析和电子显微分析技术证实了上述观点。经过多年的研究，发现了大量能够发生时效硬化的合金，事实上，时效硬化已经成为以无多形性转变元素为基的合金的主要强化方法。下面将以 Al-Cu 合金为例介绍其组织与性能变化的一般规律。

一、Al-Cu 合金在时效过程中的硬度变化

Al-Cu（富 Al 侧）相图如图 7-1 所示。将 w_{Cu} 低于 5.65% 的合金加热到 550℃ 保温几个小时，可以获得单相固溶体，此时将合金快速冷却（比如淬入水中）到 20℃，则得到过饱和单相固溶体。然后将合金加热到一个中间温度进行时效，测量合金性能随时效时间的变化，可以得到图 7-2 的典型结果。可以看到：合金的硬度（强度）存在一个最大值且与时效温度有关。时效温度越高，到达硬度最大值的时间越短，而硬度最大值越低。以后将看到，

硬度的最大值对应于析出物θ的临界尺寸和分布；当粒子尺寸过大时，不能有效阻止位错的运动，硬度反而下降，这种情况被称为过时效。从图7-2还可以看到，在110℃和130℃时效，硬度达到最大值前，还存在一个硬度的平台。此外，可以预计，在一定的时效温度下，过饱和度越大，硬度最大值将越高，所需的时间也越短。这是因为过饱和度增加，扩散也加快所致。

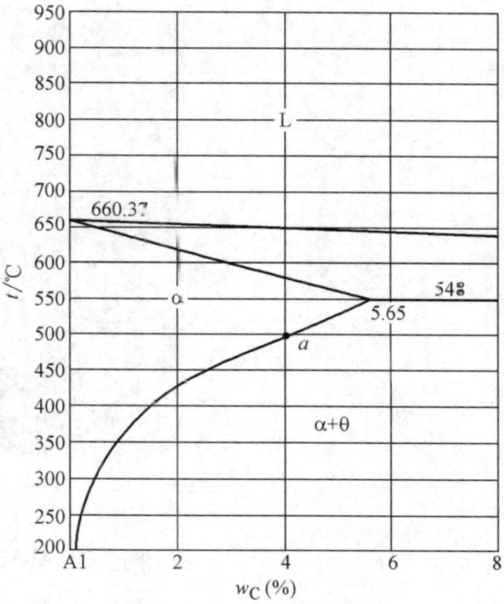

图7-1 Al-Cu（富Al侧）相图

二、Al-Cu合金在时效过程中的微观组织变化

为了揭示时效机理，需要观察时效过程中微观组织的变化。图7-3表示Al-5Cu合金在545℃保温1周，然后缓冷到20℃的微观组织。从中可以看到有第二相（θ相）在α相的晶界及晶内析出。晶内析出的θ相相互平行，进一步分析得出，这些析出相均平行于α相的{111}面，形成魏氏体组织。如果将该合金加热到545℃保温一周，获得单相α，然后快冷到20℃，θ相的析出将被抑制，得到单相α，如图7-4所示。

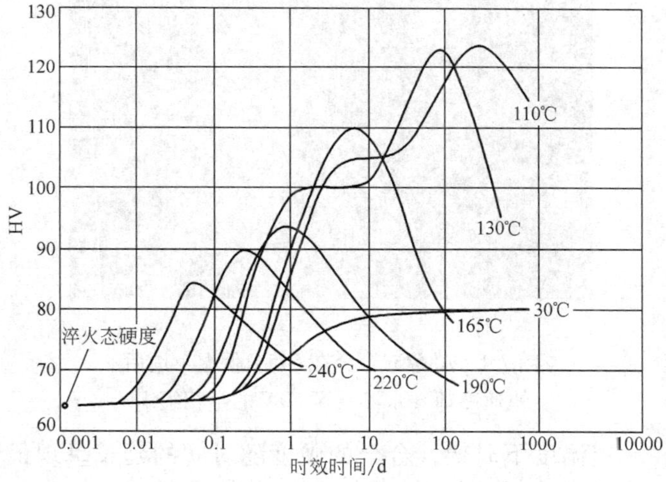

图7-2 Al-4Cu合金硬度在不同温度时效时的变化（时效前合金在520℃固溶处理至少48h，然后快速冷却（水淬）到20℃）

如将快冷到20℃的合金再加热到400℃保温12h，将析出θ相粒子，在光学显微镜下就可以清晰看到，如图7-5所示。从图中可以看到，大的θ相粒子均在晶界析出。这表明：沿晶界扩散速度快，晶界能量高，因此θ核首先在此形成并长大。此外，在晶界附近的基体中，还存在一个无析出区PFZ（precipitation-free zone）。这是因为在该区域中有助于形核的空位极易扩散到晶界，降低了该区域的形核率；其次，由于θ相在晶界的形核和长大，贫化了周围基体中的溶质原子，使这些区域的溶质原子浓度接近于平衡浓度，从而导致无析出物区的产生。

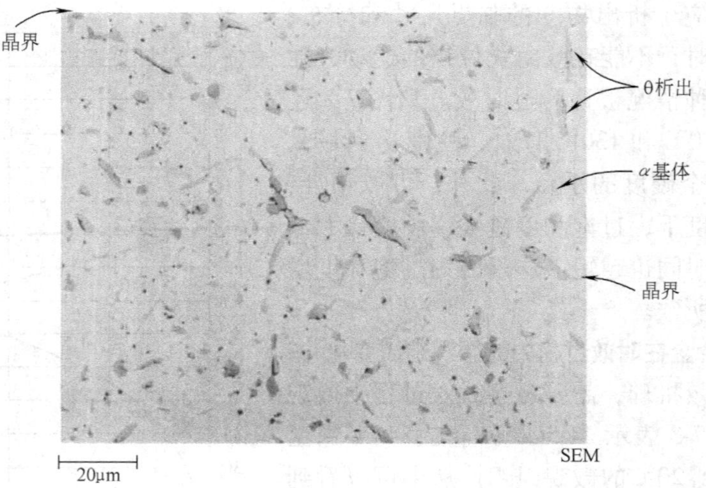

图 7-3 Al-5Cu 合金在 545℃保温 1 周后
缓慢冷却至 20℃的金相组织

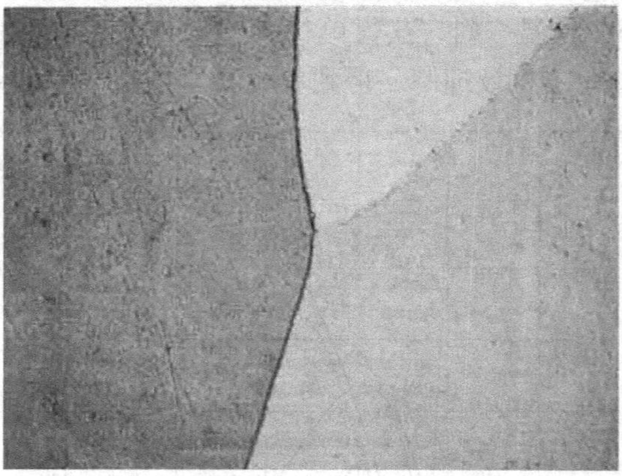

图 7-4 Al-5Cu 合金在 545℃保温 1 周后
快速冷却（水淬）至 20℃的金相组织

图 7-2 表明，在一定温度下时效，合金的硬度随时间的延长呈现最大值。为查明其原因，需要用透射电子显微镜对时效初期微观组织的演变进行观察，如图 7-6 所示。在析出的第一阶段，首先形成的是纯铜的薄片，它与基体完全共格，因而界面能很低，称为 GP（Guinier-Preston）区。为了降低共格应变能（Cu 与 Al 点阵错配约 10%），GP 区呈圆盘状，圆盘垂直于基体的 <100> 方向。图 7-6 的 GP 区厚度约为 2 个原子层，直径约为 10nm。这些区域本身无法分辨，图像的衬度是由于垂直该区方向上的共格错配应变引起的。从显微组织看，GP 区是均匀形核，但过饱和空位在其中起着重要的作用。GP 区形成后下一步出现的是 θ″相。它是 Al-Cu 合金时效过程中第一个真正脱溶析出的过渡相，具有正方结构，是以基体的 $\{100\}_\alpha$ 面为惯习面的全共格盘状析出物，与基体的取向关系是

$$(001)_{\theta''} /\!/ (001)_\alpha$$

$$[100]_{\theta''} /\!/ [100]_\alpha$$

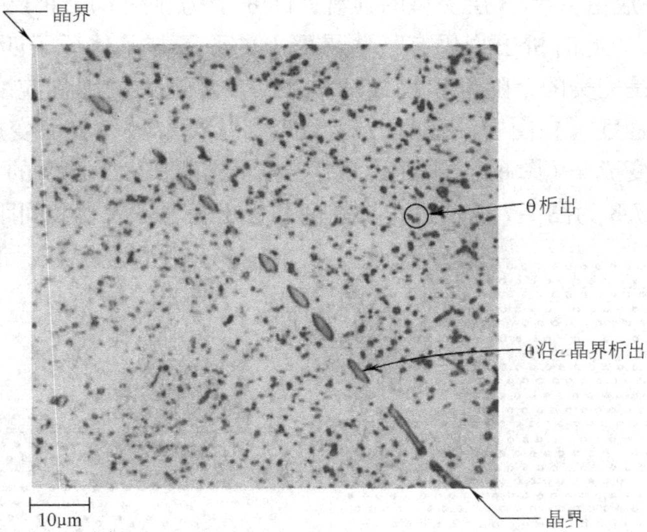

图 7-5　Al-5Cu 合金在 545℃保温 1 周，快速冷却（水淬）至 20℃，然后在 400℃保温 12h 水淬至室温的金相组织

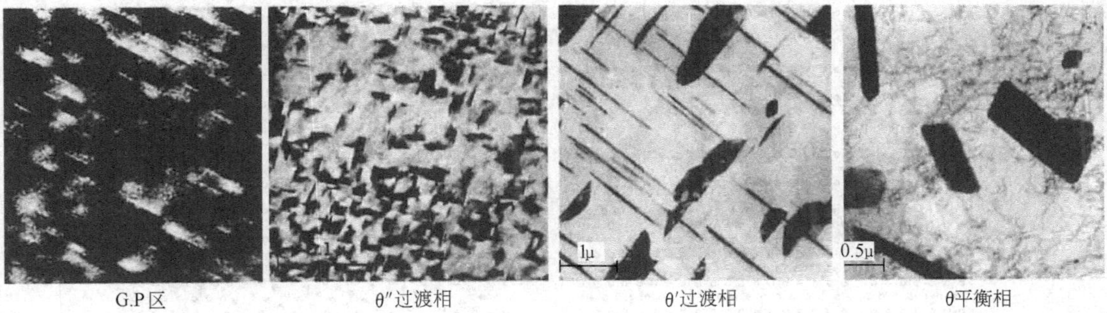

图 7-6　Al-4.6Cu 合金随时效时间延长形成的脱溶析出物的透射电子显微像

θ″的｛001｝面由 Cu 原子面和 Al-Cu 原子混合面交替构成，成圆盘状，比 GP 区大，厚度为 2～10nm，直径可到 100nm。下一个阶段是 θ″向 θ′的转变，这一阶段通常对应合金的最大硬度，析出物开始进入光学显微镜的分辨范围。θ′也是正方结构，成分近似于 $CuAl_2$，其（001）面也具有和 $\{100\}_\alpha$ 面一样的原子排列，然而（100）面和（010）面的晶体结构与基体不同，在［100］方向上的错配比较大，因此 θ′在 $\{100\}_\alpha$ 形成片状，取向关系与 θ″相同。片的宽面起初是完全共格的，随着片的长大而失去共格；片的边缘是非共格的，或者具有复杂的半共格结构。最后一个阶段，析出物继续长大，弹性应变由于界面位错的形成而缓解，晶体结构也由 θ′变成平衡相 θ，其成分接近于 $CuAl_2$，具有复杂体心正方结构。它与基体形成非共格，顶多是复杂的半共格界面。随着时效的进一步发展，小的析出物溶解，大的析出物不断长大，粒子之间的平均间距增大，导致强度的下降，称为过时效。图 7-5 示出的就是这个阶段的组织。

图 7-7 示意表述了脱溶析出的原子聚集过程。起初，B 原子聚集形成薄片，即 GP 区

(图 a、b)。它加厚成由 A 和 B 层交替的圆盘，即 θ″结构（图 c）。θ″尺寸增大时，晶体结构逐渐变为 θ′（图 d）。此时析出物仍有某些界面上的原子与基体原子匹配，形成共格界面。然而，这种匹配不是完美的，随着 θ′尺寸的增大，在界面上的弹性应变增大，最终达到形成复杂位错网络的程度（在图中没有示出）。此时，应变释放，界面变成非共格，θ′的晶体结构和化学成分转变成 θ（图 e）。此后，大的 θ 粒子不断长大，而小的 θ 粒子不断溶解，析出相不断粗化。图 7-8 为图 7-7 所示过程中硬度和析出相粒子尺寸和间距的变化。

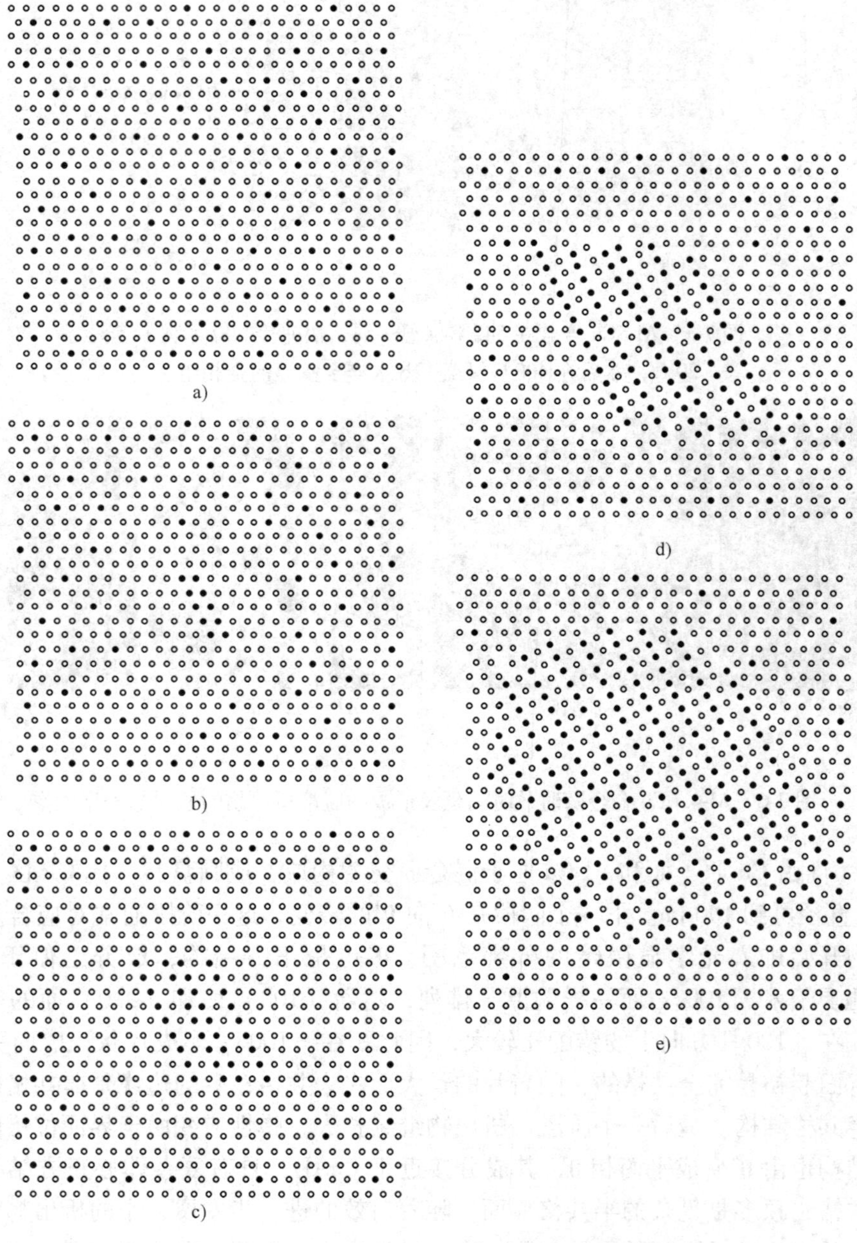

图 7-7 Al-Cu 合金析出顺序的原子模型

○—A ●—B

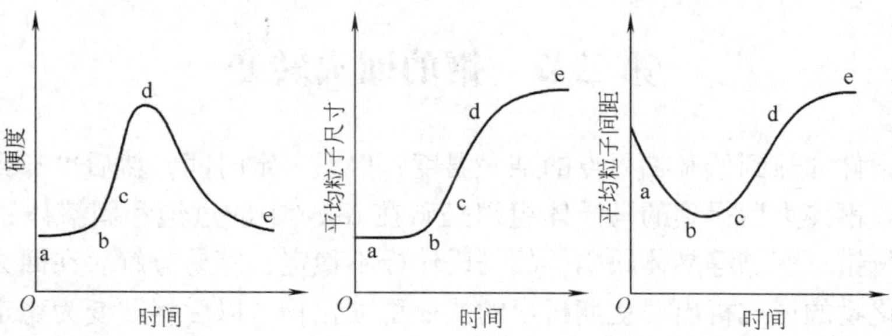

图 7-8　与图 7-7 对应的合金硬度、析出相粒子尺寸和平均间距随时效时间的变化

a，b，c，d，e—对应图 7-7a)，b)，c)，d)，e) 分图

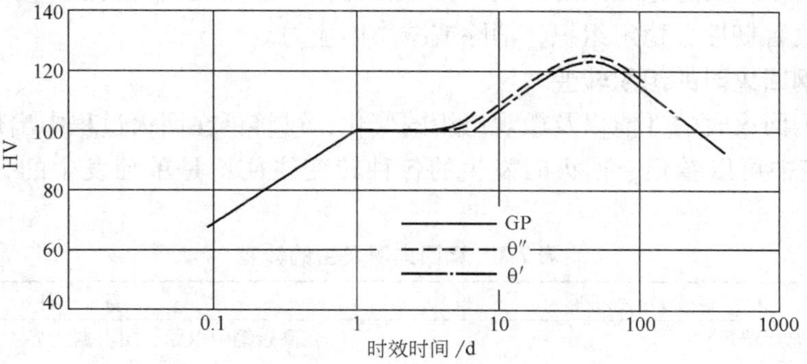

图 7-9　Al-4Cu 合金在 130℃时效过程中的硬度曲线

Al-Cu 合金时效过程中微观组织结构的变化与硬度的对应关系如图 7-9 所示。可以看出不同阶段多少有点重叠。硬化的第一个阶段是由于 GP 区形成引起的，之后 θ″对合金有进一步的硬化作用。θ″和 θ′共存时，合金呈现最大的硬度。随 θ′的粗化，合金的硬度下降，最后将趋向于形成平衡相 θ。（本图的时效时间不足以形成 θ）。

最后我们从热力学的角度对脱溶过程进行综合分析，如图 7-10 所示。从图中可以看到，在较高温度下，α 相将首先转变成 θ；如果时效温度略低，将首先转变成 θ′。注意在这个温度不形成 GP 和 θ″，这是图 7-2 中较高温度时效时，最大硬度较低且没有硬度平台的原因。此外，如果合金在较低温度下形成 GP 区后，升温到 θ 和 θ′相区，则 GP 区溶解，合金软化。这种现象称为回归。合金回归后，再次进行时效时，仍可产生硬化，但时效速度减慢，其余变化不大。

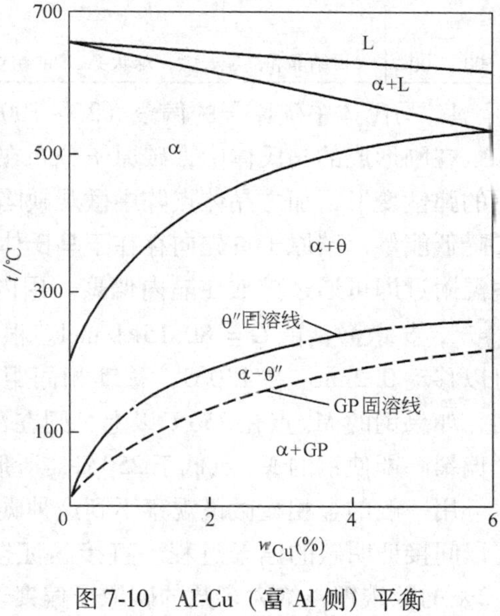

图 7-10　Al-Cu（富 Al 侧）平衡和 GP_1 亚稳相图

第二节 钢的回火转变

淬火后将钢件加热到低于临界点的某一温度，保温一定时间，然后冷却到室温的热处理操作称为回火。钢淬火后得到的马氏体组织是碳在 α-Fe 中的过饱和固溶体，此外在马氏体中还存在大量位错、孪晶等晶体缺陷，故马氏体极不稳定，容易分解。在回火过程中，过饱和的碳将以碳化物的形式析出。初期析出的是亚稳碳化物，以后将转变为稳定的碳化物，最后还将发生聚集长大。马氏体组织的这种变化与前面介绍的过饱和固溶体的脱溶分解从机理上是非常相似的。含有大量晶体缺陷的马氏体将发生回复与再结晶，以消除晶内缺陷。

在中、高碳钢的淬火组织中还有未转变的残留奥氏体，在回火过程中残留奥氏体将发生转变。因此，与单纯的过饱和固溶体脱溶分解相比，钢的回火更为复杂。对应于这些组织变化，回火可以改善韧性，稳定组织，消除或减小内应力。

一、淬火钢回火时的组织转变

根据淬火钢回火时的性能以及微观组织的变化，可将钢在回火过程中出现的各种转变列于表 7-1。从表中可以看到，回火时发生的各种转变往往不是单独发生的，而是相互重叠的。

表 7-1 钢回火时发生的转变

温度/℃	转 变	备 注
25 ~ 100	碳原子偏聚	在高碳钢中以原子团占据优势
80 ~ 250	马氏体分解或称 ε-碳化物沉淀（回火第一阶段）	在低碳、低合金钢中可能不存在
200 ~ 300	残留奥氏体转变（第二阶段）	仅在中碳和高碳钢中出现
250 ~ 350	板条状 Fe_3C 沉淀（第三阶段）	
400 ~ 600	位错亚结构的回复，板条状 Fe_3C 结团成球状 Fe_3C（第四阶段）	板条组织保留了下来
500 ~ 600	形成合金碳化物（二次硬化）	仅在含 Ti、Cr、Mo、V、Nb 或 W 的钢中出现，Fe_3C 可能溶掉
600 ~ 700	再结晶和晶粒长大，球状 Fe_3C 的粗化	可能形成等轴铁素体

1. 马氏体中碳原子的偏聚（25 ~ 100℃）

在刚形成的马氏体中，碳原子分布在体心立方的扁八面体中心位置，使晶体点阵产生严重的弹性变形，加之晶体点阵中微观缺陷较多，故马氏体的能量较高，处于不稳定状态。为了降低能量，碳原子首先向存在于马氏体中的位错和孪晶界面偏聚。由于碳原子比较小，在室温附近即可通过扩散在晶内偏聚。用内耗法测得碳在 α-Fe 中的扩散系数 $D_0 = 0.394\text{mm}^2 \cdot \text{s}^{-1}$，扩散激活能 $Q = 80.15\text{kJ/mol}$。根据这些数据可以计算出，在 230℃ 碳原子在 20μs 中可以移动 0.2nm。在 130℃，移动相同距离所需时间增加到 2.5ms，在室温则为 20s。这表明，如果钢的 M_S 点在 250℃ 以上，则在淬火到室温的过程中，马氏体中的碳原子已经发生了偏聚。即使钢的 M_S 点低于 250℃，所形成的马氏体在室温下碳原子仍有可能发生偏聚。

用一般的金相显微镜观察不到这种碳的偏聚，但是利用测量电阻、内耗和硬度等方法，可以间接证明碳的偏聚过程。直接的证据来自场离子/原子探针显微镜的分析。对于 $w_C < 0.2\%$ 的低碳钢，绝大多数的碳原子偏聚于位错线附近，形成柯垂尔（Cottrell）气团；当 $w_C > 0.2\%$ 时，位错线较少并易被碳饱和，一些碳原子保留在马氏体的点阵中，对体心正方点阵畸变作出贡献；与此同时，亚结构中孪晶数量增多，碳原子可能扩散到某一孪晶界面上形成所谓弘津气团。它相当于碳原子在孪晶面上的一片片小的富集区，厚度约为0.3nm，宽约0.6nm，长约0.7nm。

2. 马氏体分解（回火第一阶段，80～250℃）

随着回火温度的升高和回火时间的延长，富集区的碳原子将发生有序化，然后转变为碳化物。随着碳化物的析出，马氏体的碳含量不断减少，正方度不断下降。马氏体的分解过程与马氏体的成分密切相关。分别讨论如下：

（1）高碳马氏体的分解　用X射线结构分析测定了高碳（w_C 为1.4%）马氏体的正方度与回火温度的关系见表7-2。可以看到，当回火温度低于125℃时，α相呈现两种正方度，即由于碳化物析出，钢中同时出现碳含量不同的两种α相：一种与未经回火的淬火高碳马氏体接近（c/a = 1.062～1.054），对应于碳含量 w_C 为1.4%～1.2%；另一种为低碳马氏体（c/a = 1.012～1.013），对应于碳含量 w_C 为0.27%～0.29%，故被称为双相分解。当回火温度高于125℃时，α相的正方度只有一种，即只存在一种α相，且随着回火温度升高，c/a 逐渐减小，表明其含碳量逐渐降低。这种情况被称为单相分解。

表7-2　w_C 为1.4%马氏体回火时点阵常数和含碳量的变化

回火温度/℃	回火时间	点阵常数/nm		正方度	w_C（%）
		a	c	c/a	
20	20年	0.284	0.288　0.302	1.012，1.061	0.27，1.4
100	1h	0.284	0.288　0.300	1.013，1.054	0.29，1.2
125	1h	0.284	0.288	1.013	0.29
150	1h	0.285	0.288	1.012	0.27
175	1h	0.285	0.288	1.009	0.21
200	1h	0.285	0.287	1.006	0.14
225	1h	0.286	0.287	1.004	0.08
250	1h	0.286	0.287	1.003	0.06

出现上述现象的原因在于碳原子的扩散能力不同。在回火温度低于125℃时，碳原子不能作远距离扩散。在碳原子富集区经过有序化后析出的碳化物晶核，只能依靠其周围α相提供的碳原子长大成碳化物颗粒。马氏体的继续分解必须依赖于在其他高碳区析出新的碳化物颗粒，并在其周围形成新的低碳区。随着分解的进行，高碳区越来越少，低碳区越来越多；当高碳区完全消失时，分解即告结束。当回火温度超过125℃时，碳原子的活动能力较强，能够进行较长距离的扩散。已经析出的碳化物有可能从较远区域获得碳原子而长大，α相内的碳原子浓度差通过碳原子的扩散而消除。所以在分解过程中不再存在两种不同含碳量的α相，其含碳量及正方度随着分解过程的进行不断下降。当回火温度达到300℃时，正方度 c/a 接近于1，此时α相内的碳原子浓度接近于平衡状态，马氏体的脱溶分解过程基本结束。

（2）低碳和中碳马氏体的分解　低碳钢的 M_S 点比较高，故在淬成马氏体的过程中除可能发生碳原子向位错的偏聚外，在最先形成的马氏体中还可能发生自回火，析出碳化物。钢的 M_S 点越高，淬火时冷速越慢，自回火析出的碳化物越多。淬火后，在150℃以下不发生碳化物的析出，当回火温度高于200℃时，才有可能通过单相分解析出碳化物，使α相内的碳原子浓度降低。

中碳钢在正常淬火时得到的是板条位错马氏体和片状孪晶马氏体的混合组织，故回火时也兼具低碳马氏体和高碳马氏体的回火特征。

综上所述，随着回火温度的提高，马氏体中的过饱和碳将不断以碳化物的形式析出，使马氏体中的含碳量不断下降，且原始含碳量不同的马氏体，随着碳的不断析出，含碳量均将趋于一致，即向平衡状态过渡，如图7-11所示。这种经过在低温（<300℃）分解以后的马氏体称为回火马氏体。

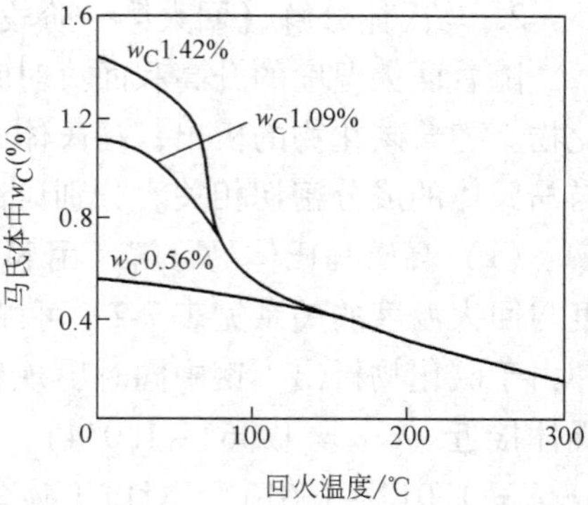

图7-11 钢回火过程中马氏体碳含量的变化

3. 残留奥氏体的转变（回火第二阶段，200～300℃）

钢淬火后的残留奥氏体量主要取决于钢的化学成分。在碳钢及低合金钢中，当 $w_C>0.4\%$ 时，就有残留奥氏体的存在。因此，回火时残留奥氏体的转变仅对中、高碳钢有意义，尤其是某些高碳高合金钢，其残留奥氏体量可以达到30%～40%以上，如高速钢、高铬钢、镍铬渗碳钢的渗层等。残留奥氏体的存在降低弹性极限和零件尺寸的稳定性，但也可能提高韧性和抗接触疲劳性能。因此，有必要了解残留奥氏体在回火过程中的变化，以便能控制残留奥氏体量。

残留奥氏体本质上与原过冷奥氏体并无不同，原过冷奥氏体可能发生的转变，残留奥氏体同样可以发生。但淬火后保留下来的残留奥氏体与原来过冷奥氏体存在很大的差别：首先是化学成分的差别。例如板条马氏体周围的残留奥氏体含碳量比平均含碳量高得多；其次，马氏体转变时产生的体积膨胀效应使残留奥氏体处于三向压应力状态，残留奥氏体可能发生塑性变形、弹性畸变以及热稳定化等。这些因素都会影响残留奥氏体的转变动力学。

（1）残留奥氏体向珠光体和贝氏体的转变 将淬火钢加热到 M_S 点以上、A_1 点以下各个温度等温保持，残留奥氏体在高温区转变为珠光体，在中温区转变为贝氏体。与过冷奥氏体等温转变C曲线相比，残留奥氏体等温转变成珠光体的变化不大；但对于贝氏体转变，由于马氏体的存在促进了贝氏体转变的进行，如图7-12所示。碳钢在200～300℃回火时，残留奥氏体通常转变成下贝氏体，其中α相的含碳量与回火马氏体的含碳量一致，贝氏体

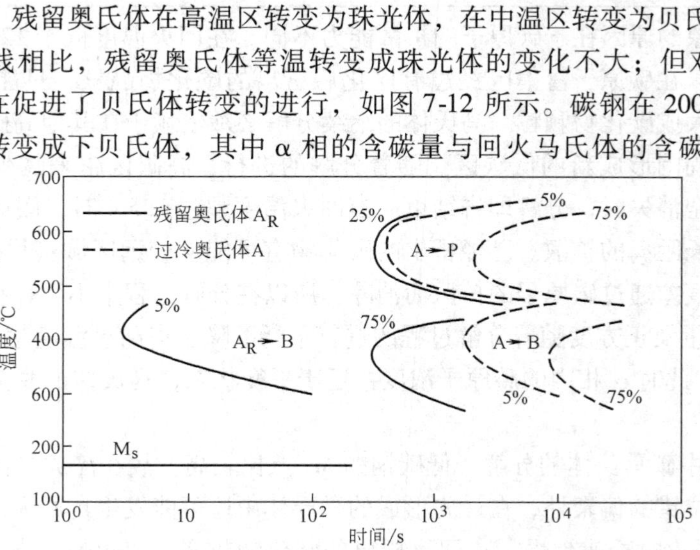

图7-12 Fe-0.7C-1Cr-3Ni钢奥氏体等温转变动力学图

优先形核于马氏体与奥氏体的边界。转变温度较高时，也可以在奥氏体内部形核。形成的碳化物为 5nm 的颗粒状并与 α 相保持共格。在中碳钢中，残留奥氏体以连续的薄层位于马氏体板条之间，在 200～300℃之间分解为断续的板条间碳化物后，对钢的韧性存在不利的影响。图 7-13 为 Fe-4Mo-0.2C 钢在 295℃回火 1h 后的透射电子显微像，图中仅显示了渗碳体。可以看到从原残留奥氏体片析出的断续排列的渗碳体粒子，状似薄膜。

（2）残留奥氏体向马氏体的转变　若将淬火钢加热到低于 M_S 点的某一温度等温保持，则残留奥氏体可能等温转变为马氏体。实验证实，此时在 M_S 点以下的等温转变完全受马氏体分解的控制，也就是说，淬火马氏体发生分解以后，残留奥氏体才能等温转变为马氏体。虽然这种等温转变量很少，但对精密工具和量具的尺寸稳定性将产生很大的影响。

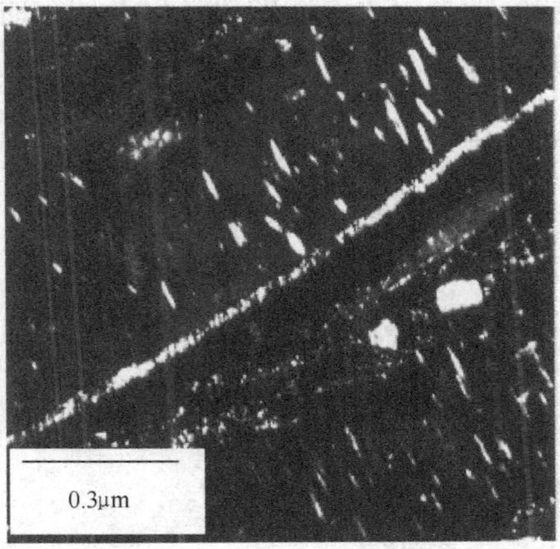

图 7-13　Fe-4Mo-0.2C 钢在 295℃回火 1h 后的透射电子显微像（白色为渗碳体）

前面已经述及，淬火时冷却中断或冷速较慢将使奥氏体不易转变成为马氏体，从而使冷至室温的残留奥氏体量增多，即出现奥氏体热稳定化现象。奥氏体热稳定化现象可以通过回火加以消除，即将淬火钢加热到较高温度回火，若残留奥氏体比较稳定，在回火保温时不发生分解，在随后的冷却过程中可以转变为马氏体。这种在回火冷却时转变为马氏体的现象称为“二次淬火”。二次淬火与回火工艺密切相关。例如，W18Cr4V 高速钢经 1280℃淬火后在室温的残留奥氏体量高达 23%。由于 560℃正好处于高速钢的珠光体与贝氏体转变之间的奥氏体稳定区，故在回火过程中奥氏体不发生转变。但在回火后的冷却过程中，部分残留奥氏体将转变成马氏体。经过 3～4 次，每次 1h 回火，可使残留奥氏体全部转变为马氏体。二次淬火的起因在于 560℃保温时残留奥氏体中发生了催化，即反奥氏体热稳定化现象，将残留奥氏体的 M_S 点提高到室温以上。若在 560℃回火后冷却至 250℃停留 5min，则残留奥氏体又将变得稳定，在冷至室温的过程中不再发生转变。这种稳定化（也称反催化）又将残留奥氏体的 M_S 点降低至室温以下，使残留奥氏体不再能转变为马氏体。催化与反催化可以反复进行多次。

基于上述现象，有人认为这是 C、N 原子与位错交互作用的结果。淬火中断或缓慢冷却时，间隙原子将进入位错膨胀区形成柯垂尔（Cottrell）气团，阻碍位错移动，增加相变阻力，导致奥氏体难以转变为马氏体，即出现奥氏体的奥氏体热稳定化现象。若将处于稳定化状态的残留奥氏体加热至某一温度以上，如高速钢在 560℃停留一段时间，则 C、N 原子将从位错逸出，使气团“蒸发”，从而减小相变阻力，使残留奥氏体恢复转变为马氏体的能力。

除了上述的气团理论外，还有人认为，在回火过程中从残留奥氏体中析出了碳化物，降低了奥氏体中的碳和合金元素的含量，从而提高了残留奥氏体的 M_S 点。由电镜观察证实，在回火时间足够长时才有碳化物析出，而且这一观点不能解释催化与反催化的可逆性。也有人认为，回火消除了马氏体转变引起的相硬化，使残留奥氏体恢复了转变为马氏体的能力。看来，碳化物的析出及相硬化的消除都有可能使残留奥氏体恢复转变为马氏体的能力，但是这二个因素引起的催化是不可逆的。

4. 碳化物的析出（回火第三阶段，200～700℃）

为了叙述的方便，在讨论马氏体的分解时，没有涉及析出碳化物的具体细节。本段将碳化物的析出进行统一讨论。

在马氏体分解初期，有可能直接析出稳定的碳化物，但大多数情况下析出的是亚稳碳化物。随着回火温度的提高以及回火时间的延长，亚稳碳化物必将向稳定碳化物转化及聚集长大。表7-3给出了马氏体回火时有关碳化物析出的数据，表7-4则列出了碳化物的析出顺序。

表7-3 马氏体回火时有关碳化物析出的数据

碳化物	晶体结构	形状	取向关系	形成温度/℃
ε-碳化物（$Fe_{2\sim3}C$）	hcp	板条	$(10\bar{1}1)_{\varepsilon}//(101)_{\alpha}$ $[0001]_{\varepsilon}//[011]_{\alpha}$	100～250
η-碳化物①（Fe_2C）	正交	片状	$(110)_{\eta}//(101)_{\alpha}$ $[001]_{\eta}//[100]_{\alpha}$	100～250

χ-碳化物（Fe_5C_2）	单斜	片状	$(100)_{\chi}//(\overline{12}1)_{\alpha}$
			$[010]_{\chi}//[101]_{\alpha}$
			$[011]_{\chi}//[\bar{1}11]_{\alpha}$
				200～300

渗碳体（Fe_3C）	正交	板条	$(001)_{c}//(211)_{\alpha}$ $[100]_{c}//[0\bar{1}1]_{\alpha}$	200～700
VC-V_4C_3	立方（NaCl结构）	片状	$(100)_{c}//(100)_{\alpha}$ $[011]_{c}//[010]_{\alpha}$	～550
Mo_2C	hcp	—	$(0001)_{c}//(011)_{\alpha}$ $[11\bar{2}0]_{c}//[100]_{\alpha}$	～550
W_2C	hcp	针状	同Mo_2C	～600
Cr_7C_3	六方	球片	—	～550
$Cr_{23}C_6$	立方	片状	$(100)_{c}//(100)_{\alpha}$ $[011]_{c}//[010]_{\alpha}$	
M_6C（Fe_3Mo_3C、Fe_3W_3C）	立方	—	—	～700

① 有人认为ε-碳化物（$Fe_{2\sim3}C$）就是η-碳化物（Fe_2C）。

表7-4 碳化物的脱溶顺序

合金的质量分数（%）	脱溶顺序
Fe-C（<0.2%）	→Fe_3C
Fe-C（0.2%～0.6%）	ε′-碳化物→Fe_3C
Fe-C（>0.6%）	ε′-碳化物→χ-碳化物→Fe_3C
Fe-2V-0.2C	Fe_3C→VC或V_4C_3
Fe-4Mo-0.2C	Fe_3C→Mo_2C→M_6C
Fe-6W-0.2C	Fe_3C→W_2C→$M_{23}C_6$→M_6C
Fe-12Cr-0.2C	Fe_3C→Cr_7C_3→$Cr_{23}C_6$

（1）低碳马氏体中碳化物的析出　含碳量w_C低于0.2%的马氏体在200℃以上回火时，将在碳原子偏聚区通过单相分解自马氏体中直接析出稳定碳化物Fe_3C，即渗碳体。图7-14为Fe-4Mo-0.2C在190℃回火1h的透射电子显微像，从图中可以看到细小渗碳体自马氏体中析出，此时残留奥氏体未发生变化。

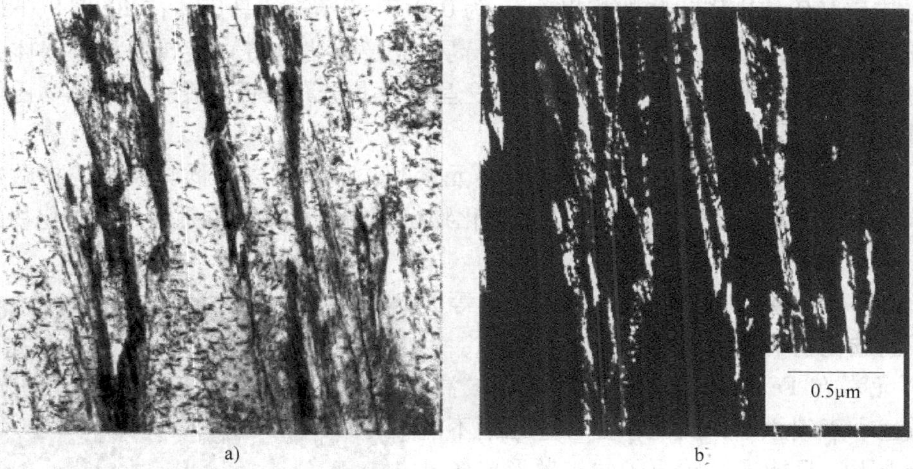

图7-14 Fe-4Mo-0.2C 在190℃回火1h后的透射电子显微像
a）碳以细小渗碳体的形式在马氏体中析出
b）暗场像显示残留奥氏体未有变化

由于低碳马氏体的 M_S 点比较高，故在淬成马氏体的过程中，在已形成的马氏体中有可能发生自回火，析出渗碳体。自回火析出的渗碳体均为在马氏体板条内缠结位错区形成的针状碳化物，一般长约50～200nm，直径约3.5～12nm，也有一些直径为3～8nm的细颗粒状渗碳体析出。250℃回火时，析出的渗碳体将长大到250nm长，20nm宽。除了在位错缠结处析出外，还将沿板条马氏体条界析出厚为1nm，宽约80nm薄片状渗碳体。进一步提高回火温度。板条界上的渗碳体薄片在长大的同时发生破碎，变成长约200～300nm，宽约100nm的短粗针状渗碳体。随着板条界渗碳体的长大，板条内的细针状和细颗粒状渗碳体将重新溶入α。回火温度达到500～550℃，板条内渗碳体已经消失，只剩下界面上较粗大的直径为200～300nm的渗碳体。

（2）高碳马氏体中碳化物的析出　高碳马氏体在高于100℃回火时，开始析出亚稳过渡碳化物——ε-碳化物（$Fe_{2\sim3}C$），并与基体相保持共格关系。析出的过渡碳化物极为细小，在光学显微镜下不能分辨，但由于碳化物的析出，使马氏体极易被腐蚀成黑色，与下贝氏体相似。在透射电镜下可以看到析出的ε-碳化物为长约100nm，平行于 $\{100\}_\alpha$ 的条状薄片。由于 $\{100\}_\alpha$ 晶面族有三个相互垂直的（100）面，故在马氏体内析出的ε-碳化物薄片也相互垂直。在高分辨电镜下可以看到ε-碳化物薄片是由许多5nm左右的碳化物颗粒组成。

在250℃以上回火，亚稳过渡ε-碳化物（$Fe_{2\sim3}C$）将转变为较为稳定的χ-碳化物 Fe_5C_2，具有复杂斜方结构，呈薄片状，惯习面为 $\{112\}_\alpha$，即片状马氏体中的孪晶界面。其片间距与马氏体中孪晶界面间距相当，故可认为χ-碳化物是在孪晶面上形成的。温度进一步提高至300℃以上时，亚稳过渡碳化物和χ-碳化物（Fe_5C_2）又将转变为片状稳定碳化物 Fe_3C，即渗碳体。其惯习面是 $\{112\}_\alpha$ 或 $\{110\}_\alpha$，故可以认为部分 Fe_3C 是在χ-碳化物 Fe_5C_2 上原位（in-situ）转变而来。而其他 Fe_3C 则是在亚稳过渡ε-碳化物（$Fe_{2\sim3}C$）溶解后独立形核长大而成。在较宽温度范围内，Fe_5C_2 与 Fe_3C 共存，至450℃以上χ-碳化物 Fe_5C_2 全部转变为渗碳体。

（3）中碳马氏体中碳化物的析出　w_C 为0.2%～0.6%的马氏体在200℃以下回火时有可能形成亚稳过渡碳化物。随着回火温度升高，亚稳碳化物将直接转变为渗碳体，不出现χ-碳化物。由板条马氏体析出的碳化物大部分呈薄片状分布在板条界。由孪晶马氏体析出碳化物的过程与高碳马氏体相同。

（4）合金碳化物的形成　钢中含有合金元素时，不仅可以降低碳原子的扩散速度，从而提高碳从过饱和马氏体中完全脱溶以及碳化物粗化的温度，更重要的是对碳化物的析出过程产生影响。

Hf、Zr、Ti、Ta、Nb、V、W、Mo、Cr 等元素所形成的碳化物均较渗碳体（Fe_3C）稳定。但这些合金元素在 Fe 中扩散的扩散激活能较高，扩散系数远小于碳原子，因此，在合金元素不能扩散的低温下，只能通过碳原子的扩散形成各种亚稳碳化物和渗碳体（Fe_3C）。随着温度的提高，合金元素扩散能力增强，合金元素将溶入渗碳体形成合金渗碳体（$(FeM)_3C$）。高于500℃，开始形成合金碳化物。其转变方式有两种：①原位生长——合金碳化物在渗碳体-铁素体界面上形核并长大，直至渗碳体消失，由更细小弥散分布的合金碳化物代替；②独立形核长大——合金碳化物在α相的位错、板条边界和原奥氏体晶界上形核，然后以消耗渗碳体而长大。析出顺序见表7-4。图7-15为Fe-0.1C-1.99Mn-1.6Mo合金淬火后在600℃回火100h后针状 Mo_2C 粒子析出图像，针的长轴方向为 $<100>_\alpha$。后面将介绍，这些细小弥散的合金碳化物析出引起二次硬化。

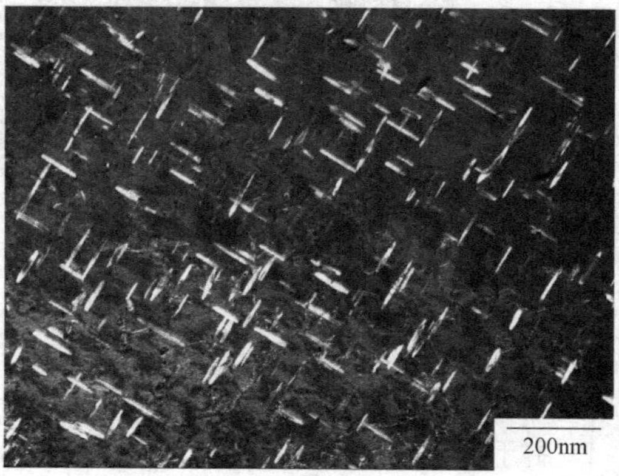

图7-15　Fe-0.1C-1.99Mn-1.6Mo 合金淬火后在600℃回火100h 析出的针状 Mo_2C 粒子图像

5. α相状态的变化（回火第四阶段，400～700℃）

回火温度高于400℃时片状渗碳体将逐渐球化并聚集长大，铁素体基体也将发生回复。

（1）回复和晶粒长大　在中低碳钢淬火所得板条马氏体中存在大量位错，密度可达（0.3～0.9）$\times 10^{12} cm^{-2}$，与冷变形金属相似，所以在回火过程中将发生回复。回复初期，部分位错，其中包括小角度晶界，即板条界上的位错将通过滑移和攀移而消失，使位错密度下降。部分板条界面消失，相邻板条合并成宽的板条。剩余的位错也将重新排列形成位错缠结，逐渐转化为胞块。400℃以上回火时，回复已经十分明显。由于板条合并变宽，板条形态已不明显，只能看到边界不清的亚晶块。以前认为，回火温度高于600℃时，回复后的α相开始发生再结晶；但近来在碳钢（w_C0.2%～1.4%）中的试验表明，通常所说的能获得等轴晶的再结晶过程在淬火钢的回火过程中很难发生。图7-16表明，经过690℃168h回火后，Fe-0.2C钢中马氏体仍然保留了板条马氏体的一些特征。由此认为，由于碳化物钉扎晶界，再结晶过程被抑制，回火时α相只有回复和晶粒长大。

高碳钢淬火所得到的片状马氏体的亚结构主要是孪晶。当回火温度高于250℃时，马氏体片中的孪晶开始消失，但沿孪晶界面析出的碳化物仍显示孪晶特征；当回火温度达到400℃时，孪晶全部消失，出现胞块，但片状马氏体的特征仍保留，这时的组织一般称为回火托氏体；当回火温度达到600℃时，片状特征逐渐消失，这时的组织称为回火索氏体。有

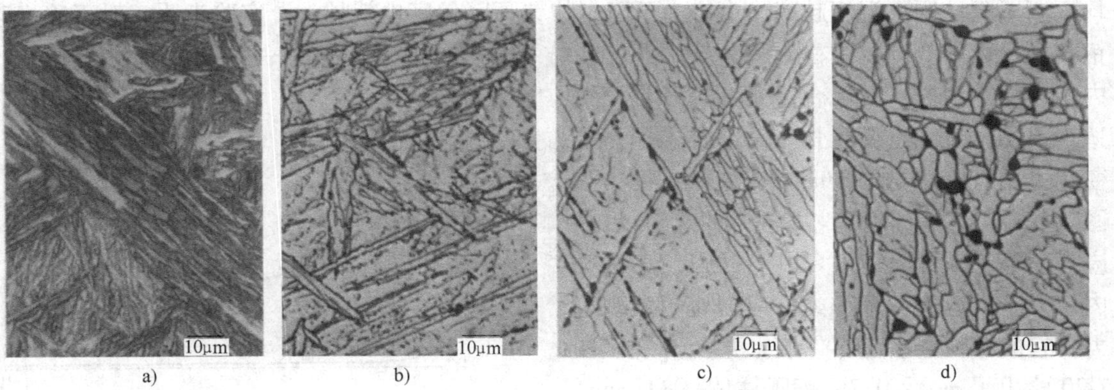

图 7-16　Fe-0.2C 钢在水淬与 690℃回火后的光学金相组织
a）水淬　b）25min　c）2h52min　d）168h

人统计了碳含量和在 690℃回火时碳化物粒子尺寸（随回火时间而变）对 α 相形貌的影响，结果示于图 7-17。回火时间较短时，低碳钢保留板条特征，高碳钢保留片状特征；长时间回火后，出现等轴组织。图 7-18 给出了 Fe-1.2C 碳钢淬火后在 690℃回火 168h 所得的等轴 α 相组织。图中的碳化物主要处于晶界，阻止了再结晶的进行。在板条马氏体和片状马氏体共存的共析成分附近，由于马氏体组织细小，很容易获得等轴 α 相组织。

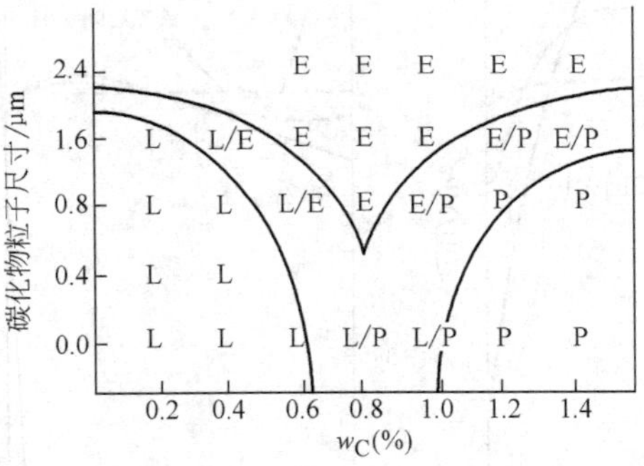

图 7-17　碳含量和碳化物尺寸（回火时间）对 α 相形貌的影响
L—板条　P—片状　E—等轴

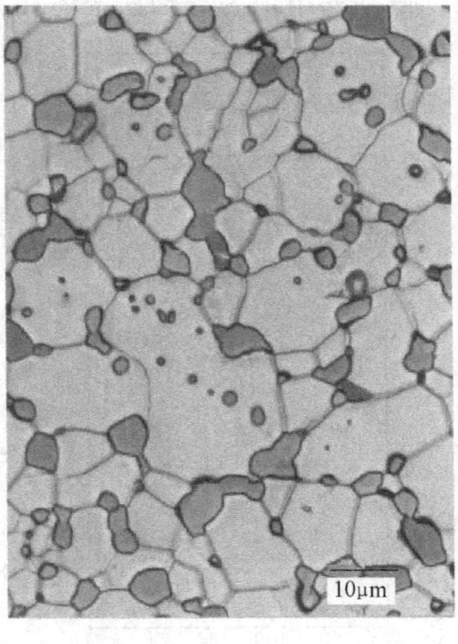

图 7-18　Fe-1.2C 合金水淬后在 690℃回火 168h 的等轴 α 相和渗碳体组织

（2）内应力消失　淬火后存在于工件内部的内应力按其作用范围大小可分为三类：第一类是由于工件内外温度不一致和相变不同时造成的宏观区域性内应力；第二类是由于工件中几个晶粒内的温度不一致和相变不同时而造成的微观区域性内应力；第三类为由溶质原子溶入使晶体发生畸变以及由于保持共格关系而使晶体产生弹性畸变所引起的内应力。

在回火过程中，随着回火温度的升高，原子活动能力增强，晶内缺陷及各种残留内应力均逐渐下降。回火温度越高，内应力下降越快，下降程度也就越大。实验表明，对于淬火碳钢，马氏体在300℃左右分解完毕，第三类内应力随之消失；对于合金钢，这一温度要适当提高，时间也要延长。第二类内应力的变化可用点阵常数 $\Delta a/a$ 的变化来表征，如图7-19所示。在400℃以上，回火2h后内应力已经不大，在500℃以上回火，第二类内应力基本消失。第一类内应力属于宏观应力，它的存在会引起零件变形甚至开裂。图7-20给出了 w_C 为0.7%钢圆柱体（ϕ18mm）900℃淬火后内应力与回火温度的关系（横坐标以距中心圆面积计）。可见淬火内应力可达200MPa以上，经过200℃和500℃的1h回火，内应力已经大为降低。到550℃回火一定时间，第一类内应力可以基本消除。

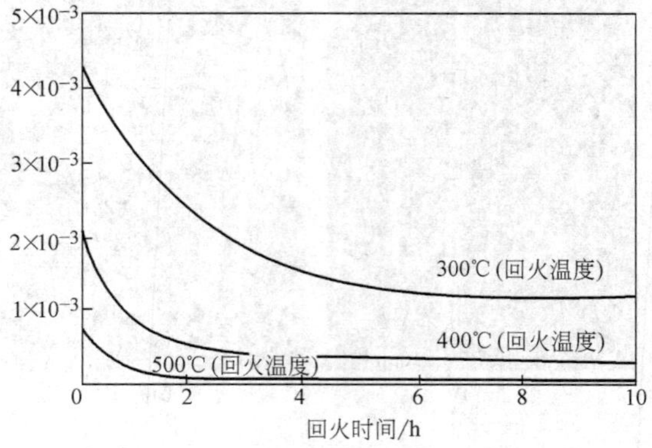

图7-19 回火时间对点阵常数的影响

大体上，淬火钢在300℃以下回火时，淬火马氏体分解为回火马氏体。回火温度为400℃左右时，在碳钢和低合金钢中将得到细针状铁素体和细粒状的碳化物组织的混合物，成为回火托氏体。如果在500℃以上时，粒状碳化物进一步聚集，铁素体回复，马氏体针逐步消失，得到的组织为等轴铁素体和大颗粒碳化物的混合物，称为回火索氏体。

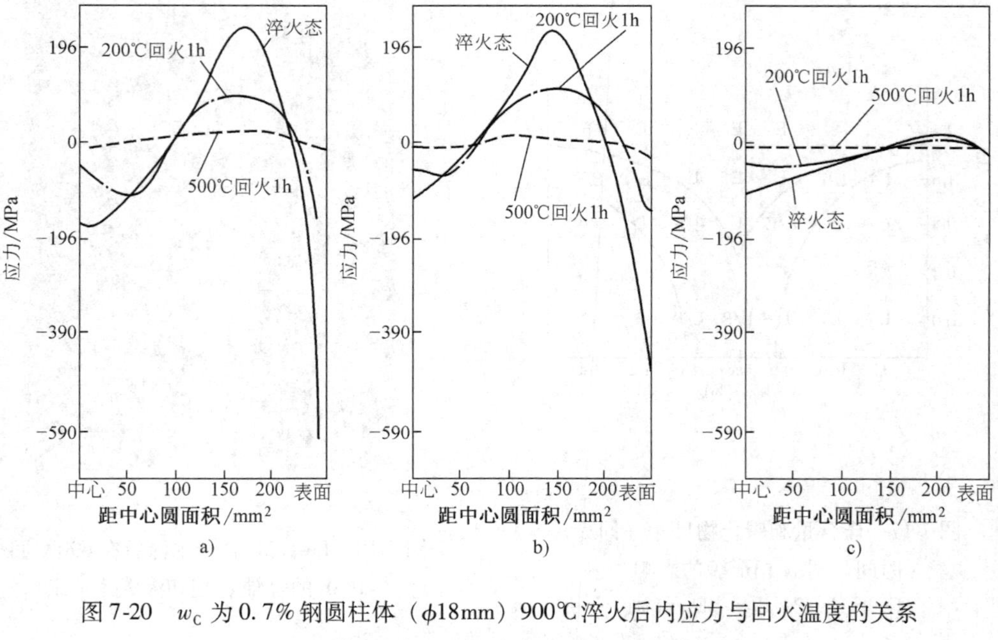

图7-20 w_C 为0.7%钢圆柱体（ϕ18mm）900℃淬火后内应力与回火温度的关系

a）轴向应力 b）切向应力 c）径向应力

二、淬火碳钢回火时力学性能的变化

淬火碳钢回火的主要目的是提高韧性和塑性，获得韧性、塑性与强度、硬度间的良好配合，以满足不同工件对性能的要求。随着回火温度和时间的变化，力学性能将发生变化，这种变化与以上讨论的显微组织变化存在密切的联系。

1. 低碳钢回火后的力学性能

图7-21a 是 w_C 为0.2%钢淬成低碳马氏体后回火时力学性能随回火温度的变化。在200℃以下回火时，硬度与强度下降不大，塑性变化也不大。这是因为低碳马氏体低温回火时只有碳原子的偏聚而无碳化物的析出所致。由于内应力释放以及偏聚于位错的碳原子对位错的启动有钉扎作用，故使弹性极限和屈服强度有所提高。回火温度超过200℃后，将有针状渗碳体在位错缠结处析出，可进一步提高弹性极限，而强度和硬度开始下降；但由于在马氏体板条条界处析出极薄渗碳体，塑性指标没有增加，甚至在250℃以上有所下降。回火温度超过300℃以后，由于渗碳体析出已经完成，随着温度升高发生聚集长大，再加上α基体的回复所引起的软化，故使硬度、强度、弹性极限下降，而塑性指标不断上升。由此可见，低碳钢淬火后低温回火可以获得很好的综合力学性能，这也是低碳马氏体获得广泛应用的原因。

2. 高碳钢回火后的力学性能

淬火状态下，高碳马氏体中含碳量高，亚结构主要是孪晶，同时钢中的残留奥氏体量也较多。因此在回火时高碳钢的组织和力学性能的变化均不同于低碳钢，如图7-21b所示。图中表明，淬火后在300℃以下回火时仍硬而脆，静拉伸时仍为脆性断裂，故屈服强度、抗拉强度等指标均无法测出。但从硬度的变化中可以看出力学性能的变化规律。200℃以下回火时，硬度有所升高。马氏体含碳量越高，硬度升高越明显。这是因为200℃以下回火时有亚稳ε′-碳化物弥散析出，引起时效硬化所致。与此同时，固溶于α相中的碳仍保持在0.25%～0.3%，固溶强化的作用未减。回火温度超过200℃后，由于碳的进一步析出，硬度下降，此时，残留奥氏体也发生了转变，故硬度下降缓慢。残留奥氏体较多时，硬度甚至可能有所升高。从弹性极限的变化中可以看到，其抗塑性变化的能力与低碳钢一样，在300～350℃附近出现极大值。这也是因为在此温度区间，随着回火温度升高，一方面使内应力释放；另一方面位错密度下降，且残存位错又为析出的碳化物钉扎，故使弹性极限升高。回火温度超过300℃以后，强度、硬度显著下降，而塑性指标明显升高，这与低碳钢的情况类似。

由此可见，高碳钢采用完全淬火时，如果回火温度低于300℃，则仍处于脆性状态；如高于300℃回火，则所得综合力学性能并不比低温回火的低碳马氏体好。故高碳钢一般采用不完全淬火，使溶入奥氏体的碳仅为0.5%左右，淬火后在低温回火状态下使用其高的硬度。提高钢的含碳量也只是为了增加碳化物的数量，以提高耐磨性以及细化奥氏体晶粒。

3. 中碳钢回火后的力学性能

中碳钢淬火后得到板条马氏体与片状马氏体的混合组织，故中碳钢淬火后回火时的力学性能变化规律介于低碳钢与高碳钢之间。

图7-21c 是中碳钢（w_C0.41%，w_{Mn}0.72%）力学性能与回火温度之间的关系。由图可见，由于中碳钢含碳量较高碳钢低，在200℃以下回火时，虽有碳化物析出，但析出量少，故不能使硬度升高。回火温度超过200℃后，随着回火温度升高，硬度不断下降。与低碳钢及高碳钢一样，在250℃以前随回火温度升高，屈服强度特别是弹性极限不断上升，在250～300℃达最高点。在此期间，塑性指标并不高。当回火温度超过300℃后，与低碳钢一样，随回火温度升高，强度下降，塑性上升。此外，与低碳钢明显不同之处，是在300℃以上回火时断裂韧度明显提高。

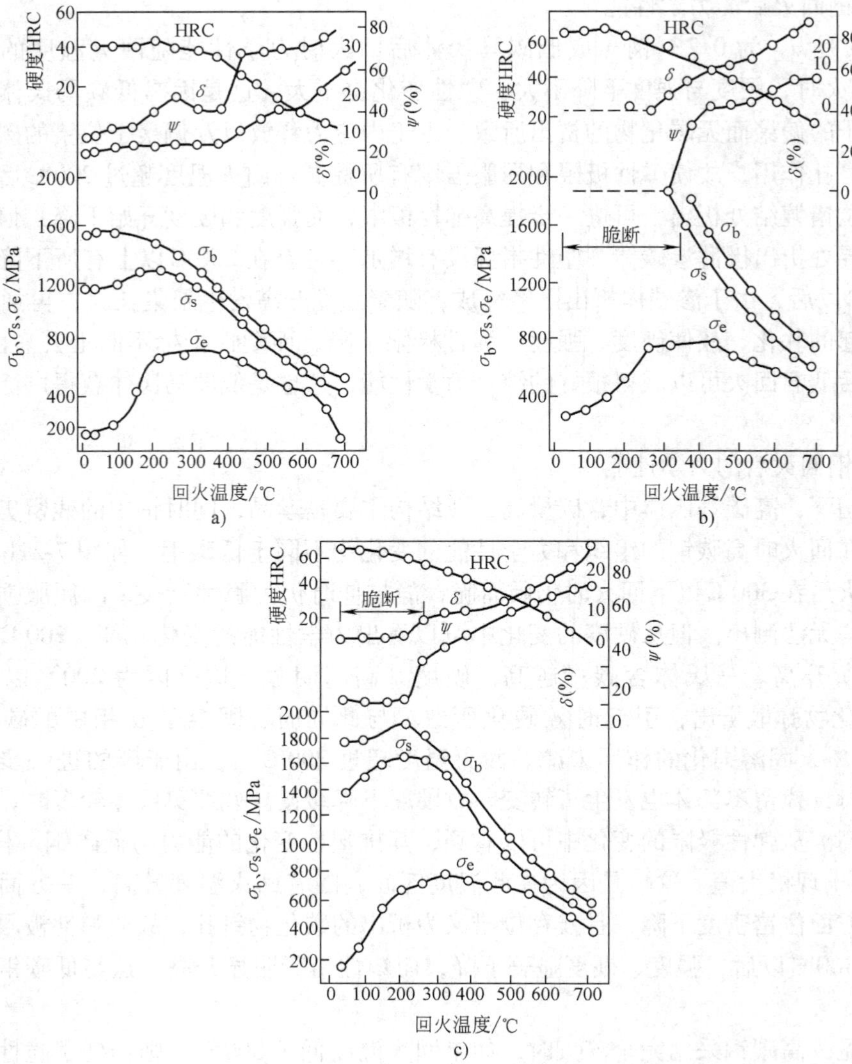

图 7-21 淬火钢的力学性能与回火温度的关系

a) w_C0.2% b) w_C0.82% c) w_C0.41%

对性能变化可以看出，中碳钢经中温回火后可以获得较好的弹性性能，故用作弹簧的中碳钢一般均经中温回火（大体在 350～500℃之间）以获得回火托氏体组织，它具有高的弹性极限、高的疲劳极限、高的抗应力松弛性能和适当的冲击韧度，特别是抗多次冲击的能力。在这个温度范围回火，需要注意防止回火脆性，后面将专门讨论这一问题。在 550～650℃回火时，钢的硬度和强度继续下降，塑性和韧性显著提高，尤其是钢的冲击韧度可以达到最高值。因此，用作结构件的中碳结构钢大多采用高温回火得到回火索氏体组织，以求强度和韧性的最佳配合。

三、合金钢回火时力学性能变化的特点

合金元素对回火转变和组织性能有很大影响，可以归纳为三个方面：①延缓钢的软化，即提高淬火钢的回火抗力；②发生二次硬化现象；③影响钢回火后的脆性。这里先讨论前两个方面。回火脆性将在后面专门讨论。

合金元素对钢低温回火（<250℃）的影响不明显。在回火的第二、三阶段，合金元素提高钢的回火抗力的作用才表现出来。原因在于它主要通过碳的扩散来影响马氏体的分解过程以及碳化物析出、长大速度，从而影响 α 相中碳浓度的下降速度。显然，这种作用的大小与合金元素与碳的结合力有很大关系。

通常认为，除非碳化物形成元素 Ni 和弱碳化物形成元素 Mn 外，强碳化物形成元素 Cr、Mo、W、V、Ti 等均可提高碳在马氏体中的扩散激活能，降低扩散系数，从而减慢马氏体的分解速度。而非碳化物形成元素 Si 和 Co 能够溶解到亚稳碳化物中，使其稳定，减慢碳化物的聚集速度，从而推迟马氏体的分解。如前所述，碳钢回火时，马氏体中过饱和碳完全脱溶分解温度在 300℃左右，加入合金元素可使完全脱溶分解温度提高 100～150℃。这意味着合金钢在较高温度回火，仍可保持 α 相中一定过饱和碳浓度和细小碳化物，从而保持高的硬度和强度。图 7-22 为 Fe-0.35C-Mo 合金钢回火硬度与回火温度的关系曲线。w_{Mo}为 0.5% 的钢可以代表一般低合金钢，与碳钢相比，回火抗力有了明显改善。

w_{Mo}为 5.0% 的钢则表现出与低合金钢不同的规律。在 400℃左右，硬度曲线与 400℃以下回火曲线发生了明显偏离。随着回火温度升高，硬度不降反而升高，超过 550℃以后硬度又恢复下降。其原因在于析出了能引起二次硬化的 Mo_2C。在含有足够数量强碳化物形成元素 Mo、V、W、Ta、Nb、Ti 的马氏体中，都会出现这种情现象。二次硬化现象在生产上有重要意义，例如高速钢靠它可保持高的红硬性；某些耐热钢靠它可维持高温强度；某些结构钢和不锈钢也靠它改善力学性能。

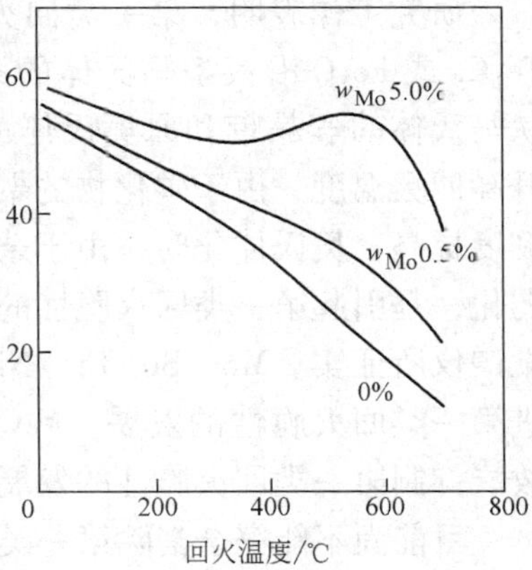

图 7-22　Fe-0.35C-Mo 合金钢回火硬度与回火温度的关系

二次硬化的本质是共格析出的合金碳化物（如 VC、TiC 或 Mo_2C 等）的弥散强化。合金碳化物越稳定、越细小，强化效果越好。电镜观察表明，有明显二次硬化效应的合金碳化物是 M_2㊀C 和 MC 型碳化物，如图 7-15 所示。Mo、W、V、Ti、Nb 等元素均能形成这两种碳化物，故有明显的二次硬化效应。凡是促进这两种碳化物析出的元素也同样能提高二次硬化效应。M_2C 和 MC 型碳化物均在位错区呈针状高度弥散析出，且与 α 相保持共格关系。例如在 W6Mo5Cr4V2 高速钢中，引起二次硬化的 VC 细丝，直径仅为 2nm，长 10～20nm，碳化物间距也只有 1～2nm。从表 7-3 也可以看到，碳化物析出的温度在 550℃或更高，因此在 450℃开始的硬度升高可能与合金碳化物析出前的偏聚有关，类似于在 Al-Cu 合金中出现 GP 区的情况。电镜中能够观察到碳化物析出时，钢的硬度已经到达最大值。如果回火温度升高或者回火时间延长，碳化物将长大，硬度将下降，即所谓过时效。

四、回火脆性

回火的主要目的是改善钢的塑性和韧性。但令人遗憾的是，钢的冲击韧度并不总是随回

㊀ M 代表合金元素。

火温度的升高而增加，而是可能出现两个马鞍形，如图 7-23 所示。这种现象称为回火脆性，其中在 250 ~ 400℃之间出现的回火脆性称为第一类回火脆性，或称低温回火脆性以及回火马氏体脆性；在 450 ~ 650℃之间出现的回火脆性称为第二类回火脆性，或称高温回火脆性。

1. 第一类回火脆性

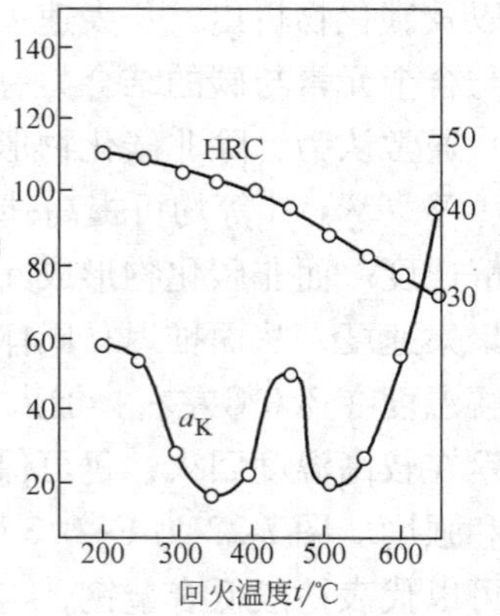

图 7-23 37CrNi3 钢回火时硬度和冲击韧度的变化

与回火后的冷却速度无关，几乎所有钢在回火时都会产生第一类回火脆性。其断口大多为晶间（沿晶界）断裂，而在非脆化温度回火的工件一般为穿晶断裂。奥氏体晶粒越粗大，残留奥氏体越多，第一类回火脆性越严重。如果将已经产生第一类回火脆性的工件再次加热到更高温度回火，则可以消除脆性，使冲击韧度重新提高。此时，即使将该工件在产生这种回火脆性的温度区间内回火，也不会重新产生这种脆性。因此，第一类回火脆性也称为不可逆回火脆性。

研究工作表明，第一类回火脆性是新生成的碳化物 χ-Fe_2C_5 或 Fe_3C 沿板条马氏体的条界、束界、群界或者在片状马氏体的孪晶带和原奥氏体晶界上析出引起的。若继续升高回火温度，由于碳化物的聚集长大和球化，改善了各类界面的脆化性质，因而又使冲击韧度提高。奥氏体化时，由于杂质元素 P、S、As、Sn、Sb 等在晶界、亚晶界偏聚导致晶界弱化，是引起第一类回火脆性的又一因素。杂质元素在奥氏体晶界的偏聚已为电子探针和俄歇谱仪所证实。Mn、Si、Cr、Ni、V 等元素能够促进杂质元素在奥氏体晶界的偏聚，故能促进第一类回火脆性的发展。Mo、W、Ti、Al 等元素能阻止杂质元素在奥氏体晶界的偏聚，故能抑制第一类回火脆性的发展。

目前尚不能完全消除第一类回火脆性，但可以采取一些措施来减轻第一类回火脆性。其措施如下：

1）降低钢中杂质元素含量。

2）用 Al 脱氧或加入 Nb、V、Ti 等元素细化奥氏体晶粒。

3）加入 Mo、W 等能减轻第一类回火脆性的合金元素。

4）加入 Cr、Si 等元素调整发生第一类回火脆性的温度范围，使之避开所需的回火温度。

5）采用等温淬火代替淬火 + 回火工艺。

2. 第二类回火脆性

第二类回火脆性主要在合金结构钢中出现，碳素钢一般不出现这类回火脆性。第二类回火脆性对回火后的冷却速度敏感。从产生回火脆性的温度缓慢冷却时发生第二类回火脆性，而快速冷却则可避免或减弱第二类回火脆性。如将快速冷却后未出现回火脆性的工件再次回火并缓慢冷却，则第二类回火脆性又将出现。这说明第二类回火脆性是可逆的。出现第二类回火脆性引起沿原奥氏体晶界断裂，如图 7-24 所示。

化学成分是影响第二类回火脆性的最重要的因素。P、Sn 是引起第二类回火脆性的主要杂质元素，Mn、Si 的作用次之。Mn 被认为是降低晶界强度的元素，而 Si 的作用是促进 P

向原奥氏体晶界的偏聚，它本身与 Ni 共同偏聚于奥氏体晶界。As、Sb、S 也是促进第二类回火脆性的元素。考虑到成本的因素，实际生产中很难将这些杂质元素降低到期望的程度，此时可以加入抑制第二类回火脆性的元素，如 Mo、W、V、Ti 以及稀土元素 La、Nd、Pr 等。

图 7-24　第二类回火脆性引起的沿原奥氏体晶界断裂

除了前面叙述的回火后的冷却速度外，第二类回火脆性还与回火温度和回火时间密切相关。温度一定时，随着回火时间延长，脆化程度加剧。在 550℃以下，回火温度越低，脆化速度越慢，但能够达到的脆化程度越大；在 550℃以上，随着回火温度提高，脆化速度减慢，能达到的脆化程度下降。这一过程与在奥氏体晶界偏聚的杂质元素的气化（evaporation）有关。所以，第二类回火脆性的等温脆化动力学亦呈“C”形，鼻尖温度为 550℃。

无论钢具有何种原始组织，均可产生第二类回火脆性。但以马氏体组织的回火脆性最为严重，贝氏体次之，珠光体最小。其原因在于马氏体转变和贝氏体转变均不穿越原始奥氏体晶界，原始奥氏体晶界和晶界上的各种杂质元素如 P 得以保留，故加重回火脆性；而珠光体转变可吞噬原奥氏体晶界，因此回火脆性较小，如图 7-25 所示。由此不难理解，奥氏体晶粒越粗大，回火脆性的敏感性越大。

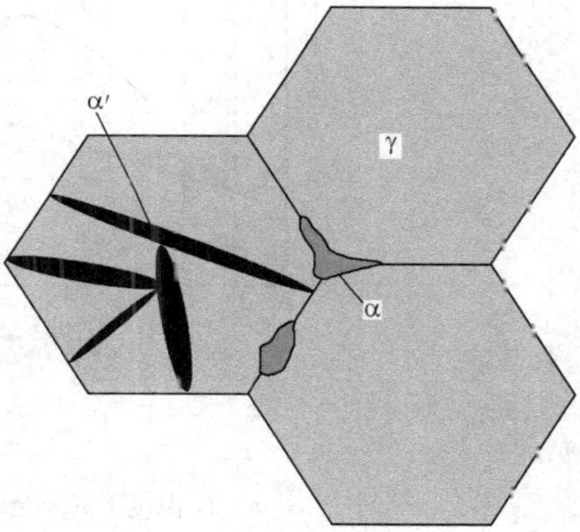

图 7-25　原始组织对第二类回火脆性的敏感性

第二类回火脆性可以通过下列措施加以防止：

1）降低钢中杂质元素含量。

2）加入能阻止奥氏体晶粒长大的元素如 Nb、Ti、V 等，细化奥氏体晶粒，增加晶界面积，降低单位晶界面积杂质元素的含量。

3）加入适量能遏制第二类回火脆性的元素 Mo、W 等。

4）避免在 450～650℃范围回火，在 650℃以上回火后采取快冷。

5）采用亚温淬火，使 P 等元素溶入残留的铁素体中，降低它们在奥氏体晶界的偏聚浓度。

第三节　调 幅 分 解

调幅分解是过饱和固溶体分解的一种特殊形式，它由一种固溶体分解为两种结构相同而成分不同的微区。调幅分解与形核长大型的脱溶分解不同，不需要激活能，一旦开始分解，系统自由能便连续下降，分解过程是自发进行的，不需要形核，为无核转变。分解产物只有溶质的富区和贫区，二者之间在开始阶段没有明显的界面，因而具有很好的强韧性和某些理想的物理性能（如永磁性能等）。

一、调幅分解的热力学条件

图 7-26a 为在 T_1 温度下固溶体成分-自由能曲线。从中可知，浓度在溶解度间隔 $C_a \sim C_b$ 之间的合金最终应分解为成分分别为 C_a 和 C_b 的 α_1 和 α_2 两相。图中自由能-温度曲线存在二阶导数 $\partial^2 G/\partial C^2 = 0$ 的两个数学上定义为拐点的组成点 s_1 和 s_2。不同温度的拐点的连线称为调幅分解界线，用 *RKV* 表示，如图 7-26b 所示（*MKN* 为溶解度曲线）。根据合金成分的不同，存在两种不同类型的分解机制。成分在 $C_a \sim C_{s_1}$ 和 $C_{s_2} \sim C_b$ 的自由能曲线呈现下凹，即 $\partial^2 G/\partial C^2 > 0$，固溶体内部的微小浓度起伏将会增加体系的自由能。因此只有体系克服一定的形核功，直接分解为 C_a 和 C_b 的 α_1 和 α_2 两相时，体系自由能才能下降，此时分解将经历普通的形核-长大过程。而在拐点 s_1 之 s_2 之间的成分为 C_0 的合金，当温度降到 T_1 时，由于自由能曲线呈现上凸，即 $\partial^2 G/\partial C^2 < 0$，所以固溶体内部发生任何微小的浓度起伏，如出现成分为 C_p 和 C_q 的 α_1 和 α_2 两相时都将导致系统自由能的下降，即 $G_3 < G_1$，如图 7-27 所示。故其分解过程不需要形核，分解过程可以自发进行，浓度起伏一旦出现，即可以迅速发展并逐步完成分解过程直至达到平衡浓度 C_a 和 C_b 为止，这种分解过程称为调幅分解。由此可见，合金发生调幅分解的热力学条件是其 $\partial^2 G/\partial C^2 < 0$。

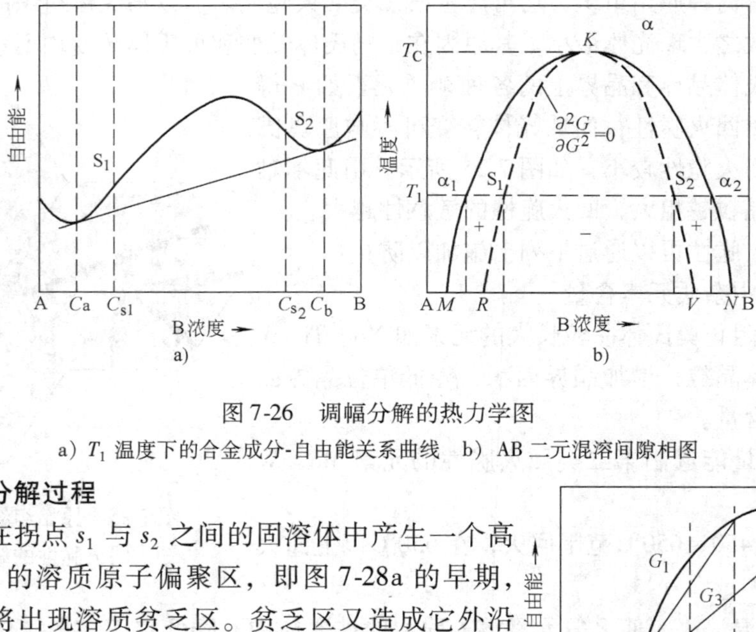

图 7-26 调幅分解的热力学图

a) T_1 温度下的合金成分-自由能关系曲线 b) AB 二元混溶间隙相图

二、调幅分解过程

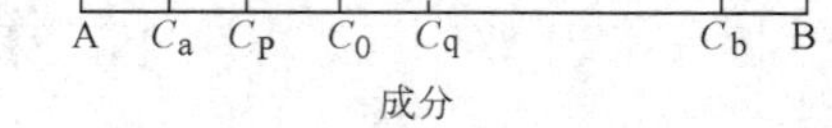

图 7-27 温度为 T_1 的不稳固溶体的成分-自由能曲线

设想成分在拐点 s_1 与 s_2 之间的固溶体中产生一个高于平均浓度 C_0 的溶质原子偏聚区，即图 7-28a 的早期，偏聚区周围必将出现溶质贫乏区。贫乏区又造成它外沿部分的浓度起伏，这构成了原子偏聚的条件。这种连锁反应将使浓度起伏现象迅速遍及整个固溶体并具有正弦性质的周期性，这种结构称为调制结构（Modulated structure）。溶质原子进一步偏聚，成分正弦波的振幅不断加大（中期），由于浓度不同造成的弹性应变能也随之增加，最后出现明显的相界面（后期）。分解时成分正弦波的形成及振幅的增大均依靠溶质原子的“上坡扩散”，即溶质原子从低浓度区向高浓度区扩散。波长 λ 可用来作为新相大小的度量。而按图 7-28b 的形核-长大机制分解时，一开始就形成具有一定浓度的晶核，随后晶核长大，长大过程依靠周围基体中溶质原子的正常扩散来进行。

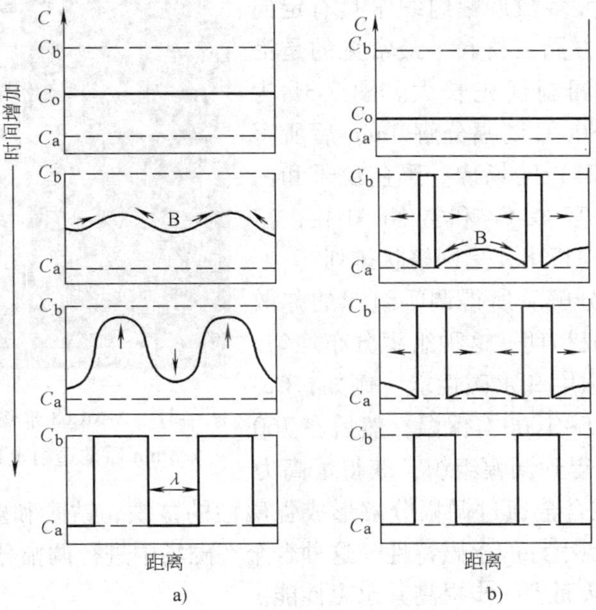

图 7-28　固溶体形核长大示意图

a）调幅分解机制　b）形核-长大机制

三、调幅分解的组织和性能

实验结果表明，通过调幅分解产生的两相各自在空间中相互连通。对于弹性各向同性的晶态固溶体或两组元的原子尺寸差 η 很小，以致共格应变能在可忽略不计的情况下，调幅分解产生的成分调制波矢将无一定的择优取向，处于完全的随机分布。Cahn 对这一情况的调幅分解产物形态的计算机模拟结果如图 7-29，两相呈相互连通的海绵状组织。图 7-30 为 Fe-28Cr-13Co 永磁合金经调幅分解后的场离子显微镜（FIM）照片，合金中 α_1 和 α_2 相均各自相互连通，与计算机模拟结果一致。

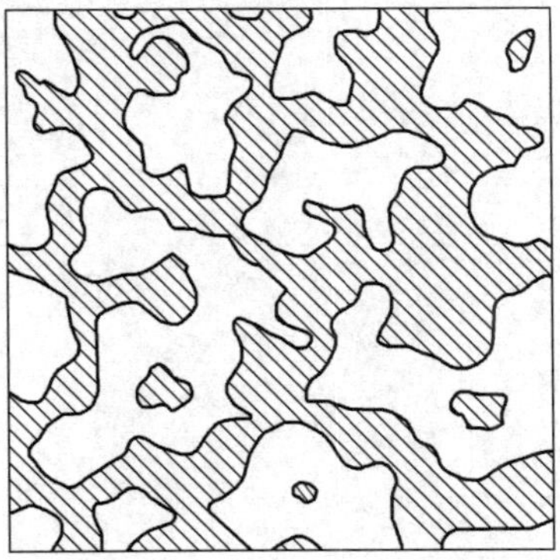

图 7-29　各向同性固体中调幅分解产物的计算机模拟的截面形貌

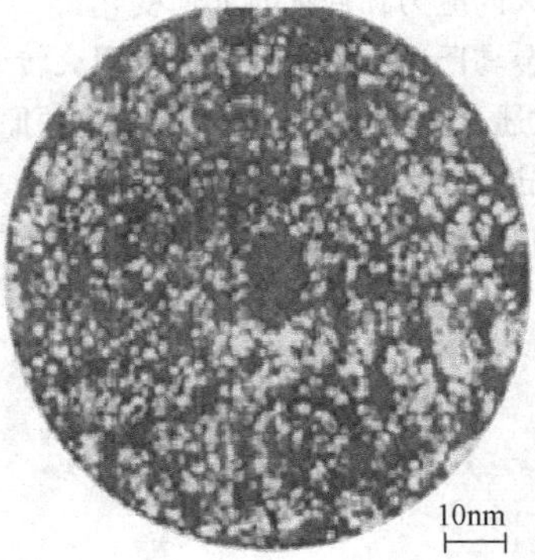

图 7-30　Fe-28Cr-13Co 永磁合金调幅分解后的 FIM 照片（亮区为富 Fe 和 Co 的 α_1 相，暗区为富 Cr 的 α_2 相）

对于弹性各向异性的固溶体，调幅分解所形成的新相将择优长大，即选择弹性变形抗力较小的晶向优先长大。由于实际晶体的弹性模量总是各向异性，因此大多数调幅组织常具有定向排列的特征。对于立方晶系材料，最常见的是沿 <100 > 方向的成分调制优先长大。图 7-31 为 AlNiCo8 永磁合金在 800℃ 调幅分解 3min 后所得组织的透射电镜（TEM）暗场像。黑色粒子和白色连通的区域分别为富 Fe-Co 和富 Ni-Al 相，富 Fe-Co 相沿 <100 > 晶向析出，呈网格状排列。

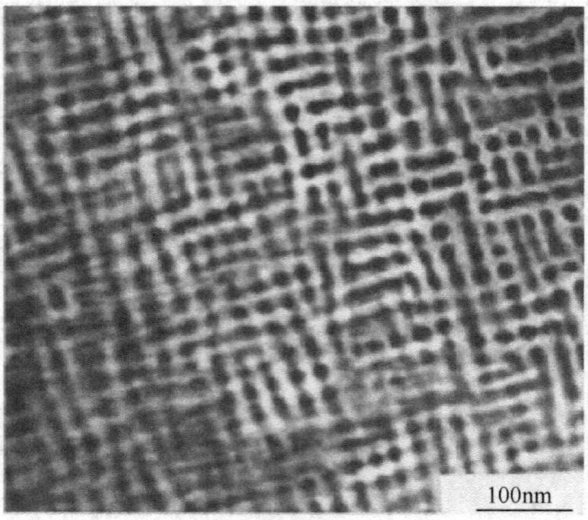

图 7-31 AlNiCo8 永磁合金在 800℃ 调幅分解 3min 后的透射电镜（TEM）暗场像

一般而言，调幅分解后所得调幅组织的弥散度很大，特别是在形成初期，这种组织分布均匀，因而具有较高的屈服强度和永磁性能。例如，Cu-30Ni-2. 8Cr 合金在 900 ~ 1000℃ 保温，然后在 760 ~ 450℃ 区间慢冷，可得到调幅组织，获得最高力学性能。AlNiCo8 永磁合金通过调幅分解形成强磁性的富铁、钴区和弱磁性的富镍、铝区，具有单磁畴效应，呈现很好的永磁特性。这种合金在磁场中进行调幅分解处理，可获得具有方向性的调幅组织，从而进一步提高其永磁性能。

复习思考题

1. 名词解释：固溶处理，时效，人工时效，自然时效，时效强化，过时效，连续脱溶，不连续脱溶，沉淀强（硬）化，回归，回火，二次硬化，回火脆性，调幅分解。
2. 试述 Al-Cu 合金的时效过程，写出析出程序。
3. 试述在脱溶过程中出现过渡相的原因。
4. 回火时碳原子在什么地方偏聚？偏聚对钢的性能有何影响？
5. 过冷奥氏体和残留奥氏体有何区别？
6. 分别说明高碳钢、中碳钢和低碳钢的淬火马氏体回火时，碳化物的析出程序。
7. 试述马氏体回火时 α 相的变化规律。
8. 淬火内应力在回火时如何变化？
9. 合金马氏体与碳素钢马氏体回火转变有何区别？
10. 试述合金马氏体回火二次硬化的原因。
11. 试述调幅分解的热力学条件。
12. 调幅分解与一般的形核长大过程有何不同？

第二部分 热处理工艺

热处理是通过加热、保温和冷却以改变金属内部的组织结构（有时也包括改变表面化学成分），使金属获得所需性能的一种热加工技术。热处理原理揭示了金属在加热和冷却过程中的组织结构转变规律，为热处理提供了理论依据，而热处理工艺则是热处理的具体操作过程。

钢的热处理工艺种类很多。根据加热、冷却方式及获得的组织、性能的不同，可分为普通热处理（不改变化学成分，如退火、正火、淬火、回火）、化学热处理（改变化学成分，如渗碳、渗氮）及复合热处理（如渗碳淬火、形变热处理）等。按照热处理在金属材料或机器零件整个生产工艺过程中所处位置和作用的不同，热处理工艺又可分为预备热处理和最终热处理。

第八章 钢的退火与正火

退火与正火是生产上应用广泛的一种热处理工艺，一般作为毛坯件的预备热处理。其目的在于改善组织、调整硬度和改善加工性能，为后续工序（如切削加工、淬火等）做好组织准备。对于一些受力不大、性能要求不高的机器零件，退火和正火也可作为最终热处理。而对于铸件，退火和正火通常就是最终热处理。

第一节 钢的退火

退火是将钢加热到临界点以上（某些退火也可在临界点以下）保温一定时间，然后缓慢冷却（一般为随炉冷却），以获得接近平衡状态的热处理工艺。

钢的退火多数为预备热处理，通过退火可以消除钢锭的成分偏析，使成分均匀化；消除铸、锻件中的魏氏组织或带状组织，细化晶粒，均匀组织；降低硬度，改善组织，以便于切削加工；改善高碳钢中碳化物的形态和分布，为淬火做好组织准备。

根据加热温度的不同，退火可分为在临界温度（Ac_1 或 Ac_3）以上或以下的退火。前者是将工件加热至相变温度以上，使其发生结构、组织变化，从而改变性能的一种热处理工艺，其中包括完全退火、不完全退火、球化退火、均匀化退火等；后者是将工件加热到相变温度以下，以消除内应力、防止变形、降低硬度、恢复塑性和消除加工硬化，改善切削与冲压加工性能的热处理工艺，其中包括去应力退火和再结晶退火等。碳钢不同退火工艺的加热温度范围如图 8-1 所示。

一、完全退火

将亚共析钢加热至 Ac_3 以上 30 ~ 50℃，保温一定时间后随炉缓慢冷却，获得接近平衡状态的热处理工艺，称为完全退火。所谓“完全”是指加热时钢的内部组织全部发生了相变重结晶。

完全退火的目的是为了降低硬度、改善组织和切削加工性能以及消除内应力等。

工件在退火温度下的保温不仅要使工件透烧（使心部达到所要求的加热温度），而且要保证全部转变为奥氏体，以达到完全重结晶。完全退火的保温时间与钢材成分、工件厚度、加热方式、装炉量和装炉方式等因素有关。一般碳素钢或低合金钢工件，当装炉量不大时，在箱式炉中退火的保温时间可按下式计算：$t=KD_{eff}$（min），式中 D_{eff} 是工件有效厚度，视工件取值见图 8-2（单位为 mm），K 是加热系数，一般 $K=1.5\sim2.0$ min/mm。装炉量大时，可根据具体情况适当延长保温时间。对于亚共析钢锻、轧材，一般可用下列经验公式计算退火保温时间。

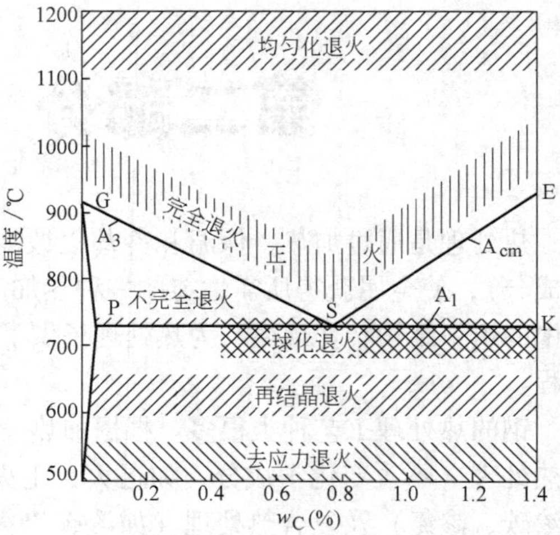

图 8-1 碳钢退火与正火工艺的加热温度范围

$$t=(3\sim4)+(0.2\sim0.5)Q\ (h)$$

式中，Q 表示装炉量（t）。

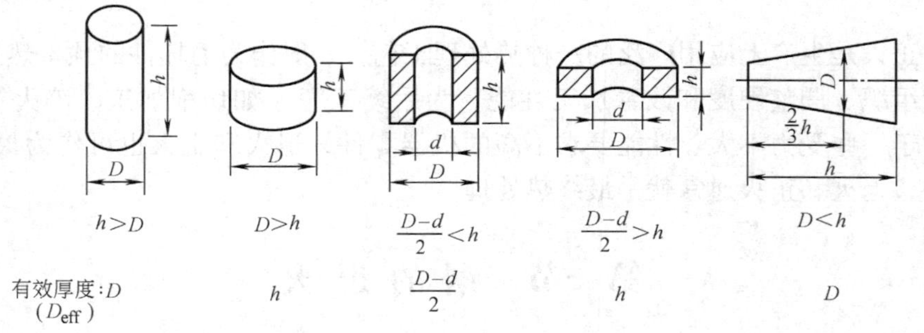

图 8-2 工件的有效厚度

随炉缓冷的冷却速度一般小于 30℃/h。在实际生产中，为了提高生产效率，炉冷至 600℃左右即可出炉空冷。

完全退火需要的时间很长，尤其是过冷奥氏体比较稳定的合金钢更是如此。这时若将奥氏体化后的钢以较快速度冷却至低于 A_1 的某一温度使奥氏体等温转变为珠光体，再空冷至室温，则可大大缩短退火时间，这种退火方法叫做等温退火。等温退火适用于高碳钢、合金工具钢和高合金钢，它不但可以达到连续冷却退火的目的，而且可使钢件的组织和性能更加均匀。等温转变温度应根据所要求的组织与性能来确定。等温转变温度离 A_1 越近，所得珠光体越粗，硬度越低。在满足组织、性能要求的前提下，应选择转变最快的温度等温以缩短等温时间。

二、不完全退火

亚共析钢在 $Ac_1\sim Ac_3$ 之间或过共析钢在 $Ac_1\sim Ac_{cm}$ 之间两相区加热，保温足够时间后缓慢冷却的热处理工艺称为不完全退火。“不完全”是指两相区加热时只有部分组织进行了相变重结晶。

不完全退火的目的是消除因热加工所产生的内应力，使钢件软化或改善工具钢的可加工性。两相区加热时仅发生部分相变重结晶，故先共析铁素体或先共析碳化物的形态和分布基本保留。

如果亚共析钢的终锻（轧）温度适当，未发生晶粒粗化，铁素体和珠光体的分布也无异常，则可采用不完全退火，细化晶粒、改善组织、降低硬度和消除内应力。亚共析钢不完全退火温度一般为740～780℃。由于加热温度低，操作条件好，节省燃料和时间，故在钢厂应用较广。过共析钢不完全退火是为了细化和均匀组织，降低硬度和消除内应力。如片状珠光体能满足性能要求，则可在 Ac_1～Ac_{cm}之间较高温度奥氏体化，冷却后使之得到片状珠光体。

三、球化退火

球化退火是不完全退火的一种特例，目的是将共析及过共析钢中的片状碳化物转变为球状碳化物，使之均匀分布于铁素体基体上。

碳化物由片状转变为球状后有以下优点：硬度降低，使钢的可加工性得到改善；加热时球状碳化物溶入奥氏体较慢，奥氏体晶粒不易长大，故有较宽的淬火加热温度范围；淬火后得到隐晶马氏体，残留奥氏体量较少，并保留一定量细小均匀分布的球状碳化物，淬火开裂倾向小；塑性、韧性较好，冷成形加工性能得到改善。

球化退火主要用于 w_C 高于0.6%的高碳工模具钢及轴承钢等，目的是改善可加工性，并为最终热处理做好组织准备。有时为改善低中碳钢的冷成形性，也可采用球化退火。

获得球状碳化物的途径主要有三种：①片状珠光体的球化；②马氏体在低于 A_1 温度的分解即调质处理；③由奥氏体转变为球状组织。通常所说的球化退火主要是指由奥氏体转变为球状组织的退火。

由奥氏体转变为球状组织的退火工艺有以下三种（图8-3）：① 加热到 Ac_1 以上20℃左右，然后以3～5℃/h的速度冷却到 Ar_1 以下一定温度，即一般的球化退火；② 加热到 Ac_1 以上20℃左右，然后在略低于 Ar_1 的温度等温，又称等温球化退火；③ 在 Ac_1 以上20℃和 Ar_1 以下20℃左右交替保温，又称周期球化退火。

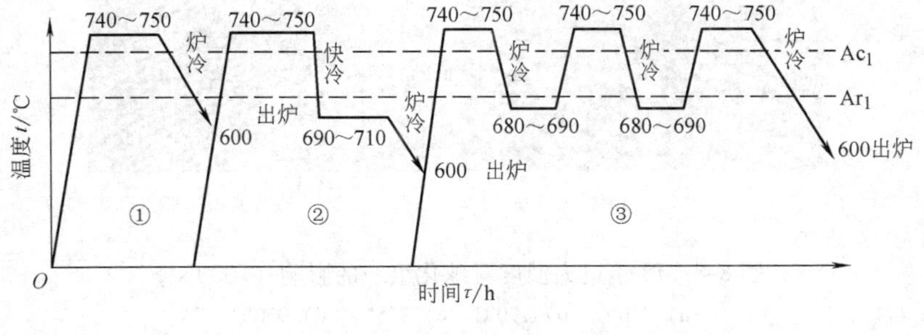

图8-3 常用球化退火工艺示意图

球化退火后，碳化物形态、大小及分布对钢材的工艺性能和使用性能影响很大。如滚动轴承钢球化退火后的组织对成品的接触疲劳寿命有显著影响。生产上要求对球化退火组织按标准进行检查和评级。

实践表明，加热时奥氏体成分越不均匀，退火后越容易得到球化组织。将过共析钢伪片状珠光体加热到略高于 Ac_1 温度短时间保温后，得到奥氏体加未溶渗碳体。此时，渗碳体已不是完整的片状，而是厚薄不均、凹凸不平，有些地方已经溶解断开。延长保温时间，这些未溶渗碳体将逐渐趋向于球化。将钢从加热温度缓慢冷却至 Ar_1 以下，奥氏体将同时析出碳化物及铁素体（即珠光体转变）。加热时形成的球状碳化物质点以及奥氏体中含碳较高的部位将成为碳化物核心，长大成球状碳化物，最终得到在铁素体基体上均匀分布着球状碳化物的球状珠光体。

可见，加热温度是球化退火成功与否的关键。加热温度较低，奥氏体中残留有未溶碳化物，且奥氏体的碳浓度很不均匀，缓冷时在高碳区可非自发形成碳化物核长大成球状碳化物，或未溶碳化物直接长大，从而形成球状珠光体。相反，如果奥氏体化温度较高，碳化物溶解完全，奥氏体成分均匀，则冷却时将在奥氏体晶界形成碳化物核，向晶内长成片状珠光体，如图 8-4 所示。球化退火加热温度一般为 Ac_1 以上 20～30℃，不能超过 Ac_1 太多。在含有强碳化物形成元素的合金工具钢或轴承钢中碳化物较稳定，溶入奥氏体的速度缓慢，因此比碳素工具钢容易球化，但对球化后组织要求更高。具有明显网状碳化物的过共析钢，必须先进行正火消除碳化物网，再进行球化退火。

除选用合适的加热温度外，冷却快慢也影响球化效果。冷却太快，碳化物颗粒太细，并有形成片状碳化物的可能，致使硬度偏高。冷却过慢，碳化物颗粒过于粗大。

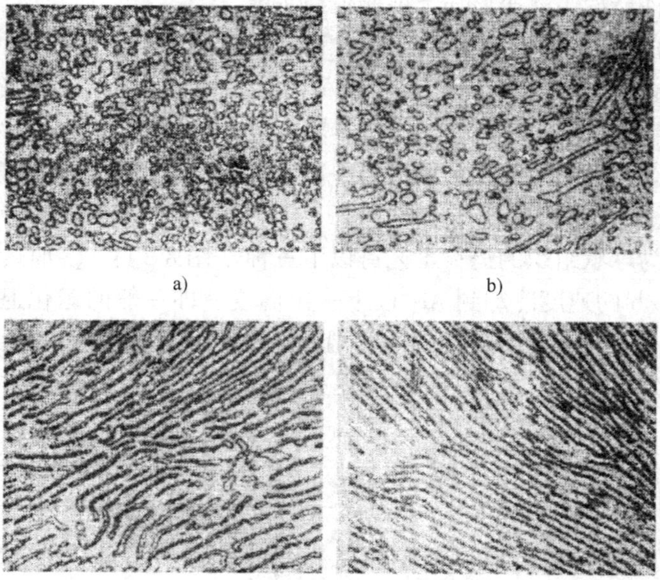

a) b) c) d)

图 8-4 T8 钢退火温度对球化组织的影响（1000×）
a）750℃ b）790℃ c）875℃ d）950℃

四、均匀化退火

均匀化退火主要用于合金钢钢锭或铸件，它们在浇注后的凝固过程中会产生合金元素的枝晶偏析，即微观化学成分不均匀。均匀化退火是通过高温长时间保温，使合金元素扩散均匀，以消除或减弱枝晶偏析。常用的均匀化退火温度为 1100～1200℃，保温时间为 10～15h。钢中合金元素含量越高，均匀化退火温度也越高。高温长时间均匀化退火后，奥氏体晶粒十分粗大，如不进行锻、轧等热加工，则必须再进行一次完全退火或正火以细化晶粒。

实际上钢厂很少对钢锭进行单独均匀化退火，大多是在锻轧前钢锭加热时，适当延长保温时间，既达到了均匀化退火的目的，又简化了工序。

五、去应力退火及再结晶退火

铸件及热轧、锻造钢材在冷却过程中，因表面和心部冷却速度不同所造成的内外温差会产生残余内应力。这种内应力与后续工艺因素叠加，易使工件发生变形和开裂。焊接件焊缝处由于组织不均匀也存在很大的内应力，显著降低焊接接头的强度。为了消除铸造、焊接、热轧、热锻等过程引起的内应力而进行的退火称为去应力退火，又称低温退火。除消除内应力外，去应力退火还可降低硬度，提高工件尺寸稳定性，防止工件的变形和开裂。

碳钢及低合金钢的去应力退火温度为550～650℃，高合金钢为600～700℃。保温后一般应冷却到500℃后再出炉空冷。大型工件或要求彻底消除应力的工件，则需炉冷至300℃以下再出炉空冷。钢锭经去应力退火后，消除了内应力，可以避免钢锭开裂，并降低硬度便于钢锭表面清理。合金结构钢的锻轧钢材，经去应力退火后虽不能细化晶粒和均匀组织，但能消除内应力和降低硬度。对于过冷奥氏体稳定性高的合金钢，降低硬度效果更为显著。铸铁件去应力退火温度一般为500～550℃，超过550℃易造成珠光体的石墨化。

再结晶退火是将冷加工硬化的钢加热至再结晶温度以上、Ac_1以下进行的退火，目的是通过再结晶使变形晶粒恢复成均匀等轴晶粒而消除加工硬化。钢经冷冲、冷轧或冷拉后会产生加工硬化现象，使钢的强度、硬度升高，塑性、韧性下降，可加工性和成形性能变差。经过再结晶退火，消除了加工硬化，钢的组织和力学性能可恢复到冷变形前的水平。

冷变形金属的再结晶温度与化学成分和变形度等因素有关。纯铁的再结晶温度为450℃，纯铜为270℃，纯铝为100℃。一般来说，变形量越大，再结晶温度越低。不同金属都有一个临界变形度，在这个变形度下，再结晶时晶粒将异常长大。钢的临界变形度为6%～10%。一般钢材再结晶退火温度为650～700℃，保温时间为1～3h。再结晶退火后通常在空气中冷却。

再结晶退火既可作为钢材或其他合金多道次冷变形之间的中间退火，也可作为冷变形钢材或其他合金成品的最终热处理。

第二节　钢的正火

正火是将钢加热到Ac_3或Ac_{cm}以上30～50℃（图8-1）并保温一定时间，然后出炉在空气中冷却的热处理工艺。与完全退火相比，二者的加热温度及保温时间相同，但正火冷却速度较快，转变温度较低，发生伪共析转变。当钢中w_C为0.6%～1.4%时，正火组织中不出现先共析相，全部是伪共析珠光体。因此，正火后获得的组织比相同钢材退火的要细，强度、硬度也较高。

根据钢种和截面尺寸的不同，通过正火可分别达到下述不同目的：

1）对于大型铸、锻件和钢材，正火可以细化晶粒、消除魏氏组织或带状组织，为下一步热处理做好组织准备，相当于退火的效果。

2）低碳钢退火后硬度太低，在切削加工中易“粘刀”，可加工性差。若通过正火处理可减少钢中先共析铁素体，获得细片状珠光体，使硬度提高到140～190HBW，改善钢的可加工性。

3）对于过共析钢，正火可消除网状碳化物，便于球化退火。

4）正火也可以作为某些中碳钢或中碳合金结构钢工件的最终热处理，代替调质处理，使工件具有一定的综合力学性能。

一般正火加热温度为 Ac_3 或 Ac_{cm} 以上 30～50℃。对于含有强碳化物形成元素钒、钛、铌等的合金钢，常采用更高的加热温度，如 20CrMnTi 钢的正火加热温度为 Ac_3 以上 120～150℃。其原则是在不引起晶粒粗化的前提下尽量采用高的加热温度，以加速合金碳化物的溶解和奥氏体的均匀化。

根据钢的成分和工件尺寸大小，正火冷却可在静止空气中冷却，也可吹风冷却、喷雾冷却等，以获得细珠光体组织。

对于奥氏体稳定性较高的钢，正火后还需进行一次高温回火使奥氏体充分分解。

第三节 退火与正火后钢的组织性能及工艺选用

一、退火与正火后钢的组织与性能

退火与正火后都是珠光体型组织，但两者间有一定差异。

正火组织比退火组织细。例如，T8 钢退火后为粗片状珠光体，片间距为 0.5μm，而正火后为细片状珠光体，片间距为 0.2μm。

正火冷却比退火快，因此先共析产物（铁素体、渗碳体）不能充分析出。例如，45 钢退火后组织为45%铁素体+55%珠光体，而正火后组织为30%铁素体 + 70%珠光体。对于过共析钢而言，退火后的组织为珠光体+网状碳化物；而正火时网状碳化物的析出受到抑制，从而得到全部细珠光体组织，或沿晶界仅析出一部分条状碳化物（不连续网状）。

合金钢中碳化物稳定，加热时不易溶入奥氏体，退火冷却后不易形成片状珠光体而形成粒状珠光体；在正火冷却后形成粒状索氏体或粒状托氏体，硬度偏高。因此，合金钢中很少将正火作为切削加工前的预处理。

正常加热时退火或正火均使钢的晶粒细化。但如果加热温度过高、奥氏体晶粒粗大，则正火后易形成魏氏组织，而退火后形成粗晶粒的组织。

钢中合金元素含量不高时，经退火与正火后组织均为铁素体与渗碳体的混合物，但正火组织的弥散度大，故硬度、强度较高。

如果钢中合金元素含量很高，加热后空冷得到马氏体或贝氏体组织，此时不应称为正火而应称为淬火。

二、退火和正火工艺的选用

生产上退火和正火工艺的选择，应根据钢种、冷与热加工工艺、零件的使用性能及经济性进行综合考虑。

w_C 低于 0.25% 的低碳钢，通常采用正火而不用退火。因为正火冷却较快，可以防止沿晶界析出三次渗碳体，从而提高冲压件的冷变形性能；正火可以提高钢的硬度，改善低碳钢的可加工性；在不进行其他热处理的情况下，正火可以细化组织，提高低碳钢的强度。

w_C 为 0.25% ～0.5% 的中碳钢也可用正火代替退火。虽然接近上限碳含量的中碳钢正火后硬度偏高，但尚能进行切削加工，而且正火成本低、生产率高。

w_C 为 0.5% ~0.75% 的中高碳钢，正火后硬度高，难以进行切削加工，故一般采用完全退火，以降低硬度，改善可加工性。

w_C 为 0.75% 以上的高碳钢或工具钢一般均采用球化退火作为预备热处理，如有网状二次渗碳体存在，则应先进行正火以消除网状渗碳体。

随着钢中碳和合金元素含量的增多，过冷奥氏体稳定性增加，过冷奥氏体转变曲线右移。因此，一些中碳钢及中碳合金钢正火后硬度偏高，不利于切削加工，此时应采用完全退火。尤其是合金元素含量较多的钢，过冷奥氏体特别稳定，甚至在缓慢冷却条件下也得到马氏体和贝氏体组织，因此应当采用高温回火来消除应力，降低硬度，改善可加工性。

此外，从使用性能考虑，如果钢件受力不大，性能要求不高，不必进行淬火、回火，可用正火提高钢的力学性能，作为最终热处理。从经济原则考虑，由于正火比退火生产周期短，操作简便，工艺成本低，因此，在能够满足使用性能和工艺性能的条件下应尽可能用正火代替退火。

复习思考题

1. 简述退火的种类、目的和所采用的加热温度范围。
2. 等温退火比连续冷却退火有何优越性？用过冷奥氏体等温转变图来解释等温退火可以缩短退火时间。
3. 何谓完全退火？适用于何种钢？过共析钢为何不进行完全退火？
4. 碳化物由片状变为球状后有何优点？获得球状碳化物的途径有哪些？
5. 何谓球化退火？目的是什么？说明球化退火的原理及常用的三种球化退火工艺。
6. 何谓正火？正火在低碳钢、中碳钢、高碳钢中都有应用，但目的不同，说明其原因。
7. 为了获得最佳切削加工性能，为什么对不同碳含量钢要采用不同的热处理工艺？
8. 叙述去应力退火和再结晶退火的作用与应用。
9. 正火与退火的主要区别是什么？生产中应如何选择正火及退火？
10. 什么情况下作为钢的最终热处理，可用正火代替淬火 + 回火？正火为什么能提高亚共析钢的强度？

第九章　钢的淬火与回火

钢的淬火与回火是热处理工艺中最重要、也是用途最广的工序。淬火可以大幅度提高钢的强度与硬度。淬火后，为了消除淬火钢的残余内应力，得到不同强度、硬度与韧性的配合，需要配以不同温度的回火。所以，淬火与回火是不可分割的、紧密衔接在一起的两种热处理工艺。淬火与回火作为各种机器零件及工、模具的最终热处理，是赋予钢件最终性能的关键性工序，也是钢件热处理强化的重要手段之一。

第一节　钢的淬火与分类

淬火是将钢加热至临界点（Ac_1 或 Ac_3）以上，保温一定时间后快速冷却，使过冷奥氏体转变为马氏体或贝氏体组织的工艺方法。图 9-1 示出共析碳钢淬火冷却工艺曲线示意图。v_c、v_c'分别为上临界冷却速度（即淬火临界冷却速度）和下临界冷却速度。以 $v>v_c$ 的速度快速冷却（曲线 1），可得到马氏体组织；以 $v_c>v>v_c'$的速度冷却（曲线 2），可得到马氏体 + 珠光体混合组织；以曲线 3 冷却则得到下贝氏体组织。

钢淬火后的强度、硬度和耐磨性大大提高。$w_C \approx 0.5\%$ 的淬火马氏体钢经中温回火后，可以具有很高的弹性极限。中碳钢经淬火和高温回火（调质处理）后，可以有良好的强度、塑性、韧性的配合。

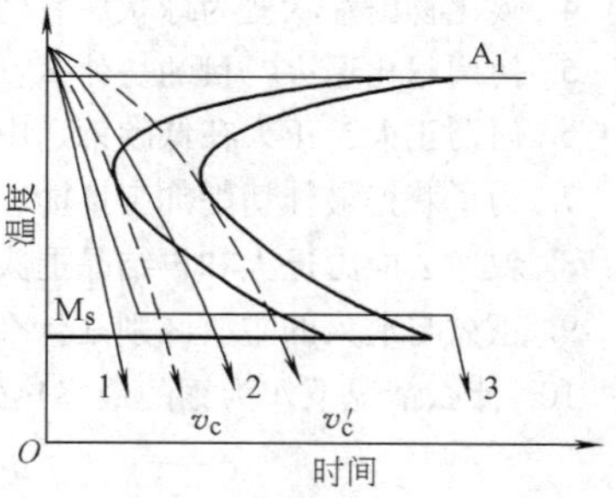

图 9-1　共析碳钢的淬火工艺曲线示意图

奥氏体高锰钢的水韧处理，奥氏体不锈钢、马氏体时效钢及铝合金的高温固溶处理，都是通过加热、保温和急冷而获得亚稳态的过饱和固溶体，虽然习惯上也称为淬火，但这是广义的淬火概念，它们的直接目的并不是强化合金，而是抑制第二相析出。高锰钢的水韧处理是为了达到韧化的目的。奥氏体不锈钢固溶处理是为了提高抗晶间腐蚀能力，铝合金和马氏体时效钢的固溶处理，则是时效硬化前的预处理过程。

本章讨论钢的一般淬火强化问题，其淬火工艺分类见表 9-1。

表 9-1　钢的淬火工艺分类

序号	分类原则	淬火工艺方法
Ⅰ	按加热温度	完全淬火、不完全淬火
Ⅱ	按加热速度	普通淬火、快速加热淬火、超快速加热淬火
Ⅲ	按加热介质及热源条件	光亮淬火、真空淬火、流态层加热淬火、火焰加热淬火、（高、中、工频）感应加热淬火、高频脉冲冲击加热淬火、接触电加热淬火、电解液加热淬火、电子束加热淬火、激光加热淬火、锻热淬火
Ⅳ	按淬火部位	整体淬火、局部淬火、表面淬火
Ⅴ	按冷却方式	直接淬火、预冷淬火（延迟淬火）、双重淬火、双液淬火、断续淬火、喷雾淬火、喷液淬火、分级淬火、冷处理、等温淬火（贝氏体等温淬火、马氏体等温淬火）、形变等温淬火（高温形变等温淬火、中温形变等温淬火）

第二节 钢的淬透性

一、淬透性的基本概念

1. 淬硬层与淬透性

由于淬火冷却速度很快，所以工件表面与心部的冷却速度不同，表层最快，中心最慢（见图 9-2a）。如果钢的淬火临界冷却速度 v_c 较小，工件截面上各点的冷速都大于淬火临界冷却速度，工件从表层到心部就都能获得马氏体，称之为“淬透”。如果钢的淬火临界冷却速度 v_c 较大，工件表层冷速大于淬火临界冷却速度，而从表层下某处开始冷速低于淬火临界冷却速度，则表层获得马氏体，心部不能得到全马氏体或根本得不到马氏体，此时工件的硬度便较低，称之为“未淬透”。通常，我们将未淬透的工件上具有高硬度马氏体组织的这一层称为“淬硬层”（图 9-2b）。可见，在工件尺寸和淬火规范一定时，因钢种不同，淬火临界冷却速度不同，就会得到不同的结果，有的淬硬层深，有的淬硬层浅，有的能淬透，有的不能淬透。

所谓钢的淬透性，就是指钢在淬火时获得马氏体的难易程度，是钢本身的固有属性，它取决于钢的淬火临界冷却速度的大小，也就是钢的过冷奥氏体的稳定性，而与冷却速度、工件尺寸大小等外部因素无关。通常可以用标准试样在一定的条件下淬火能够淬硬的深度或能够全部淬透的最大直径来表示。

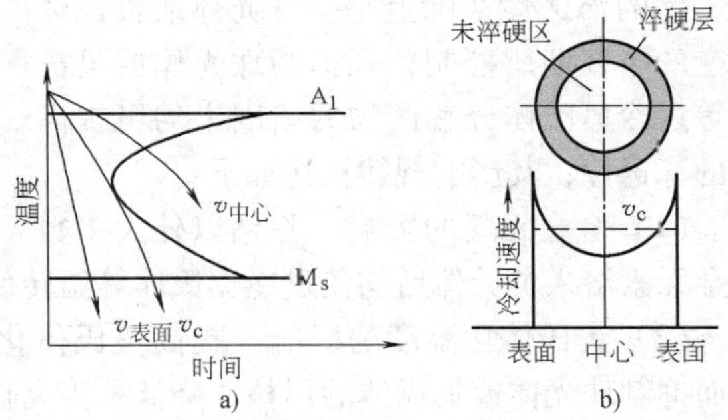

图 9-2 零件截面上各处的冷却速度与未淬透区示意图

应当指出，钢的淬透性与工件的淬透深度之间虽有密切关系，但不能混为同一个概念。例如有两个尺寸不同的工件，分别选用不同的钢种来制造，在淬火后可能出现这样的情况：尺寸小的工件，虽然选用的是淬透性低的钢，但却淬硬层较深或完全淬透；而尺寸大的工件，即使选用的是淬透性高的钢，但却淬硬层较浅。可见工件的淬透深度除取决于钢的淬透性外，还与工件尺寸、所采用的冷却介质等外部因素有关。

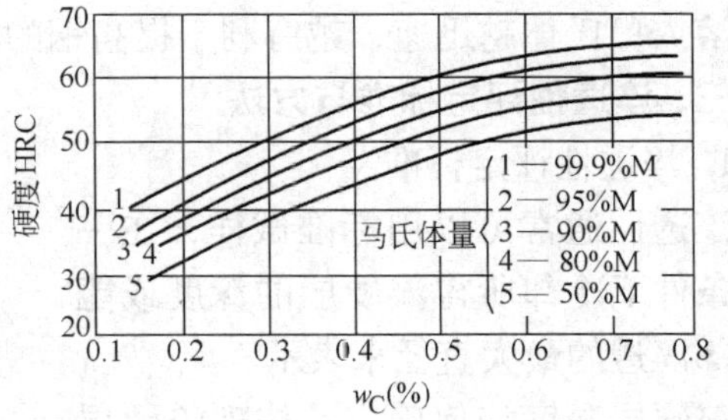

图 9-3 钢的淬火硬度与碳含量的关系

2. 淬硬性与淬透性

淬硬性表示钢淬火时的硬化能力，是指钢在淬成马氏体时所能够达到的最高硬度，它主要取决于钢的碳含量，确切地说，取决于淬火加热时奥氏体中的碳含量，与合金元素关系不大。奥氏体中固溶的碳含量越高，淬火后马氏体的硬度也越高，如图 9-3 所示。可见，淬硬性与淬透性是不同的，淬硬性高的钢，淬透性不一定高，而淬硬性低的钢，淬透性不一定低。

二、淬透性的意义及影响因素

1. 淬透性的实际意义

将淬透性不同的两种钢材制成相同直径的轴，经淬火与高温回火（即调质处理）后比较它们的力学性能。由图9-4可见，淬透性高的钢，整个截面被淬透，高温回火后都是回火索氏体组织，故沿截面的力学性能分布均匀；而淬透性低的钢，心部未淬透，高温回火后仍保留片状索氏体，因此力学性能低，特别是冲击韧性更低。可见，工件的淬透层越薄，调质处理的效果越差。

从工件的工作条件考虑，并非所有工件都要求淬透。如承受拉、压的重要工件，由于内外层均匀受力，要求工件淬透；而承受弯曲和扭转的轴类零件，轴的外缘承受最大应力，轴心部分应力很小，淬透层深度为半径的1/2～1/3就可以了。

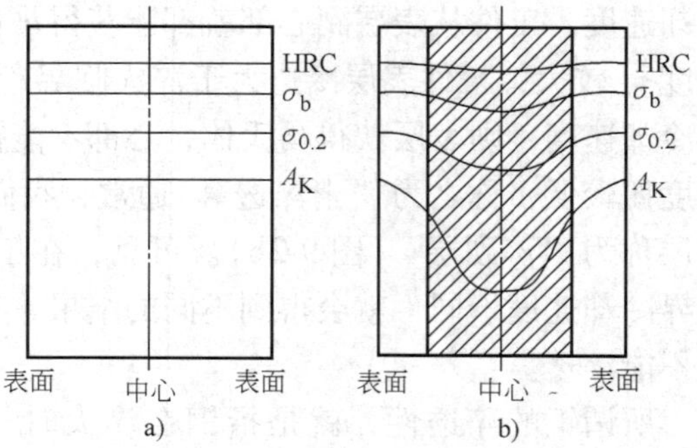

图9-4 淬透性不同的钢经淬火加高温回火处理后的力学性能
a）淬透性高 b）淬透性低

2. 影响淬透性的因素

钢的淬透性实际上是受珠光体或贝氏体转变的孕育期所控制，凡抑制珠光体或贝氏体等过冷奥氏体分解产物的诸因素均可提高钢的淬透性，其影响规律概述如下：

（1）合金元素的影响 除钴以外大多数合金元素溶入奥氏体后均使过冷奥氏体等温转变曲线右移，从而提高钢的淬透性。

（2）奥氏体化温度的影响 提高奥氏体化温度将使晶粒长大，奥氏体成分更加均匀，从而抑制珠光体或贝氏体的形核，降低了淬火临界冷却速度，可适当提高淬透性。

（3）未溶第二相的影响 钢中未溶入奥氏体的碳化物、氮化物及其他非金属夹杂物，由于促进珠光体、贝氏体等相变的形核，从而使淬透性下降。

（4）钢原始组织的影响 钢的原始组织中，由于珠光体的类型（片状或粒状）及弥散度的不同，在奥氏体化时将会影响到奥氏体的均匀性，从而影响钢的淬透性。碳化物越细小，溶入奥氏体越迅速，越有利于提高钢的淬透性。

三、淬透性评定标准与方法

1. 淬透性评定标准

淬透性通常可以用标准试样，在一定的条件下冷却所得淬硬层的深度或能够全部淬透的最大直径来表示。

淬硬层深度如何确定？按理淬硬层应是全部淬成马氏体的区域。但实际工件淬火后从表面至心部马氏体是逐渐减少的，从金相组织上看，淬透层与未淬透层并无明显界限，淬火组织中混入少量非马氏体组织，其硬度也无明显变化。因此，金相检验和硬度测定都比较

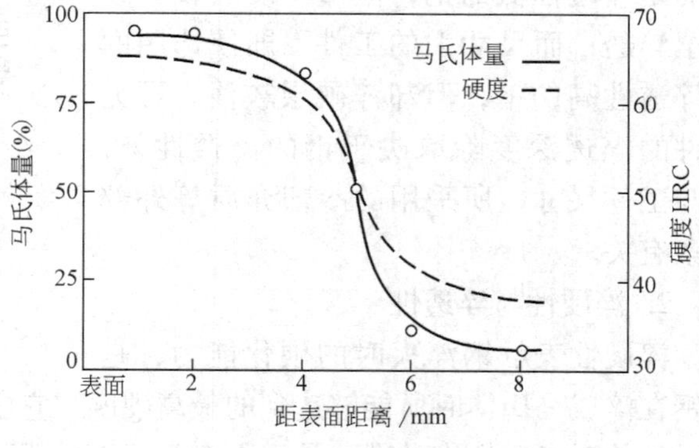

图9-5 共析碳钢淬火工件横截面上马氏体量与硬度的关系

困难。但淬火组织中马氏体和非马氏体组织各占一半，即处于所渭半马氏体区时，显微组织差别明显，硬度变化剧烈（图 9-5）；同时，该硬度范围又恰好是材料从明显的脆性断裂转化为韧性断裂的分界线，在宏观腐蚀时又是白亮淬硬层与未硬化层的分界处。为评定方便，通常采用从淬火工件表面至半马氏体区（50% M）的距离作为淬硬层的深度。半马氏体组织的硬度同样主要取决于钢的碳含量（图 9-3）。

2. 淬透性评定方法

目前国际上及我国通常采用 U 曲线法、临界直径法和末端淬火法来评定钢的淬透性。

（1）U 曲线法 用长度为直径的 4 ~ 6 倍的一组直径不同的圆棒试样，按规定条件淬火，然后从试样中间截断，磨平后沿中心十字线测硬度，并将测定结果绘成硬度分布曲线（图 9-6）。淬透性大小可用淬透层深度 h 或用未淬透心部的直径 D_H 与试样直径 D 的比值 D_H/D 来表示。

U 曲线法大多用于结构钢，优点是直观、准确，与实际工件淬火情况接近；缺点是繁琐、费时，对大批量的生产检验来说不适用。

（2）临界直径法 如果试样中心硬度高于（等于）半马氏体区硬度，就可以认为试样被淬透。则用上述 U 曲线法评定时，总可以找到在一定的淬火介质中冷却时能够淬透（达到半马氏体区硬度）的临界直径。小于此直径时全部可以淬透，而大于此直径时就不能淬透。这个临界直径用 D_0 表示。相同淬火介质中的 D_0 值，就可以表示不同钢种的淬透性。

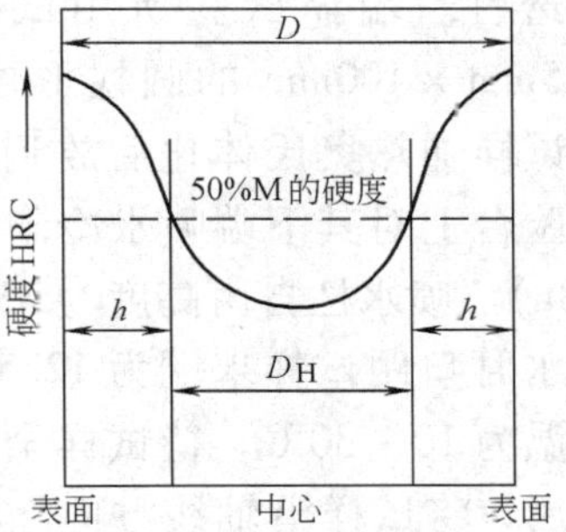

图 9-6 U 曲线法示意图

显然，钢种及淬火介质不同，D_0 也不同。为了排除冷却条件的影响，根据传热方程的解，建立了理想临界直径 D_i 的概念。假设淬火介质的淬冷烈度 H 为无穷大，即试样淬入冷却介质时其表面温度可立即冷却到淬火介质的温度，此时所能淬透（形成 50% 马氏体）的最大直径称为理想临界直径 D_i。D_i 取决于钢的成分，而与试样尺寸及冷却介质无关，它是

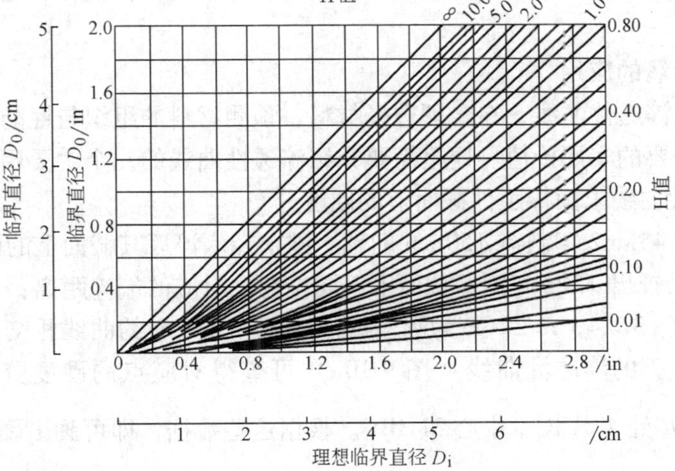

图 9-7 临界直径 D_0 与理想临界直径 D_i 的关系

反映钢淬透性的基本判据。该数值在工程应用时作为基本换算量，从而使各种淬透性评定方法之间，以及不同淬火介质中淬火后的临界直径之间建立起一定的关系。图 9-7 是理想临界直径 D_i 与一定淬火介质中淬火时的临界直径 D_0 之间的换算图表。例如，已知某种钢的理想临界直径 D_i 为 50mm，如换算成在油淬（淬冷烈度 H = 0.4）时的临界直径 D_0，可从 H = 0.4 时所对应的坐标上查出 D_0 为 20mm。

（3）末端淬火法　简称端淬试验，是目前国内外应用最广泛的淬透性评定方法，其主要特点是方法简便、应用范围广，可用于测定碳素钢、合金结构钢、弹簧钢、轴承钢、合金工具钢等的淬透性。端淬试验所用试样为 ϕ25mm × 100mm 的圆柱形试样，将试样加热奥氏体化后放到端淬试验台上对其下端喷水冷却（图 9-8a）。喷水柱自由高度为 65mm，喷水管口距试样末端为 12.5mm，水温为 10 ~ 30℃。待试样全部冷透后，将试样沿轴线方向在相对 180°的两边各磨去 0.2 ~ 0.5mm 的深度，获得两个互相平行的平面，然后从距水冷端 1.5mm 处沿轴线测定洛氏硬度值，当硬度下降缓慢时可以每隔 3mm 测一次硬度。将测定结果绘成硬度分布曲线，即钢的淬透性曲线（图 9-8b）。钢的淬透性以 J HRC/d 来表示，d 为至水冷端的距离，HRC 为在该处测定的硬度值。如 J 40/6，表示距水冷端 6mm 处试样的硬度值为 40HRC。由于钢中成分波动，所以每一种钢的淬透性曲线上都有一个波动范围，称为淬透性带。

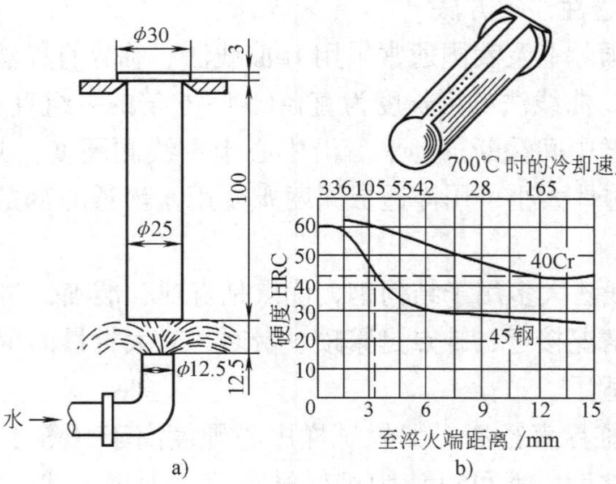

图 9-8　端淬试验与淬透性曲线

a）试样与装置　b）淬透性曲线

钢的末端淬火淬透性曲线并不能直接表示出可以淬透的工件直径，还需借助其他图表进行换算。

四、淬透性曲线的应用

钢的淬透性及淬透性曲线，在合理选择材料、预测材料的组织与性能以及制定热处理工艺等方面都具有重要的实用价值。这里简要介绍淬透性曲线的几个主要用途。

1. 根据淬透性曲线求圆棒工件截面上的硬度分布

例如，欲选用 45Mn2 钢制造 ϕ50mm 的轴，试求经水淬后其截面上的硬度分布曲线。

由图 9-9a 可以查出 ϕ50mm 圆棒截面上不同位置处对应的端淬距离：取圆棒直径 50mm，引一水平线与表面、3R/4、R/2（R 为圆棒试样半径）及中心的曲线相交，得到至水冷端的距离。再由 45Mn2 钢的淬透性曲线（图 9-10a）可查得对应点的硬度分别为表面 55HRC，$\frac{3}{4}R$处 52HRC，$\frac{1}{2}R$ 处 42HRC，中心 31HRC。根据这些数据，即可画出硬度分布曲线。

2. 根据工件的硬度要求，用淬透性曲线协助选择钢种与热处理工艺

若已知圆形截面工件的尺寸大小和淬火后对不同部位所要求的硬度和组织，通过淬透性

曲线可以查出硬度与对应的淬火冷却速度之间的关系，从而选择适当的淬火介质。例如用 40MnB 钢制造 $\phi45$mm 的轴，要求淬火后在 $3R/4$ 处有 80% 的马氏体组织，而在 $R/2$ 处的硬度不低于 40HRC，问油淬是否合适？

首先由图 9-3 查得 w_C 为 0.4% 的钢淬火后具有 80% 马氏体组织时，硬度值为 45HRC。然后，根据图 9-9b 从纵坐标上直径为 45mm 处作一水平线，分别找出它在 $3R/4$、$R/2$ 处的交点的横坐标即对应的端淬试样上的距离，再从 40MnB 钢的端淬曲线（图 9-10b）上找出对应的硬度值。可见，油淬不能满足要求，如水淬，则满足要求。如果水淬仍不能满足要求，则必须改用淬透性更好的材料。

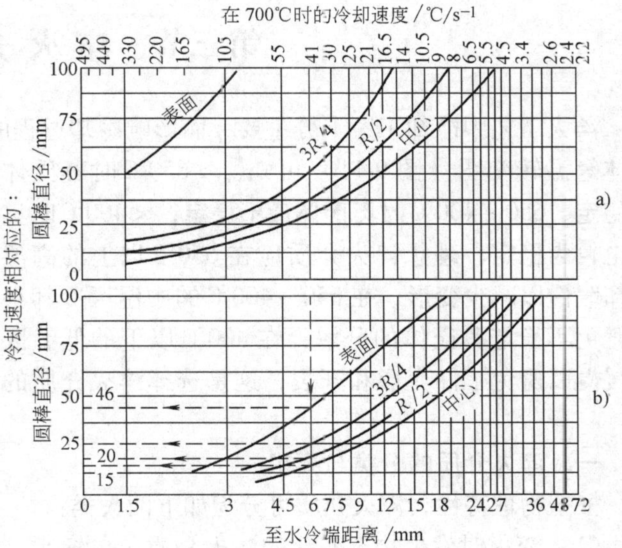

图 9-9 圆棒直径及截面上的位置与端淬试样上至水冷端距离的关系

a）圆棒静水中淬火 b）圆棒静油中淬火

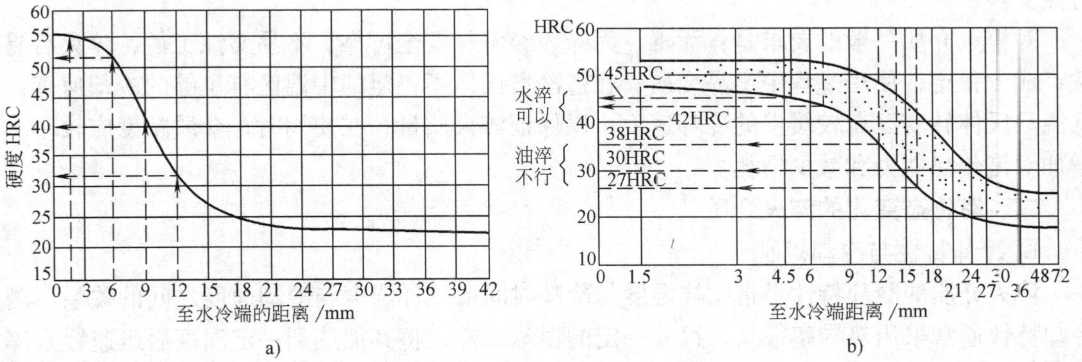

图 9-10 钢的淬透性曲线

a）45Mn2 钢 b）40MnB 钢

3. 根据淬透性曲线确定钢的临界淬透直径

要确定钢的临界淬透直径，必须借助于三个图：① 碳含量与半马氏体区硬度的关系图；② 钢的淬透性曲线图；③ 确定淬透性的线解图（表示工件形状、工件尺寸、工件冷却速度、冷却介质、淬火加热温度、至半马氏体区和马氏体区的距离之间关系的线解图，可从相关手册查到）。首先根据钢的碳含量从图 9-3 中查出半马氏体区的硬度值，再利用钢的淬透性曲线求得与该硬度值对应的端淬试样上至水冷端的距离，最后利用确定淬透性的线解图，便可求出在某种淬火介质中应有的临界淬透直径。

第三节 淬火介质

淬火工艺中冷却工序十分重要，而影响冷却过程的主要因素就是冷却介质。根据过冷奥氏体等温转变图（图9-11）可知，>650℃时奥氏体较为稳定，650~400℃时奥氏体最不稳定，<400℃时奥氏体也较为稳定。理想淬火介质应在650℃以上的高温区冷却缓慢以减少变形，在650~400℃的中温区冷却很快以避免不稳定奥氏体的分解，在400℃以下的低温区冷却缓慢以避免工件变形和开裂，这是选择淬火介质的依据。

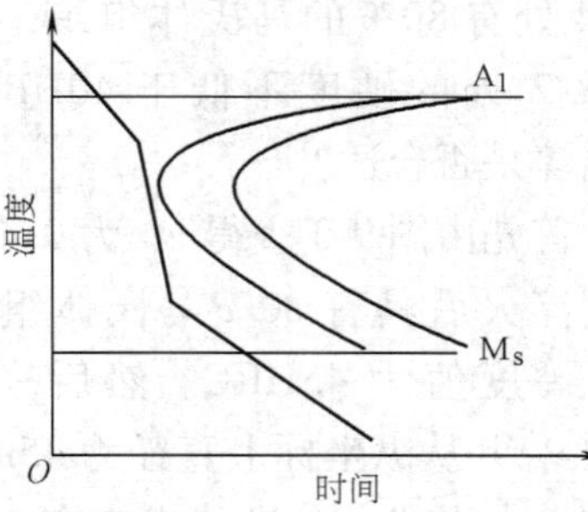

图9-11 理想淬火介质的冷却曲线

一、淬火介质的分类与要求

根据物理特性，淬火介质可分为如下两大类：

（1）淬火时发生物态变化的淬火介质 包括水、油和水溶液等，其沸点远低于工件的淬火加热温度，赤热工件淬入其中后会汽化沸腾，使工件强烈散热，此外，在工件与介质的界面上还可以辐射、传导、对流等方式进行热交换；

（2）淬火时不发生物态变化的淬火介质 包括各种熔盐、熔融金属等，其沸点高于工件的淬火加热温度，赤热工件淬入其中时不会汽化沸腾，而只以辐射、传导和对流的方式进行热交换。

对淬火介质一般的要求是：无毒、无味、经济、安全可靠；不易腐蚀工件，淬火后易清洗；成分稳定，使用过程中不易变质；在过冷奥氏体不稳定的中温区有足够的冷却速度，在低温马氏体转变区有较缓慢的冷却速度，以保证淬火质量；在使用时，介质粘度应较小，以增加对流传热能力和减少损耗。

二、有物态变化的淬火介质

1. 冷却特性与冷却机制

淬火介质的冷却特性是指试样温度与冷却时间或试样温度与冷却速度之间的关系。测定冷却特性通常采用热导率很高、尺寸一定的银球试样，将其加热到一定温度后迅速置入淬火介质中，利用安放在银球中心的热电偶测出其心部温度随冷却时间的变化，再根据这种温度-时间曲线换算求得冷却速度-温度关系曲线。

赤热工件进入淬火介质（以水为例）后，其冷却过程大致可分为三个阶段：

（1）蒸汽膜阶段 当工件进入淬火介质后，工件周围介质立即被加热汽化，并在工件表面形成一层蒸汽膜，将工件与液体介质隔离。由于蒸汽膜的导热性较差，故使工件的冷却速度较慢，如图9-12中的AB段。冷却开始时，由于工件向淬火介质放出的热量大于通过蒸汽膜向周围介质散发的热量，故蒸汽膜的厚度不断增加。随着冷却的进行，工件温度不断降低，膜的厚度及其稳定性也逐渐变小，直

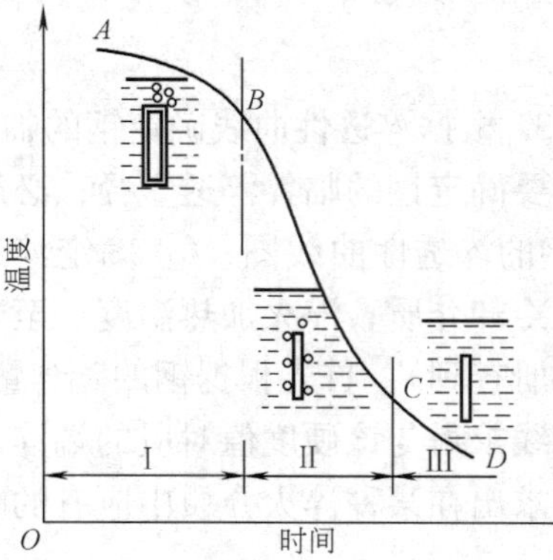

图9-12 淬火过程的冷却机理

至破裂消失，这是冷却的第Ⅰ阶段。蒸汽膜开始破裂的温度（图 9-12 中的 *B* 点）称为淬火介质的“特性温度”，是评价淬火介质的重要指标。对 20℃ 的水，其特性温度约为 300℃。

（2）沸腾阶段　蒸汽膜破裂后，冷却介质与工件直接接触，在工件表面激烈沸腾而带走大量热量，故冷却速度很快，如图 9-12 中的 *BC* 段。沸腾阶段前期冷却速度很大，随工件温度下降而逐渐减慢，直到介质的沸点为止，这是冷却的第Ⅱ阶段。

（3）对流阶段　工件冷至低于介质的沸点后，主要靠对流传热方式进行冷却，这时工件的冷速甚至比蒸汽膜阶段还要缓慢，如图 9-12 中的 *CD* 段。随工件与介质温差的不断减小，冷却速度越来越小，这是冷却的第Ⅲ阶段。

2. 常用淬火介质

（1）水　图 9-13 为水在静止与流动状态的冷却特性。可见，静止水的蒸汽膜阶段温度范围很宽，在 800～380℃ 温度范围，此阶段的冷速很慢，不超过 180℃/s；温度低于 380℃ 才进入沸腾阶段使冷却速度急剧上升，在 280℃ 左右冷速达最大值，约 770℃/s。水的冷却特性与理想淬火介质的冷却特性恰恰相反。

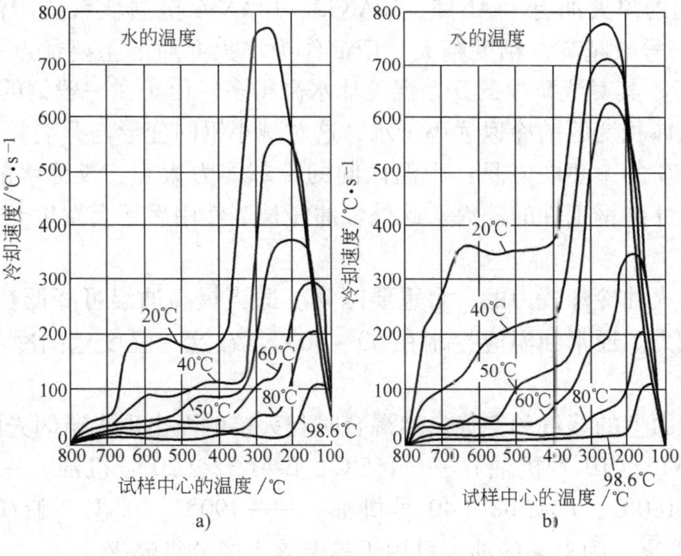

图 9-13　水的冷却特性

a）静止水　b）循环水

水作为淬火介质的主要优点是价廉、安全、清洁，而且具有比较强烈的冷却能力，因此是应用最早、也是最广的淬火介质。

水作为淬火介质的主要缺点是：① 冷却能力对水温的变化很敏感，水温升高，冷却能力便急剧下降，并使最大冷速对应的温度移向低温（图 9-13），故使用温度一般为 20～40℃，最高不超过 60℃；②在碳素钢过冷奥氏体的最不稳定区（500～600℃左右），水处在蒸汽膜阶段，冷却速度较低，奥氏体易发生高温转变，因此工件在淬入水中后应不断晃动以破坏蒸汽膜，尽快进入沸腾阶段。而在马氏体转变区的冷速太大，易使工件严重变形甚至开裂；③ 不溶或微溶杂质（如油、肥皂等）会显著降低其冷却能力，使工件淬火后易产生软点。

（2）盐水与碱水　为了提高水的冷却能力，往往在水中添加一定量（一般为5%～10%）的盐或碱，例如食盐水溶液、苛性钠水溶液等。溶入水中的盐、碱等，淬火时随着水的汽化在工件表面析出并爆裂，使蒸汽膜提早破裂，沸腾阶段提前。常用的NaCl盐水溶液浓度为5%～10%，在500～650℃区间的冷却能力约为水的10倍。在200～300℃区间内，冷速比水快，但在200℃以下时，冷速和水相同。因此，在盐水中淬火，其变形、开裂倾向比水小。此外盐水冷却能力受温度的影响也较纯水为小。盐水的使用温度为60℃以下，已广泛用于碳钢的淬火。

常用的碱水为浓度5%～15%的苛性钠（NaOH）水溶液，它在高温区的冷却速度比盐水高，而在低温区的冷速比盐水低。碱水浓度越高，低温区的冷却速度越小。因此在碱水中淬火，不仅可得到高而均匀的硬度，且工件变形、开裂的倾向也较小。此外，工件表面的氧化皮在苛性钠的作用下可脱落，淬火后的工件表面洁净，呈银灰色。但是，碱水的价格较高。另外，由于盐和碱附着在工件表面，使工件在空气中极易产生锈蚀，因此淬火以后必须将工件清洗干净。盐水与碱水的缺点是在低温（100～300℃）区间冷速仍很大，并对工件、设备有一定腐蚀作用等。

（3）油　常用的淬火油有L-AN15、L-AN32、L-AN46全损耗系统用油（10号、20号、30号机械油）等，号数越高，粘度越大。用油作为淬火介质的主要优点是：油的沸点一般比水高150～300℃，其对流阶段的开始温度比水高得多。由于在一般钢的M_S点附近已进入对流阶段，故马氏体相变区的冷速远小于水，这对减小钢的变形与开裂倾向十分有利。

油作为淬火介质的主要缺点是：中温区间的冷却能力太小，仅为水的1/5～1/6，只能用于合金钢或小尺寸碳钢工件的淬火。此外，油经长期使用后还会发生老化，故需定期过滤或更换新油等。

粘度是影响淬火油冷却能力的一个重要因素。适当提高油温可降低粘度，增加流动性，从而提高其冷却能力。通常油温应控制在60～80℃，在这一温度范围冷却能力最好，又不致使油老化。

闪点是指油表面上的蒸汽和空气自然混合时与火接触而出现火苗闪光的温度。常用矿物油的闪点为：L-AN15（10号机油）——165℃；L-AN32（20号机油）——170℃；L-AN46（30号机油）——180℃；L-AN68（40号机油）——190℃。油温一般应保持在闪点以下100℃左右，以免着火。闪点高的油，可用于等温淬火或分级淬火。

在油中添加油溶性高分子添加剂可获得光亮淬火油，满足淬火后工件表面光亮的需要。此外还发展了真空淬火油用于真空淬火，其饱和蒸汽压很低，不易挥发，不易污染炉膛并很少影响真空度，有较好的冷却特性，淬火后工件表面光亮，热稳定性好。

3. 淬冷烈度

为了比较不同介质对工件的冷却能力，规定以18℃静止水的冷却能力作为标准，定义其淬冷烈度$H=1$。如果$H>1$，则表示其冷却能力比静水大；若$H<1$，则表示其冷却能力比静水小。表9-2为常用介质的H值，可见水温对冷却能力的影响很大，50℃的水在650～500℃的冷速比50℃的矿物油还要慢，在马氏体转变区又与18℃水几乎一样，说明水温升高对淬火是不利的。

搅动对淬火介质的冷却能力影响很大，可使介质的淬冷烈度有较大幅度提高（表9-3）。

表 9-2　几种常用淬火介质的淬冷烈度 H

淬火介质	H	
	650～550℃	300～200℃
0℃水	1.06	1.02
18℃水	1.00	1.00
50℃水	0.17	1.00
100℃水	0.044	0.71
18℃10% NaOH 水溶液	2.00	1.10
18℃10% NaCl 水溶液	1.83	1.10
50℃全损耗系统用油（机械油）	0.25	0.11
50℃变压器油	0.20	0.09
10% 油在水中的乳化液	0.12	0.74
肥皂水	0.05	0.74
空气（静止）	0.028	0.007
真空	0.011	0.004

表 9-3　搅拌对淬火介质淬冷烈度 H 的影响

搅拌程度	H				
	空气	油	水	盐水	盐浴（204℃）
静　止	0.008	0.25～0.30	0.9～1.1	2.0	0.5～0.8
轻微搅动	—	0.30～0.35	1.0～1.1	2.0～2.2	—
中等搅动	—	0.40～0.50	1.4～1.5	—	—
激烈搅动	0.20	0.80～1.10	4.0	—	2.25
端淬喷水	—	—	2.5	5.0	—

三、无物态变化的淬火介质

这类淬火介质主要指熔盐、熔碱及熔融金属，多用于分级淬火及等温淬火。这类介质的传热方式是传导和对流，因此其冷却能力除取决于介质本身的物理性质（如比热容、导热性、流动性等）外，还和工件与介质间的温度差有关。工件温度较高时，介质的冷却速度很高，工件温度接近介质温度时，冷却速度迅速降低。表 9-4 为常用熔盐与熔碱的成分和使用温度范围。

表 9-4　常用的熔盐与熔碱的成分和使用温度

序号	成分（质量分数）	熔化温度/℃	使用温度/℃
1	50% KNO_3 + 50% $NaNO_3$	220	245～500
2	55% KNO_3 + 45% $NaNO_2$	137	150～500
3	72% KOH + 19% NaOH + 2% $NaNO_2$ + 2% KNO_2 + 5% H_2O	～140	160～300
4	100% $NaNO_3$	308	350～500
5	75% $CaCl_2$ + 25% NaCl	500	540～800

四、其他新型淬火介质

作为淬火介质，水的主要缺点是低温区的冷却速度过大，易引起工件的变形与开裂，而油的主要缺点则是中温区的冷却能力太小，易造成过冷奥氏体的分解，两者都不够理想。为此广大热处理工作者都在致力于寻求新的淬火介质，力图使其兼有水和油的优点，并且可以调节其成分以调整冷却速度。现就几种新型淬火介质简要介绍如下。

1. 过饱和硝盐水溶液

这类淬火介质的典型成分（质量分数）为25% $NaNO_3$、20% $NaNO_2$、20% KNO_3 和35% H_2O，最佳使用温度为70℃。该介质在中温区冷却能力比盐水小，但比油大，而在低温区冷却能力与油相近，综合了盐水和油的优点。

2. 水玻璃淬火剂

它是用水稀释成不同浓度的水玻璃（Na_2SiO_3）溶液。水玻璃水溶液中加入盐和碱后，蒸汽膜不稳定而使蒸汽膜阶段缩短，冷却速度加快；但由于水玻璃的作用又较盐（碱）水为小，因此，在沸腾阶段冷却能力较水差，较油强。在低温，由于表面覆盖一层水玻璃膜，故冷却较慢。调节成分可使之具有不同的冷却速度，水玻璃含量低时冷却快；含量高时冷却变慢。例如，“351”淬火剂的配比（质量分数）为7%～9%的水玻璃、11%～14%的NaCl、11%～14%的 Na_2CO_3、0.5%的NaOH，其余为水。它的使用温度为30～65℃，冷却速度介于油与水之间。

3. 氯化锌—碱水溶液

这种淬火剂的成分（质量分数）为：49% $ZnCl_2$ +49% NaOH +2%肥皂粉，再加300倍水稀释。使用时要搅拌均匀，使用温度为20～60℃。其特点是：中温区冷速比水快，低温区冷速比水慢，淬火后工件变形小，表面光亮，适用于中小尺寸、形状复杂的中、高碳钢制工模具的喷射淬火。

4. 有机聚合物水溶液

这是近年来兴起的新型淬火介质，如聚乙烯醇水溶液、聚醚水溶液等。

在水中加入聚乙烯醇，不仅增加了水的粘度，而且在冷却过程中在工件表面形成一层粘的塑性膜。这层塑性薄膜在冷却过程中的蒸汽膜阶段出现，使蒸汽膜冷却阶段的冷速进一步降低；但更重要的是能大大降低对流冷却阶段的冷速，聚乙烯醇含量（体积）为0.05%时，已有明显效果。

在生产上，聚乙烯醇含量一般控制在0.1%～0.3%范围内。理想的使用温度为15～40℃。可用于喷射冷却，也可用以浸没冷却。溶液中聚乙烯醇含量越多，溶液粘度越大，冷却特性越接近油。

这种淬火介质的优点是可以用不同的聚乙烯醇含量得到不同的冷却速度，而且冷却特性比较好，此外，这种介质无毒、不燃烧、不侵蚀工件、对人体安全，供应方便，添加量少，成本低。不足之处是在沸腾冷却阶段的冷却速度仍较低，浓度及液温必须严格控制。聚乙烯醇溶解较难，必须加热至90℃左右并搅拌2 h以后才能全部溶解，且长期使用也会发生老化，并使冷却能力大为降低，伴有臭味产生。聚乙烯醇水溶液广泛用于合金结构钢及碳素工具钢、轴承钢等多种材料的淬火。

聚醚水溶液国外称为“UCON”淬火介质，主要成分为环氧乙烷和环氧丙烷。特点是聚醚能以任何比例与水互相溶解，故可通过调节浓度来控制冷却速度在水、油之间，因而有万能淬火剂之称，缺点是价格昂贵。

第四节 淬火工艺

在工件的加工工艺流程中，淬火是使工件强化的最重要的工序。淬火工件的外形尺寸及几何精度在淬火前已处于最后完成阶段；精密工件尽管在淬火回火后仍需精密加工，但所留加工余量已很小。因此，淬火不仅要保证良好的组织和性能，而且还要保持其尺寸精度。事实上这二者之间往往存在矛盾。为了获得足够的硬度和淬透深度需激烈地冷却工件，但这又势必导致淬火应力的产生，增加变形开裂倾向。因此，淬火工艺远较退火、正火等工艺复杂，必须灵活运用马氏体、贝氏体相变的规律，根据不同的材料，针对不同的热处理技术要求，合理制定淬火工艺规程。

一、淬火加热规程

淬火加热规程主要指的是在淬火加热工艺中的加热温度、加热速度与保温时间这三个工艺参数，由于奥氏体化程度（成分、组织状态）对淬火钢的组织与性能有着决定性的影响，因此，正确选择与控制淬火加热规程十分重要。

1. 淬火加热温度

确定淬火加热温度最基本的依据是钢的成分，即临界点的位置（Ac_1、Ac_3）。亚共析钢淬火加热温度是 $Ac_3+30\sim50$℃，共析钢和过共析钢淬火加热温度是 $Ac_1+30\sim50$℃，这是因为在这样一个温度范围内奥氏体晶粒较细并溶入足够的碳，因此，淬火后可以得到细晶粒的马氏体组织。亚共析钢若加热到 Ac_3 以下淬火，会因自由铁素体的存在而使硬度不均匀。但过共析钢中存在少量未溶的二次碳化物，不仅不影响工具钢的硬度和耐磨性，而且通过适当调节过冷奥氏体中的含碳量还可以使马氏体形态得到控制，从而减少马氏体的脆性以及淬火后残留奥氏体的数量。若加热温度太高，将形成粗大马氏体组织使力学性能恶化，同时增加了淬火应力及变形开裂倾向。

选择零件的淬火加热温度还与加热设备、工件尺寸大小、工件的技术要求、工件本身的原始组织、淬火介质及淬火方法等因素有关。空气炉中加热比在盐浴炉中加热略高 10～30℃；对形状复杂、截面变化突然、易变形开裂的工件，一般选择淬火加热温度的下限，有时采取出炉后预冷再淬火。为提高较大尺寸零件的表面硬度和淬透深度，淬火加热温度可适当提高，尺寸较小的零件则应选择稍低的加热温度。采用冷速较慢的油、硝盐等淬火介质时，加热温度比水淬提高约 20℃。当原始组织是极细珠光体时，加热温度应适当降低。

低合金钢淬火加热温度也应根据临界点 Ac_1、Ac_3 来确定，但考虑到合金元素的影响，为加速奥氏体化又不引起奥氏体晶粒粗化，一般应为 Ac_1（或 Ac_3）$+50\sim100$℃。

确定中、高合金钢淬火加热温度时，应考虑合金元素的溶解与再分配。强碳化物形成元素与碳可形成稳定碳化物，延缓其溶入奥氏体，同时由于合金元素在奥氏体中扩散较慢、不易均匀化，所以淬火加热温度应适当提高。引起淬火加热温度升高的合金元素有铬、钴、钒、铝、钛等。钢中加入了钨、钼、钛、钒、镍、硅等元素，可降低钢的过热敏感性，允许提高加热温度。锰在高碳钢中可降低临界点，增加过热敏感性，淬火温度应取下限。钼钢由于有较高的脱碳敏感性，也不宜在高温加热。

运用马氏体、贝氏体形态的形成规律来指导淬火加热规范的优选，具有十分重要的现实意义。低碳马氏体钢由于受到低淬透性的限制，往往采用高温淬火以利于实现沿截面的整体强韧化。中碳及中碳合金钢适当提高淬火温度，将抑制片状孪晶马氏体的形成，能获得较多的韧性较高的板条马氏体。高碳钢采用低温淬火或快速加热来限制奥氏体中固溶的碳含量，可以增加淬火组织中板条马氏体的量，减少片状马氏体中的显微裂纹，从而减少钢的脆性。此外，提高淬火温度及延长保温时间使奥氏体中含碳量提高，将降低马氏体临界点，从而增加残留奥氏体量。

表9-5列出了部分常用钢的临界点与淬火加热温度。

表9-5 部分常用钢的淬火加热温度

钢号	临界点/℃		淬火温度/℃	钢号	临界点/℃		淬火温度/℃
	Ac_1	Ac_3，Ac_{cm}			Ac_1	Ac_3	
45	724	780	820～840 盐水 840～860 碱浴	40SiCr	755	850	900～920 油或水
T10	730	800	780～800 盐水 810～830 硝盐、碱浴	35CrMo	755	800	850～870 油或水
CrWMn	750	940	830～850 油	60Si2Mn	755	810	840～870 油
9SiCr	770	870	850～870 油 860～880 碱浴、硝盐	20CrMnTi	740	825	830～850 油
Cr12MoV	810	1200	1020～1150 油	30CrMnSi	760	830	850～870 油
W18Cr4V	820	1330	1260～1280 油	20MnTiB	720	843	860～890 油
40Cr	743	782	850～870 油	40MnB	730	780	820～860 油
60Mn	727	765	850～870 油	38CrMoAl	800	940	930～950 油

2. 加热与保温时间

加热与保温时间由工件入炉后炉温到达指定温度所需时间 t_1、工件透烧时间 t_2 及组织转变所需时间 t_3 所组成。

t_1 与设备功率及装炉量、工件尺寸等有关。设备功率大，加热速度快，t_1 就短。盐浴炉加热比箱式炉快，而燃油、燃气炉又比电炉加热时间要短。例如，ϕ25mm×100mm的工件，在1000℃盐浴炉中加热时仅需4min即可透烧，而在1000℃的马弗炉中则需40min。

工件透烧时间 t_2 主要取决于工件形状及尺寸，也与材料本身的导热性有关。

组织转变所需时间 t_3，对于碳钢及低合金结构钢，由于碳化物溶解较快，透烧后一般保温5～15min就足够了。对于中合金结构钢，可保温15～25min。对形成稳定碳化物的合金元素含量较高的钢，必须考虑合金元素的溶解和成分均匀化所需的时间，以发挥合金元素提高淬透性的作用。

生产中常用“加热系数”来估算加热时间，该时间按工件入炉后仪表指示到指定温度时开始计算：

$$t = \alpha K D_{\text{eff}} \tag{9-1}$$

式中，α 为加热系数（表9-6）；D_{eff} 为工件有效厚度（图8-2）（mm）；K 为与装炉量有关的系数，一般为1～1.5。

表9-6 碳钢及合金钢在不同介质中的加热系数 α

钢材	α/min·mm^{-1}		
	空气炉	流动粒子炉	盐浴炉
碳钢	0.9～1.1	0.4	0.5
合金钢	1.3～1.6	0.5	1.0
高速钢		0.15～0.2（经二次预热）	8～15s·mm^{-1}（经二次预热）

3. 加热速度

对于形状复杂但要求变形小的工件，或高合金钢制的工件、大型合金钢锻件，必须考虑限速升温或阶梯升温，以减小变形及开裂倾向。否则，由于工件温度不均匀将在加热过程中形成很大的热应力和组织应力。

二、淬火冷却方法

不同淬火冷却方法的选择应按工件的材料及其对组织、性能、尺寸精度的要求而定。显然，在保证技术条件要求的前提下应选择最简便最经济的淬火冷却方法。

各种淬火方法的工艺特点叙述如下。

1. 单液淬火

单液淬火是将奥氏体化后的工件直接淬入一种淬火介质中连续冷却至室温的方法（图9-14 曲线1）。此时对一定成分和尺寸的工件来说，淬火组织性能与所用淬火介质的冷却能力有重大关系。目前各种新型淬火介质主要适用于这种单液淬火。由于该工艺过程简单、操作方便、经济，适合大批量作业，故在淬火冷却中应用最广泛。

对于形状复杂、截面变化突然的某些工件，单液淬火时往往在截面突变处因淬火应力集中而导致开裂，此时可以将工件自淬火温度取出后先预冷一段时间，然后再淬火，以降低工件进入淬火介质前的温度，减少工件与淬火介质间的温差，从而减少淬火变形和开裂倾向。

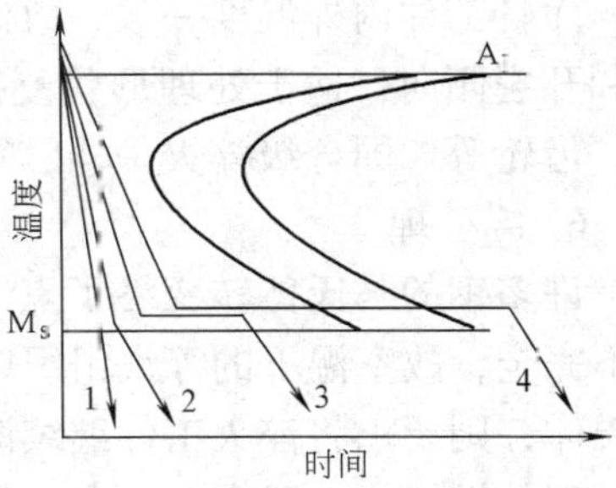

图9-14　各种淬火冷却方法的冷却曲线示意图

1—单液淬火　2—双液淬火

3—分级淬火　4—等温淬火

2. 双液淬火

由于单液淬火不能满足某些工件对组织性能及控制变形的要求，所以采用先后在两种介质中进行冷却的方法，如水—油、油—空气等。其作用是在过冷奥氏体转变曲线的鼻尖处快速冷却避免过冷奥氏体分解，而在 M_S 点以下缓慢冷却以减小变形和开裂（图9-14 曲线2）。例如，对于某些淬透性较差的钢（如高碳钢）用盐水淬火易裂，用油淬不硬，往往采用水—油双液淬火。即在高温区用盐水快速冷却来抑制过冷奥氏体的分解，至400℃左右转入油中缓慢冷却以减少淬火应力，通常用水中停留时间来控制工件温度。经验表明，对碳素工具钢工件一般以每3mm有效厚度停留1s计算；对形状复杂者每4～5mm在水中停留1s；大截面低合金钢可以按每mm有效厚度停留1.5～3s计算。双液淬火法要求较熟练的操作技术，否则，难于掌握好。

3. 喷射淬火

它是向工件喷射急速水流的淬火方法，主要用于局部淬火的工件。这种淬火方法不会在工件表面形成蒸汽膜，故可保证比普通水淬得到更深的淬硬层。采用细密水流并使工件上下运动或旋转，可保证工件均匀冷却淬火。

4. 分级淬火

分级淬火是将奥氏体化后的工件首先淬入略高于钢的 M_S 点的盐浴或碱浴炉中保温一段时间，待工件内外温度均匀后，再从浴炉中取出空冷至室温（图9-14 曲线3）。这种淬火方法可保证工件表面和心部马氏体转变同时进行，并在缓慢冷却条件下完成，不仅减小了淬火热应力，而且显著降低组织应力，因而有效地减小或防止了工件淬火变形和开裂，同时克服了双液淬火时间难以控制的缺点。但这种淬火方法由于冷却介质温度较高，工件在浴炉中冷却较慢，而保温时间又有限制，大截面零件难以达到其临界淬火速度。因此，分级淬火只适用于尺寸较小的工件，如刀具、量具和要求变形很小的精密工件。

“分级”温度也可在略低于钢 M_S 点的浴炉中保温，此时由于温度较低，冷却速度较快，恒温停留中已有部分奥氏体转变为马氏体，当工件取出空冷时，剩余奥氏体发生马氏体转变。因此，这种淬火方法适用于较大尺寸的工件。

5. 等温淬火

它是将奥氏体化后的工件淬入 M_S 点以上某温度的盐浴中等温足够长的时间，使之转变为下贝氏体组织，然后在空气中冷却的淬火方法（图 9-14 曲线 4）。等温淬火实际上是分级淬火的进一步发展，所不同的是等温淬火获得下贝氏体而不是马氏体。等温淬火的加热温度通常比普通淬火高些，目的是提高奥氏体的稳定性，防止发生珠光体型转变。等温温度和时间视工件组织和性能要求，根据钢的过冷奥氏体转变曲线确定。由于等温温度比分级淬火高，减小了工件与淬火介质间的温差，从而减小了淬火热应力；又因贝氏体比体积比马氏体小，而且工件内外温度一致，故淬火组织应力也较小。因此，等温淬火可以显著减小工件变形和开裂倾向，适于处理形状复杂、尺寸要求精密的工具和重要的机器零件，如模具、刀具、齿轮等。同分级淬火一样，等温淬火也只能适用于尺寸较小的工件。

6. 冷处理

许多钢的马氏体转变终了点（M_f）低于室温，淬火冷却到室温时，马氏体或贝氏体相变不完全，故室温下的淬火组织中保留一定数量的残留奥氏体。为使残留奥氏体继续转变为马氏体，则要求将淬火工件继续深冷到零下温度进行“冷处理”。因此，实际上冷处理是淬火过程的继续。实践表明，在一般情况下，冷处理的温度达到 -60 ~ -80℃即可满足要求。

应当指出，并非所有工件和钢种都需进行冷处理，主要是针对一些高碳合金工具钢和经渗碳或氮碳共渗的结构钢零件，为提高其硬度和耐磨性，或为保持其尺寸稳定性（对精度要求高的零件而言）才进行这一工序。还应注意，冷处理应在淬火后及时进行，否则会降低冷处理的效果。

第五节　回火工艺

回火是将淬火后的钢在 A_1 以下温度加热，使其转变为稳定的回火组织，并以适当方式冷却的工艺过程。回火的主要目的是减少或消除淬火应力，保证相应的组织转变，提高钢的塑性和韧性，获得硬度、强度、塑性和韧性的适当配合，稳定工件尺寸，以满足各种用途工件的性能要求。

制定回火工艺，就是根据对工件性能的要求，依据钢的化学成分、淬火条件、淬火后的组织和性能，正确选择回火温度、保温时间和冷却方法。钢件回火后一般采用空冷，但对回火脆性敏感的钢在高温回火后需要油冷或水冷。回火时间从保证组织转变、消除内应力及提高生产效率两方面考虑，一般均为 1 ~ 2h。因此，回火工艺的制定主要是回火温度的选择。在生产中通常按所采用的温度将回火分成三类，即低温回火（150 ~ 250℃）、中温回火（350 ~ 500℃）和高温回火（>500℃）。

一、低温回火

对要求具有高的强度、硬度、耐磨性及一定韧性的淬火零件，通常要进行低温回火，获得以回火马氏体为主的组织，淬火内应力得到部分消除，淬火时产生的微裂纹也大部分得到愈合。因此，低温回火可以在很少降低硬度的同时使钢的韧性明显提高，故凡是由中、高碳钢制成的工、模、量具和滚珠轴承等都采用低温回火。工、模具的回火温度一般取200℃左右，轴承零件的回火一般取160℃左右。至于量具，除要求有高硬度和耐磨性以外，还要求有良好的尺寸稳定性，而这又与回火组织中未分解的残留奥氏体有关。因此，在低温回火以前，往往要进行冷处理使其转变为马氏体。对于高精度量具如块规等，在研磨之后还要在更低温度（100～150℃）进行时效处理，以消除内应力和稳定残留奥氏体。

低碳钢淬火得到马氏体，本身具有较高的强度、塑性和韧性，低温回火可减少内应力，使强韧性进一步提高。因此，很多用中碳钢调质处理制造的结构零件，已经用低碳钢或低碳合金钢淬火和低温回火来代替。

渗碳和氮碳共渗零件不仅要求表面硬而耐磨，同时要求心部有良好的塑性和韧性。这类零件实质上相当于表层高碳钢与心部低碳钢的一种复合材料，因此用低温回火可以同时满足这两部分的要求。通常渗碳和碳氮共渗零件的回火温度为160～200℃。

二、中温回火

钢的弹性极限在250～350℃之间中温回火时出现极大值，而350～500℃范围内的中温回火就是利用这一特征，使钢获得回火托氏体组织，并使钢中的第二类内应力大大降低，从而使钢在具有很高的弹性极限的同时，具有足够的强度、塑性和韧性。

中温回火主要用于w_C为0.6%～0.9%的碳素弹簧钢和w_C为0.45%～0.75%的合金弹簧钢。碳素弹簧钢的回火温度取范围的下限，如65钢在380℃回火；合金弹簧钢的回火温度取范围的上限，如55Si2Mn钢在480℃回火，因为合金元素提高了钢的回火抗力。为避免发生第一类回火脆性，中温回火温度不应低于350℃。

除此之外，对小能量多次冲击载荷下工作的中碳钢工件，采用淬火后中温回火代替传统的调质处理，可大幅度提高使用寿命。

三、高温回火

淬火加高温回火又称调质处理，主要用于中碳结构钢制造的机械结构零部件。钢经调质处理后，得到由铁素体基体和弥散分布于其上的细粒状渗碳体组成的回火索氏体组织，使钢的强度、塑性、韧性配合恰当，具有良好的综合力学性能。与片状珠光体组织相比，在强度相同时，回火索氏体的塑性和韧性大幅度提高。例如40钢经正火和调质两种不同的热处理后，当强度相等时，调质处理的伸长率提高50%，断面收缩率提高80%，冲击韧度提高100%。因此，高温回火广泛应用于要求优良综合性能的结构零件，如涡轮轴、压气机盘以及汽车曲轴、机床主轴、连杆、连杆螺栓、齿轮等。

高温回火的温度均在500℃以上，主要依据钢的回火抗力和技术条件而定，可根据各种钢的力学性能-回火温度曲线选择。

含锰、铬、硅、镍等元素的钢具有第二类回火脆性，因此回火后应采用水冷、油冷等快速冷却方式。

对于具有二次硬化效应的高合金钢，往往通过淬火加高温回火来获得高硬度、高耐磨性和热硬性，高速钢就是其中的典型。此时必须注意的是：① 高温回火必须与恰当的淬火相配合才能获得满意的结果。例如Cr12钢，如果在980℃淬火，由于许多碳化物未能溶入奥氏体，奥氏体中的合金元素和碳含量较低，淬火后的硬度虽高，但高温回火后硬度反而降低。如果将淬火温度提高到1080℃，使奥氏体中的合金元素和碳含量增加，淬火后出现大量残留奥氏体，硬度较低，但二次硬化效果却十分显著。② 高温回火后还必须至少在相同温度或较低温度再回火一次，因为高温回火冷却后部分残留奥氏体会发生二次淬火，形成新的淬火马氏体，而未经回火的马氏体是不允许直接使用的（低碳马氏体除外），因此必须再次回火。例如高速钢通常淬火后要在560℃回火三次，而国外有的工厂在三次回火后还要增加一次200℃的低温回火，以消除任何可能出现的未回火马氏体。

调质处理有时也用作工序间处理或预备热处理。例如淬透性很高的合金钢（如18Cr2Ni4WA）渗碳后空冷硬度很高，切削加工困难，这时可通过高温回火来降低其硬度。需要用感应加热淬火的重要零件，一般以调质处理作为预备热处理。渗氮零件在渗氮前一般也应进行调质处理，等等。在这种情况下，高温回火的温度需要根据所要求的强度或硬度，并结合钢的成分来选定。

第六节 钢的表面淬火

齿轮、凸轮、曲轴及各种轴类等零件在扭转、弯曲等交变载荷下工作，并承受摩擦和冲击，其表面要比心部承受更高的应力。因此，要求零件表面具有高的强度、硬度和耐磨性，要求心部具有一定的强度、足够的塑性和韧性。

钢的表面淬火是使零件表面获得高的硬度、耐磨性和疲劳强度，而心部仍保持良好塑性和韧性的一类热处理方法。它与第十章所述钢的化学热处理不同，表面淬火不改变零件表面的化学成分，而是依靠使零件表层迅速加热到临界点以上（心部仍处于临界点以下），并随之淬冷来达到强化表面的目的。依加热方法的不同，钢的表面淬火主要分为感应加热表面淬火、火焰加热表面淬火、电接触加热表面淬火，以及近年来新发展起来的激光加热表面淬火、电子束加热表面淬火等。下面介绍感应加热表面淬火和激光加热表面淬火。

一、感应加热表面淬火

钢的感应加热表面淬火是目前应用最广、发展最快的一种表面热处理方法。

1. 感应加热的原理与工艺

感应加热表面淬火是利用电磁感应原理，在工件表面产生大感应电流（涡流），使表面迅速加热到奥氏体状态，随后快速冷却获得马氏体的淬火方法。如图9-15所示，当感应圈中通过一定频率的交流电时，其内外将产生频率相同的交变磁场。若将工件放入感应圈内，在交变磁场作用下，工件内就会产生与感应圈中的电流频率相同而方向相反的感应电流。由于感应电流沿工件表面形成封闭回路，故称为涡流。涡流在被加热工件中的分布由表面至心部呈指数规律衰减，因此，涡流主要分布于工件表面，工件内部几乎没有电流通过。这种现象叫做集肤效应。感应加热就是利用电磁感应和集肤效应，通过表面强大电流的热效应把工件表面迅速加热到

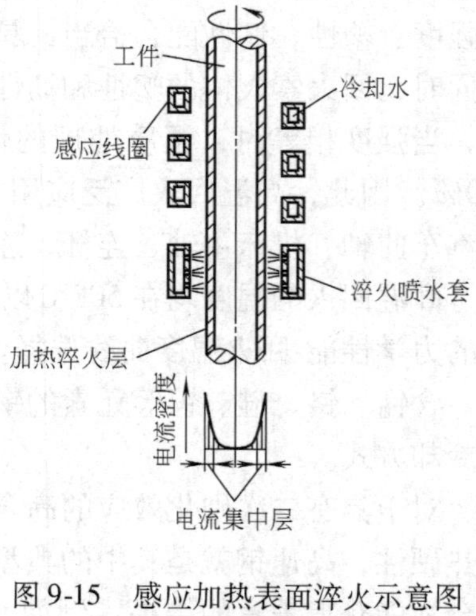

图9-15 感应加热表面淬火示意图

淬火温度的。

感应圈用纯铜管制作，管内通冷却水。当工件表面在感应圈内加热到相变温度时，立即喷水或浸水，实现表面淬火。

电流透入深度 δ（单位为 mm），在工程上定义为涡流强度由表向内降低至 I_0/e（I_0 为表面处的涡流强度，$e=2.718$）处的深度。钢在 800～900℃范围内的电流透入深度 $\delta_{热}$ 及在室温 20℃的电流透入深度 $\delta_{冷}$ 与电流频率 f（单位为 Hz）之间有如下关系。

$$\delta_{热} = 500\sqrt{f} \tag{9-2}$$

$$\delta_{冷} = 20\sqrt{f} \tag{9-3}$$

可见，感应电流频率 f 越高，电流透入深度 δ 越小，工件加热层也就越薄。还可看出，$\delta_{热}$ 比 $\delta_{冷}$ 大几十倍，即当工件加热温度超过钢的磁性转变点 A_2 时，电流透入深度将急剧增大。这时整个电流透入层中的电流密度迅速下降，从而使表层加热速度变慢，并导致温度沿断面的分布趋于平缓。这种温度分布是十分有利的，它既可保证零件有一定的淬硬层深度，又不易造成表层过热。

感应加热时工件的加热层深度主要取决于电流频率。生产上根据零件尺寸及硬化层深度的要求选择不同的电流频率。根据电流频率的不同，可将感应加热表面淬火分为三类：

高频感应加热表面淬火：常用电流频率为 80～1000kHz，可获得的表面硬化层深度为 0.5～2mm，主要用于中小模数齿轮和小尺寸轴类的表面淬火。

中频感应加热表面淬火：常用电流频率为 2500～8000Hz，可获得的表面硬化层深度为 3～6mm，主要用于要求淬硬层较深的零件，如发动机曲轴、凸轮轴、大模数齿轮、较大尺寸的轴和钢轨的表面淬火。

工频感应加热表面淬火：常用电流频率为 50Hz，可获得 10～15mm 以上的硬化层深度，适用于大直径钢材的穿透加热及要求淬硬层深的大工件的表面淬火。

感应加热速度快，一般不进行保温。为使先共析相充分溶解，感应加热表面淬火可采用较高的淬火加热温度。高频加热表面淬火比普通加热淬火温度高 30～200℃。

感应加热淬火通常采用喷射冷却法，冷却速度可通过调节冷却液的压力、温度及喷射时间来控制。

工件表面淬火后应进行低温回火以降低残余应力和脆性，并保持表面高硬度和高耐磨性。回火方式有炉中回火和自回火。炉中回火温度为 150～180℃，时间为 1～2h。自回火即控制喷射冷却时间，利用工件内部余热使表面进行回火。

2. 感应加热表面淬火的特点

感应加热时，由于电磁感应和集肤效应，工件表面可在极短时间内达到临界点以上的温度，而工件心部仍处于相变点之下。中碳钢高频感应加热淬火后，工件表面得到马氏体组织，往里是马氏体加铁素体加托氏体组织，心部为铁素体加珠光体或回火索氏体组织。

1）感应加热升温速度快，保温时间极短。和一般淬火相比，淬火加热温度高，过热度大，奥氏体形核多，又不易长大，因此淬火后表面得到细小的隐晶马氏体，故感应加热表面淬火工件的表面硬度比一般淬火的高 2～3HRC。

2）感应加热表面淬火后，工件表层强度高。由于马氏体转变产生体积膨胀，故在工件表层产生很大的残余压应力，因此可以显著提高其疲劳强度并降低缺口敏感性。

3）感应加热表面淬火后，工件的耐磨性比普通淬火的高。这显然与奥氏体晶粒细化、表面硬度高及表面压应力等因素有关。

4）感应加热表面淬火件的冲击韧度与淬硬层深度和心部原始组织有关。同一钢种淬硬层深度相同时，原始组织为调质态比正火态冲击韧度高；原始组织相同时，淬硬层深度增加，冲击韧度降低。

5）感应加热淬火时，由于加热速度快，无保温时间，工件一般不产生氧化和脱碳。又因工件内部未被加热，故工件淬火变形小。

6）感应加热淬火的生产率高，便于实现机械化和自动化，淬火层深度易于控制，适于形状简单的机器零件的批量生产，应用广泛。

为了保证工件表面淬火后的表面硬度和心部强度及韧性，一般选用中碳钢及中碳合金钢，如40、45、50钢和40Cr、40MnB等，用以制造机床、汽车、拖拉机的齿轮和轴类零件等。表面淬火前一般进行正火或调质处理。感应加热淬火也可用于碳素工具钢和低合金工具钢制造的量具、模具、锉刀等。用铸铁制造的机床导轨、曲轴、凸轮轴及齿轮等，采用高、中频表面淬火可显著提高其耐磨性及抗疲劳性能。目前国内外还广泛采用低淬透性钢进行高频感应加热淬火，用以解决中、小模数齿轮因为整齿淬硬而使心部韧性变差的表面淬火问题。这类钢是在普通碳钢的基础上，通过调整Mn、Si、Cr、Ni的成分，尽量降低其含量，以减少淬透性，同时添加Ti、V或Al，在钢中形成未溶碳化物（TiC、VC）或氮化物（AlN），以进一步降低奥氏体的稳定性。

二、激光加热表面淬火

激光是波长大于X射线而小于无线电波的电磁波，是原子从高能级向低能级跃迁时辐射产生的，是一种新型光源。20世纪70年代发明大功率CO_2激光器以来，激光加热表面淬火等激光表面强化新技术得到了快速发展。

1. 激光的主要特点

（1）高方向性　光束的发散角小到0.1mrad，可认为基本上是平行的。

（2）高亮度性（高功率密度）　从激光器发出的光束可通过聚焦使其会聚到一个极小的范围之内，可以获得很高的功率密度。

（3）高单色性　从激光器发出光的频率范围很窄，相干性非常好。

如将发射角为θ(rad)的激光束用焦距为f(cm)的透镜聚焦，则焦点平面上的光斑直径d(cm)可表示为

$$d = f\theta \tag{9-4}$$

高功率的激光，θ约为$10^{-2}\sim10^{-3}$rad，用焦距为数厘米的透镜聚焦时，光斑直径d仅为几十到几百微米。集束光的强度即功率密度j_P可用激光输出功率P除以光斑面积来表示，即

$$j_P = 4P/\pi d^2 \tag{9-5}$$

表9-7比较了几种热源的功率密度，激光和电子束的功率密度可以高达10^9W/cm^2。

2. 激光与金属的相互作用

激光束照射到材料表面，材料吸收光子的能量而转化为热量。由于光子穿透金属的能力极低，这一光—热转换仅在金属表面极薄的一层内进行，使其被快速加热至相变温度之上，发生固态相变。

表 9-7 几种热源功率密度的比较

热源	氧—乙炔炎	太阳光	电子束	激光①
光斑面积/cm^2	10^{-2}	10^{-3}	10^{-7}	10^{-5}
功率密度/$W \cdot cm^{-2}$	10^4	10^5	10^9	10^9

① 激光参数：$P=10^4$W，$\theta=10^{-3}$rad，$f=3$cm。

用激光进行表面加热淬火时，为了获得较厚的淬硬层深度，表面加热温度应该高一些。但为了避免因表面过热、熔化或烧损而受到损伤，其最高温度一般不应超过1200℃，并规定最大淬硬层深度是从表面到温度为900℃处。因此，可以根据被加热金属的某些物理参数和相应的计算公式，估算出所需激光器的容量、淬硬层深度和加热时间等。一般来说，当功率密度大时，加热时间短，淬硬层深度浅；功率密度小时，加热时间长，淬硬层深度大。但前者温度梯度大，获得局部加热状态的倾向更大。

激光照射到金属表面后，一部分被反射掉，另一部分被吸收，而且只有被吸收的那一部分激光的能量才起到加热的作用。除激光本身因素外，金属种类性质、表面状态（颜色、粗糙度等）都对激光吸收有很大影响。如果被加热零件的表面粗糙、无光泽、表面氧化或颜色很深，则反射比低，吸收的能量就大；反之，如果零件表面很光亮，则反射比高，吸收的能量就小。因此，在激光热处理前需对零件表面进行“黑化处理”（如氧化、磷化、涂石墨等），使其反射比接近于零。

反射率的这种影响可以被利用来进行零件表面的选择性图案硬化，即在光亮的零件表面上将需硬化的部分进行黑化处理，以实现硬化。

3. 激光加热表面淬火工艺及特点

激光加热表面淬火的原理与普通热处理相同，但其加热时间很短（在千分之几到十分之几秒的范围），区域很小，冷却极快，即利用激光作热源使金属表面的一个小的区域迅速加热奥氏体化，随后激冷使其淬火强化。理论和实践均证实，表面温度和热穿透深度都与激光照射持续时间的平方根成正比。因此，适当地调节光斑尺寸、扫描速度和激光功率，其表面温度和热穿透深度是能够控制的。当激光束移开加热表面后，该处的热量便迅速传导至表面其余冷态部分去，即相当于自行激冷淬火，而无需采取别的急冷措施。在进行激光束扫描时，还可通过改变光束摆动的振幅和频率来调节功率密度，从而控制淬硬层深度和覆盖面积。

由于激光光斑或光束摆动的幅度很小，所以只能通过光束在零件表面上逐条扫描来进行加热。为了不致因后一条扫描带边缘的热量把前一条已淬硬的部分回火软化，应设法使光束或摆动面边缘的能量分布尽可能陡峭。这一点可利用光栅来达到。

与感应加热表面淬火相似，一般钢铁材料激光加热表面淬火后的组织也分为表层完全淬火区（硬化区）、次层不完全淬火区（过渡区）和心部未淬火区，并有如下特征：① 由于加热速度很快，奥氏体化温度很高，奥氏体晶粒极细，因此马氏体组织极细；② 由于奥氏体化时间很短，奥氏体成分很不均匀，且往往有未溶碳化物，致使淬火组织中成分不均，并有未溶碳化物；③ 急冷急热导致工件表层产生较大的残余压应力及高密度的位错等晶体缺陷。这些特征使激光加热表面淬火层硬度、耐磨性及抗疲劳性能提高。

第七节　淬火缺陷与防止

机械零件的最终热处理一般是淬火加回火。为了得到马氏体，淬火一般要求快速冷却，这将引起零件不同部位冷速不同、温度不均，其结果是形成内应力，导致零件的变形和开裂，是热处理生产中一个十分突出的问题。除此之外，淬火还会引起氧化与脱碳，出现硬度不足与不均等缺陷。

一、淬火应力

工件在淬火冷却过程中会发生形状和尺寸的变化，有时甚至要产生淬火裂纹。工件的变形或开裂是由于淬火过程中在工件内产生的内应力所致。

根据内应力产生原因的不同，淬火应力分为热应力和组织应力（或相变应力）两种。由于淬火时工件冷却不均匀导致的内应力称为热应力；而其导致的相变的差异或相变的不同时性所造成的内应力称为组织应力。热处理淬火后残存于工件内部的最终应力称为残余应力，它是热应力与组织应力综合作用的结果。

当淬火应力超过钢的屈服强度时，就会使钢件淬火后产生不同程度的残余变形；当淬火应力超过材料的抗拉强度时，就会产生裂纹，甚至完全断裂。

淬火残余应力往往导致工件在使用过程中变形和早期失效，因而常需再施行适当热处理来加以消除或减少。但是合理的残余应力大小和分布，有时却能提高工件的性能和使用寿命。

1. 热应力

工件冷却时由于表层与心部收缩的不均匀性而造成的内应力称为热应力。

内应力的方向分为轴向、切向和径向三种。为简单起见，现仅讨论其轴向应力的变化。

以圆柱形钢件为例，将其加热到 A_1 点以下然后快速冷却（此时无组织转变），其热应力的产生如图 9-16 所示。在冷却开始阶段，表面冷却快、温度低，而心部冷却慢、温度高，产生温差。此时表面收缩大于心部，便对心部产生压应力，而心部则反抗表面收缩对表面产生拉应力，如图中 a 线所示。继续冷却时，表层与心部的温差不断增大，故表层的拉应力和心部的压应力也随之增大。如果心部所受的压应力增大到超过钢在该温度下的屈服强度时，便会使心部发生塑性变形，沿轴向缩短（而表层因温度较低，屈服强度较高，不易发生塑性变形），结果使试样截面上的应力有所松弛而不再增大。在进一步的冷却过程中，因表层的温度已较低，不再收缩或收缩较小，而这时心部将比表层有较大的收缩，以致使表层的拉应力和心部的压应力趋于减小，如图中 b 线所示，

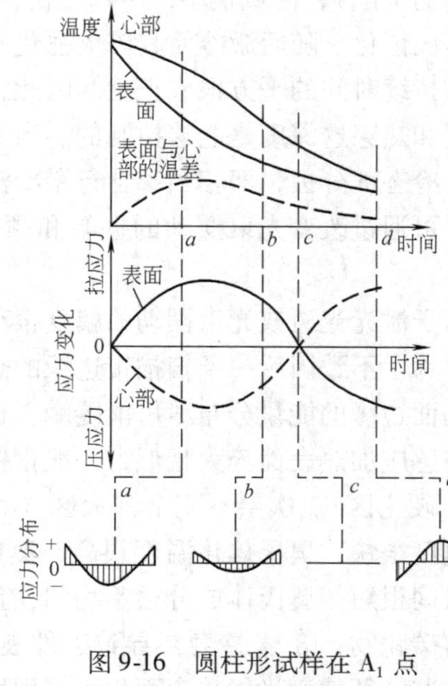

图 9-16　圆柱形试样在 A_1 点以下急冷时热应力的变化

直至某一时刻时减小为零，如图中 c 线所示。但此时试样截面上仍然存在着温差，心部还会继续降温、收缩。由于心部早先已被缩短，这样表层将会阻碍心部收缩到室温下应有的长度，结果就使表层由原来的受拉应力变为受压应力，而心部则恰好相反。这种现象称为“热应力反向”，如图中 d 线所示。当心部逐渐冷到室温时，表层所受的压应力和心部所受的拉应力也就越来越大。由于在低温时钢的屈服强度已较高，塑性变形比较困难，故这种应力状态将一直保留下来，而成为残余内应力。可见，热应力的变化规律是：冷却前期，表层受拉，心部受压；冷却后期，表层受压，心部受拉。

2. 组织应力

钢件经奥氏体化后淬火冷却时，由于表层冷却较快，其温度先降到 M_S 点，并发生马氏体转变，而马氏体的比体积比奥氏体大，故表层将先产生膨胀；但温度较高的心部此时尚未发生转变，表层的膨胀就会受到心部的牵制，其结果也会在工件中产生内应力。这种由于工件的表层和心部发生马氏体转变的不同时性而造成的内应力，称为组织应力。

淬火快速冷却时，试样表层先转变成马氏体而膨胀，但由于受到心部的牵制，将使表层产生压应力，而心部产生拉应力。当心部的拉应力大到超过钢在该温度下的屈服强度时，心部将发生塑性变形，使其沿轴向伸长，而表层温度较低，屈服强度较高，不易发生塑性变形。继续冷却时，心部也将发生马氏体转变而膨胀，此时表层阻碍其膨胀，结果使表层由原来的受压应力变为受拉应力，而心部则恰恰相反，即表层和心部的应力都转化为相反方向的应力，称为“组织应力反向”。这种应力状态将一直保留到室温而成为试样中的残余应力。由此可见，组织应力的变化规律是：组织转变前期，表层受压，心部受拉；组织转变后期，表层受拉，心部受压，即组织应力的方向及其变化规律，正好与热应力相反。

应当指出，钢件在淬火过程中，在组织转变发生前只有热应力产生，而 M_S 点以下则热应力与组织应力同时产生，且以组织应力为主。两种应力可能因方向相反而互相抵消或削弱，也可能因方向相同而互相加强，其综合作用的结果决定钢件中实际存在的内应力。

二、淬火变形

1. 淬火变形基本规律

淬火变形有两种主要形式：一种是工件几何形状的变化，它表现为尺寸及外形的变化，通常称为扭曲或翘曲，是淬火工件中热应力和组织应力作用的结果；另一种是体积变化，又称比体积差效应，它表现为工件的各部分尺寸按比例地胀大或缩小，而工件外形并不改变，是组织转变时比体积不同而引起的。实际工件的变形，往往同时兼有这两种形式。

热应力引起的变形表现为使工件沿最大尺寸方向收缩，沿最小尺寸方向胀大，即力图使工件的棱角变圆，平面凸起，变得趋于球形。

组织应力引起的变形趋向与热应力引起的恰好相反，它表现为工件沿最大尺寸方向伸长，沿最小尺寸方向收缩，力图使工件棱角突出，平面内凹，其外形好像一个承受外压的真空容器一样。

组织转变引起的比体积变化，一般总是使工件的体积在各个方向上作均匀的胀大或缩小。但对圆（方）孔体工件，尤其是壁厚较薄的工件，则当体积增大或减小时，往往是高度、外径（外廓）和内径（内腔）等尺寸均同时增大或缩小。内径（内腔）尺寸随体积的同步变化，主要是由于体积变化时引起的内腔周边长度的尺寸变化超过了壁厚方向上的尺寸变化所引起的。

热应力、组织应力和比体积差效应对变形趋向的影响可用图 9-17 归纳说明，它可以作为我们分析工件变形规律的基本依据。

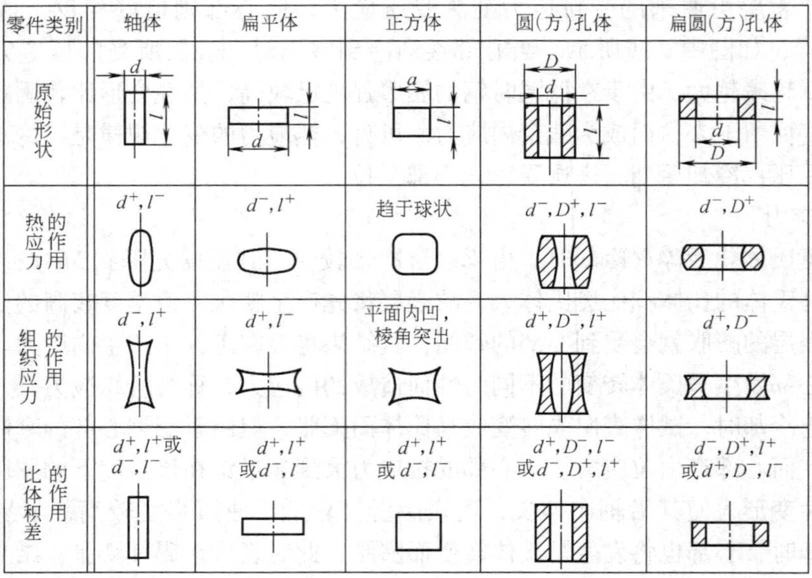

图 9-17 各种简单形状零件的淬火变形趋向

2. 影响淬火变形的因素

影响淬火变形的因素很多，包括钢的化学成分与原始状态、热处理工艺以及工件的几何形状等。

（1）钢的化学成分与原始状态 钢的成分影响马氏体比体积、M_S 点和淬透性等，从而影响淬火变形。

钢中碳含量越低，热应力的作用就越大。另外，因为低碳马氏体比体积较小，组织应力也较小。反之，碳含量越高，组织应力的作用便越大。随着合金元素含量的提高，钢的屈服强度提高，淬透性也较好，一般均采用冷却较缓和的淬火介质，故淬火变形较小。

M_S 点的高低对淬火热应力影响不大，但对组织应力影响很大。M_S 点较高，则开始发生马氏体转变时工件的温度较高，尚处于塑性较好的状态，因而在组织应力的作用下很容易变形。所以，M_S 点越高，组织应力对变形的影响就越大。如 M_S 点较低，则发生马氏体转变时工件温度较低，塑性变形抗力较大，加之残留奥氏体量也较多，所以组织应力对变形的影响就较小，此时工件就易于保留由热应力引起的变形趋势。

钢的淬透性较好时，可以使用冷却较为缓和的淬火介质，其热应力就相对较小；同时，淬透性好，工件易淬透，其组织应力和比体积差效应的作用就相对较大，因而一般以组织应力造成的变形为主。

钢的原始状态是指淬火加热前的组织类别（如珠光体、索氏体、回火索氏体）及组织成分的不均匀性（包括钢中夹杂物、带状组织、成分偏析、游离碳化物颗粒分布的方向性等）。

钢的带状组织和成分偏析易使钢加热时奥氏体中成分不均匀，淬火后的组织也不均匀，即低碳、低合金元素区可能得不到马氏体（得到托氏体或贝氏体），或得到比体积较小的低碳马氏体，从而造成工件不均匀的变形。

高碳合金钢（如高速钢 W18Cr4V 和高铬钢 Cr12）中碳化物分布的方向性，对钢淬火变形的影响较为显著，通常沿碳化物带状方向的变形要大于垂直方向的变形。因此，对于变形要求严格的工件，应合理选择带状方向，必要时应当改锻。

原始组织的比体积越大，则其淬火前后的比体积差就必然越小，从而可减少体积变形，所以预先球化处理的工件淬火后的变形小，调质处理得到回火索氏体组织也可以减少淬火变形。

（2）热处理工艺　提高淬火加热温度，不仅使热应力增大，而且由于淬透性增加，也使组织应力增大，故将导致变形增大。

冷却速度越大，则淬火内应力越大，淬火变形也越大。但其中热应力引起的变形主要决定于 M_S 点以上的冷却速度，而组织应力引起的变形主要决定于 M_S 点以下的冷却速度。

分级淬火时，工件在 M_S 点附近短时停留，可使截面温度趋于均匀，而后在空气中冷却，可显著减小组织应力和变形。

（3）工件几何形状与尺寸　工件几何形状对淬火变形的影响极大。一般来讲，形状简单、截面对称的工件，淬火变形小；形状复杂、截面不对称的工件，淬火变形大。这是由于截面不对称时会使工件产生不均匀的冷却，从而在各个部位之间产生一定的热应力和组织应力。通常，在棱角和薄边处冷却较快，在凹角和窄沟槽处冷却较慢，外表面比内表面冷却快，圆凸外表面比平面冷却快。

工件截面的不对称是造成翘曲变形的根本原因，所以如能人为地创造某些“不对称”的冷却条件（如将厚大截面部分先放入淬火介质），使工件的不同部分尽可能得到均匀的冷却，则将减少工件的翘曲变形。

工件尺寸对淬火变形的影响也很大。显然，工件尺寸越大，淬火时内外温差越大，变形就越大。

总之，淬火变形是普遍存在的，其影响因素又十分复杂，要防止或减小淬火变形必须从多方面入手采取措施。

三、淬火开裂

淬火开裂主要发生在淬火冷却的后期，即马氏体转变基本结束或完全冷却后，此时工件的塑性很差而强度很高，其内应力超过材料的抗拉强度时就会产生裂纹，甚至完全断裂。工件淬火后如仅产生变形尚能设法校正，但如出现淬裂则成为废品。因此，分析研究工件淬火开裂的原因，掌握其规律并提出防止措施，具有更为重要的意义。

产生淬火开裂的原因是多方面的，其根本原因是拉应力超过了材料的抗拉强度，裂纹通常垂直于最大拉应力方向。

1. 淬火裂纹的类型

图 9-18 列出了钢件淬火裂纹的类型。

（1）纵向裂纹　由工件表面裂向心部的较大裂纹，一般平行于轴向，又称轴向裂纹（图 9-18 Ⅰ），多产生在全部淬透的工件上。淬火时表面冷却较快，首先形成马氏体硬壳，心部随后转变为马氏体引起体积膨胀，使表层受较大拉应力而引起开裂。纵向裂纹的形成除了热处理工艺及操作方面的原因外，材料在热处理前的既存裂纹、大块非金属夹杂、严重的碳化物带状偏析等缺陷，也是不容忽视的原因。这些缺陷的存在，既增加了工件内的附加应力，也降低了材料的强度和韧性。在 M_S 点以下缓慢冷却可有效地避免产生这类裂纹。

(2) 横向裂纹（包括弧形裂纹）

横向裂纹垂直于轴的方向，而弧形裂纹多在工件形状突变的部位成弧形分布（图 9-18 Ⅱ）。这类裂纹往往是在工件被部分淬透时，于淬硬层与未淬硬层间的过渡区产生的，因为这一过渡区有一个大的应力峰值，而且轴向应力大于切向应力。大型锻件不可能全部淬透，且往往存在严重的冶金缺陷（如气泡、夹杂、锻造裂纹、白点等），在热处理应力作用下，以缺陷为起点形成裂纹，缓慢扩张直到最后突然断裂。此外，在某些有尖角、凹槽和孔的零件中，由于冷却不均匀和未能淬透，也常产生这种裂纹。适当提高淬火温度，增加工件的淬硬层深度，有助于减少这类裂纹的形成。

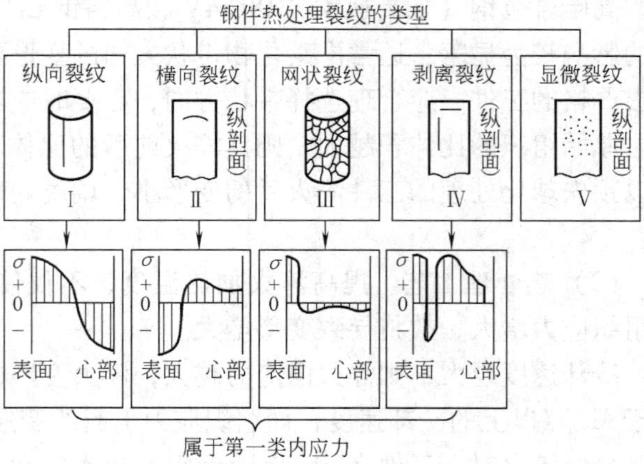

图 9-18 钢件热处理时产生的裂纹类型

(3) 网状裂纹 这是一种表面裂纹，又称表面龟裂，深度较浅，一般在 0.01～2mm，呈任意方向分布，与工件形状无关。裂纹较浅时，很多裂纹互相连接成网状（图 9-18 Ⅲ）。裂纹较深时（>1mm），网状特征消失，变成任意取向或纵向分布的裂纹。对表面脱碳的高碳钢件，极易形成网状裂纹。因为表面脱碳后，其马氏体比体积较小，在表面形成拉应力所致。

(4) 剥离裂纹（或表面剥落） 表面淬火工件淬硬层的剥落以及化学热处理后沿扩散层出现的表面剥落等均属于此类裂纹，一般产生在平行于表面的皮下处（图 9-18 Ⅳ）。例如合金钢渗碳并以一定冷速冷却后，其渗层可能得到以下组织：外层为托氏体 + 碳化物，次层为马氏体 + 残留奥氏体，内层为索氏体或托氏体。由于次层马氏体的比体积最大，其体积膨胀的结果使马氏体层呈现压应力状态，但在外层至接近马氏体层的极薄的过渡层内则具有拉应力，剥离裂纹就产生在压应力向拉应力急剧过渡的极薄的区域内。

(5) 显微裂纹 与前述几种裂纹不同，显微裂纹是由微观应力（第二类内应力）引起的（图 9-18 Ⅴ）。显微裂纹只有在显微镜下才能观察到，往往出现在原奥氏体晶界或马氏体片的交界处。高碳工具钢或渗碳淬火件过热时可能出现这种裂纹，其存在可显著降低淬火工件的强度和塑性，导致工件早期断裂。

2. 淬火开裂的原因

(1) 原材料缺陷 钢中存在的白点、缩孔、大块非金属夹杂物、碳化物偏析（尤其是高速钢、高铬钢等莱氏体钢中的碳化物易出现大块堆积或呈严重带状、网状偏析）等缺陷，都可能破坏钢基体的连续性，并造成应力集中，使淬火时在这些缺陷处形成裂纹。

(2) 锻造缺陷 工件锻造不当，可能引起锻造裂纹，并在淬火时扩大。若在淬火加热前已存在裂纹，则淬火后在显微镜下观察时往往可发现在裂纹两侧有脱碳层，裂纹内部往往还有大量氧化物夹杂，这些都是分析判断锻造裂纹的依据。

(3) 热处理工艺不当 淬火和回火工艺不当都会产生裂纹。

1）加热温度过高，奥氏体晶粒粗大，使淬火后马氏体也粗大，脆性增大，易产生淬火裂纹。

2）加热速度过快、工件各部分加热速度不均匀时，导热性差的高合金钢和形状复杂、尺寸较大的工件，很容易产生裂纹。

3）M_S 点以下冷却过快，很容易引起开裂，尤其对于高碳钢、合金钢来说更为明显。例如，T8 钢采用水—油淬火时，如在水中停留时间过久，使马氏体在快冷条件下形成，就很容易造成开裂。又如 5CrNiMo 钢模具油淬时，油中停留时间不能过长，一般冷到 250℃左右即取出（M_S 点为 220℃），空冷至 80℃左右并立即回火，否则也容易开裂。

4）回火温度过低、时间过短或回火不及时，都可能引起工件开裂。这是因为奥氏体向马氏体的转变在淬火后的一段时间内还可能继续进行，组织应力仍在不断增加并重新分布，可能在某些危险截面处造成应力集中。因此，对于大型工件，不仅淬火后需要及时、充分回火，而且回火后出炉温度最好不要高于 150℃，并且用覆盖保温的方法使其缓慢冷却到室温。

（4）零件设计与加工　零件设计不合理，如截面尺寸突变、凹槽、拐角过于尖锐等，易造成应力集中，导致淬火开裂。机械加工留下的较深刀痕也会引起应力集中并引起开裂。

四、减少淬火变形和防止淬火开裂的措施

1. 正确选材和合理设计

对于形状复杂、截面尺寸相差悬殊而又要求变形较小的工件，应选用淬透性较好的合金钢，淬火时采用较缓和的介质冷却，以减少内应力。

设计零件时，应尽量减小截面尺寸的差异、避免薄片和尖角；必要的截面变化处应尽可能平缓过渡；形状应尽可能对称，必要时可适当增加工艺孔；尽量减少轴类件的长度与直径之比。

2. 正确锻造和预备热处理

钢材中的疏松、夹杂、发纹、偏析、带状组织等冶金缺陷，极易引起工件淬火时的开裂和无规则变形，故必须在淬火前对其进行锻造以提高钢材的冶金质量。毛坯锻造后，还应进行适当的预备热处理，如正火、退火、调质、球化退火等，以改善组织，适应机械加工和最终热处理的要求。对于形状复杂、精度要求较高的工件，在粗加工和精加工之间或淬火前，还要进行消除应力退火。

3. 采用合理的热处理工艺与方法

加热应尽量均匀，以减小加热时的热应力；对于大型锻模及高速钢或高合金钢工件，应进行预热。

为减小淬火变形与开裂，可适当降低淬火加热温度；但有时为了调整残留奥氏体量达到控制变形的目的，也可适当提高淬火加热温度。

正确选择淬火介质和淬火方法，在满足性能要求的前提下应选用较缓和的淬火介质，或采用预冷淬火、分级淬火、等温淬火等方法。在 M_S 点以下要缓慢冷却。此外，从分级浴槽中取出空冷时，必须冷到 40℃以下才能清洗，否则也容易开裂。

淬火后必须及时回火，对于尺寸较大、形状复杂的高碳合金钢工件更应特别注意。

对热处理操作中的每一道辅助工序，如堵孔、捆绑、吊挂、装炉以及工件进入淬火介质的方式和运动方向等都要予以足够重视，以保证工件获得尽可能均匀的加热和冷却。另外，还要注意避免加热时因自重引起的变形。

对于一些薄壁圈类零件、薄板零件、形状复杂的凸轮盘和锥齿轮等，在自由状态冷却时，无法保证尺寸精度的要求。为此，可采用压床淬火，即将加热后的零件置于专用的压床模具中，在施加一定压力的条件下进行喷水或喷油冷却，这样可保证零件变形符合要求。

五、其他淬火缺陷及防止

除变形与开裂外，淬火后还可能出现硬度不足、软点、氧化与脱碳等其他缺陷。

1. 硬度不足

硬度不足是指工件上较大区域内的硬度达不到技术要求，主要原因如下：

1）淬火加热温度过低或保温时间过短，奥氏体中碳及合金元素含量不够或奥氏体成分不均匀，甚至没有完成全部转变，使淬火组织中还残留着珠光体或铁素体，故引起淬火后硬度不足。此外，装炉量过大或炉温不均而导致工件欠热和加热不均等，也会引起硬度不足。

2）淬火冷速不够，原因可能是淬火介质选择不当、介质的温度升高或混入较多杂质而使其冷却能力下降，也可能是工件尺寸过大而无法达到淬火所要求的冷却速度。

3）操作不当，如预冷淬火时预冷时间过长；水—油双液淬火时在水中停留时间过短，或出水后停留时间过长才转入油中；分级淬火时分级温度过高或分级停留时间过长，以致奥氏体分解形成非马氏体组织等。

4）表面脱碳，钢件淬火加热时，可能发生表面脱碳，导致淬火后硬度降低。

对硬度不足的工件可以重新加热淬火，但重淬前，应对工件进行一次退火、正火或高温回火以消除淬火应力，防止重淬时产生更大的淬火变形甚至开裂。

2. 软点

软点是指工件上许多小区域的硬度不足，它与硬度不足的主要区别在于工件表面上硬度有明显的忽高忽低的现象。在工件使用中，软点往往是磨损或疲劳断裂的中心，它会显著降低工件的使用寿命。产生软点的主要原因如下：

1）工件的原始组织不均匀，如钢材中的碳化物偏析、带状组织和大块铁素体等。为此，淬火前应进行锻造和适当的预备热处理，使组织尽量均匀。

2）工件表面局部脱碳或工件渗碳后表面碳浓度不均匀，低碳区淬火后形成软点。

3）淬火介质冷却能力不足，例如水中混入了油或肥皂等杂质。

4）操作不当，如工件表面有氧化皮，工件浸入淬火介质后运动不充分等。

3. 氧化与脱碳

淬火加热时工艺不合理、操作不当或设备方面的原因，会造成工件的氧化与脱碳。

（1）氧化　钢在氧化性介质（O_2、CO_2、H_2O 等）中加热时，铁和合金元素原子便会被氧化，在钢的表面生成氧化膜，使工件尺寸减小，表面粗糙度增高，并严重影响淬火冷却速度，使淬火后表面出现软点、硬度不足等缺陷。此外，氧还会在钢中沿晶界向内扩散，在一定深度的表面层中产生晶界氧化即内氧化，使工件的使用性能降低。

碳钢在560℃以下加热时氧化膜主要由 Fe_3O_4 组成。这种氧化物结构致密，与基体结合牢固，氧原子难以继续渗入，所以氧化速度很慢。加热至560℃以上时，表面氧化膜主要由 FeO 组成。FeO 为缺位固溶体，结构松散，与基体结合不牢，易于剥落，所以氧很容易穿过它继续向里扩散，使内部不断氧化。氧化速度主要取决于氧原子或铁原子通过表面氧化膜的扩散速度。温度越高，原子扩散越快，氧化就越剧烈。

钢的内氧化是在800～900℃较长时间加热时发生的。介质中的氧除了表面氧化外，还沿奥氏体晶界向里扩散。当钢中含有铬、锰、钛、硅等合金元素时，这些元素与氧的亲和力远比铁大，因此优先被氧化，沿晶界生成氧化物，从而使晶界附近合金元素浓度降低，奥氏体稳定性减小，故淬火时会沿晶界形成托氏体网。淬火加热造成的内氧化层很薄，一般只有几个微米，淬火后都能磨去，不影响使用。而渗碳或碳氮共渗层中的内氧化则较深，可达十几微米。如果淬火后磨削加工去不掉，就会影响表层性能。

防止氧化的方法很多，如：① 采用保护气氛加热；② 真空加热；③ 在盐浴炉中加热并坚持严格的脱氧制度；④ 高温短时快速加热；⑤ 表面用涂料防护等。

（2）脱碳　脱碳是钢在脱碳性介质（O_2、CO_2、H_2O 和 H_2）中加热时，钢表层中的固溶碳和碳化物中的碳与介质发生化学反应，生成气体逸出钢外，使钢的表层碳浓度降低的现象。脱碳的本质是钢中的碳被氧化。表层脱碳后，内层的碳便向表面扩散，这样就使脱碳层逐渐加深。钢中碳含量越高，加热温度越高，越容易脱碳。由于碳在钢中的扩散速度大于氧，所以钢的脱碳速度也大于氧化速度。因此钢在加热时，其氧化层下面总有一层脱碳层。脱碳最严重时，可使表层变成铁素体。钢表面脱碳可使淬火工作表面的硬度、强度与耐磨性大大降低，特别是疲劳强度也显著下降。脱碳工件还易形成淬火裂纹。

在一定的介质中加热也可以使工件表面渗碳。脱碳还是渗碳，决定于介质的碳势与钢中碳浓度的相对高低。当介质碳势与钢中碳浓度相等时，两者达到平衡，既不脱碳也不渗碳。防止脱碳的根本办法是在可控气氛中加热。前面提到的防氧化措施，也都可以用于防止脱碳。已经脱碳的工件，也可以在可控气氛中加热进行复碳处理，以恢复原来的碳浓度。

第八节　淬火工艺的新发展

为充分发挥材料潜力，在满足各类机械零件日益提高的性能要求的，同时还要满足高效、节能、环保等方面日益苛刻的要求，热处理工作者不断探索具有更高强韧化效果的新途径，开发出一系列新的淬火工艺与技术，现简述如下。

一、奥氏体晶粒的超细化处理

把钢的奥氏体晶粒细化到10级以上的处理叫做晶粒超细化处理。超细晶粒奥氏体淬火回火后可使马氏体组织细化，提高钢的强度、塑性和韧性，降低韧脆转化温度。奥氏体晶粒超细化处理方法有超快速加热法、快速循环加热淬火法等。

1. 超快速加热法

使用大功率电脉冲感应加热、电子束加热和激光加热等高密度能量超快速加热能源对钢的表面或局部进行加热，可获得超细化的奥氏体晶粒，淬火后其硬度和耐磨性可显著提高。

2. 快速循环加热淬火法

如图9-19所示，将工件快速加热到 Ac_3 以上，短时间保温后迅速冷却，如此循环多次，通过 $\alpha\rightarrow\gamma\rightarrow\alpha$ 循环相变，使奥氏体晶粒逐步细化。45钢经图9-19所示的4次循环后，可使晶粒从6级细化到12级。一般来说，原始组织中的碳化物越细小，加热速度越快，最高加热温度越低（在合理的限度内），其晶粒细化效果越好。在 Ac_3 以上的保温时间应以均温为限，不宜过长。循环次数也不能过多，因为晶粒越细，长大越快，当晶粒细化到一定程度后就与其自身的长大倾向相平衡而不再有明显的细化效果。应当指出，对于尺寸较大的零件，要使整体都得到快速的加热和冷却是困难的。

二、碳化物的超细化处理

高碳钢中的碳化物是造成材料破断的主要策源地。因此，使高碳钢中的碳化物超细化并均匀分布是改善高碳钢强韧性的有效途径。

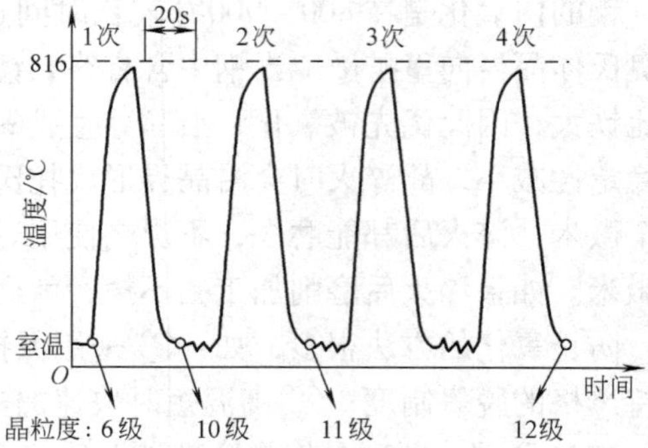

图9-19 45钢快速循环加热淬火工艺过程

由于高碳工具钢在最终热处理状态下碳化物的尺寸、形态和分布在很大程度上受其原始组织的影响，因此，碳化物的超细化主要是通过预备热处理使毛坯组织中的碳化物超细化。主要方法有高温固溶 + 淬火 + 高温回火、高温固溶 + 等温处理等，其共同特点是先进行高温固溶处理，然后采取不同的工艺方法得到均匀分布的细小碳化物。

1. 高温固溶 + 淬火 + 高温回火（即高温调质处理）

高温固溶 + 淬火，可抑制先共析碳化物的析出，再经回火后可以得到细小球状碳化物，弥散分布于铁素体基体上。例如 GCr15 钢经 1000 ~ 1050℃短时间加热后在油中淬火，然后在 300 ~ 380℃回火，得到极细碳化物，再进行高频感应加热淬火、低温回火，可使碳化物平均粒度细化到 0.1μm。又如 T8 钢冲头，以调质处理（800℃加热、水—油冷却，560℃回火 2h）代替球化退火，经较低温度加热淬火（750℃加热，水—油冷却） + 280 ~ 300℃回火后，可消除大块崩刃现象，并使寿命提高 10 倍。

2. 高温固溶 + 等温处理

高碳钢高温固溶 + 淬火易引起开裂，为此开发了高温固溶 + 等温处理细化碳化物的方法。例如将 GCr15 钢于 1040℃加热 30min 使碳化物全部溶入奥氏体，然后于 620℃等温得到细片状珠光体或 425℃等温得到贝氏体组织，最后再按通常工艺进行淬火、回火。这时碳化物尺寸可达 0.1μm，从而使钢的接触疲劳寿命提高 2 ~ 3 倍。

在碳化物超细化的基础上再进行奥氏体晶粒超细化处理，称为双细化处理，可以收到更好的强韧化效果。

三、控制马氏体、贝氏体组织形态及其组成的淬火

板条马氏体和下贝氏体具有良好的强韧性，因此利用板条马氏体和下贝氏体组织的特性是提高钢的强韧性的一条重要途径。举例说明如下：

1. 高碳钢的低温短时加热淬火

高碳钢普通工艺淬火时，所得马氏体组织以片状为主，脆性较大。如果适当控制淬火加热时奥氏体中的碳含量，可在淬火后得到以板条马氏体为主的组织，使钢在保持高硬度的同时，具有良好的韧性。高碳钢快速加热至略高于 Ac_1 的温度、短时保温淬火，可以满足上述要求。因为低温短时加热可以得到较细的奥氏体晶粒，而且奥氏体中的碳含量较低，M_S 点较高，故淬火后可得到以板条马氏体为主加细小碳化物的组织，保证其具有较高的强韧性。例如，国内应用低温短时加热淬火工艺处理 T10V 钢凿岩机活塞，减小了脆性崩齿现象，使寿命提高近一倍。不过，为使低温短时加热淬火取得好的强韧化效果，淬火前的原始组织中碳化物应尽量细小。

2. 获得马氏体加贝氏体复合组织的淬火

目前工业中广泛应用的高强度或超高强度钢，可以通过控制等温转变过程或控制连续冷却速度的方法来获得适当数量的贝氏体加马氏体的复合组织，以达到良好的强韧性。例如，w_C 为 0.12% 的 Ni-Cr-Mo-V 钢，按不同的热处理得到全马氏体、全贝氏体和马氏体 + 贝氏体复合组织后，在 200 ~ 600℃ 范围内回火，发现在同一回火条件下复合组织具有全马氏体组织的高强度和全贝氏体组织的高韧性，同时其韧脆转化温度也最低。由断口与断裂途径分析发现，裂纹总是在马氏体与下贝氏体的界面处改变方向，且断口上准解理平面的尺寸也显著减小。可见复合组织具有低的韧脆转化温度与其在马氏体转变前形成了少量下贝氏体有关，因为这些下贝氏体分割了原奥氏体晶粒，从而使随后形成的马氏体板条束的尺寸减小。解理裂纹扩展时一旦遇到马氏体-贝氏体界面便会改变方向，因而使单元裂纹路程减小，增大了裂纹扩展的阻力（图 9-20）。此外，由于细化了马氏体板条束的尺寸，对于提高复合组织的强度也是有利的。利用复合组织强韧化热处理的关键，是确定不同材料最佳复合组合配比及对复合组织形成条件的控制。一些研究结果表明，具有 10% ~ 20% 下贝氏体的复合组织其韧性最好。

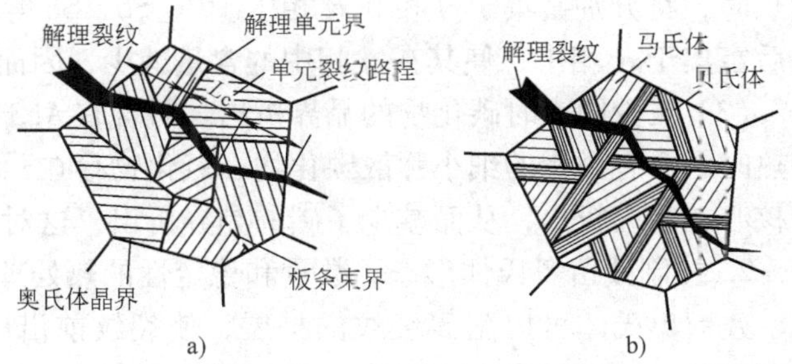

图 9-20　解理裂纹在两类组织中的传播方式示意图
a) 马氏体　b) 马氏体-下贝氏体复合组织

四、保留适当数量塑性相的淬火

淬火钢中的塑性相为铁素体和残留奥氏体。利用它们对钢强韧性的有益作用，近年来发展了一些新的热处理工艺。

1. 亚共析钢的亚温淬火（$\alpha+\gamma$ 两相区淬火）

亚共析钢在 $\alpha+\gamma$ 两相区加热淬火对提高韧性、降低韧脆转化温度和抑制第二类回火脆性均有明显效果。亚温淬火对淬火前的原始组织有一基本要求，即不允许有大块铁素体存在。为此，亚温淬火前往往需进行正常淬火或调质处理（有时也可正火），使之得到如马氏体、贝氏体、回火索氏体、索氏体之类的组织。例如，16Mn 常规工艺 900℃ 加热淬火、600℃ 回火后，冲击韧度为 110J/cm^2，韧脆转化温度为 -22℃。若经 900℃ 预冷淬火、800℃ 亚温淬火、600℃ 回火后，冲击韧度提高至 167J/cm^2，韧脆转化温度则降至 -63℃。

亚温淬火对钢的性能产生上述影响的原因如下：

(1) 晶粒细化和杂质偏聚浓度减小　亚温淬火的加热温度处于 $\alpha+\gamma$ 两相区内，由于温度较低，加之钢中尚存在的细小弥散分布的难溶碳、氮化物质点对奥氏体晶粒长大的阻碍作用，使奥氏体晶粒十分细小。同时，由于奥氏体与铁素体晶粒相间的存在，使 α-γ 相界面积比一般热处理条件下奥氏体晶界面积约大 10 ~ 50 倍。在较大的晶界和相界面积上杂质元素的偏聚浓度自然会大大降低。此外，亚温淬火、回火后钢中存在适当数量的细小铁素体，可大大减轻裂纹尖端的局部应力集中，阻止裂纹扩展。这些因素都将对提高韧性和降低第二类回火脆性产生有益作用。

(2) 杂质元素在 α 和 γ 相中的再分配　钢中所含元素可分为扩大 γ 相区元素（如 C、

Mn、Ni、N……等）和缩小 γ 相区元素（P、Sb、Sn、Si……等）两大类，在 α + γ 两相区加热时，将分别富集于 γ 相和 α 相中。P、Sb、Sn 等引起第二类回火脆性的元素，经亚温淬火后富集于 α 相中，使其在 γ 相中的含量减少，因而有利于降低钢的回火脆化倾向。

（3）减少回火时碳化物的晶界析出　对含有 Al、Nb、V、Ti 等元素的钢来说，在亚温区加热时，会有微量的细小弥散碳化物、氮化物存在，在淬火后进行回火时，碳化物将以它们为核心在晶内析出，从而减少了碳的晶界析出，这对改善钢的韧性十分有益。

2. 控制残留奥氏体形态、数量和稳定性的热处理

残留奥氏体可以阻碍裂纹的扩展，使裂纹前沿应力松弛，一定的应力水平有可能诱发马氏体相变使裂纹前沿强化，因而可以提高钢的强韧性。

残留奥氏体对钢强韧性的影响与其形态、数量、分布和稳定性有关。对一定成分的钢，通过调整淬火加热温度、冷却速度以及回火工艺等，可以在很大程度上控制残留奥氏体的形态、数量、分布和稳定性。例如，GCr15 轴承钢采用不同淬火介质冷却后残留奥氏体量可在 0 ~ 15% 范围内变化，钢的接触疲劳寿命随残留奥氏体量增多而提高（图 9-21）。相变塑性钢利用残留奥氏体的应变诱发相变，在吸收大量应变能的同时，显著提高了钢的强韧性。超高强度钢 30CrMnSiNi2A 油淬后在 250℃ 回火，可使残留奥氏体得到最高的稳定性，从而使钢具有最佳的综合机械性能。

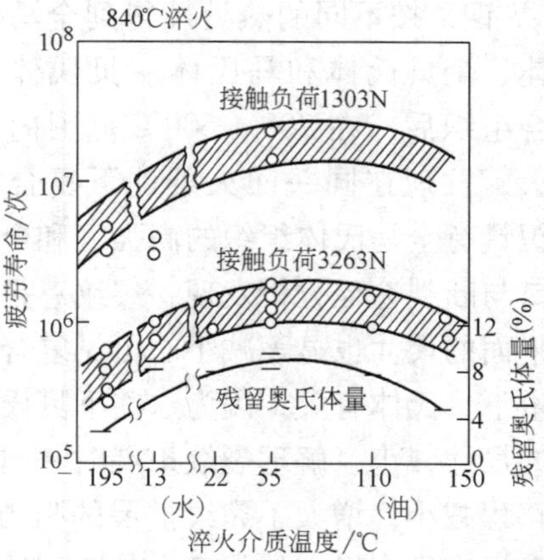

图 9-21　残留奥氏体量对 GCr15 钢接触疲劳寿命的影响

五、钢的形变热处理

形变热处理是将形变强化和热处理强化有机结合在一起的复合强化工艺。该工艺既能提高钢的强度，又能改善钢的塑性和韧性，同时还能简化工艺，节省能源，在冶金和机械制造等工业中得到了广泛应用。

形变热处理种类很多，按形变与相变的先后顺序可分为相变前形变、相变中形变和相变后形变三种基本类型，其中又可按形变温度（高温、低温等）和相变类型（珠光体、贝氏体、马氏体及时效等）分成若干种类。此外，近年来还出现了将形变热处理与化学热处理、表面淬火工艺相结合的复合热处理方法等。

这里仅介绍高温形变热处理和低温形变热处理，对其强韧化机理进行简单分析。

1. 高温形变热处理

高温形变热处理是在再结晶温度以上进行塑性变形的形变热处理，包括高温形变淬火和高温形变正火等。

高温形变淬火是将钢加热到 Ac_3 以上，在稳定的奥氏体温度范围内进行形变，然后立即淬火，使之发生马氏体转变的方法（图 9-22a），如锻后余热淬火、热轧淬火等。高温形变淬火后再于适当温度回火，可以获得很高的强韧性，一般在提高强度 10% ~ 30% 的情况下塑性可提高 40% ~ 50%，冲击韧性则成倍提高。由于形变温度远高于钢的再结晶温度，形变强化效果很容易被高温再结晶所削弱，故应严格控制变形后淬火前的停留时间，形变后要立即淬火冷却。

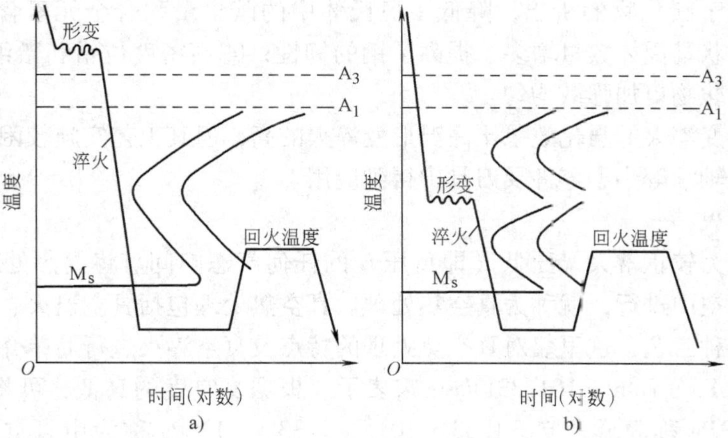

图9-22　形变热处理工艺过程示意图

a) 高温形变淬火　b) 低温形变淬火

结构钢高温形变淬火不但能保留高温淬火得到的由薄壳状残留奥氏体包围的板条马氏体组织，而且还能克服高温淬火晶粒粗大的缺点，使奥氏体晶粒及马氏体板条束更加细化。形变后及时淬火，可保留较高密度位错及形变缺陷，并能促进 ε 碳化物的析出和改变奥氏体晶界析出物的分布。这些组织结构变化都是高温形变热处理获得高强韧性的原因。

高温形变正火的加热和形变条件与上述相同，但随后采取空冷或控制冷却，以获得铁素体加珠光体或贝氏体组织。这种工艺也称为“控制轧制”。从形式上看它很像一般轧制工艺，但实际上区别很大，主要是终轧温度较低，通常都在 Ar_3 附近，有时甚至在 $\alpha+\gamma$ 两相区（即800～650℃），而一般轧制的终轧温度都高于900℃；另外，控制轧制要求在较低温度范围有足够大的形变量，例如对低合金高强度钢规定在900～950℃以下要有50%以上的总形变量。此外，为细化铁素体晶粒和第二相质点，要求在一定温度范围内控制冷却。控制轧制通过晶粒细化和相间析出来提高钢的性能，可显著改善钢的强韧性，特别是可大大降低钢的韧脆转化温度，这对含有微量Nb、V等元素的钢种来说尤为有效。

2. 低温形变热处理

低温形变热处理包括低温形变淬火和低温形变等温淬火等。

低温形变淬火是将钢奥氏体化后迅速冷却至过冷奥氏体亚稳定温度区间进行形变，然后淬火成马氏体，再回火至所需性能的工艺（图9-22b）。塑性变形可采用锻造、轧制或拉拔等方法。低温形变热处理只适用于含有较多强碳化物形成元素的钢，这类钢在400～600℃范围内存在过冷奥氏体的亚稳定区，可以保证塑性形变而不至于发生非马氏体转变。低温形变热处理可在塑性、韧性几乎不变或下降很少的条件下大幅度提高强度。例如，可使高强度钢的抗拉强度由1800MPa提高到2500～2800MPa，适用于要求强度很高的零件，如固体火箭壳体、飞机起落架、汽车板簧、炮弹壳、模具、冲头等。

低温形变等温淬火是在亚稳定奥氏体状态形变后等温淬火得到贝氏体组织，其强度比低温形变淬火略低，但塑性较高，适用于热作模具及高强度钢制小型零件。

低温形变热处理的强韧化原因为：①马氏体继承了形变奥氏体的高密度位错和细化的晶

粒；②奥氏体形变时在位错周围析出许多超显微的合金碳化物，对位错有钉扎作用，使位错运动困难；③由于碳化物的析出，降低了奥氏体中的碳含量和合金元素含量，使 M_S 点升高，淬火时板条状马氏体数量增多，提高了钢的韧性；④高密度位错和微细碳化物的存在，使回火析出的碳化物更加弥散均匀。

虽然低温形变淬火的强化效果比高温形变淬火的高，但其工艺实施较困难，因此目前仅在钢丝、弹簧、轴承等小型零件及刀具中得到应用。

六、真空淬火

真空是指压力较正常大气压低（即负压）的任何气态空间。将要热处理零件的加热和冷却过程置于真空中进行，就称为真空热处理。真空热处理包括真空退火、淬火、回火、渗碳、渗金属等多种工艺，这里仅对真空热处理的特点及真空淬火进行简单介绍。

真空度常用 Pa（1atm = 101.33kPa）来表示。根据真空度的高低，可将其划分为四级：$1.33\times10^{3}\sim1.33$Pa 称为低真空，$1.33\times10^{-1}\sim1.33\times10^{-2}$Pa 称为中真空，$1.33\times10^{-3}\sim1.33\times10^{-5}$Pa 称为高真空，$<1.33\times10^{-6}$Pa 称为超高真空。

1. 真空加热的特点

真空热处理可在改善产品表面质量方面获得一般热处理所没有的特异效果。

（1）表面保护作用与净化作用　大多数金属及合金在氧、水蒸气和二氧化碳等氧化性气氛中加热时将发生氧化，对钢来说还会引起脱碳。但在真空中加热时，因氧化性气氛的含量极低，氧的分压很低，可使钢防止氧化和脱碳。图 9-23 为各种氧化物的平衡分解压。从理论上讲，要达到无氧化的目的，必须使炉内氧的分压低于氧化物的分解压力。但实践表明，只要炉内氧的分压达到 1.33×10^{-3}Pa 时，大多数金属都可以获得光亮的表面，因为在炉气中氧的分压很低的情况下，金属氧化速度极慢，即使在氧的分压高于氧化物分解压的气氛中，也不会形成可见氧化物。

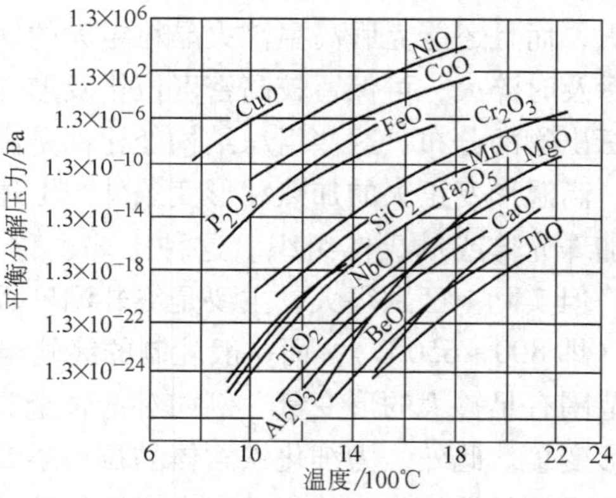

图 9-23　各种氧化物的平衡分解压力

如果满足氧的分压小于氧化物分解压力这一条件，不仅可以防止氧化，而且可使表面已有的氧化物发生分解，使之去除，从而获得光亮的表面，此即为表面净化作用。在实际真空热处理中，尽管炉内氧的分压要比金属氧化物的分解压力高很多，却仍能很好地去除氧化物而得到光亮的表面。可见，仅从金属氧化物平衡分解压力的观点出发，尚难以说明其原因。有人认为，在高温、真空下金属氧化物会转变为低级氧化物（亚氧化物），它极不稳定而易于发生升华，从而使表面净化。也有人认为，由于真空炉内石墨纤维加热元件的蒸发和一些油蒸气的混入，可使真空加热室内存在一定数量的碳原子，它们将与残余气体中的氧作用，使实际氧的分压大大降低，以致炉内气氛变成还原性的，因而使表面净化。

为了防止热处理中的氧化，获得光亮的金属表面，也可采用在氩气、氮气等惰性气体中加热的方法。但分析表明，获得同样表面光亮度的效果，采用真空加热在技术与经济上有更大的优越性。

（2）脱脂作用 工件表面的切削液、润滑剂、防锈油等在真空中加热都可分解成氢、水蒸气和二氧化碳等气体，被真空泵排出，此即脱脂作用。真空加热虽有脱脂作用，但不能认为真空热处理前的工件不经清洗就可装入炉中，因大量油脂会污染真空系统。

（3）脱气作用 真空脱气作用不仅在真空熔炼时表现较为显著，而且可用于固态金属。根据西弗斯定律，H_2、N_2 和 O_2 等双原子气体在金属中的溶解度（S）与其分压力（p）的平方根成正比，即

$$S = Kp^{1/2} \tag{9-6}$$

式中，K 为西弗斯常数。由此可见，在真空下随气体分压的降低，气体在金属中的溶解度将减小，即真空度越高，脱气效果越好。

（4）元素的蒸发现象 真空加热时，钢和合金中某些蒸气压高的元素会从表面脱出，即蒸发逸出，这是由于炉内的压力低于这些元素的蒸气压所造成的。元素的蒸发不仅给材料本身的性能带来损害，而且由于这些元素的蒸发而产生真空蒸镀，使工件之间相互粘连，以及使蒸发物在炉内粘附和引起以后的再蒸发等，从而影响真空热处理的质量，并给工艺过程带来麻烦。

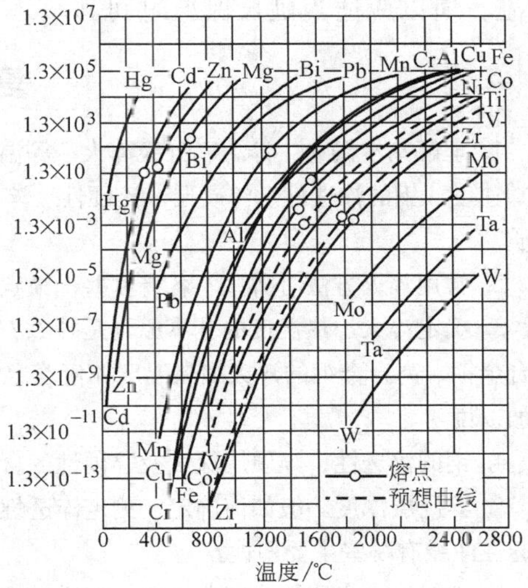

图 9-24 金属的蒸气压力与温度的关系

金属的蒸气压与温度有关。由图 9-24 可知，温度越高，蒸气压越高，在一定的真空度下就越易蒸发。对钢来说，真空加热时最易蒸发的合金元素是锰和铬，而它们又正是钢中最常用的元素，对此应予以特别的重视。为了防止这类现象发生，必须根据具体情况适当控制炉内的真空度，或采用先抽成高真空度，随后通入高纯度的惰性气体（或氮），将真空度降低的方法。

2. 钢的真空淬火

由于真空加热具有上述特点，加之它无公害且安全性好，因此近年来应用范围越来越广，包括真空退火、真空淬火、真空渗碳等。下面仅对真空淬火作简单介绍。

真空淬火的主要优点是：工件表面光亮度好、变形小、硬度高且均匀、使用寿命长。

光亮度主要是由于工件表面无氧化膜，附着在工件表面的油污和杂质被挥发而使工件充分呈现金属光泽的缘故。

真空加热缓慢且均匀，气冷淬火时工件原地冷却而不移动，因此变形较小且有规律，易于控制。

真空淬火后表面光洁、无氧化脱碳。高合金工具钢由于淬火加热温度高，真空加热后高活性的表面在油淬时将发生瞬时渗碳作用形成一层小于 50μm 厚的渗碳层，因此使真空淬火后的硬度比普通淬火时要高而且均匀，不会出现淬火软点。真空加热时的脱气作用还可以提高材料的强度、耐磨性、抗咬合性能及疲劳强度。所以真空淬火后的工件寿命普遍较高。据报导，模具经真空淬火后平均寿命提高 30% 以上，有的则提高到近 4 倍。

真空淬火主要选择气冷和油冷。气冷的冷速较小，而且气体的价格较高（尤其是惰性气体），使其应用范围受到限制。油冷具有较广泛的应用范围。但是，在真空状态下淬火油的物理性能和冷却特性与在正常大气压下不同，因而使真空油淬的效果，即淬硬层深度和硬度受到影响。真空淬火油应具备的特性主要是：① 蒸发量要小，不易引起炉内污染；② 蒸气压要低，不影响真空效果；③ 在真空中冷却性能要好，冷却能力应在较大的真空度范围内不受影响；④ 光亮性和热稳定性要好。目前国外生产的真空淬火油均为专利产品。近年来，我国也已研制出性能优良的真空淬火油，可供生产使用。

由于真空中气体稀薄，传热以辐射为主，所以工件在炉内的放置应尽量避免形成“背阴”（不直接面向辐射体）部分，以保证加热均匀。在真空辐射加热升温中工件温度滞后于炉温，所以应适当延长保温时间。

复习思考题

1. 理解基本概念：淬火、分级淬火、等温淬火、冷处理、淬火介质的冷却特性、特性温度、淬火临界冷却速度、钢的淬透性、淬硬层、淬硬性、淬透性曲线、热应力、组织应力、回火、二次淬火、二次硬化、调质。

2. 常用淬火方法有哪些？各有哪些优缺点？

3. 确定淬火加热温度的基本原则是什么？亚共析钢、共析钢、过共析钢的淬火加热温度各是怎样的？低合金钢、高合金钢的淬火加热温度如何确定？在实际生产中根据哪些具体情况应进行怎样调整？试举数例加以说明。

4. 钢的淬透性、淬硬层深度及淬硬性的含义及其影响因素如何？淬透性有何实际意义？

5. 淬硬层深度一般如何确定？测定淬透性的方法有哪些？确定淬透性的末端淬火法的基本原理如何？淬透性曲线有哪些主要用途？

6. 理想淬火介质的冷却曲线应是怎样的？为什么？

7. 试述有物态变化的淬火介质的冷却特性和冷却机制？

8. 常用淬火介质有哪些？各有何特点？

9. 试说明钢件在淬火冷却过程中热应力和组织应力的变化规律及其沿工件截面上的分布特点。

10. 热应力、组织应力和比体积差效应造成的变形趋向如何？

11. 影响淬火变形和开裂的主要因素有哪些？怎样影响？减小淬火变形和防止淬火开裂有哪些主要措施？

12. 在生产实际中举出利用残余内应力来提高工件使用寿命的实例。

13. 高速钢（高碳高合金工具钢）有时采用分级淬火，即工件从分级浴槽中取出后常常置于空气中冷却。如果工件尚处于100~200℃时便用水冲洗，将会发生什么问题？为什么？

14. Cr12MoV 钢常用两种热处理工艺为：1000℃淬火，160℃回火；1100℃淬火，510℃回火。为什么1000℃较低温度淬火时只能用160℃低温回火，而1100℃高温淬火时才能用510℃高温回火？

15. 简述低温回火、中温回火、高温回火在生产中的应用范围。

16. 指出下列工件的淬火及回火温度，并说明其回火后获得的组织和大致的硬度：45 钢小轴（要求综合机械性能）；60 钢弹簧；T12 钢锉刀。

17. 简述合金元素对提高钢的回火抗力的作用。

18. 什么是二次硬化？哪些合金元素能产生二次硬化？怎样才能得到最大的二次硬化效果？

19. 表面淬火的目的是什么？常用的表面淬火方法有哪几种？比较它们的优缺点及应用范围。试说明表面淬火前应采用何种预先热处理？

20. 简述感应加热表面淬火的基本原理及其优点。高频感应加热时钢的相变有何特点？为何钢经高频感应加热淬火后的表面硬度比一般普通淬火高？

21. 表面淬火用钢的成分有何特点？

22. 真空热处理时有什么特点？真空热处理后钢的性能有何改善？真空热处理时应注意哪些事项？

23. 激光热处理有何特点？

24. 简述形变热处理的强韧化机理。

25. 淬火工艺近年来有哪些新发展？试简述之。

第十章　钢的化学热处理

化学热处理是将工件在特定的介质中加热、保温，使介质中的某些元素渗入工件表层，以改变其表层化学成分和组织，获得与心部不同性能的热处理工艺。

工业技术的发展，对机械零件提出了各式各样的要求。例如，发动机上的齿轮和轴，不仅要求齿面和轴颈的表面硬而耐磨，还必须能够传递很大的转矩和承受相当大的冲击负荷；在高温燃气下工作的涡轮叶片，不仅要求表面能抵抗高温氧化和热腐蚀，还必须有足够的高温强度等。这类零件对表面和心部性能要求不同，采用同一种材料并经过同一种热处理是难以达到要求的。而通过改变表面化学成分和随后的热处理，就可以在同一种材料的工件上使表面和心部获得不同的性能，以满足上述的要求。

化学热处理与一般热处理的区别在于：前者有表面化学成分的改变，而后者没有表面化学成分的变化。化学热处理后渗层与金属基体之间无明显的分界面，由表面向内部其成分、组织与性能是连续过渡的。

第一节　化学热处理的分类与基本过程

一、化学热处理的分类

由表 10-1 可见，依据所渗入元素的不同，可将化学热处理分为渗碳、渗氮、渗硼、渗铝等。如果同时渗入两种以上的元素，则称之为共渗，如碳氮共渗、铬铝硅共渗等。渗入钢中的元素，可以溶入铁中形成固溶体，也可以与铁形成化合物。

表 10-1　按渗入元素分类的化学热处理

渗入非金属元素		渗入金属元素		渗入金属-非金属元素
单元	多元	单元	多元	
C	C + N	Al	Cr + Al	Ti + C
N	N + S	Cr	Cr + Si	Ti + N
S	N + O	Si	Si + Al	Cr + C
B	N + C + S	Ti	Cr + Si + Al	Ti + B
	N + C + O	V		
	N + C + B	Zn		

根据渗入元素对钢表面性能的作用，又可分为提高渗层硬度及耐磨性的化学热处理（如渗碳、渗氮、渗硼、渗钒、渗铬），改善零件间抗咬合性及提高抗擦伤性的化学热处理（如渗硫、渗氮），使零件表面具有抗氧化、耐高温性能的化学热处理（如渗硅、渗铬、渗铝）等。表 10-2 列出了常用化学热处理的特征。

二、化学热处理的基本过程

化学热处理过程分为分解、吸收和扩散三个基本过程。

分解是指零件周围介质中的渗剂分子发生分解，形成渗入元素的活性原子。例如 $CH_4 \rightleftharpoons$

$2H_2$ + [C]，$2NH_3 \rightleftharpoons 3H_2 + 2$ [N]，其中 [C] 和 [N] 分别为活性碳原子和活性氮原子。所谓活性原子是指初生的、原子态（即未结合成分子）的原子，只有这种原子才能溶入金属中。

表 10-2　常用化学热处理的特征

化学热处理方法	表层状态	处理温度/℃	层深范围/mm	表层硬度 HRC	适用金属
气体渗碳	碳的扩散层	820～980	0.075～1.5	50～63	低碳钢、低碳合金钢
气体渗氮	氮的扩散层，氮化物	480～590	0.125～0.75	50～70	合金钢、氮化钢、不锈钢
气体碳氮共渗	碳与氮的扩散层	760～870	0.075～0.75	50～65	低碳钢、低碳合金钢、不锈钢
软氮化	氮与碳的扩散层	565～675	0.0025～0.025	40～60	低碳钢
渗硼	硼的扩散层，硼化物	400～1150	0.0125～0.050	40～70	合金钢、工具钢
固体渗铝	铝的扩散层	870～980	0.025～1.0	<20	低碳钢

吸收是指活性原子被金属表面吸收的过程，其基本条件是渗入元素可与基体金属形成一定溶解度的固溶体，否则吸收过程不能进行。例如，碳不能溶入铜中，如果在钢件表面镀一层铜，便可阻断钢对碳的吸收过程，防止钢件表面渗碳。

扩散是指渗入原子在金属基体中由表面向内部的扩散，这是化学热处理得以不断进行并获得一定深度渗层的保证。从扩散的一般规律可知，要使扩散进行得快，必须要有大的驱动力（浓度梯度）和足够高的温度。渗入元素的原子被金属表面吸收、富集，造成表面与心部间的浓度梯度，在一定温度下，渗入原子就能在浓度梯度的驱动下向内部扩散。

在化学热处理中，分解、吸收和扩散这三个基本过程是相互联系和相互制约的。分解提供的活性原子太少，吸收后表面浓度不高，浓度梯度小，扩散速度低；分解的活性原子过多，吸收不了而形成分子态附着在金属表面，阻碍进一步吸收和扩散。金属表面吸收活性原子过多，原子来不及扩散，则造成浓度梯度陡峭，影响渗层性能。因此，保证三个基本过程的协调进行是成功实施化学热处理的关键。

应当指出，分解、吸收和扩散对化学热处理总速度的影响不是等同的。通常介质中的化学反应有较高的速度，因此它往往不影响化学热处理总速度。在许多化学热处理过程中，吸收或扩散却往往是总速度的控制步骤。

本章仅对工业中应用最广泛的渗碳、渗氮、碳氮共渗、渗硼、渗铬、渗铝等进行讨论。

三、渗层的组织结构与形成过程

化学热处理渗层的组织结构首先取决于组成渗层的合金系的相图。

如果渗入元素与基体元素间形成连续固溶体，这种渗入元素的扩散为纯扩散，在扩散温度下渗层为单相固溶体。

如果渗入元素在基体金属中的溶解度有限，则在扩散温度下随着表面溶质浓度的增加会形成新相（一般形成某种化合物），这种扩散称为反应扩散或相变扩散。例如 A-B 二元合金相图如图 10-1 所示，在温度 t，B 渗入 A 中并向内部扩散。时间为 τ_1 时，渗层中 B 元素浓度分布如曲线 τ_1 所示，此时工件表面 B 元素的浓度尚未达到 α 固溶体的极限值，渗层中仅有 α 固溶体。延长时间至 τ_2，不仅渗层深度增加，且表面浓度亦不断上升，一直增加到 α 固溶体的极限值 a，如曲线 τ_2 所示。B 原子继续为表面所吸收时，则 A 和 B 原子将在表面形成β化合物层，这一化合物层与α交界处的浓度为b，外层浓度随B的渗入不断升高，最大为c，渗层由外向内依次为β→α，如曲线$\tau_3 \to \tau_5$所示。继续扩散，渗层由表面向内由γ→β→α三个单相区相互毗邻组成，而浓度在相界面上有阶梯式的突变，无两相区。

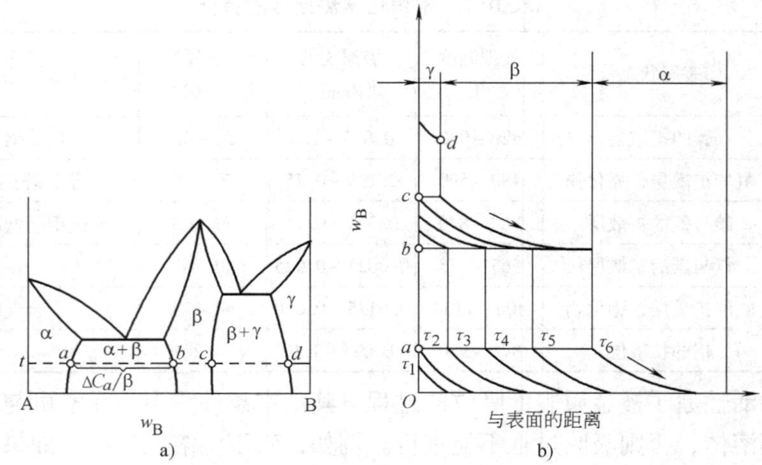

图 10-1 反应扩散时 A-B 二元合金渗层形成过程

a）合金相图 b）B 浓度分布曲线

以上是在扩散温度下的情形。在扩散温度下形成的各相在随后的冷却过程中有可能发生分解或其他相变重结晶，因此化学热处理的最终组织结构不但取决于相图，还与冷却条件等工艺因素有关。

第二节 钢的渗碳

渗碳是将低碳钢件置于具有足够碳势的介质中加热到奥氏体状态并保温，使其表层形成富碳层的热处理工艺，是目前机械制造工业中应用最广的化学热处理。所谓碳势，是指渗碳气氛与钢件表面达到动态平衡时钢表面的含碳量。碳势高低反映了炉气渗碳能力的强弱。

渗碳的主要目的是在保持工件心部良好韧性的同时，提高其表面的硬度、耐磨性和疲劳强度。与表面淬火相比，渗碳主要用于那些对表面耐磨性要求较高，并承受较大冲击载荷的零件。

根据所用介质物理状态的不同，可将渗碳分为气体渗碳、液体渗碳和固体渗碳三类。气体渗碳具有碳势可控、生产率高、劳动条件好和便于渗后直接淬火等优点，应用最广。

一、渗碳原理

现以气体渗碳为例，讨论渗碳原理。

气体渗碳是将工件放入密封的渗碳炉内，在高温（一般为900～950℃）气体介质中的渗碳。根据所用渗碳气体的产生方法与种类，气体渗碳可分为吸热式气氛渗碳、滴注式气氛渗碳与氮基气氛渗碳等。

吸热式气氛渗碳是将原料气（例如丙烷）和一定量的空气混合，在外部加热及催化剂作用下，经不完全燃烧而生成的气氛中进行渗碳。这种气氛的碳势很低。因此，吸热式气氛渗碳是向炉中通入吸热式气氛作为载气，另外再加入某种碳氢化合物气体（如甲烷、丙烷、天然气等）作为富化气，以提高和调节气氛的碳势进行渗碳。

滴注式气氛渗碳是将含碳有机液体（如煤油、苯、丙酮、甲醇等）直接滴入渗碳炉，使其在高温下裂解成渗碳气氛，对工件进行渗碳。

氮基气氛渗碳则是以纯氮气为载气，添加碳氢化合物，使其分解，进行渗碳。

1. 炉气反应与碳势控制

不论是哪种渗碳气体，气氛中的主要组成物都是 CO、H_2、N_2、CO_2、CH_4、H_2O、O_2 等。气氛中的 N_2 为中性气体，对渗碳不起作用，CO 和 CH_4 起渗碳作用，其余的起脱碳作用。整个气氛的渗碳能力取决于这些组分的综合作用，而不只是哪一个单组分的作用。在渗碳炉中可能同时发生的反应很多，但与渗碳有关的最主要的反应只有下列几个：

$$2CO \rightleftharpoons [C] + CO_2 \tag{10-1}$$

$$CH_4 \rightleftharpoons [C] + 2H_2 \tag{10-2}$$

$$CO + H_2 \rightleftharpoons [C] + H_2O \tag{10-3}$$

$$CO \rightleftharpoons [C] + 1/2O_2 \tag{10-4}$$

当气氛中的 CO 和 CH_4 增加时，反应将向右进行，分解出来的活性碳原子增多，使气氛碳势增高；反之，当 CO_2、H_2O 或 O_2 增加时，则分解出的活性碳原子减少，使气氛碳势下降。

但上述反应不是孤立的。例如，在反应式（10-1）和式（10-3）中都有 CO，而这两个反应同处于一个空间。因此，当整个体系达到某一平衡状态时，CO 含量必须同时满足反应式（10-1）和式（10-3）。为此，可将相关反应式联立。将式（10-1）减去式（10-3），式（10-2）减去式（10-1），式（10-2）减去式（10-3），式（10-3）加上式（10-4），分别得到

$$CO + H_2O \rightleftharpoons CO_2 + H_2 \tag{10-5}$$

$$CH_4 + CO_2 \rightleftharpoons 2CO + 2H_2 \tag{10-6}$$

$$CH_4 + H_2O \rightleftharpoons CO + 3H_2 \tag{10-7}$$

$$2CO + H_2 \rightleftharpoons 2[C] + H_2O + 1/2O_2 \tag{10-8}$$

式（10-5）~式（10-8）都是在高温下炉内气氛之间存在的相互联系和制约的一些反应。

渗碳气氛中 CO 和 H_2 的含量很高。如果供应的原料气的组分很稳定，则在正常工作情况下，CO 和 H_2 的含量只是在较小范围内变化。因此可以认为 CO 与 H_2 含量基本不变。这样，从式（10-5）~式（10-8）便可看到，CO_2 与 H_2O、CH_4 与 CO_2、CH_4 与 H_2O 以及 O_2 与 H_2O 含量之间是互相制约的，即在一定条件下，一定量的 CO_2 就对应着一定量的 H_2O、CH_4 和 O_2。例如，式（10-5）反映了 CO_2 与 H_2O 间的制约关系，其反应平衡常数为

$$K_p = \frac{p_{CO_2}p_{H_2}}{p_{CO}p_{H_2O}} \tag{10-9}$$

温度变化时平衡发生变化，K_p 与温度 T（K）的关系为

$$\log K_p = \frac{1725}{T} - 1.59 \tag{10-10}$$

根据以上分析可知，在供应的原料气组分稳定、体系达到平衡的情况下，只要控制气氛中微量组分 CO_2、H_2O、CH_4 或 O_2 中的任何一个含量，便可控制上述反应达到某一个平衡点，从而实现控制气氛碳势的目的。通常，生产中使用露点仪来测量 H_2O 含量（因气氛的

露点与其含水量有着对应关系，含水量越高，露点就越高），用 CO_2 红外仪及 CH_4 红外仪测量 CO_2 及 CH_4 含量，氧探头法测量 O_2 含量。根据测量结果，调整富化气的输入量，控制 H_2O、CO_2、CH_4 及 O_2 含量，以控制气氛碳势。

图 10-2 为用由丙烷制取的吸热式气氛的碳势与气氛中 CO_2 含量及露点的关系曲线。

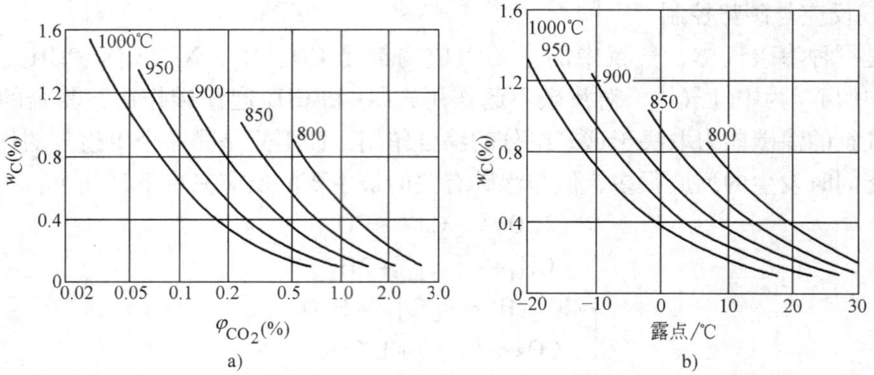

图 10-2 由丙烷制取的吸热式气氛的碳势与其 CO_2 含量及露点的关系
a）碳势与 CO_2 关系 b）碳势与露点关系

以上讨论的是气体组分间及气体与工件间达到平衡的状况，而没有考虑达到平衡所需要的时间。在实际生产中，由于渗碳层深度一般都不是很大，渗碳时间不是很长，因而往往达不到平衡的条件。这时，必须根据气氛种类、表面碳含量的要求、温度和时间等因素确定出一个在不平衡情况下的气氛的碳势，才能真正保证所需的渗层碳含量。

2. 碳原子的吸收

要使分解反应产生的活性碳原子被钢件表面吸收，必须保证工件表面清洁，为此工件入炉前必须将表面清理干净。活性碳原子被吸收后，须将剩下的 CO_2、H_2、H_2O 及时驱散，这就要求炉气有良好的循环。控制好分解和吸收两个阶段的速度，使两者适当配合，以保证碳原子的吸收。活性碳原子太少，影响吸收；如供给碳原子的速度（分解速度）大于吸收速度，工件表面便会积炭，形成炭黑，反而会影响碳原子的进一步吸收。

3. 碳原子的扩散

碳原子由工件表面向心部的扩散是渗碳得以进行并获得一定渗层深度所必需的。根据 Fick 第一定律，单位时间内通过垂直于扩散方向 x 的单位横截面的扩散物质流量为

$$J = -D\frac{\mathrm{d}C}{\mathrm{d}x} \tag{10-11}$$

式中，D 为扩散系数；C 为体积浓度。

可见，单位时间内碳的扩散流量取决于扩散系数和浓度梯度。碳在 γ-Fe 中以间隙扩散方式进行扩散，其扩散系数为

$$D = (0.04 + 0.08 \times C\%)\exp\left(\frac{-31350}{RT}\right) \tag{10-12}$$

或

$$D = (0.07 + 0.06 \times C\%)\exp\left(\frac{-32000}{RT}\right) \tag{10-13}$$

式中 R 为摩尔气体常数。可见，温度和碳浓度都影响碳的扩散系数。

由扩散方程可知，在表面和内部的碳浓度为一定值的情况下，如果渗碳温度一定，则渗碳层深度 d 与渗碳时间 τ 服从抛物线规律 $d=\Phi\sqrt{\tau}$。图 10-3 为 0.15C-1.8Ni-0.2Mo 钢在不同温度下渗碳时间对渗碳层深度的影响。Φ 是一个比例系数，也称为渗层深度因子。在低碳钢和一些低碳合金钢中，Φ 与渗碳温度之间的关系可用式（10-14）及图 10-4 表示：

$$\Phi = 802.6\exp\left(\frac{-8566}{T}\right) \tag{10-14}$$

可以看出，当渗碳时间相同时，渗碳温度提高 100℃，渗层深度约增加一倍；如果渗碳温度提高 55℃，则得到相同渗层深度的时间可缩短一半。

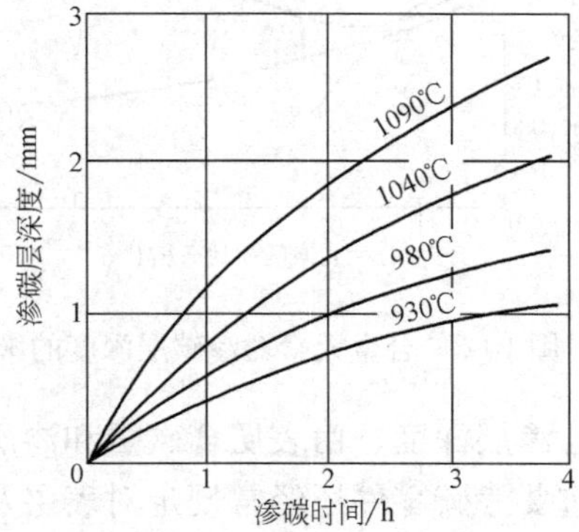

图 10-3　在不同温度下渗碳层深度与渗碳时间的关系（0.15C-1.8Ni-0.2Mo 钢）

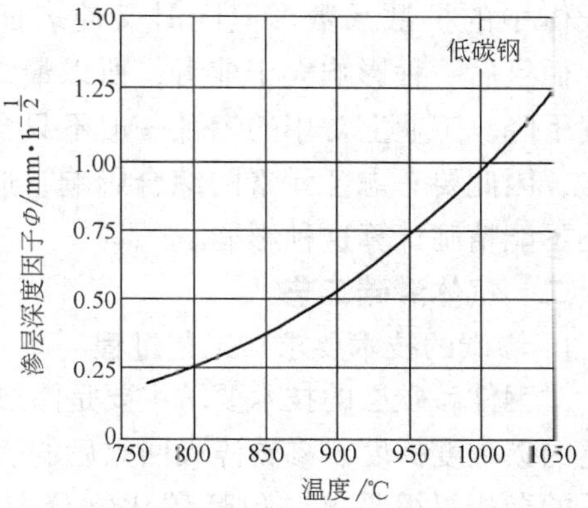

图 10-4　渗层深度因子 Φ 随渗碳温度的变化

扩散还将影响渗层碳浓度梯度。原则上，希望碳浓度从表面到心部连续而平缓地降低，如图 10-5 中曲线 1 所示。实际生产中为了提高渗碳速度，往往采用二阶段渗碳的工艺，即第一阶段用高碳势快速渗碳，第二阶段将碳势调到预定值进行扩散。如果这种工艺控制不当，则有可能得到图 10-5 中曲线 2 所示的浓度曲线，其特点是最表层的碳含量低于次表层。这种浓度曲线，不仅会使表面硬度降低，而且会产生不合理的残余应力分布，因为钢的马氏体点 M_S 随碳含量升高而降低，所以在渗碳后淬火时，表层比次表层先发生马氏体转变，且次表层的马氏体比体积更大，因此在表层造成不希望的残余拉应力。显然，这种浓度曲线是不希望出现的。图中曲线 3 所示的碳浓度曲线是在渗碳温度低于 Ac_3 时形成的，这种在渗层与心部之间的浓度突降，必然引起组织的突变，从而引起额外的残余应力，削弱渗层与心部的结合。因此，这种浓度曲线也是不合理的。

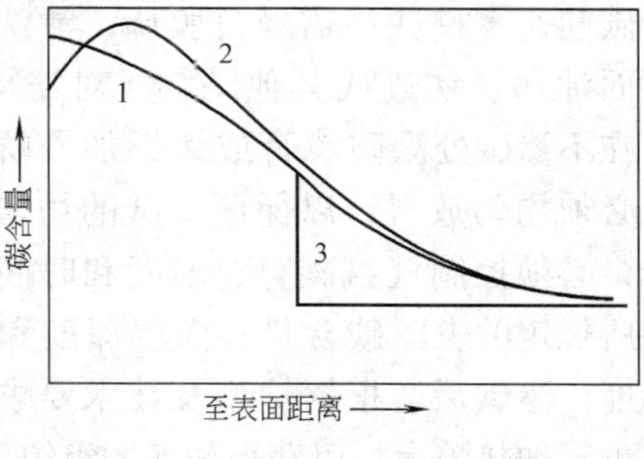

图 10-5　渗碳层碳浓度梯度的比较
1—希望的　2—不希望的　3—不合理的

4. 合金元素对渗碳过程的影响

合金钢渗碳时，钢中的合金元素影响表面碳浓度及碳在奥氏体中的扩散系数，从而影响渗层深度。

碳化物形成元素如钛、铬、钼、钨及质量分数大于 1% 的钒、铌等，都提高渗层表面碳浓度；非碳化物形成元素如硅、镍、铝等都降低渗层表面碳浓度。但是当合金元素含量不大时，这种影响可以忽略。此外，一般钢中都同时含有这两类元素，它们的作用在一定程度上互相抵消。

碳化物形成元素铬、钼、钨等降低碳的扩散系数，而非碳化物形成元素钴、镍等则提高碳的扩散系数；锰几乎没有影响，而硅却降低碳的扩散系数。但随着温度的变化和合金元素含量的不同，其影响是比较复杂的。

如图 10-6 所示，锰、铬、钼能略微增加渗碳层深度，而钨、镍、硅等则使之减小。合金元素是通过影响碳在奥氏体中的扩散系数和表面碳浓度来影响渗碳层深度的。例如，镍虽增大碳在奥氏体中的扩散系数，但同时又使表面碳浓度降低，而且后一种影响大于前者，所以最终使渗碳层深度下降。工业上常用的钢种一般不只含一种合金元素，因此要考虑各元素的综合影响，遗憾的是目前还不能精确计算这种影响。

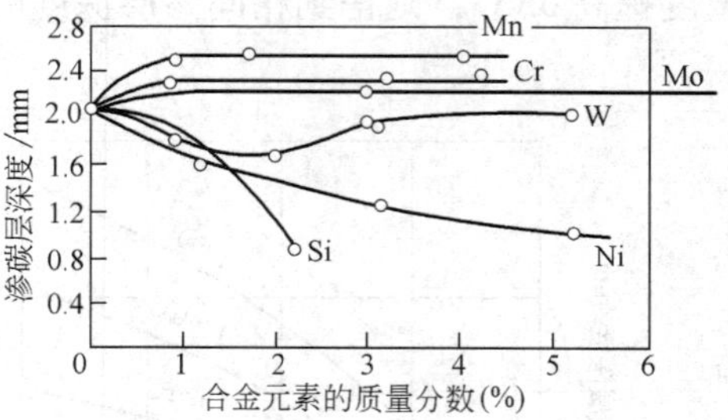

图 10-6 合金元素对渗碳层深度的影响

二、气体渗碳工艺

1. 渗碳的技术要求与工艺过程

对钢件渗碳层的技术要求主要是渗层表面含碳量、渗层深度、由表层含碳量和渗层深度决定的碳浓度梯度、渗碳淬火回火后的表面硬度，对重要渗碳零件还经常规定对表层及心部最后的金相组织要求（包括碳化物分布的级别、残留奥氏体等级、表层和心部组织粗细等）。

渗碳钢中 w_C 一般在 0.12% ~0.25% 之间，其所含主要合金元素一般是铬、锰、镍、钼、钨、钛等。在渗碳前，零件往往需经过脱脂、清洗或喷砂，以除去表面油污、锈迹或其他脏物。对需局部渗碳的零件，要在不渗碳处涂防渗膏或镀铜加以防护。零件在料盘内必须均匀放置，以保证渗碳的均匀性。在渗碳过程中，必须控制气氛碳势、温度和时间，以保证技术条件所规定的表面碳含量、渗层深度和较平缓的碳浓度梯度。渗碳后，根据炉型及技术要求，进行直接淬火或重新加热淬火，以获得预期的组织和性能。

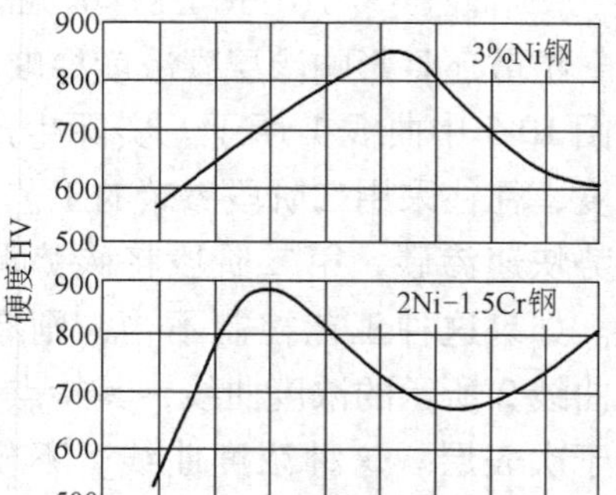

图 10-7 不同成分钢渗碳淬火后表面硬度与表面碳含量的关系（925℃渗碳后直接淬火）

2. 渗碳工艺参数的选择与控制

（1）气氛碳势 渗碳件的最佳表面碳含量通常是为了保证淬火后获得最高表面硬度。最高表面硬度与钢的成分密切相关。图 10-7 所示是不同成分钢渗碳淬火后最高表面硬度与表面含碳量的关系。由图可见，随着钢中镍、铬含量的提高，最高硬度对应的表面碳含量下降，其原因与合金元素可降低 M_s 和 M_f 点，使残留奥氏体量增多有关。此外，最佳表面碳含量应保证渗层具有较高的耐磨性和抗接触疲劳性能等。一般认为，渗碳层中有适量的碳化物存在才能有高的耐磨性。国内外的研究表明，对于一般低合金渗碳钢，表面 w_C 为 0.8% ~1.0% 时性能最佳。对于铬、镍含量较高的钢，相应的碳含量比上述值略有降低。最佳表层碳含量确定后，即可根据图 10-2 来控制气氛碳势，以达到渗碳技术要求。

（2）渗碳温度　温度高低对渗碳质量影响极大。首先，温度影响分解反应的平衡，从而影响碳势。例如，由图 10-2 可见，如果气氛中 CO_2 含量不变，则温度每降低 10℃，将使气氛碳势增大约 0.04% ~0.08%。其次，温度也影响碳的扩散速度和渗层深度。如前所述，在相同的气氛碳势和渗碳时间下，温度每提高 100℃可使渗层深度增加 1 倍。第三，温度还影响钢中的组织，温度过高会使钢的晶粒粗大。目前，生产中的渗碳温度一般为 920 ~930℃。对于薄层渗碳，温度可降低到 880 ~900℃，这主要是为了便于控制渗层深度；而对于深层渗碳（大于 5mm），温度往往提高到 980 ~1000℃，这主要是为了缩短渗碳时间。

（3）渗碳时间　渗碳时间主要取决于渗层的深度要求。渗层深度确定之后，可根据气氛碳势、渗碳温度、渗碳钢成分等确定所需渗碳时间。渗碳时间 τ 与渗层深度 d 的关系可根据式（10-14）及 $d=\Phi\sqrt{\tau}$关系来确定。除渗层深度外，渗碳时间对碳的浓度梯度也有一定影响。

（4）分段渗碳工艺参数　为了缩短渗碳的总时间，节省能源，降低消耗，通常在生产中将渗碳过程分为不同阶段，而在不同阶段中对各参数进行综合调节。最典型的做法是将整个渗碳过程分为四个阶段：

1）升温排气阶段。是工件达到渗碳温度前的一段时间，用较低碳势。

2）强渗阶段。在正常温度或更高温度下，用高于所需表面碳含量的碳势，时间较长。

3）扩散阶段。工件降到（或维持在）正常渗碳温度，碳势降到所需表面碳含量，时间较短。

4）降温预冷阶段。使温度降到淬火温度，便于直接淬火。

这种分阶段的渗碳可使整个渗碳时间比不分阶段的渗碳缩短 20% ~60%，还可使碳浓度在近表面处变化平缓，从而得到理想的渗层。

图 10-8 为使用煤油滴注式气氛进行分阶段渗碳的工艺曲线实例。

用计算机对渗碳过程进行动态监测与控制，是有效地实现渗碳工艺多参数综合控制的保证，是今后渗碳热处理生产发展的方向，目前已在我国部分企业得到了应用。

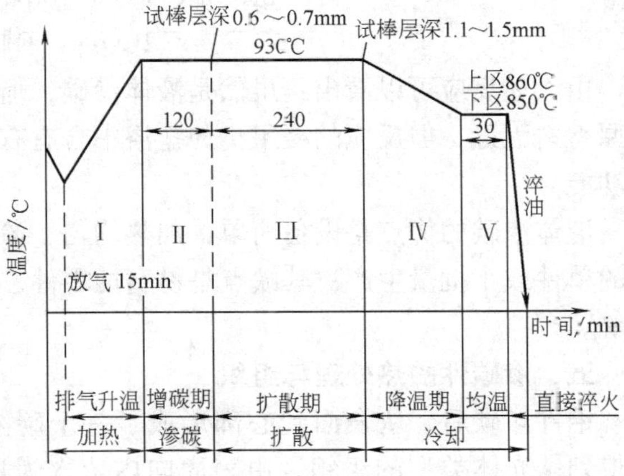

图 10-8　20CrMnTi 钢拖拉机油泵齿轮在 RJJ-90 炉中气体渗碳的工艺曲线

Ⅰ—煤油 125 ±5 滴　Ⅱ—煤油 50 ~55 滴　Ⅲ—煤油 20 ~25 滴　Ⅳ—煤油 20 ~25 滴　Ⅴ—煤油 20 ~25 滴

三、固体渗碳

固体渗碳是在固体渗碳剂中渗碳的方法。固体渗碳剂通常由木炭（90% 左右）和催渗剂（$BaCO_3$、$CaCO_3$ 或 Na_2CO_3 等，10% 左右）组成，呈粒状。将零件埋入渗碳剂中，密封渗碳箱并加热到渗碳温度后，箱中存在的氧与木炭发生下述反应：

$$2C+O_2 \rightleftharpoons 2CO \qquad (10\text{-}15)$$

但是，渗碳箱中存在的氧是有限的，因而依靠它通过上述反应来获得 CO 也是有限的。为此要加入催渗剂，在高温下发生下述分解反应（以 $BaCO_3$ 为例）：

$$BaCO_3 \rightleftharpoons CO_2 + BaO \tag{10-16}$$

所生成的 CO_2 与木炭作用

$$CO_2 + C \rightleftharpoons 2CO \tag{10-17}$$

可生成大量 CO，并在钢件表面分解，提供活性碳原子

$$2CO \rightleftharpoons [C] + CO_2$$

可见，催渗剂分解出的 CO_2 起了将木炭中的碳原子源源不断地输送到钢件表面的作用。固体渗碳实际上仍然是通过气体介质进行的。这一气氛的碳势虽然也可通过改变渗碳剂的成分（催渗剂的量或新、旧渗碳剂的比例）来适当调节，但调节精度很差。固体渗碳时工件表面碳含量主要受奥氏体饱和溶解度限制，它可通过改变渗碳温度来控制。

由于固体渗碳剂传热慢，所以固体渗碳时间中需增加透烧时间。渗碳保温时间可根据渗碳层深度确定，例如，在渗层深度为 0.8 ~ 1.5 mm 的范围内，平均渗碳速度可按 0.10 ~ 0.15 mm/h 估算。

固体渗碳是一种古老的渗碳方法，但其优点是设备简单，适应性强，渗碳剂来源容易，费用较低，因此现在仍有一定应用。固体渗碳的缺点是：不适于渗层要求较浅的零件，表面碳含量也很难精确控制，渗后直接淬火困难，渗碳时间长，劳动条件差。因此，固体渗碳的应用已越来越少。

四、液体渗碳

在液体介质中进行的渗碳称为液体渗碳。液体介质可分为两类：一类是加有氰化物的盐浴，因氰化物有剧毒，故这类盐浴已不采用；另一类是不加氰化物的盐浴。这种盐浴的组成大体上可分为三部分：①是加热介质，如 NaCl 和 KCl；②是催渗剂，如 Na_2CO_3；③是供碳介质，如尿素和木炭粉等。这种盐浴在渗碳时发生下述反应：

$$3(NH_2)_2CO + Na_2CO_3 \rightleftharpoons 2NaCNO + 4NH_3 + 2CO_2 \tag{10-18}$$

$$4NaCNO \rightleftharpoons 2NaCN + Na_2CO_3 + CO + 2[N] \tag{10-19}$$

$$2NaCNO + O_2 \rightleftharpoons Na_2CO_3 + CO + 2[N] \tag{10-20}$$

$$2CO \rightleftharpoons [C] + CO_2$$

由上述反应可以看出：虽然是液体渗碳，但渗碳反应仍然是在钢件表面的气相反应；虽然原材料无毒，但反应的结果仍使盐浴中含有有毒的 NaCN（约 0.5%）；盐浴还有一定的渗氮功能。

液体渗碳的优点是设备简单，加热均匀，渗碳速度快，便于渗后直接淬火，适合于小零件的单件或小批量生产；其缺点是易腐蚀零件，碳势调整幅度小且不易精确控制，劳动条件差等。

五、渗碳件的热处理与组织

钢件渗碳后，从表面到心部形成了一个碳浓度梯度层。如图 10-9 所示，渗碳后缓冷，将得到珠光体类型的组织，由表面向内依次为过共析区（珠光体 + 网状渗碳体）、共析区（珠光体）、亚共析区（珠光体 + 铁素体，且铁素体的量由外向内不断增加），直至原始组织，就好像把 $Fe\text{-}Fe_3C$ 相图中不同碳含量的钢的组织连续地排列在一起。显然，这种组织既满足不了渗碳件表面高硬度、高耐磨性的要求，也满足不了心部强韧性的要求。为了满足这些要求，渗碳后必须进行淬火和回火，对某些钢种还要进行冷处理。

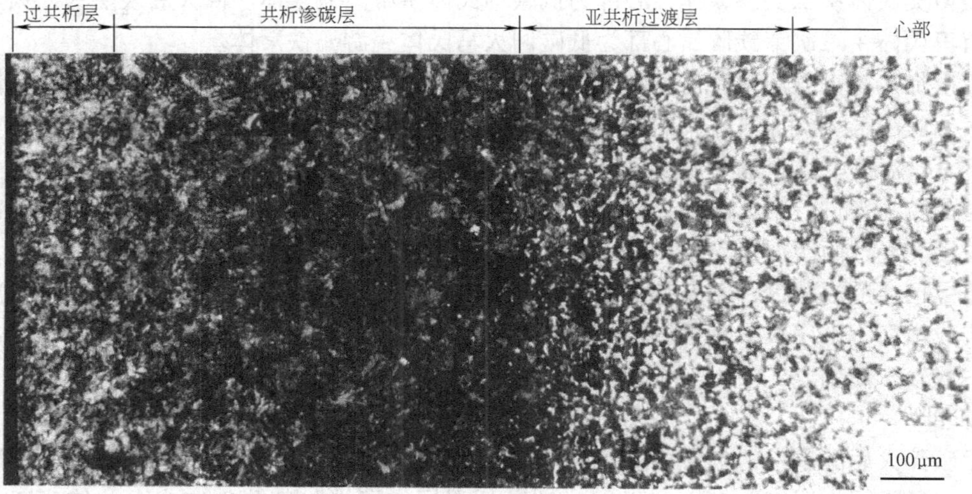

图 10-9　20CrMnTi 渗碳后缓冷组织

1. 淬火

淬火是为了获得马氏体组织，以得到高硬度和高耐磨性。淬火方法有三种：预冷直接淬火、一次加热淬火和二次加热淬火，如图 10-10 所示。由于渗碳件实际上是由表面高碳层与心部低碳层组成的复合材料，因此，渗碳零件淬火温度的选择要兼顾高碳表面渗层和低碳心部两方面的要求。原则上，过共析层的淬火温度应低于 Ac_{cm}，而亚共析层的淬火温度应高于 Ac_3。如果 $Ac_{cm} > Ac_3$，则有可能选择一个淬火温度来同时满足这两方面的要求。如果 $Ac_{cm} \leqslant Ac_3$，则难以同时兼顾，在这种情况下要根据对零件的主要技术要求、钢件心部能否淬透、渗碳后零件的表层含碳量和所采用的淬火方法等综合考虑加以决定。

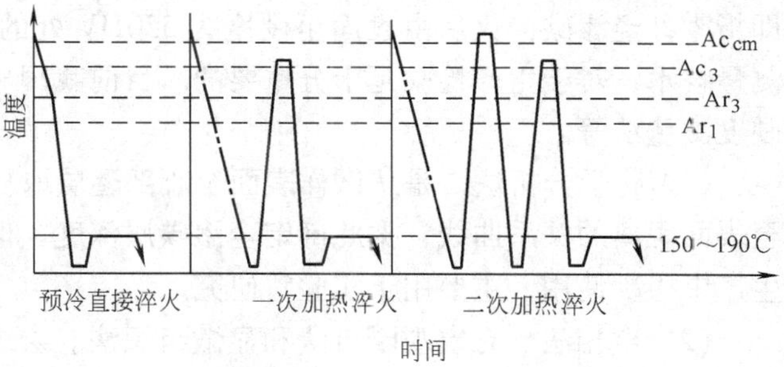

图 10-10　渗碳后的热处理工艺

预冷直接淬火时，淬火温度通常在 820～850℃之间，该温度略高于一般钢心部的 Ar_3，而略低于表层的 Ac_{cm}，基本可以满足两方面的要求。由于采用的是本质细晶粒钢，因而渗碳后仍保持细晶粒组织，而且直接淬火可节约人力、能源和减小零件变形，所以工厂一般都尽可能采用预冷直接淬火工艺。渗碳件在淬透情况下表层金相组织为淬火马氏体 + 残留奥氏体 + 二次渗碳体（普通碳钢自渗碳温度直接淬火时也可以不出现），心部为低碳马氏体。回火后表层为回火马氏体 + 残留奥氏体 + 部分二次渗碳体，心部为回火低碳马氏体。

一次加热淬火法是将工件渗碳后缓冷，然后再重新加热进行淬火。对于心部要求较高强度和较好韧性的渗碳件，加热温度应稍高于心部的 Ac_3 温度，这样可以细化晶粒，心部不出现游离铁素体，表层不出现网状渗碳体。淬火后表层为马氏体 + 残留奥氏体，心部在淬透情况下为低碳马氏体。低温回火后表层为回火马氏体 + 残留奥氏体，心部为低碳回火马氏体。对于要求表层有较高耐磨性的工件，淬火温度应在 Ac_1 与 Ac_3 之间，淬火后表层为淬火马氏体＋残留奥氏体＋二次渗碳体，心部为低碳马氏体＋游离铁素体。回火后表层为回火马氏体＋残留奥氏体＋二次渗碳体，心部为低碳回火马氏体＋游离铁素体。

二次加热淬火方法是针对高温（980～1050℃）渗碳件的，因为高温渗碳后奥氏体晶粒很粗大。其中第一次加热淬火的目的是细化心部晶粒和消除表层网状渗碳体，淬火温度应高于心部 Ac_3 温度。这个加热温度远高于表层的正常淬火温度，所以使表层晶粒粗大。为了细化表层晶粒，需进行第二次加热淬火，淬火温度选在表层的 Ac_1 以上，此加热温度不影响心部晶粒度。经过两次加热淬火，奥氏体晶粒可以充分细化，表层的碳化物可变成粒状，残留奥氏体量也会适当减少，尤其是第二次淬火可以显著提高渗碳后钢的疲劳强度。但二次淬火法生产成本高，工序长，零件的脱碳倾向大，变形也大，故除在航空工业中某些重要场合外，一般较少使用。

2. 回火

渗碳淬火后的零件，也要经过回火后才能使用。为保证渗碳淬火零件表面的高硬度和高耐磨性，通常回火温度取 150～190℃。这种低温回火可消除部分内应力，并使残留奥氏体趋于稳定。

六、渗碳层深度的测量

渗碳层深度是对渗碳零件的主要技术要求之一。在生产中采用两种渗碳层深度的定义：一种是全渗碳层深度，即指由表面到达原始成分处的垂直距离；另一种是有效渗碳层深度，即指零件经渗碳淬火后由表面至硬度为 550HV 处的距离。精确的、重复性好的渗碳层深度测量技术，对于生产检验是十分重要的。目前我国现有的测量方法有化学分析法、金相法和硬度测量法等。

（1）化学分析法　是从试样表面至心部逐层取样进行化学（或光谱）分析，得出碳含量-至表面距离的关系曲线，据此确定全渗碳层深度。但这种方法取样及分析都比较麻烦，所以生产中很少使用，主要用于实验室研究。

（2）金相法　有宏观断口法和显微组织法。宏观断口法是工厂炉前常用的检测方法。取渗碳试样淬火后用锤打断、磨光、腐蚀，然后用放大镜测出整个呈乌黑色外层的厚度作为全渗碳层深度，实际是硬化层的厚度。显微组织法是在渗碳空冷的状态下进行检查。目前对显微组织法测量渗碳层深度的标准还不一致，一般对碳素渗碳钢从表面测至过渡区的 1/2 处为止（所谓过渡区，系指由共析区内沿至心部外沿组织之间的区域），该处的含碳量 $w_C \approx 0.4\%$。对于合金渗碳钢，则从表面一直测到出现基体组织为止，以过共析区、共析区和过渡区三者之和作为渗碳层深度。此法测得的渗碳层深度大于宏观断口法测得的渗碳层深度。这种方法中表面至心部之间的过渡层很不明确，检验结果受钢种不同和检验者主观因素影响较大。

（3）硬度法　优点是测量便捷、结果精确、设备简单。零件或试样渗碳淬火后切取一小块，用砂纸磨光，然后垂直于渗碳表面测量维氏硬度（试验力为 9.8N），作出硬度-至表面距离关系曲线，以硬度大于 550HV（或对应的 HRC）之层深作为有效渗碳层深度，如图 10-11 所示。从实用的角度看，有效渗层深度具有重要的实际意义，因为它代表真正硬化了的层深。研究表明，渗碳或渗氮齿轮的接触疲劳寿命是随有效硬化层深度的增加而增加的。

七、渗碳件的常见缺陷

（1）表面硬度偏低　原因可能是表面脱碳，或是出现了非马氏体组织等。渗碳后如不直

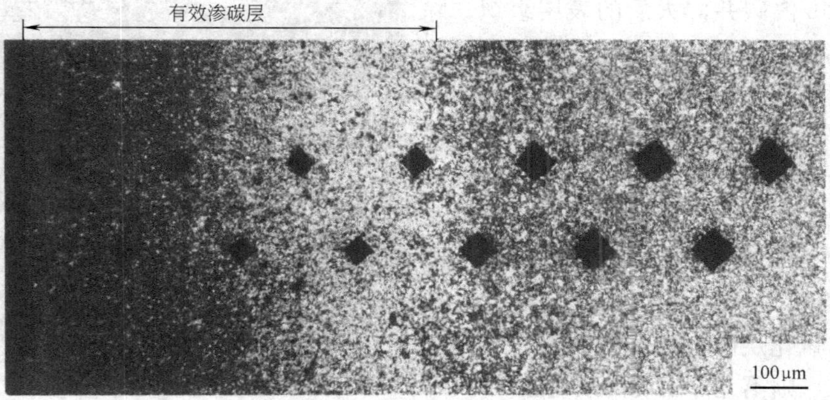

a)

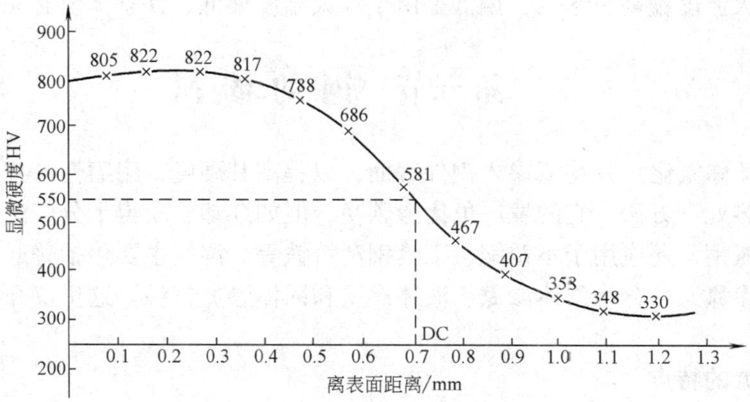

b)

图 10-11　20CrMnTi 钢渗碳后组织与硬度

a）淬火及低温回火组织　b）对应的硬度分布曲线

接淬火，在渗碳后冷却和淬火前再加热过程中极易引起脱碳。另外，因表面碳含量过高、淬火冷却不够快或内氧化，则易导致非马氏体组织的形成。

（2）渗碳层深度不足或不均匀　渗层深度不足往往是渗碳温度偏低、渗碳时间过短、炉内碳势偏低所致。深度不均匀则说明炉气循环不良或温度不均匀，这往往与炉子结构和零件装炉情况有关。

（3）金相组织不合格　例如渗碳层出现网状碳化物或大块碳化物，晶粒粗大，残留奥氏体过多，心部铁素体过多等，其原因既可能与钢材、渗碳工艺有关，也可能与渗碳后的热处理有关，可从如下几方面考虑解决办法：① 不要采用过高的气氛碳势，从根本上防止生成网状碳化物和大块碳化物；② 采用本质细晶粒钢防止晶粒长大；③ 采用一次加热淬火（当出现网状碳化物或粗大晶粒时）；④ 采用冷处理以消除或减少残留奥氏体；⑤ 适当提高淬火温度以减少心部铁素体。

（4）渗碳层内氧化　这是一种在钢表面以下发生的选择性氧化的现象。因为渗碳气氛中含有 O_2、H_2O、CO_2 等氧化性组分，而钢中又含有与氧的亲和力比铁强的合金元素时，则很容易出现内氧化，其深度约为 20 ~ 50μm。图 10-12 是 15CrNi2 钢在吸热式气氛 + 丙烷气中经930℃、5h渗碳并淬火后的表层组织，除沿晶界形成的黑色氧化物和晶内的点状黑色氧化物外，还有晶界附近的黑色非马氏体组织。这种非马氏体组织是由于晶界氧化而使晶界区合金元素贫化，淬透性降低，淬火形成黑色托氏体网所致。内氧化会引起表层硬度、耐磨性、零件疲劳强度和接触疲劳强度等性能的降低。如果零件渗碳后需经过磨削，可将内氧化层除去，如果渗碳后不再进行磨削加工，则不允许出现内氧化层。

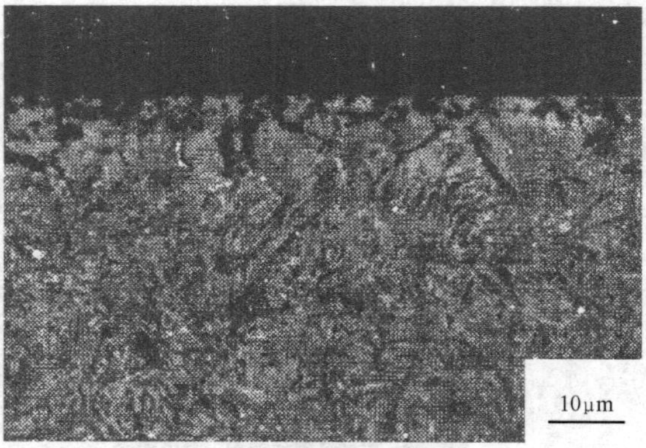

图10-12 15CrNi2钢气体渗碳后内氧化组织

(5) 心部硬度偏高或偏低 心部硬度偏高是由于淬火温度偏高引起的，偏低是由于淬火温度偏低、铁素体没有完全溶解造成的。

第三节 钢的渗氮

渗氮（又称氮化）是将氮渗入钢件表面，以提高其硬度、耐磨性、疲劳强度和耐蚀性能的一种化学热处理方法。它的发展虽比渗碳晚，但如今却已获得十分广泛的应用，不但应用于传统的渗氮钢，还应用于不锈钢、工具钢和铸铁等。渗氮主要包括普通渗氮和离子渗氮两大类。普通渗氮又可分为气体渗氮、液体渗氮和固体渗氮三种。这里仅介绍气体渗氮和离子渗氮。

一、渗氮的特点

钢的渗氮具有下列优点：

(1) 高硬度和高耐磨性 当采用含铬、钼、铝的渗氮钢时，渗氮后的硬度可达1000～1200HV，相当于70HRC以上，且渗氮层的硬度可以保持到500℃左右；而渗碳淬火后的硬度只有60～62HRC，且渗碳层的硬度在200℃以上便会急剧下降。由于渗氮层硬度高，因而其耐磨性也高。

(2) 高的疲劳强度 渗氮层内的残余压应力比渗碳层大，故渗氮后可获得较高的疲劳强度，一般可提高25%～30%。

(3) 变形小而规律性强 渗氮一般在铁素体状态下进行，渗氮温度低，渗氮过程中零件心部无相变，渗氮后一般随炉冷却，不再需要任何热处理，故变形很小；而引起渗氮零件变形的基本原因只是渗氮层的体积膨胀，故变形规律也较强。

(4) 较好的抗咬合性能 咬合是由于短时间缺乏润滑并过热，在相对运动的两表面间产生的卡死、擦伤或焊合现象。渗氮层的高硬度和高温硬度，使之具有较好的抗咬合性能。

(5) 较高的抗蚀性能 钢件渗氮表面能形成化学稳定性高而致密的ε化合物层，因而在大气、水分及某些介质中具有较高的抗蚀性能。

渗氮的主要缺点是处理时间长（一般需要几十小时甚至上百小时），生产成本高，渗氮层较薄（一般在0.5mm左右），渗氮件不能承受太高的接触应力和冲击载荷，且脆性较大。

二、Fe-N相图与纯铁渗氮层的组织

1. Fe-N相图

图 10-13 所示为 Fe-N 相图的低氮端。相图中各相的成分、结构和性能如下。

(1) α 相　氮在 α-Fe 中的间隙固溶体，体心立方点阵，氮含量 w_N 最大约为 0.1%（590℃），随温度降低，氮含量可降至 0.001%（100℃），因而未能在图 10-13 中示出。

(2) γ 相　氮在 γ-Fe 中的间隙固溶体，面心立方点阵，只有在 590℃以上才稳定。氮在 γ-Fe 中的溶解度较大，在共析温度 590℃为 2.35%，在 650℃达到最大值 2.8%。γ 相的硬度约为 160HV，淬火后转变为含氮马氏体，硬度可达 650HV。

(3) γ′相　以氮化物 Fe_4N（w_N 为 5.9%）为基的固溶体，其氮含量 w_N 可在 5.7%～6.1%之间变化。γ′相是有序面心立方的间隙相，其硬度约为 550HV。温度高于 680℃时，γ′相会转变为 ε 相。

(4) ε 相　含氮范围很宽的化合物，在 500℃以下，ε 相的成分在 Fe_3N（w_N 为 8.1%）与 Fe_2N（w_N 为 11.1%）之间变化。ε 相是有序密排六方点阵的间隙相，显微硬度约为 250HV。

(5) ζ 相　以 Fe_2N 化合物为基的固溶体，氮含量 w_N 在 11.0%～11.35%之间变化。ζ 相为具有斜方点阵的间隙相，性脆。当渗氮后氮浓度高到足以出现 ζ 相时，渗氮层的脆性与它有密切关系。

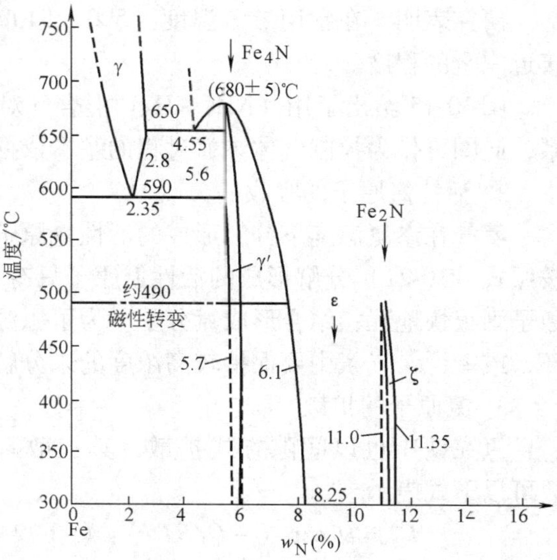

图 10-13　Fe-N 相图

图中有两个共析反应：在 590℃、2.35% N 处，发生 γ→α + γ′反应；在 650℃、4.55% N 处，发生 ε→γ + γ′反应。

2. 纯铁渗氮层的组织

纯铁渗氮层的成分、组织示意如图 10-14 所示。由 Fe-N 相图可知，纯铁在 500～590℃之间渗氮时，首先在表面形成含氮的 α 固溶体；随着氮的不断渗入，α 相达到饱和状态后引起 α→γ′转变；当 γ′相达到饱和溶解度后，就形成 ε 相，此时渗层由表面向内的相组成为 ε→γ′→α 相（最外层也可能有 ζ 相）。从渗氮温度快冷到室温时，渗氮温度下的相将被保留到室温而不发生变化。如果从渗氮温度慢冷到室温，则 ε 相及 α 相中均有针状 γ′相析出，渗氮层组织由外向内为 ε→ε + γ′→γ′→α + γ′→α。渗氮层外层的 ε 及 γ′称为化合物层，其耐蚀性很高，用硝酸酒精浸蚀，呈光亮的白亮层，又称白层；氮化物弥散分布于铁素体基体上的组织则称为扩散层。

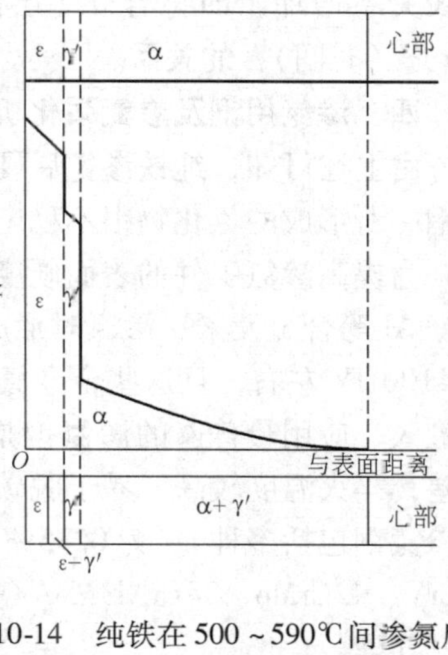

图 10-14　纯铁在 500～590℃间渗氮后及缓冷到室温的成分和组织示意图

三、渗氮原理

现以气体渗氮为例，讨论渗氮原理。

与其他化学热处理一样，气体渗氮过程也可分为三个基本过程，即渗氮介质分解形成活性氮原子、活性氮原子被钢件表面吸收及氮原子由表面向内部的扩散。

1. 渗氮介质的分解

气体渗氮时一般使用无水氨气（或氨 + 氢，或氨 + 氮）作为渗氮介质。氨气在加热时很不稳定，将按下式发生分解形成活性氮原子

$$NH_3 \rightleftharpoons [N] + 3/2H_2 \quad (10\text{-}21)$$

研究表明，在常用渗氮温度（500～540℃）下，如果时间足够，氨气的分解可以达到接近完全的程度。

图 10-15 给出了用（$NH_3 + H_2$）混合气对纯铁渗氮时表面形成的各种相与 NH_3 含量的关系，此图可作为控制气体渗氮过程的基本依据。

2. 活性氮原子的吸收

氨气在渗氮温度下分解形成的活性氮原子，将被钢件表面吸收并向内部扩散。但是氨气按照式（10-21）分解形成的活性氮原子只有一部分能立即被钢件表面吸收，而多数活性氮原子则很快地互相结合形成氮分子。为了源源不断地提供活性氮原子，气氛必须有良好的循环，或者说，气氛中要保持较高浓度的未分解氨。

3. 氮原子的扩散

氮在铁中也以间隙方式扩散，其扩散系数可以下式表示

$$D_N^{\alpha} = D_0 \exp(-Q/RT) \quad (10\text{-}22)$$

式中，D_N^{α} 是氮在 α-Fe 中的扩散系数；D_0 是扩散常数（0.3mm²/s）；R 是摩尔气体常数；Q 是扩散激活能（76.12kJ/mol）。

由于氮的原子半径（0.071nm）比碳的（0.077nm）小，故氮的扩散系数要比碳的大。与渗碳时相似，渗氮层的深度也随时间呈抛物线关系增加，即符合 d（层深）$= \Phi$（常数）τ（时间）$^{1/2}$的关系。

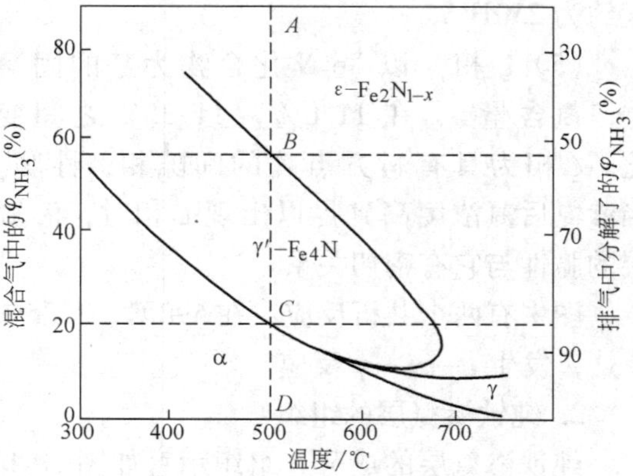

图 10-15 纯铁渗氮时表面形成的各种相与（$NH_3 + H_2$）混合气平衡的条件

四、渗氮用钢及渗氮强化机理

由上述可知，纯铁渗氮后硬度并不高。普通碳钢渗氮也无法获得高硬度和高耐磨性，且碳钢中所形成的氮化物很不稳定，加热到高温时将发生分解和聚集粗化。

为提高渗氮工件的表面硬度、耐磨性和疲劳强度，必须选用渗氮钢，这些钢中含有 Cr、Mo、Al 等合金元素，渗氮时形成硬度很高、弥散分布的合金氮化物，可使钢的表面硬度达到 1100HV 左右，且这些合金氮化物热稳定性很高，加热到 500℃仍能保持高硬度。其中历史最久、应用最普遍的渗氮钢是 38CrMoAlA 钢。但使用中发现，38CrMoAlA 钢的可加工性较差，淬火温度较高、易于脱碳，渗氮后的脆性也较大。为此，逐渐发展了无铝渗氮钢。目前渗氮钢包括多种 w_C 为 0.15%～0.45% 的合金结构钢，如 38CrMoAlA 、20CrNiWA、40Cr、40CrV、42CrMo、38CrNi3MoA 等。此外，一些冷作模具钢、热作模具钢及高速钢等也适于渗氮处理。

Al、Cr、Mo 等合金元素之所以能显著提高渗氮层硬度，是因为氮原子向心部扩散时，

在渗层中依次发生下述转变：① 氮和合金元素原子在 α 相中的偏聚，形成所谓混合 G-P 区（即原子偏聚区）；② α″-$Fe_{16}N_2$ 型过渡氮化物的析出等组织变化。这些共格的偏聚区和过渡氮化物析出，会引起硬度的强烈提高。这一过程与固溶-时效过程非常相似。

图 10-16 是渗氮过程中形成混合 G-P 区的示意图。G-P 区呈盘状，与基体共格，并引起较大的点阵畸变，从而使硬度显著提高。

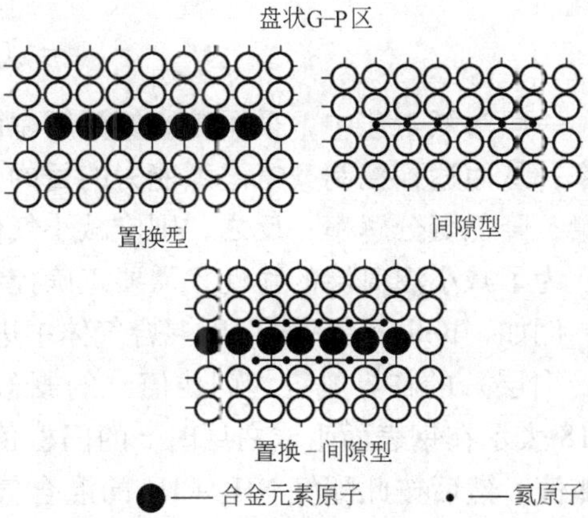

图 10-16　渗氮中形成置换型和间隙型两种原子的混合 G-P 区示意图

随渗氮时间延长或温度升高，偏聚区氮原子数量将发生变化，并进行有序化过程，使 G-P 区逐渐转变为 α″-$Fe_{16}N_2$ 型过渡相。在有 Mo、W 等合金元素存在的情况下，析出物可以表示为 $(Fe,\ Mo)_{16}N_2$ 或 $(Fe,\ W)_{16}N_2$ 等。

由 α″向 γ′的转变是一种原位转变，即不需重新形核，而只作成分调整（提高氮含量）。当含有合金元素（如 Mo）时，γ′相可以表示为 γ′-$(Fe,\ Mo)_4N$ 等。

由 γ′向更稳定的合金氮化物转变时，必须重新在晶界等部位形核并以不连续沉淀的方式进行。稳定的合金氮化物的尺寸较大，与基体相没有共格关系，其强化效果比过渡相要小。所以，它们的出现相当于过时效阶段。

五、气体渗氮工艺

1. 渗氮前的热处理

渗氮与渗碳的强化机理不同，前者实质上是一种弥散强化，弥散相是在渗氮过程中形成的，所以渗氮后不需进行热处理；而后者是依靠马氏体相变强化，所以渗碳后必须淬火。渗碳后的淬火也同时改变心部的性能，而渗氮零件的心部性能是由渗氮前的热处理决定的。可见，渗氮前的热处理十分重要。

渗氮前的热处理一般都是调质处理。在确定调质工艺时，淬火温度根据钢的 Ac_3 决定；淬火介质由钢的淬透性决定；回火温度的选择不仅要考虑心部的硬度，而且还必须考虑其对渗氮层性能的影响。一般说来，回火温度低，不仅心部硬度高，而且渗氮后氮化层硬度也高，因而有效渗层深度也会有所提高。另外，为了保证心部组织的稳定性，避免渗氮时心部性能发生变化，一般回火温度应比渗氮温度高 50℃左右。

2. 气体渗氮工艺参数

正确制定渗氮工艺，就是要选择好气氛氮势、渗氮温度、渗氮时间三个工艺参数。

（1）气氛氮势的选择与控制　用 NH_3 或 NH_3+H_2 混合气体进行气体渗氮时，NH_3 按式（10-21）反应生成活性氮原子。因此，工程上定义 $r=p_{NH_3}/(p_{H_2})^{3/2}$（$p_{NH_3}$ 和 p_{H_2} 分别表示炉内混合气体中 NH_3 和 H_2 的分压）为氮势。r 具有以下性质：r 值的大小只取决于气相的组成；在一定温度渗氮时，形成 γ′相或 ε 相的临界氮势是一确定值。因此，r 可以作为衡量含 NH_3 气体供氮能力的参量。氮势的控制实质上是对炉气中 NH_3 和 H_2 分压的控制。

氮势 r 与氨分解率之间存在对应关系，所以氮势控制常采用氨分解率控制方法。氨分解率的测量通常使用氨分解率测量仪，即一个带有体积百分数刻度的玻璃容器。测量时先将炉气充满玻璃容器，然后在保持密封的条件下向此容器中注水。由于氨可以全部溶入水中

（常温下 1 体积水可以溶解 700 体积氨），因此，所注入的水占有的空间就是炉气中含有的氨的体积，而剩下的空间则是 H_2 和 N_2 所占的体积，它与总体积之比被定义为氨分解率 a，如图 10-17 所示。氮势 r 与氨分解率 a 之间存在下述对应关系：

$$r = (1-a)\left(\frac{4}{3a}\right)^{\frac{3}{2}} \tag{10-23}$$

一般渗氮工艺中，采用控制氨分解率的方法来控制氮势，即通过改变氨流量来控制氨分解率，从而达到控制气氛渗氮能力的目的。其基本原则是：欲使气氛氮势提高，应加大气体流量，降低氨分解率；反之，则应减小气体流量，提高氨分解率。

为了减小渗氮层的脆性，需要正确控制渗氮层的氮含量，这促使人们研究了可控渗氮技术。例如，Bell 等在 NH_3-H_2 混合气体中进行可控渗氮，提出了在一定时间内不出现化合物层（白层）的临界氮势（门槛值）的概念，同时提出了氮势定值控制的可控渗氮工艺。图 10-18 表示在钢表面生成白层时 r 的门槛值。只要依据图 10-18 的曲线，找出不生成白层的门槛值，然后按此配好 NH_3+H_2 的混合气，在图示的温度下以足够大的流量送入炉中，以保证排气中 NH_3/H_2 比值恒定并维持在所需值，同时采用红外线氨气分析仪对排气中的 NH_3 量进行分析和控制即可。

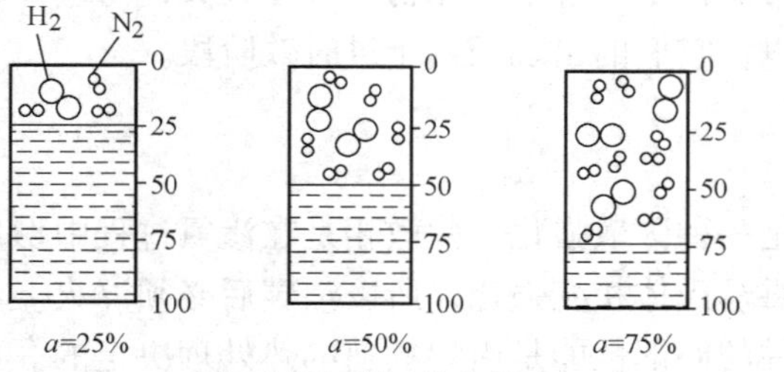

不同分解率时的水柱高度

图 10-17 氨分解率的定义与测定原理示意图

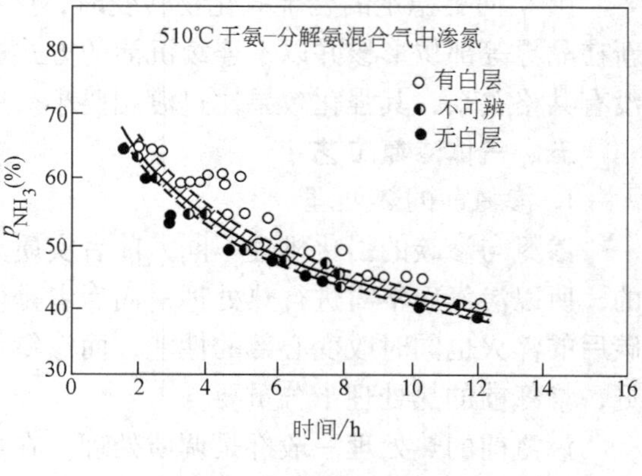

图 10-18 38CrMoAlA 钢 510℃渗氮时生成白层的氮势 r 的门槛值

（2）渗氮温度和时间 渗氮温度影响渗氮层深度和渗氮层硬度。图 10-19 表示渗氮温度对钢渗氮层深度和硬度梯度的影响。由图可见，在给定的渗氮温度范围内，温度越低，表面硬度越高，硬度梯度越陡，渗层深度越小；而且硬度梯度曲线上接近表面处有一个极大值，即最表面有一低硬度层。这一低硬度层估计是由于表面出现白层造成的。分析表明，渗氮层表面的白层是由 γ'-Fe_4N 和 ε-Fe_2N_{1-x} 组成的，而且 ε/γ' 比值随至表面距离的增大而降低，到一定深度后便只由单相 γ' 组成。这两种化合物

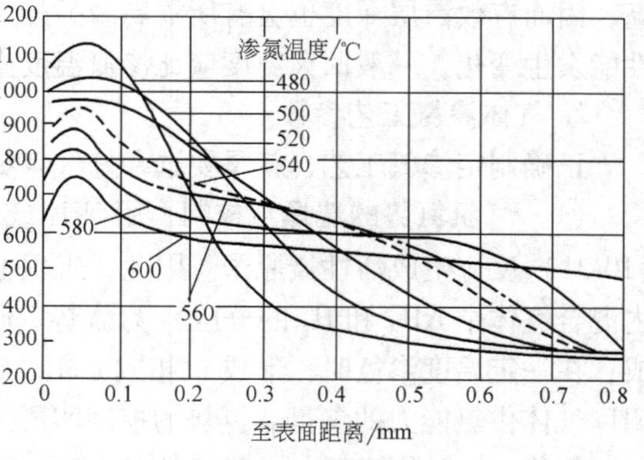

图 10-19 温度对 0.42C-1.0Al-1.65Cr-0.32Mo 钢渗氮层硬度和深度的影响（渗氮 60h）

的硬度都不如过渡合金氮化物时效强化所引起的硬度高，而脆性却很大，因此表面的硬度较低。

渗氮温度的选择主要应根据对零件表面硬度的要求而定，硬度高者，渗氮温度应适当降低。在此前提下，要考虑照顾渗氮前的回火温度，亦即照顾零件心部的性能要求，使渗氮温度低于回火温度 50℃左右。此外，还要考虑对层深（渗氮层较深者，渗氮温度不宜过低）及对金相组织的要求（渗氮温度越高，越容易出现白层和网状或波纹状氮化物）等等。

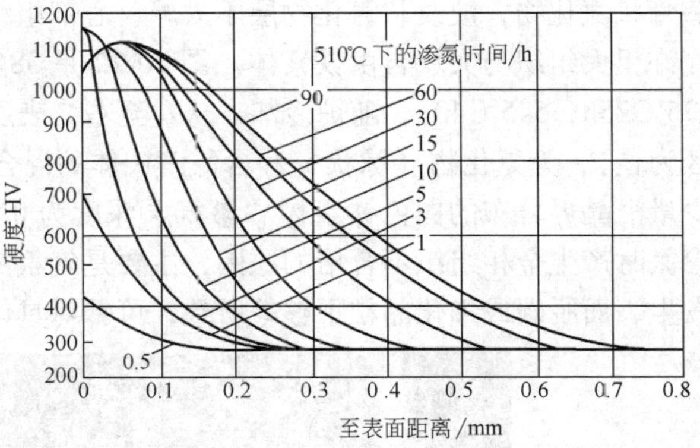

图 10-20　渗氮时间对 0.42C-1.0Al-1.65Cr-0.32Mo 钢渗氮层硬度和深度的影响

渗氮时间主要影响层深。图 10-20 表示渗氮时间对渗层深度和硬度的影响。因此，渗氮时间主要依据所需的渗层深度而定。

在同一渗氮温度下长时间保温进行的渗氮称为等温渗氮。等温渗氮温度低、周期长，适用于渗氮层浅的工件。

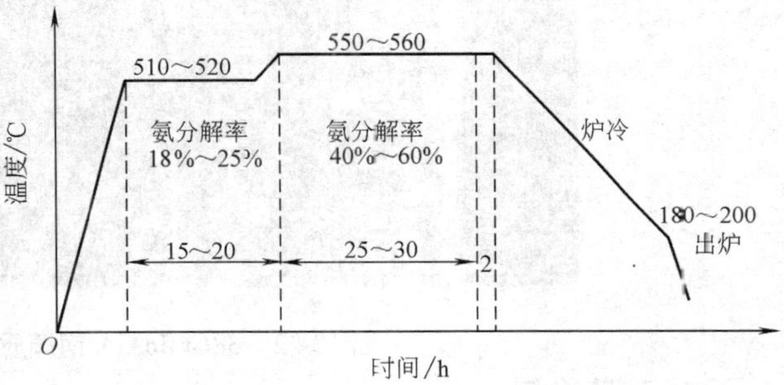

图 10-21　38CrMoAlA 钢二段渗氮工艺曲线

为了加快渗氮速度，并保证硬度要求，目前发展了二段渗氮、三段渗氮等分阶段渗氮的方法。图 10-21 示出某种 38CrMoAlA 钢件的二段渗氮工艺曲线：第一阶段取低温（510～520℃、15～20h）、用高氮势（低分解率，18%～25%），目的是使表面迅速吸收大量氮原子，形成大的浓度梯度以加大扩散驱动力，并使工件表面形成弥散度大、硬度高的合金氮化物；第二阶段取高温（550～560℃、25～30h）、用低氮势（高分解率，30%～40%），以加快扩散和调整表面氮含量。由于第一阶段形成的氮化物稳定性高，在第二阶段并不会引起氮化物的显著长大和聚集。为了降低渗氮层的脆性，在渗氮结束前 2h 进行退氮处理，以降低表面氮浓度，并使表层氮原子向内扩散，增加渗层深度，可用较高的氨分解率，例如 80%。

至于不锈钢等高合金钢的渗氮，由于氮原子在这类钢中扩散困难，往往不易得到较深的渗层，故一般都采用较高温度的渗氮工艺（550～650℃），以提高渗氮速度。

六、渗氮工件的检验和常见缺陷

对渗氮工件的技术要求一般包括表面硬度、渗氮层深度、心部硬度、金相组织和变形量等。

如前所述，由于渗氮层较浅，因此表面硬度检验时应注意载荷的选择，以防止压穿渗氮层。通常选用 HV10（试验力为 98N）或 HR15N（表面洛氏硬度，试验力为 147N）。表面硬度偏低，可能是表面氮浓度不足或渗前处理时回火温度偏高所致。渗氮层深度的检验也可采用测渗碳层所用的各种方法，但仍以硬度法最为精确。例如规定硬度 >550HV 的层深为有效层深，或以 400HV 来分界等。

心部硬度的超差，往往是渗氮前的回火温度选择不当所致。

渗氮层的正常金相组织应是索氏体+氮化物，无白层或白层很薄，内部无网状、针状和鱼骨状氮化物，波纹状氮化物层不太厚。心部组织应全部为索氏体，允许少量铁素体，但不允许粗大组织与大块自由铁素体。图 10-22 是 38CrMoAlA 钢经调质后气体渗氮组织。渗氮：525℃25h，545℃40h，随炉冷却。从左至右，表层为白亮层；次表层为扩散层（至图中深色区为止），为氮化物（脉状）和含氮索氏体的混合物；右侧浅色区为心部组织，为索氏体和少量沿晶界分布的白色铁素体。渗氮层深度为 0.65mm。它可代表渗氮层的一般组织特点。渗氮时产生金相组织不合格的原因，主要是气氛氮势过高、渗氮温度过高、渗氮前热处理时发生表面脱碳或细化晶粒不够等所致，可针对具体情况具体分析解决。

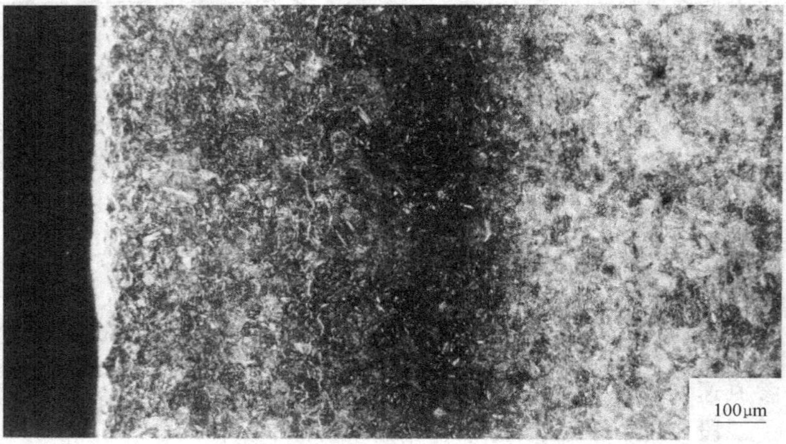

图 10-22 38CrMoAlA 钢调质后气体渗氮组织

七、离子渗氮

离子渗氮又称为辉光离子渗氮或等离子渗氮，是利用辉光放电现象，将含氮气体介质电离进行渗氮的工艺。离子渗氮的研究始于 20 世纪 30 年代，但由于大电流稳定辉光放电设备在技术上的困难，一直到 60 年代初才在少数国家生产中得到应用。目前世界各国包括我国在内，离子渗氮已获得广泛应用并在不断发展。

1. 离子渗氮的特点

与普通气体渗氮相比，离子渗氮具有许多优点：

1）离子渗氮速度快，时间短，节约电能和气体。

2）可以通过改变工艺参数来控制渗氮层的成分和结构，使其表面形成的白层很薄，甚至没有，因而渗氮层的性能更加优越。

3）变形小，特别适宜于形状复杂的精密零件。

4）易于实现局部渗氮，只要设法使不欲渗氮的部位不产生辉光即可；易于实现均匀渗氮，只要能产生辉光的表面就能进行渗氮。

5）适用于各种材料，包括要求渗氮温度较高的不锈钢、耐热钢，以及渗氮温度较低的工模具（工具钢）和精密零件，而低温渗氮对气体渗氮来说是相当困难的。

6）劳动条件好，对环境污染轻。

离子渗氮的主要缺点是准确测定零件的温度有困难，对于大型炉及各类零件的混装炉，各处工件的温度难以达到均匀一致。另外，离子渗氮设备复杂，投资较大。

2. 离子渗氮原理

离子渗氮是在真空室内高压直流电场作用下进行的，其装置及原理如图 10-23 和图 10-24 所示。离子渗氮时，将工件置于真空室内，并接直流电源阴极，容器壁则接阳极（或另设阳极）。先抽真空，当真空度达到 1.33～13.3Pa 后，充入氨气或氮、氢混合气，待真空容器中压力升至 70Pa 左右时，在阴、阳极间施加 400～800V 的直流电压，容器中的稀薄气体便会被电离成 N^+、H^+ 离子和电子。在电场的作用下，电子向阳极迁移，并在运动过程中不断使气体分子电离，而 N^+、H^+ 等正离子则向阴极迁移，在这个过程中还可能与未电离的中性粒子碰撞，使之也向阴极迁移。当正离子达到阴极附近时，被强烈的电场突然加速而轰击工件表面，当这一综合运动过程达到稳态时，就可以在零件表面获得稳定的辉光。此时电压和电流保持稳定，零件表面覆盖一层紫蓝色或紫红色悦目的辉光，其感觉厚度在 4～8mm 之间（取决于真空室内的压力和外加电压）。高速运动的正离子对零件表面的轰击，产生下列过程：① 使工件加热；② 使部分氮离子直接渗入工件表面；③ 使零件表面的铁原子等部分地飞溅出来，即发生阴极溅射现象。由阴极溅射出来的铁原子在阴极压降区与氮离子结合生成 FeN，FeN 由于附着作用而吸附在工件表面。在高温及离子轰击的作用下，FeN 很快转变成低价氮化物 Fe_2N 及 Fe_3N 等，并放出活性氮原子，其中一部分活性氮原子渗入工件表面并向内部扩散而形成渗氮层，另一部分又回到等离子区，和其他氮离子一样重新参与渗氮过程。

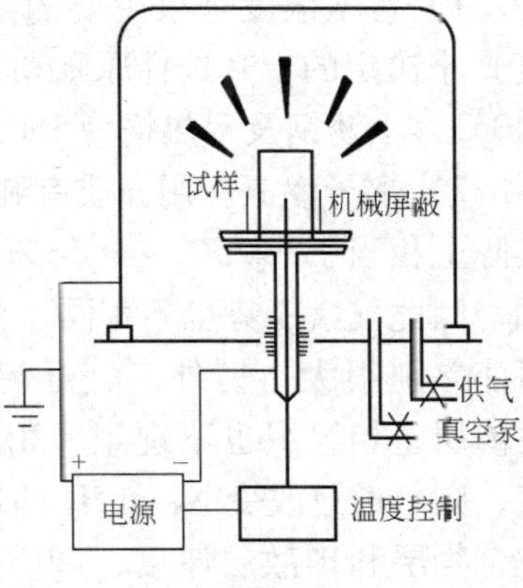

图 10-23　离子渗氮装置示意图

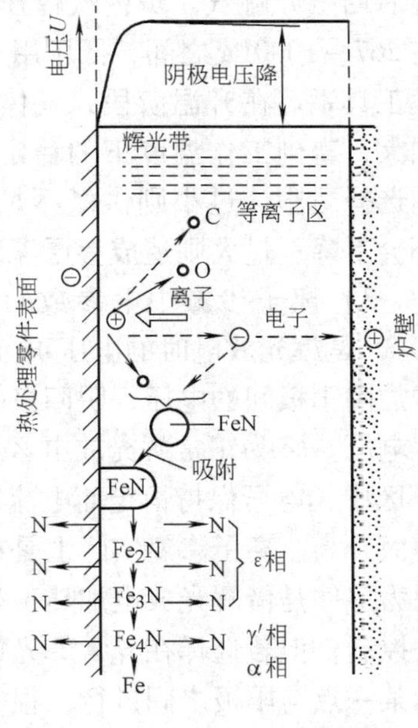

图 10-24　离子渗氮原理

但也有研究认为，离子渗氮是通过氨不完全分解产生的 NH_2^+ 和 NH^+ 离子对阴极（工件）的轰击，并在阴极分解出活性氮原子，活性氮原子被表面吸收并向内部扩散而完成的。其主要依据是，当使用不含氢的气氛如氮气或氮氩混合气进行离子渗氮时，几乎没有渗氮层产生。关于离子渗氮机理，迄今尚未定论。

3. 离子渗氮工艺

离子渗氮前，应将零件彻底清洗，以免因油污、锈斑、挥发物等而引起电弧损伤零件。零件在装炉时，其间隔必须足够大而均匀，装载过密处往往会引起温度过高。对局部渗氮的零件，可在非渗氮部位用外罩（对凸出面而言）或塞子（对内凹面或孔而言）屏蔽，以避免在该处产生辉光。装炉时还要注意合理分布测温热电偶等。

离子渗氮的工艺参数包括电参数、热参数和气参数，三者之间相互影响有密切关系。电参数包括电压和电流，热参数包括温度和时间，气参数包括气体成分、压力和流量。在选择工艺参数时主要是确定温度、时间和气氛，然后改变或调节电参数和气压来满足温度的要求。但是，辉光放电的特性本身又决定了电、气参数只可能在一定范围以内变化。下面对三组参数分别介绍。

1）渗氮温度是最主要的参数，它是根据零件的材料和对零件的技术要求（主要是硬度）来决定的，其选择原则和普通气体渗氮相似。一般说来，对于渗氮钢温度可选为520～540℃，不锈钢及耐热钢为550～580℃。在温度决定后，时间则依渗氮层深度而定。

2）离子渗氮所用介质有纯氨气、氨分解气及不同比例的 N_2 和 H_2 的混合气。氨分解气实际上相当于 $N_2$25% + $H_2$75% 的混合气（体积分数）。使用纯氨时炉内各处氨的分解情况不同，因此气氛氮势也不相同，容易造成零件硬度和渗氮层的不均匀，尤其是各个零件之间，可能差别很大。另外，氨分解气氮势较高，控制困难，故渗层金相组织也不理想。相反，使用 N_2 和 H_2 的混合气，则可通过改变 N_2 和 H_2 的比例来改变渗氮层的结构、化合物层和扩散层厚度，调整渗氮层性能。目前国内主要使用纯氨，国外最常用的是零件升温阶段用纯氨，到温后用氨分解气。炉内气体压力在工作温度下一般维持在267～1000Pa之间，低压用于处理结构钢，高压用于处理工具钢。在升温阶段，气体压力应随温度升高而逐步加大，直到工作温度下的稳定值。渗氮气体的流量也必须选择适中，过小则供氮不足，渗氮层深度和表面硬度都会下降；过大则造成渗层深度不均匀。

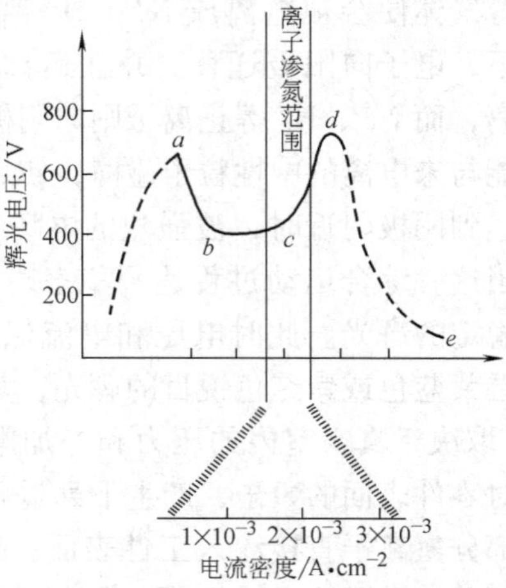

图 10-25 辉光放电特性曲线

3）离子渗氮中电参数的选择和控制也很重要。图10-25是辉光放电时的电压-电流特性曲线。图中 a 点之前增加阴阳极间的电压，阴阳极间并没有电流，至 a 点时突然出现电流，故 a 点的电压称为点燃电压。bc 为正常辉光放电区，cd 为异常辉光放电区，de 为弧光放电区。在正常辉光放电 bc 区中，电压保持恒定而电流密度可以变化；在异常辉光放电 cd 区中，电流密度随电压升高而升高。离子渗氮实际上是在正常辉光放电区与异常辉光放电区间的过渡区进行的。这是因为零件是借辉光放电加热，如果选择正常辉光放电区，则电压或电流不可调，放电过程失去控制；但若选择在异常辉光放电区的高压端，则又极易产生弧光放电。弧光放电在阴极上的某一点与阳极之间进行，很容易烧伤工件，因此应当绝对避免。

第四节 钢的碳氮共渗与软氮化

向钢中同时渗入碳和氮的化学热处理方法称为碳氮共渗。根据渗入温度可将碳氮共渗分为高温（790～920℃）碳氮共渗和低温（520～580℃）碳氮共渗。高温碳氮共渗以渗碳为主。如果不加限定，通常说的“碳氮共渗”指的就是高温碳氮共渗，又称奥氏体碳氮共渗。而低温碳氮共渗是以渗氮为主，又称软氮化，其实质是铁素体状态的氮碳共渗。

一、碳氮共渗

与渗碳和渗氮相比，碳氮共渗在工艺与渗层性能两方面均有其独特之处。渗氮处理能得到高硬度表层（1000HV以上），因而具有高的耐磨性，但缺点是渗氮时间太长，高硬度扩散层很浅，次层硬度下降太快，致使工件不能承受大的工作负荷。渗碳处理时，高硬度表层较深，次层硬度下降缓慢，能承受大的负荷，但缺点是渗碳温度高、时间长，变形大，且耐磨性和接触疲劳性能较低。碳氮共渗兼有两者的优点：① 氮降低了 A_1 温度，所以共渗温度较低，工件不易过热，渗后可直接淬火，变形较小；② 渗入速度较快，可大大缩短工艺周期；③ 表层硬度较高，渗层较深，硬度、耐磨性与疲劳强度较高，且承载能力比渗氮时大大提高。此外，氮提高过冷奥氏体的稳定性，故渗层淬透性较高。因此，碳氮共渗正取代薄层渗碳（层深 <0.75mm），应用越来越广。

碳氮共渗可分为固体碳氮共渗、液体碳氮共渗和气体碳氮共渗，目前主要为气体碳氮共渗。因此下面以气体碳氮共渗为基础，对比讨论渗入反应以及渗层成分、组织和性能的变化。

1. 气体碳氮共渗原理与工艺

气体碳氮共渗通常使用渗碳气（载气 + 富化气） +1% ~10% 氨气的气氛。此外，还有使用滴注苯或煤油 + 氨气，以及滴注含碳氮的有机化合物（如三乙醇胺等）的气体碳氮共渗。

氨气加入渗碳气氛中，与其中的组分发生下述反应：

$$NH_3 + CO \rightleftharpoons HCN + H_2O \qquad (10\text{-}24)$$

$$NH_3 + CH_4 \rightleftharpoons HCN + 3H_2 \qquad (10\text{-}25)$$

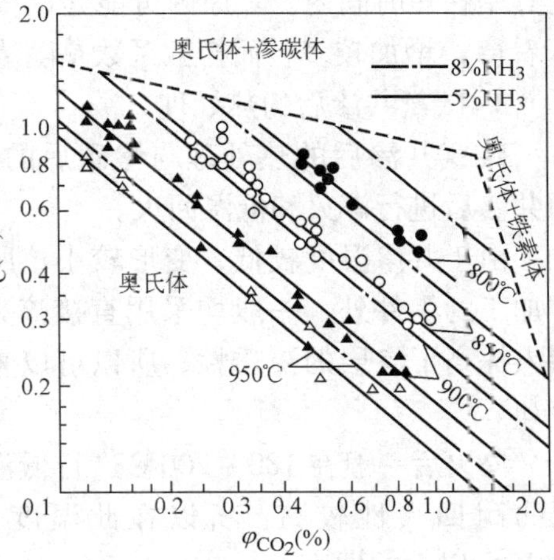

图 10-26　氨对由丙烷制成的吸热式气氛碳势的影响

反应生成的氰化氢则依下式发生分解形成活性碳、氮原子，渗入工件表面。

$$HCN \rightleftharpoons 1/2H_2 + [C] + [N] \qquad (10\text{-}26)$$

氨通过稀释和与其他组分反应这两种作用也会影响到气氛的碳势。图 10-26 表明，氨的加入降低了气氛碳势，这种影响可能是通过提高气氛露点（见式（10-24））或是降低 CH_4 含量（见式（10-25））而引起的。

为获得良好的力学性能，必须严格控制碳氮共渗表层的碳氮含量。碳氮含量过低，不能获得高硬度、高强度和合理的残余压应力分布；碳氮含量过高，淬火后残留奥氏体过多、出现大量不均匀的块状碳氮化物，使表层脆化，性能降低。一般认为，表层最佳含量 w_C 为 0.7% ~0.9% 和 w_N 为 0.25% ~0.4%。图 10-27 所示为在氨含量（体积分数）为 5% 的气氛

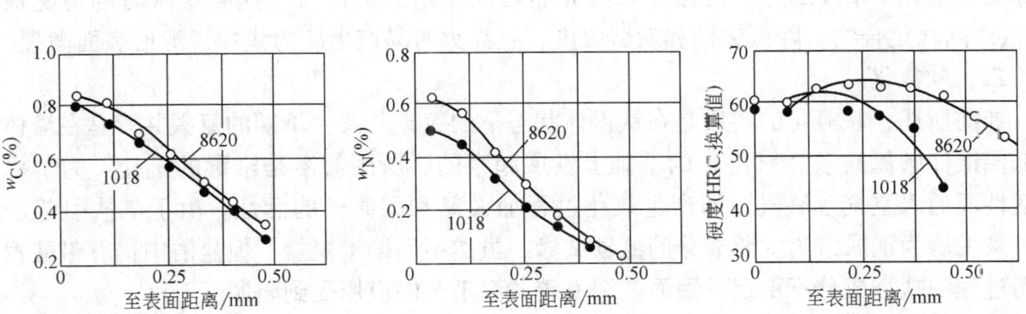

图 10-27　1018（0.18C）钢和 8620（0.2C-0.65Cr-0.55Ni-0.12Mo）钢在 845℃碳氮共渗 4h 后渗层中的碳、氮含量和硬度梯度

中碳氮共渗渗层中所获得的碳、氮浓度分布和硬度值。在氨加入量相同时，气氛碳势的变化只影响渗层的碳含量，而对氮含量影响很小。

碳氮共渗温度通常取800～880℃，时间取0.5～4h。温度和时间对渗层深度的影响规律与渗碳相同，但温度高时共渗层的氮浓度降低。原因之一是温度越高，氨分解得越快，工件表面获得活性氮原子的机会越少。另外，如图10-28所示，碳氮共渗的渗入速度相对较大，尤其是在短时间内。其原因可能是因为共渗时渗入的间隙原子总量（把碳和氮当作一种原子看待）增加较多，而扩散系数是随浓度增加而增加所致。

2. 碳氮共渗后的热处理

碳氮共渗后的热处理与渗碳后的热处理基本相同，即共渗后进行淬火和低温回火。

由于共渗温度较低，变形较小，所以除渗后需要机械加工的零件外，一般均采用直接淬火。同时由于氮的渗入提高了渗层的淬透性，所以可以采用较缓和的介质冷却。

淬火后一般在180～200℃进行低温回火。由于共渗层的耐回火性较高，所以在此温度回火后仍可保持58HRC以上的硬度。

3. 碳氮共渗层的组织与性能

碳氮共渗并淬火后，一般其表层组织为马氏体+残留奥氏体+弥散分布的碳氮化物，向内是马氏体+残留奥氏体。如果渗层中碳、氮浓度较低，则仅形成马氏体+残留奥氏体层，而不出现碳氮化物。

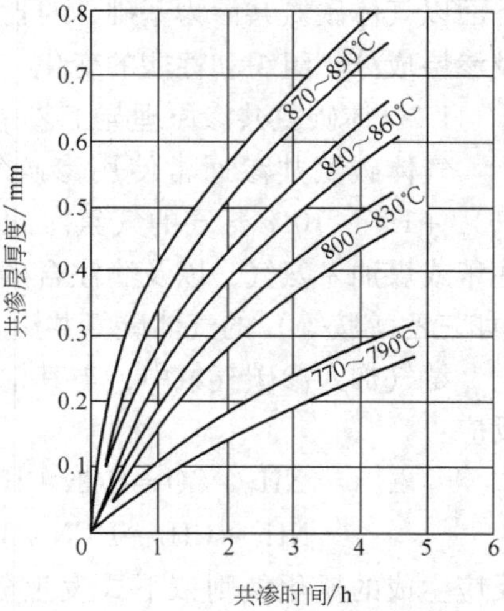

图10-28 碳氮共渗的渗层深度与温度和时间的关系

由于碳氮共渗表层具有较多的弥散分布的碳氮化物，因而具有较高的硬度和耐磨性，其耐磨性一般高于渗碳件。另外，碳氮共渗后工件表层产生很大的残余压应力，此压应力远高于渗碳件，因此其疲劳强度远大于渗碳件。

然而，碳氮共渗钢容易出现下列一些组织缺陷：① 表层残留奥氏体量过多，这是由于表层碳、氮含量过高造成的；② 渗层中出现空洞，这是由于氮含量太高，使氮原子聚集成分子而逸出造成的；③ 内氧化，其氧化物可能呈点状或小块状分布，或沿晶界分布，其扩展深度一般在10μm之内，可能导致晶界非马氏体组织的出现，这同渗碳时的情况极为相似；④ 网状化合物，降低韧性和疲劳强度，且淬火时易产生应力集中，形成表面微裂纹。

二、软氮化

如前所述，软氮化的实质是在铁素体状态下的氮碳共渗。早期的氮碳共渗是在液体渗氮和低温液体碳氮共渗（氰化）的基础上发展起来的，所用盐浴是剧毒的氰盐。为了提高盐浴活性而通入空气或氧气，即产生氧化过程加大氮和碳原子的活性。由于氰盐引起严重公害，又发展为加尿素为主要成分的氮碳共渗。虽然不用剧毒氰盐，但盐浴中仍有氰酸根，且使用过程中盐浴成分不稳定，因而盐浴氮碳共渗工艺的应用受到限制。

20世纪70年代以后，发展了气体氮碳共渗。美国lpson公司发展了一种使用50% NH_3 +50%吸热式气氛的气体软氮化方法（商名Nitemper），稍后Midland-Ross公司发展了一种使用20% NH_3 +80%放热式气氛的气体软氮化方法（商名Triniding），日本发展了一种利用尿素热分解气的气体软氮化法（商名 Unisof）。

目前，在世界范围内，软氮化已得到广泛的应用。在国内，软氮化工艺主要是采用尿素热分解法和含碳、氮有机液体的滴入法。

1. 软氮化原理与工艺

软氮化温度一般为 570±10℃，时间为 1～4h，介质则有不同的气体和液体介质。

（1）气体软氮化　所用介质有氨气与吸热式气氛的混合气体、尿素热分解气体等。

1）使用氨气与吸热式气氛的混合气体进行气体软氮化时，氨气分解形成活性氮原子，吸热式气氛分解可提供活性碳原子。两种气体的比例为 50∶50、吸热式气氛的露点为 0℃时，能获得最佳的渗层质量。本法易实现机械化、自动化，产品质量稳定，但设备复杂，投资较高，适于批量生产。

2）尿素热分解气体是将尿素的白色晶体粉末直接送入软氮化炉中，在 500℃以上尿素发生分解得到活性氮、碳原子，即

$$(NH_2)_2CO \rightleftharpoons CO + 2[N] + 2H_2 \qquad (10\text{-}27)$$

$$2CO \rightleftharpoons [C] + CO_2$$

图 10-29　40Cr 钢调质后软氮化的渗层组织

此外，还有三乙醇胺＋乙醇混合液滴注、甲酰胺滴注并通氨气等。

（2）液体软氮化　例如使用尿素∶碳酸钠∶氯化钾＝3∶2∶2（质量）的盐浴，通过下述反应得到活性氮原子和碳原子。

$$2(NH_2)_2CO + Na_2CO_3 \rightleftharpoons 2NaCNO + 2NH_3 + CO_2 + H_2O \qquad (10\text{-}28)$$

$$2NaCNO + O_2 \rightleftharpoons Na_2CO_3 + CO + 2[N]$$

$$2CO \rightleftharpoons (C) + CO_2$$

2. 软氮化层的组织和性能

软氮化的渗层可以分为两层：外层是化合物层，由 ε-$Fe_{2\text{-}3}$（C，N）和 γ′-Fe_4N 组成，厚度约 2～25μm；内层是扩散层，慢冷时由渗前的基体组织和高度弥散的氮化物组成，快冷时氮仍溶于基体中，无氮化物出现。对外层成分的分析表明，其碳、氮含量（质量分数）分别为 1.25%～1.5% 和 8.15%～8.25%。图 10-29 是 40Cr 钢调质后软氮化的渗层组织，可以看出其外层为白亮氮化合物，厚约 20μm；以下为扩散层，为含氮索氏体，组织较均匀，并有碳、氮原子沿晶界高速扩散的迹象。正是由于具有这样的组织特点，使软氮化表现出以下特性：

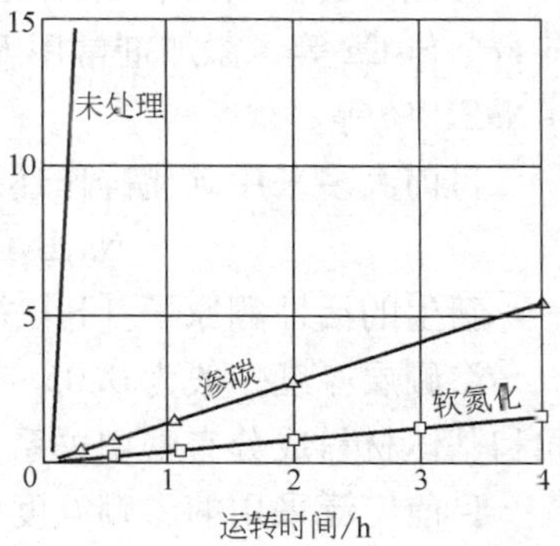

图 10-30　15 钢经不同处理后耐磨性的比较

（1）软氮化可以大大提高零件的耐磨性和抗咬合、抗擦伤性能　图 10-30 是 15 钢经几种不同处理后耐磨性的比

较。软氮化后的良好耐磨性来源于其表面化合物层的组织，该组织不仅硬度高、摩擦因数小、耐磨性好，而且具有足够的韧性，因为 ε 相中含碳而使脆性降低。尤其是这种外层组织基本上不随钢中合金元素含量而变，因此用普通碳素钢代替合金钢可得到相同效果。

（2）软氮化可大大提高零件的疲劳强度　其提高的幅度与气体渗氮相当。例如 15 钢软氮化后疲劳强度可提高 80%。其主要原因是氮过饱和地固溶于扩散层中，引起较大残余压应力的结果，因此软氮化后必须快冷。

（3）软氮化可提高钢的抗大气和海水腐蚀的能力　这是以 ε 相为主的化合物层的贡献。

由于上述特点，软氮化广泛应用于碳素结构钢、合金结构钢、碳素工具钢、合金工具钢、不锈钢、铸铁、粉末冶金材料等。但软氮化渗层较薄，不宜在重载条件下工作。

第五节　其他化学热处理

随着工业发展和科学技术进步，对材料的性能提出了更多的特殊性能要求，促进了化学热处理表面强化技术的发展，如钢的渗硼和渗金属等。下面简单介绍渗硼、渗铬和渗铝等其他化学热处理方法。

一、渗硼

渗硼是现代的化学热处理方法之一。渗硼后工件表面形成铁的硼化物，具有很高的硬度（1400～2000HV）、良好的抗蚀性、热硬性（高硬度值可保持到接近 800℃）和抗氧化性，低碳钢及某些合金钢渗硼后可代替镍铬不锈钢制作机器零件，因此近年来渗硼技术发展很快。钢的渗硼主要应用于各类冷、热作模具，也应用于各种磨损零件，如工艺装备中的钻模、靠模、夹头，精密偶件中的活塞、柱塞，微粒磨损中的石油钻头，以及各种在中温腐蚀介质中工作的阀门零件等。在所有这些应用中，渗硼都能使寿命成倍，甚至成 10 倍地提高，并可以用普通碳素钢代替高合金钢，显示了巨大的技术、经济效益。

根据渗硼剂不同，渗硼分为盐浴渗硼、固体渗硼、气体渗硼、膏剂渗硼等。其中盐浴渗硼渗剂价格便宜，设备操作简单，质量较好；缺点是盐浴流动性较差，工件表面残盐清洗困难。目前我国大多采用盐浴渗硼。

1. 盐浴渗硼的原理与工艺

渗硼剂由供硼剂、还原剂和添加剂组成。供硼剂常用硼砂 $Na_2B_4O_7$，还原剂常用 SiC、Si-Fe、Si-Ca 等，添加剂常用 K_2CO_3、KCl、NaCl 等。其质量配比如 $Na_2B_4O_7$ 70% + SiC20% + NaF10% 等。

目前大多采用碳化硅作还原剂，它与硼砂发生如下反应：

$$Na_2B_4O_7 + 2SiC \rightleftharpoons Na_2O \cdot 2SiO_2 + 2CO + 4\,[B] \qquad (10\text{-}29)$$

新生的活性硼原子［B］被工件表面吸收，生成 Fe_2B 或 FeB。

渗硼层厚度一般为 0.05～0.15mm，渗硼速度除与渗剂配方有关外，还与处理温度、时间和基体材料成分有密切关系。

目前广泛采用的渗硼温度为 930～950℃，保温 2～6h。

试验表明，渗硼层随温度的提高及时间的延长而增厚，如图 10-31 所示。渗硼温度是影响渗硼质量的主要因素，温度越高，渗硼速度越快。温度过低（例如低于 800℃），盐浴活性小，渗硼速度太慢；但温度过高（例如高于 1000℃），则渗硼层致密性降低，出现多孔渗层，增加脆性。

钢中碳含量增加，渗硼层的厚度减小，且时间越长，影响越显著，如图 10-32 所示。合金元素对铁基合金渗硼层厚度的影响如图 10-33 所示。所有合金元素均使渗硼层减薄，其中钼、钨最强烈，铬、硅、铝次之，锰、镍影响甚微。

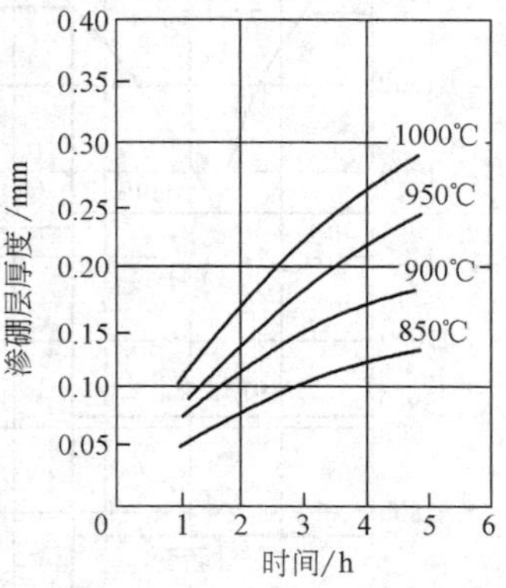

图 10-31　渗硼温度、时间与渗硼层厚度的关系

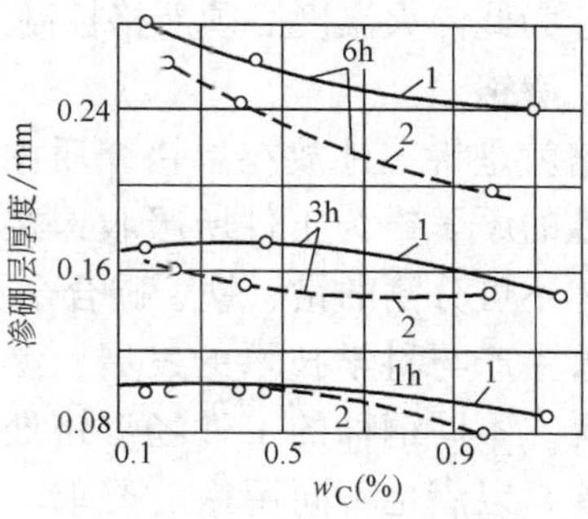

图 10-32　钢中碳含量对渗硼层厚度的影响
1—碳钢　2—铬钢

2. 渗硼层的组织与性能

渗硼层包括化合物层和扩散层。化合物层又可能包括一种或两种硼化物。从图 10-34 所示的 Fe-B 相图可知，硼在 α-铁和 γ-铁中的溶解度都很小。在渗硼过程中，硼原子渗入工件表面后，很快就达到 γ 固溶体的饱和溶解度，并形成楔状的硼化物 Fe_2B。随着硼原子的继续渗入，Fe_2B 不断长大，并逐渐连接成致密的硼化物层。如果渗硼剂的活性高，表层硼浓度继续提高，形成 FeB 相。渗入的硼将碳从渗硼层中挤出，在渗硼层的内侧形成一个富碳区，深度比硼化物层大好多倍，称为扩散层。

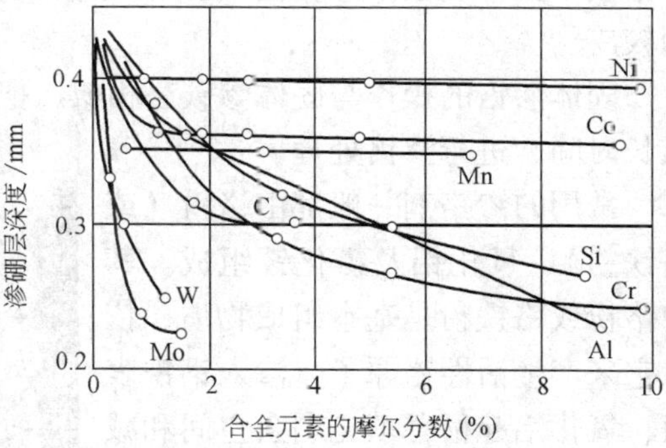

图 10-33　合金元素对渗硼层厚度的影响

Fe_2B 相硬度可达 1400 ~ 1600HV，FeB 相可达 1800 ~ 2000HV，因此渗硼层硬度、耐磨性很高。FeB 相虽然有更高的硬度，但由于 FeB 相本身脆性很大，而且 Fe_2B 与 FeB 之间的比体积、弹性模量、膨胀系数相差较大，导致双相硼化物层中产生很大的内应力，因此，双相硼化物层脆性大、易剥落。因此，一般希望获得具有较好综合性能的 Fe_2B 单相硼化物层。

图 10-35 是 40Cr 钢 850℃ 固体渗硼后油淬金相组织，最表层白色为 Fe_2B 化合物呈楔形伸向基体，与基体间有较大的接触面积，使硼化物层与基体接触比较紧密，内层为马氏体组织。随钢中碳和合金元素的增加，不仅使硼化物层减薄，而且渗硼层与基体的接触面积也减少，结合力减弱，因而增加渗硼层的脆性。

3. 渗硼后的热处理

对心部强度要求较高的渗硼件，渗硼后需进行热处理。由于 FeB、Fe_2B 与基体的膨胀系数相差悬殊，在热处理过程中，基体发生相变，而渗硼层不发生相变，因此渗硼层容易出现微裂纹或小块崩落，这就要求尽可能采用较缓和的淬火介质，并且淬火后及时回火。某些高合金钢正常淬火温度一般都在1000℃以上，但由于Fe-Fe_2B在1149℃将发生共晶转变，为此淬火温度必须严格控制。

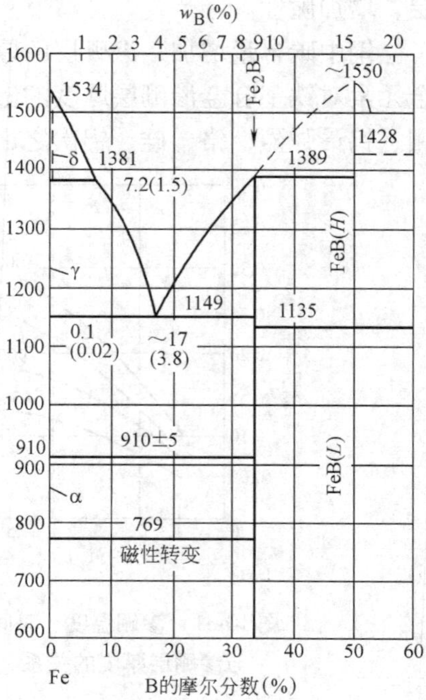

图10-34 Fe-B相图

二、渗铬

渗铬就是将工件放在渗铬介质中加热，使介质中析出活性的原子铬为工件所吸收，在工件表面形成一层与基体不可分割的铬、铁、碳合金层。

随着生产与科学技术的发展，渗铬处理的应用也日益广泛。不同钢种的工件经渗铬处理后能获得各种优良性能，以满足不同用途的要求。如低碳钢渗铬后能获得耐酸、耐蚀、耐热等性能，可用于油泵、化学泵上的零件，化工器械零件，各种阀门以及其他要求耐蚀、耐热的元件。

目前生产上应用的渗铬方法有固体、液体、气体渗铬法，其中以固体渗铬法（又称为粉末渗铬法）应用较广。

固体渗铬的操作与固体渗碳法相似，把工件及渗铬剂放在箱子中，加热到渗铬温度保温较长时间，进行渗铬处理。

常用的渗铬剂一般都由铬粉（或铬铁粉）、氧化铝及氯化铵组成。其中铬粉或铬铁粉是基本组成物质，依靠它来产生活性铬原子，渗入钢铁表面；氧化铝起稀释填充剩余空间和减少渗铬剂粘结的作用；氯化铵起促进渗铬反应的作用。

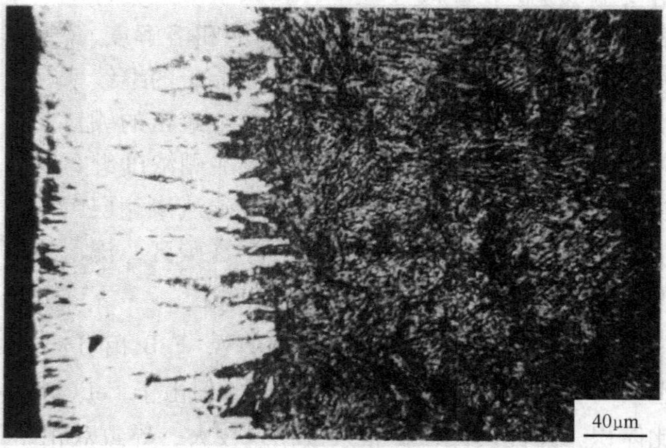

图10-35 40Cr钢固体渗硼后油淬金相组织

金属铬粉在化学上是比较稳定的，不能直接渗入工件表面。为了渗铬，就必须获得原子状态的铬。在一定温度下，要使金属铬粉转化为铬原子，还需要一个“媒介物”的作用，这就是所谓的催化剂。氯化铵是进行粉末渗铬常用的催化剂。在渗铬过程中，渗铬箱内发生如下的化学反应：

$$NH_4Cl \rightleftharpoons NH_3 + HCl \tag{10-30}$$

$$2HCl + Cr（铬粉）\rightleftharpoons CrCl_2 + H_2 \tag{10-31}$$

$$3CrCl_2 + 2Fe（工件）\rightleftharpoons 2FeCl_3 + 3[Cr] \tag{10-32}$$

反应生成的活性铬原子［Cr］被工件表面吸收，并向工件内扩散，形成渗铬层。

常用的渗铬剂成分（质量）为50%铬粉+48%氧化铝+2%氯化铵。装箱后控制升温至1050~1100℃渗铬。保温到所需的渗层厚度后，炉冷至600~700℃，再在空气中冷却至室温。

对基体力学性能要求不高、仅要求提高表面耐蚀性、耐热性的低碳钢件，以及只要求表面高硬度、耐磨的高碳钢量具，渗铬后可不进行热处理。

但是，工件在渗铬过程中由于在高温下长时间保温，基体晶粒发生激烈长大，导致基体塑性与韧性等力学性能降低，这就不能满足某些使用性能的要求。高碳钢工件渗铬层很薄，硬度高且脆，因此要求有强度较高的基体来支持这个渗铬层，否则使用中容易导致渗铬层的破碎剥落。一些中、高碳钢的渗铬件，如拉深模、压铸模、排气阀等，不但要求表面耐蚀、耐磨、高硬度，还要求基体有足够的强度和一定的韧性。在这种情况下，渗铬后还必须进行相应的退火、正火或调质处理等。

三、渗铝

渗铝可以在钢件表面形成一层铝含量约为50%（质量）的铝铁化合物，这层化合物，在氧化时可以在钢件表面形成一层致密的 Al_2O_3 膜，从而使钢件得到保护，大大提高其抗高温氧化和抗热蚀能力。渗铝层在大气、硫化氢、碱和海水等介质中也有良好的耐蚀性能。实践表明，渗铝后可以使零件的抗氧化工作温度提高到950~1000℃。因此，常用普通低碳钢、中碳钢渗铝作为高合金耐热钢及耐热合金的代用品，如热处理炉用的炉底板、炉罐、渗碳箱、热电偶套管、盐浴坩埚、辐射管、叶片等，节约昂贵的镍铬元素。

1. 渗铝方法

渗铝方法很多，如固体粉末渗铝、热浸渗铝、静电喷涂渗铝、电泳沉积渗铝、气相渗铝等，其中热浸渗铝和粉末渗铝设备简单、工艺稳定、应用较广。

（1）热浸渗铝　是将经过表面处理的工件浸入熔融的铝液中，保温一定时间后取出空冷，再经高温扩散退火的工艺方法。铝液的温度一般控制在680~800℃之间，保温10~20min，这时发生铝液对钢表面浸润、铁原子溶解并与铝原子的相互扩散和反应，形成Fe-Al化合物层。工件从铝液中提出时还在表面粘附一薄铝层，随后需在950~1050℃进行3~8h的扩散退火，以减少渗铝层的脆性，提高渗铝层与基体的结合力，增加渗铝层厚度，并使表面光洁美观。

（2）粉末渗铝法　是将欲渗铝的工件埋在粉末状渗铝剂内并在高温下渗铝的方法。渗铝剂由纯铝粉或铝铁合金粉（固态粉末渗铝或料浆渗铝）或铝铁合金块（固态气相法或低压渗铝法）与适量的活化剂混合组成。渗铝工艺根据钢种和零件服役条件而定，通常采用850~950℃保温4~8h，可获得50~400μm的渗铝层。通过高温下活化剂的作用把铝原子从铝粉或铝铁合金块上转移到工件表面，再扩散到基体中，以形成渗铝层。由于活化剂的作用，铝源可以不与欲渗表面直接接触。活化剂（以 NH_4Cl 为例）的作用如下：

$$NH_4Cl \rightleftharpoons NH_3 + HCl$$

$$6HCl + 2Al \rightleftharpoons 2AlCl_3 + 3H_2 \quad (10\text{-}33)$$

$$AlCl_3 + 2Al \rightleftharpoons 3AlCl \quad (10\text{-}34)$$

$$3AlCl \rightleftharpoons AlCl_3 + 2[Al] \quad (10\text{-}35)$$

反应的结果在钢件表面形成活性铝原子［Al］，并立即渗入钢件表面。

2. 渗铝层的组织与性能

图 10-36 是 Fe-Al 相图。由相图可知，钢件渗铝时，渗铝层的组织可能由 θ($FeAl_3$) + η(Fe_2Al_5) + ζ($FeAl_2$) + $β_2$(FeAl) + 过渡区组成，而外层究竟是哪种化合物相，完全取决于气氛的铝势。

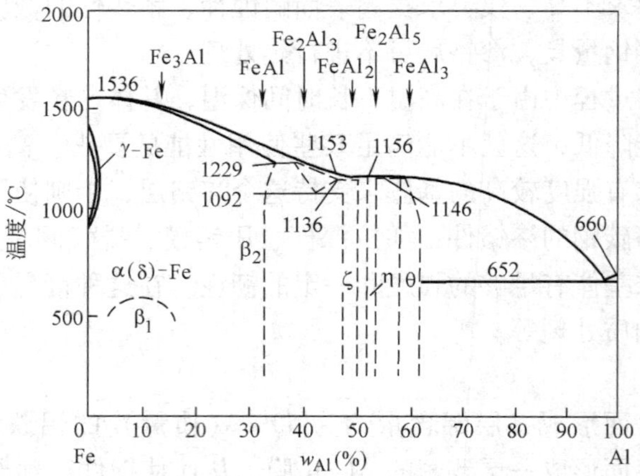

图 10-36 *Fe-Al* 相图

零件经过渗铝后，其抗高温氧化性能和抗蚀性能都有明显提高，但渗铝层较厚时，强度、塑性、疲劳强度却有所下降。

复习思考题

1. 理解基本概念：化学热处理、渗碳、渗氮、碳氮共渗、软氮化、碳势、氮势、化学热处理的三个基本过程。

2. 简述钢的气体渗碳原理（三个基本过程）。

3. 钢的气体渗碳工艺参数的确定原则如何（包括气氛碳势的选择、控制原理，渗碳温度的选择，渗碳时间的确定）？

4. 如何选择钢渗碳后的热处理方法？

5. 钢经渗碳并热处理后，从表层到心部的成分、组织如何？其力学性能将发生怎样的变化？为什么？

6. 钢经渗碳并热处理后会发生哪些缺陷？其产生的原因如何？

7. 渗氮钢在成分上有何特点？渗氮后钢在性能上有何特点？

8. 比较钢经渗碳和渗氮后其渗层的强化机理。

9. 钢的渗氮工艺参数应如何选择？

10. 离子渗氮原理及其特点如何？

11. 高温碳氮共渗的原理和工艺如何？其共渗层有何特性？

12. 什么叫软氮化？它有何特点？

13. 试比较高频感应加热淬火、渗碳、渗氮热处理在工艺、选用材料（钢种）、性能、应用范围、生产费用等方面的差别。

14. 一块有效厚度为 50*mm* 的共析钢试样在湿氢（强脱碳性气氛）中分别加热到 930℃和 780 ℃，并长时间保温（例如 8*h*），然后空冷到室温。请分别画出该试样在空冷前后以及淬火（假设完全淬透）的组织和成分示意图，并解释之。

第三部分　热处理设备

热处理实践表明，热处理的质量与热处理设备息息相关。任何热处理工艺都要通过相应的热处理设备来实现。因此，热处理设备是热处理的根本保障。

热处理设备的发展很快，特别是与计算机相结合的热处理自动化设备可谓日新月异地发展。本篇仅对有关热处理设备的基本知识予以介绍。内容分为加热设备、冷却设备和热处理参数测量与控制。

第十一章　加热设备

加热过程是所有热处理工艺的最基本工序，不同的热处理工艺对热处理加热设备的要求也不相同。另外，随着科学技术的进步，发展了多种专用的热处理设备。本章在讲解常用筑炉材料以及经典传热理论的基础上，仅对常用的热处理电阻炉、热处理浴炉以及感应加热设备进行介绍。

第一节　筑炉材料

筑炉材料包括耐火材料、隔热材料、炉用金属材料和一般建筑用材料。

一、耐火材料

耐火材料是能够抵抗高温，并能承受高温物理和化学作用的材料。热处理炉通常处于高温作业，所以在筑炉材料中以耐火材料最为重要。因此在设计、建造炉子时，合理地选用耐火材料，对提高炉子寿命、降低成本、节约热能都有重要的作用。

1. 热处理炉对耐火材料性能的要求

（1）耐火度　耐火度是耐火材料抵抗高温作用的性能，指的是耐火材料受热后软化到一定程度时的温度。取一定尺寸的三角形锥体，在规定的加热条件下进行加热，当试样顶部因受温度及本身质量影响而弯倒到刚接触底平面时的温度作为耐火度，如图 11-1 所示。耐火度高于 1580℃ 的材料，称为耐火材料。耐火材料的耐火度，主要取决于它的化学成分和材料中易熔杂质（如 FeO 和 Na_2O）的含量。

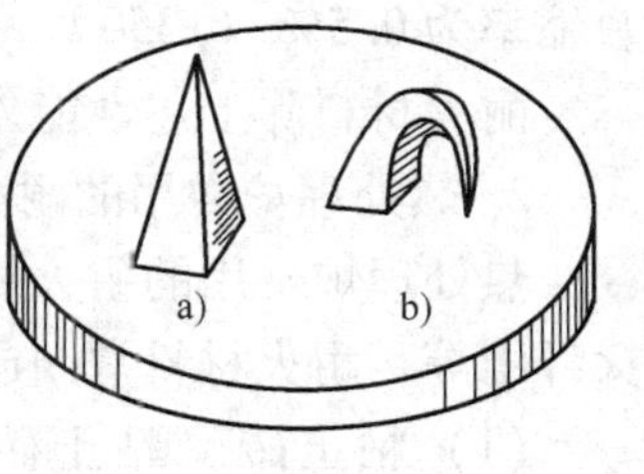

图 11-1　耐火度试验

a）试验锥　b）弯倒时

根据耐火度的高低，耐火材料可分为：普通耐火材料，耐火度为 1580～1770℃；高级耐火材料，耐火度为 1770～2000℃；特级耐火材料，耐火度大于 2000℃。

（2）高温结构强度　耐火材料在实际使用中要承受一定的压力，因此，必须考虑耐火材料的高温结构强度。

耐火材料的高温结构强度用荷重软化点来评定。荷重软化点是指在一定压力（重质材料 196 kPa，轻质材料为 98 kPa）下，以一定的升温速度加热，样品开始变形的温度或压缩变形达 4% 或 40% 的温度。前者叫荷重软化开始点，后者叫荷重软化 4% 或 40% 的软化点。NZ—40 粘土砖的耐火度为 1730℃，而荷重软化开始点只有 1350℃左右。因此，其最高使用温度不得超过 1350℃。

（3）高温化学稳定性　高温化学稳定性是指耐火材料在高温下抵抗炉气、熔盐和金属氧化物等的侵蚀作用的能力。高温化学稳定性常用抗渣性来评定，它取决于组成物的化学性质及其物理结构（如与密度有关的结合强度）。目前多数仅以定性指标来表示。例如，粘土砖和高铝砖对酸性和碱性熔渣都具有一定的抗蚀作用；而硅砖只能抗酸性熔渣作用，不能抗碱性熔渣作用；镁砖只能抗碱性熔渣作用。

制造无罐渗碳气氛热处理炉时，由于高碳气氛对普通粘土砖有破坏作用，所以炉墙内衬的耐火材料需用含氧化铁小于 1%（质量分数）的耐火砖（即抗渗碳砖）；制造电极盐浴炉时，由于熔盐对耐火材料的冲刷作用，所以坩埚的耐火材料需采用重质耐火砖或耐火混凝土；电热体搁砖不得与电热体材料发生化学作用，对铁铬铝电热体要用高铝砖作搁砖。

（4）热振稳定性（耐激冷急热性）

热振稳定性是指耐火制品对急冷急热的温度反复变化时抵抗破坏和剥落的能力，取决于耐火制品的化学成分和组织结构等因素。重质耐火材料热振稳定性的测定方法是将试样加热至 850℃，然后在流动的冷水中冷却，反复进行直至破碎或剥落至质量损失达到 20% 时为止，其所经历的加热冷却次数被作为耐火制品的热振稳定性指标。冷炉的升温，电极盐浴炉的启动都要经受温度的急变，如果耐火材料没有足够的耐激冷急热性能，就会过早地损坏。轻质耐火制品热振稳定性的测定，是将标准砖加热至 1000℃，在静止空气中冷却，反复进行，直至砖体的质量损失为 20% 时的加热—冷却次数作为热振稳定性指标。

（5）高温体积稳定性　高温体积稳定性是指耐火制品在高温下使用时，由于相的成分发生变化、发生再结晶或进一步烧结等所产生的不可逆残余膨胀或收缩，通常以热膨胀系数和重烧线收缩率来表示。这种体积变化过大会影响砌体强度，严重时将造成砌体倒塌。在一般情况下，要求各种耐火制品的残余胀缩不超过 0.5% ~1.0%。粘土砖和高铝砖的重烧线收缩率为 0.5%（1350℃），硅砖的重烧线收缩率为 -0.8%。

耐火材料除上述性能外，还有体积密度、比热容、热导率和电绝缘等特性指标。

2. 热处理炉常用的耐火材料

热处理炉常用的耐火材料有粘土砖、高铝砖、抗渗碳砖、耐火混凝土、碳制品及各种耐火纤维等。耐火材料常制成重质、轻质和超轻质 3 种耐火制品。

（1）粘土砖　粘土砖的原料主要是耐火粘土和高岭土，其主要矿物成分是高岭石（$Al_2O_3 \cdot 2SiO_2 \cdot 2H_2O$），其余部分为金属氧化物（6% ~7%）。粘土砖是以软质的生粘土（结合剂）与熟料粘土混合成型后，在 1300 ~1400℃下烧结成的制品。粘土砖的化学成分（质量分数）为 Al_2O_3 30% ~40%，$SiO_2$50% ~65%，其余为各种金属氧化物（K_2O、Na_2O、CaO、MgO、TiO_2、Fe_2O_3）。

普通粘土砖是弱酸性耐火材料，其膨胀系数、热导率、比热容均小于其他耐火材料，热振稳定性也较好，其荷重软化点比其它耐火材料低，最高使用温度为1300～1400℃。常用于砌筑炉顶、炉底、燃烧室等。它对铁铬铝电热元件有腐蚀作用，不宜作为铁铬铝电热元件的搁砖。在高碳气氛中易受CO或H_2的作用而损坏，因此也不能用于高碳气氛炉做内衬。

（2）高铝砖　高铝砖是含Al_2O_3 48%以上的耐火制品，其余为SiO_2和少量的氧化物杂质。普通高铝砖按Al_2O_3含量（质量分数）分>48%、>55%和>65%三个等级。此外，还有莫来石砖（$Al_2O_3 \cdot 2SiO_2$）和刚玉砖（α-Al_2O_3）等品种。

高铝砖优点是耐火度高、高温结构强度较好和较高的化学稳定性，但价格比较贵，广泛用于冶金工业。电极盐浴炉常常用高铝砖来砌筑，电热元件搁砖也常用高铝制品（$Fe_2O_3 < 1.5\%$）。热处理炉上所采用的各种瓷管，大多数也是高铝制品。

另外，电熔纯刚玉制品和纯氧化铝制品，其氧化铝含量（质量分数）可高达98%以上。这种制品的高温绝缘性能好，不易与电热元件起化学反应，抗还原作用强。因此，高温真空炉和氢气炉多采用纯刚玉制品或氧化铝制品做耐火材料和电绝缘材料。

（3）抗渗碳砖　Fe_2O_3含量（质量）在1%以下的粘土砖或高铝砖，一般称为抗渗碳砖。

在含CO和H_2的还原性气氛下，Fe_2O_3可按下式反应：

$$Fe_2O_3 + 3CO = 2Fe + 3CO_2$$

$$Fe_2O_3 + 3H_2 = 2Fe + 3H_2O$$

Fe_2O_3被还原成金属铁。而铁又是如下反应的催化剂。

$$2CO \xlongequal{Fe} CO_2 + C$$

可见，铁加速了CO的分解，析出炭黑，沉积于砖体内部。

Fe_2O_3本来以复杂的硅酸盐的形式存在于砖内，在渗碳气氛中被还原成金属铁，因而破坏了砖体的组织结构和颗粒间的结合，使砖体疏松；砖体内炭黑沉积，使砖的体积胀大，这都将导致普通粘土砖或高铝砖炉衬过早损坏。

Fe_2O_3含量（质量）在1%左右的粘土砖或高铝砖具有抗渗碳能力，适用于做无罐可控气氛渗碳炉的内衬。若提高砖的烧成温度，氧化铁则以$2FeO \cdot SiO_2$形态存在，使氧化铁不易还原，可提高抗渗碳砖的使用寿命。

（4）轻质耐火材料　耐火材料通常采用不同的工艺方法制成重质、轻质和超轻质耐火制品。一般重质粘土砖的密度为2.1～2.2 g/cm^3，轻质粘土砖的密度为0.4～1.0 g/cm^3；重质高铝砖的密度为2.3～2.75 g/cm^3，轻质高铝砖的密度为0.4～1.0 g/cm^3。密度小于0.4 g/cm^3的称为超轻质耐火制品。

轻质耐火材料的主要特点是气孔多，密度小，所以其热导率小，隔热性能好，蓄热量也小。由于轻质耐火材料中的气孔很小，且在制品中分布均匀，故仍具有一定的耐压强度。因此，采用轻质耐火制品作为炉子耐火层砌体时，可以缩小炉子体积，减轻质量，降低蓄热损耗。可以显著缩短升温时间，节约能源，提高炉子的热效率和经济效益。在热处理温度范围内，主要采用轻质砖来砌筑炉子的耐火层。轻质耐火制品的耐压强度较低，荷重软化点较低，残存体积变化较大，抗化学腐蚀性也较差。

除了上述常用的耐火材料以外，还有碳化硅、氮化硅和石墨等制品。在一些情况下可用于制作热处理炉的炉底板、马弗罩、电热元件、炉底轨道、隔热屏和炉内其他高温结构件。

主要耐火材料的性能见表11-1。

表11-1 主要耐火材料的性能

材料	密度 /kg·dm^{-3}	比热容 /kJ(kg·℃)$^{-1}$	热导率 /W·(m·℃)$^{-1}$	平均线膨胀系数/K^{-1}	最高工作温度 /℃
粘土质耐火砖	2.1	$0.84+2.72\times10^{-3}t$	$0.84+0.58\times10^{-3}t$	$(4.5\sim6)\times10^{-6}$	1350～1400
粘土质隔热砖	1.3 1.0 0.8	— $0.837+0.264\times10^{-3}t$	$0.407+0.349\times10^{-3}t$ $0.291+0.256\times10^{-3}t$ $0.22+0.426\times10^{-3}t$	— 0.1%～0.2%	1300～1350 1300 1250
高铝砖	2.5 2.3 2.1	— $0.84+0.264\times10^{-3}t$	— $2.09+1.86\times10^{-3}t$	— $(5.5\sim5.8)\times10^{-6}$	1450 1400 1300
镁砖	2.8	$1.05+0.293\times10^{-3}t$	$4.65-1.75\times10^{-3}t$	$(14\sim15)\times10^{-6}$	1450
刚玉砖	2.8 3.5	$0.84+0.42\times10^{-3}t$ $0.88+0.42\times10^{-3}t$	—	$(8\sim8.5)\times10^{-6}$	1700 1700
镁铝砖	2.75	—	—	10.6×10^{-6}	1650
抗渗碳砖	2.14 0.88	$0.88+0.23\times10^{-3}t$	$0.698+0.639\times10^{-3}t$ $0.15+0.128\times10^{-3}t$	—	—
碳砖	1.5	0.837	$3.139+2.093\times10^{-3}t$	$(5.2\sim5.8)\times10^{-6}$	2000
红砖	1.6	$0.879+0.23\times10^{-3}t$	$0.814+0.465\times1010^{-3}t$	—	700

注：t为制品的平均温度。

（5）耐火纤维 耐火纤维的种类很多，这里仅介绍陶瓷耐火纤维，它同时具有以下特性。

1）热导率。耐火纤维热导率为一般轻质砖的1/1.5～1/5，故可兼作炉衬的耐火层和隔热层。

耐火纤维毡的热导率具有方向性，热流方向与纤维方向一致时热导率较大，热流方向与纤维方向垂直时热导率较小。前者与后者之比为1.1～1.5，耐火纤维的热导率随温度上升而增加很快。因此，它在低温时是良好的隔热材料，在中温和高温范围内隔热性能就差一些。在体积密度400 kg/m^{3}以内，热导率随体积密度的增加反而减小。

2）比热容。非晶质耐火纤维的比热容变化不大。例如当温度为100℃、540℃、1090℃时，其比热容分别为0.837、1.047、1.130 kJ/（kg·℃）。

3）密度。耐火纤维的密度约为轻质砖的1/5～1/10。体积密度与比热容的乘积称为体积比热容［kJ/（m^3·℃）］，体积比热容小，炉衬在升温过程中吸热就少。所以耐火纤维炉衬使炉膛升温快，炉衬蓄热少。

4）热振稳定性。耐火纤维柔软，有弹性，具有良好的抗振动能力。但由于纤维毡的强度低，不能经受直接的撞击。

5）析晶。在高温下从玻璃态纤维中析出晶体，使纤维逐渐失去透明性。纤维析晶量超过60%时，就失去使用价值。

陶瓷耐火纤维包括非晶质耐火纤维和晶质耐火纤维。非晶质耐火纤维即硅酸铝纤维，其物理性能与化学成分见表11-2。晶质耐火纤维主要由多晶莫来石纤维和多晶氧化铝纤维两种。

表 11-2 硅酸铝纤维的物理性能与化学成分

性能			普通针刺毯			高纯硅酸铝纤维针刺毯			高铝硅酸铝纤维针刺毯			硅酸铝微晶纤维针刺毯			含锆纤维针刺毯	多晶莫来石纤维毯	含铬硅酸铝纤维毡
物理性能	颜色		白			白			白			白			白	纯白	纤维棉为淡蓝色
	纤维直径/μm		2～4			2～4			2.8			2.8			—	2～3.2	2～6
	纤维长度/mm		100～250			100～250			100～150			100～150			—	～100	
	密度/$kg \cdot m^{-3}$		96、128、160			96、128、160			128、160、180			128、160、180			散装密度 185～250	～100	120～150
	抗拉强度/MPa (25mm×25mm)		≥4(纵横平均)			≥5(纵横平均)			≥5(纵横平均)			≥5(纵横平均)			—		
	加热线收缩(24h)(%)		1050℃,2～4			1260℃, ≤4			1300℃, ≤3			1300℃, ≤3			1430℃ (24h), <3	1500℃ (6h), <1.0	1400℃(6h), <4
	比热容/kJ(kg·℃)$^{-1}$		1000℃, 14.0			—			—			—			1000℃, 1.13	1.24	—
	抗风蚀性/($m \cdot s^{-1}$)		～25			～25			-25			<25			—	—	—
	标准尺寸(长×宽×厚)/mm		7200×600×20			7200×600×20			7200×600×20			7200×600×20			—	—	—
		温度/℃ \ 密度/($kg \cdot m^{-3}$)	128	160	—	96	128	160	128	160	180	128	160	180	—	1000℃ 0.226	850℃ 0.16
	热导率/W(m·K)$^{-1}$	200	—	—	—	0.04	0.04	—	—	—	—	—	—	—	—	1200℃ 0.264	—
		400	0.09	0.07	—	0.09	0.07	0.06	0.09	0.08	—	0.09	0.08	—	0.09	—	—
		600	0.12	0.09	—	0.12	0.10	0.08	0.12	0.11	—	0.12	0.11	—	0.11	1300℃ 0.336	—
		800	0.17	0.12	—	0.17	0.15	0.11	0.17	0.16	—	0.17	0.16	—	0.16	1400℃ 0.384	—
		1000	0.21	0.19	—	0.21	0.20	0.17	0.23	0.21	—	0.23	0.21	—	0.24	—	—
		1200	—	—	—	—	—	—	0.36	0.32	—	0.36	0.32	—	0.36	—	—
	工作温度/℃		950			1100			1200			1250			1350	电炉 1500℃	—
	极限温度/℃		1100			1200			1 350			1370			1430	火焰炉 1400℃	<1280℃
化学成分（质量分数）(%)	Al_2O_3		—			45～47			52～57			52～57			38～60	72～75	40～46
	SiO_2		—			54～52			47～42			47～42			46～30	28～25	47～55
	$Fe_2O_3+TiO_2$		—			<0.20			<0.20			<0.20			Fe_2O_3≤0.2～0.5	—	Cr_2O_3 3～6
	CaO+MgO		—			<0.15			<0.15			<0.15			其他≤1.0	—	Fe_2O_3 <0.3
	Na_2O+K_2O		—			<0.21			<0.25			<0.21			≤0.4～0.2	—	<0.4
	Cl 离子含量		—			$<10\times10^{-6}$			$<10\times10^{-6}$			$<10\times10^{-6}$			$<10\times10^{-6}$	—	—
	ZrO_2		—			—			—			—			15～9	—	—

多晶莫来石纤维的组成（质量分数）是72%～74% Al_2O_3，20%～22% SiO_2，余为杂质。在高温下，这种微晶莫来石稳定，不易长大，因而仍具有柔软性和弹性。多晶莫来石纤维的最高使用温度为1300℃。

多晶氧化铝纤维的组成（质量分数）是95% Al_2O_3，其余为SiO_2和杂质。由于其微晶为α-Al_2O_3，所以最高使用温度可达1600℃，长期使用温度为1400℃。晶质纤维能防止电磁波（热辐射）穿透，而玻璃态纤维则能通过电磁波。所以在高温下晶质纤维的隔热性能比玻璃态纤维好。

（6）不定型耐火材料　不定型耐火材料的特点是可随意制成各种形状的预制块，也可在加热炉上整体浇捣，从而加强炉体的整体性，便于改进炉型结构。不定型耐火材料有耐火混凝土（浇注料）、可塑料、喷涂料、捣打料、涂抹料、投射料等。耐火混凝土可用于制造盐浴炉的盐槽与坩埚，制造炉顶与炉衬的预制件。

1）耐火混凝土的组成。耐火混凝土是由胶结料、骨料、掺合料三部分组成，有时还要加入促凝剂。

① 骨料。是主要的耐火基体，应具有高的耐火度，不应与胶结料生成较多的低熔物。骨料的颗粒大小对制品的质量有很大的影响，所以对骨料的颗粒大小除有一定限制外，不同大小的颗粒在数量上还有一定的比例。热处理炉用的耐火混凝土的骨料可由各种耐火熟料或废耐火砖破碎而成，例如高铝矾土熟料，粘土砖、高铝砖的破碎颗粒（2～20 mm）等。

② 胶结料（结合剂）。起胶结硬化作用，使制品有一定的强度。常用的胶结料有矾土水泥、硅酸盐水泥、水玻璃、磷酸等。根据胶结料不同，耐火混凝土可分为铝酸盐水泥耐火混凝土、水玻璃耐火混凝土、磷酸盐耐火混凝土及硅酸盐混凝土等。

胶结料的用量一般为制品的10%～25%，用量过多会使制品耐火度降低，并显著增加制品的收缩。用水玻璃及磷酸盐作胶结料时，在未经高温锻烧时的强度较低，加入适量的促凝剂后，在室温下即可达到一定的硬化强度。用水玻璃作胶结料时，常用的促凝剂为氟硅酸钠；用磷酸盐作胶结料时，常用的促凝剂为矾土水泥。

③ 掺合料。与骨料的材料相同，只是颗粒度较小。掺合剂可使制品的气孔率降低，密度增加，耐压强度提高，抗渣性提高，但使收缩增加，耐急冷急热性降低。

2）常用耐火混凝土的配比与性能

① 铝酸盐耐火混凝土。用矾土水泥或低钙铝酸盐水泥作胶结料。矾土水泥以铝酸钙为主要成分，它具有快硬、高强度的特点，但耐火度较低。低钙铝酸盐水泥是以二铝酸钙为主要成分，在常温下的硬化速度较慢，早期强度低，但耐火度比前者高。

铝酸盐水泥是一种快硬型高强度水硬性胶结料，因此在混凝土加水搅拌后，要迅速捣打并不能中间停顿，以免捣打不实。脱模后用草袋覆盖，浇水养护。这种耐火混凝土开裂倾向性大，烘炉应缓慢进行。铝酸盐耐火混凝土可用来捣打盐炉坩埚或做炉拱。

② 磷酸盐耐火混凝土。它的种类很多，这里仅举出一种配比成分：矾土熟料骨料70%～75%（其中1.2～6 mm的颗粒占50%，小于1.2 mm的颗粒占50%）；矾土熟料掺合料25%～30%（小于0.88 mm的颗粒占70%以上）；浓度为40%～60%的磷酸占6.5%～18%。这种耐火混凝土的主要性能指标为：

混凝土湿密度：2700 kg/m^3；

热振稳定性（1000℃水冷次数）：50～80；

荷重软化开始点：1300～1350℃；

耐火度：<1800℃；

混凝土标号：300～400。

磷酸盐耐火混凝土需预混料、堆积并覆盖草袋，放置24 h后才能筑炉，其目的是排出有害气体，防止制品产生膨胀变形并保证致密性。筑完后，要自然干燥几天，不能用水养护。这种混凝土是火硬性材料。在烘炉过程中，混凝土中的磷酸、骨料与掺合料发生化学反应使混凝土凝结为整体。为了进一步提高制品的高温结构强度，防止产生剥落，可在烘炉后进行高温烧结。

磷酸盐耐火混凝土的开裂倾向性较小，耐火度与高温强度较高，但成本较高。

③　水玻璃耐火混凝土。热处理炉常用水玻璃耐火混凝土的配比为高铝骨料70%、高铝细粉25%、生耐火粘土5%、稀释水玻璃11%～12%、氟硅酸钠1.2%。骨料的颗粒配比要合适，水玻璃在使用前应用热水稀释至密度为1.36～1.40 g/cm^3，以便于混合。

水玻璃耐火混凝土是气硬性的，成型后可以直接进行烘干，严禁用水或蒸气养护。其制品有非常好的耐急冷急热性，另外还具有良好的整体性和较高的耐磨性，使用温度在600～1100℃范围内。可以用它制造振底式炉的炉底板。

二、常用的隔热材料

隔热材料的主要性能特点是：热导率小、体积密度小、体积比热容小等。隔热材料的作用是减少炉墙的散热。常用的隔热材料有：硅藻土、蛭石、矿渣棉、石棉以及高温超轻质珍珠岩等。常以散料或成型制品使用。

1. 硅藻土

硅藻土的主要成分为非晶体二氧化硅，并含有少量粘土杂质，呈晕白色、黄色、灰色或粉红色，具有很好的隔热能力，常以型砖砌筑或粉料填充作为炉子的隔热层。最高使用温度为900～950℃，砖的尺寸为250 mm×123 mm×65 mm和230 mm× 113 mm×65 mm。

2. 蛭石

俗称黑云母或金云母，具有一般云母外形，易于剥成薄片。蛭石的成分（质量分数）大致为：SiO_2 12%～40%，Fe_2O_3 6%～23%，Al_2O_3 14%～18%，MgO 11%～20%，CaO 1%～2%。蛭石内含水5%～10%，受热后水分蒸发而形成膨胀蛭石。一般200℃开始膨胀，800℃膨胀达最大值。其熔点为1300～1370℃，密度和热导率均很小，是一种很好的隔热材料。膨胀蛭石可直接填入炉壳与炉衬之间，或者用水泥、水玻璃等作胶结剂制成各种制品，最高使用温度为1000℃。

3. 矿渣棉

矿渣棉是用高压蒸汽将熔融的冶金矿渣喷射成雾状后，在空气中迅速冷却而制成的人造矿物纤维。其特点是密度小，热导率低，吸湿性小和不燃烧；但堆积过厚或受振动时易被压实，使密度增加，隔热能力下降。矿渣棉毡与陶瓷纤维毡配合使用作为全纤维炉衬的最高使用温度为700℃。

4. 石棉

石棉是一种纤维结构矿物，其主要成分为蛇纹石（$3MgO \cdot 2SiO_2 \cdot 2H_2O$），熔点大于

1500℃。但在500℃时开始失去结晶水，使强度降低，在700～800℃时变脆而粉化。所以长期使用温度应低于500℃。其制品有石棉粉、石棉板及石棉绳等形式。

5. 高温超轻质珍珠岩

高温超轻质珍珠岩制品是以膨胀珍珠岩为主要原料，分别以水玻璃、水泥、磷酸盐等为胶结剂，按一定比例混合经成型、干燥、烧结而制成的制品。它具有密度小、热导率很小、耐火度高（最高使用温度可达1000℃）等特点，是一种很好的隔热、保温材料。

常用隔热材料的主要性能见表11-3。

表11-3 常用隔热材料的主要性能

材料名称	密度 /kg·m^{-3}	允许工作温度 /℃	比热容 /kJ·(kg·℃)$^{-1}$	耐压强度 /MPa	热导率 /W·(m·℃)$^{-1}$
硅藻土砖	500±50	900	—	—	$0.105+0.233\times10^{-3}t$
硅藻土砖	550±50	900	—	—	$0.131+0.233\times10^{-3}t$
硅藻土砖	650±50	900	—	—	$0.159+0.314\times10^{-3}t$
泡沫硅藻土砖	500	900	—	—	$0.111+0.233\times10^{-3}t$
优质石棉绒	340	500	—	—	$0.087+0.233\times10^{-3}t$
矿渣棉	200	700	0.754	—	$0.07+0.157\times10^{-3}t$
玻璃绒	250	600	—	—	$0.037+0.256\times10^{-3}t$
膨胀蛭石	100～300	1000	0.657	—	$0.072+0.256\times10^{-3}t$
石棉板	900～1000	500	0.816	—	$0.163+0.174\times10^{-3}t$
石棉绳	800	300	—	—	$0.073+0.314\times10^{-3}t$
硅酸钙板	200～230	1050	—	—	$<0.056+0.11\times10^{-3}t$
硅藻土粉	550	900	—	—	$0.072+0.198\times10^{-3}t$
硅藻土石棉粉	450	800	—	—	0.0698
碳酸钙石棉灰	310	700	—	—	0.085
浮石	900	700	—	10～20	0.2535
超细玻璃棉	20	350～400	—	—	$0.0326+0.0002t$
超细无碱玻璃棉	60	600～650	—	—	$0.0326+0.0002t$
膨胀珍珠岩	31～135	200～1000	—	—	0.035～0.047
磷酸盐珍珠岩	220	1000	—	—	$0.052+0.029\times10^{-3}t$
磷酸镁石棉灰	140	450	—	—	0.047

注：热导率公式中的 t 为制品的平均温度℃。

三、炉用耐热钢

热处理炉的炉内构件（例如炉底板、炉罐、导轨、料盘、炉辊等）都在高温下工作，承受一定载荷，并受高温介质的化学腐蚀（如氧化、渗碳等），因此这些构件通常要用耐热钢制造。过去常用的耐热钢有1Cr18Ni9Ti，Cr18Ni25Si2等奥氏体耐热钢。由于Ni、Cr含量高，价格贵，筑炉投资大，因此近年来开始使用无Ni、Cr或少Ni、Cr的耐热钢，其中比较重要的有Fe-Al-Mn系和Fe-Cr-Mn-N系耐热钢。

Fe-Al-Mn耐热钢根据其含Al量不同，主要有三种成分：

第一种成分为 w_C0.65% ~ 0.85%，w_{Mn}25% ~ 30%，w_{Al}7.0% ~ 7.5%，w_{Si}1.0% ~ 1.5%，w_P≤0.07%，w_S≤0.02%，w_{RE}≤0.1%。在800~900℃范围内，有较高的强度和一定的抗氧化性，可用于制造淬火料盘。根据生产统计，在800~900℃使用的淬火料盘，使用寿命可达2000~3600 h。

第二种成分为 w_{Al}7.5% ~8.5%，其他成分与上一种相同。它可用于制造在950℃以下受中等负荷、要求抗氧化较好的炉内构件，如炉底板、导轨等。这种材料做的炉底板可使用半年以上，制作的炉内导轨和托架可连续使用一年到四年。

第三种成分主要是Al的含量进一步增加到 w_{Al}9% ~10 %。这种耐热钢可用作1000~1100℃的炉内构件，如高锰钢淬火炉十字铁，寿命为1000~2000 h。

Fe-Cr-Mn-N系耐热钢具有良好的可焊性，主要有Cr19Mn12Si2N和Cr20Mn9Ni2Si2N两种牌号。前者的长期使用温度应低于950℃，有较大的时效脆性倾向；后者可用作900~1000℃的炉内构件，如盐浴坩埚、链式炉炉爪、渗碳炉罐、高温正火炉料盘等。

另外，虽然镍铬奥氏体钢的价格很贵，但高温炉中的重要受力构件，如炉辊等仍必须采用。为了节省耐热钢，也可用中硅球墨铸铁（含 w_{Si}4.5% ~6.0%）和高铝铸铁来制造炉底板。特别是高铝铸铁，耐热温度可达1100℃，具有较好的常温力学性能，高温变形量小，其成分为 w_{Al}20% ~24%、w_C1.7% ~2.2 %、w_{Si}1.0% ~2.0%、w_{Mn}0.4% ~0.8%、w_P≤0.2%、w_S≤0.03%、加入1%稀土硅铁合金进行球化处理。当不进行球化处理时，高铝铸铁中的 w_C应降到1.5%以下。

碳素钢构件经过渗铝处理也可以显著地提高耐蚀和抗氢化性能，以替代常用的耐热钢。

第二节 传热理论

在热处理炉内进行着各种复杂的传热过程，因此掌握传热的基本规律，对于热处理炉的设计及其操作是至关重要的。

传热有传导、对流和辐射三种基本形式。在热处理炉内实际进行的热交换过程也是由这三种基本形式组成的综合传热过程。

如果在传热过程中，物体的温度场是稳定的，则传递的热流也是恒定的，此时的温度场称为稳定态温度场，这种传热称为稳定态传热。例如长时间保温的炉子或连续作业炉的炉墙传热，就属于稳定态传热过程。如果所传递的热流随时间变化而变化，这种温度场称为不稳定态温度场，这种传热过程称为不稳定态传热。本章主要讨论稳定态传热。

一、传导传热

传导传热依靠物体中微观粒子的热振动来传递热能。温度较高的物体，其分子、原子及电子具有较高的能量，当它与温度较低的物体或质点接触时，前者将本身的部分能量传给后者，这种定向的热量转移过程称为传导传热，简称导热。导热在固体、液体和气体中都可进行。在液体和固体（介电质）中的热量传导依靠弹性波的作用，在气体中热量传导则依靠原子或分子的扩散，在金属中则依靠自由电子的运动。导热的特点是物体各部分之间不发生宏观的相对位移。工件在炉内加热时的均温以及炉墙散热等均属传导传热过程。

1. 传导传热的基本方程式

通过单位截面、单位时间内传递的热流 q（W/m^2）与该截面的温度梯度成正比，即

$$q = -\lambda \frac{\partial t}{\partial x} \tag{11-1}$$

式中的比例常数 λ 称为热导率［W/（m·℃）］。式（11-1）是传导传热的基本方程式，又称为傅里叶定律。热流方向与温度梯度的方向相反，向温度降低的方向进行。

在单向稳定态传热中，单位时间通过单位面积所传递的热量为

$$q = -\lambda \frac{\mathrm{d}t}{\mathrm{d}x} \tag{11-2}$$

2. 热导率

热导率表示物质的导热能力，其物理意义是当温度差为1℃时，在单位时间和单位距离上通过单位表面积所传导的热量。

由于各种物质的自然属性及化学成分的差异，其热导率是不同的。即使是同一物质，其热导率也随物质的结构（密度、孔隙度）、温度、压力和湿度的不同而改变。如体积密度越小，其热导率也越小。

在固体中，金属的热导率最大。金属中又以银的热导率为最大（420 W/m·℃），其次是铜（391 W/m·℃），而铁的热导率较小（73 W/m·℃）。金属的热导率与金属的纯度和温度有关，随金属中杂质含量的增加而降低。纯铁比碳钢的热导率大，碳钢又比合金钢的热导率大。温度升高时大多数金属的热导率都降低。

固体非金属材料的热导率低于金属材料，如耐火材料和隔热材料的热导率的数值在0.025～3.0 W/m·℃之间。对大多数这类材料来说，当温度升高时，热导率随之增加。

隔热材料属于多孔性材料，由于其小孔内空气的热导率很小（0.024 W/m·℃），阻碍热量的传导，从而使其具有较小的热导率。工程上常把 λ 值小于0.25 W/m·℃的材料称为隔热材料（又称绝热材料）。

液体的热导率为0.07～0.7 W/m·℃，小于固体。气体的热导率最小，为0.006～0.06 W/m·℃。

绝大多数材料的热导率均随温度而变，热导率与温度的关系为

$$\lambda_t = \lambda_0 + bt \tag{11-3}$$

式中，λ_t、λ_0是材料分别在 t℃和0℃时的热导率；b 为随材料而异的温度系数。

在工程设计中，为了简化计算，往往取物体平均温度下的热导率代表物体热导率的平均值。例如，处于稳定态的单层炉墙，当其内外表面温度分别为 t_1与 t_2时，炉墙的平均热导率 λ_m为

$$\lambda_m = \lambda_0 + bt_m$$

$$t_m = \frac{t_1 + t_2}{2} \tag{11-4}$$

式（11-4）中的 t_m为炉墙的平均温度（℃）。

3. 平壁炉墙的导热

（1）单层平壁炉墙的导热　图11-2所示的单层平壁炉墙的壁厚为 δ（m），材料的热导率为 λ，炉壁两侧表面温度分别为 t_1和 t_2，且 $t_1 > t_2$，并保持恒定，平壁温度只沿垂直于平壁面的 x 轴方向发生变化，所有等温面都是平面，且垂直于 x 轴。

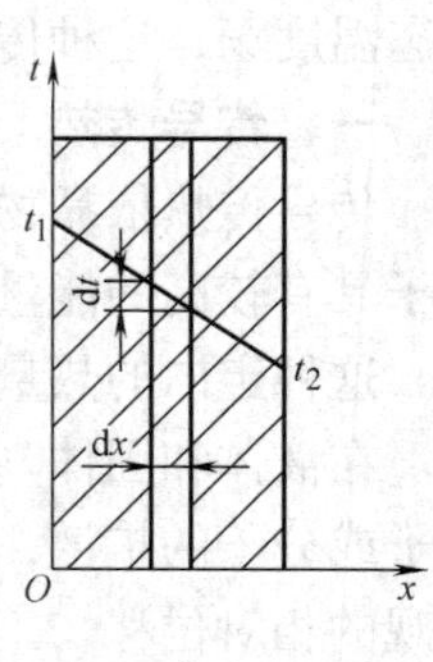

图11-2　单层平壁的导热

在平壁内取一单元薄层，其厚度为 dx，两侧的温度差为 dt，则通过此单元层的热流为

$$q = -\lambda \frac{dt}{dx}$$

分离变量后

$$dt = -\frac{q}{\lambda}dx$$

将上式积分

$$\int_{t_1}^{t_2} dt = -\int_0^{\delta} \frac{q}{\lambda}dx$$

积分后得

$$t_1 - t_2 = \frac{q}{\lambda}\delta$$

所以

$$q = \frac{\lambda}{\delta}(t_1 - t_2) \tag{11-5}$$

由式（11-5）可知，在单位时间内通过单位平壁面积所传递的热量与热导率 λ 及两表面温度差成正比，而与平壁的厚度 δ 成反比。

若平壁面积为 A（m^2），则单位时间（1 h）内通过 A 面积所传递的热量为

$$Q = \frac{(t_1 - t_2)}{\frac{\delta}{\lambda}}A \tag{11-6}$$

式（11-6）中的 $\frac{\delta}{\lambda}$ 称为炉墙的热阻。

（2）多层平壁炉墙的导热　一般热处理炉的炉墙多为两层或多层，各层采用不同的材料，靠近炉膛的内层是耐火层，外层是隔热层。

设有两层紧密接触的平壁炉墙，如图 11-3 所示，两层炉墙的面积相等，均为 A，厚度分别为 δ_1 与 δ_2，热导率为 λ_1 和 λ_2，内外表面温度分别为 t_1 和 t_3，两层炉墙交界处的温度为 t_2。根据单层平壁导热公式可知：

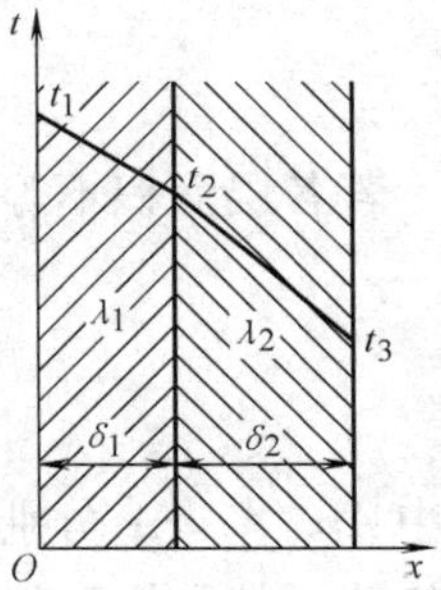

图 11-3　双层平壁的导热

第一层热流　$q_1 = \frac{\lambda_1}{\delta_1}(t_1 - t_2)$

第二层热流　$q_2 = \frac{\lambda_2}{\delta_2}(t_2 - t_3)$

在稳定态传热过程中，根据能量守恒原理，通过双层炉墙的热量 $Q = qA = q_1A = q_2A$，即 $q = q_1 = q_2$。

将第一层与第二层热流公式相加后得：

$$(t_1 - t_3) = q\left(\frac{\delta_1}{\lambda_1} + \frac{\delta_2}{\lambda_2}\right)$$

即

$$q = \frac{t_1 - t_3}{\frac{\delta_1}{\lambda_1} + \frac{\delta_2}{\lambda_2}} \tag{11-7}$$

式（11-7）即为双层平壁炉墙的导热公式。

同理，可推导出 n 层平壁炉墙的导热公式为

$$q=\frac{t_1-t_{n+1}}{\dfrac{\delta_1}{\lambda_1}+\dfrac{\delta_2}{\lambda_2}+\cdots+\dfrac{\delta_n}{\lambda_n}} \tag{11-8}$$

如果已知多层平壁的总热阻，则各层之间的界面温度可由下式求出：

$$t_2=t_1-q\frac{\delta_1}{\lambda_1}$$

$$t_3=t_2-q\frac{\delta_2}{\lambda_2}=t_1-q\frac{\delta_1}{\lambda_1}-q\frac{\delta_2}{\lambda_2}=t_1-q\left(\frac{\delta_1}{\lambda_1}+\frac{\delta_2}{\lambda_2}\right)$$

同理

$$t_n=t_1-q\left(\frac{\delta_1}{\lambda_1}+\frac{\delta_2}{\lambda_2}+\cdots+\frac{\delta_{n-1}}{\lambda_{n-1}}\right)=t_1-q\sum_{i=1}^{n-1}\frac{\delta_i}{\lambda_i} \tag{11-9}$$

在求界面温度时，必须根据经验先假设界面温度。对于 n 层炉墙，则需假设 $n-1$ 个界面温度，然后根据假设温度算出各层的平均热导率 λ_m 及总热阻，再代入上式求出界面温度。如果计算的界面温度和假设的界面温度相差较小（5%以下）即可采用。如果相差大于5%，应重新假设，再进行计算，直到误差小于5%为止。也可根据假设的温度代入各层的导热量计算式，求得 Q_1、Q_2…和 Q_n，若 $Q_1\approx Q_2\approx Q_3\cdots\approx Q_n\approx Q$，则认为假设基本正确，可以采用，否则应修正假设温度，重新计算。

如果多层平壁炉墙各层面积相等时（均为 A），其传热量公式为

$$Q=\frac{t_1-t_{n+1}}{\dfrac{\delta_1}{\lambda_1}+\dfrac{\delta_2}{\lambda_2}+\cdots+\dfrac{\delta_n}{\lambda_n}} \tag{11-10}$$

若各层面积不等，其传热量计算公式为

$$Q=\frac{t_1-t_{n+1}}{\dfrac{\delta_1}{\lambda_1A_1}+\dfrac{\delta_2}{\lambda_2A_2}+\cdots+\dfrac{\delta_n}{\lambda_nA_n}} \tag{11-11}$$

式中 A_1、A_2…A_n分别为各层的平均面积。实际的平壁炉墙（如箱式炉的炉墙）内外表面积不相等，其导热面积是变化的。这时式（11-11）中的导热面积应该用平均面积代替，一般按如下方法近似计算：

当外墙的面积（f_2）与内墙的面积（f_1）之比$\dfrac{f_2}{f_1}\leqslant 2$ 时，炉墙的平均面积为

$$A_{\mathrm{m}}=\frac{f_1+f_2}{2} \tag{11-12}$$

当外墙的面积（f_2）与内墙的面积（f_1）之比$\dfrac{f_2}{f_1}>2$ 时，炉墙的平均面积为

$$A_{\mathrm{m}}=\sqrt{f_1f_2} \tag{11-13}$$

4. 圆筒炉墙的导热

（1）单层圆筒炉墙的导热　如图 11-4 所示的井式加热炉，其侧墙为圆筒状，高度为 L，内外半径分别为 r_1 和 r_2，内外表面温度分别为 t_1 和 t_2，炉墙材料的热导率为 λ。在 r_1 与 r_2 之间的任意处取厚度为 $\mathrm{d}r$ 的薄层，其两侧温度差为 $\mathrm{d}t$，该层面积为 $2\pi rL$。根据导热方程式，在单位时间内通过该薄层所传导的热量为

$$Q = -\lambda A \frac{dt}{dr} = -\lambda 2\pi r L \frac{dt}{dr}$$

分离变量后

$$dt = -\frac{Q}{2\pi L\lambda}\frac{dr}{r}$$

将上式积分

$$\int_{t_1}^{t_2} dt = -\frac{Q}{2\pi L\lambda}\int_{r_2}^{r_1}\frac{dr}{r}$$

$$t_1 - t_2 = \frac{Q}{2\pi L\lambda}\ln\frac{r_2}{r_1}$$

或

$$Q = \frac{2\pi L\lambda}{\ln\frac{r_2}{r_1}}(t_1 - t_2) \tag{11-14}$$

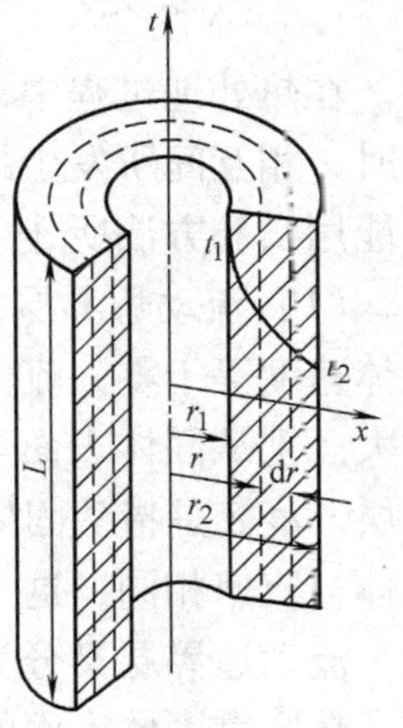

图 11-4 单层圆管壁的导热

由式（11-14）可以看出，圆筒壁的导热量与炉墙材料的热导率、圆筒壁的高度和内外墙温差成正比，而与内外半径比值的自然对数成反比。如果 λ 是常数，则沿炉壁内部的温度变化呈对数曲线。

将式（11-14）等式的右侧分子与分母同乘以 $r_2 - r_1$，自然对数项的分子与分母同乘以 $2\pi L$，则可改写成

$$Q = \frac{\lambda}{r_2 - r_1}\frac{2\pi L\ (r_2 - r_1)}{\ln\frac{2\pi L}{2\pi L}\frac{r_2}{r_1}}(t_1 - t_2)$$

即

$$Q = \frac{\lambda}{\delta}\frac{f_2 - f_1}{\ln\frac{f_2}{f_1}}\ (t_1 - t_2) = \frac{t_1 - t_2}{\frac{\delta}{\lambda A_m}} \tag{11-15}$$

式中，δ 为单层圆筒炉墙的厚度；f_1、f_2 分别为内外炉墙的表面积；$A_m = (f_2 - f_1)/\ln(f_2/f_1)$，为圆筒炉墙的对数平均面积。

（2）多层圆筒炉墙的导热　根据多层平壁炉墙导热公式的推导方法，多层圆筒炉墙的导热公式为

$$Q = \frac{t_1 - t_2}{\sum_{i=1}^{n}\frac{\delta_i}{\lambda_i A_{mi}}} \tag{11-16}$$

二、对流传热

当流体中存在温差时，流体中不同部分将发生相对位移，使不同部分的质点相互混合，或流动的流体与固体表面接触。这种由于两者之间存在温差而引起的热交换，称为对流传热。对流传热的特点是流体由空间的一个区域向温度不同的另一区域流动，同时在流体各部分及流体与固体表面之间也存在着传导传热，因此这种综合的热传递过程又称对流换热。

在热处理炉上，对流换热主要发生在炉气、盐浴炉中的盐浴或流动粒子炉中流动粒子与工件表面之间的传热，以及炉墙外表面与车间空气之间的传热等。在热处理生产中，工件淬火时工件表面与淬火介质之间的传热均属对流换热。

1. 基本概念

在热处理过程中，对流换热主要是指流动的流体与固体表面直接接触，当两者的温度不同时，相互间所发生的热量传递过程。影响对流换热的因素较多，过程也很复杂，目前大多只能用实验方法所建立的实验公式进行对流换热量的计算。

（1）流动边界层 当流体流经固体表面时，由于流体的粘性作用，使紧贴固体表面的流体速度等于零，流体沿固体表面的法线方向，随着离开固体表面距离的增加，其流速迅速增大。把从固体表面至流体速度为主流速度的99%处的距离，一般称为边界层，即流动边界层厚度δ是指从固体表面到流体速度等于主流速度的0.99处的距离。流动边界层以外的流体，流速相同，这一部分流速相同的流体称为主流。

流动边界层又分为层流边界层和紊流边界层。在层流边界层中，流体的流动状态为层流。在紧靠固体表面的紊流边界层中，由于流体粘性及流体与固体表面的摩擦作用，该薄层处仍为层流。这个薄层称为紊流边界层中的层流底层。在紊流边界层中层流底层以外的部分，流体的流动状态为紊流。

（2）热边界层 由于流体温度沿固体法线方向变化，同样也存在所谓热边界层。紧贴固体表面的流体温度等于固体表面温度，而在离固体表面某一δ_t处，流体温度接近于主流温度，则厚度为δ_t的流体层称为热边界层。在热边界层内有着较大的温度梯度，而在热边界层以外可以认为温度梯度等于零，即是等温流动区。热边界层的厚度δ_t不一定等于流动边界层厚度δ，它们之间的相互关系，主要取决于流体的性质。

（3）对流换热机理 对于层流边界层，由于边界层内流体质点没有垂直于固体表面的位移和混合，该边界层的热量传递只能靠流体的传导传热。

对于紊流边界层，在层流底层中热量的传递依靠导热。而在层流底层以外的紊流区，除导热外，主要靠流体质点的紊流混合（或涡旋混合）进行热量的传递。

在边界层以外的主流区，传热方式取决于主流区流体的流动状态。

2. 牛顿公式

牛顿（Isaac Newton）在1701年提出了对流换热量的计算公式，即对流换热所传递的热流量与流体和固体表面间的温度差以及两者的接触面积成正比。其数学表达式为

$$Q = \alpha(t_1 - t_2)A \tag{11-17}$$

式中，Q是单位时间内的对流换热量（W）；$t_1 - t_2$是流体与固体表面的温度差（℃）；A是流体与固体的接触面积（m^2）；α为对流表面传热系数［W/（m^2·℃）］，表示流体与固体表面之间的温度差为1℃时，每小时通过1m^2面积所传递的热量。

3. 影响对流换热的因素

（1）流体流动产生的原因 流体流动可分为自然流动和强制流动。自然流动是由于流体内存在温度差，造成流体各部分密度不同而引起的流动。在自然流动时所进行的对流换热称为自然对流换热，如炉墙外表面与车间空气之间的对流换热。

强制流动是流体受外力作用而发生的流动。在强制流动时所进行的对流换热称为强制对流换热。

自然对流时，由于其流速一般都很小，对流表面传热系数α比强制对流时要小得多。例如在中温热处理炉内，自然对流时的对流α一般为11～17.5 W/（m^2·℃），而在空气循环电阻炉内，对流α可达35～58 W/（m^2·℃）。

（2）流体的流动状态　流体在层流流动时，流体与固体表面之间的热量传递主要靠互不干扰的流层间的导热，而其热流方向垂直于流体的流动方向。

在紊流流动时，由于流体内各质点发生急剧的混合，热量的传递主要靠流体质点的急剧混合（涡旋混合）作用，是传导传热和流体质点混合作用共同作用的结果。故流速增加时，对流传热系数也随之增大。对于空气循环电阻炉和热处理燃料炉中的气体流动，大部分属于紊流。

（3）流体的物理性质　直接影响对流换热过程的流体物理参数主要是热导率、比热容、密度和粘度以及传热面的形状和尺寸。

1）当流体的流动边界层或层流底层相同时，热导率大的流体，其流动边界层或层流底层的热阻小，因而 α 大。如水的热导率是空气热导率的 20 多倍，因而水的 α 比空气高。

2）流体的比热容决定流体吸热或放热后温度变化的大小，从而影响边界层内的温度梯度。流体的比热容越大，α 也越大。

3）流体的密度和粘度影响边界层或层流底层的厚度。粘度大则边界层或层流底层厚，密度大则其厚度小。故粘度大，α 小，密度大，α 大。

4）不论是自然对流还是强制对流，传热面的形状和大小，都要影响流体在传热面（放热面或吸热面）附近的流动情况，从而影响 α 的大小。同一固体表面，如果放置位置不同，则 α 值也各不相同。

图 11-5 为空气沿竖壁面自然对流的情况。当温度升高时，导致紧靠壁面的空气密度减小，产生浮力而上升，外层空气进来补充，形成自然对流。这种自然对流的 α 沿竖壁高度变化，由于在竖壁下部的层流底层刚形成，厚度很薄，故 α 值较大；随高度增加，空气温度升高，层流层增厚，α 减小；空气继续沿壁面上升，温度不断升高，流动加快，使气流逐渐转化为紊流，α 值又随之增大，最后保持稳定不变。

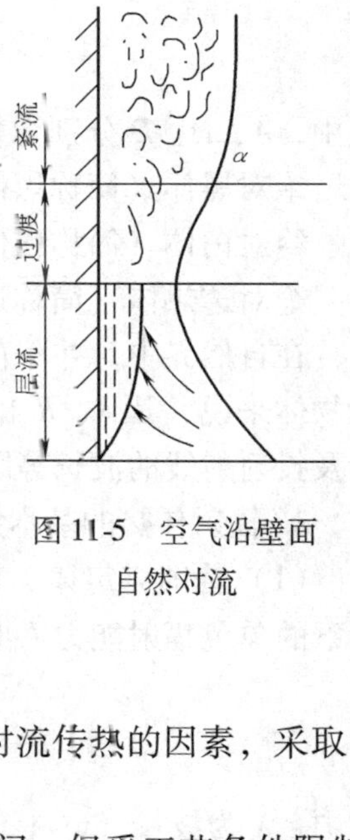

图 11-5　空气沿壁面自然对流

炉壁自然对流的 α 随炉壁和空气间的温差（$t_w - t_a$）而增大，其近似计算式为

$$\alpha = C\sqrt[4]{t_w - t_a} \tag{11-18}$$

式中，C 为系数，对炉墙竖壁为 2.56；炉底外壁为 1.63；炉顶外壁为 3.26；C 的单位是 $W/(m^2 \cdot C^{1.25})$。

4. 强化热处理炉内对流传热

强化热处理炉内对流传热的主要途径就是适当强化和控制影响对流传热的因素，采取的具体措施有：

（1）加大传热温差　加大传热温差可增加换热量，缩短加热时间，但受工艺条件限制。在热处理炉内，除快速加热外，一般炉气温度不应超过工件最终温度的 5%（约 20～50℃），以免工件加热不均，甚至过热而造成废品。

（2）提高流体速度　不论是加热或是冷却设备，提高流体速度均可显著增加对流传热量。在低温热处理电炉内，设置风机来强迫炉气高速循环流动。这不但可提高对流传热量，还有利于炉温均匀。对装炉量较大、工作时间长、遮蔽热辐射严重的炉子，有更明显的效果。

（3）增大传热面积　在热处理炉内增大传热面积的措施主要是控制装料量，合理布置工件，装设支架以及增加预热区长度。在换热器方面，常采用改变管子截面形状；设置肋片，采用排管以及在内填充如铁屑之类的吸热物质等，以加大传热面积，提高传热能力。

(4) 适当缩小横截面积　适当缩小炉膛和通道的横截面积，不仅可以增加流速，提高对流传热系数，而且还可减小炉壁的散热面积；但同时也减小了炉壁的有效辐射换热面积，因此应综合考虑各方面的关系。

三、辐射传热

辐射传热是一种由电磁波传播热量的过程。当物体受热后引起物体内部的分子、原子或离子振动或电子激发时而向各方向发射辐射能。当辐射能投射到另一物体时便部分地被吸收，又转化为热能而将其加热。辐射传热与前面所述两种传热方式有很大的不同，它不需要传热物体或质点的直接接触，而且在热量交换的同时，还伴随着能量形式的转化。在高温炉中用辐射管或电热体加热工件时，辐射传热占主要地位。

1. 绝对黑体

各种物体由于原子结构和表面状态的差异，其辐射和吸收热射线的能力有明显的差别。通常当能量为 Q 的一束热射线投射到物体上时，一部分能量 Q_A 被吸收，一部分能量 Q_R 被反射，还有一部分能量 Q_D 透射过物体。因此

$$Q_A + Q_R + Q_D = Q$$

或

$$\frac{Q_A}{Q} + \frac{Q_R}{Q} + \frac{Q_D}{Q} = 1$$

或

$$A + R + D = 1 \tag{11-19}$$

式中，A、R、D 分别为物体对辐射能的吸收比、反射比和透射比。

绝对黑体（简称黑体）的 $A=1$，即投射到物体表面的辐射能被全部吸收。

绝对白体（简称白体）的 $R=1$，即投射到物体表面的辐射能全部被反射。

绝对透热体（简称透热体）的 $D=1$，即投射到物体表面的辐射能全部透过。

在自然界中，并不存在黑体、白体和透热体，它们都是假定的理想物体。对于每一种实际物体来说，其 A、R 和 D 总是小于 1。这不仅取决于物体的属性，还与其表面状态、温度以及投射射线的波长等因素有关。

2. 辐射传热的基本定律

(1) 普朗克定律　普朗克（Max Planck）于 1900 年根据量子理论导出了黑体在不同温度下的单色辐射能力 $I_{\lambda 0}$ 随波长 λ 的分布规律（下标“0”表示绝对黑体），即

$$I_{\lambda 0} = \frac{C_1 \lambda^{-5}}{e^{\frac{C_2}{\lambda T}} - 1} \tag{11-20}$$

式中，λ 为波长（m）；T 是黑体表面的热力学温度（K）；C_1、C_2 均为常数，$C_1 = 3.743 \times 10^{-16}$（$W \cdot m^2$），$C_2 = 1.4387 \times 10^{-2}$（$m \cdot K$）。

将式（11-20）画成图 11-6，可以更清楚地显示不同温度下黑体的辐射能力按波长分布情况。从该图可得下述规律：

1) 黑体在任何温度下，都能辐射出波长从 0 到 ∞ 的各种射线，当 λ 趋近于 0 或 ∞ 时，$I_{\lambda 0}$ 趋近于零。在所有波长下，$I_{\lambda 0}$ 都随温度的升高而增大，但在短波范围内，$I_{\lambda 0}$ 随温度的增长速度比长波范围要快。

2）在金属热处理温度范围内（600 ~ 950℃），$\lambda = 0.76 \sim 16\ \mu m$ 的红外线辐射能占总辐射的 96% ~ 98%；在高温炉（950 ~ 1300℃）加热温度范围内，其所占的百分数超过 98%。

3）在每一个温度下，I_{λ_0} 随波长的变化都有一个最大值。

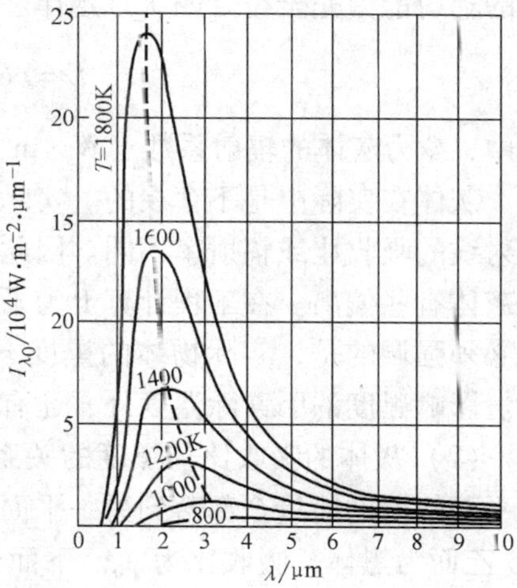

图 11-6　黑体的单色辐射能力

将式（11-20）对 λ 取导数，并令 $\frac{\partial I_{\lambda_0}}{\partial \lambda} = 0$，得

$$\lambda_m T = 2.8976 \times 10^{-3} \tag{11-21}$$

式（11-21）称为维恩（Wien）定律。当测得物体表面最大单色辐射能力所对应的波长 λ_m（μm）时，就可用维恩定律估算出它的表面温度。例如测得太阳辐射的 $\lambda_m = 0.5\ \mu m$（位于可见光波段），则太阳的表面温度约为

$$T = \frac{2897.6}{0.5} K \approx 5795K$$

3. 辐射的四次方定律

物体在单位面积、单位时间内发射出各种波长的辐射能量之总和，称为该温度下的辐射力，用 E（W/m^2）表示。因此，黑体的辐射能力应等于

$$E_0 = \int_0^\infty I_{\lambda_0} d\lambda = \int_0^\infty \frac{C_1 \lambda^{-5}}{e^{\frac{C_2}{\lambda T}} - 1}$$

积分后得

$$E_0 = 6.494 \frac{C_1}{C_2{}^4} T^4 = \sigma_0 T^4 \tag{11-22}$$

式中，σ_0 为黑体的斯蒂芬-波耳兹曼常数，$\sigma_0 = 5.675 \times 10^{-8}\ W \cdot m^{-2} \cdot K^{-4}$。

通常为了运算方便，将上式改写成

$$E_0 = C_0 \left(\frac{T}{100}\right)^4 \tag{11-23}$$

式中，$C_0 = 5.675\ W \cdot m^{-2} \cdot K^{-4}$，称为黑体的辐射系数。

式（11-23）即为斯蒂芬-波耳兹曼定律，简称四次方定律。它表明了黑体的辐射能力与热力学温度的四次方成正比。

4. 灰体与实际物体的辐射

（1）灰体　如果物体在各温度下的辐射能力，都等于同温度下绝对黑体的单色辐射力乘以相同系数，这种物体称为理想灰体，简称灰体。因此

$$E = \varepsilon E_0 \quad 或 \quad \varepsilon = \frac{E}{E_0} \tag{11-24}$$

式中，E 是灰体的辐射能力；ε 是灰体的黑度。

在相同温度下，灰体的辐射强度分布与黑体的完全相同，只不过其大小均为绝对黑体的 ε 倍；而在不同温度下，二者辐射强度之比也为 ε。所以灰体的黑度不随温度和波长而变，

它的辐射能力完全符合四次方定律。即

$$E = \varepsilon E_0 = \varepsilon C_0\left(\frac{T}{100}\right)^4 = C\left(\frac{T}{100}\right)^4 \tag{11-25}$$

式中，C 为灰体的辐射系数（$W \cdot m^{-2} \cdot K^{-4}$）。它只与灰体的黑度有关。

灰体在实际中是不存在的。实际物体的辐射和吸收存在某种程度的选择性，即对不同波长射线的吸收比或辐射率不同。因此，实际物体的辐射能力并不严格遵守四次方定律，而是与灰体有些偏离。在工程计算上为了方便起见，都把它们看成是灰体而应用四次方定律。但是必须强调的是，实际物体的黑度 ε 常随温度而变化，温度升高，大多数材料的黑度都增加。影响黑度的因素除温度外，还有物体的表面粗糙度。表面越粗糙，其黑度越大。

（2）灰体的吸收比与黑度的关系　设有甲乙两平面，面积很大，彼此靠近，以致由一个平面辐射的能量全部落到另一平面上，如图 11-7 所示。甲面为灰面，黑度为 ε，吸收比为 A；乙面为黑体，吸收比为 A_0。下面分析一下甲面热量收入和支出的情况。

甲面辐射出的热量为 E，到达乙面后因乙面是黑体将 E 全部吸收。同时乙面的辐射热为 E_0，到达甲面时，甲面只吸收一部分即 AE_0，剩下的部分 $(1-A)E_0$ 被反射回去，重新落在乙面上，被乙面全部吸收。这时甲面支出的热量为 E，收入的热量为 AE_0，如果甲、乙两平面的温度相等，甲面支出的热量一定等于甲面收入的热量。即

$$E = AE_0 \quad 或 \quad \frac{E}{A} = E_0 \tag{11-26}$$

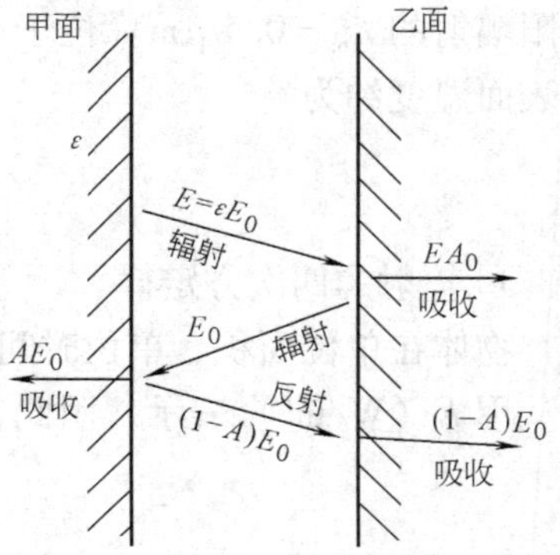

图 11-7　灰体与灰体的辐射热交换

上式表明在同一温度下，灰体的辐射能力与其吸收比的比值等于同温度下黑体的辐射能力。此关系又称基尔霍夫定律。

将 $E=\varepsilon E_0$ 代入上式中得

$$\varepsilon E = AE_0 \quad 或 \quad \varepsilon = A \tag{11-27}$$

由式（11-27）可知，任意灰体的黑度等于它对同温度下的黑体辐射能的吸收比。这就是灰体的黑度与吸收比的关系。一般工程材料在热辐射范围内也具有与灰体相近的性质，所以实际物体的辐射能力也用四次方定律的形式表示，即基尔霍夫定律适用于在热辐射范围内的一切实际物体。

5. 两物体间的辐射热交换

在实际热处理炉中所进行的辐射热交换，都是发生在两个或两个以上物体之间。例如炉气与工件，电热体与工件，炉气、炉墙与工件之间。两个表面之间的辐射热交换量，不仅与它们的温度、黑度有关，并且与它们的表面形状、大小以及在空间的相互位置等几何因素有关。

（1）角度系数　任意放置的两个均匀的辐射面 A_1 和 A_2，由 A_1 直接辐射到 A_2 上的辐射能 Q_{12} 与 A_1 面上辐射出去的总辐射能 Q_1 之比，称为 A_1 对 A_2 的角度系数，以 φ_{12} 表示。

$$\varphi_{12} = \frac{Q_{12}}{Q_1} \tag{11-28}$$

同理，A_2对A_1的角度系数，记作φ_{21}，即

$$\varphi_{21}=\frac{Q_{21}}{Q_2} \tag{11-29}$$

式中，Q_{21}是A_2辐射到A_1上的辐射能；Q_2是A_2辐射出去的总辐射能。

角度系数是一个几何量，它取决于两个面的形状、大小和相互位置。如果两个平面距离很近，面积又很大，1 面的辐射（包括反射）线全部投射到 2 面上，则 1 面对 2 面的角度系数等于 1，即$\varphi_{12}=1$；同样，$\varphi_{21}=1$。如果 1 面上的辐射线只有 80% 投射到 2 面上，则 1 面对 2 面的角度系数$\varphi_{12}=0.8$。下面介绍几种常见的封闭体系内两个简单辐射面的角度系数。所谓封闭体系，是指该体系与外界环境不进行热交换。

1）两个相距很近的大平面。如图 11-8a 所示，它相当于单张钢板加热时，炉顶与钢板表面的角度系数$\varphi_{12}=\varphi_{21}=1$。

2）两个同心球体的表面或两个很长的同轴圆柱体的表面。如图 11-8b 所示，它相当于钢丝在牵引管式炉中加热时，钢丝与管壁之间的辐射热交换。其角度系数$\varphi_{12}=1$；$\varphi_{21}=A_1/A_2$。

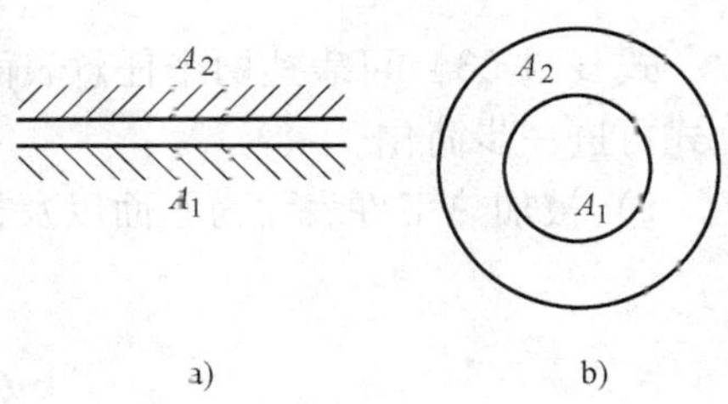

图 11-8 两个封闭面组成的封闭体系

（2）封闭体系内两个平面之间的辐射热交换 首先讨论简单情况下的辐射热交换。假设有两个大平面互相平行，并且都是黑体表面，表面温度均匀且恒定，分别为T_1和T_2（$T_1>T_2$），如图 11-9a 所示。假设 1 面辐射出的能量为E_1，全部投射到 2 面并全部被吸收；同时 2 面辐射出的能量为E_2，也全部投射到 1 面并全部被吸收。因为$T_1>T_2$，1 面辐射给 2 面的热量较多，最终 2 面获得的热量等于二个面所辐射出的热量之差。若两个面的面积相等都为A，则 1 面给 2 面的热量为

$$Q_{12}=E_1-E_2=C_0\left[\left(\frac{T_1}{100}\right)^4-\left(\frac{T_2}{100}\right)^4\right]A \tag{11-30}$$

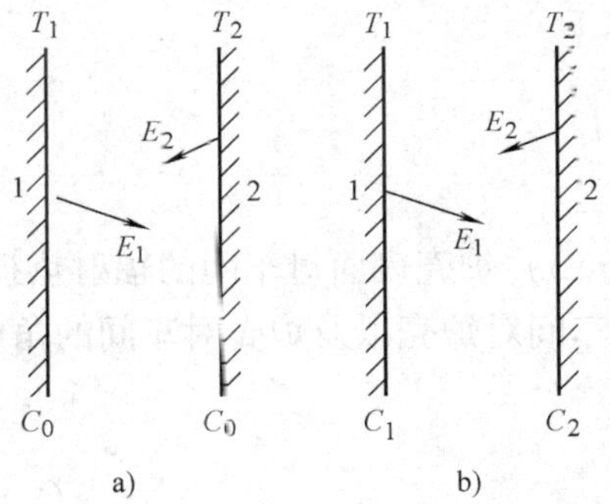

图 11-9 平行面间的辐射热交换

a）黑体 b）灰体

如果两个面都是灰体，如图 11-9b 所示，则辐射热交换的过程就非常复杂。因为从任一表面所辐射出的能量，虽然全部投射到另一表面上，但只有一部分被吸收，剩余部分被反射。后者又再次被部分吸收和反射，如此往复以至无穷。同样，另一表面也是反复吸收和反射辐射来的能量。经数学方法可推导出 1 面辐射给 2 面的热量（Q_{12}）为

$$Q_{12}=E_1-E_2=C_{导}\left[\left(\frac{T_1}{100}\right)^4-\left(\frac{T_2}{100}\right)^4\right]A \tag{11-31}$$

$$C_{导}=\frac{C_0}{\dfrac{1}{\varepsilon_1}+\dfrac{1}{\varepsilon_2}-1}$$

式中，$C_{导}$称之为导来辐射系数，表示该体系中当$\left[\left(\frac{T_1}{100}\right)^4-\left(\frac{T_2}{100}\right)^4\right]$为 1 时单位面积上的差

额热流；ε_1、ε_2是 1 面与 2 面的灰体黑度；C_0为黑体辐射系数。

在实际情况下，辐射面的形状、大小和相互位置是多变的。一个辐射面辐射出来的能量不可能全部投射到另一面上，有一部分还可能投射到自身。在这种情况下，辐射热交换不仅与两面的温度和黑度有关，而且还与它们间的角度系数有关。因此，在封闭体系内，两个任意面之间辐射热交换的一般计算公式为

$$Q_{12} = E_1 - E_2 = C_{导}\left[\left(\frac{T_1}{100}\right)^4 - \left(\frac{T_2}{100}\right)^4\right]A\varphi_{12} \tag{11-32}$$

$$C_{导} = \frac{C_0}{\left(\frac{1}{\varepsilon_1} - 1\right)\varphi_{12} + 1 + \left(\frac{1}{\varepsilon_2} - 1\right)\varphi_{21}} \tag{11-33}$$

式（11-33）可表达两个任意表面所组成封闭体系的导来辐射系数。在下列特殊情况下，上式可进一步简化。

1）被加热工件表面为平面以及长轴在井式炉内加热

$$\varphi_{21} = 1,\ \varphi_{12} = A_2/A_1$$

$$C_{导} = \frac{C_0}{\left(\frac{1}{\varepsilon_1} - 1\right)\frac{A_2}{A_1} + \frac{1}{\varepsilon_2}} \tag{11-34}$$

2）两个互相平行的大平面

$$\varphi_{12} = \varphi_{21} = 1$$

$$C_{导} = \frac{C_0}{\frac{1}{\varepsilon_1} + \frac{1}{\varepsilon_2} - 1} \tag{11-35}$$

3）炉壳表面对车间的辐射热损失。由于车间面积较炉壳面积大得多，即 $A_2 >> A_1$，所以车间对炉壳以及炉壳对车间的角度系数分别为

$$\varphi_{21} = 0,\ \varphi_{12} = 1$$

$$Q_{12} = C_{导}\left[\left(\frac{T_1}{100}\right)^4 - \left(\frac{T_2}{100}\right)^4\right]A_1 \tag{11-36}$$

式中，$C_{导} = C_0\varepsilon_1$：ε_1、A_1 分别为炉壳的黑度和表面积。

6. 有隔板存在时的辐射热交换

如果在两个辐射表面之间，平行地放置一块面积相同的隔板，如图 11-10 所示。若这个隔板很薄，热导率又很大，则隔板两侧的温度可视为相等。

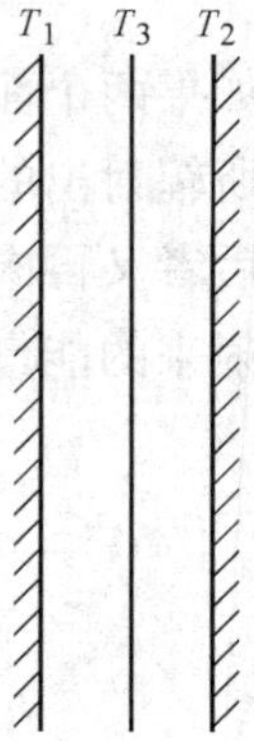

图 11-10 有隔板时的辐射热交换

设两个平行辐射面的温度各为 T_1 和 T_2，且 $T_1 > T_2$，隔板温度为 T_3，它们的辐射系数和面积均相等。根据式（11-31），1 面传给隔板的热量等于

$$Q_{13} = C_{导}\left[\left(\frac{T_1}{100}\right)^4 - \left(\frac{T_3}{100}\right)^4\right]A \tag{11-37}$$

隔板传给 2 面的热量等于

$$Q_{32} = C_{导}\left[\left(\frac{T_3}{100}\right)^4 - \left(\frac{T_2}{100}\right)^4\right]A \tag{11-38}$$

当体系达到热稳定态时，$Q_{13}=Q_{32}$，所以

$$\left(\frac{T_1}{100}\right)^4-\left(\frac{T_3}{100}\right)^4=\left(\frac{T_3}{100}\right)^4-\left(\frac{T_2}{100}\right)^4$$

或

$$\left(\frac{T_3}{100}\right)^4=\frac{1}{2}\left[\left(\frac{T_1}{100}\right)^4+\left(\frac{T_2}{100}\right)^4\right]$$

将上式代入式（11-37）或式（11-38）中可得

$$Q_{13}=Q_{32}=\frac{1}{2}C_{导}\left[\left(\frac{T_1}{100}\right)^4-\left(\frac{T_2}{100}\right)^4\right]A \tag{11-39}$$

显而易见，如果在两个辐射面之间放置 1 个隔板时，若导来辐射系数 $C_{导}$ 不变，则辐射传热量可减少一半。

如果在两个辐射表面之间放置 n 个隔板，同理可以证明传热量为原有传热量的 $1/(n+1)$。如果采用辐射系数较小的隔板，辐射传热量就会减少更多。

在内热式真空电阻炉中常采用多层金属隔热板式炉衬结构，不但可以减少热损失和降低热惰性，而且在高温下容易保持较高的真空度。在罩式炉中设置金属内罩，可以使用保护气体，但降低工件的加热速度。在盐浴炉中为了减少浴面的辐射热损失，经常在浴面上加盖金属板。

7. 通过炉口的热辐射

在炉墙上常设有炉门孔、窥视孔及其他开孔。当这些孔敞开时，炉膛内的热量便通过开孔向外辐射，造成热损失。

当炉墙厚度比起炉口的尺寸较小时（图 11-11a），可认为炉口处的炉衬表面不影响炉膛的热辐射，进而简化为黑体面之间的辐射热交换。从炉口辐射的热量为

$$Q=C_0A\left[\left(\frac{T_1}{100}\right)^4-\left(\frac{T_2}{100}\right)^4\right] \tag{11-40}$$

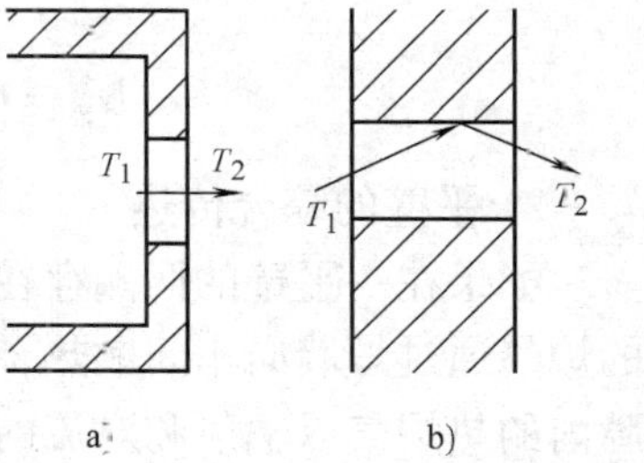

图 11-11　通过炉口的热辐射

a）薄墙　b）厚墙

式中，T_1、T_2分别为炉口内、外的温度；A 是炉口面积。

如果炉墙的厚度比炉口的尺寸较大时（图 11-11b），从炉口辐射出的热量有部分要落到炉口周围的炉衬表面，被它吸收和反射，不能全部辐射到炉口之外。此时，炉口的辐射热损失可用下式计算：

$$Q=C_0\phi A\left[\left(\frac{T_1}{100}\right)^4-\left(\frac{T_2}{100}\right)^4\right] \tag{11-41}$$

式中，ϕ 为炉口的遮蔽系数，它是小于 1 的值。其值可根据炉口的形状、大小及炉墙厚度确定，如图 11-12 所示。

由图 11-12 可看出，炉墙厚度 s 越大，H/s 越小，则炉口的遮蔽作用越大，即 ϕ 值越小。所以在高温炉中，炉口一般设计得较深，这样可使炉口的遮蔽作用加强，减少辐射热损失。

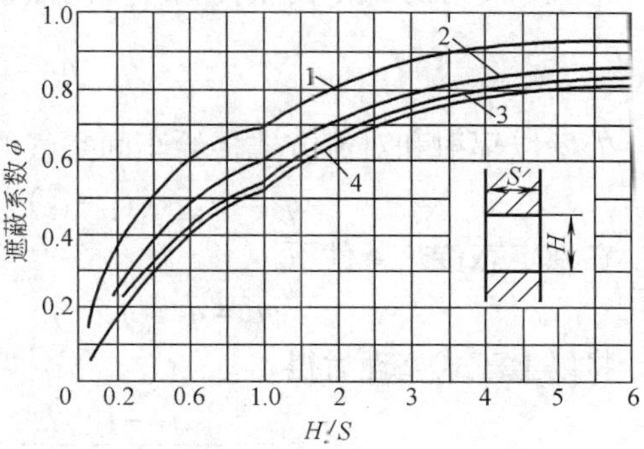

图 11-12　炉口的遮蔽系数

1—拉长的矩形　2—1∶2 矩形　3—方形　4—圆形

四、综合传热

在实际生产中，前述的三种传热方式很少单独出现，而是以不同形式同时进行的。

1. 对流和辐射同时存在的热交换

当气体（或液体）流经固体表面时，不仅有对流热交换，同时也伴随着辐射热交换，例如换热器中气流与器壁之间就存在对流与辐射的综合热交换。此时，气体与固体表面的总换热量等于对流和辐射的两者之和。即

$$Q_{总}=Q_{对}+Q_{辐}=\alpha_{对}(t_1-t_2)A+C_{导}\left[\left(\frac{T_1}{100}\right)^4-\left(\frac{T_2}{100}\right)^4\right]A$$

将上式可改写成

$$\begin{aligned}Q_{总}&=\alpha_{对}(t_1-t_2)A+C_{导}\frac{\left[\left(\frac{T_1}{100}\right)^4-\left(\frac{T_2}{100}\right)^4\right]}{(t_1-t_2)}(t_1-t_2)A\\&=\alpha_{对}(t_1-t_2)A+\alpha_{辐}(t_1-t_2)A\\&=(\alpha_{对}+\alpha_{对})\times(t_1-t_2)A\\&=\alpha_{总}(t_1-t_2)A\end{aligned}\qquad(11\text{-}42)$$

式中，$\alpha_{总}$、$\alpha_{对}$和 $\alpha_{辐}$分别为综合传热系数、对流传热系数和辐射传热系数［W/（m^2·℃）］。

$$\alpha_{辐}=C_{导}\left[\left(\frac{t_1+273}{100}\right)^4-\left(\frac{t_2+273}{100}\right)^4\right]/(t_1-t_2)$$

2. 平壁的综合传热

如果在一平壁的两侧存在着两种温度不同的气体，这时也将进行热交换。如炉膛内炽热的炉气通过炉墙向车间散热，或各种换热器内的热气向换热器外散热，都属于这种情况。炉膛内的热炉气以辐射和对流的方式将热量传给炉壁，这部分热量又以传导的方式从内壁传到外壁，然后炉壁外表面又以辐射和对流的方式将热量传到车间空气中。

已知平壁两侧的温度各为 t_1 与 t_2，平壁厚度为 s，热导率为 λ，平壁的内外表面温度各为 t_1'和 t_2'，如图 11-13 所示。

高温炉气以辐射和对流方式传给内壁的热量为：

$$q_1=\alpha_{总1}\ (t_1-t_1')$$

平壁以传导方式由内壁传到外壁的热量为

$$q_2=\frac{\lambda}{s}\ (t_1'-t_2')$$

外壁以辐射和对流方式传给车间空气的热量为

$$q_3=\alpha_{总2}\ (t_2'-t_2)$$

在稳定态传热条件下

$$q_1=q_2=q_3=q$$

将以上三式整理后得

$$q=\frac{t_1-t_2}{\frac{1}{\alpha_{总1}}+\frac{s}{\lambda}+\frac{1}{\alpha_{总2}}}\qquad(11\text{-}43)$$

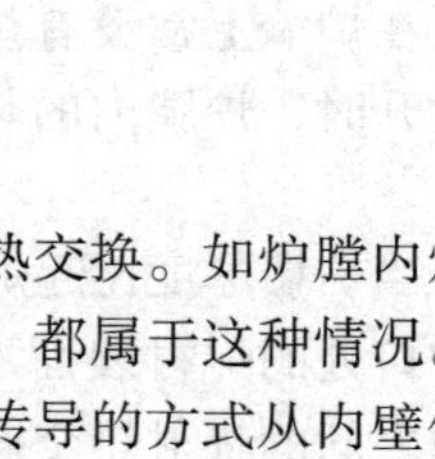

图 11-13 单层平壁的综合传热

式中，q 是炉气通过炉墙向车间空气中的散热量；$\alpha_{总1}$为炉气对炉

墙内表面的综合传热系数；$\alpha_{总2}$是炉墙外表面对空气的综合传热系数；s 为炉墙厚度；λ 为炉墙材料的热导率。

由上式可以看出，炉墙内外气体（炉气与空气）可看成是多层平壁的组成部分，即平壁的内侧有一附加层，热阻为 $1/\alpha_{总1}$，其外侧也有一附加层，热阻为 $1/\alpha_{总2}$。由于 $\alpha_{总1}$ 值较大，一般为 290 ~ 465 W/（m^2·℃），所以 $1/\alpha_{总1}$ 很小，可以忽略不计。另外，炉墙外壁温升要求低于 60℃，此时，$\alpha_{总2}$ 一般为 18 W/（m^2·℃），因此 $1/\alpha_{总2}$ = 0.06m^2·℃/W。

式（11-43）可写成

$$q=\frac{t_1-t_2}{\frac{s}{\lambda}+0.06} \tag{11-44}$$

对于 n 层平壁炉墙，可用下式计算：

$$q_n=\frac{t_1-t_2}{\frac{s_1}{\lambda_1}+\frac{s_2}{\lambda_2}+\cdots+\frac{s_n}{\lambda_n}+0.06} \tag{11-45}$$

或

$$Q_n=\frac{t_1-t_2}{\frac{s_1}{\lambda_1}+\frac{s_2}{\lambda_2}+\cdots+\frac{s_n}{\lambda_n}+0.06}A \tag{11-46}$$

3. 减少炉墙散热损失的措施

（1）适当增加炉墙厚度　由于隔热层热导率较耐火层小，所以增加隔热层的厚度可获得显著的节能效果。但增加太多，会使炉子笨重，蓄热增大，筑炉投资和炉衬维修费用加大，同时大大增加了空炉升温时间。

（2）使用轻质材料　在条件允许的情况下，尽量采用质量轻（密度小）、热导率和比热容小的耐火、隔热材料。这不仅能够增大各层炉衬的热阻，而且使炉子的蓄热小、升温快，这是因为炉子的空炉升温时间与耐火层的热容、密度、热导率三者乘积的平方根近似呈正比所致。炉子蓄热少、升温快对周期作业炉的节能尤为重要，所以，在中温电炉上应尽可能使用密度为 0.6g/cm^3 的轻质砖或泡沫砖。由于高温电阻炉的使用温度高，应使用密度为 0.8g/cm^3 的轻质高铝砖砌耐火层，而隔热层采用隔热性能更好的膨胀蛭石、膨胀珍珠岩和耐火纤维棉等。

（3）改变炉墙结构　如在陶瓷烧结炉中采用双层炉壳结构，使两层炉壳钢板间形成几十毫米厚的一层封闭空气层，从而使外层炉壳起了隔热屏的作用。也有采用空心砖的炉墙结构，在炉墙内部形成空气薄层，从而使炉墙的热阻增大。

（4）采用圆形炉膛　采用圆形炉膛，可使炉墙外表面积缩小 14% 左右，从而减少了散热损失。

（5）采用耐火纤维　采用耐热和隔热性能优良的陶瓷纤维，使整个炉子成为全纤维结构，具有蓄热小，升温快、体积小、质量轻等诸多优点。

第三节　热处理电阻炉

电阻炉是将电流通入金属或非金属电热元件，使电能转换成热量，依靠辐射与对流将热量传给被加热的工件，从而使工件加热到规定温度。

电阻炉结构简单，操作方便，工作温度范围广、炉温分布较均匀且容易控制，便于使用控制气氛，容易实现机械化和自动化操作，因而在热处理车间得到广泛应用。

热处理用电阻炉的种类很多，通常按以下原则进行分类：

1）按工作温度分类。低温炉（<650℃）、中温炉（650~1000℃）和高温炉（>1000℃）。

2）按炉膛介质分类。空气介质炉、控制气体炉和液体介质炉（浴炉）。

3）按炉膛形状分类。箱式炉、井式炉、罩式炉、直通式炉。

4）按专门化程度分类。通用炉和专用炉。

5）按工艺用途分类。退火炉、正火炉、淬火炉、回火炉、渗碳炉。

6）按作业规程分类。周期作业炉、半连续作业炉和连续作业炉。

一、热处理电阻炉的结构

1. 箱式电阻炉

箱式电阻炉在热处理车间应用得最多，适用于中小型零件的热处理，如退火、正火、淬火、回火和固体渗碳等。

箱式电阻炉的构造如图 11-14 所示。炉体为焊接结构，以角钢作框架，上覆钢板。炉膛用轻质粘土砖砌成，外层用硅藻土砖，在隔热层与炉壳之间填满蛭石粉或硅藻土粉。金属电热元件放在炉膛两侧和炉底板之下。炉门框及炉门用铸铁制成，炉门内砌有轻质砖或填满生熟耐火泥和硅砂混合物。为了便于观察炉内的加热情况，在炉门上设有观察孔。炉门的升降采用脚踏传动机构或手摇链轮机构。测量炉温的热电偶从炉顶的热电偶孔插入炉膛内。为操作安全，在炉门上方有一与轮轴联锁的安全行程开关，当炉门打开时自动切断电炉的电源，以保证操作安全。电热元件的接线柱均穿过后墙，集中在后墙的接线盒上。为了防止触电，炉子外壳必须很好的接地。

箱式电阻炉的主要缺点是冷炉升温慢，炉内温差较大，工件容易产生氧化和脱碳，操作不方便，特别是大型箱式电阻炉，工人在操作时的劳动强度较大。

为了改进中温箱式电阻炉的性能，缩短空炉升温时间，节省电力消耗，应采用轻质粘土砖（密度为 0.8~1.0 g/cm^3）或泡沫砖代替重质砖，或用耐火纤维毡作内衬，并适当减少炉膛高度及增加炉膛体积功率。

图 11-15 是一种高温箱式电阻炉的结构。这种炉子主要用于高铬模具钢等工件的热处理，其最高工作温度为 1300℃。

高温炉的电热元件一般使用硅碳棒。硅碳棒垂直布置在炉膛的两侧，也可以水平布置在炉顶和炉底。炉底板常用碳化硅板或重质高铝砖制品制成。为了减少热损失，炉墙较厚，炉门口也较深，炉墙内层为高铝重质砖，第二层为轻质粘土砖，外层采用硅藻土或蛭石粉等。

硅碳棒在加热过程中电阻变化很大，在低温时，电阻随温度升高而减少；而在 800~850℃以上，电阻随温度升高而增加。因此，在 850℃以下电压不能过高，升温不能太快，否则会影响电热体与炉子砌体寿命。

硅碳棒在使用过程中会因电阻值逐渐增加而产生“老化”现象。当供电电压一定时，由于硅碳棒“老化”后使电阻增加，电流降低，炉子功率下降。为了保持炉子功率稳定，应采用调压措施，随时调节电炉的输入电压。硅碳棒耐急冷急热性差，高温强度低，脆性

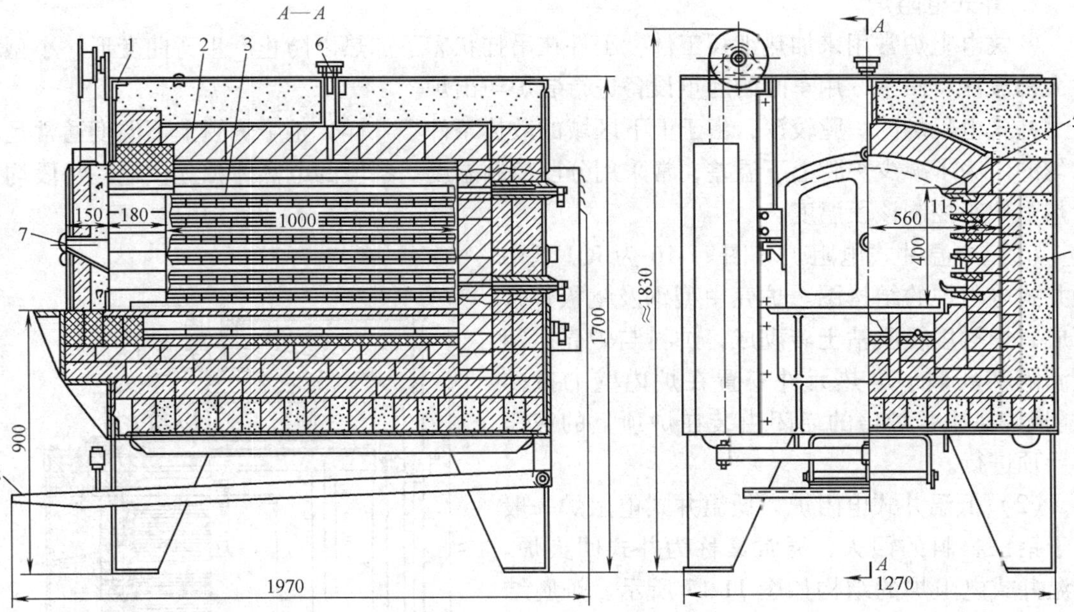

图 11-14　中温箱式电阻炉

1—炉壳　2—耐火砖　3—炉膛　4—隔热砖　5—电热体　6—热电偶孔
7—观察孔　8—炉门升降机构

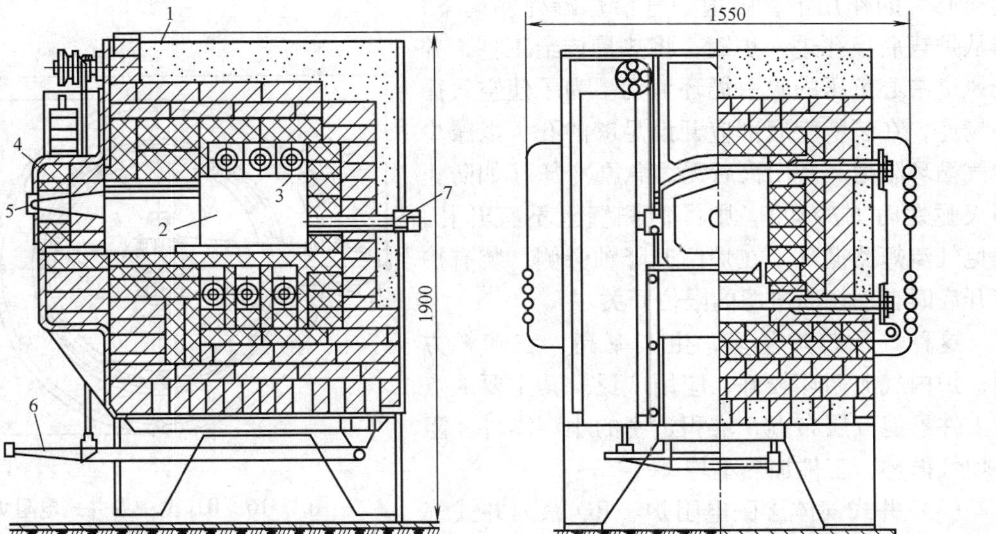

图 11-15　高温箱式电阻炉

1—炉壳　2—炉膛　3—硅碳棒电热体　4—炉门　5—窥视孔　6—开启炉门踏板　7—热电偶

大，这就限制了它的长度和炉膛尺寸。

高温箱式电阻炉的缺点是工件在加热过程中氧化、脱碳严重，不使用保护气体或其他保护方法就无法使用。所以目前工厂中采用较少，多被高温盐浴炉所代替。

2. 井式电阻炉

井式电阻炉常用来加热细长工件，工件在吊挂状态下加热以防止产生弯曲变形。小型零件大都放在料筐中，用车间的起重设备进行装炉与出炉。

井式电阻炉的炉膛较深，由于上下区域的散热条件不一样，整个炉膛上下温度通常是不均匀的。为了减少炉膛上下温差，常采用分段控制温度。各段的电热体独立供电，每段均设置热电偶来控制该段温度。

（1）中温井式电阻炉 图 11-16 为 RJJ 型中温井式电阻炉的结构图。炉壳由型钢及钢板焊接而成，炉衬用轻质粘土砖砌成，炉衬与炉壳之间填满隔热粉料。电热元件安置在炉内壁的搁砖（托板砖）上，炉盖的启闭由装在炉顶上的液压千斤顶进行。

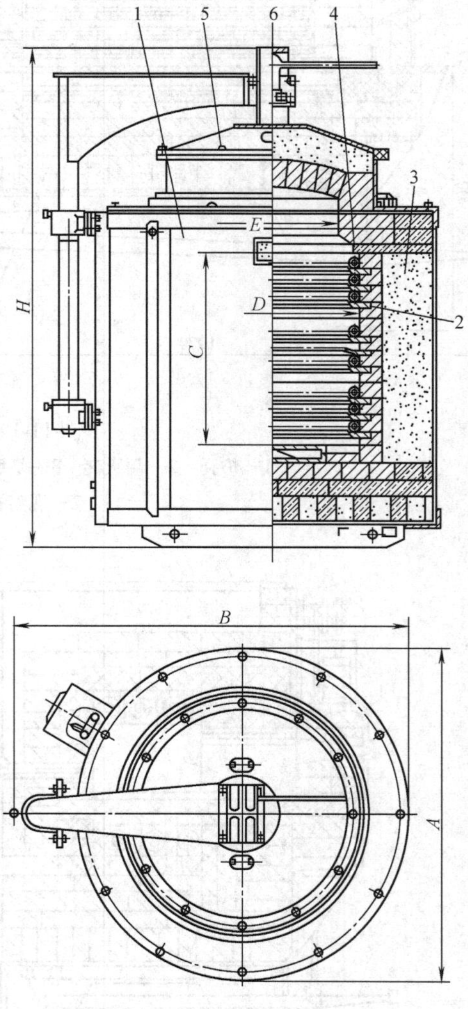

图 11-16 RJJ 型中温井式电阻炉

1—炉壳 2—炉衬 3—隔热层 4—加热元件 5—炉盖 6—液压千斤顶

（2）低温井式电阻炉 低温井式电阻炉一般用于钢铁材料的回火，通常又称为井式回火炉。低温井式电阻炉的结构如图 11-17 所示。炉膛结构与中温井式炉相似，由炉壳 1、炉衬 2 及电热元件 3 等组成。

低温炉主要依靠对流传热，为了强迫炉气流动，在炉盖 6 上设有风扇 5。在风扇旋转所产生的离心力的作用下，强迫炉气沿炉罐外侧向下，再从炉罐底板孔进入炉罐，将热量传给工件，并受风扇中心负压的吸引循环流动。为了使空气循环畅通，在装料筐底部应开设足够的孔，以减少炉气循环阻力。若回火后无需急剧冷却（如防止回火脆性时的冷却），则圆筒侧壁上不宜开孔，以免气流短路循环。在炉门升降轴旁侧，装有炉盖开启时自动切断电源的限位开关。

这种炉子装炉量多，生产率高，装卸料方便，炉内气流循环较好，应用广泛。其主要缺点是工件不能分层布置，堆积过密的小型零件，阻碍炉气循环，工件加热不均。

（3）井式气体渗碳电阻炉 RQ 系列井式气体渗碳电阻炉的结构如图 11-18 所示。该系列井式气体渗碳电阻炉的最高工作温度为 950℃。此炉型的主要结构特征是炉膛有一上端开口的耐热钢马弗罐，其外缘有砂封槽，炉盖下降时将马弗罐口盖住，两者连接的法兰盘上有石棉盘根衬垫，以保证密封良好。炉盖下部装有风扇，强制炉气循环，以保证炉气成分和炉温的均匀性。炉盖上还装有可同时分别滴入三种有机液体的滴量器，有机液体滴入马弗罐内，经高温裂解制备成渗碳气氛，废气从炉盖上的排气管排出并点燃。工件可放在料筐或专门设计的夹具上，吊入马弗罐内。

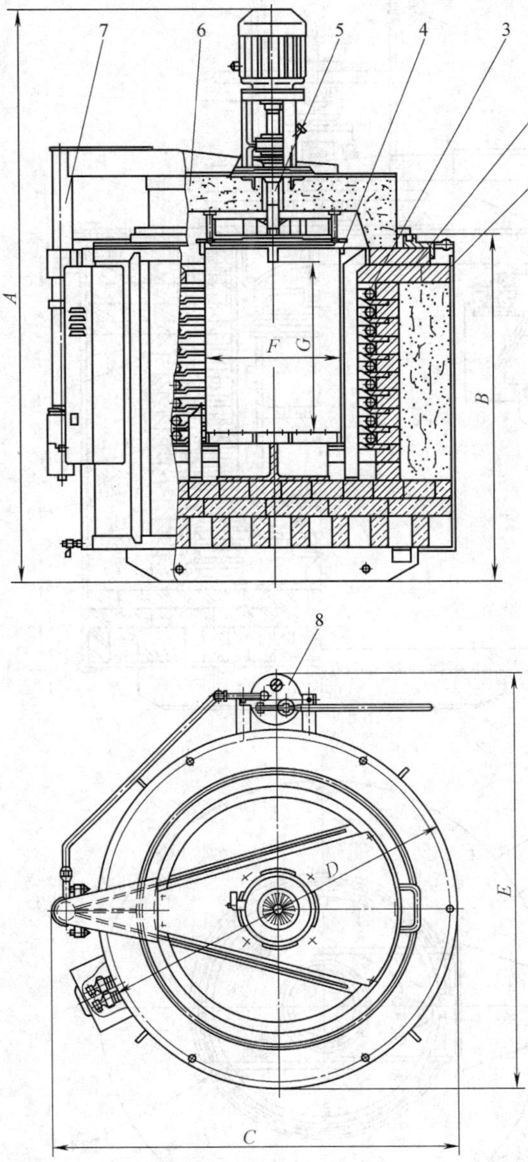

图 11-17　低温井式电阻炉

1—炉壳　2—炉衬　3—电热元件　4—装料筐　5—风扇　6—炉盖

7—炉盖升降机构　8—油泵

这种炉子的主要用途是气体渗碳，也可用来进行氮化、氰化、碳氮共渗、蒸气处理以及重要零件的淬火、退火加热。

二、热处理电阻炉的设计步骤

热处理电阻炉的设计是一项综合性的技术工作，除需要炉子设计的知识外，还包括热处理工艺、机械设计、电工及温度控制等有关内容。因此，必须密切结合生产实际综合运用有关知识，才能使所设计的炉子在技术上先进，经济上合理，结实耐用，充分满足热处理工艺

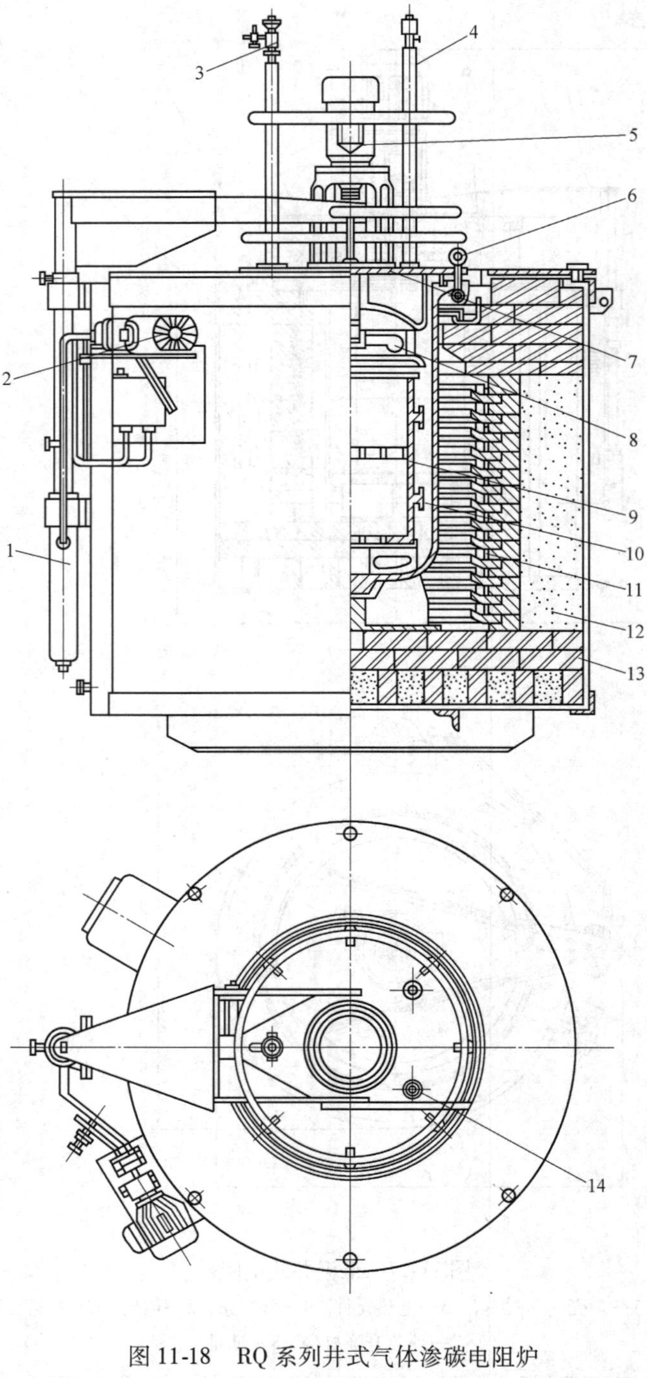

图 11-18 RQ 系列井式气体渗碳电阻炉

1—液压缸 2—电动机油泵 3—滴量器 4—排气管 5—电动机 6—吊环螺钉 7—炉盖 8—风叶 9—料筐 10—马弗罐 11—电热元件 12—炉衬 13—炉壳 14—试样管

的质量要求，生产率高，电能消耗少，制作与维修方便，操作劳动条件好等。

1. 收集设计资料

在炉子设计前应详尽收集有关资料，包括：炉子的生产任务（产量）、作业制度（一、二班或连续生产）；被加热工件的材料、形状、尺寸和质量；工件的热处理工艺规程和质量要求，电源及车间厂房等条件；炉子的制造维修能力和投资金额等。

首先初步确定几种设计方案，再广泛征求有关人员的意见，反复进行技术、经济性的比较和论证，确定最佳方案。

2. 设计步骤

1）炉型设计或选择。

2）炉膛尺寸确定。

3）炉体结构设计（包括炉墙、构架、炉门等）。

4）电阻炉功率计算及功率分配。

5）电热元件材料选择。

6）电热元件设计计算。

7）炉用机械设备和电气、控温仪表设计与选用。

8）技术经济指标核算。

9）绘制炉子总图、砌砖体、零部件图和编制电阻炉使用说明书。

三、炉型的选择和炉膛尺寸的确定

1. 炉型选择

电阻炉的类型很多，各有其特点和用途。因此，根据炉子的生产量和作业制度、工件的特点和热处理工艺要求，以及劳动条件等有关方面进行综合的技术经济分析，选定炉型。炉型选择的一般原则简述如下：

（1）生产量　对于生产量大，品种单一，工艺稳定的热处理工件，可选用连续作业炉；反之，量不大，品种多，工艺多变者，则宜采用周期作业、通用性好的炉子，如箱式电阻炉。

（2）工件特点和工艺要求　加热细长轴类工件，为防止加热时的弯曲变形，用井式电阻炉吊装加热。对中小型轴承钢球（或短滚柱），则选用滚筒式电阻炉，加热均匀，生产效率高。对大中型铸锻毛坯件的退火、正火、回火等热处理，则宜采用台车式电阻炉。当产量特别大时，则可采用推杆式连续作业炉。对精加工后再进行热处理的工件，为防止其氧化脱碳，则应设置通入保护气体的装置。对于回火、时效等低温炉，则应考虑安装风机以强制炉气循环，提高加热速度并使炉温均匀。

（3）劳动条件　应尽量降低工人的劳动强度，改善劳动条件，提高机械化水平，并防止对环境污染。

（4）其他　对车间的厂房结构、炉子的建造与维修条件及起重设备等，也应作全面的考虑。

2. 炉膛尺寸的确定

炉膛尺寸包括炉膛有效尺寸（指装载工件的炉底板宽度 $B_{效}$ 和长度 $L_{效}$，堆放工件的有效高度 $H_{效}$），以及炉膛砌砖体内腔的尺寸 $B \times L \times H$ 两个部分。

（1）炉膛有效尺寸　炉膛有效尺寸主要是根据炉子的生产率 $g_{件}$（质量或个数/h）和工件的形状、尺寸及其在炉膛内的装载方式等因素确定。对于周期作业电阻炉，炉膛有效尺寸应根据工件的装炉量 G（质量或件数）来考虑 $G = g_{件}\tau$（τ 为包括工件在炉内加热、保温、冷却和工件装出炉所需要的时间，h）。

炉膛有效尺寸具体决定的方法有如下两种：

1）排料法。对于品种少的大型、中型工件，可采用实际排料的方法来决定炉膛有效尺寸。排料时应考虑工件有良好的传热效果，对以辐射传热为主的高、中温炉，工件间隙一般可取工件堆放高度的0.3~0.5倍。但对保温周期长的工艺，如退火、固体渗碳等应减小间隙，以尽量缩小炉膛有效尺寸。低温炉内传热以对流为主，且大都用作回火，保温周期长，因此在保证炉气良好循环及工件均匀加热的前提下，工件间隙可适当减小。

按排料法决定炉底有效尺寸时，应注意炉底板的宽度$B_{效}$与长度$L_{效}$之间的恰当比例，一般，$L_{效}:B_{效}=(2\sim1.5):1$。由于高温炉装出料不方便，长度应适当减小，$L_{效}:B_{效}=1.5:1$为宜。

2）炉底热强度法。当工件品种多且工艺周期不同时，则按炉底热强度法计算。

炉底有效面积
$$A_{效}=\frac{g_{件}}{G_h} \tag{11-47}$$

式中，G_h为炉底的生产能力［kg/（h·m^2）］。G_h值可参见表11-4。

表11-4　各种热处理炉的生产能力G_h/kg·（m^2·h）$^{-1}$

炉子种类		箱式	台车式	坑式	罩式	井式	推杆式	输送带式	振底式	滚底式	转底式
退火	≥12h	40~60	35~50	40~60	100~120						
	≤6h	60~80	50~70								
	锻件，合金钢	40~60	50~70								
	钢铸件	35~50	40~60								
	可锻化	20~30	25~30								
淬火正火	一般	100~120	90~140	100~120		80~120	150~180	150~200	130~160	180~200	180~220
	锻件正火	110~120	120~150				150~200				
	铸件正火	80~140	100~160				120~180				
	合金钢淬火	80~100					120~140				
回火		80~110	60~90	80~100			100~120	150~200	80~100	150~180	160~200
时效		80~120									
渗碳	固体	10~12	10~12								
	气体					50~85	30~45				

根据$L:B=(2\sim1.5):1$的关系，初步确定：

炉底有效长度
$$L_{效}=\sqrt{(2\sim1.5)\ A_{效}} \tag{11-48}$$

炉底有效宽度
$$B_{效}=\sqrt{\left(\frac{1}{2}-\frac{2}{3}\right)A_{效}} \tag{11-49}$$

按排料法或炉底热强度法初步确定的炉底有效尺寸（$L_{效}\times B_{效}$）需进行修正，使其与相近的标准系列电阻炉一致，以便选用标准尺寸的炉底板。

在炉子中堆放工件时的炉膛有效高度$H_{效}$应根据实际情况决定。

（2）炉膛砌体的尺寸　炉膛的两侧一般均安装电热元件，为保证加热均匀和操作方便，工件与电热元件之间留出一定的距离，通常规定工件到炉墙内壁的距离为0.1~0.15 m，靠

近炉门处温度偏低，工件到炉门口之间应留出0.1～0.2 m的间隙。因此，

炉膛砌砖体内腔的宽度 $$B = B_{效} + 2\ (0.1 \sim 0.15) \tag{11-50}$$

炉膛砌砖体内腔的长度 $$L = L_{效} + \ (0.1 \sim 0.2) \tag{11-51}$$

根据统计的资料，炉膛高度 H 与内腔宽度 B 之比为 $H/B = 0.52 \sim 0.9$，一般取0.8左右。中、高温炉以辐射传热为主，炉膛应高些。对退火、固体渗碳等装料高度大、生产周期长的炉子，炉膛高度也应大些，通常要求装料上端到炉顶的距离为0.2～0.3 m。低温炉以对流换热为主，炉膛应低些。为节约能耗，缩短空炉升温时间，目前新设计的炉子有降低炉膛高度的趋向。

在决定炉膛砌砖体内腔高度时，必须考虑炉内侧壁安装电热元件的搁砖层数，标准搁砖每层高度为67 mm（包括灰缝）。井式电阻炉炉膛的砌砖体内腔高度应比所加热工件（或料筐）的长度大0.1～0.3 m。

四、炉体结构设计与材料选择

炉体包括炉墙、炉顶、炉底、炉门、炉壳及炉架等部分。

1. 炉衬材料的选择

炉衬由耐火层与隔热层组成。由于耐火层直接承受炉内高温的作用和炉气的侵蚀，所以炉衬的结构强度主要决定于耐火层。隔热层对炉衬结构强度的作用很小，一般只起保温隔热作用，使炉衬热损失减少，炉壳温度不致过高。

电阻炉的热效率在相当大的程度上决定于炉衬的蓄热与散热。连续作业电阻炉炉衬的散热损失是主要的，因此，应加强隔热层的作用，降低炉壳温度，减少散热损失。周期作业电阻炉在升温过程中炉衬的蓄热损失往往是最主要的，加厚隔热层会提高耐火层的平均温度而增加了蓄热量；但是，当炉子操作使用时间较短时，过厚的隔热层实际上不起作用，反而增加了炉体尺寸，浪费炉衬材料。因此，周期式作业电阻炉的隔热层应适当减薄。

（1）耐火材料　主要应考虑最高使用温度、密度、热导率及耐蚀性等。在保证炉衬必需的结构强度的前提下，尽可能采用轻质或超轻质耐火材料。如在中温箱式电阻炉中采用密度为0.6 g/cm^3的轻质耐火砖，外衬一层硅酸铝耐火纤维，最外面是硅藻土砖与蛭石粉的混合层。这种炉衬总厚度比旧式的薄。由于这种结构蓄热小、热导率低，因此这种新结构的箱式电阻炉比旧系列的空载损耗功率和空炉升温时间分别下降20%～25%和40%～50%，节能效果显著。此外，若选择全耐火纤维炉衬其节能效果更加显著。

当炉衬直接与渗碳气氛接触时，应采用抗渗碳砖。对于承受重载（如炉底板支承砖）和易受冲撞摩擦（如箱式炉后墙下部和炉门口部分）的炉衬部分，应采用重质砖。高温电阻炉炉衬常用高铝砖以及碳化硅制品。

（2）隔热材料　隔热材料与耐火砖交界面的温度应小于该隔热材料允许的最高使用温度，并尽可能地选用体积密度小，热导率低的材料。隔热层的厚度应保证炉壳温升不大于60℃，否则不仅热损失大，而且劳动条件也差。常用的隔热材料有蛭石粉、硅藻土砖、矿渣棉等。目前也大量使用耐火纤维或超轻质砖作隔热层。

2. 炉墙

一般700～1000℃中温电阻炉炉墙是由115 mm耐火层（$\rho = 0.6\ g/cm^3$的轻质耐火粘土砖）、180～232 mm隔热层（硅藻土砖或蛭石粉填充料）和5～10 mm石棉板组成。石棉板起均温和吸潮作用，对炉壳钢板（Q235钢4～5 mm厚）起保护作用。1000～1300℃的高温

电阻炉炉墙需用三层炉衬，即高铝砖、轻质耐火粘土砖和隔热填料，外加石棉板和钢板外壳。当炉温低于500℃时，炉墙可只用隔热材料，如硅藻土砖。低于300℃的电阻炉炉墙用钢板夹层中间填充隔热材料即可。

热处理电阻炉炉墙的组成尺寸及功率可参考表11-5及表11-6。

表11-5 热处理电阻炉的炉墙组成及尺寸

炉膛温度/℃	炉墙材料	密度/g·cm^{-3}	厚度/mm
700	轻质耐火粘土砖	0.8	115
	膨胀珍珠岩	<0.16	45
	轻质耐火粘土砖	0.8	115
	硅藻土砖	0.55	125
900	轻质耐火粘土砖	0.8	115
	硅藻土砖	0.55	115
	矿渣棉	0.2	60
	轻质耐火粘土砖	1.0	90
	蛭石粉	0.15	195
1000	轻质耐火粘土砖	1.3	115
	硅藻土砖	0.55	180
	膨胀珍珠岩	<0.16	65
1200	耐火粘土砖	2.1	115
	轻质耐火粘土砖	0.8	180
	膨胀珍珠岩	<0.16	90
	轻质耐火粘土砖	1.3	90
	硅藻土砖	1.0	90
	轻质耐火粘土砖	0.55	113
	蛭石粉	0.15	65
1300	耐火粘土砖	2.1	115
	轻质耐火粘土砖	1.0	115
	硅藻土砖	0.55	125
	膨胀珍珠岩	<0.16	90
1400	高铝砖	2.3	115
	轻质耐火粘土砖	1.3	115
	超轻质耐火粘土砖	0.4	105
	膨胀珍珠岩	<0.16	100

3. 炉顶

炉顶结构形式分为平顶、拱顶及吊顶三种。热处理电阻炉一般均采用拱顶；炉顶跨度小的电阻炉采用平顶；炉顶跨度特别大的炉子采用吊顶。

炉膛宽度为400~600 mm的小型电阻炉，可采用平顶，如图11-19a所示。这种炉顶结构简单，用大型非标准耐火砖砌成，可做成整体或分段炉顶，便于吊装。这种炉子的电热元件多布置在炉顶及炉底上。

表 11-6 热处理电阻炉的功率与炉墙尺寸

功率/kW	炉温 700~1000℃		炉温 400~650℃	
	耐火层/mm	隔热层/mm	耐火层/mm	隔热层/mm
5~10	113	100~150	65~113	65~113
10~20	113	150~200	113	100~150
20~50	113	180~230	113	150~200
50~100	113	230~300	113	150~200
100	113~178	230~300	113~178	150~200

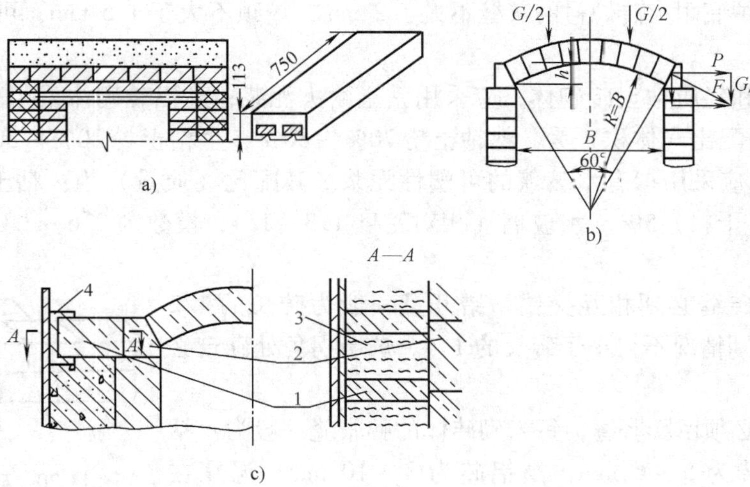

图 11-19 炉顶结构

a) 平顶 b) 拱顶 c) 拱顶结构

1—支撑砖 2—拱脚砖 3—隔热填料 4—拱脚梁

平炉顶也可用全陶瓷耐火纤维制作，用不锈钢丝网、不锈钢板或耐热构件加固。炉膛宽度为 3.5~4.0 m 的电阻炉，多采用拱顶角为 60°或 90°的拱顶。拱顶角越小，横向推力越大；当拱顶角为 180°（半圆拱）时，横推力 P 为零。60°拱顶用得最多，称为标准拱顶（图 11-19 b、c），其拱顶曲率半径 $R=B$，矢高 $h=0.134B$。90°拱顶，$R=0.707B$，$h=0.207B$。用密度为 1 g/cm³ 楔型轻质耐火砖砌筑。在 900~1000℃温度范围内，60°拱顶推力 P 为 320 ×9.8 N。若沿炉长每 1 m 安装一根垂直型钢立柱时，拱脚梁可选 5 号等边角钢，炉壳的垂直型钢立柱可选 7.5 号等边角钢。为增强炉体刚性，拱脚梁和垂直型钢立柱可分别选 8~10 号角钢（或槽钢）和 8~12 号角钢。热处理炉拱顶，一般采用轻质粘土砖，层厚 113 mm，其上填蛭石粉或陶瓷耐火纤维 230 mm。

当拱脚砖承受压应力小于 100 kPa 时，拱脚砖可选用轻质砖。支撑砖应间断布置，以便于填充散装隔热材料。当拱顶横推压应力大于 100 kPa 时，应采用重质砖作支撑砖。

4. 炉底

炉底的砌筑方法是在炉底钢板（6~12 mm）上加一层石棉板，再用硅藻土砖（115 mm）砌成方格子，在方格子中填充蛭石或硅藻土粉，上面平铺 1~2 层或更多层（每层 67 mm）硅藻土砖或泡沫轻质砖，再铺轻质耐火砖，其上安置支撑炉底板或导轨的重质耐火砖及电热元件搁板砖。炉底耐火层及隔热层的厚度一般较炉墙厚一些。

5. 电阻炉炉衬砌筑原则

（1）对炉衬砌筑的一般要求

1）砌砖体尺寸应是砖尺寸（230、113、65 等）的整倍数再加灰缝尺寸，不能用砍、削砖的办法来满足砌砖体高度方向上尺寸要求。

2）与铁铬铝电热元件接触的高铝质搁砖、引出套管等制品的 Al_2O_3 含量（质量分数）不得低于67%，Fe_2O_3 含量应小于1.5%。

3）可控气氛炉内壁的耐火砖的 Fe_2O_3 含量（质量分数）应不大于1%，砌筑渗碳气氛炉用的泥浆材料含 Fe_2O_3 量也不能大于1%。

4）炉墙和炉底耐火砖炉衬的灰缝不大于2 mm，炉顶不大于1.5 mm；可控气氛炉的灰缝不大于1mm。

5）粘土砖和轻质粘土砖砌体，应采用粘土耐火泥浆；高铝砖砌体采用高铝耐火泥浆。粘土耐火泥浆的配比（体积）为：熟粘土粉70%～80%，生粘土粉20%～30%。砌筑有气密要求的炉衬，应采用掺有水玻璃的可塑性泥浆。其配比（质量）为：粘土熟料粉64%，耐火生粘土粉（干料）5%，水玻璃（相对密度1.3～1.4，模数为2.6～3.0）10%，水为21%。

6）炉衬的砖缝必须相互交错，错开量一般为砖长的1/2（图11-20），个别情况不得小于砖长的1/4。炉墙拐角处砌筑必须相互咬合。

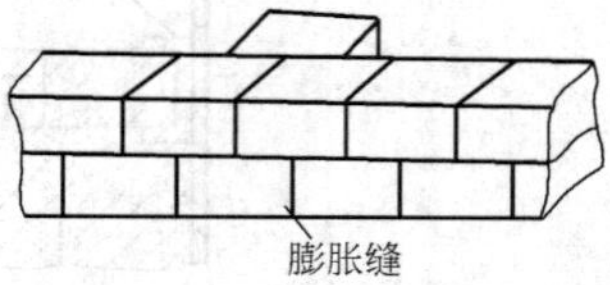

图11-20 砖缝与膨胀缝

7）砌砖体必须留膨胀缝，每米砌砖体的膨胀缝一般为：粘土砖和硅藻土砖为5～6 mm，高铝砖为8～10 mm。温度在700℃以下的硅藻土砖层，可不留膨胀缝。膨胀缝应错开（图11-20），缝内充填耐火纤维或马粪纸。

8）隔热层用硅藻土砖时必须干砌，砖缝空隙用干燥的隔热填料填满。

9）固定在砌体内的金属预埋件，应在砌砖时同时安装。

10）除炉门口等特殊部位外，不得将重质耐火砖与炉壳直接接触，以减少散热损失。

（2）炉衬砌筑举例

1）炉底砌筑时，炉底隔热层一般用硅藻土砖砌成。底层多为格子型，格子内填满隔热填料，如膨胀蛭石，其上层为平铺实砌。当炉底承受较重的冲击负载时，底层才采用平铺实砌（图11-21）。

2）井式炉砌筑时（图11-22），隔热层为填料，但在耐火层与炉壳间每隔1.5～2个砖长应采用支撑砖撑实。支撑砖可用硅藻土砖。电热元件引出孔、热电偶孔不允许设在砖缝中。

3）拱顶砌筑（图11-23）有错砌和环砌两种，一般都采用错砌。拱脚砖与拱脚梁之间，必须用支撑砖撑牢，不得使用隔热砖作支撑砖（可用轻质粘土砖）。拱脚梁不应与炉壳焊牢。拱顶纵向的前后两端应用隔热砖撑牢。

4）炉门砌筑如图11-24所示。炉门砌体表面应从四周向中间逐渐凹陷3～5 mm；带有电热元件的炉门，其搁砖应比炉门边框缩进10～15 mm。

5）RX—45—9 中温箱式电阻炉砌砖体结构如图11-25所示，砌炉用材料见表11-7。

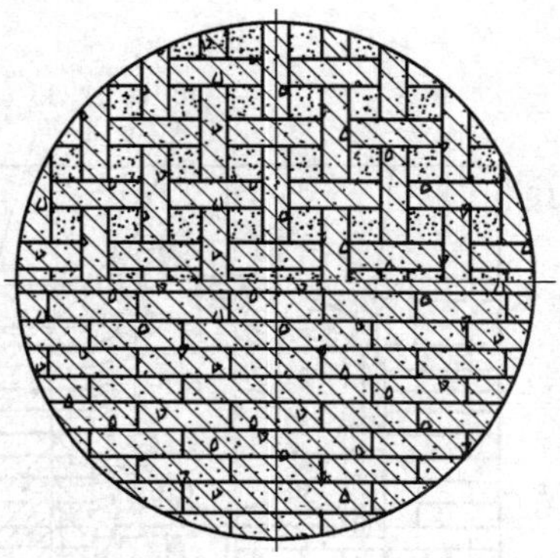

图 11-21　炉底隔热层砌筑
（下层为平铺实砌，上层为格子形式）

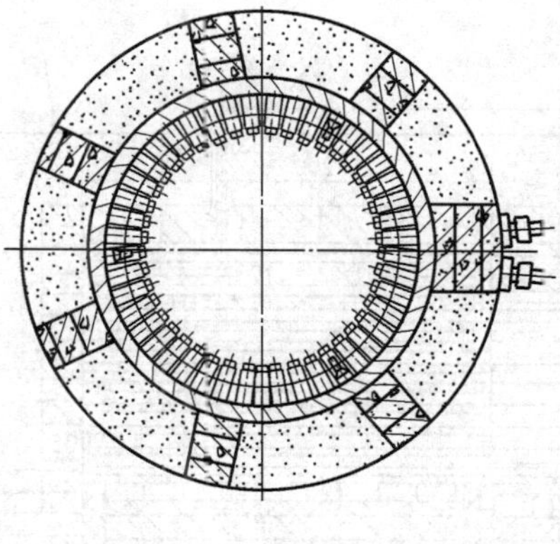

图 11-22　井式炉支撑砖示意图

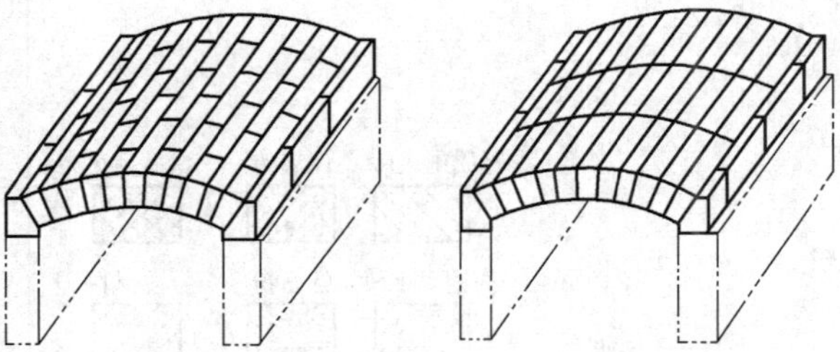

a)　　b)

图 11-23　拱顶砌筑
a）错砌　b）环砌

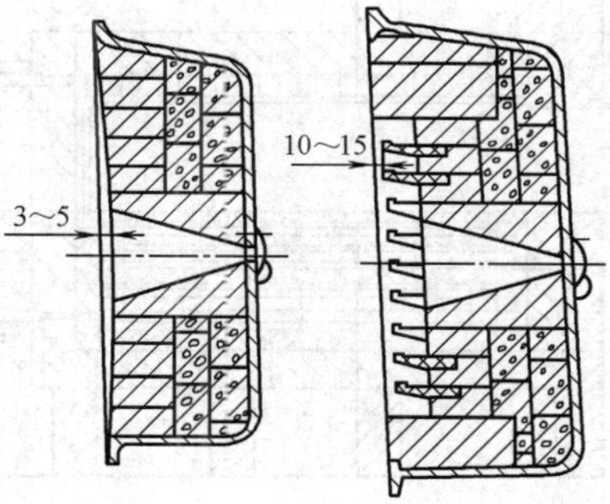

a)　　b)

图 11-24　炉门砌筑
a）一般炉门　b）安装电热元件炉门

表 11-7　RX—45—9 箱式电阻炉砌体材料明细

编号	名称	材料	数量	编号	名称	材料	数量
1	重质薄形砖	耐火粘土	—	12	踵形砖	耐火粘土	13
2	炉底板	耐热钢	1	13	角钢		2
3	重质楔形砖	耐火粘土	11	14	隔热砖	硅藻土	420
4	轻质薄砖	轻质耐火粘土	27	15	轻质阶梯砖	轻质耐火粘土	84
5	隔热层	蛭石粉	—	16	重质直砖	耐火粘土	40
6	热电偶套管	高铝矾土	1	17	重质薄形砖	耐火粘土	33
7	轻质直砖	轻质耐火粘土	250	18	炉底搁砖	高铝矾土	32
8	踵形阶梯砖	耐火粘土	2	19	重质薄阶梯砖	耐火粘土	4
9	直形搁砖	高铝矾土	368	20	引出棒套管	高铝矾土	12
10	小钓	Cr20Ni80	32	21	重质阶梯砖	耐火粘土	12
11	轻质楔形砖	轻质耐火粘土	77				

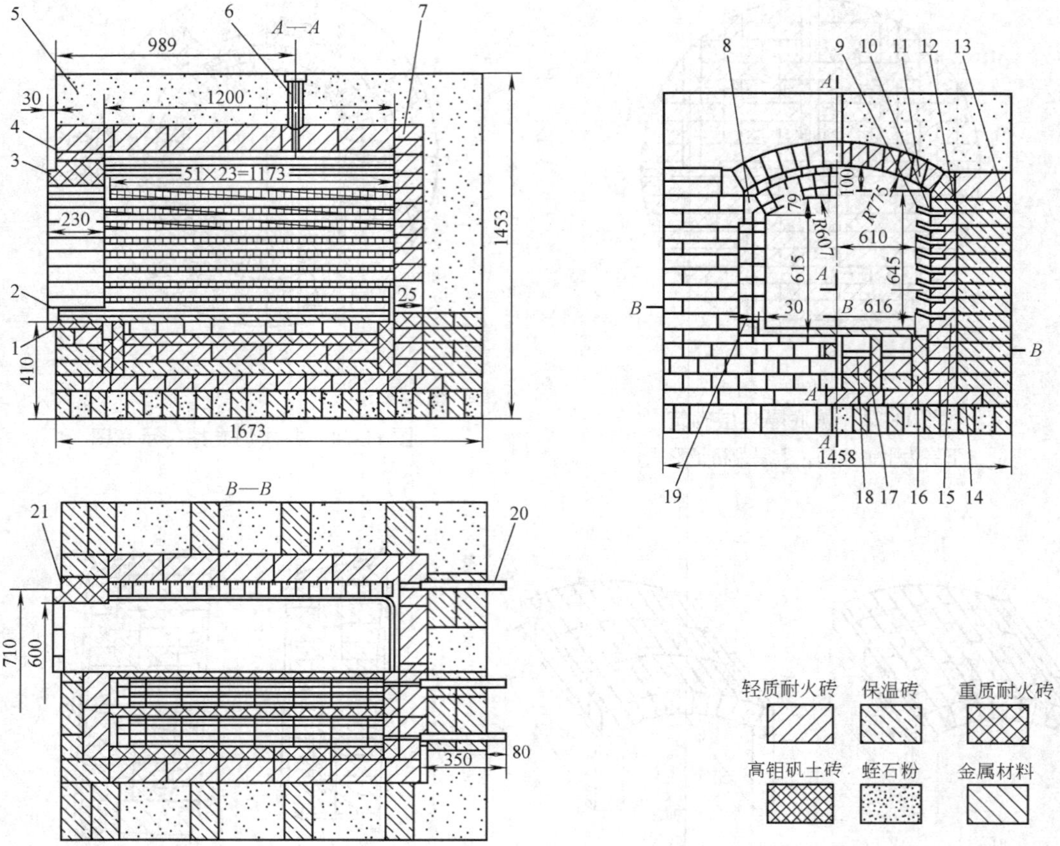

图 11-25 RX—45—9 中温箱式电阻炉砌砖体结构图

五、电阻炉功率的确定

电阻炉所需功率的大小与炉子的生产率、升温时间、炉膛尺寸、炉子结构、工件的工艺规程和操作方法等因素有关。确定功率的方法有经验计算法和理论计算法两种。经验计算法简便而迅速，但局限性较大。理论计算法虽然比较准确、可靠，但计算方法复杂，很多影响因素未加考虑，因而多依经验确定。

1. 经验计算法

目前有许多经验公式和图表曲线用于计算电阻炉的功率。最常使用的经验公式是按炉膛容积确定功率，见表 11-8。该表主要适用于箱式电阻炉，对于井式电阻炉，一般取下限值。

表 11-8 根据炉膛容积计算炉子功率的经验公式

工作温度/℃	功率/kW	单位炉墙面积功率/kW · m^{-2}
1200	$P=100-150\sqrt[3]{V^2}$	15 ~ 20
1000	$P=75-100\sqrt[3]{V^2}$	10 ~ 15
700	$P=50-100\sqrt[3]{V^2}$	6 ~ 10
400	$P=35-50\sqrt[3]{V^2}$	4 ~ 7

注：V 为炉膛容积（m^3）。

还可根据炉膛内壁面积、炉温和空炉升温时间计算周期作业的封闭式电阻炉功率为

$$P = C\tau^{-0.5}A^{0.9}\left(\frac{t}{100}\right)^{1.55} \quad (11\text{-}52)$$

式中，τ 为空炉升温时间（h）；A 为炉膛内壁面积（m^2）；t 为炉温（℃）；C 为系数。热损失较大的炉子，$C=30\sim35$；热损失较小的炉子，$C=20\sim25$，单位为 $kW \cdot h^{-0.5}/(m^{1.8} \cdot ℃^{1.55})$。

另外，用类比法来确定新设计的电阻炉功率也是一种实际可行的简便方法。当电阻炉的结构与尺寸确定后，就可以与生产率及热处理工艺相近、性能较好的同类型炉子相比较，从而确定新设计炉子所需的功率。

2. 热平衡计算法

热平衡计算法是根据炉子的输入总功率应等于其各项能量消耗总和的原理来确定炉子功率的方法。

炉子的能量消耗，包括加热工件的热量、各项热损失和电能输入炉子过程中在电气设备及导线中的电能损失。在一般电阻炉的所有能量消耗中，只有工件吸收的热量 $Q_{件}$ 是有效热量，其余的热量均为无效热损失。通过炉壁散失的热量 $Q_{散}$ 是炉子空载时的主要能量消耗；炉体蓄热量 $Q_{蓄}$ 是周期作业炉的主要能量消耗项目；炉内气体外溢和对外辐射的热损失 $Q_{溢}$ 和 $Q_{辐}$ 与炉子温度和密封性以及操作状态有关，对高温炉应特别注意此两项热损失。对炉门敞开的炉子，此项热损失有时成为炉子能量消耗的主要项目；可控气体的热损失 $Q_{控}$ 主要决定于气体消耗量。采用密闭式自动装卸料的炉子，其气体消耗量和热能损失可大大降低；炉内金属构件直接伸出炉外的短路损失 $Q_{短}$ 在机械化炉子上较为严重，对一般炉子应尽力避免；料盘和夹具等反复加热和冷却带来的辅助构件热损失 $Q_{辅}$ 有时也占很大比例。供电设备和导线引起的电能消耗 $Q_{供}$ 对直接从电网供电的炉子一般很小，约占总损失的1%。炉子能量消耗还有许多项目难以计算，设计时归入其他热损失 $Q_{它}$ 项目中。

对连续作业炉来说，由于炉子热制度稳定，炉子蓄热损失是一次性损失，设计时可以忽略。而对周期作业炉，炉子的热制度受周期性操作的影响，而且不同周期作业炉的热制度差别甚大。因此，其热平衡计算时间单位的选取也不尽相同。对装炉量大、生产周期长的炉子（如退火炉、渗碳炉等），在加热阶段所需功率最大，保温阶段次之，冷却和装卸料阶段则无需供热，应以各加热阶段作为计算的时间单位；对工件品种多，加热周期短，且采用热炉装料的淬火、正火炉，难以准确划分加热阶段，故常以单个生产周期或小时为计算单位。

电阻炉的热平衡计算如下：

（1）加热工件所需的热量 $Q_{件}$（kJ/h）

$$Q_{件} = g_{件}(c_2t_2 - c_1t_1)\frac{\tau_{周}}{\tau_{加}} \quad (11\text{-}53)$$

式中，$g_{件}$ 为炉子的生产率（kg/h）；t_1、t_2 分别是工件加热的开始和终了温度（℃）；c_1、c_2 分别为工件在 t_1 和 t_2 温度时的比热容［kJ/（kg·℃）］；$\tau_{周}$ 是工件的热处理周期，包括加热、保温、炉内冷却、装、出料时间（h）；$\tau_{加}$ 是工件加热到 t_2 温度所需时间（h）。

（2）加热辅助构件（料筐、工夹具、支撑架、炉底板、料盘等）所需的热量 $Q_{辅}$（kJ/h）

$$Q_{辅} = g_{辅}(c_2t_2 - c_1t_1)\frac{\tau_{周}}{\tau_{加}} \quad (11\text{-}54)$$

式中，$g_{辅}$ 是每小时加热辅助工夹具的质量（kg/h）；t_1、t_2 分别为辅助工夹具入炉前和最终加热温度（℃）；c_1、c_2分别是辅助工夹具在t_1和t_2温度时的比热容［kJ/（kg·℃）］；$\tau_{周}$是辅助工夹具在热处理的周期，包括加热、保温、炉内冷却、装、出料时间（h）；$\tau_{加}$是辅助工夹具入炉后加热到t_2温度所需时间（h）。

（3）加热控制气氛所需的热量$Q_{控}$（kJ/h）

$$Q_{控} = V_{控}(c_2t_2 - c_1t_1) \tag{11-55}$$

式中，$V_{控}$为可控气氛每小时的平均耗量（m^3/h），可按炉膛有效容积乘以换气次数估算，一般周期作业炉换气次数为3～5，连续作业炉换气次数为1～3；t_1、t_2分别是可控气氛入炉前和最终加热温度（℃）；c_1、c_2分别为可控气氛在t_1和t_2时的平均体积比热容［kg/（m^3·℃）］。

（4）通过炉衬的散热损失$Q_{散}$（kJ/h）　通过炉衬的散热损失是指炉膛内热量通过炉墙、炉顶、炉底散发到车间的热损失。在空炉升温阶段，炉衬传热为不稳定传热，炉衬热损失包括砌体蓄热和向外散热，计算极为复杂。升温阶段炉衬散热量相对砌体蓄热来说小得多，一般只计算砌体蓄热量就可以近似代表炉衬的热损失。在保温阶段，当炉衬达到稳态传热时，其热损失是炉衬向外散热。一般热处理炉的炉衬常为耐火层和隔热层组成，通过炉衬的散热量可用下式计算：

$$Q_{散} = \frac{t_1 - t_0}{\dfrac{s_1}{\lambda_1 A_{m1}} + \dfrac{s_2}{\lambda_2 A_{m2}} + \dfrac{1}{\alpha_{综} A_3}} \times 3.6 \tag{11-56}$$

式中，t_1是炉膛内壁温度（℃），一般可用保温阶段的炉温代替；t_0为炉外车间空气温度（℃），可取20℃；λ_1、λ_2分别是耐火层和隔热层材料的平均热导率［W/（m·℃）］；s_1、s_2分别是耐火层和隔热层的厚度（m）；$\alpha_{综}$是炉壳外表面对周围空气的综合传热系数［W/（m^2·℃）］；A_{m1}、A_{m2}、A_{m3}分别为炉衬耐火层、隔热层的平均面积和炉壳外表面积（m^2）。

（5）开启炉门的辐射热损失$Q_{辐}$（kJ/h）

$$Q_{辐} = 5.675\left[\left(\frac{T_1}{100}\right)^4 - \left(\frac{T_2}{100}\right)^4\right] \times 3.6A\phi\delta_t \tag{11-57}$$

式中，T_1、T_2分别为炉膛内部和炉外车间空气的热力学温度（K）；A是炉门开启的面积（m^2）；ϕ为炉口辐射遮蔽系数；δ_t为炉门开启率，对常开炉门$\delta_t = 1$，若炉子平均每小时开启时间为15min，则$\delta_t = 15/60 = 0.25$。

（6）通过开启炉门的溢气热损失$Q_{溢}$（kJ/h）　当炉门开启时，热空气外溢而冷空气进入炉内，所造成的热损失可按下式计算：

$$Q_{溢} = Vc\left(\frac{t_2 - t_1}{2}\right)\delta_t \tag{11-58}$$

式中，t_1为炉外车间空气温度（℃）；t_2是炉内热空气温度（℃），可近似取炉温；c为空气在t_1～t_2之间的平均体积比热容［kJ/（m^3·℃）］；δ_t是炉门开启率；V为进入炉内的冷空气量（m^3/h），为气体标准状态。一般电阻炉可按下式近似计算V：

$$V = 2200BH\sqrt{H} \tag{11-59}$$

式中，B为炉门宽度（m）；H为炉门的开启高度（m）。

（7）其他热损失$Q_{它}$（kJ/h）　此项热损失包括未考虑到的及一些难以计算的热损失，如炉衬砖缝不严、炉子长期使用后隔热材料性能和炉子气密性能降低，以及热电偶、电热元件引出棒的热短路所造成的热损失。$Q_{它}$ 一般可取炉衬散热损失 $Q_{散}$ 的 50%～100%，或总损失 $Q_{总}$ 的 10%。即

$$Q_{它} = (0.5 \sim 1.0) Q_{散} \tag{11-60}$$

$$Q_{它} = 10\% Q_{总} \tag{11-61}$$

电阻炉的热支出项目与其作业方式有关。对于连续作业炉和长时间在恒温下工作的周期作业炉（如淬火箱式炉），可不考虑砌体的散热损失。总的热量损失支出有

$$Q_{总} = Q_{件} + Q_{辅} + Q_{控} + Q_{散} + Q_{辐} + Q_{溢} + Q_{它} \tag{11-62}$$

（8）砌体的蓄热量 $Q_{蓄}$（kJ/h） 如果工件随炉升温，总热量支出还应包括砌体的蓄热量 $Q_{蓄}$。

$$Q_{蓄} = V_1\gamma_1(c_1't_1' - c_1t_0) + V_2\gamma_2(c_2't_2' - c_2t_0) \tag{11-63}$$

式中，V_1、V_2分别是耐火层和隔热层体积（m^3）；γ_1、γ_2分别代表耐火层和隔热层的密度（kg/m^3）；t_1'、t_2'是耐火层和隔热层在炉子工作温度时的平均温度（℃）；t_0 为室温（℃）；c_1'、c_2'分别是耐火材料和隔热材料在温度为t_1'和t_2'时的比热容［kJ/（kg·℃）］；c_1、c_2 分别是耐火材料和隔热材料在温度为 t_0 时的比热容［kJ/（kg·℃）］。

（9）炉子的设计功率 将总的热量支出换算为功率 $P_{总}$（kW）为

$$P_{总} = \frac{Q_{总}}{3600} \tag{11-64}$$

式中的 3600 为换算系数（1 kW = 3600 kJ/h）。

考虑到所设计的炉子应有一定的功率储备，炉子的设计功率为

$$P_{设} = KP_{总} \tag{11-65}$$

式中，K 为功率储备系数，对于周期作业炉 $K = 1.3 \sim 1.5$，对于连续作业炉 $K = 1.2 \sim 1.3$。

（10）电阻炉的热效率

1）电阻炉在打开炉门时的热效率 η_1 为

$$\eta_1 = \frac{Q_{件}}{Q_{总}} \times 100\% \tag{11-66}$$

2）在保温阶段，关闭炉门时的热效率 η_2 为

$$\eta_2 = \frac{Q_{件}}{Q_{总} - (Q_{辐} + Q_{溢})} \times 100\% \tag{11-67}$$

η 是衡量炉子热效率的重要指标。如果 η 值较小，说明炉子设计不合理。一般电阻炉的热效率为 40%～80%。

（11）空载功率 $P_{空}$（kW）

$$P_{空} = \frac{Q_{散} + Q_{它}}{3600} \tag{11-68}$$

（12）空炉升温时间 $\tau_{升}$ 周期作业炉的空炉升温时间 $\tau_{升}$（h）可用下式近似计算

$$\tau_{升} = \frac{Q_{蓄}}{3600P_{设}} \tag{11-69}$$

对周期作业电阻炉，其空炉从室温升到工作温度的时间不能太长，否则影响生产。因此，应根据热平衡计算所确定的功率 $P_{设}$，对炉子的升温时间进行校核。一般周期作业电阻炉空炉从室温升到额定工作温度的时间约为 3～8h，若升温时间太长，应当适当增大设计功

率，保证在规定的时间内能使空炉从室温升到额定工作温度。需要注意的是，在计算 $Q_{蓄}$ 时，耐火层和隔热层的温度一般均取炉子在额定工作温度下已经达到稳定态传热条件的耐火层、隔热层的平均温度，这比炉子升温时实际的耐火层、隔热层的平均度要高得多。因此，计算所得空炉升温时间要长于实际需要时间。

3. 电阻炉的功率分配

为了保证炉膛内温度均匀，满足热处理工艺的要求，电阻炉的功率应根据具体条件适当分配，分区段布置电热元件，分区段单独控温。

（1）箱式电阻炉　对于炉膛长度不超过 1 m 的炉子，可将功率均匀分配在炉内两侧墙和炉底。对于大型箱式炉，通常在占炉长 1/4 ~ 1/3 的靠近炉门口处比平均功率增加 15% ~ 25%，大型箱式炉也可在炉门上分配一些功率。

在分配炉子功率时，还应考虑到炉膛内表面的单位负荷不能超过 35 kW/m^2，以保证炉壁的使用寿命。炉膛内表面的单位负荷小于 15 kW/m^2 时，炉子的升温速度太慢。所以，一般设计中采用 20 ~ 25 kW/m^2。

（2）井式电阻炉　井式电阻炉的炉口附近及炉底处温度偏低，对没有强制对流的井式炉应当在炉子上部与下部适当增加一些功率。另外，为了保证井式炉上下温度均匀，应采用分区控制。当炉深 H 与直径 D 之比等于 1 时，采用一个加热区；当 $H/D=2$ 时，采用二个加热区；当 $H/D=3$ 时，应采用三个加热区。

（3）连续作业炉　在连续作业炉中，工件在加热区的吸热最多，在均热区的吸热量显著减少，而在保温区基本上不吸收热量。因此，加热区的功率应当最大，均热区的功率就要降低一些，保温区的功率最小，它主要用来补偿炉体的散热损失，维持保温区的恒温。

4. 电阻炉的供电电压和接线方法

除少数因电热元件的电阻温度系数大或要求采用低压供电的大截面电阻板外，电阻炉的供电电压一般均采用车间电网电压，即 220V 或 380V。

电热元件的接线应根据炉子功率大小等因素考虑决定。当炉子功率小于 25 kW 时，采用 220V 或 380V 单相联结。炉子功率为 25 ~ 75 kW 时，采用三相 380V 星形联结；个别的也可用三相 380V 三角形联结。当炉子功率大于 75 kW 时，可将电热元件分成两组或两组以上的三相 380V 星形联结或三角形联结，每组功率以 30 ~ 75 kW 为宜，即每相功率在 10 ~ 25 kW 之间。这样，可使每个电热元件的功率不致过大，便于布置安装，而且电热元件的尺寸也比较合适。

由于工艺要求不同，电阻炉的功率在不同阶段相差甚大，如台车炉、井式气体渗碳炉工件在升温加热阶段需要功率很大，而在保温阶段或渗碳阶段所需功率较小。为此，对某些大型电阻炉可采用三相三角形联结 380V 直接供电升温，而当炉子保温时则变换成星形联结，这样可使功率减小到原额定功率的 1/3。如 RJJ—105—9T 井式气体渗碳炉，原为双星形联结总功率为 75 kW，当进行保温渗碳时，则可将原双星变为单星串联联结，可使功率减小到原来的 1/4。这不仅提高了控温精度，而且大大提高了电热元件的使用寿命。

六、电热元件材料及性能

电热元件是热处理电阻炉的关键部件，电阻炉性能的好坏和使用寿命的长短与所选用的电热元件材料密切相关。因此，正确选用电热元件材料是设计电阻炉的重要步骤。

1. 电热元件材料的性能要求

1）具有良好的抗高温性能。

2）具有较大的电阻率。

3）具有小的电阻温度系数。

4）具有小的热膨胀系数。

5）良好的加工性。

6）材料成本要低。

2. 常用电热元件材料及性能

电热元件材料可分为金属和非金属两大类。金属电热元件材料主要有铁铬铝合金、镍铬合金和纯金属钼、钨、铂等。非金属电热元件材料主要有碳化硅、二硅化钼和石墨等。

（1）金属电热元件　常用的金属电热元件的性能见表11-9。

1）铁铬铝合金。铁铬铝合金是目前我国应用最广的电热元件材料。铁铬铝合金的熔点高，在空气介质中加热后表面生成一薄层 Al_2O_3 的致密保护膜，具有良好的高温抗氧化性能。合金的电阻率大、电阻温度系数较小、密度小，在同样的条件下铁铬铝合金材料的用量比镍铬合金要少。铁铬铝合金不含镍，含铬量也不高，其价格要比镍铬电热合金低好几倍。

铁铬铝合金的主要缺点是高温强度低、塑性差、脆性大，拔丝及绕制加工较困难。尤其是经高温使用一段时间后晶粒粗大，脆性增加，容易断裂，其焊接性能也差。在高温下铁铬铝合金与酸性耐火材料及氧化铁发生化学反应，因此用于铁铬铝电热元件的搁砖必须用高铝质砖。在渗氮气氛中，铁铬铝合金的保护膜会被破坏。

表11-9　金属电热元件材料的性能

项目	0Cr25Al5	1Cr13Al4	0Cr13Al6Mo2	0Cr27Al7Mo2	Cr20Ni80	Cr15Ni60	铂	钼	钨
工作温度正常/℃（最高）	1050～1200（1300）	900～950（1100）	1050～1200（1300）	1200～1300（1400）	1000～1050（1150）	900～950（1050）	（1600）	（1400）	（1800）
密度/g·cm^{-3}	7.1	7.4	7.2	7.1	8.4	8.2	21.45	10.22	19.3
抗拉强度/MPa	637～684	588～735	686～833	686～784	637～784	637～784			
20℃时电阻率/Ω·mm^2·m^{-1}	1.40	1.26	1.40	1.50	1.09	1.12	0.094	0.052	0.051
电阻温度系数/（×10^{-5}/℃）	3～4 20～1200℃	15 20～850℃	7.25 0～1000℃	-0.65 20～1200℃	8.5 20～1100℃	14 20～1000℃	399	471	482
线膨胀系数/（×10^{-6}/℃）	16 20～1000℃	15.4 20～1000℃	15.6 0～1000℃	16 0～1200℃	14 20～1000℃	13 20～1000℃	8.9	4.9	4.6 20℃
热导率/W·(m·℃)$^{-1}$	12.74	14.62	13.57	12.52	16.71	12.52			
比热容/J·(g·℃)$^{-1}$	0.493	0.489	0.493	0.493	0.439	0.459			
熔点/℃	～1500	～1450	～1500	～1520	～1400	～1390	1773	2625	3370

铁铬铝合金常用的牌号有1Cr13Al4、0Cr25Al5、0Cr13Al6Mo2、0Cr27Al7Mo2等，其中1Cr13Al4用于低温炉；0Cr25Al5和0Cr13Al6Mo2用于中温炉，其中0Cr27Al7Mo2最高使月

温度可达1300℃。抗渗碳的铁铬铝电热合金的牌号是Cr23Al6Y0.5，其化学成分（质量分数）为：Cr 22.3%、Al 5.83%、Y 0.5%等。经使用证明，抗渗碳能力强，加工性和焊接性能也有改善。尽管铁铬铝合金有很多缺点，但由于具有良好的抗高温性能和价格低廉，所以得到了广泛的应用。

2）镍铬合金。镍铬电热合金的电阻率较小，密度较大，熔点较低，使用温度低于铁铬铝合金；抗渗氮能力较强，但抗渗碳能力差。镍铬电热合金具有良好的塑性，便于轧制拉拔成丝状或带状，高温强度和焊接性能好。在空气中加热后，合金表面生成一薄层 Cr_2O_3 保护膜，具有良好的抗氧化能力。在中、低温热处理电阻炉上，镍铬电热合金的实际使用寿命要比铁铬铝合金长得多，对实验室的小电阻炉尤为显著。

常用的镍铬电热合金有 Cr20Ni80 和 Cr15Ni60 两种。Cr20Ni80 用于1000℃以下中温电阻炉，Cr15Ni60 则常用于低温电阻炉。

3）纯金属钼、钨。熔点很高（分别为2610℃和3370℃），塑性很好，可做成丝状、板片状（带状）和圆筒状的电热元件，其中以钼用得最多。这两种纯金属易氧化，需在氢气、氨分解气氛或真空中使用。在高真空中钼和钨的最高使用温度分别为1800℃和2400℃。钼在空气中使用时，温度高于600℃就会氧化挥发，在真空中超过1800℃后也会迅速挥发，在高温下长期工作后钼的晶粒会变粗，变脆。钼常以细丝状缠在炉管的外壁上使用，炉管要用高纯 Al_2O_3 制成，避免采用含 SiO_2 制品，因钼在高温下会与 Si 和 SiO_2 发生反应。Mo 在渗碳气氛中使用时会变脆，电阻率也会增大。

另外，铂的熔点为1769℃，在高温空气中不氧化，可用作1200℃、1600℃高温电热元件。但铂不能用于还原性气氛，因铂会与氢和碳氢化合物发生反应。

这些纯金属的电阻率较小，而电阻温度系数却很大。因此用纯金属作电热元件，必须采取调压措施，以适应电炉的功率要求。

（2）非金属电热元件　表11-10给出一些常用非金属电热元件的性能。

表11-10　非金属电热元件的性能

材料	密度 /g·cm^{-3}	电阻率 /Ω·mm^2·m^{-1}	电阻温度系数 /10^{-5}℃$^{-1}$	热膨胀系数 /10^{-6}℃$^{-1}$	熔点 /℃	最高工作温度 /℃
碳化硅	3.0~3.2	600~1400 (1400℃)	<800℃为负 >800℃为正	~5		1500
二硅化钼	~5.5	0.25（20℃）	480	7~8	200	1700
石墨	2.2	8~13	126负值	120（0~100℃）	3500	2200（真空）
碳粒	1.0~1.25	600~200			3500	2500（真空）
石墨带	1.7~1.77	1~10			3500	2200（真空）

1）碳化硅。碳化硅电热元件是以焦炭与硅砂作原料，焙烧后得碳化硅生料，再加沥青、焦油等粘结剂，经挤压加工成形，然后在高温下烧制而成。碳化硅棒的中间部分为加热段，位于炉膛中作为发热元件，可在1350℃高温氧化性气氛中长期工作，最高工作温度达1500℃。碳化硅电热元件的性能见表11-10。

碳化硅棒的电阻温度系数很大，800℃时电阻率最小，低于800℃电阻温度系数为负值，高于800℃为正值，碳化硅棒使用60~80h后电阻会自行增加15%~20%，以后基本不增加。因此，碳化硅棒也要配备调压装置才能稳定炉子功率。所以新旧碳化硅棒不能混合使用。

2）二硅化钼。二硅化钼电热元件用硅粉和钼粉作原料，其主要成分为二硅化钼（$MoSi_2$），用粉末冶金方法烧结压制而成，其外形呈U形或W形，如图11-26所示。二硅化钼电热元件的性能与玻璃相似，室温时硬而脆，高于1350℃时变软并有延展性。二硅化钼可在在空气、水蒸气、二氧化氮和二氧化碳气氛中使用，最高工作温度可达1700℃。二硅化钼在一氧化碳、氨分解气和碳氢化合物气氛中也有很强的抗蚀能力。二硅化钼在400～700℃之间容易发生氧化，在此温度区应避免使用。二硅化钼的电阻温度系数很大，使用时应配备调压器。

3）铬酸镧。铬酸镧（$LaCrO_3$）电热元件是新一代电热材料，以铬酸镧为主要成分，在中高温大气和氧化气氛中使用的电阻发热元件，广泛应用于电子、陶瓷、玻璃、冶金、化工、机械等行业的中高温电炉和电加热设备上。其特点是使用温度高，最高表面温度可达1900 ℃，炉温可达1700～1800℃；寿命长，当表面温度为1800 ℃、炉膛温度在1700 ℃时，寿命达4000 h，1500℃以下使用超过10000 h；热辐射系数高；电阻变化小，可精确控温。

4）碳系。石墨、碳粒和各种碳质制品都属于碳系电热元件，在中性气氛或真空中使用。其中应用最多的是石墨电热元件，炽热的石墨不熔化（超过3600℃升华）。常用于1400～2500℃之间的炉子，最高达3600℃，一般制成管状和带状使用。石墨热膨胀系数小，热导率较大，易加工，耐急冷急热性好，价格低廉。石墨带由高纯碳材料制成，常用聚丙烯腈纶纱经石墨化处理（2300℃以上高温真空处理）然后编织而成，其性能优于一般碳布（其石墨化温度较低，纯度一般较低且不编织）。石墨带质地柔软，高温性能稳定，常用作真空炉的电热元件。

以碳粒作为电热元件时，通常将碳粒填充在沟槽内或圆筒中，这时的电阻为碳粒本身的电阻与粒子间的接触电阻之和。

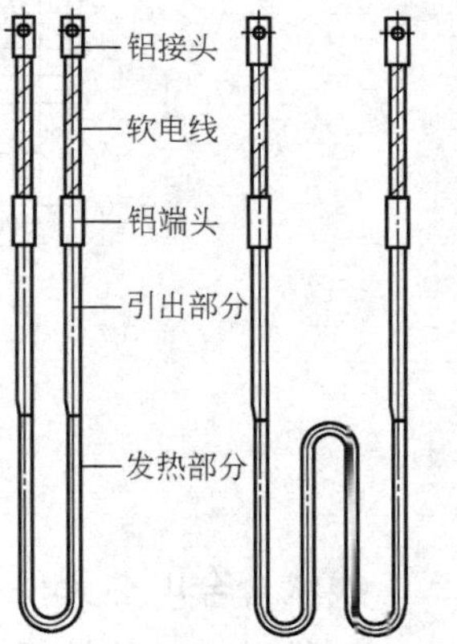

图11-26　二硅化钼电热元件

此外还有ZrO_2质电热材料，在空气中可加热到2000℃，但因低温时电阻太高，所以仅用于高温阶段。

3. 电热元件的表面负荷

电热元件的表面负荷是指元件单位表面积的电功率（W/cm^2）。元件的表面负荷越高，发出的热量就越多，元件温度就越高，有利于加快传热速度，而所用的元件材料也就越少。但是表面负荷过高，元件将因其温度过高而缩短其使用寿命。表面负荷过低，将增加电热元件消耗量和降低加热速度。因此，表面负荷应有一个允许的数值，称为允许表面负荷 $W_{允}$。其大小主要取决电热元件的特性、工作温度、结构形式、安装方法、工作条件、被加热工件的种类以及炉内气氛等。目前，主要根据经验数据和图表选择，具体应掌握如下原则：

1）元件工作温度高或炉内有控制气体或腐蚀气体时，$W_{允}$应取低值。

2）在工作环境恶劣的封闭状态下（如辐射管和管状电热元件中），$W_{允}$应取低值；在敞露状态下工作时，$W_{允}$可取高值；在强制循环的电炉内，$W_{允}$可取更高值。

3）加热工件的黑度小（如铝等），对热射线的吸收比小，反射比大，会使电热元件的工作条件变坏，$W_{允}$应取低值。

4）带状元件的 $W_{允}$ 值应比线状元件取高些。

5）在更换电热元件困难的电炉中，$W_{允}$ 可取低值，为加速传热效果或电热元件无法重复使用时，$W_{允}$ 可取高值。

图 11-27 是常见合金电热元件的允许表面负荷曲线。图中上限线表示敞露型元件在某些温度下的最高表面负荷，下限线表示封闭型元件的低限表面负荷。一般情况下，应当在上、下限线之间选择。

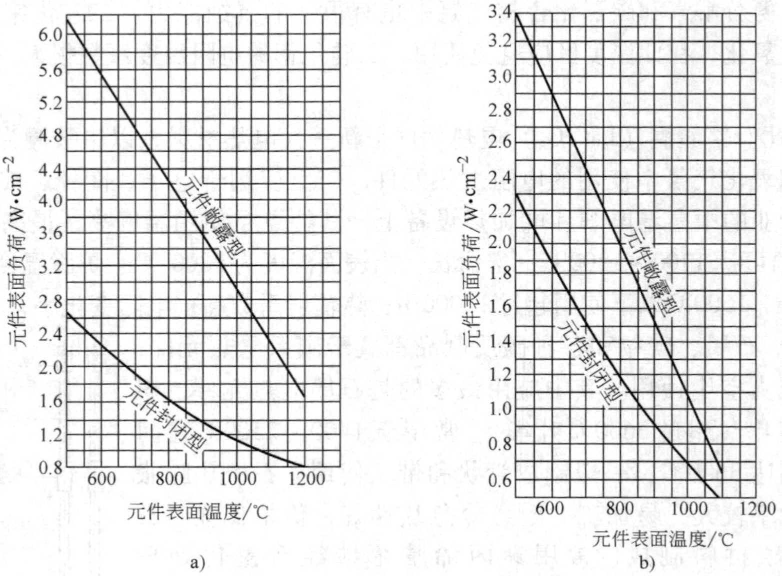

图 11-27 合金电热体的表面负荷

a）铁铬铝合金 b）镍铬合金

线状合金电热元件在不同工作温度下常用的表面负荷见表 11-11。

钼丝以细丝状缠绕在耐火炉管外壁，表面用氧化铝粉覆盖。钼丝炉的 $W_{允}$ 采用的范围很宽，较低的采用 2.5 ~ 3 W/cm^2。当辐射条件好时，$W_{允}$ 可取更高值，约 10 ~ 15 W/cm^2。

硅碳棒和硅钼棒的表面负荷可分别按图 11-28 和图 11-29 选取。

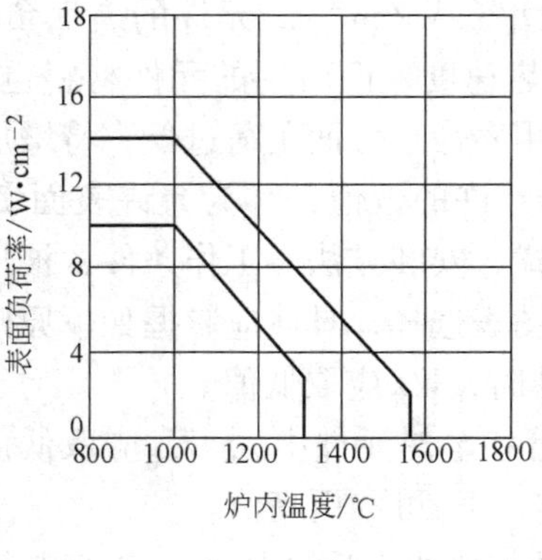

图 11-28 硅碳棒的表面负荷

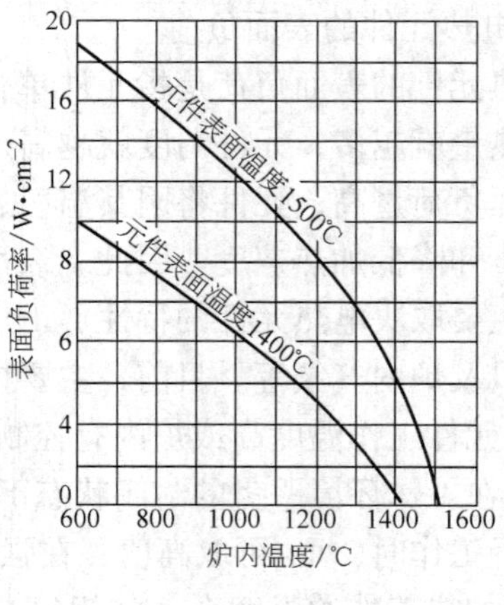

图 11-29 硅钼棒的表面负荷

表 11-11 线状合金电热元件在不同工作温度下常用的允许表面负荷

材料	$W_{允}/W\cdot cm^{-2}$							
	600 ℃	700 ℃	800 ℃	900 ℃	1000 ℃	1100 ℃	1200 ℃	1300 ℃
0Cr25Al5		3.0～3.7	2.6～3.2	2.1～2.6	1.6～2.0	1.2～1.5	0.8～1.0	0.5～0.7
Cr20Ni80	3.0	2.5	2.0	1.5	1.1	0.5		
Cr15Ni60	2.5	2.0	1.5	0.8				

七、电热元件的计算

电热元件的计算要在电热元件必须在满足炉子功率和一定的使用寿命（合理的表面负荷）这两个前提的条件下来进行，主要包括元件的截面积（直径或宽度和厚度）、长度、质量以及一些结构尺寸的计算。

1. 金属电热元件的计算

（1）元件的电阻和长度　设炉子共有 n 个元件，炉子的安装功率为 $P_{安}$（kW），则每个元件的功率 P 为

$$P=\frac{P_{安}}{n} \tag{11-70}$$

在炉子额定工作温度下的元件电阻 R_t 为

$$R_t=\frac{U^2}{P}\times10^{-3} \tag{11-71}$$

式中，U 为元件的端电压（V）。R_t 又可表示为

$$R_t=\rho_t\frac{L}{A} \tag{11-72}$$

式中，L 为每个元件的长度（m）；A 为元件的截面积（mm^2）；ρ_t 为元件在工作温度下的电阻率（$\mu\Omega\cdot m$）。

由式（11-71）和式（11-72）可得

$$L=\frac{AU^2}{P\rho_t}\times10^{-3} \tag{11-73}$$

（2）电热元件的功率与允许表面负荷和长度　每个电热元件功率又可表示为

$$P=W_{允}A\times10^{-3} \tag{11-74}$$

式中，$W_{允}$为允许表面负荷（W/cm^2）；A 为每一元件的表面积（cm^2）。

$$A=10SL \tag{11-75}$$

式中，S 为元件的截面周长（mm），因此有

$$L=10^2\frac{P}{W_{允}S}\times10^{-3} \tag{11-76}$$

（3）线状和带状电热元件尺寸　由式（11-26）和式（11-29）可得

$$SA=10^5\frac{P^2\rho_t}{W_{允}U^2} \tag{11-77}$$

1）直径为 d 的线状电热元件。因 $S=\pi d$（mm），$A=\frac{\pi}{4}d^2$，故

$$SA=\frac{\pi^2}{4}d^3 \tag{11-78}$$

将式（11-77）代入式（11-78），并经整理可得

$$d = \left(\frac{4 \times 10^5 P^2 \rho_t}{\pi^2 U^2 W_{允}}\right)^{\frac{1}{3}} = 34.3\left(\frac{P^2 \rho_t}{U^2 W_{允}}\right)^{\frac{1}{3}} \tag{11-79}$$

每个元件的长度可按式（11-72）求得

$$L = \frac{R_t A}{\rho_t} = 0.785\,\frac{R_t d^2}{\rho_t} \tag{11-80}$$

或

$$L = 0.785 \times 10^{-3}\frac{U^2 d^2}{P\rho_t} \tag{11-81}$$

每个元件的质量为

$$M = \frac{\pi}{4} d^2 L \rho_m \times 10^{-3} \tag{11-82}$$

式中，ρ_m 为元件材料的密度（g/cm^3）。

炉子所需电热元件的总长度和总质量为

$$L_{总} = nL \tag{11-83}$$

$$M_{总} = nM \tag{11-84}$$

2）带状电热元件。令电阻带的宽度为 b（mm），厚度为 a（mm），$\frac{b}{a} = m$（一般电阻带 $m = 8 \sim 12$），则：

$$A = ab = ma^2 \tag{11-85}$$

若电阻带有轧制圆角，则实际截面积为

$$A_1 = 0.94ab = 0.94ma^2 \tag{11-86}$$

无轧制圆角带状电热体的截面周长为

$$S = 2(a + b) = 2(m + 1)a \tag{11-87}$$

有轧制圆角带状电热体的截面周长为

$$S_1 \approx 2(a + b) = 2(m + 1)a \tag{11-88}$$

故有

$$SA = 2m(m + 1)a^3 \tag{11-89}$$

$$S_1 A_1 = 1.88m(m + 1)a^3 \tag{11-90}$$

将式（11-89）和式（11-90）分别代入式（11-78）并加以整理，得到有、无轧制圆角时的电阻带厚度：

无轧制圆角时，

$$a = \left(\frac{10^5 P^2 \rho_t}{2m\,(m + 1)\,U^2 W_{允}}\right)^{\frac{1}{3}} \tag{11-91}$$

有轧制圆角时，

$$a = \left(\frac{10^5 P^2 \rho_t}{1.88m\,(m + 1)\,U^2 W_{允}}\right)^{\frac{1}{3}} \tag{11-92}$$

元件宽度为

$$b = ma \tag{11-93}$$

每个元件的长度为

$$L=\frac{abR_t}{\rho_t} \tag{11-94}$$

每个元件的质量为

$$M=abL\rho_m\times10^{-3} \tag{11-95}$$

炉子所需电热元件的总长度和总质量为

$$L_{总}=nL \tag{11-96}$$

$$M_{总}=nM \tag{11-97}$$

（4）电热元件的结构尺寸　线状电热元件通常绕成螺旋形，布置在炉膛内，如图 11-30 所示。对于直径大于 3mm 的线状螺旋形电热元件，其螺旋节径（平均直径）D、节距（螺距）h 与电热元件直径 d 的关系，以及螺旋柱长度的计算公式列于表 11-12。表中 L 为元件长度。

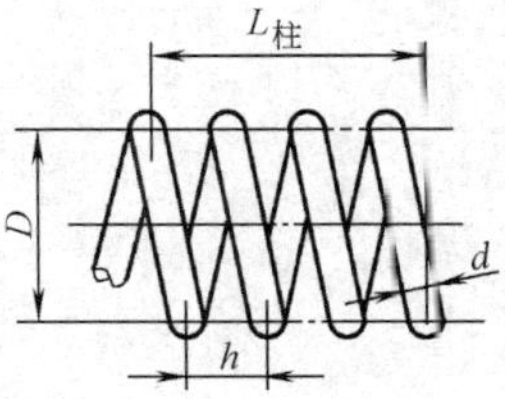

图 11-30　螺旋形线状电热元件

对于高温强度较低的电热元件，应适当减小 D，增加其结构刚度，以补偿其高温强度低、易于倒塌的弊端。线状电热元件也可以制成波纹形，其结构尺寸的关系如图 11-31 和见表 11-13。

带状电热元件多制成波纹形，其外形及结构尺寸的关系见图 11-32 和表 11-14。

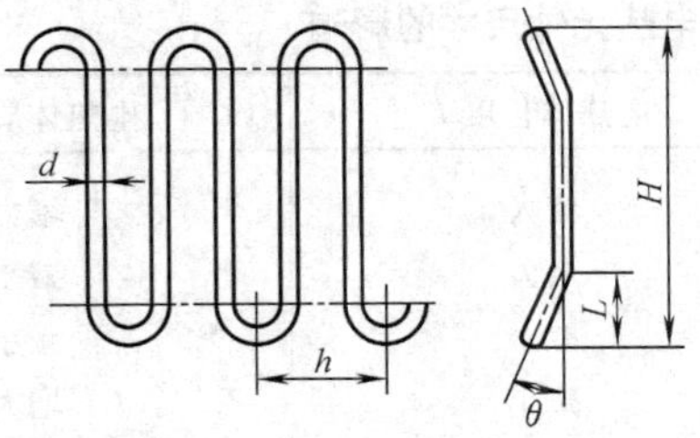

图 11-31　波纹形线状电热元件

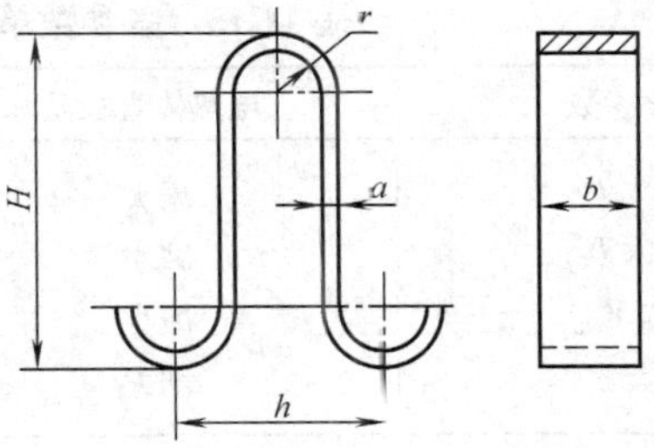

图 11-32　带状波纹形电热元件

表 11-12　线状螺旋形电热元件的结构尺寸

参数	铁铬铝电热体		铬镍电热体		
	>1000℃	<1000℃	>950℃	950～750℃	<750℃
螺旋节径 D/mm	(4～6) d	(6～8) d	(5～6) d	(6～8) d	(8～12) d
螺旋节距 h/mm	(2～4) d	(2～4) d	(2～4) d	(2～4) d	(2～4) d
螺旋柱长度 $L_{柱}$/m	$\frac{Lh}{\pi D}$	$\frac{Lh}{\pi D}$	$\frac{Lh}{\pi D}$	$\frac{Lh}{\pi D}$	$\frac{Lh}{\pi D}$

表 11-13　线状波纹形电热源元件的结构尺寸

波纹深度 H/mm		波纹间距 h/mm	θ	L
铁铬铝电热体	铬镍电热体			
150～250	200～300	>3d	10°～20°	$\frac{1}{4}$～$\frac{1}{6}H$

表 11-14 带状波纹形电热元件的结构尺寸

波纹深度 H/mm	波纹间距 h/mm	弯曲半径 r/mm	波纹体长度 $L_波$/m
$<10b$	$(10\sim30)\ a$	$(4\sim8)\ a$	$\frac{Lh}{2\ (H+1.14r)}$

（5）电热元件尺寸和质量与其影响　在炉子设计中需根据炉子的结构和客观条件优选电热元件的直径、长度和质量，为此应首先分析影响它们的主要因素。根据式（11-77）、式（11-79）和式（11-80）可以得出如下关系：

$$d=34.3\left(\frac{P^2\rho_t}{U^2W_允}\right)^{\frac{1}{3}} \tag{11-98}$$

$$L=0.92\left(\frac{PU^2}{\rho_tW_允}\right)^{\frac{1}{3}} \tag{11-99}$$

$$M=0.85\left(\frac{P^5\rho_t}{U^2W_允^4}\right)^{\frac{1}{3}} \tag{11-100}$$

以上三式表明，每个电热元件的直径 d，长度 L 和质量 M 都是元件功率 P、端电压 U、表面负荷 $W_允$ 和工作温度下材料的电阻率 ρ_t 等参数的函数。各参数单独变化对 d、L 和 M 的影响趋势见表 11-15。

表 11-15 各参数单独变化对电热元件尺寸的影响

变化参数	电热体直径 d	电热体长度 L	电热体质量 M
增大 P	增大	增大	增大
增大 U	减小	增大	减小
增大 $W_允$	减小	减小	减小
增大 ρ_t	增大	减小	增大

在炉子总功率不变的前提下，改变电热元件的接线方法，可改变电热元件的个数和每个电热元件的功率。例如，将单 Y 形联结改为双 Y 形联结时，元件个数将增加一倍，每个元件的功率相应减小一半。因此，元件直径、每个元件的长度和质量都减小，但总长度将增大，总质量减小。

电热元件由 Y 形联结改为 Δ 形联结时，元件端电压增大，元件直径将减小，而每个元件的长度则增长，降低质量。

必须注意，电热元件表面负荷是影响元件使用性能的重要参数，因此在设计计算终了时，应校核元件表面负荷，检查是否在合理的范围内。电热元件的直径也不能选得过小，否则会降低元件的刚度，在高温下容易倒伏和早期毁坏。另外，电热元件的总长度应与炉膛内壁电热元件安装部位的尺寸相适应。

2. 碳化硅电热元件的计算

（1）硅碳棒的规格与功率　根据炉膛尺寸选择硅碳棒的规格，并依下式计算每根硅碳棒的功率：

$$P_棒=\pi dLW_允\times10^{-2} \tag{11-101}$$

式中，$W_允$ 为在工作温度下元件允许表面负荷（W/cm^2）；d 和 L 分别为硅碳棒工作部分的直径（mm）和长度（m）。

（2）硅碳棒的数量　根据炉子的安装功率 $P_{按}$ 和每根硅碳棒的功率 $P_{棒}$，确定硅碳棒的数量（根），即

$$n=\frac{P_{按}}{P_{棒}} \tag{11-102}$$

依上式计算出来的 n 值一般不是整数，应归为整数。为了在炉内对称布置，还应取偶数。如为三相接法，n 应当是 3 的倍数。

（3）计算硅碳棒的端电压

$$U=\sqrt{10^3P_{棒}R_t} \tag{11-103}$$

式中，R_t 为硅碳棒在工作温度下的电阻（Ω）。

（4）电压调节范围

$$U_{调}=(0.35\sim2)U \tag{11-104}$$

八、电热元件的安装

1. 电热元件在炉内的安装方式

电热元件的安装方式对炉子热效率、元件使用寿命及炉子的操作和维修都有重要影响。安装电热元件时应保证元件固定可靠；尽可能减少元件之间及其与炉壁、支撑砖之间的辐射遮蔽，满足炉壁表面功率负荷（单位面积炉壁的安装功率）的要求；要便于电热元件的维修和更换；在可控气氛炉中，要注意避免炉气对元件的侵蚀和沉积炭黑造成元件短路。

由于线状螺旋形电热元件的结构简单、绕制容易，且易在单位炉壁表面上布置较大功率，所以应用最广。线状波纹形元件，辐射遮蔽较小、散热条件较好，但炉壁表面负荷较低，制作较困难，成本也较高，多用于无马弗罐的化学热处理炉。

安装电热元件的支撑分为支托物和挂钩两种。支托物有搁砖、异形砖、陶瓷套管以及各种支架。采用搁砖时，电热元件稳定可靠，筑炉较方便，但辐射遮蔽大，而且支托物本身质量较大，增加蓄热损失。挂钩有金属挂钩和陶瓷挂钩，通常下为水平或斜向插入砌体中，但筑炉较麻烦。

常用的电热元件安装方式有如下几种：

（1）安装在炉侧壁　在图 11-33a 中，电热元件放置在高铝搁砖上，搁砖与阶梯砖搭砌。在图 11-33b 中，电热元件的支托砖与炉壁砖制成一体，炉壁便于砌筑，但为了保证结构强度，应采用较重的耐火砖。在图 11-33c 中，线状波纹形电热元件固定在炉壁的挂钩上。在图 11-33d 中，波纹深度较大的线状波纹形电热元件悬挂在炉壁上，并在下方用陶瓷销钉加以固定。在图 11-33e 中，带状电热元件悬挂于炉子侧壁上。图 11-33f 中螺旋形电热元件安装在套管上。

（2）安装在炉顶　线状螺旋形或带状波纹形电热元件安装在炉顶上时，应采用异型支托砖或挂钩支持，如图 11-34 所示。其中图 11-34a 为螺旋形电热元件安装于炉顶异型砖沟槽内，这种结构较简单，但辐射遮蔽较大。图 11-34b 为带状电热元件安装于异形砖内，多用于平炉顶。在图 11-34c 为螺旋形电热元件安装在套管上，套管再由烘顶异形砖夹持。在图 11-34d 为波纹形带状电热元件由挂钩固定在炉顶上。

（3）安装于炉底　此时电热元件常水平放置在炉底搁砖上。

（4）安装在气流通道中　对于气流循环电阻炉，为使气流与电热元件进行充分热交换，

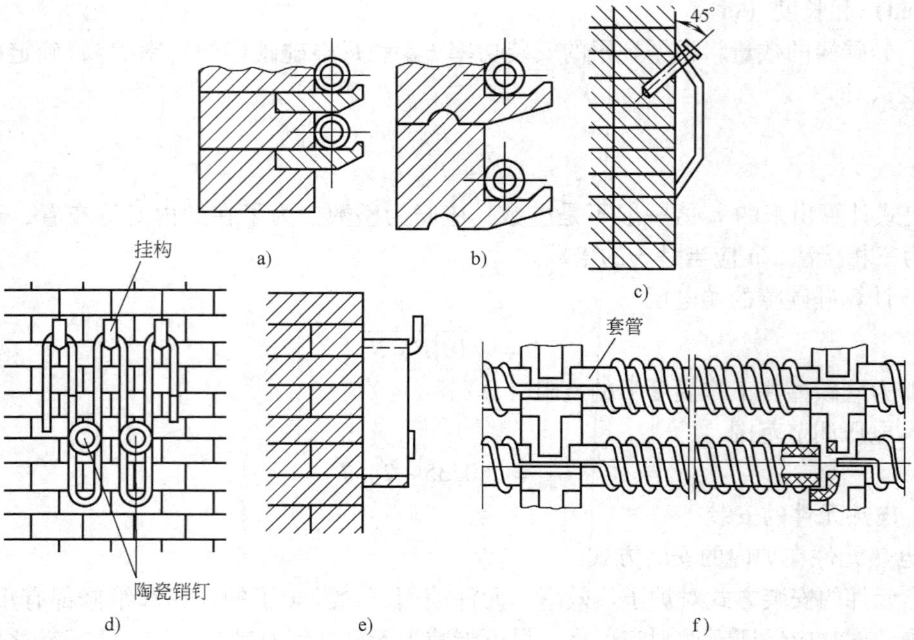

图 11-33 电热元件安装于炉侧壁上的方式

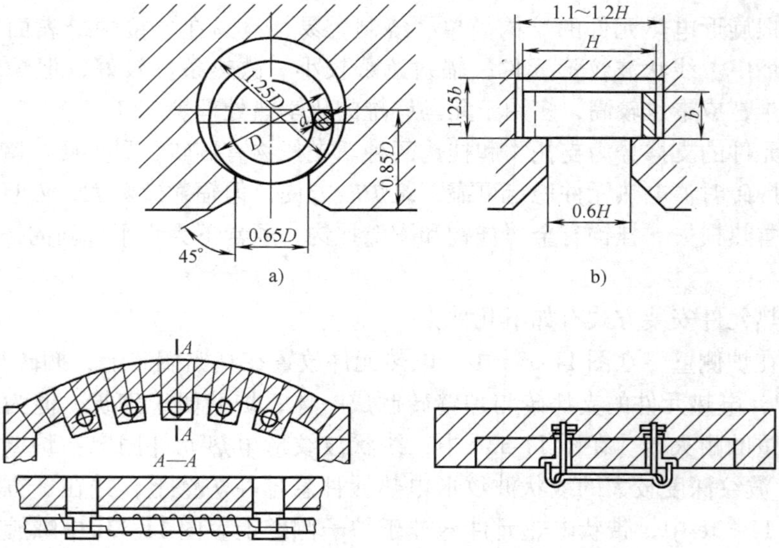

图 11-34 电热元件安装在炉顶上的方式

电热元件固定在支架上，放置于气流通道中。

（5）安装在辐射管内 高温电热辐射管多用于可控气氛炉，以保护电热元件不受炉内气氛侵蚀，而且便于更换，电热元件绕在芯棒（架）上，再套上圆筒形辐射管。

2. 电热元件的引出端

电热元件穿过炉壁引出炉外的部分，称为引出端。合金电热元件引出端的结构如图 11-

35 所示。电热元件 10 与引出棒 9 焊接后，穿入耐火瓷套管 1 中，瓷套管支承在接线头座 3 和炉墙上。为了减少通过引出孔的热损失，应在接线头座与瓷管之间填塞石棉绳 2，整个接线头座固定在钢板外壳 5 上，中间加石棉橡胶垫 4。对炉子密封性要求不太高的电阻炉，均可采用此种引出端结构。如果对炉子密封性有严格要求，引出端处必须具有良好的气密性，其结构要比图 11-35 所示复杂。

九、热处理电阻炉的技术经济指标

热处理电阻炉的技术经济指标主要分为两类：一类是满足工艺要求的指标，如炉子的额定功率、额定温度、生产率、炉膛尺寸和温度均匀性等；一类是满足节能要求的指标，如炉子的热效率、空载功率、炉外壁表面温升、砌体蓄热量及空炉升温时间等。下面仅介绍后一类指标。

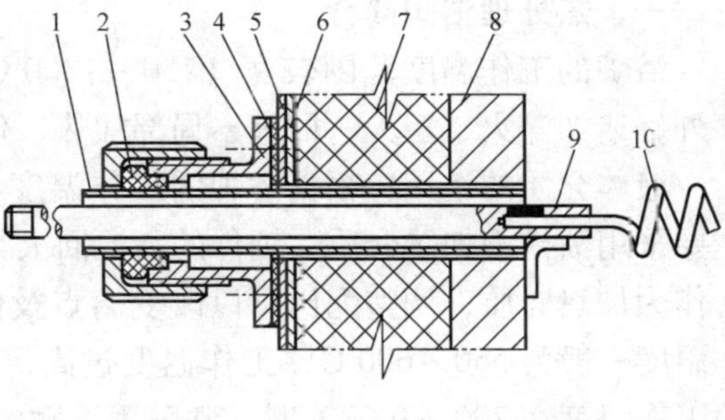

图 11-35　电热元件的引出端结构

1—耐火瓷套管　2—石棉绳　3—接线头座　4—石棉橡胶垫　5—钢板　6—石棉板　7—隔热材料　8—耐火材料　9—引出棒　10—电热元件

1. 炉子热效率

炉子的热效率指加热工件的有效热量占炉子总耗热量的百分数。为提高炉子的热效率，除减少炉子的热损失外，还要提高加热工件的有效热量。其基本措施就是强化炉内热交换过程，缩短加热时间，合理装料，提高生产率。

在实际生产中，炉子热效率与热处理工艺和设备的先进性及操作管理方法等因素密切相关。电阻炉的热效率一般在 40% ~80% 范围内，要求在 50% 以上。

2. 空载功率

炉子的空载功率指没有装料的炉子自升温开始至额定温度，并已达到热稳定状态后的功率消耗。空载热损失主要包括炉壁散热、炉门散热、外伸构件散热、炉壁缝隙溢气热损失等。降低炉子空载功率所应采取的主要措施是提高炉衬的砌造质量和隔热能力，如采用隔热性能好的筑炉材料，提高砖缝的严密性以及炉门、电热元件、热电偶引出孔的密封程度等。

3. 炉外壁表面温升

炉外壁表面温升指炉子在额定温度下达到热稳定状态时的外壁表面温度与环境温度之差，是炉子的隔热性能指标。炉壁炉顶表面的温升一般不超过 50℃，炉门部位应不超过 80℃。

4. 炉子砌体的蓄热量

炉子砌体的蓄热量取决于炉衬材料的体积、密度、比热容和加热温度。

5. 空炉升温时间

空炉升温时间指经烘干后没有装炉料的炉子，从室温加上额定电压（金属电热元件电阻炉）或额定功率（硅碳棒电阻炉）后达到额定温度所经历的时间。缩短空炉升温时间，可使炉子尽快使用，从而节约能量。缩短空炉升温时间的主要措施是提高炉壁单位面积的功率，即采用热导率小、密度低、比热容小的耐火材料和隔热材料，以减缓炉衬的传热过程，减少散热和蓄热损失等。

第四节 热处理浴炉

浴炉是利用液体介质加热（或冷却）工件的一种热处理炉。根据所使用液体介质，有盐浴炉、金属浴炉、碱浴炉以及油浴炉等，其中以盐浴炉在热处理车间使用最为广泛。

一、热处理浴炉简介

浴炉的工作温度范围较宽（150～1300℃），用途较广。除不能完成随炉冷却的退火工序外，诸如淬火、正火、回火、局部加热、化学热处理、等温或分级淬火等均可完成。

液体介质的选用应根据浴炉的工作温度与热处理工艺要求决定。当低于300℃回火时，主要采用油作为加热介质。钢件的高温回火与铝合金的淬火前加热，多采用硝酸盐和亚硝酸盐作为加热介质，调整配比可以改变熔点及使用温度（表11-16）。硝酸盐与亚硝酸盐的工作温度一般为550～600℃，工作温度过高，分解与蒸发剧烈，并有产生爆炸的危险。浴炉的工作温度在700～1000℃时，常采用熔融的氯化盐或不同氯化盐的混合物作为加热介质。

表11-16 浴炉中常用的介质

介质的成分（质量分数,%）	熔点/℃	使用温度/℃	应用范围
$55KNO_3+45NaNO_2$	137	150～500	钢件回火，铝合金淬火前加热；钢件分级或等温冷却
$55NaNO_3+45NaNO_2$	220	330～550	
$55NaNO_3+45KNO_3$	218	230～550	
$100NaNO_3$	331	325～600	
$35NaCl+65Na_2CO_3$	620	650～820	钢件淬火前加热
$22NaCl+78BaCl_2$	654	675～900	
$44NaCl+56KCl$	663	700～870	
100NaCl	810	850～1100	
$100BaCl_2$	960	1100～1350	
$20NaOH+80KOH\cdot 6H_2O$	130	150～250	钢件分级或等温冷却；钢件光亮淬火
35NaOH+65KOH	155	170～350	
100NaOH	322	350～700	
100Pb	327	350～850	钢件淬火前加热；钢件分级或等温冷却

液体渗碳、碳氮共渗或软氮化时，多采用氰化盐、尿素与氯化盐、碳酸盐的混合物作为活性加热介质。

工件在液体介质中加热时，液体介质向钢件表面传热是一种接触传热，钢件表面的受热强度主要取决于介质的物理性质及其对流程度。在液体介质中加热时，传热系数很大。介质工作温度过高，将会发生剧烈蒸发与氧化，使损耗增加；介质工作温度过低，流动性差，传热系数小，加热速度将明显下降。因此，工作温度应比盐的熔点高出100℃左右，最好是高出150～200℃。

工件在盐浴炉中加热时，除加热速度快，温度均匀外，还可以防止产生氧化与脱碳，提高工件的表面质量。但要定期对盐浴进行脱氧处理，清除盐浴中的氧化物，才能防止钢件产生氧化与脱碳。常用的脱氧剂有硼砂、硅铁粉、硅胶、二氧化钛等。脱氧剂投入盐浴中后与盐浴中的氧化物生成熔点较高的沉淀物沉入炉底，用勺捞出。

工件在浴炉中加热时，由于炉口敞开，操作方便，加热速度快，故可对工件进行局部加热及高温短时快速表面加热。

盐浴炉的主要缺点是装料量少，辅助时间长（炉子启动，脱氧操作等），盐消耗大，热处理成本高。由于炉口经常敞开工作，盐浴面散热非常多，既降低了炉子的热效率，又恶化了劳动条件。另外，工作时要防止由于水分带入熔盐中而引起盐的飞溅或爆炸事故，此外，还应及时将有害的蒸气排除。由于铅蒸气对人体的危害很大，故目前在热处理车间铅已禁止使用。

盐浴炉虽然有以上种种缺点，但其优点是一般加热炉无可比拟的。因此，目前盐浴炉仍然是热处理车间中重要的加热设备。盐浴炉特别适用于加热一些尺寸不大、形状复杂而且表面质量要求高的工件，例如，刃具、模具、量具以及其他一些精密的零件。

二、外热式浴炉

外热式浴炉的热源在坩埚外部，热量通过坩埚壁传入加热介质。坩埚用耐热钢或铸铁铸造而成，其壁厚在 20 ~ 30 mm，亦可用厚度为 5 ~ 20 mm 的低碳钢或不锈钢钢板焊接而成。外热式浴炉一般多在 900℃以下工作，随着工作温度升高，坩埚寿命急剧降低。因此，外热式浴炉的工作温度较低，主要用于碳钢与合金钢工件的淬火、正火、回火等，特别适宜做各种化学热处理（液体碳氮共渗、液体软氮化等），也可以作等温冷却用。

外热式浴炉的热源有电能及各种燃料。工作温度较低并要求准确控制温度的小型浴炉一般多采用电加热；而对大型的、炉温较高、温度控制又不很严格的浴炉，常使用燃油或煤气来加热。外热式坩埚浴炉的最高工作温度为 850℃。

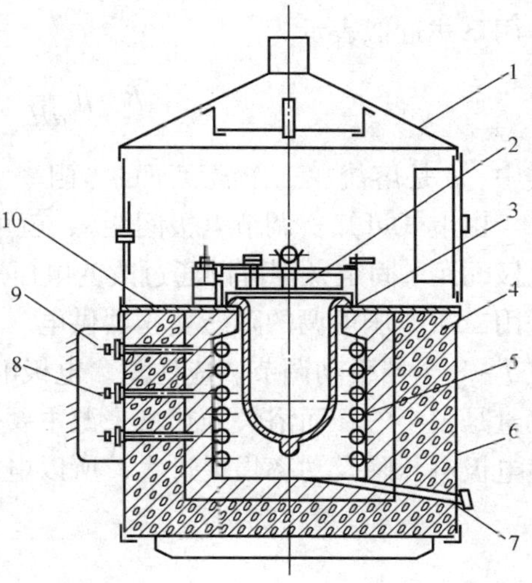

图 11-36　外热式坩埚浴炉

1—排气罩　2—炉盖　3—坩埚　4—炉衬　5—电热体　6—炉壳　7—流出孔　8—接线柱　9—保护罩　10—炉面板

图 11-36 为外热式坩埚浴炉的结构图。坩埚的加热主要靠电热体与炉膛内壁的辐射，升温较慢。坩埚容积越大，熔化时间越长，介质温度也越不均匀。在正常工作过程中，电热体温度要比介质温度高出 100 ~ 150℃，因此，在炉膛内要设置热电偶控制炉温，以防止电热体被烧坏。另外还要在坩埚内插入一支热电偶以测量坩埚内的实际温度，以校核坩埚外部与内部的温差。

三、内热式浴炉

内热式浴炉是将热源放在介质的内部直接将介质加热。内热式浴炉按其工作原理分为辐射管式与电极式两种。辐射管式浴炉常用管状电热元件直接插入介质（例如硝盐、碱类或油类）中，其工作温度在 600℃以下，主要用于钢件回火及等温冷却用。电极式浴炉的工作温度范围广，适用于各种热处理工序，而且温度均匀，热效率高，启动开炉快，炉子结构简单。下面介绍电极式盐浴炉的分类及应用。

1. 插入式电极盐浴炉

（1）插入式电极盐浴炉的工作原理 在熔盐中插入一对电极，通入低电压（6～17.5 V）大电流（几千安培）的交流电，由于熔盐的电阻热效应而将熔盐加热到工作温度。在浴槽中插入一对方形截面的低碳钢制电极，电极与浴槽各部分尺寸如下：电极截面的边长 $a=45\sim75$ mm，电极之间的距离 $s=20\sim75$ mm，盐浴面的高度 T，电极插入深度 H，电极距浴槽底的距离 $L=T-H=60\sim100$ mm，电极距浴槽壁的距离 $b=10\sim50$ mm，如图 11-37 所示。

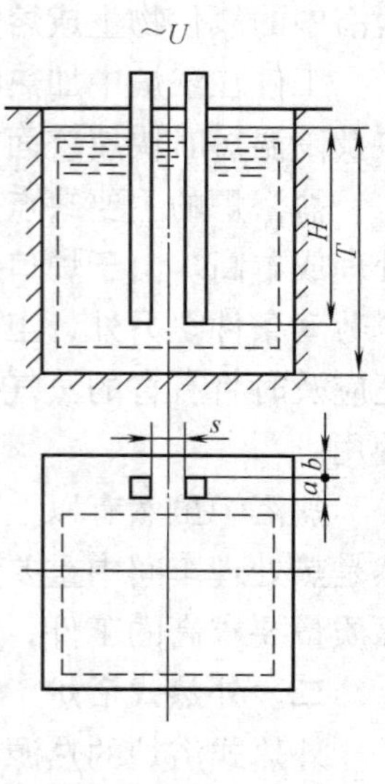

图 11-37 电极盐浴槽的尺寸

当电极之间的电压为 U，熔盐电阻为 R，电流为 I 时，则输入功率 P 为

$$P=IU=\frac{U^2}{R} \tag{11-105}$$

一般认为，电极间熔盐的电流密度最大，而在电极外侧电流密度迅速下降，即电流只集中在极间熔盐中通过。熔盐的电阻 R 可用下式近似表示为

$$R\approx\rho\frac{s}{aH} \tag{11-106}$$

式中，ρ 是熔盐在工作温度下的电阻率。

由上式可知，调节电极间距 s，就可以改变熔盐电阻，从而达到调节功率的目的。如果电极间距 s 固定，则可以通过改变电压来调节浴炉的功率。在大多数情况下，电极式浴炉是采用二次电压可调的降压变压器供电，一次电压为 380 V，二次电压在 5～17.5 V 之间，分成 7～8 个档手动调节。应注意，电极的电阻与熔盐电阻相比是很小的，因此电极所发出的热量是很小的，而浴炉的热量来源主要是熔盐的电阻热效应。为了使浴炉能正常工作，不应使电极电压降及功率损耗过大，所以电极电阻 R_1 与熔盐电阻 R 应满足下面关系：

$$\frac{R}{R_1}\geqslant20 \tag{11-107}$$

由于电极上的电压降，使电极间电流密度沿电极高度分布不均匀，电极上部电流密度大，而越向下部电流密度越低，这样会造成炉膛上下有温差。当熔盐深度不超过 600 mm，即使电极长度较短，电压降也不会很大，再加上熔盐的对流循环，故浴槽上下温差不明显。但是，对于加热拉刀或长轴的深井式电极盐浴炉来说，使炉膛的上下温差就相当可观了。通过采用大截面电极可使电极的电压降减少，使炉膛上下温差小，但是这样的电极会使炉子结构不合理。

在电极式浴炉工作时，由于电磁对流或电磁搅拌作用，熔盐产生强烈对流作用使介质温度趋向均匀。这里仅以最简单的情况来分析产生电磁搅拌的原因。如图 11-38 所示，当某瞬间电流 I 以图示方向流过电极时，在电极周围空间产生磁场，根据右手螺旋法则可以确定极间合成磁场 H 的方向，以⊙表示之。将极间

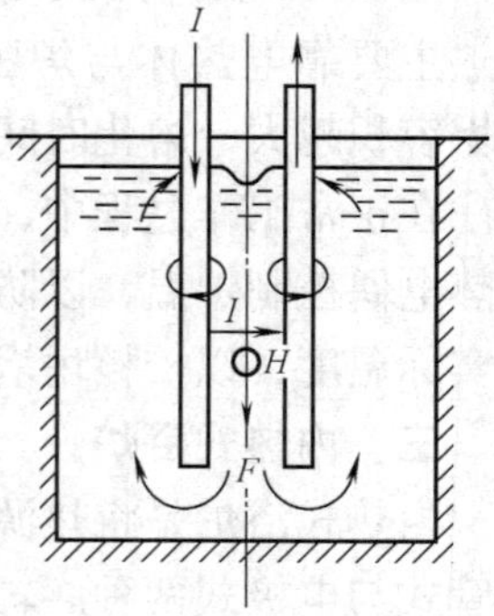

图 11-38 熔盐的电磁搅拌作用

熔盐当作可以移动的导体，则当其中有电流通过时，在磁场作用下熔盐受到电磁力 F 的作用。根据左手电动机法则，可以确定电磁力 F 的方向是向下的。当电流换向，则磁场方向也换向，但电磁力的方向不变。综上所述，在交变电流作用下，使电极间熔盐受电磁力作用而向下流动，电极间高温熔盐不断向下排出，而低温熔盐不断向上补充，整个盐浴形成对流循环，使介质的温度均匀。

(2) 插入式电极盐浴炉的种类　插入式电极盐浴炉可以分为单相或三相。单相盐浴炉的功率一般在 50kW 以下，功率过大将使车间配电困难。三相盐浴炉的三支电极在浴槽中布置成三相平衡负载，供电方便，功率也可以大些。

对插入式电极盐浴炉来说，电极的形状、尺寸、数量及其布置对浴炉的性能有很大影响。

图 11-39 为两种常用的单相电极盐浴炉的电极布置，其优点是电磁搅拌作用较强，炉温均匀，启动方便，工作空间内无电流，不致引起工件局部过热。一般圆形浴槽内介质温度较均匀，但要用大块异型耐火砖砌筑。方形浴槽虽然在角部温度偏低，但是当浴槽尺寸不大，依靠电磁搅拌作用也可以维持炉温的均匀性。方形浴槽用一般直角标准砖砌筑。

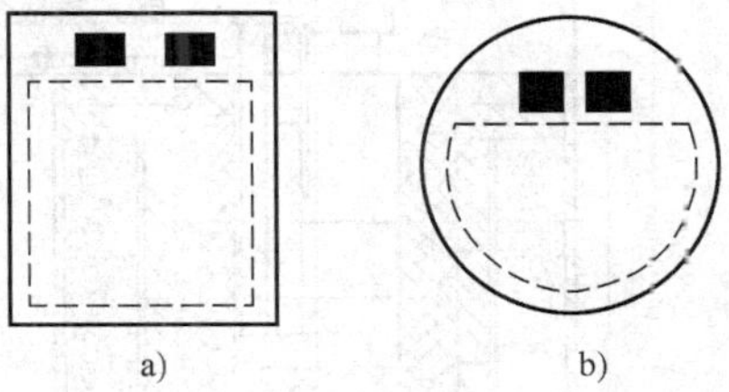

图 11-39　单相电极盐浴炉的电极布置
a）方形浴槽　b）圆形浴槽

图 11-40 是三相电极盐浴炉的电极布置图。图 11-40a 是将三支圆棒状电极等距布置在浴槽的一侧，其优点负载平衡，但盐浴面的面积利用率低。图 11-40b 是将三支电极排成一列布置在浴槽的一端，浴槽利用率高，但是负载不平衡，中间的电极负荷大，容易过早损坏。为了改善这种负载不平衡，在电极前方插入一块钢板（中性板），使电流由一个电极通过中性板回到另一电极，可使三相负载电阻接近一致，如图 11-40c 所示。中性板的上方留有孔，下部不要插到槽底，以便熔盐上下对流循环。另外一种改善不平衡的方法是采用三相四极式，将其中的辅助电极接到 A 相上，如图 11-40d 所示，使三相负载电阻大致相同。图 11-40e 是一种三相六极式浴槽，用一台三相变压器供电，每对电极为负载的一相，亦可用三台单相变压器供电，由于浴槽尺寸大，电极多，盐浴面的面积利用率不好，盐浴面辐射热损失也增多。图 11-40f 是将三支板状电极布置在正六角柱形浴槽中，它是一种平衡负载，电流流过全部盐浴，炉温均匀，盐浴面的面积利用率大，但是在工件中有电流流过，有时会使工件棱角处过热。另外，由于电极的间距较大，工作电压要增大。

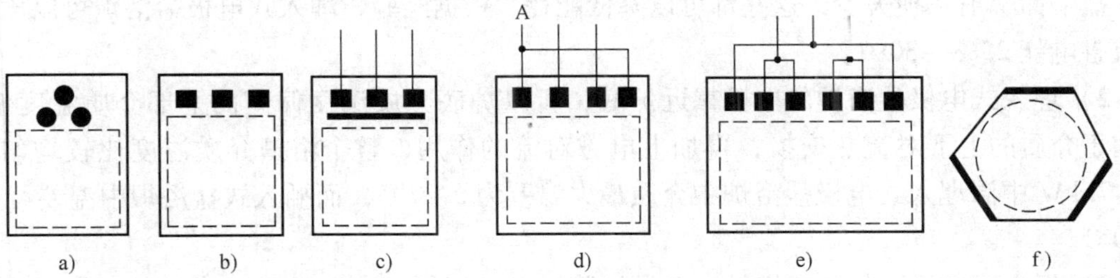

图 11-40　三相电极盐浴炉的电极布置

(3) 插入式电极盐浴炉的结构　插入式电极盐浴炉的结构比较简单，其外壳用角钢与钢板焊成，在其中砌成浴槽。高温的浴槽用高铝砖砌成，中温的用粘土砖砌成，砌缝应不大于

1.5 mm。有时将浴槽砌在5~10 mm厚钢板焊成的钢包（炉胆）中，钢包与外壳之间填充隔热材料。使用钢包可以防止熔盐沿砌缝外溢进入隔热层，又便于更换浴槽。图11-41表示RYD系列高温电极盐浴炉的结构，它与GL系列电炉控制柜配套使用，控制柜上装有指示温度的高温毫伏计。RYD系列电极式盐浴炉按工作温度高低可分为高、中和低温三种。高温炉工作温度达1300℃，可供高速钢或高铬钢工件淬火加热用。中温炉工作温度为850℃，可供碳钢与合金钢工件淬火加热用。低温炉的工作温度为600℃，供钢件回火用。

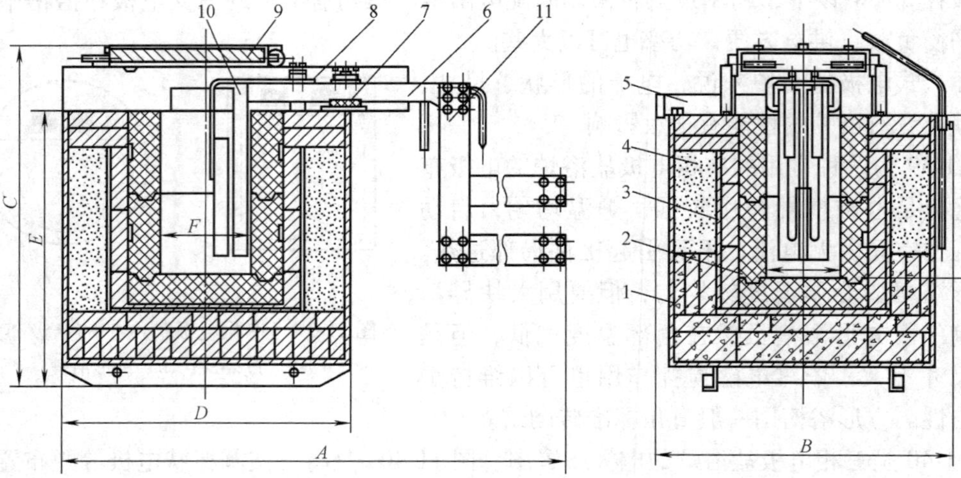

图11-41 RYD系列高温电极盐浴炉结构

1—外壳 2—砌砖 3—钢包（炉胆） 4—隔热层 5—排气装置 6—电极柄 7—石棉水泥板 8—启动电阻 9—炉盖 10—电极 11—铜排

2. 埋入式电极盐浴炉

（1）埋入式电极盐浴炉的特性 埋入式电极盐浴炉是将电极埋在浴槽砌体之中，只有电极的工作面接触熔盐，在盐浴面之上无电极。埋入式电极盐浴炉与插入式相比，有以下优点：

1）埋入式盐浴炉的盐浴面几乎全部可以利用。如以相同的有效容积与相同的产量来计算，埋入式盐浴炉的炉膛容积小，因此所耗电能低。如炉膛容积相同，埋入式盐浴炉的有效容积比插入式的大，故装炉量大，生产率高；另外，由于埋入式盐浴炉的启动时间短，熔化快，盐浴面辐射热损失少，这些都可以降低能耗。根据经验，埋入式电极盐浴炉可以比插入式节省电能25%~30%。

2）埋入式电极盐浴炉的电极靠近炉底，所以炉底介质温度偏高而上部介质温度偏低，有利于介质的上下对流热交换，再加上电磁对流的作用，整个浴槽介质温度比较均匀。例如，75kW中温埋入式电极盐浴炉中介质最大温差为6~7℃，而插入式盐浴炉中温差可达15~20℃。

3）埋入式电极不与空气接触，寿命显著提高。例如，高温盐浴炉三班制工作，插入式低碳钢电极的寿命只有5~6天，而埋入式电极的寿命可达一个月左右。中温盐浴炉的电极寿命可由一个月提高到一年左右。

4）在埋入式电极盐浴炉中，工件接触到电极的可能性较小，不易产生过热或烧伤。

埋入式电极盐浴炉具有有效容积大，耗电少，温度均匀，升温快，热效率高，操作方便，容易机械化操作等一系列优点。特别是在节电、提高工件热处理质量、实现机械化方面，埋入式电极盐浴炉发挥了重大的作用。

埋入式电极盐浴炉也存在一些缺点：

1）埋入式电极埋砌在砌体中，所以砌体与电极成为一个整体，不能单独更换电极。中温盐浴炉的电极与浴槽的寿命匹配尚好，而高温盐浴炉二者的寿命匹配较差。

2）埋入式电极的形状复杂，电极的锻造与焊接工作量较大，砌炉和制作浴槽比较麻烦。

3）埋入式电极的电极间距不能调节，只有电极的形状尺寸及布置合适时才能使盐浴炉在规定的变压器档数下发出额定功率，否则，功率不足，升温缓慢，甚至升不到工作温度；如果功率过大，只能在低档数下使用，影响盐浴炉的功率调节。因此，当所设计的埋入式电极盐浴炉功率不合适时，要重新设计与施工，工作量大，而插入式电极盐浴炉调节灵活，施工方便。

（2）埋入式电极盐浴炉的种类　按埋入式电极引入炉膛的方式不同，可分为侧埋式电极盐浴炉与顶埋式电极盐浴炉两种，如图 11-42 所示。

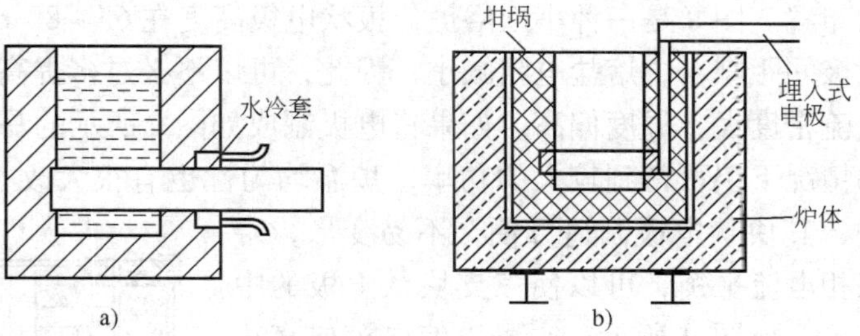

图 11-42　埋入式电极盐浴炉示意图

a）侧埋式　b）顶埋式

1）侧埋式电极盐浴炉。电极是直条状电极，从炉子后壁的孔洞中水平插入炉膛中，电极的三个侧面均埋在砌体中，只有一个侧面与熔盐接触。为了防止漏盐，在炉壁孔洞处设有水冷套并用石棉耐火泥或耐火水泥堵塞缝隙。这种盐浴炉的主要优点是电极形状简单，制造方便。常见的侧埋式电极盐浴炉的电极布置如图 11-43 所示。单相两极式盐浴炉的结构最简单，但是当浴槽宽度较大时，熔盐电阻增大，此时为了得到足够的功率，就要增加电极的高

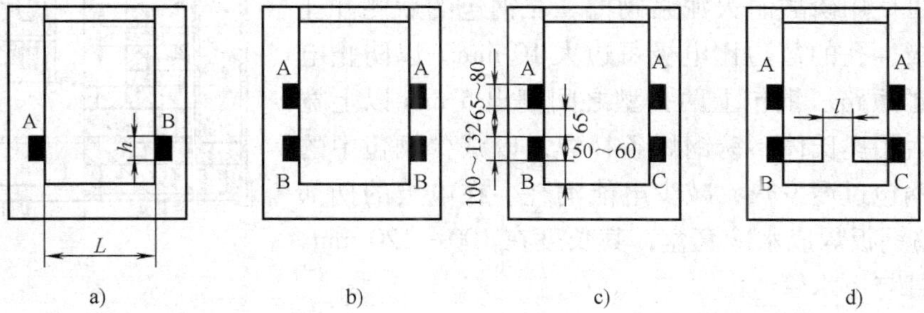

图 11-43　常见侧埋式电极盐浴炉的电极布置

a）单相两极式　b）单相四极式　c）三相四极　d）三相四极式

度或提高电极的工作电压。如果浴槽很宽时，应采用单相四极式，使电极间距减少，熔盐电阻下降，在不提高工作电压情况下就可以得到足够的功率。对于大功率的盐浴炉通常采用三相四极式，当ABC三支电极的长度相同时，B与C电极之间距离较长，负载不易平衡。若三相功率不相等，可适当调整电极尺寸和电极间的距离使三相功率接近平衡（电流不平衡度应在10%以下）。例如，缩短A相电极的长度，增加B与C相电极的高度，改变A—B与A—C电极间距或将B与C相电极制成马蹄形等均有利于负载平衡。

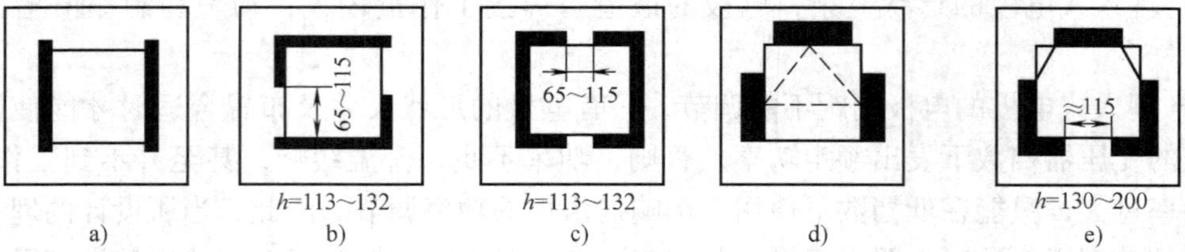

图11-44 顶埋式电极盐浴炉的电极布置

2）顶埋式电极盐浴炉。电极是从炉子顶部砌体中引入炉膛，因此不产生炉壁缝隙漏盐的问题。但顶埋式电极的形状复杂，焊接工作量大，砌筑浴槽工作比较复杂。图11-44表示几种顶埋式电极的布置。图a是一种小型浴炉，板状电极高度在65～80 mm。图b是直角形板状电极，由于电极间距减小，熔盐电阻减小，因此，可以不必过多提高工作电压，但是在电极最近距离处电流密度大，温度偏高。如果将电极制成如图c所示的马蹄形，当炉膛较宽而电极高度较低的情况下仍可得到较大的功率，炉温均匀性也有很大改善。图d、e是三相顶埋式电极盐浴炉，其块状电极制造方便，不易变形，寿命较长。为了使三相电流平衡，可以使三支块状电极的中点之间距离近似相等，如图d所示；也可以使电极成直角状，调节三支电极端部的相互距离，如图e所示。

埋入式电极盐浴炉的浴槽深度一般不超过600 mm，高温炉的浴槽边长在300～350 mm以内，中温炉的还可以大些。

（3）埋入式电极盐浴炉的结构 图11-45表示采用砖砌浴槽的侧埋式电极盐浴炉的结构。浴槽用高铝砖或粘土砖砌在6～8 mm厚的钢包中，砌缝要尽可能小。为了提高砌缝的强度可使用磷酸耐火泥浆砌槽。在钢包的后侧开孔以便插入电极，孔的每边比电极每边大10 mm，以防止电极与钢包相碰短路。钢包上两孔型之间割出5 mm以上宽度的缝，然后用奥氏体不锈钢焊条补焊，以减少钢包中的涡流引起的钢包过度发热，减少电能消耗。在电极的柄部用5 mm厚的钢板焊成水冷套盒，其长度在100～120 mm，并焊有上水管与下水管。

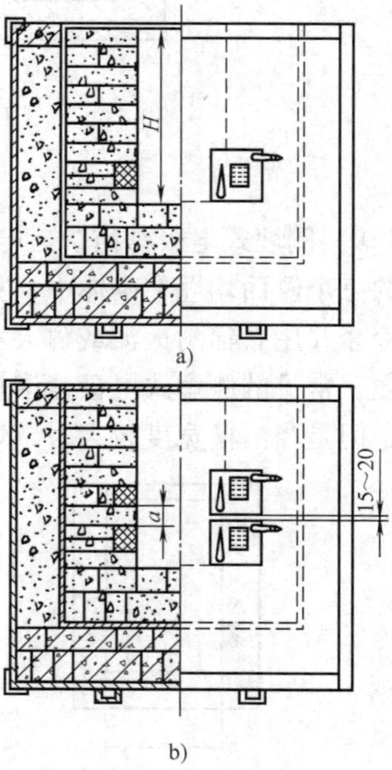

图11-45 侧埋式电极盐浴炉（砌砖式）结构

a）单相两极式 b）三相四极式

3. 盐浴炉用变压器

盐浴炉用变压器的容量应为浴炉功率的1.1～1.2倍，变压器的一次电压为380V，二次电压为5.5～17.5V。埋入式电炉用变压器的二次电压为 14～35V。

盐浴炉大部分是采用空气冷却的干式降压变压器。利用装在一次侧的无载分接开关改变一次绕组的匝数，从而改变了二次电压。例如，ZUDG—253 型变压器的额定容量为 25 kVA，一次电压 380 V，二次电压分七档，各为 6.3、7.9、8.7、10、12.4、15.8 及 17.6V，额定输出电压为 10V，此时二次额定输出电流为 2500 A，其额定容量为 10V×2500A=25 kVA。为了加速升温可以使用高压档，但超载使用时间不得超过 1.5 h。暂停工作时，为保持盐浴融熔状态，可以使用低压档供电。采用水冷时可以大大提高变压器的容量。

盐浴炉变压器均采用无载换档，但断电时炉温将产生较大波动。如不断电换档，会在接触点处产生电弧烧坏设备。在用于高速钢热处理的高温盐浴炉中为减少炉温波动，维持连续生产，最好采用带负荷连续无级功率调节器，如磁性调压器或可控硅调压器。磁性调压器是由变压器与饱和电抗器有机组合而成的一种自动调压设备，通过改变其直流控制绕组中电流，可使二次输出电压连续改变，调节范围在 5～30V 之间。磁性调压器与电极盐浴炉可以组成自动控温的闭环控制系统，结构简单，运行可靠，使用较多。

四、电极盐浴炉的总体设计

1. 电极盐浴炉的结构设计

电极盐浴炉由炉体、耐火材料（或金属材料）坩埚、电极、电极柄、铜排、盐浴炉变压器等组成。

（1）炉体结构设计　为便于更换坩埚及防止漏盐，一般将炉体与坩埚做成装配式的。盐浴炉砌体结构如图 11-46 所示。

炉体是用角钢焊成炉架，在炉架的底部及四周焊上钢板而成。炉底负荷较大，一般用 5～8 mm 厚钢板；四周可用 3～4 mm 钢板。侧埋式盐浴炉后侧面的钢板适当厚一些。为保持炉面整洁，可用 5～6 mm 钢板做护面板。炉体下部一般焊有两条高度为 50～80 mm 槽钢或工字钢，支承整个炉子，以免炉体直接对地面导热。

炉壳钢板内衬一层厚 5 mm 左右的石棉板；炉底一般用硅藻土砖（113+65 mm）砌筑，最底层（113 mm）砌成方格，中空部分填蛭石粉；炉壁隔热层用硅藻土砖等，其厚度一般为 180～250 mm。

（2）坩埚结构设计　坩埚是由用 6～8 mm 厚钢板焊成炉胆，以及在炉胆内用耐火材料砌成浴槽组成。对于大型高温盐浴炉应在炉胆四周包焊角钢，以免胀裂漏盐。侧埋式电极盐浴炉的炉胆结构如图 11-47 所示。

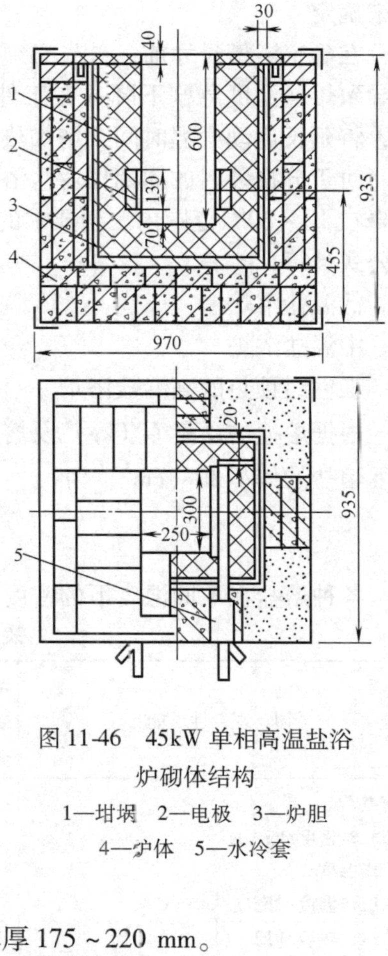

图 11-46　45kW 单相高温盐浴炉砌体结构

1—坩埚　2—电极　3—炉胆　4—炉体　5—水冷套

浴槽用耐火砖砌体厚 180～240 mm，耐火混凝土砌体厚 175～220 mm。

顶埋式电极盐浴炉，为防止电极柄与炉胆之间短路，两者之间距离应大于 65 mm。对于高温盐浴炉，特别是长期连续使用的高温盐浴炉，还应尽可能大一些，一般在 65～113 mm

之间，砖砌时取上限，用耐火混凝土时取下限。

(3) 坩埚材料的选择　盐浴炉浴槽材料有耐火砖和耐火混凝土两种。砖砌时一般采用标准重质耐火粘土砖或重质高铝砖。连续使用的盐浴炉及高温盐浴炉，应采用高铝砖。在砌筑时必须错开砖缝，要求砖缝不大于1 mm，用专用的耐火泥浆作为粘结剂。用耐火混凝土捣制的优点是没有砖缝，漏盐现象大为减少，使用寿命一般比砖砌长，制造方便，成本低。

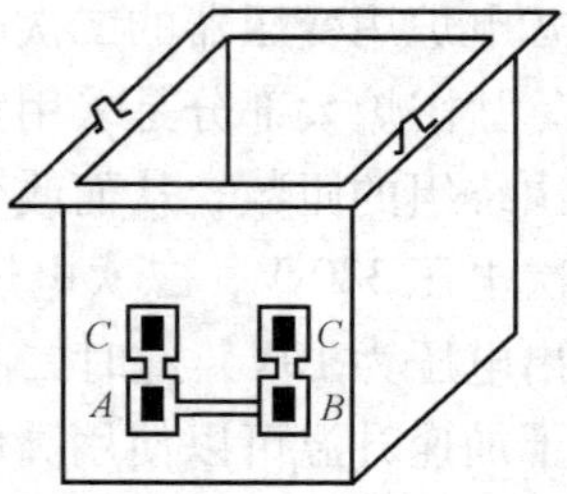

图 11-47　侧埋式电极盐浴炉炉胆结构

目前，大量使用的有磷酸盐耐火混凝土和矾土水泥耐火混凝土两种。此外，也有采用水玻璃耐火混凝土的。磷酸盐耐火混凝土具有高强度、高耐火度、良好的高温韧性和热稳定性。缺点是价格高，施工较繁琐，捣打质量要求高。矾土水泥耐火混凝土的耐火度和高温强度都比较差，开裂的倾向也大，但价格便宜，施工方便，整体性强。

2. 浴槽尺寸的确定

浴槽尺寸主要根据盐浴炉每小时加热的工件质量、形状、尺寸，热处理工艺及工件装夹具来确定。

在确定浴槽尺寸前，首先必须确定熔盐的容积。若容积过小，蓄热不足，装入工件后就会导致熔盐温度急剧下降并在工件表面凝固，延长加热时间，降低生产率；若熔盐容积过大，将延长启动升温时间，增加热损失。

对于分批装料的周期作业盐浴炉，熔盐所具有的热量一般需保证工件装入后熔盐的温度下降在10～20℃范围内。当要求的生产率为$g_{件}$（kg/h）时，则熔盐的质量G可根据下面经验公式计算：

低温盐浴炉　$$G=(5\sim10)\ g_{件} \tag{11-108}$$

中温盐浴炉　$$G=(2\sim3)\ g_{件} \tag{11-109}$$

工件经预热的高温盐浴炉　$$G=(1\sim1.5)\ g_{件} \tag{11-110}$$

根据熔盐的质量G（kg）及熔盐在工作温度下的密度γ_t（kg/cm^3），可计算出在工作温度下熔盐的体积V_t（cm^3）为

$$V_t=\frac{G}{\gamma_t} \tag{11-111}$$

各种熔盐在不同温度下的密度见表11-17。

表 11-17　几种熔盐的物理性能

物理性能	碱金属亚硝酸盐和硝酸盐的混合盐	碱金属硝酸盐的混合盐	碱金属氯化物和碳酸盐的混合盐	碱金属氯化物的混合盐	碱金属与碱土金属氯化物的混合盐	碱土金属氯化物
熔点/℃	145	170	590	670	550	960
25℃时密度/kg·m^{-3}	2120	2150	2260	2050	2075	3870
工作温度/℃	300	430	670	850	750	1290
在工作温度时密度/kg·m^{-3}	1850	1800	1900	1600	2280	2970
固体比热容/[kJ·(kg·℃)$^{-1}$]	1.34	1.34	0.96	0.84	0.59	0.38
液体比热容/[kJ·(kg·℃)$^{-1}$]	1.55	1.51	1.42	1.09	0.75	0.50
溶解热/kJ·kg^{-1}	127.7	230.3	368.4	669.9	345.4	182.1

待熔盐体积 V_t 确定后，可根据图 11-48 来确定浴槽尺寸。

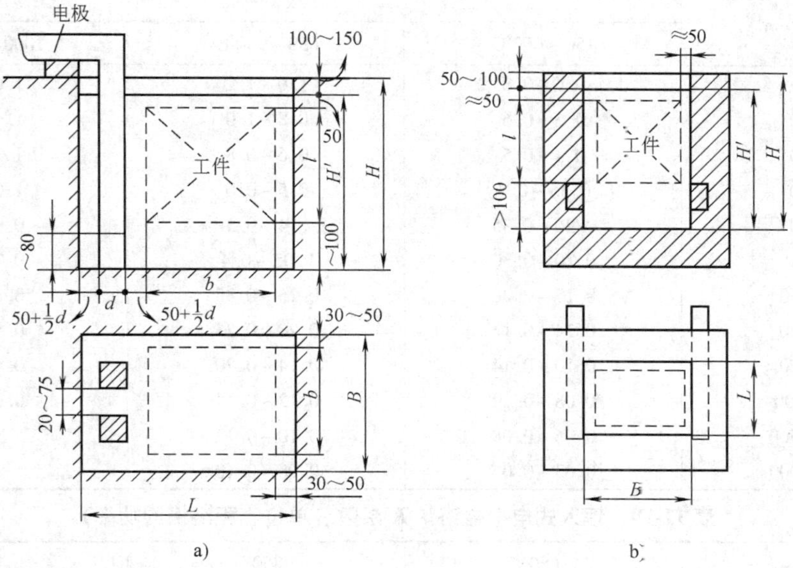

图 11-48 电极盐浴炉的浴槽尺寸

a）插入式 b）埋入式

浴槽容积（$L\times B\times H$）应大于熔盐体积 V_t。这是因为工件及夹具装入后要占去一定容积。工件应离开电极一定距离，以避免工件局部过热。若为插入式电极盐炉，插入的电极也要占一定容积。

由于盐浴表面的辐射热损失很大，因此在满足工件（或夹具）装炉和工艺操作的条件下，应尽量缩小浴槽的横截面积，适当地增加浴槽深度。但浴槽太深，使操作及捞渣均不方便，同时也增加了上下炉温的不均匀性。若对钻头等工件进行局部加热时，浴槽的深度可适当减小。

3. 盐浴炉功率的确定

盐浴炉的功率同样可以用热平衡方法计算，其热量支出项目包括工件及夹具的吸热，盐浴炉浴面的辐射及对流热损失，炉壁散热损失等。除工件吸热外其余均为热损失项目，其中以浴面的辐射及对流热损失最大。由于炉子的热效率较低，热损失项目多，且随工作温度升高而增大，计算复杂，又不准确，故一般均用经验法确定盐浴炉功率。根据熔盐的体积，按下式确定炉子功率为

$$P=KV_t \tag{11-112}$$

式中，P 为盐浴炉的功率（kW）；V_t 是熔盐在工作温度下的体积（cm^3）；K 为系数，表示单位容积浴槽的功率（kW/cm^3），其值随炉温升高而增大，随熔盐体积的增大而减小。一般可参考表 11-18 选择 K 值。新系列埋入式电极盐浴炉的 K 值可参考表 11-19。

表 11-19 所列 K 值适用于额定功率为 18 ~ 140 kW，炉膛深度在 600 ~ 700 mm，空炉升温时间不超过 2 h 的埋入式电极盐浴炉。在选用 K 值时，还应考虑其他具体情况：对于炉膛较深而熔盐散热面积较小者，应取较小的 K 值；反之，取较大值；对于要求快速加热或大量连续生产的盐炉，K 值应取大些，以保证有足够的功率。

表 11-18 电极盐浴炉 K 系数（单位容积浴槽的功率）

浴槽容积/cm^3	K/kW · cm^{-3}		
	150～650℃	650～950℃	1000～1350℃
10 以下	0.6～0.8	1.0～1.2	1.6～2.0
10～20	0.5～0.6	0.8～1.0	1.4～1.6
20～30	0.4～0.5	0.6～0.8	1.2～1.4
30～50	0.35～0.4	0.5～0.6	1.0～1.2
50～70	0.20～0.35	0.4～0.5	0.9～1.0
70～100	0.20～0.30	0.35～0.4	0.7～0.9
100～150	0.17～0.20	0.25～0.35	0.8～0.7
150～300	0.14～0.17	0.20～0.25	0.5～0.8
300～500	0.10～0.14	0.14～0.20	0.4～0.5
500～1000	0.08～0.10	0.12～0.14	0.3～0.4
1000～1500	0.06～0.08	0.10～0.12	
1500～2000	0.03～0.06	0.08～0.10	

表 11-19 埋入式电极盐浴炉 K 系数（单位容积浴槽的功率）

炉温/℃	650	850	1300
K/kW · cm^{-3}	0.4～0.5	0.6～0.7	0.9～1.2

五、盐浴炉的电极设计

盐浴炉的电极一般用低碳钢制造。电极的形状、尺寸、间距及其在炉内的布置，对盐浴炉发出功率的大小、三相电流平衡度、炉温均匀性及电极的寿命均有很大影响。

1. 插入式电极盐浴炉的电极设计

（1）电极形状及其布置　插入式电极盐浴炉的电极大多为棒状，横截面常用圆形，也有用方形，极少数电极用板状。图 11-39、图 11-40 分别为单相及三相插入式电极盐浴炉的电极布置形式。

（2）电极尺寸的确定　由于插入式电极盐浴炉在额定档时发出功率的大小，可通过调整棒状电极间距进行调节，因此，对电极尺寸的要求并不严格，一般不必进行计算，可按表 11-20 列出的电极截面尺寸直接选用。为保证电极具有一定的寿命，对流过电极横截面的电流 I 可按下式对所选定的电极尺寸进行校核：

$$I = Ai \tag{11-113}$$

式中，A 是电极的横截面积（cm^2）；i 是电极横截面允许的电流密度（A/cm^2），取 60～80 A/cm^2，炉温高时取下限。又因

表 11-20 插入式电极盐炉的电极截面尺寸

相数	功率/kW	电极数目	电极直径或边长/mm
1	25	2	45
1	35	2	45
1	50	2	75
3	35	3	45
3	60	3	60
3	100	3	75

$$I=\frac{10^3P}{U} \tag{11-114}$$

式中，P 是一对电极所分担的盐炉额定功率（kW），一般不超过 50kW；U 是额定档时电极的端电压（V），它等于变压器额定档的二次电压，减去铜排、电极柄及盐炉变压器的阻抗压降。

所以

$$A=\frac{10^3P}{Ui} \tag{11-115}$$

求出 A（cm^2）后，再算出电极工作部分的直径或边长。

第一次开炉时调整好电极间距，随着电极的烧损盐炉的功率将下降，此时可减小电极间距以保证所需功率。

电极的长度及在浴槽内的位置如图 11-48a 所示。电极的工作部分长度视浴槽深度而定。电极与浴槽底部的间隙一般为 50～100 mm，以利于捞渣和避免电极因炉渣沉积造成短路。电极与浴槽壁间距约为 30～50 mm，两电极之间的距离为 20～75 mm。

2. 埋入式电极盐浴炉的电极设计

（1）单相埋入式电极设计　单相埋入式电极盐浴炉的电极为直条状，平行对称布置，电极间距一般即为炉膛宽度 B，设计时主要算出与熔盐接触的电极面积 A'。由于单相直条状电极的长度即为炉膛的长度 L，所以电极面积 $A'=Lh$（h 为电极高度）。

单相盐浴炉功率 P（kW）由下式得出

$$P=\frac{U^2}{R_{盐}} \tag{11-116}$$

式中，U 是额定档时电极的端电压（V）；$R_{盐}$ 为电极间熔盐的电阻（Ω）。

$$R_{盐}=\frac{B}{\gamma A_1} \tag{11-117}$$

式中，γ 是熔盐的电导率（$\Omega^{-1}\cdot cm^{-1}$）；B 是电极间熔盐的导电距离，在此处为炉膛宽度（cm）；A_1 是电极间熔盐的导电面积（cm^2）。

在只考虑电极之间熔盐导电的情况下，已知熔盐所需功率 P（实际功率）和电极额定档时的工作电压 U 时，电极的导电面积由式（11-116）和式（11-117）求得，即

$$A_1=\frac{PB}{U^2\gamma}\times10^{-3} \tag{11-118}$$

实际上，在电极区附近的熔盐内也有电流流过，所以实际的熔盐导电面积为 $A_{实际}$。因此，要对式（11-118）求得的 A_1 进行修正，根据经验

$$A_{实际}=(0.6\sim0.7)A_1 \tag{11-119}$$

因为电极的长度即为炉膛的长度 L，所以电极高度 h 可用下式近似计算

$$h=\frac{A_{实际}}{L} \tag{11-120}$$

电极的厚度对盐浴炉发出的功率没有影响，但与电极的使用寿命关系很大。目前常用的电极厚度为 60～80 mm，高温盐浴炉电极烧损快，宜用上限，个别可用 113 mm 厚。

（2）三相埋入式电极设计　三相埋入式电极的种类很多，有的形状也较复杂，电极间电流密度分布又很不均匀，因而目前还难于对电极尺寸进行理论计算，一般均按经验参考现有

盐浴炉使用情况来确定。精确地确定三相埋入式电极盐浴炉的电极尺寸需要通过水模拟试验，具体步骤可参见相关的设计手册。

3. 电极柄与铜排的设计

电极与电极柄一般采用低碳钢制造，通常为锻件，也可用厚钢板切割而成；形状复杂的电极可采用拼焊。电极柄的截面积应比电极大25%左右，以减少电压降及发热损失。为使电极柄尾部与铜排紧密接触，两者用螺栓连接。因为电极柄尾部有螺栓孔，截面应更大一些。为与铜排接触良好，电极柄尾部还应在刨平后涂锡或焊上一块铜板。

电极柄尾部一般用水冷却，可采用如图 11-49 的水冷形式。

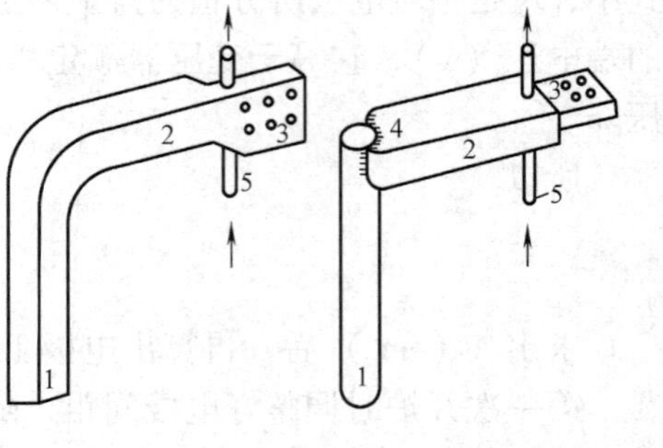

图 11-49 插入式电极形状

1—工作部分 2—柄部 3—柄尾

4—焊接部位 5—水冷管

盐炉变压器通过铜或铝的汇流排与电极柄相连，因工作电压低而电流大，变压器与炉子之间的距离应尽量小，以减少在汇流排上的能量损失，但要避免炉子热量对盐炉变压器的影响。盐炉变压器与盐浴炉的间距一般为 1 ~ 1.5 m，铜或铝汇流排的截面尺寸应根据变压器工作时的二次最大电流（一般在 1000 ~ 8000A）并参照表 11-21 数据选用。汇流排与炉壳需良好绝缘，以防短路。

表 11-21 汇流排允许负荷表（注：分子为交流负荷，分母为直流负荷）

尺寸 宽×厚 /mm	质量 /kg·m^{-1}		负载电流/A			
			铜汇流排		铝汇流排	
			每极（直流）或每相（交流）汇流排根数			
	铜	铝	1	2	1	2
15×3	0.400	0.122	210		165	
20×3	0.524	0.163	275		215	
25×3	0.668	0.203	340		265	
30×4	1.066	0.324	475		365 / 370	
40×4	1.424	0.432	625	—/ 1090	480	—/ 855
40×5	1.780	0.540	700 / 705	—/ 1250	540 / 545	—/ 905
50×5	2.225	0.675	860 / 870	—/ 1525	665 / 670	—/ 1180
50×6	2.670	0.810	955 / 960	—/ 1700	740 / 745	—/ 1315
60×8	3.204	0.972	1125 / 1145	1740 / 1990	870 / 880	1350 / 1555
80×6	4.272	1.295	1480 / 1510	2110 / 2630	1150 / 1170	1620 / 2055
100×6	5.340	1.620	1810 / 1875	2470 / 3245	1425 / 1455	1935 / 2515

六、盐浴炉抽风装置

为防止盐蒸气、油烟汽等污染车间空气，盐浴炉应设抽风装置。常用的排气装置有上部抽风罩及侧面抽风罩，如图 11-50 所示。

由电炉厂生产的标准盐浴炉为上部抽风罩。其下部为圆柱形或角柱形，高度约 550 ~ 600 mm，与盐浴炉外壳连接；上部为锥体形，高度约 300 ~ 500 mm，与排气管相连接。通风罩与排气管之间应活动连接，以便装拆修炉。

为了操作方便，现在浴炉普遍采用侧面抽风罩，即在坩埚口侧边安装横向开口的抽风罩，经管道与通风机相连。

抽风罩的设计应根据所需要的抽风量进行，抽风量与坩埚横截面大小、工作温度和熔盐成分有关。由于计算复杂，一般可用下式来估计抽风量，再按罩口抽风速度计算罩口尺寸。

$$Q = 3vAB\left(\frac{B}{2A}\right)^{0.2} \times 3600 \tag{11-121}$$

式中，Q 为每小时抽风量（m^3/h）；v 是盐浴表面蒸气流动速度，取 0.3 ~ 0.5 m/s；A、B 分别为浴槽截面的长度和宽度（m）。

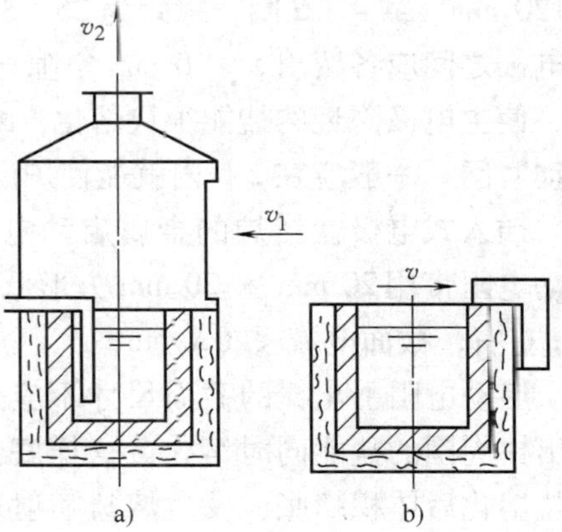

图 11-50　盐浴炉排气装置

a）上部抽风罩　b）侧面抽风罩

抽风罩总罩口面积（m^2）为

$$A = \frac{Q}{3600 v_{风}} \tag{11-122}$$

式中，$v_{风}$为罩口风速，取 7 ~ 15 m/s。

侧抽风罩的罩口形状一般为长方形，其长边与短边之比通常在 1 ~ 4 范围内。但有些炉子的罩口长度做得很大，特别是环形抽风罩。标准盐浴炉抽风罩尺寸数据列于表 11-22。局部抽风所用的管道尺寸，可依规定的风速决定。通常风速在 4 ~ 12 m/s 范围，一般可取 5 ~ 6 m/s。

表 11-22　电极盐浴炉边缘抽风量和罩口尺寸

盐浴炉型号	排气形式	罩口尺寸/mm	罩口风速/$m \cdot s^{-1}$	抽风量/$m^3 \cdot h^{-1}$
RYD35—13 RYD45—13 RYD75—13	单侧	250 × 18	15	1000
RYD25—8	单侧	250 × 70	15	950
RYD50—6 RYD100—8	双侧	（125 × 110）× 2	70	2800
RYD50—6 RYD100—8	双侧	（130 × 100）× 2	70	2600

七、电极盐浴炉的启动

固态盐的电导率很小，所以电极盐浴炉不能直接启动，常用附加的金属启动电阻进行启动。

附加的金属启动电阻通电后产生的热量将盐熔化，取出金属启动电阻，然后在熔盐导电的情况下，再用电极通电将熔盐加热至工作温度。停炉时再将金属启动电阻放入。

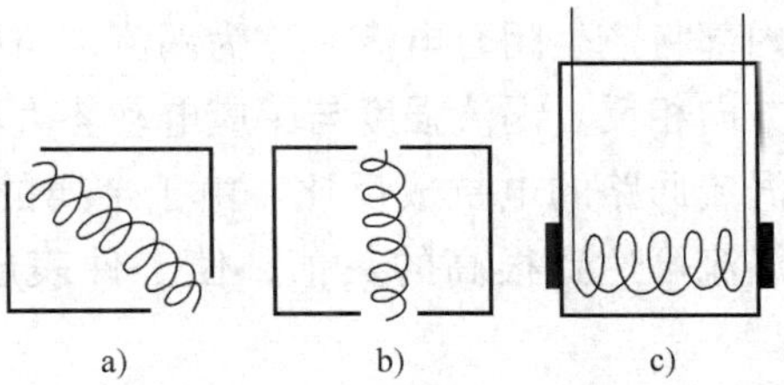

图 11-51　启动电阻安放位置

埋入式电极盐浴炉的金属启动电阻可用直径 16 ~ 20 mm 的低碳钢绕成螺旋状，螺旋直径为 80

~120 mm，共4~6圈，螺距为25~35 mm，安放位置如图11-51所示。金属启动电阻两端与电极之间应各留出5~10 mm空隙，避免使用时碰到电极。启动电阻放置位置应靠近主电极，使主电极附近的盐能很快熔化，缩短启动时间。如果启动电阻远离主电极，将大大延长启动时间。一般应在2 h内就能使炉温升至工作温度。

插入式电极盐浴炉的金属启动电阻带如图11-52所示。金属启动电阻带用20 mm × 20 mm方形低碳钢带制成，展开长度1500 mm左右，截面电流 $<20A/cm^2$。

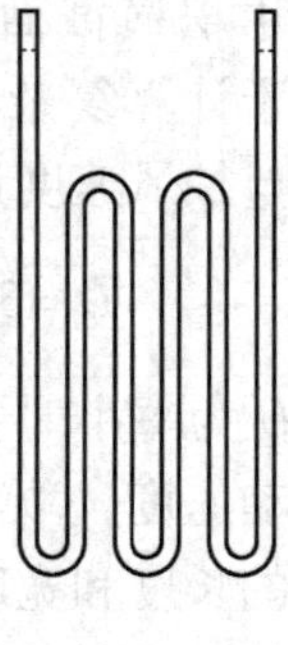

图11-52 启动电阻带

启动电阻引出棒的截面尺寸不应过大，以便开炉启动时能使引出棒周围的盐能同时熔化，这样底部的盐与大气相通，以免底部盐熔化后体积膨胀，发生熔盐喷射现象。启动电阻引出棒的截面积一般应比启动电阻的截面积大一倍，截面太小容易烧损。

由于启动电阻的冷态电阻小，为防止启动电流过大，盐炉变压器最好先用低档，待启动电阻温度升高后，再提高档数。当主电极之间的盐熔化后，立即将启动电阻与电极柄脱开，随后将盐炉变压器调到高档，使熔盐直接通电加热。这样既缩短了启动时间，又延长了启动电阻的使用寿命。

第五节 感应加热设备

感应加热在热处理生产中已得到广泛应用，如轨梁、钢棒、钢管以及各种机器零件的表面淬火等都采用感应加热热处理。

一、感应加热的原理及设备类型

图11-53是感应加热原理的示意图。被加热的零件放在感应器（通称感应圈）中，而感应器接入交流电源线路，于是在感应器内就形成了交变电磁场。按照电磁感应定律，在被加热工件内将产生感应电动势 e，其大小为

$$e = -\frac{\mathrm{d}\Phi}{\mathrm{d}t} \tag{11-123}$$

式中的 $\frac{\mathrm{d}\Phi}{\mathrm{d}t}$ 为磁通量对时间的变化率。它主要决定于在感应器内流过电流的频率。电流频率越高，值越大，感应电动势 e 的值也越大。式中的负号表示感应电动势的方向与 $\frac{\mathrm{d}\Phi}{\mathrm{d}t}$ 的方向相反。

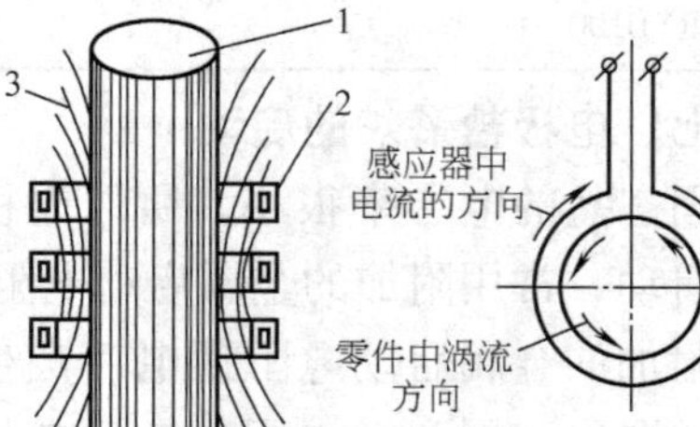

图11-53 感应加热原理示意图

1—零件 2—感应器 3—磁力线

由于在金属工件内存在着感应电动势，所以在工件内部将产生闭合电流，称为涡流，与感应器中的电流方向相反。涡流强度与感应电动势大小成正比，而与涡流回路的电抗成反比。由于金属的电抗值很小，故涡流可达到很高的数值，使工件表层温度快速升高。

对铁磁材料来说，除去电磁感应产生涡流热效应外，还有由于磁滞现象所引起的热效应，同样会使工

件加热速度增加，但零件的加热主要是依靠涡流的热效应。

在工件截面上涡流的密度是不均匀的，由表面向心部呈指数规律衰减，如下式所示：

$$I_x = I_0 \exp\left(-\frac{2\pi}{c}\sqrt{\frac{\mu f}{\rho}}\,x\right) \tag{11-124}$$

式中，I_x 为距表面 x 处的涡流强度；I_0 是表面的涡流强度；c 为光速；ρ、μ 分别为工件材料的电阻率和磁导率；x 是距工件表面的距离；f 表示电流频率。

上述现象称为集肤效应（又称表面效应）。

在工程上，规定 I_x 降至 I_0 的 $1/e$（$e=2.718$）处的深度称为电流透入深度，用 δ 表示，可求出为

$$\delta = 50300\sqrt{\frac{\rho}{\mu f}} \tag{11-125}$$

由式（11-125）可知，电流透入深度 δ 的大小与交变电流的频率的平方根成反比。电流频率越高，电流透入深度越浅，表面效应越显著。

钢铁材料在加热过程中，电阻率 ρ 随温度的升高而增加，在 800～900℃范围内各类钢的电阻率 ρ 基本相近，大约为 $10^{-4}\Omega\cdot cm$。磁导率 μ 在失去磁性以前基本不变，在居里点以上，μ 值将下降为1。图 11-54 为钢材温度与电阻率和磁导率的关系曲线。由此可导出热态电流透入深度 $\delta_{热}$ 将比室温下的冷态电流透入深度 $\delta_{冷}$ 大几十倍。表 11-23 列举在各种频率下钢和铜中的电流透入深度。

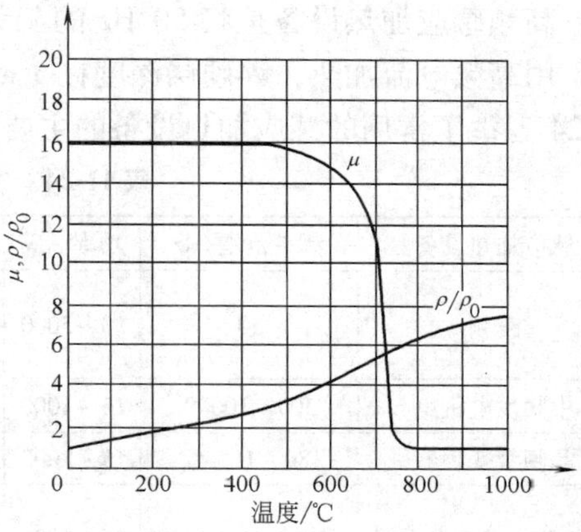

图 11-54　钢的 μ 和 ρ 值与温度的关系（ρ_0 为室温电阻）

表 11-23　不同频率下铜和钢中电流透入深度（cm）

频率/Hz	铜	45 钢	
	15℃ $\rho=1.8\times10^{-6}\Omega\cdot cm$ $\mu=1$	15℃ $\rho=2\times10^{-5}\Omega\cdot cm$ $\mu=40$	800℃ $\rho=10^{-4}\Omega\cdot cm$ $\mu=1$
50	1.0	0.5	7.0
500	0.3	0.15	2.2
2500	0.13	0.067	1.0
10000	0.07	0.034	0.5
10^5	0.022	0.011	0.16
10^6	0.007	0.0034	0.05

如果将 $\mu=1$ 和 $\rho=10^{-4}\Omega\cdot cm$ 代入公式（11-133）中，可以求出钢在 800～900℃范围内电流透入深度 $\delta_{热}$（mm）为：

$$\delta_{热} = \frac{500}{\sqrt{f}} \tag{11-126}$$

二、感应加热的设备类型

根据工作频率的不同，感应加热设备可分为如下三种。

1. 工频感应加热设备

直接采用频率为 50 Hz 的电网电源，淬硬层深度可大于 100 mm，其特点是设备简单，造价低廉，但感应器的功率因数低，需要采用大容量电容器进行补偿。

2. 中频感应加热设备

中频感应加热设备是将 50 Hz 的工频电源变频为 500～10000 Hz 的中频电源的设备。它的淬硬深度在 5～22 mm。目前采用的中频电源有中频发电机（又称机械式）和晶闸管变频器两种，前者也存在着功率因数较低的缺点。

3. 高频感应加热设备

高频感应加热设备是将 50 Hz 的工频电源变频为高频（70000～200000 Hz）电源的设备。用高频电流加热，淬硬层深度在 3 mm 以下。超音频感应加热设备也属于这类设备。表 11-24 列举了常用的感应加热设备的主要特性。

表 11-24 感应加热设备的主要特性

感应加热设备	频率范围/Hz	功率/kW	效率/%	应用范围
工频	50	50～5000	70～90	大型毛坯轧锻前的穿透加热；冷轧辊及车轮表面淬火（淬硬层深度达 100 mm）；金属熔炼
中频发电机组	500～10000	15～1000	70～85	中型毛坯轧锻前的穿透加热；曲轴、凸轮轴等零件的表面淬火（淬硬层深度在 3 mm 以上）；金属熔炼
晶闸管变频器	180～150000	15～3000	90～95	
电子管式高频发生器	70000～1000000	5～500	50～75	齿轮、轴等中小零件的表面淬火（淬硬层深度 0.1～3 mm）；金属熔炼

除表 11-24 中所列的感应加热设备外，为了热透厚度（直径）较大的产品，亦有采用频率 <50 Hz 的低频感应加热设备。

三、感应加热设备的频率选择

钢件在感应加热时，当表层超过临界点以上温度后立刻进行快冷，即可得到一定深度的淬硬层 x（指从表面到内部半马氏体区的深度）。一般情况下，电流透入深度 $\delta_{热}$ 越大，则淬硬层深度 x 也越大。频率越高，$\delta_{热}$ 越小，淬硬层越薄。应根据对零件的性能要求来选择设备的频率。

如果电流透入深度远小于所要求的淬硬层深度，即 $\delta_{热} << x$，为了得到要求的淬硬层深度 x，必须依靠热传导作用使表面层（即电流透入区）的热量向内部传导，使内层逐渐升温到临界点以上温度，然后进行淬火。这种依靠热传导来增加淬硬层深度的方法势必延长加热时间，降低生产率，增加表面的辐射热损失。

如选用的设备的频率能使电流透入深度 $\delta_{热}$ 等于或大于淬硬层深度 x，即 $\delta_{热} > x$，此时表面加热层能很快升温到临界点以上温度，无需延长时间就可得到要求的淬硬层深度。这种方法的特点是加热时间短，表面热辐射损失少，工件截面上过渡层厚度较浅。

在淬火温度下电流透入深度 $\delta_{热} = \dfrac{500}{\sqrt{f}}$mm，如果要满足 $\delta_{热} > x$ 的条件，即 $\dfrac{500}{\sqrt{f}} \geqslant x$，最高频率 f_{max} 不能超过 $250000/x^2$。另外，降低频率会使电流透入深度加大，这样可能使淬硬层深度超过规定值，所以频率也有一最低值 f_{min}。根据经验，最低频率的符合条件为 $\delta_{热} = 4x$，即 $\dfrac{500}{\sqrt{f}} \leqslant 4x$，最低频率 f_{min} 不应低于 $15000/x^2$。因此，设备频率 f 应为

$$\frac{15000}{x^2} \leqslant f \leqslant \frac{250000}{x^2} \tag{11-127}$$

最理想情况是 $\delta_{热} = 2x$，此时

$$f = \frac{60000}{x^2} \tag{11-128}$$

根据式（11-127）与式（11-128）计算出的数据列于表 11-25 中。

应当指出，只有当工件直径 D 较大时，表 11-25 中所引用的数据才正确。当工件直径很小时，应采用偏高的频率，过低的频率会使感应器效率降低，产生过热危险。

表 11-25　淬硬层深度与频率的关系

淬硬层深度/mm	1.0	1.5	2.0	3.0	4.0	6.0	10.0
最高频率/Hz	250000	100000	60000	30000	15000	8000	2500
最低频率/Hz	15000	7000	4000	1500	1000	500	150
最佳频率/Hz	60000	25000	15000	7000	4000	1500	500
推荐设备	真空管式	真空管式或机式 8000 Hz	同左	机式 8000 Hz	机式 2500 Hz	同左	机式 500、1000 Hz

应当注意，所使用的频率越高，涡流越大，产生的热量 Q 也越多。但热量不会随着频率增大而无限增加。因为设备的频率越高，集肤效应越显著，电流透入深度也越小。尽管设备频率是影响淬硬层深度的主要因素，但也应考虑感应器与工件间隙对淬硬层深度的影响。间隙增大，淬硬层深度也加大；反之，淬硬层深度减小。除此之外，感应器的单位表面功率对淬硬层深度也有影响。

在生产条件下，针对不同特点的工件总结出一些经验公式，可用于选择设备的频率。

1. 管状工件

$$f = \frac{360000}{D^2} \tag{11-129}$$

式中，D 为被加热工件的直径（cm）。

2. 形状简单的工件

$$f = \frac{5 \times 10^4}{x^2} \tag{11-130}$$

式中，x 是被加热工件所要求的淬硬层深度（cm）。

3. 形状复杂的工件

$$f = \frac{5 \times 10^6}{x^2} \tag{11-131}$$

4. 齿轮表面淬火

$$f = \frac{2 \times 10^6}{m^2} \tag{11-132}$$

式中，m 为齿轮的模数。

5. 大型齿轮，轮齿表面淬火

$$f = \frac{K \times 10^5}{m^2} \tag{11-133}$$

式中的系数 K 与齿轮的模数有关。当 $m>20$ 时，$K=15$；当 $m<20$ 时，$K=8$。

复习思考题

1. 热处理炉对耐火材料的性能有哪些要求？

2. 如何根据耐火材料的密度来区分重质、轻质和超轻质耐火制品？

3. 为什么使用耐火维纤炉作炉衬能使炉膛升温快，炉衬蓄热少？

4. 试比较铝酸盐、磷酸盐和水玻璃耐火混凝土的使用特点。

5. 试分析与比较传导、对流、辐射传热过程各自的特点与不同，并指出这三种传热方式在低、中、高温热处理炉中的作用。

6. 将电工学中的电流密度、电压和电阻之间的关系与热流密度、热势和热阻进行比较，并分析它们在炉墙导热中的作用？

7. 试解释热导率、对流传热系数、辐射传热系数与综合传热系数的意义？

8. 列出双层圆筒壁导热计算公式，分析式中各参数的意义和计算方法。

9. 试分析热处理炉内的对流换热情况。怎样选择和应用对流传热系数公式？

10. 热处理回火炉内炉气与工件之间的对流换热与淬火介质与工件之间的对流换热有何差异？

11. 黑体、灰体和实际物体的黑度是如何规定的？

12. 单色辐射与全辐射的区别和联系是什么？

13. 试述在辐射传热过程中角度系数的物理意义。

14. 怎样强化高温热处理炉炉内辐射传热和减少辐射热损失？

15. 某热处理炉的内壁温度为950℃，炉墙采用 QN-0.8 轻质粘土砖（$\lambda_1=0.294+0.212\times10^{-3}\mathrm{W\cdot m^{-1}\cdot ℃^{-1}}$）115 mm 和 B 级硅藻土砖（$\lambda_2=0.131+0.23\times10^{-3}\mathrm{W\cdot m^{-1}\cdot ℃^{-1}}$）230 mm，在热稳定条件下测得炉外壁温度为70℃，试求通过炉壁的热流密度。

16. 将上题的炉墙材料改为150 mm 厚的耐火纤维针刺毡（密度0.16 $\mathrm{kg/m^3}$），炉墙的内外壁温度不变，试求此时通过炉壁的热流密度。

17. 热处理炉的炉外壁温度为70℃，炉外壁周围静止空气温度为20℃，试求炉外壁对空气的自然对流换热的热流密度。

18. 某热处理炉的炉口尺寸为250mm×500 mm，炉口壁厚为250 mm，炉内温度为950℃，车间温度为20℃，试求每小时通过炉门口的辐射热损失。

19. 某热处理炉炉膛尺寸（长×宽×高）为1.2mm×0.8mm×0.6 mm，炉膛温度为950℃，黑度系数 $\varepsilon_1=0.9$，被加热工件尺寸为1.0mm×0.5mm×0.5 mm，放置在炉底，设工件表面的平均温度为800℃，黑度 $\varepsilon_2=0.7$，试求工件所吸收的辐射能。

20. 分析一般热处理箱式电阻炉的结构，说明各部位选用何种材料，并说明选择材料的基本原则。

21. 确定炉膛的有效面积和实际面积以及炉膛尺寸（长×宽×高）时应考虑哪些因素？

22. 计算炉子功率时，都要考虑哪些热量损失和消耗？

23. 为提高周期作业箱式电阻炉的升温速度和热效率、降低空载功率及空炉升温时间，在设计上应考虑哪些问题？

24. 比较各类电热材料的特点和应用特点。

25. 影响电热元件表面允许负荷的因素有哪些？如何影响的？

26. 试比较外热式和内热式盐浴炉在结构上的主要区别和使用特点。

27. 试画图并详细说明电极式盐浴炉的电磁搅拌作用是如何产生的？

28. 内热式盐浴炉的炉胆起何作用？

29. 比较插入式和埋入式电极盐浴炉的基本结构、炉内温度均匀性、节能效果以及维修使用等方面的优缺点。

30. 试解释启动电阻的作用，材料选择，制作和安放要点。

31. 试确定砖砌和耐火混凝土制电极盐浴炉炉体结构，并比较其优缺点，阐述其制造要点和注意事项。

32. 简述电极盐浴炉的设计步骤和各部分的要点。

33. 简述感应加热的原理，集肤效应的产生过程以及电流透入深度的定义。

34. 使用公式 $\delta_{热}=\dfrac{500}{\sqrt{f}}$ 的前提条件是什么？

35. 在一般条件下，工频、中频、高频感应加热设备的淬硬层深度分别是多少？采用什么方法可以使高频感应加热淬硬层深度增大？

第十二章 冷却设备

冷却设备也是热处理的主要设备。在热处理过程中，工件加热以后，需要以不同的冷却速度进行冷却，以获得所要求的组织和性能。影响工件冷却速度的因素很多，包括冷却方式、冷却介质类型、介质温度，以及介质、工件的运动情况和操作方法等。因此，选择冷却设备时，应综合考虑上述因素，以获得满意的冷却效果。

根据冷却设备的作用和其所能达到的冷却条件，冷却设备可分为缓冷设备、淬火设备和冷处理设备。其中淬火设备包括淬火冷却设备（如淬火槽、淬火浴炉）、淬火校正设备（如淬火机、淬火机床等）和淬火成形设备（如弯曲淬火机等）。冷处理设备用于将淬火工件冷至室温以下的低温，以使钢中的残留奥氏体继续转变为马氏体。冷处理温度一般为 $-60\sim-120℃$，最低可达 $-196℃$。

第一节 缓冷设备

缓冷设备主要有热处理炉及缓冷室（坑），用于退火冷却、正火冷却及渗碳后预冷。

工件在缓冷设备中的冷却速度应低于空冷冷却速度。为防止工件在缓冷过程中发生氧化和脱碳可向缓冷室（坑）通入保护气氛。在热处理炉内缓冷，可采取控制供热功率、打开炉门向炉内吹送冷空气等方法来控制冷却速度。

缓冷室通常是用钢板制成或用砖砌成的冷却坑。大型铸、锻件、型材等加热后自炉中取出放入坑中，再覆以铁屑、石灰等使其缓冷。

缓冷室的结构形式有箱式、井式和直通式等。缓冷坑中常配备风扇、冷却水管、支架、吊具等装置。常见缓冷坑的形状、性能及用途见表 12-1。

表 12-1 缓冷室的形式和性能

冷却形式	结构	示意图	性能特点	用途
自然冷却	砌筑	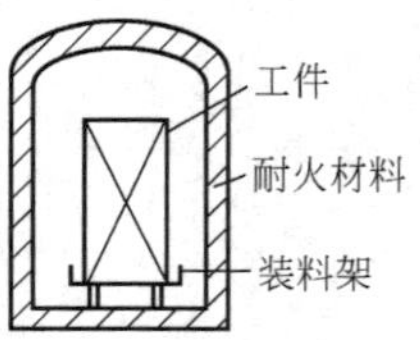	冷却室大，冷速小，冷速不能控制	大型铸锻件，型材及成批毛坯的退火冷却
	焊接	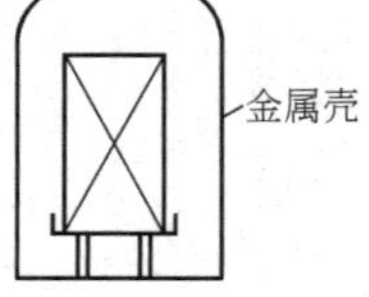	冷却室小，便于制造，冷速稍大，冷却均匀性较差，便于移动	一般零件的退火，正火冷却及渗碳后预冷

（续）

冷却形式	结构	示意图	性能特点	用途
自然冷却	内部风扇		冷却均匀性较好，冷速稍大	结构较复杂的零件和成批小件的退火，正火冷却及渗碳后预冷
控制冷却	外部吹风	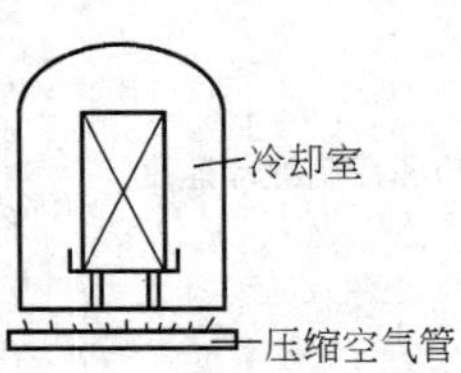	冷速较大，冷却均匀性较差，可适当控制冷却速度	少量工件的较快速冷却
	内部吹风	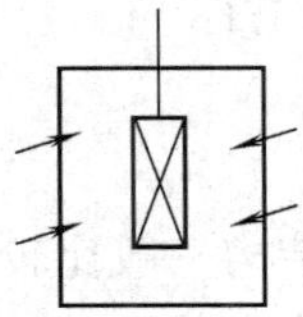	冷速大，冷却均匀，易引起氧化、脱碳，结构比较复杂	流水生产和快速冷却
	冷却水管	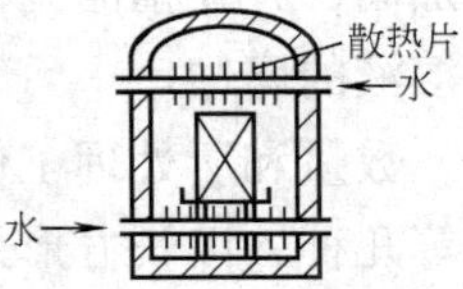	冷速大，冷却均匀	较重要零件的流水生产和快速退火、正火冷却
	冷却水套	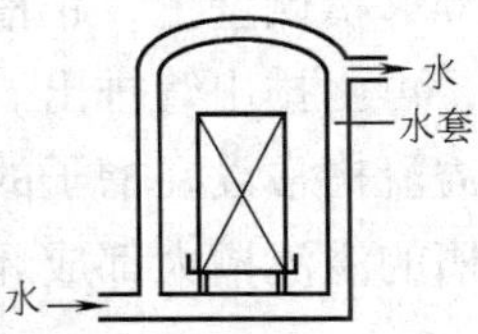	冷速大，冷却均匀性较差	少量零件的快速冷却
	保护气体	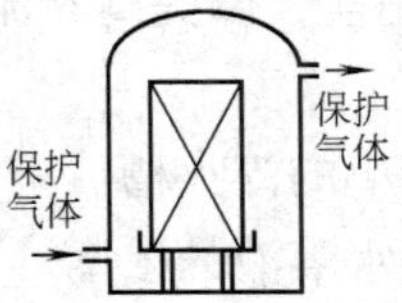	可控制介质成分，防止工件氧化、脱碳	重要零件或特殊材料的退火、正火冷却

（续）

冷却形式	结构	示意图	性能特点	用途
控制冷却	保护气体加换热器	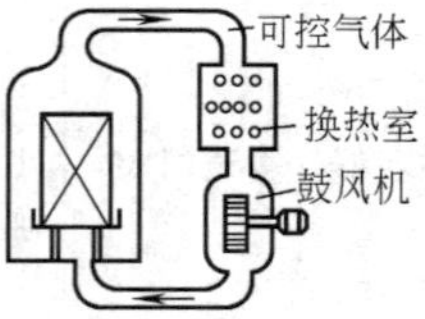	可精确控制冷却速度，结构复杂	重要零件的退火、正火，冷却较快
	内部喷水或喷雾	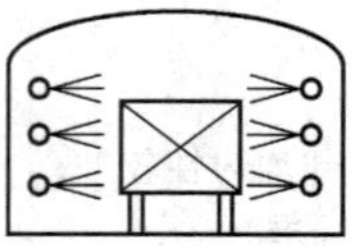	可加速冷却和控制冷却速度	特殊零件的退火、正火、淬火和回火冷却

第二节 淬 火 槽

一、淬火槽的基本结构

淬火槽是为工件淬火提供足够冷却能力的设备。其结构一般比较简单，主要为箱式或圆筒形槽体，有的另附有溢流、加热、冷却、搅拌和排烟防火装置等。

1．淬火槽体

淬火槽体一般用钢板焊成，大型淬火槽要用型钢加固，并在槽的内、外两面涂以防锈油漆。淬火槽体也可用水泥砌制，能有效地防止某些水溶液的腐蚀。

淬火槽的形状与大小，主要与其配套的炉子类型、数量和所处理工件的形状、尺寸以及批量有关。淬火槽的横截面有长方形、圆形和正方形等几种，以长方形最常用。配合井式炉用的淬火槽常为圆筒形；与几个炉子配套合用的大型淬火槽一般做成方形。

淬火油槽通常在其底部或侧壁下部设有事故放油管。循环冷却的淬火槽配有介质输入管和排出管。排出管常设在溢流槽内，输入管一般设在淬火槽侧壁上，距槽底一定距离。

溢流装置一般为溢流槽，热介质上浮进入溢流槽，再由排出管排出。溢流槽常设在淬火槽上口边缘外面，与槽壁焊在一起。长方形淬火槽的溢流槽常设在槽子的一端或两端。有些大型的正方形淬火槽，四周都设有溢流槽。圆形淬火槽的溢流槽大都成环状围绕在淬火槽上口一周。常见溢流装置的形状和位置如图 12-1 所示。

2．淬火介质的加热

淬火介质的加热，主要用于加热各种淬火油类和硝盐，以提高其流动性和冷却能力，或者用来进行等温淬火或分级淬火。常用的加热方法有：

1）燃料或电能在淬火槽外加热，仅适用于尺寸较小的淬火槽。

2）向淬火介质中通入蒸汽加热，其缺点是会改变水溶液的浓度。

3）在淬火槽中安装管状电热元件或管状蒸汽加热元件进行加热，主要采用管状电热元件作为淬火介质的加热装置。

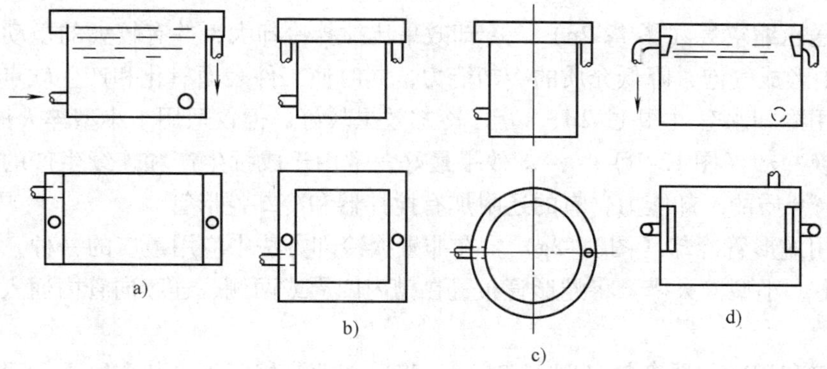

图 12-1　常见溢流装置的形状和位置

3. 淬火介质的冷却

连续工作的淬火槽应配有适当的冷却装置，以便将被淬火工件加热了的淬火介质冷却到原来的工作温度。淬火介质的冷却方法如图 12-2 所示，其中以置换冷却和利用蛇形管冷却两种方法应用较广。

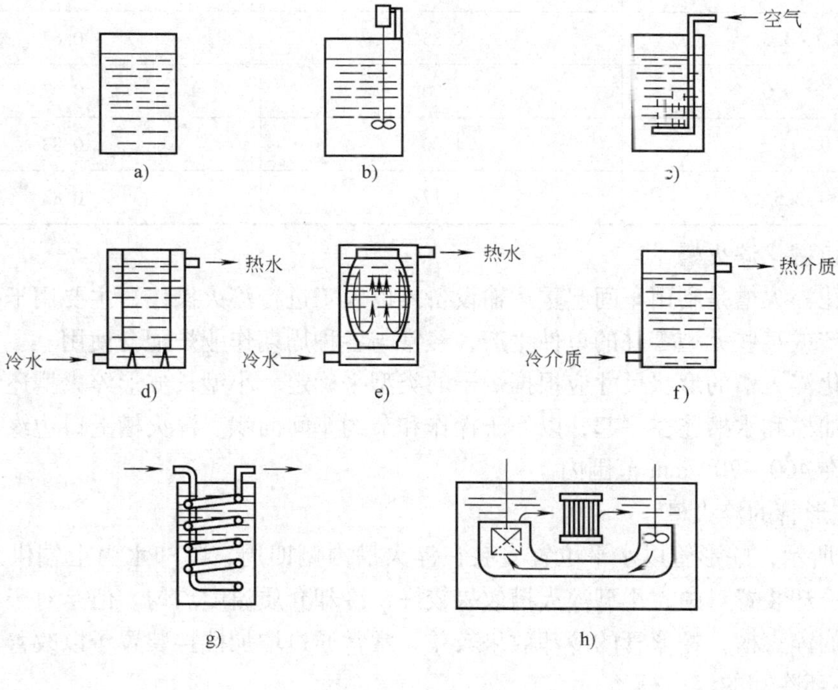

图 12-2　淬火介质的冷却方法

（1）自然冷却（图 12-2a）　冷却效果很小，安在地面的淬火槽，介质冷却速度不超过 3～5 ℃/h，安在地坑中的淬火槽，冷却速度约 1～2 ℃/h。

（2）搅拌冷却（图 12-2b）　冷却效果较小，主要起搅动作用，促进介质循环流动，提高其冷却能力，并可冲破工件表面气泡，还有防止淬火油过热变质，延长其使用寿命的作用。

(3) 吹送压缩空气（图 12-2c） 冷却效果比搅拌冷却大，并有较大的搅动作用。但会在冷却介质中形成气泡，降低介质的冷却能力，同时使工件表面氧化和产生软点。

(4) 采用冷却水套（图 12-2d、e） 冷却效果较好，但仅适用于小型淬火槽。

(5) 置换冷却（图 12-2f） 冷却效果最好，常用于成批生产和连续生产的淬火槽。为了进一步提高介质的冷却能力，有的还附加有搅拌器和冷却蛇形管。

(6) 利用蛇形管冷却（图 12-2g） 在非置换冷却方法中应用最广的一种，冷却效果较好，适用于中、小型淬火槽。将蛇形管布置在槽内四周或两侧，连续向管内通入冷却水来冷却淬火介质。

(7) 直接利用冷却器冷却（图 12-2h） 将冷却器直接置入冷却介质中，同时产生置换冷却和搅拌冷却的效果。但淬火槽结构复杂，有效容积大大减小。

应该指出，利用搅拌器冷却对淬火质量有很好的作用。搅拌器若设导向装置，则效果更好。搅拌方式如图 12-3 所示。常用的搅拌器直径为 200 ~ 400 mm，转速为 100 ~ 400 r/min。搅拌器所需最小功率可依淬火槽容积确定，见表 12-2。

表 12-2 搅拌器功率与淬火槽容积的关系

淬火槽容积/m^3	搅拌器所需最小功率/$kW \cdot m^{-3}$	
	油 槽	水 槽
0.2 ~ 3.6	0.83	0.67
3.6 ~ 9.0	1.00	0.67
9.0 ~ 13.5	1.00	0.83
>13.5	1.17	0.83

二、非机械化淬火槽

非机械化淬火槽是利用车间起重运输设备或以人工进行淬火操作，主要用于一般零件的中、小批生产或某些大型零件的单件生产，经常与各种周期作业炉配合使用。

非机械化淬火槽的形状尺寸应根据炉子的类型来确定。小型长方形淬火槽还常做成双联淬火槽，将油槽和水槽连在一起，以便于操作和节约车间面积。淬火槽上口边缘至操作地面的高度一般在 400 ~ 700 mm 范围内。

1. 带蛇形管的淬火槽

图 12-4 所示，蛇形管以水平位置安装在淬火槽内侧四周，冷却水由上端供入，由下端排出。这种冷却装置对中、小型淬火槽效果较好，冷却介质温度均匀。但是对于大型淬火槽或连续工作的淬火槽，蛇形管的冷却效果较差，常常通过增加搅拌装置予以改善。

2. 带循环冷却的淬火槽

循环冷却是使淬火槽中的介质循环使用，热油或热水排到冷却系统循环冷却。图 12-5 为带循环冷却的淬火槽，溢流槽 3 设在淬火槽 1 的两端，供油管 4 由槽下部插入并在工件淬火位置下方弯成环形，环上有两排小孔，可将油喷射供入。排油管 2 在溢流槽底上，与事故放油管 5 汇合一起后通到油冷却系统的循环贮油槽内。

3. 带冷却水套的淬火槽

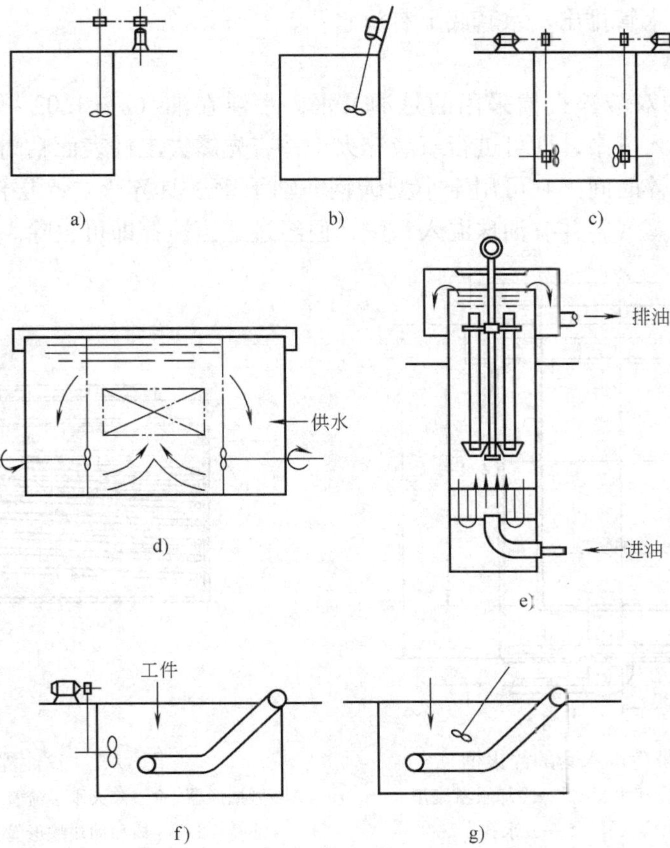

图 12-3　淬火介质的各种搅拌方式

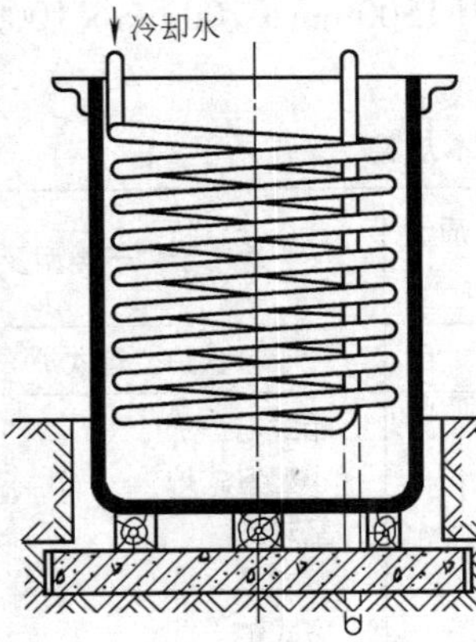

图 12-4　带蛇形管的淬火槽

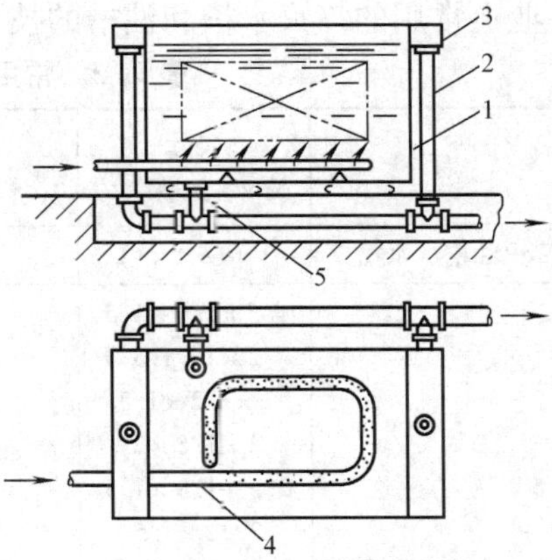

图 12-5　带循环冷却的淬火槽
1—淬火槽　2—排油管　3—溢流槽
4—供油管　5—事故放油管

图 12-6 为带冷却水套的小型淬火槽。槽体 1 的尺寸为 ϕ400mm × 820mm，外有冷却水套 2，间隙为 100 mm，由 5 mm 钢板焊成。冷却水套上口有环形溢流槽 3。冷却水由管 4 供入，

由溢流槽底上的排水管排出。水套底上有放水孔 5。

4. 双液淬火槽

图 12-7 所示的双液淬火槽采用的是油及水，水浮在油（$\rho=1.03\sim1.07\ kg/m^3$）的上面。只要将工件投入槽中，即可进行双液淬火，并有先爆去工件表面粘附盐层的作用，可利用水层深度调节水淬时间。它可用于小型碳钢、轴承钢工具淬火。水层深 20 ~ 30 mm 效果很好，只是会放出蒸气，并有油珠混入水中，但经过适当搅拌即可去除。

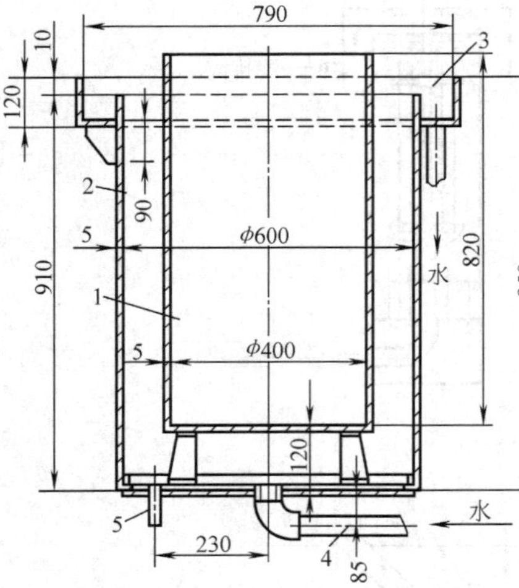

图 12-6 带冷却水套的淬火槽

1—淬火槽 2—冷却水套 3—冷却水溢流槽 4—冷却水供入管 5—放水孔

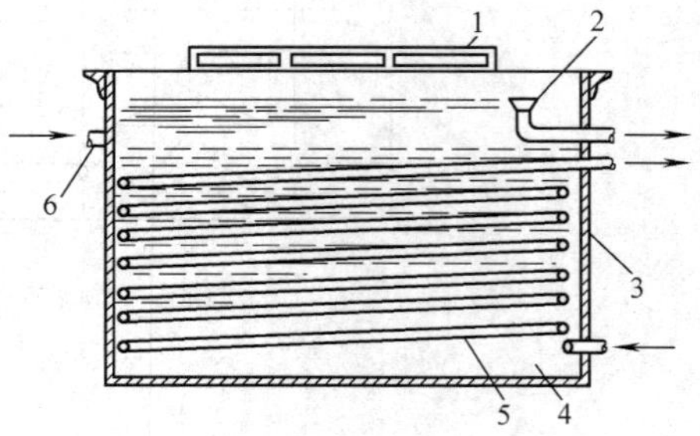

图 12-7 双液淬火槽

1—侧抽风器 2—淬火水溢流管 3—淬火槽 4—放油孔 5—冷却和加热蛇形管 6—淬火供水管

在淬火槽 3 中同时安有水循环装置和油加热及冷却装置。在淬火过程中，由供水管 6 连续供入冷水，热水由溢流管 2 排出，通过向蛇形管中通冷却水或过热蒸气来实现油温控制。淬火槽还设有单侧侧抽风器 1 和放油孔 4，槽子尺寸为 1500mm × 700mm × 1000 mm。

工业上常用的淬火水槽和油槽的技术规格列于表 12-3。

表 12-3 常用淬火水槽、油槽的技术规格

名 称	尺寸（长×宽×深）/m	容积 /m³	最大淬火件质量 /kg	适用于炉子类型及规格
双液淬火油槽、水槽	2（1×1×1）	2×1	120	小型盐炉、箱式炉
淬火油槽或水槽	1.5×1.0×1.5	2.25	300	箱式电炉
	2×1×1.3	2.6	400	小型室式炉
	2×1.2×1.5	3.6	500	室式炉
	2×1.5×2	6.0	1000	室式炉
	2.5×1.5×1.5	5.6	1000	室式炉
	3×2×1.5	9.0	1500	室式炉
	2×2×3	18	3000	大型室式炉
	4×2.5×3	30	5000	1.2 m ×2.5 m 台车式炉
	5×3×5	75	12000	1.2 m ×3.5 m 台车式炉
	7×4×5	140	24000	2 m ×1.4 m 2.5 m ×5 m 台车式炉
	7×6×4	168	30000	3 m ×6 m 3.5 m ×7 m 台车式炉

（续）

名　称	尺寸（长×宽×深）/m	容积/m³	最大淬火件质量/kg	适用于炉子类型及规格
井式淬火油槽或水槽	ϕ0.8×2.5 ϕ2×4 ϕ2.5×7 ϕ3×9.5 ϕ>4×13 ϕ4×15 ϕ4×18	1.25 12.5 34 67 162 189 276	150 2000 5000 10000 30000 35000 42000	井式盐炉 ϕ0.8m×2.5 m 井炉 ϕ1.6m×5.7 m 井式炉 ϕ1.6m× 5.7 m 井式炉 ϕ2.3m×10 m 井式炉 ϕ2.3m×12 m 井式炉 ϕ2.3m×15 m 井式炉
气动升降式三位淬火油槽	3.2×1.3×1.4	5.5	800	渗碳后直接淬火用

三、机械化淬火槽

在机械化淬火槽上装有提升或运送工件的自动装置。根据作业规程，它可分为周期作业和连续作业两类。

1. 周期作业机械化淬火槽

周期式机械化淬火槽按动力分为气动、液压或机械等形式。下面仅以气动式周期作业淬火槽说明其工作过程。

气动式周期作业淬火槽通常以0.3～0.6 MPa的压缩空气作为动力，其结构简单，操作方便，但生产能力小，动作稳定性较差。图12-8为一悬臂式气动升降淬火槽，可与周期作业炉配合，进行成批零件的整体淬火和气体渗碳件直接淬火。工作时，利用车间吊车将工件吊到淬火台4上，由提升气缸1通过活塞杆2使其沉入淬火液中淬火，支架3起导向作用。冷却完毕后，再由气缸提起淬火台进行出料。

2. 连续作业机械化淬火槽

连续作业机械化淬火槽中一般设有输送带、输送链等连续作业的机械化升降运送装置。其中以输送带式淬火槽应用最广，与连续作业炉配用，主要用于处理形状规则的各种小型零件的大量和成批连续生产。

(1) 水平输送带式淬火槽　图12-9为水平输送带式淬火槽，输送带分水平和倾斜两部分。工件由落料装置自动掉入输送带上，工件冷却主要在水平部分进行，倾斜部分逐渐升高达到淬火槽外，将工件送出淬火槽。输送带的运动速度可根据工件需要的冷却时间进行调节。常用输送带的宽度为300～800 mm，倾斜角度为30°～45°。一般在输送带上焊上一些筋或做成横向挡板，以防工件下滑。

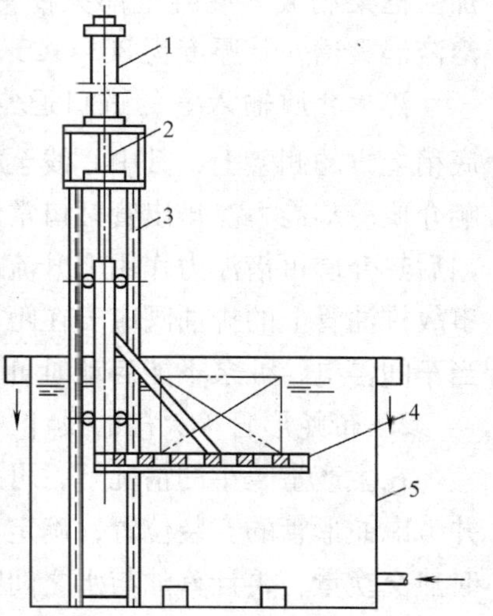

图12-8　为悬臂式气动升降淬火槽
1—提升气缸　2—活塞杆　3—导向支架
4—淬火台　5—淬火槽

(2) 推料式淬火槽　推料式淬火槽上安有推料机构和输送辊道，与推料式炉配用，如图12-10所示。工件由炉子出料口2被推到升降淬火台1上，通过升降汽缸6的作用工件下降淬火，再由推料气缸8经辊道7推送到淬火台8上，最后由升降气缸5推出液面出料。

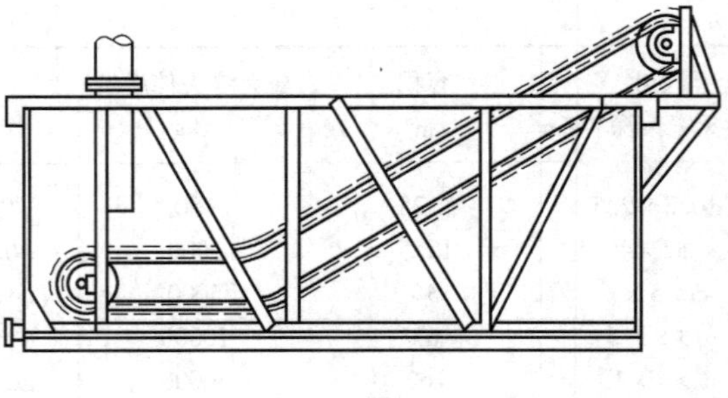

图 12-9 水平输送带式淬火槽

四、淬火槽的设计

淬火槽的设计计算步骤包括：

1）计算淬火介质需要量。

2）确定淬火槽的类型、结构和尺寸。

3）确定介质冷却装置的结构、大小。

4）选择机械化装置并确定其主要尺寸。

5）确定其他附属装置的结构与尺寸。

6）选定各种辅助设备的型号和规格。

1. 周期作业淬火槽的设计计算

周期作业淬火槽可根据最大批量淬火件质量或单位时间的生产能力进行计算。中小型淬火槽常用 2～5 mm 钢板焊接。大型淬火槽用 8～12 mm 钢板，外加槽钢、角钢等型钢加强框架制成。混凝土淬火槽常用于水及水溶液淬火槽，其厚度为 80～120 mm。

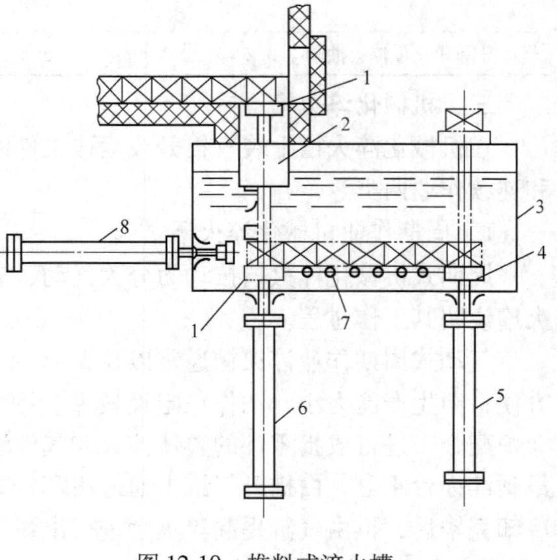

图 12-10 推料式淬火槽

1，4—淬火台 2—炉子出料口 3—淬火槽 5，6—升降气缸 7—辊道 8—推料气缸

淬火介质输入管的进口通常开在淬火槽底稍上方的侧壁上，其中心线至槽底距离一般为 100～200 mm，以免搅动槽底沉淀污物时影响介质冷却能力。排出管开口常设在淬火槽上口边缘侧壁或溢流槽下部，以便冷介质流入槽内后热介质可借浮力作用上升流出。事故排油管开口设在淬火槽底上或侧壁上接近槽底处。事故排油管上的排油阀应安在距淬火槽 2 m 处。布置事故油管时，应设置 1% 的坡度，以便当车间停电、油泵不能启动时可自然流出。

2. 带蛇形管淬火槽的设计

在生产量较小的情况下，可采用蛇形管来冷却介质。首先按周期作业淬火槽设计计算，并考虑蛇形管的安装位置，确定淬火槽的类型和尺寸，然后进行蛇形管的计算。先算出每小时热交换量，再计算油与水之间蛇形管的热交换面积，最后确定蛇形管的结构和尺寸。

3. 连续作业淬火槽的设计

一般不对连续作业淬火槽进行热平衡计算，而是先确定机械装置的结构大小，再根据其安装方法、操作维护和附属装置的需要等来确定淬火槽的形状与尺寸；最后依据淬火槽尺寸、生产量和介质冷却方法确定介质的需要量，计算介质输入管、排出管、事故排油管及冷却蛇形管的尺寸，并选择其他附属装置和辅助设备。图 12-11 为设计参考图。

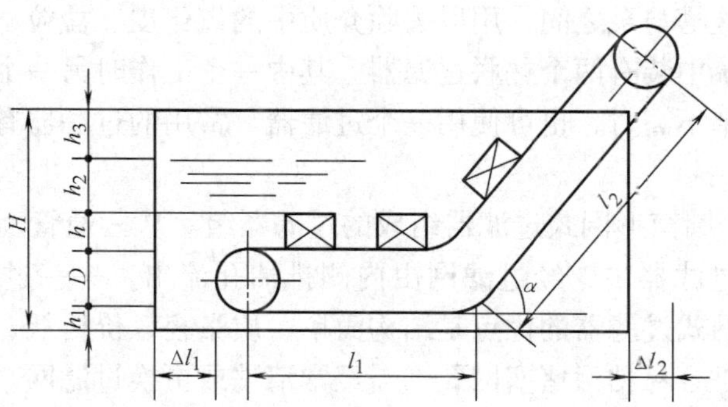

图 12-11 输送带式淬火槽设计参考图

第三节 淬火介质的循环冷却系统

淬火介质的循环冷却系统用于冷却淬火槽中被排出的热淬火介质，然后重新送回淬火槽中继续使用。按工作方式，淬火介质冷却系统可分为单独冷却和集中冷却（图 12-12）两种。集中冷却系统应用较广，可按淬火槽实际使用需要起动部分装置。

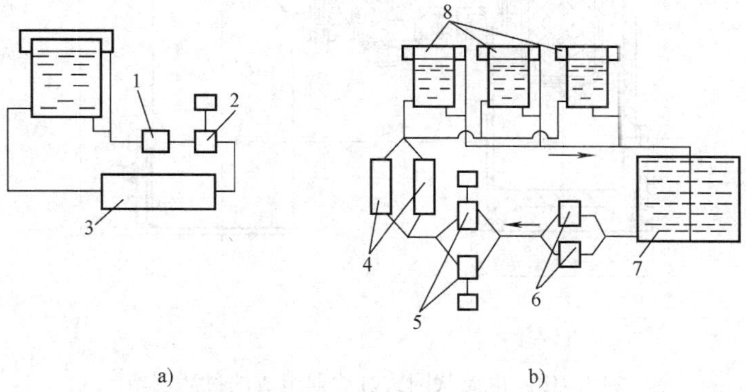

图 12-12 淬火介质循环冷却系统

a）单独冷却 b）集中冷却

1，6—过滤器 2，5—泵 3，4—冷却器 7—集液槽 8—淬火槽

一、集液槽

集液槽用钢板焊成长方形或圆形槽，也可采用水泥槽。集液槽通常分成两部分，中间用钢板隔开。热介质在集液槽中储存，并进行自然冷却及沉淀除去部分夹带的杂质。

集液槽的体积应大于全部淬火槽及冷却系统中介质容量的总和。当冷却油时，集液槽的容积应比全系统介质容量大 30%～40%；当冷却水溶液时，应大 20%～30%。

集液槽一般安在车间外地平面以下，其上口高度应低于淬火槽底部安装高度，以便在检修清理设备或车间发生火灾等紧急事故时能够将全部冷却油排放入其中。在直接利用集液槽冷却淬火介质而不采用油冷却器的场合，集液槽体积还要进一步加大。

二、过滤器

过滤器安装在集液槽与泵之间，用以去除介质中的氧化皮、盐粒、尘土及其他固体微粒污物。在一般冷却系统中装有两个并联过滤器，其中一个工作时另一个进行维护。当生产量较小，冷却系统使用率不高时，也可使用一个过滤器。常用的过滤器有网式、板式和线隙式三种。

图 12-13 为由两个圆筒形网式过滤器组成的过滤器组。从三通管上口流来的油，由三通阀控制流入其中一个过滤器中，经过滤网由内侧排油孔流出，另一过滤器则进行清理或更换，不与油管接通。网式过滤器的优点是结构简单、质量轻、价格低、过滤效果好，可滤去很小的杂质。其缺点是容易粘污堵塞网孔，需经常清洗或更换过滤网。

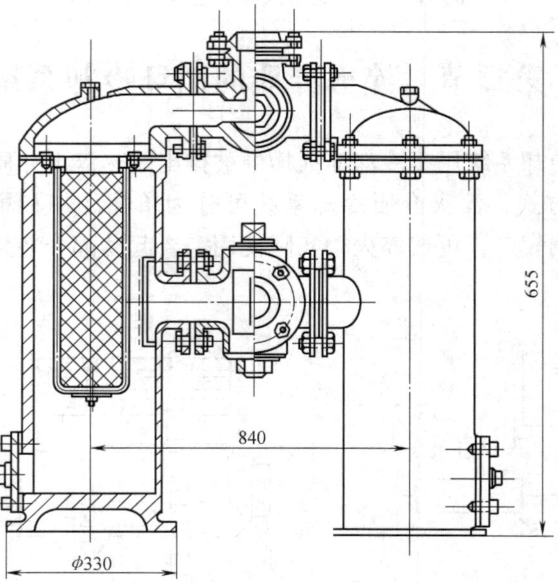

图 12-13 由筒状网式过滤器组成的过滤器组

三、泵

在淬火介质冷却系统中，所用的泵主要是齿轮泵和离心泵。供油流量在 $10m^3/h$ 时大都采用齿轮泵；流量较大（大于 $10\ m^3/h$）时用离心泵。在供水及水溶液时，常采用离心泵。一般用于输送介质的泵，其工作压力常为 0.25～0.35 MPa，供喷射介质用的泵常为 0.35～0.5 MPa。

应根据输送介质种类和要求的生产能力来选择泵的型号，并应考虑 0.5～1.5 倍的储备能力。一般的金属泵（如齿轮油泵、离心水泵）用于油类、清水等无腐蚀性的介质。各种盐、碱水溶液，应选用耐蚀泵（如塑料泵、耐蚀铸铁泵）。应采用两个或两个以上的泵，以保证在泵进行检修或发生故障时冷却系统仍能连续工作。

四、淬火介质冷却器

1. 自然冷却的冷却槽

这种冷却油槽容积很大，常兼作集油槽、储油槽和事故油槽之用。热介质流入槽中，与大量冷介质混合而达到冷却的目的，整个油槽中的油自然缓慢冷却。这种方法只适用于小量生产或不连续生产。其典型系统构成如图 12-14 所示。

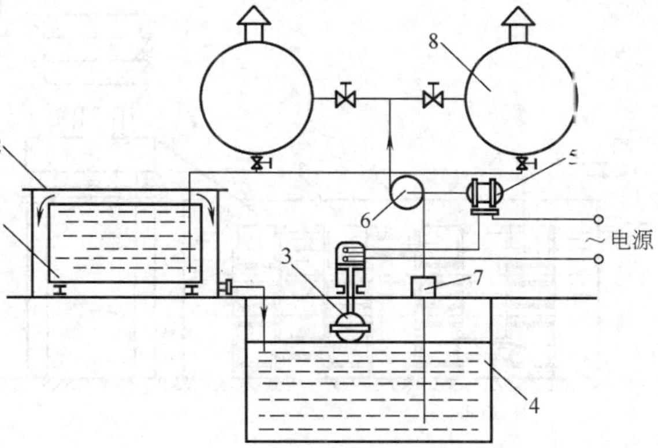

图 12-14 利用冷却槽自然冷却介质的系统

1—淬火槽 2—溢流槽 3—浮子油面控制器 4—集油槽

5—电动机 6—油泵 7—集油槽开口 8—冷却油槽

2．列管式冷却器

列管式冷却器又叫塔式冷却器，其结构如图 12-15 所示。整个冷却器为一两端具有双层底的钢制圆筒，圆筒内有许多沿圆筒轴线安装的黄铜管或铜管，其端部插在两内底管板 1 的孔眼中。冷水由下端进水口流入，受折流隔板 3 作用而作曲折流动，热水由上部出水口流出。热介质由进油口流进冷却器，受隔板阻挡，流入冷却器左半部的冷却管中，流至底部后又折回向上流入右半部的管中，最后经出油口流出。

图 12-15 列管式冷却器

1—管板 2—隔板 3—折流隔板

列管式冷却器的优点是效率高，冷却能力大，占地面积小，还可借控制冷却水的供给量自动调节介质冷却温度，应用较广。其缺点是结构复杂且不易清理。

3．淋浴冷却装置

淋浴冷却是一种简便而有效的冷却方法，适用于水及水溶液介质的冷却。在图 12-16 所示的淋浴式冷却系统的装置中，热介质由喷管 1 喷出后，向下经百叶窗冷却通道 2 再由集水盘 3 收集起来，送到冷却水槽 4 中的冷却箱 5 中进一步冷却，最后再经回流管 6 送回淬火槽重新使用。

4．板式冷却器

板式冷却器有平板式、螺旋板式、复波式和点波式等几种，其主要优点是冷却效率高，结构紧凑。平板式冷却器由许多厚 1 ~2 mm 低碳钢薄板或不锈钢板片重叠一起组成，相邻板片之间用厚 3 ~5 mm 的垫片隔成等距离的空隙，两端用端板连接，热介质和冷却水交错通入相邻空隙中，如图 12-17 所示。复波式冷却器只是用冲压波纹板代替上述平板而已。

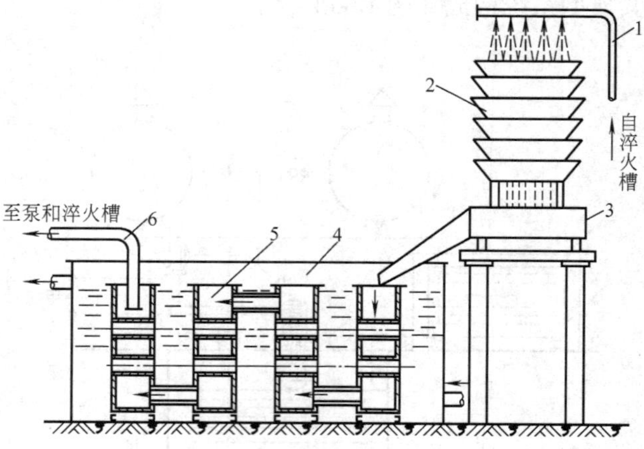

图 12-16 淋浴式冷却系统

1—介质喷管 2—百叶窗冷却通道 3—集水盘

4—冷水槽 5—冷却箱 6—回流管

螺旋板冷却器则用两层金属板卷成有两个通道的螺旋体，然后焊上顶盖和接管（图 12-18）。

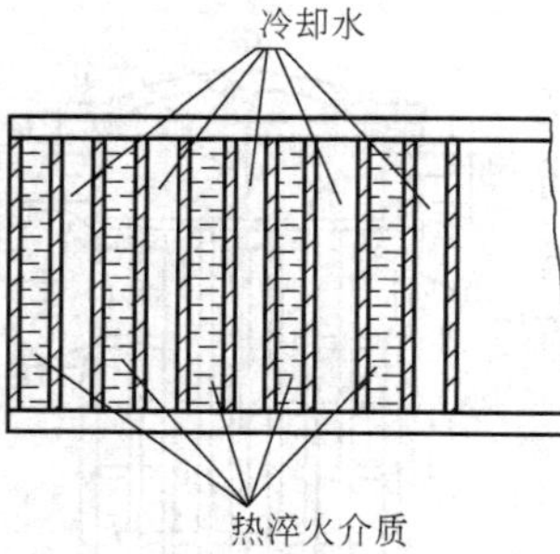

图 12-17 平板式冷却器

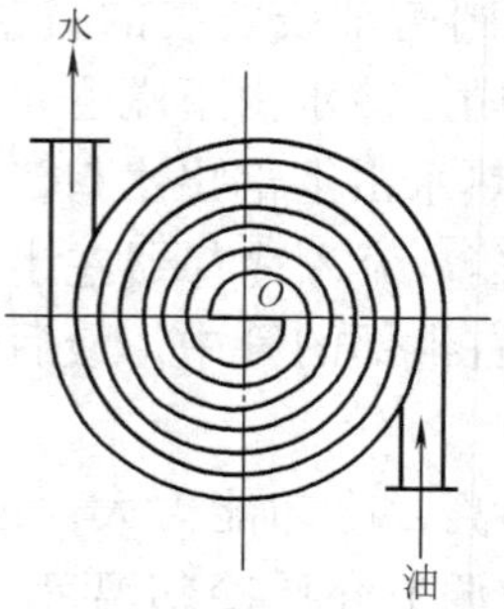

图 12-18 螺旋板式冷却器

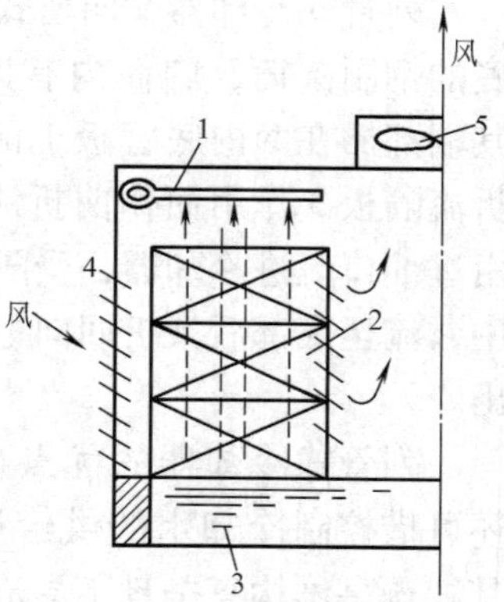

图 12-19 点波式冷却器

1—喷管 2—点波片 3—收液槽

4—百叶窗片 5—鼓风机

点波式冷却器由不锈钢或塑料制成的点波片重叠组成，上面冲有许多球面形的凸起和凹痕，如图 12-19 所示。点波片 2 垂直布置，介质由喷管 1 以淋浴状进到点波片间的空隙中，用强力鼓风机 5 经百叶窗 4 横向送入冷空气，直接冷却介质。

五、淬火介质冷却器的选择及计算

选择冷却器时，应首先根据生产情况选定冷却器的类型，再根据单位时间的热交换量确定冷却器的生产能力（单位时间内应冷却的介质量）和热交换面积，然后再确定冷却器的型号、大小和数量。具体计算步骤见表 12-4。需要注意，表 12-4 是依据每小时生产能力计算的。为了扩大生产能力，以及考虑冷却水温度过高，冷却效果差等因素，所采用的热交换面积取计算值的 2 倍以上，且至少选 2 台设备，以备检修、交替或并联使用。

表 12-4 冷却器的计算（按每小时生产能力）

项目	计算公式	符号意义
热交换量 Q	$Q=\dfrac{G\ (c_1t_1-c_1't_1')}{\tau}$ 或 $Q=P\ (c_1t_1-c_1't_1')$	t_2'、t_2——冷却介质进入和流出冷却器的温度（℃）， $t_2'=60\sim80$℃，$t_2=30\sim50$℃ $\bar{c}_2$——介质平均比热容 G——工件最大批量（kg） P——各炉生产率之和
冷却介质循环量 V_2	$V_2=\dfrac{Q}{1000\ \bar{c}_2\ (t_2'-t_2)}$	t_3、t_3'——冷却水通入和流出冷却器的温度（℃） $t_3=10\sim30$℃，$t_3'=25\sim40$ ℃
冷却水需要量 V_3	$V_3=\dfrac{Q}{1000\ \bar{c}_3\ (t_3'-t_3)}$	α——冷却器传热系数［W/（m^2·h·℃）］冷却油：$\alpha=175\sim230$；冷却水溶液：$\alpha=230\sim290$（取决于冷却器型式和传热面材料） Δt——冷却水与淬火介质的平均温差（℃） $\Delta t=(t_2+t_2')/2-(t_3+t_3')/2$
热交换面积 A	$A=\dfrac{Q}{\alpha\Delta t}$	一般地区：$\Delta t=(80+40)/2-(18+28)/2=37$℃ 炎热地区：$\Delta t=(80+40)/2-(28+34)/2=29$℃

第四节 淬火机床

淬火机床是使工件自动完成淬火过程的机械装置，能够使工件在压力下进行淬火，以减少工件的变形与弯曲，广泛用于尺寸比较大、厚度比较薄的圆盘类（如锥齿轮、圆盘等）和长轴类等易变形件，也用于形状比较复杂的零件（如曲轴、凸轮轴等）。淬火机床主要根据工件的运动状态和功能分类：工件处于静止状态的称为淬火压床；能使工件运动或者带有机械化操作的称为淬火压力机；在淬火的同时能校正工件弯曲变形的称为淬火压力校正机。

一、气动齿轮淬火压床

图 12-20 为气动齿轮淬火压床，主要用于齿轮淬火。压床的上柱塞 1 下端安有上压模 2，上面装有导杆和锥形体，下柱塞 4 与圆筒 8 相连，在其顶盖上装有下压模，上有由几块扇形片组成的扩张器。

压床工作时，工件 3 放在下压模上，其内孔套在扩张器上，开动气缸使上压模下降，导杆即插入扩张器中，锥形体迫使扇形片向外扩张，压在工件孔内侧，定好中心，同时两压模将齿轮工件压紧。柱塞继续动作，压模连同工件及圆筒 8 一同沉入油中淬火，当圆筒 8 上的输油孔 5 被掩盖以后，圆筒内的油受压力作用，即由顶盖上的喷孔喷出冲射齿面。冷油由管 6 进入圆筒 8 内，由孔 5 流入油箱 7 中，热油由排油管 9 排出。

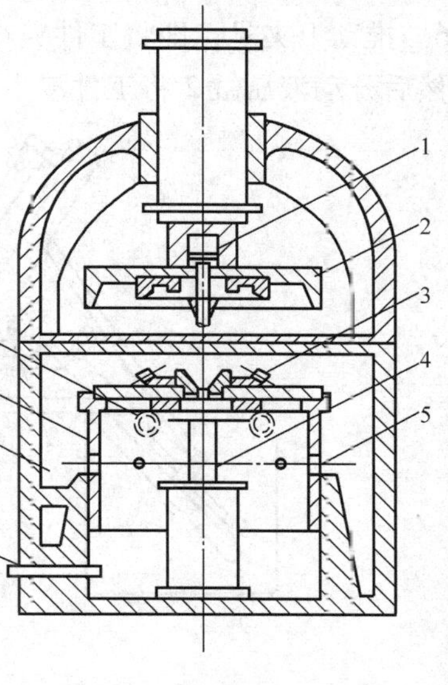

图 12-20 气动齿轮淬火压床

1—上柱塞 2—上压模 3—工件淬火齿轮 4—下柱塞 5—输油孔 6—进油管 7—油箱 8—圆筒 9—排油管

二、轴类淬火机床

轴类淬火机床主要用于轴类等细长工件的整体淬火或

局部淬火。工件在加压下淬火，同时不停地转动，以保证工件冷却均匀和防止变形。

图 12-21 为锭杆淬火压力机床的工作原理。整套设备安在油槽上方，工件 7 夹在三个转动压辊 1、2 和 3 之间。辊 1 位置固定，2 和 3 可借液压缸 4 和 5 的作用处在夹紧和放松状态。各辊通过一系列链传动机构由电动机 6 带动连续转动。

锭杆加热后，自动送到三压辊之间的空隙中，立即由液压缸推动辊 2 和 3 将工件压紧，同时喷油淬火。转辊上有许多横向沟槽，以便使油与工件表面均匀接触和冷却。淬火完毕后，放松动压辊 2 和 3，锭杆自动落入油槽中，然后用人工出料。

锭杆的材料为 GCr15 钢，直径 10 mm，处理速度约 3 根/min。

三、成形淬火机

成形淬火机能够在淬火的同时使工件成形，这不仅可以减少工件加热次数，提高生产率，而且有利于提高产品质量。常用于汽车板簧、汽车前轴、拉杆、离合器片等长形和薄形零件的淬火。

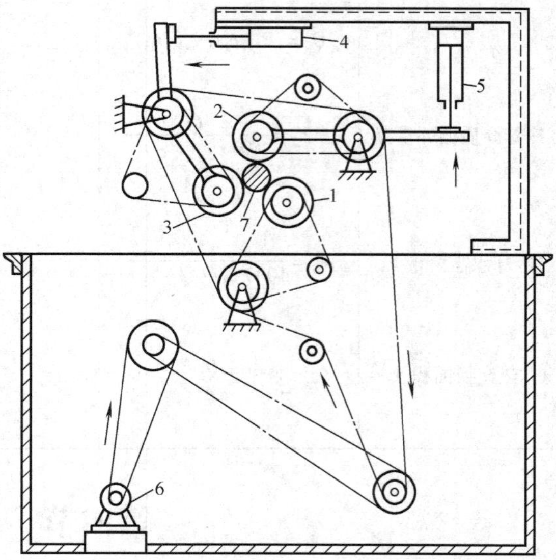

图 12-21 锭杆淬火压力机

1—定压辊 2、3—动压辊 4、5—液压缸

6—电动机 7—工件（锭杆）

图 12-22 为板簧弯曲淬火机，图 a 为弯曲淬火机的结构原理图，图 b 为板簧在夹具中被压紧的状态。淬火机架 1 可在液压缸 2 作用下围绕轴 3 转动。工件 8 经加热后，安放在淬火机端部上夹具 4 和下夹具 5 之间，开动液压缸 6，推动上夹具，即将工件夹在上下夹具的夹持压块 9 之间，将直形板簧片压成要求的弧形，然后开动液压缸 2 将工件浸入油中进行淬火。完毕后松开夹具，使板簧片落在淬火槽 7 中的

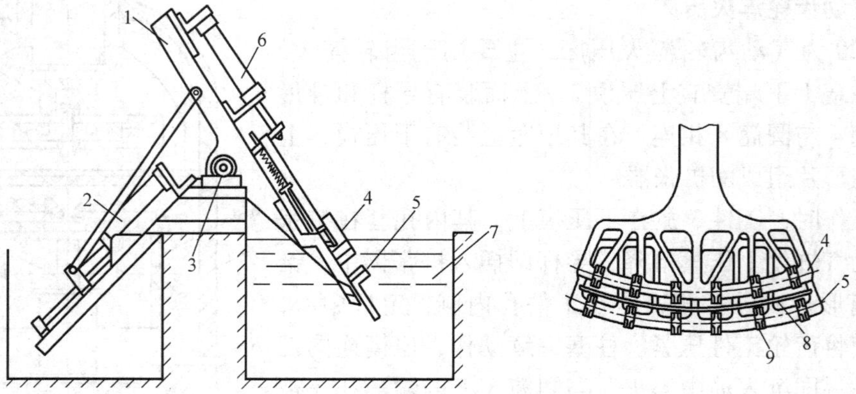

a) b)

图 12-22 板簧弯曲淬火机

a）结构原理 b）工件夹持状态

1—淬火机架 2、6—液压缸 3—轴 4—上夹具 5—下夹具

7—淬火槽 8—工件（板簧片） 9—夹持压块

输送带上自动送出淬火槽外。板簧片要求的弧度借调节各夹持压块的位置来达到。淬火机每20~60s淬火一次，每对夹具每次可淬1~2条板簧，一个淬火槽内可装设几台淬火机。

第五节 喷射淬火装置

一、喷液淬火装置

喷液淬火装置用于将淬火介质直接喷射到工件表面上，广泛用于感应加热淬火和火焰淬火、局部淬火、孔洞部位淬火或小尺寸零件的淬火。

图12-23所示为淬火介质喷射工件内孔的装置，用于模具内孔或管子内孔的淬火。

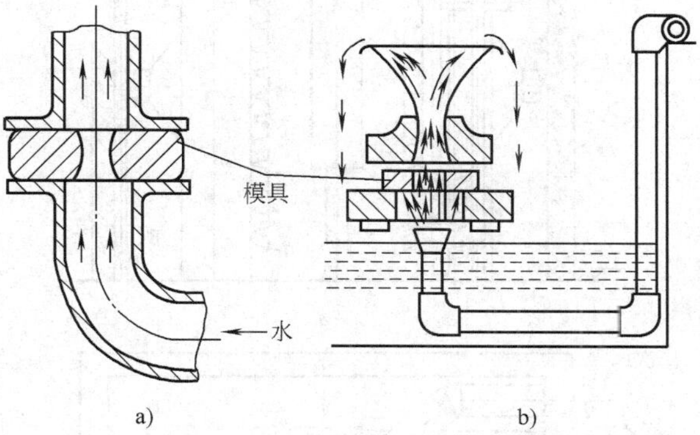

图12-23 淬火介质喷射模具内孔的装置
a）介质流过 b）介质喷射

二、喷气淬火装置

喷气淬火主要应用于冷速大于静止空气而小于油的淬火场合。淬火室需密封，以防止喷入的空气泄漏和气压损失。喷气淬火的冷却能力随冷却气体的种类、温度和流速而变化，同时与淬火工件的表面积与质量之比有关。

图12-24所示为大型汽轮机转子锻件喷气淬火装置。淬火工件放置在密封的淬火筒中，在冷却过程中连续旋转，冷却空气中的一部分从六个风口以切线方向喷入，围绕工件旋转冷却，另一部分从底部吹入，通过空气屏幕7稳定而均匀地自下而上通过淬火工件。

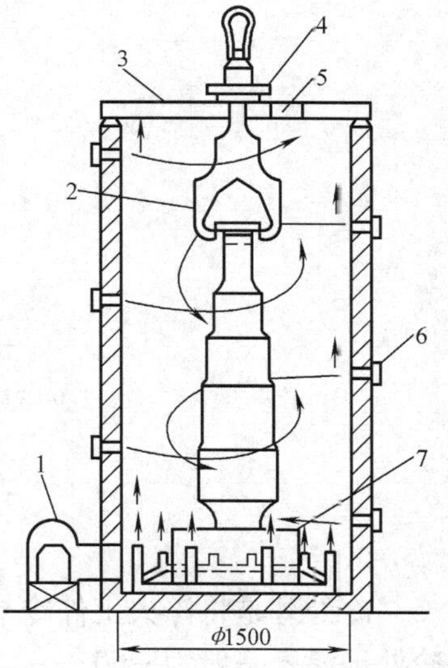

图12-24 大型汽轮机转子喷气淬火装置
1—鼓风机 2—悬挂吊 3—悬挂梁 4—转动齿轮 5—放出空气口 6—切向高压空气进口 7—空气屏幕

三、喷雾淬火装置

喷雾淬火是将含有雾状水滴的气流，喷射到淬火件表面以冷却工件。在气流中添加水滴或雾，可以提高冷却能力4.5倍。喷雾淬火可以用于替代液体淬火以减少工件淬火变形，通常应用于大型淬火件。

简单的喷雾淬火装置是在鼓风机前喷细水流，高压气流带着水雾直接喷射放在淬火台上的工件，例如贝氏体曲轴的喷雾冷却。

图 12-25 为一个安装在地坑中的大型轴类喷雾淬火装置。左右两个喷雾筒 9 各有 16 个风口，每个风口中装有三个喷嘴 1，喷嘴距离 16 mm，喷嘴垂直喷向吊挂的工件 2。工件由旋转吊具 4 带动转动，转速为 4～12 r/min。一次风和水通过喷嘴雾化，二次风由风口吹出加强雾流，有力地喷射在工件上。调节水量、风量、水压和风压可控制其冷却能力。

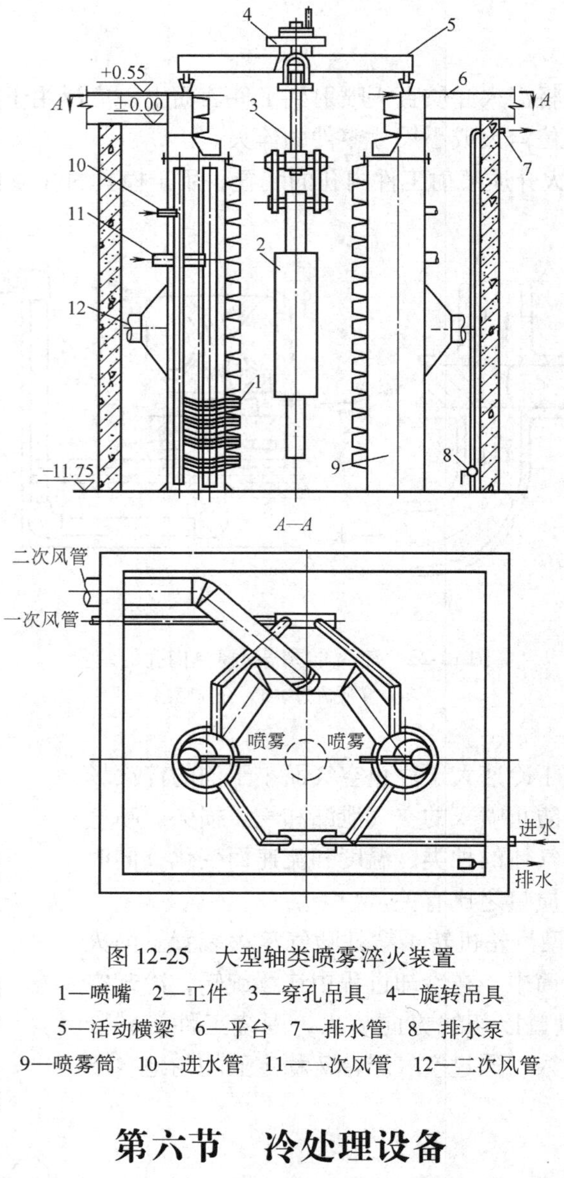

图 12-25 大型轴类喷雾淬火装置

1—喷嘴 2—工件 3—穿孔吊具 4—旋转吊具 5—活动横梁 6—平台 7—排水管 8—排水泵 9—喷雾筒 10—进水管 11——次风管 12—二次风管

第六节 冷处理设备

冷处理是将淬火工件冷却至室温以下，促使钢中残留奥氏体转变为马氏体的一种工艺。冷处理温度一般为 -60～-120℃，最低可接近 -200℃。

热处理生产中常用的冷处理设备有三种：干冰冷处理设备；液化气体冷处理设备；冷冻机式冷处理设备。

一、冷冻剂

冷冻剂是冷处理设备中所使用的工作介质，应具有较低的沸点，较小的液化压力及较大的蒸发热和比热容，还应具有一定的安全性和经济性。表 12-5 列出常用冷冻剂的物理化学性能。

表 12-5 常用冷冻剂的物理化学性能

名称	化学式	20℃密度 /kg·m^{-3}	液体密度 /kg·m^{-3}	沸点/℃	凝固点 /℃	沸点蒸发热 /kJ·kg^{-1}	20℃比热容 /kJ·(kg·℃)$^{-1}$		沸点比热容 /kJ·(kg·℃)$^{-1}$
							定压	定容	
氧	O_2	1.429	1140	-182.91	-218.8	213	0.911	0.652	1.69
氮	N_2	1.252	808	-195.7	-201.01	199	1.05	0.75	2.0
空气	—	1.293	861	-192	—	196	1.007	0.719	1.98
二氧化碳	CO_2	1.524	—	-78.2	-56.6	561	—	—	2.05
乙烷	C_2H_6	1.357	546.2	-88.5	-183.65	469	1.730	1.445	3.487
丙烷	C_3H_8	2.02	—	-42.1	-187.71	427	1.863	1.650	2.23
氨	NH_3	0.771	682	-33.4	-77.7	1373	2.22	1.675	4.44
氟—11	$CFCl_3$	—	—	23.7	-111.0	—	—	—	—
氟—12	CF_2Cl_2	5.4	148	-29.8	-155	167	—	—	—
氟—13	CF_3Cl	4.6	—	-81.5	-180	—	—	—	—
氟—14	CF_4	—	—	-128	-184	—	—	—	—
氟—21	$CHFCl_2$	—	—	8.9	-135	—	—	—	—
氟—22	CHF_2Cl	3.850	141	-40.8	-160	233.8	—	—	—
氟—23	CHF_3	—	—	-90	-163	—	—	—	—

二、干冰冷处理设备

直接使用固态干冰的冷处理设备的最低温度为 -78℃。设备为一双层容器，两层间填以隔热材料，通常为聚酯泡沫材料。外层常用木板或钢板制成，内层用铜、铝或钢板制成。工件与干冰块一同装入容器中冷却，加盖密封，使工件冷处理。也有将工件装入另一容器中与干冰隔离。这种装置冷却均匀性差，冷却过程缓慢，干冰消耗量大，温度调节困难。

当使用冷冻剂时，其冷处理设备的结构与前者基本相同，只是在容器中将干冰溶于变性酒精、丙酮或汽油中配成冷冻剂，待冷冻剂达到所需温度时即可将工件或装有工件的容器浸入其中进行冷却。在冷却过程中继续添加干冰以保持冷处理温度恒定。由于工件与冷冻剂直接接触，工件各部分冷却均匀，冷却效果好。

干冰冷处理设备结构简单，容易制造，操作方便，但生产成本比较高，用以零星处理小型工件。常用容器结构为圆筒形，内径在 300 ~ 600 mm 范围内，深度在 1000 mm 以下，隔热层厚度约 150 ~ 250 mm。

三、液化气体冷处理设备

液化气体冷处理设备利用液化的氮、氧等气体在蒸发时的吸热作用冷却工件，工作温度可接近 -200℃。液浸式设备将工件直接浸入液化气体中冷却；汽化式则利用液体汽化冷却冷冻室来冷却工件。前一种冷却温度过低，应用较少。

热处理生产上常用的液化气体冷处理设备，主要包括冷冻室、液化气体储存容器、真空泵、连接管道、温度控制仪表等。

图 12-26 为使用液态氮的冷处理装置。液态氮储存在一排真空容器 1 中，通过控制阀 2 进入冷冻室的蛇形管 7 中，在冷冻室吸热汽化，废气经绝热层进一步利用，然后经真空泵 8 排到大气中。真空泵的作用是促使液体汽化提高设备的效率。冷冻室 6 通常为一开口向上的

单层或双层容器，由铝或黄铜制成，安装在由钢板或木板制的外壳中。外壳与容器之间衬以绝热材料。蛇形管7先进入冷冻室内再通过绝热层，然后与真空泵8相连，冷冻室上盖5由启闭机构4打开和关闭。盖上装有风扇9及测温装置3。电气设备由控制板10操纵。冷冻室盖上有温度计插孔，中央下方安有风扇。工作室容积为 ϕ250mm×350 mm，最大装料量50kg，最低空载温度 -135℃。降到 -125℃的时间为120min，每次液氮消耗量31.7kg。

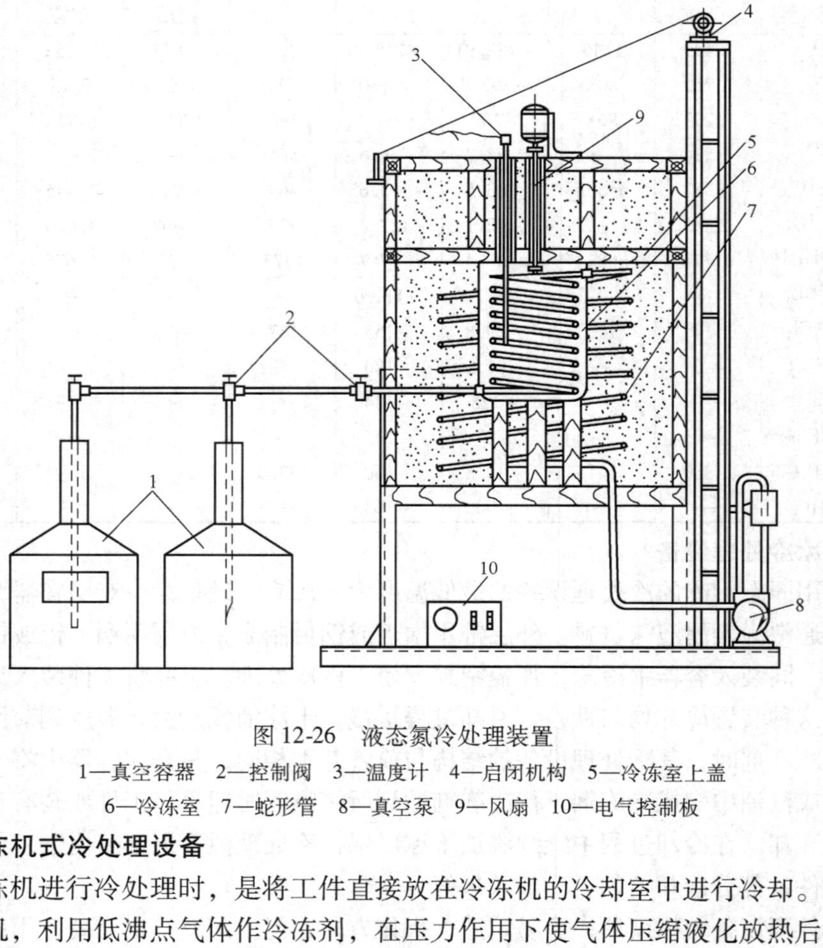

图 12-26 液态氮冷处理装置

1—真空容器 2—控制阀 3—温度计 4—启闭机构 5—冷冻室上盖 6—冷冻室 7—蛇形管 8—真空泵 9—风扇 10—电气控制板

四、冷冻机式冷处理设备

利用冷冻机进行冷处理时，是将工件直接放在冷冻机的冷却室中进行冷却。常用的冷冻机为一压缩机，利用低沸点气体作冷冻剂，在压力作用下使气体压缩液化放热后再使其膨胀汽化，从环境吸收热量。如此反复循环，使温度降低。

冷冻机根据循环级数可分为单级式和多级式两类。多级式的工作温度较低，在热处理生产中应用较广。

单级冷冻机的工作原理如图12-27所示。气态冷冻剂在压缩机1的作用下压缩升温流入冷凝器3内，将热量传给冷却剂而降温液化。液态气体再经节流阀4流入汽化器2中降压汽化，同时由冷冻室吸收热量使其达到低温。汽化的冷冻剂经压缩机再循环利用。单级冷冻机常采用水作冷却剂，用氨、丙烷等作冷冻剂，最低工作温度为 -10 ~ -50℃，压力一般不超过1.5 MPa。

为了得到更低的工作温度，可采用多级冷冻机，其工作原理相当于几个单级冷冻机串联使用。前一级冷冻机的汽化器为后一级冷冻机的冷凝器，液化沸点更低的气体冷冻剂，使后一级冷冻机的汽化器达到更低的温度。冷冻机式冷处理设备可随级数不同达到 -10 ~

-200℃温度范围。

图12-28为二级冷冻机式冷处理装置。第一级用F—22，第二级用F—13。在第一级循环中，气态F—22在压缩机1的作用下进入油分离器2，除去混入的油后，再进入冷凝器3，被冷却水冷却而液化。液态F—22在20℃和0.9 MPa下，经过冷器4进入汽化器5中减压汽化和降温，可在其中产生-40℃的温度。气化的F—22经压缩机1再循环利用。

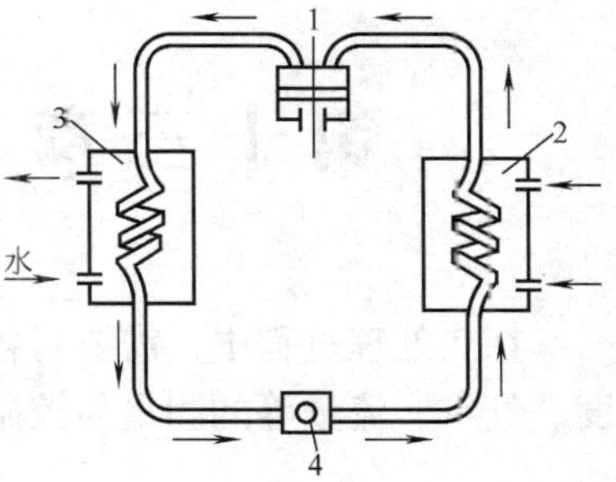

图12-27 单级冷冻机的工作原理
1—压缩机 2—汽化器
3—冷凝器 4—节流阀

在第二级循环中，气态F—13受压缩机9的作用，经油分离器10和换热器8进入第二循环的冷凝器5（即第一循环的汽化器）中，在-35℃左右液化后，由下部沿管道向上流经过冷器7和控制阀进入冷冻室6中汽化降温。汽化后的气体又经过冷器7和换热器8进入压缩机9中，继续工作。这种设备的工作温度可达-80℃。冷冻室尺寸为ϕ700mm×1200 mm，工作温度可达-80℃，冷处理工件生产率约150 kg/h。

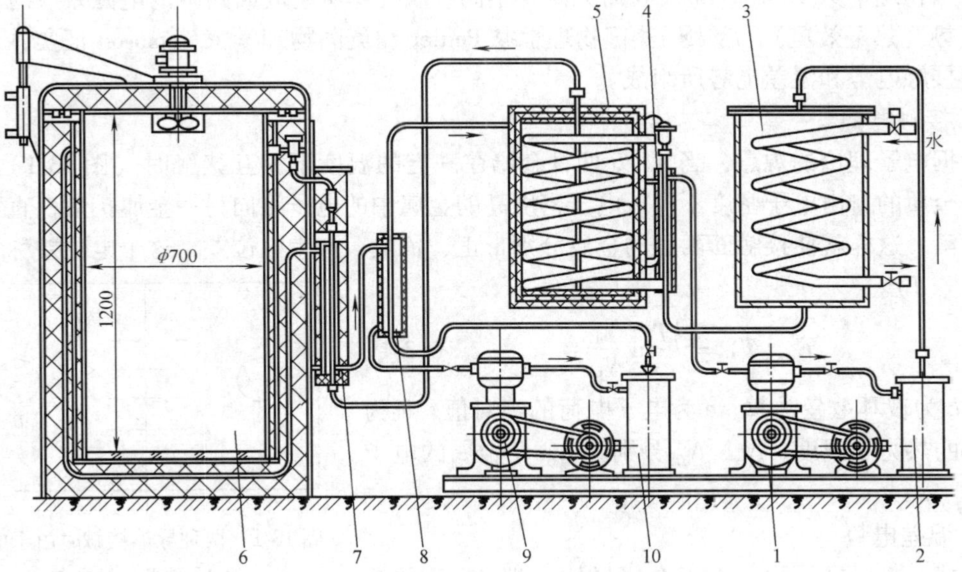

图12-28 二级冷冻机式冷处理装置
1、9—压缩机 2、10—油分离器 3—冷凝器 4、7—过冷器 5—汽化器 6—冷冻室 8—换热器

复习思考题

1. 简述周期式淬火槽的设计步骤和方法。
2. 连续式淬火槽的设计为何与周期式的不同？输送带式连续淬火槽的设计要点是什么？
3. 淬火槽机械化方法有哪些？
4. 置换式和非置换式淬火槽的设计方法有何差别？
5. 选择淬火介质冷却器的依据是什么？如何计算？在选用设备时考虑哪些实际问题？
6. 简述冷处理设备的分类，以及每类设备所依据的工作原理。
7. 试画出简图说明双级冷冻机的工作原理。

第十三章　热处理参数测量与控制

在热处理过程中，需要对各热处理参数进行测量和控制。本章将介绍热处理过程中的温度、气氛、流量等的测量与控制原理和常用仪器。

第一节　热　电　偶

热电偶是接触式测温仪表中最常用感温元件。它能将温度信号转换成热电势（即电动势）信号，配之以二次仪表，通过测量热电势从而得出温度值。热电偶的结构简单，给出的热电势稳定，使用方便，测量精度高，测温范围广，故比热电阻用得普遍。

一、热电偶的工作原理

德国物理学家 T. S. Seebeck 在研究两种不同金属导体所组成回路中的电磁效应时，发现了热电势（热电效应）。后来经法国物理学家 Peltier 和英国物理学家 Thomson 证实，该热电势是由接触电势和温差电势所组成。

1. 接触电势

根据电子理论的观点，当 A、B 两种金属在一定的温度下相互接触时（图 13-1），由于这两种金属的自由电子密度不同，电子密度高的金属中的电子将向另一金属扩散，直至达到动态平衡。这样就使接触面两边的金属分别带正、负电，产生电位差，这个电位差称为接触电势 $E_{AB}(T)$。

$$E_{AB}(T) = \frac{kT}{e}\ln\frac{N_A}{N_B} \tag{13-1}$$

式中，k 为玻耳兹曼常数；e 为电子电荷的绝对值；T 为接触面的热力学温度；N_A、N_B 分别为 A、B 金属的电子密度。

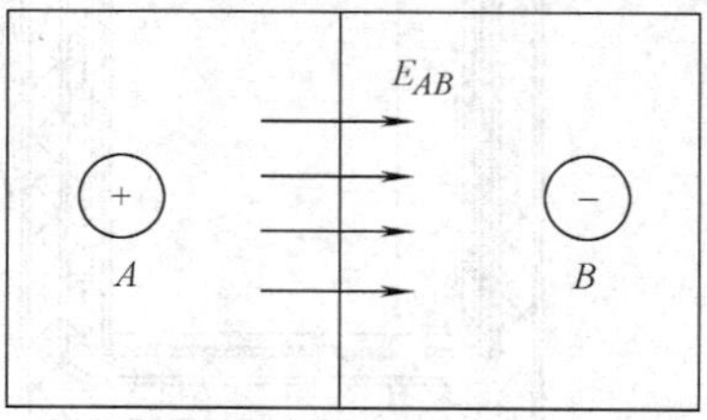

图 13-1　两种导体接触时由于电子扩散形成接触电势

2. 温差电势

在同一金属导体中，由于金属导体两端 A、B 的温度不同，温度较高一端的电子能量大，将向金属导体的低温端迁移，达到一定的平衡时所产生的热电势称为温差电势。在导体 A 和 B 中产生的温差电势分别为：

$$E_A(T,T_o) = \int_{T_o}^{T}\sigma_A \mathrm{d}T \tag{13-2}$$

$$E_B(T,T_o) = \int_{T_o}^{T}\sigma_B \mathrm{d}T \tag{13-3}$$

式中，σ 是与导体材料有关的汤姆逊系数。

当 A、B 导体形成闭合回路（图 13-2），两个接触面的温度分别为 T 和 T_o（$T \neq T_o$）时，整个闭合回路内的总电势为

$$E_{AB}(T,T_o) = E_{AB}(T) - E_{AB}(T_o) + E_A(T,T_o) - E_B(T,T_o)$$

即

$$E_{AB}(T,T_o) = \frac{k}{e}(T - T_o)\ln\frac{N_A}{N_B} + \int_{T_o}^{T}(\sigma_A - \sigma_B)\mathrm{d}T \quad (13\text{-}4)$$

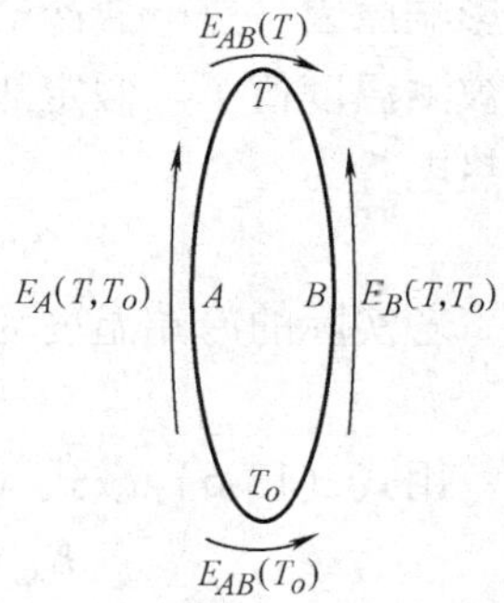

图 13-2　两种导体形成闭合回路产生的热电势

式（13-4）表明，由两种不同导体组成的闭合回路所产生的热电势，与两导体的电子密度和两接点的温度有关，而与接触面大小、直径及长度无关。当材料一定时，整个闭合回路的热电势只是两个接点温度函数的差值，故式（13-4）可简单表示为

$$E_{AB}(T,T_o) = f(T) - f(T_o) \quad (13\text{-}5)$$

由于热力学温度 T 和摄氏温度 t 之间只差一个常数(273.15)，因此式（13-5）可改写为

$$E_{AB}(t,t_o) = f(t) - f(t_o) \quad (13\text{-}6)$$

通过测定热电势 E_{AB}（t，t_o），便可确定温度，这就是热电偶的工作原理。将两种化学成分不同的金属导线的任意一端焊接在一起，就构成一支热电偶。这两根导线称为热电极，一端称为热端（又称工作端），另一端称为冷端（又称自由端）。如果将热电偶的冷端温度固定在0℃，则热电偶所产生的热电势只是热端温度的函数，则

$$E_{AB}(t,0) = f(t) \quad (13\text{-}7)$$

在测得 E_{AB}（t，0）后，即可根据相应的热电偶分度表求得热端的温度。所谓热电偶的分度表（或分度曲线），就是将标准热电偶的冷端温度恒定为0℃，测定其热电势与热端温度的对应关系并制成的表格。

二、热电偶的基本定律

1. 导体均质定律

在热电偶回路中，如果导体不均质，且在导体中存在非对称温度梯度时，将产生附加热电势，使热电偶测温产生误差。

2. 中间导体定律

任何不同材料的导体所组成的闭合回路，如果它们的接点温度相同，整个回路的热电势等于零。因此，热电偶回路不因接入第三种导体而影响其热电势。

3. 中间温度定律

在热电偶回路中，如果热电极 A、B 分别与导体 A'、B'相连（图 13-3），接点温度分别是 t、t'、t_o，则整个回路的热电势是 E_{AB}（t，t'）与 $E_{A'B'}$（t'，t_o）的代数和。即

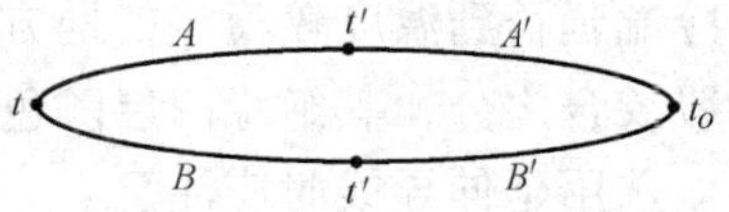

图 13-3　中间温度原理

$$E(t,t_o) = E_{AB}(t,t') + E_{A'B'}(t',t_o)$$

4. 参考电极定理

如果将导体 C（通常为纯铂丝）作为参考电极（亦称标准电极），并已知参考电极与 A、B 电极配对时的热电势，那么在相同接点温度下，A、B 两热电极的热电势为

$$E_{AB}(t,t_o) = E_{AC}(t,t_o) + E_{BC}(t,t_o)$$

三、热电偶冷端温度的影响及修正

1. 冷端温度的影响

热电偶的分度表是在其冷端温度为0℃时测定的，但在实际使用时，由于受环境温度等

的影响原因，热电偶冷端温度不可能恒为0℃，此时测得的热电势，就不能直接用分度表去查被测温度值了。假定热电偶热端温度为t，冷端温度为0℃，根据式（13-4），热电偶产生的热电势为

$$E_{AB}(t,0) = f(t) - f(0) \tag{13-8}$$

若实际的冷端温度为t'而不是0℃，这时热电偶的热电势变为

$$E_{AB}(t,t') = f(t) - f(t') \tag{13-9}$$

用式（13-6）减式（13-7）得

$$E_{AB}(t,0) - E_{AB}(t,t') = f(t') - f(0) = E_{AB}(t',0) \tag{13-10}$$

这说明当热电偶的冷端温度不等于0℃时，其热电势便产生一个差值E_{AB}（t'，0），它相当于热端为t'，冷端为0℃时产生的热电势。因此，热电偶冷端温度的变化会引起测量误差，使用时必须进行修正。

2. 热电偶冷端温度的补正方法

（1）计算电势补正法 测得热电偶的冷端温度，根据式（13-6），对测量值进行修正。

（2）调节仪表机械零点补正法 当热电偶与二次仪表成套使用时，对于按温度刻度、具有机械零点调节器的二次仪表（如动圈式仪表），若热电偶工作时冷端温度能够保持恒定，测量精度要求不太高时，就可以把仪表的指示针从刻度起点预先调节到已知的冷端温度上。这种方法是把修正值直接加到仪表上，可以认为仪表指示值就是热电偶的热端温度值。特别需要注意，调节动圈式仪表的机械零点位置时，应在热电偶输入端子短路的情况下进行。

（3）热电偶与二次仪表间连接冷端补偿器（补偿电桥） 冷端补偿器能自动补偿由于热电偶冷端温度变化而产生的测量误差，凡是内部没有冷端温度补偿电路的二次仪表（如动圈式仪表或直流电位差计）均可与之配合使用。

四、热电偶冷端温度的延伸

热电偶与二次仪表之间必须使用延伸导线连接。所谓延伸导线，实际上也是一对化学成分不同的导体，在0~100℃范围内与其所配接的热电偶具有相同的温度—热电势关系。因此，利用延伸导线连接热电偶就相当于将热电极延长，而它的价格却比相应的热电极便宜得多。用延伸导线将热电偶延长以后，可以方便地测量热电势或安装二次仪表，同时使热电偶的冷端延长到温度较稳定的地方，以便进行上述的补正方法。延伸导线是双芯线，有单股和多股绞合之分，其绝缘内层颜色不同，用以区别正负极。

选用延伸导线时应注意：

1）要选用与热电偶相对应的延伸导线配接，常用热电偶延伸导线见表13-1。

2）延伸导线和热电偶连接端的温度应维持在100℃以下。

3）使用延伸导线时，它的正负极应与热电偶的正负极对应连接，否则，会给测温带来更大的误差。

4）通过延伸导线而延长了的新冷端，如果没有冷端补偿器，则仍应采取恒温措施，以便进行冷端温度的补正。

冷端恒温的方法通常有：

① 要求精确测量或校验热电偶时，可用广口保温瓶，内装冰水混合物并使之密封，保温瓶内温度恒定在0℃。将充满变压器油的玻璃试管插入冰水混合物中，再将热电偶冷端分别插入两试管中。

② 把冷端放在能使温度保持在某一恒定数值。

③ 把冷端放在恒温器内。

表 13-1　常用热电偶的延伸导线

热电偶名称	补偿导线				热端为100℃、冷端为0℃时的标准热电势/mV
	正极		负极		
	材料	绝缘颜色	材料	绝缘颜色	
铂铑$_{10}$—铂	铜	红	镍铜	绿	0.643 ±0.023
镍铬—镍铝（硅）	铜	红	康铜	棕	4.10 ±0.15
镍铬—康铜	镍铬合金	褐绿	考铜	黄	6.95 ±0.30
铁—康铜	铁	白	康铜	棕	5.02 ±0.05
铜—康铜	铜	红	康铜	棕	4.10 ±0.15
钨铼$_5$—钨铼$_{10}$	铜	红	铜镍	蓝	1.377 ±0.045

五、热电偶的类别及使用特性

常用热电偶的材料及特性见表 13-2。

表 13-2　热电偶的类别及特性

热电偶	分度号	测量范围/℃	等级	使用温度/℃	允许误差
镍铬—镍铝（硅）	K	0 ~ 1300	Ⅰ	0 ~ 400	±1.6℃
				400 ~ 1100	±0.4%t
			Ⅱ	0 ~ 400	±3℃
				400 ~ 1100	±0.75%t
铂铑$_{10}$—铂	S	0 ~ 1600	Ⅰ	0 ~ 1100	±1℃
				1100 ~ 1600	±[1 +0.003 (t -1100)]℃
			Ⅱ	0 ~ 600	±1.5℃
				600 ~ 1600	±0.25%t
铂铑$_{13}$—铂	R	0 ~ 1600	Ⅰ	0 ~ 1600	±1℃或 ±[1 +0.003 (t -1100)]℃
			Ⅱ	0 ~ 1600	±1.5℃或 ±0.25%t
铂铑$_{30}$—铂铑$_6$	B	0 ~ 1800	Ⅱ	600 ~ 1700	±0.25%t
			Ⅲ	600 ~ 800	±4℃
				800 ~ 1700	±0.5%t
镍铬—金铁	NiCr/AuFe$_{0.67}$	-270 ~ 0	Ⅰ	-270 ~ 0	±0.5℃
			Ⅱ	-270 ~ 0	±1℃
镍铬—康铜	E	-200 ~ 900	Ⅰ	-40 ~ 800	±1.5℃或 ±0.4%t
			Ⅱ	-40 ~ 800	±2.5℃或 ±0.75%t
			Ⅲ	-200 ~ 40	±2.5℃或 ±1.5%t

（续）

热电偶	分度号	测量范围/℃	等级	使用温度/℃	允许误差
铜—康铜	T	-200～400	Ⅰ	-40～350	±0.5℃或±0.4%t
			Ⅱ	-40～350	±1℃或±0.75%t
			Ⅲ	-200～40	±1℃或±1.5%t
铁—康铜	J	-40～750	Ⅰ	-40～750	±1.5℃或±0.4%t
			Ⅱ	-40～750	±2.5℃或±0.75%t
钨铼—钨铼	WRe_5/WRe_{20}	0～2800		0～1800 1800～2800	[0.08+4×10^{-5}（t-1000）] mV
铱铑—铱	$IrRh_{50}$/Ir	0～2100		0～2100	

六、工业热电偶的结构

工业用普通热电偶的具体结构如图13-4所示。它是由热电极、绝缘管、保护管及接线盒四部分组成。

（1）热电极　贵金属热电偶的热电极直径一般为0.35～0.65mm，普通金属热电偶的热电极直径一般为0.5～3.2mm。热电极的长度由安装条件（特别是热端插入测温场所的深度）而定，一般在250～3000mm之间。

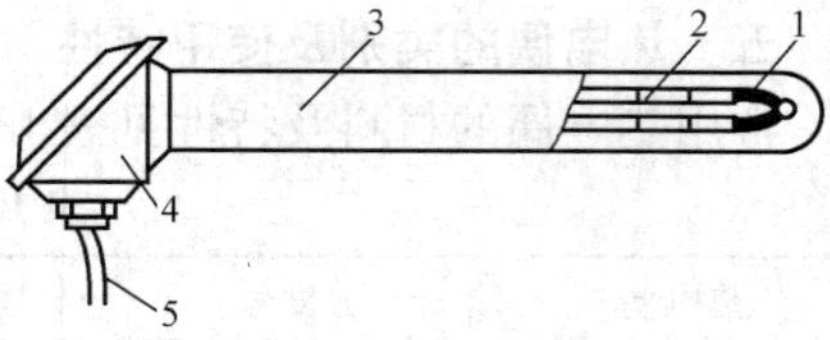

图13-4　工业热电偶的结构
1—热电极　2—绝缘管
3—保护管　4—接线盒
5—延伸导线

（2）绝缘管（或绝缘子）　防止两根热电极之间短路。其截面形状有圆形、椭圆形以及单孔、双孔和四孔之分。绝缘管材料一般为高铝陶瓷。

（3）保护管　防止机械损伤与炉气腐蚀，避免火焰及气流的直接冲击。

（4）接线盒　供热电偶与延伸导线连接，它的出线孔和盖子都用垫片和垫圈加以密封，以防污物落入而影响接线的可靠性。热电极与延伸导线连接处均有正负极性标志，便于检查和接线。

铠装热电偶（又称为缆式热电偶）是将热电偶丝与电熔氧化镁（绝缘物）熔铸在一起，外套保护管，然后一起进行拉制，它的截面结构如图13-5所示。铠装热电偶保护管材料有铜、不锈钢（1Cr18Ni9Ti）、GH39等，热偶丝直径有ϕ1mm、ϕ2mm、ϕ3mm、ϕ4mm、ϕ6mm等几种，长度从0.5m到20m。这种热电偶具有任意弯曲、耐高压、反应时间快和牢固耐用等优点。

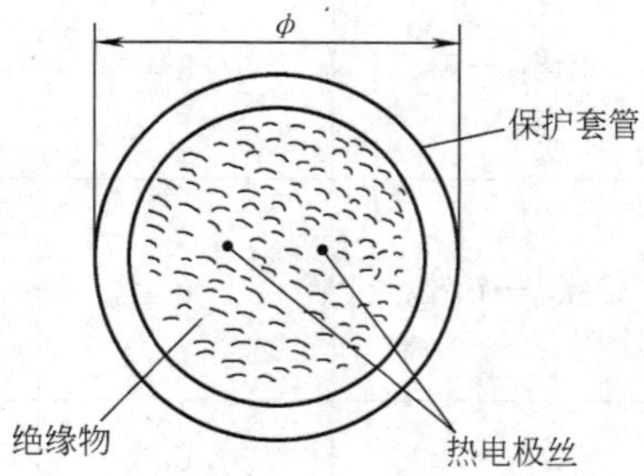

图13-5　铠装热电偶断面示意图

七、特殊热电偶

1. 表面温度热电偶

它用于测量工件的表面温度。一般可将铂铑热电极做成π状（热电极直径0.2mm左右），热端相距1mm焊在工件表面上。

2. 高温盐浴测温热电偶

由于高温融盐的强烈腐蚀作用，这类热电偶与普通热电偶的区别是在保护套管上。用金属陶瓷（Al_2O_3-Mo-Cr_2O_3）做成的保护套管可以在1200～1300℃的高温氯化钡融盐中连续使用1400h。

3. 薄膜热电偶

（1）膜状 在绝缘的薄膜基片上，采用真空镀膜法将碲、铋等金属镀成热电偶薄膜层，再连接出引线而制成。这种热电偶的厚度只有0.01～0.1μm，响应时间在微秒级。

（2）针状 这是将一种热电极做成针状，热端外覆以绝缘层，将另一种热电极材料以真空镀膜方式覆盖在热电极的表面上。针状热电极作为支架使用。这种热电偶的体积相对大一些，但响应时间仍在毫秒级。

（3）片状 一般用浸酚醛树脂的薄膜作基底，将热电极细丝粘在薄膜上构成。这种热电偶适合在－200～300℃下使用，但热容较大，响应时间在毫秒级。

4. 一次性微型高温热电偶（测温插头）

在钢铁冶炼过程中用于测量钢液的温度，其结构形式如图13-6所示。测温时将热电偶插入长柄钢管的插头座上，深入钢水中3～5s，即可反映出钢液的温度，大约8～10s后即被烧毁。

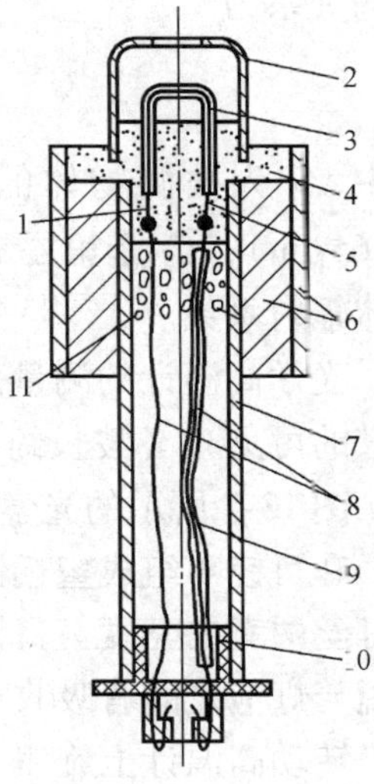

图13-6 一次性微型高温热电偶

1—铂铑丝 2—铝皮罩壳 3—硅管 4—耐火水泥 5—铂丝 6、7—马粪纸外壳 8—连接导线 9—塑料绝缘管 10—塑料插座 11—棉花

八、其他测温元件

1. 电阻温度计

金属导体的电阻随着温度的升高而增大，通过测量导体的电阻变化而测定温度的仪器就是电阻温度计。常用的电阻温度计有：

（1）铜电阻 通常是将0.1mm直径的漆包线绕在直径6mm长40mm的骨架上。测温范围是－50～150℃。根据其在0℃时的电阻（50和100Ω），有Cu_{50}和Cu_{100}两种分度号。

（2）铂电阻 铂丝纯度高，化学与物理性能稳定，电阻率高。铂电阻是将直径约0.05～0.07mm的细丝绕在板状云母或石英骨架上。有两种起始电阻（50和100Ω），分度号分别为Pt_{50}和Pt_{100}，使用温度为－200～600℃。

（3）热敏电阻 热敏电阻是利用半导体的电阻随温度升高而减小的特性制作的测温元件，测温范围一般为－100～300℃。其特点是电阻温度系数大，因而测温灵敏度高，尺寸小（球形热敏电阻的直径可小到1mm）。缺点是互换性差，电阻值随时间发生少许变化，测量误差较大。

2. 全辐射高温计

全辐射高温计是根据物体在整个波长范围内的辐射能量与其温度之间的函数关系进行工作，测量范围为700～3200℃。它的基本结构是：用辐射感温器作为一次仪表，用动圈仪表或电子电位差计作为二次仪表，另外还附有一些辅助装置。以电子电位差计作为二次仪表的全辐射高温计，也称全辐射自动平衡指示调节仪。辐射感温器把被测物体的辐射能，经过透镜或反射镜聚焦在热敏元件上，热敏元件（热电堆或热敏电阻等）把辐射能转变为电参数。物体的温度不同，其辐射能量就不同，对热敏元件为热电堆（八对或十六对直径为0.05～

0.07mm 的镍铬—考铜或铜—康铜热电偶串联在一起）的感温器来说，温度不同，热电堆产生的热电势也不同。由已知的热电势与物体温度之间的关系，通过二次仪表测量出热电势，从而直接在仪表面板上按温度刻度显示出温度值。

3. 光学高温计

光学高温计是将被测物体发出的亮度与仪器的灯泡发出的亮度进行比较而测量物体温度的。所测得的温度称为亮度温度，经修正后才能得到物体的真实温度。其亮度温度与真实温度的关系为

$$\frac{1}{T}=\frac{1}{T_{\mathrm{L}}}+\frac{\lambda}{C_2}\ln\varepsilon_\lambda \tag{13-11}$$

式中，T 为被测物体的真实温度；T_L 为被测物体的亮度温度；λ 是单色辐射波的波长（0.65μm）；C_2 是第二辐射常数（$1.4388\times10^4\mu\mathrm{m}\cdot\mathrm{K}$）；$\varepsilon_\lambda$ 是被测物体在 0.65μm 波长下的黑体辐射系数。

光学高温计的测量范围为 700～3200℃。但是，由于光学高温计是手动操作，利用的是光谱的可见光（波长约 0.65μm），故测量温差较大。

图 13-7 所示的光学高温计由光学系统和电测系统两部分组成。光学系统由可调节的物镜 1 和目镜 4 组成望远镜系统，灯泡 3 的灯丝置于物镜成像的平面上，便于比较被测物体像与灯丝两者的亮度。目镜 4 与观察孔之间放置红色滤光片，以满足单色辐射的测温条件，在物镜与灯泡之间有吸收玻璃 2，其作用是减弱热源的亮度以扩展量程上限。在使用高温量程时，转动高温计上旋钮，使吸收玻璃插入视场。电测系统由干电池 9、按钮开关 8、滑线电阻盘 7、亮度灯泡 3 和以温度刻度的毫伏表组成。

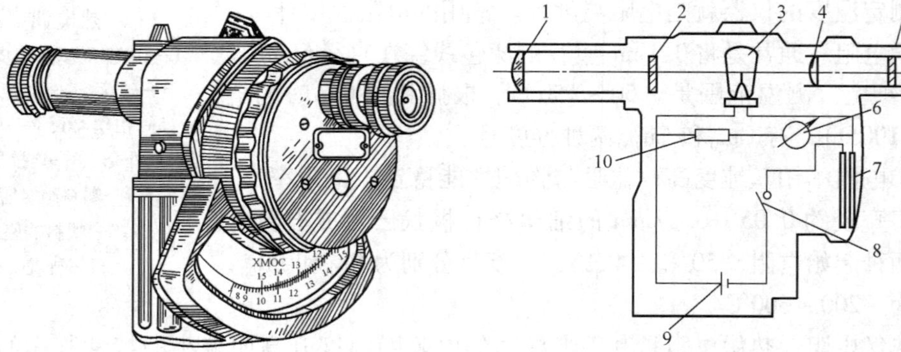

图 13-7　WGG2 型光学高温计的结构及原理

1—物镜　2—吸收玻璃　3—灯泡　4—目镜　5—红色滤光片　6—毫伏计
7—滑线电阻盘　8—按钮开关　9—干电池　10—附加电阻

使用光学高温计时，应首先旋转零位调整器调整仪表指针指零，用肉眼对准目镜筒上的观察孔，调节目镜镜筒使灯泡灯丝轮廓分明，再把物镜对准被测物体。调节物镜镜筒使热源清晰地成像在灯丝平台上，然后插入红色滤光片。根据测量范围确定是否插入吸收玻璃。光学系统调整好以后，接通按钮开关，缓慢旋转滑线电阻盘，调整灯泡的亮度至灯丝顶部完全隐灭在被测物体影像之中为止，此时的表头读数即为被测物体的亮度温度，再根据被测物体的发射率，由式（13-11）计算或查有关修正曲线可得物体的真实温度。

4. 光电高温计

光电高温计的原理与光学高温计相同，只不过用Si光电池、PbS光敏电阻等敏感元件代替了人的眼睛。这些元件主要对 $\lambda>0.8\mu m$ 以上的红外光及远红外光敏感。使用这些元件后，不仅可以使量程向下限大大扩展，反应速度大大提高，灵敏度提高许多倍，而且可以实现仪表的自动化。例如，用PbS光敏电阻或Si光电池作敏感元件的WDBI型光电高温计就是光学高温计的自动化实例。

九、热电偶的串、并联测温

1. 测量平均温度

可用多支热电特性相同的热电偶，串联或并联均可。由于 n 个热电偶串联后，所测得的信号增大了 n 倍，故测量的灵敏度高，平均温度为所测得的总热电势除以 n。由 n 支热电偶并联所测得的热电势即为平均温度。

2. 测量温差

将两支热电特性相同的热电偶的两个同极性热电极相连，然后测量另两个同极性热电极间的电势。所测得的热电势即为两点间的温差。

十、热电偶使用注意事项

若热电偶安装和使用不当，不但会增加测量误差，还会降低热电偶的使用寿命。因此，要根据测温范围和工作环境，正确安装和合理使用热电偶。

1）热电偶应选择合适的安装位置。由于一般加热炉内的温度分布不均匀，热电偶测得的又只是热端周围一小部分区域的温度，因此需要选择合适的测量点来安装热电偶。通常将热电偶装在温度较均匀且能代表工件温度的地方，而不应装在炉门旁或与加热热源太近的地方。

2）热电偶的安装位置应尽可能避开强磁场和电场，如电极盐浴炉中的热电偶不应靠近电极，以免对测温仪表引入附加干扰信号。

3）热电偶插入炉膛的深度一般应不小于热电偶保护管外径的8~10倍，热端应尽可能靠近被加热工件，但需保证装卸工件时不损伤热电偶。

4）热电偶的接线盒不应靠到炉壁上，以免冷端温度过高，距炉壁约200mm左右为宜。

5）热电偶尽可能保持垂直使用，以防止保护管在高温下变形。若需水平安装时，插入深度不应大于500mm，露出部分应采用架子托牢，并在使用一段时间后将其旋转180°。测量盐浴炉温度时，为防止热电偶接线盒温度过高，应采用直角形热电偶。

6）热电偶保护管与炉壁之间的空隙，需用耐火泥或石棉绳堵塞，以免空气对流影响测温的准确性。延伸导线与接线盒出线孔之间的空隙也应用石棉绳塞紧，并使其朝向下方，以免污物落入。

7）用热电偶测量反射炉或油炉温度时，应避开火焰的直接喷射，因火焰喷出处的温度比炉内实际温度高且不稳定。

8）在低温测量中，为减少热电偶的热惯性，应采用保护管开口或无保护管的热电偶。

9）应经常检查热电极和保护管的情况。如发现热电极表面有麻点、泡沫、局部直径变细及保护管表面腐蚀严重等弊病时，应停止使用，进行修理或更换。

十一、热电偶的定期检定

热电偶在使用一段时间后必须要进行检定，以确定测量精度是否超出允许的误差范围。热电偶的检定有定点法和比较法两种，而比较法是常用的、简单易行的方法。

1. 定点法

定点法是利用某些纯物质（如纯金属）的凝固点或其他物态变化点来检定热电偶。此种方法成本高，设备复杂，但准确程度高，主要用于复制温标和检定标准热电偶。

2. 比较法

工业上主要应用比较法来检定热电偶，就是使用与被检定热电偶热电特性不同的标准热电偶来比较。如以二级精度的标准铂铑—铂标准热电偶来检定工业用铂铑热电偶，用工业三等标准铂铑热电偶或镍铬—镍铝热电偶来检定工业用普通热电偶。表 13-3 给出了常用热电偶的检定点。在一般情况下，分别在这些点进行检测并与标准热电偶进行比较即可。但是，对于重要的实验，则应每隔 100℃进行检定。对于检定不合格，超出误差的贵金属热电偶，可进行酸洗、水洗、烘干、退火、热清洗后，再进行检定，如果仍然不合格，只能废弃。对于工业用的普通金属热电偶，检定不合格后一般都舍去。

表 13-3 常用热电偶的检定点

热电偶	检定点/℃			
铂铑$_{30}$—铂铑$_6$	1000	1200	1400	1554
铂铑$_{10}$—铂	600	800	1000	1200
镍铬—镍铝（硅）	400	600	800	1000
镍铬—康铜	300	400	（或 500）	600

图 13-8 是比较法检定热电偶的示意图。被检热电偶（一支或多支）与标准热电偶一起放在一个管式电炉中加热，为了使它们的热端温度尽量一致，把它们的热端一起插入一块耐热金属块空腔内，冷端则共同放在一个冷端恒温器中，恒温器最好保持在冰水共存点的温度。被检定的热电偶和标准热电偶的热电势通过多点转换开关和精度在 0. 05 级以上的直流低阻电位差计进行测量。炉温可通过调整调压变压器的输出电压予以改变，一般每隔 100℃取一个检定点，每一个检定点都必须在该点温度保温情况下读取两个以上的读数，并取算术平均值作为该点的读数。

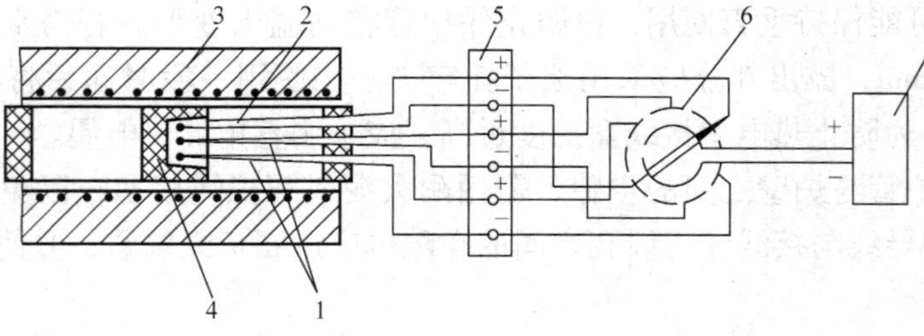

图 13-8 比较法检定热电偶装置示意图

1—被检定热电偶 2—标准热电偶 3—管式炉 4—耐热金属块

5—冷端恒温器 6—多点转换开关 7—直流电位差计

以一支三级标准铂铑—铂热电偶来检定一支生产上用的镍铬—镍硅热电偶为例，计算被检定热电偶的误差值。该检定点为 1000℃。在 1000℃附近同时测得的有关数据为

镍铬—镍铝热电偶的热电势平均值为 41. 43mV；

标准热电偶的热电势平均值为 9. 558mV；

冷端恒温槽中温度为2℃。

假定标准热电偶的检定证书指出1000℃时，它的修正值为-0.023mV（即标准热电偶在该点的误差为+0.023mV），所以在1000℃时标准热电势应为9.558mV-0.023mV=9.535mV；但标准热电偶的热电势是在冷端温度为0℃时分度的，现在冷端实测温度为2℃，故应加入冷端温度修正值，查分度表得冷端修正值为0.011mV，那么标准热电偶实际热电势应为：9.535mV+0.011mV=9.546mV，查表得此时热端温度为999℃。

现被检镍铬—镍硅热电势为41.43mV，查表得冷端温度修正值为0.08mV，实际热电势则应为41.43mV+0.08mV=41.51mV，此毫伏数相当于热端温度为1006℃。

因此，被检定热电偶在1000℃时误差为1006℃-999℃=7℃，即被检定热电偶在1000℃的修正值为-7℃。

用比较法检定热电偶时，检定结果的准确程度取决于检定系统本身的误差大小。误差来源包括标准热电偶的误差、测量用的直流电位差计的误差、检定用电炉的温度均匀性和波动引起的误差，以及冷端恒温器温度恒定程度和水银温度计测温的误差等。

十二、影响炉温测量准确性的因素

1. 测温仪表基本误差的影响

测温仪表的基本误差是仪表本身由于设计与制造方面的不完善而必然存在的误差。基本误差的大小由它的精度等级高低来表示，精度等级高说明仪表的基本误差小；反之，精度等级低说明基本误差大。测量炉温时，测温仪表（包括一次仪表和二次仪表）的精度首先影响到测量的准确程度。但同等精度而量程不同的仪表，它们可能产生的最大绝对误差是不同的。如同是0.5级的电子电位差计，若量程为0~1100℃时，则其可能产生的最大绝对误差可达1100×（±0.5%）=±5.5℃。若量程为0~550℃时，则其可能产生的最大绝对误差只有550×（±0.5%）=±2.25℃。因此，为了得到尽可能准确的测量结果，除了考虑仪表的精度等级外，还要尽可能选用量程上限与被测温度相近的仪表。

2. 测温仪表附加误差的影响

进行温度测量时，由于周围环境的影响，测量方法的不正确或操作人员的观察不准等原因而引起的误差，叫做附加误差。这种误差所带来的影响，往往是难以估计的，有时可能很大。附加误差的引入大致有如下几种情况：

(1) 环境条件引入的误差　仪表周围有强的电磁场或热电偶的延伸导线与动力线平行敷设等，使仪表输入端增加一个电磁干扰信号；环境温度的变化超出仪表技术条件的要求；被测温介质对感温元件（如热电偶，热电阻）有严重的侵蚀作用而导致其特性的变化等。

(2) 安装不当引入的误差　如热电偶安装的位置及插入深度不能反映炉膛（或工件）的真实温度；热电偶的保护管与炉壁间的间隙未填以绝热物质，致使炉内热溢出或冷空气侵入；热电偶冷端太靠近炉体使温度超过100℃；动圈仪表倾斜放置，使可动部分重心偏移产生重力矩而引入误差等。

(3) 绝缘度变坏而引入误差　热电偶绝缘子、保护管和接线板污垢或盐渣过多，致使热电极间，热电偶与炉壁间的绝缘不良（在高温下更为严重），这不仅会引起热电势的损耗，而且还会引入电热元件的交流干扰，由此引起的误差有时可达百度以上。

(4) 热电偶等感温元件的热惰性产生的误差　由于感温元件的热惰性，使仪表的指示值落后于被测温度的变化。这时应尽可能采用热电极较细，保护管直径较小的热电偶。当测温环境许可时，甚至可将保护管取去。

(5) 使用不当引入的误差 如动圈式温度仪表的外线电阻配接不当，延伸导线和热电偶型号不符或正负极接错，热电偶冷端温度补正不完全或根本未补正等，均会引入很大的误差。

3. 热电偶与二次仪表的成套检定及其误差分析

用分别经过检定的热电偶和二次仪表组成测温系统时，热电偶及二次仪表在使用中具有互换性，即所有合格的热电偶（误差已知）与所有合格的以该热电偶分度号刻度的二次仪表可以互相配套使用。这样配套使用的测温系统具有的总误差Δ（绝对误差）用下列公式计算：

$$\Delta = \sqrt{\Delta_T^2 + \Delta_m^2 + \Delta_e} \tag{13-12}$$

式中，Δ_T、Δ_m、Δ_e 分别是热电偶、二次仪表、延伸导线的绝对误差。

例如，当用分度号为K的热电偶，配用1.0级的XCT101仪表（量程为1100℃）测量1000℃时，假定已检定热电偶在该点的误差为+7.5℃，延伸导线的误差为+3.5℃，则该套测温系统在该点的总误差计算：

已知

$$\Delta_T = +7.5℃$$

$$\Delta_e = +3.5℃$$

$$\Delta_m = \frac{1.0 \times 1100}{100} = \pm 11℃$$

则

$$\Delta = \sqrt{\Delta_T^2 + \Delta_m^2 + \Delta_e} = \sqrt{3.5^2 + 7.5^2 + 11^2}℃ = \pm 13.8℃$$

由此可见，单独检定然后成套使用时，系统积累的误差可能是很大的。工程上多采用成套检定法，以消除系统中固有的误差，从而可使测量准确性大大提高。

成套检定法就是将热电偶、延伸导线、配接导线和二次仪表连接成整套测温系统后，用标准系统对其进行检定，从而使被检系统获得一个统一的误差，在以后使用中，只要保持着该系统的成套性和与检定时相同的外界条件，则这一误差可以保持不变。只要在这一系统中加上一个统一的修正值，便可得到较准确的测量结果。

成套检定的装置与比较法检定热电偶的装置相似，只是把标准热电偶与直流电位差计连接形成标准系统，被检定系统的热电偶则通过延伸导线与其配套的二次仪表连接。检定时，先从标准系统上读出某检定点的实际值（标准值），然后对照被检定系统的指示值，两者的差值即为被检定系统在该点上的误差，这一误差反映了被检定系统的综合误差。系统中一些环节的误差被互相消除，从而可使整个系统的测量误差降低。同理，成套检定的准确程度，也取决于标准系统的误差及检定过程中产生的一些误差。

第二节 温度显示与调节仪表

一、动圈式温度仪表

依所配感温元件的不同，动圈式温度仪表可分为毫伏计式（配热电偶）和不平衡电桥式（配热电阻）两大类型，统称为XC系列仪表（其型号及意义见表13-4）。两类仪表都有指示型和调节型之分：XCZ为指示型，仅能测量指示温度；XCT为调节型，既可测量指示温度，还具有控制温度的功能。例如：XCT—101型号，表示配用热电偶的动圈式温度指示调节仪，高频振荡固定参数，附带二位调节装置。

表 13-4　动圈式仪表的型号及意义

第一节						第二节					
第一位		第二位		第三位		第一位		第二位		第三位	
代号	意义	代号	意义	代号	意义	代号	意义	代号	意义	代号	意义
X	显示仪表	C	动圈磁电式	Z	指示仪	1	单标尺	0	无附加装置	1	配热电偶
				T	指示调节仪		表示设计序列及种类：		表示调节方式：	2	配热电阻
								0	二位调节	3	配霍尔变送器
						1	高频振荡（固定参数）	1	三位调节（狭带）	4	配压力变速器
						2	高频振荡（可变参数）	2	三位调节（宽带）		
						3	时间程序式高频振荡（固定参数）	3	时间比例		
								4	时间比例加二位调节		
								9	比例积分微分调节		

1. 动圈式温度仪表的结构

动圈式温度仪表的结构视形式不同而异。指示调节型（XCT 型）仪表一般由三部分组成：动圈测量机构、测量和调节电路。而指示型（XCZ 型）仪表则仅有动圈测量机构和测量电路。毫伏计式（配热电偶）仪表和不平衡电桥式（配热电阻）仪表在结构上的区别仅在于测量电路的不同。现以配热电偶的 XCT—101 型号仪表为例，介绍这类仪表的基本结构和工作原理。图 13-9 是 XCT—101 型号仪表的外形。图 13-10 则是其基本结构与工作概况示意图。

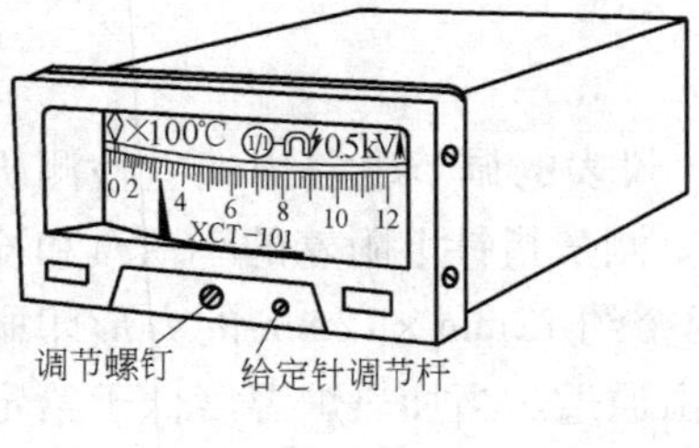

图 13-9　XCT—101 型号仪表的外形图

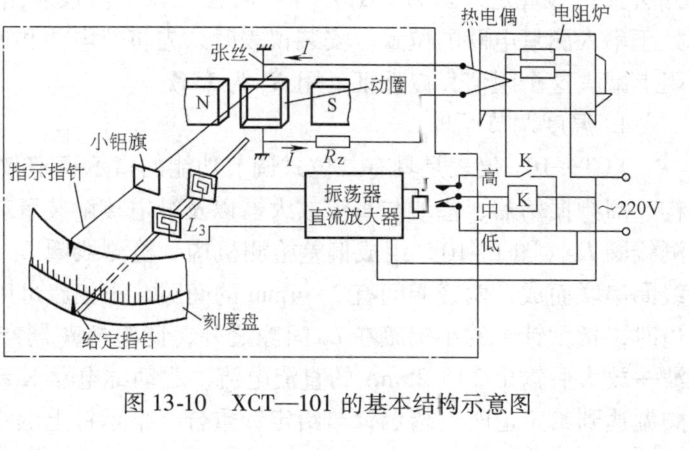

图 13-10　XCT—101 的基本结构示意图

2. 测量原理

动圈测量机构与测量电路统称为测量机构。XCT—101 仪表的测量机构及其工作原理，与一般的磁电式直流毫伏计在本质上是相同的，都是由一个磁电系表头（动圈测量机构）和连接它的测量电路组成（图 13-11）。表头中的动圈处于永久磁钢形成的磁场中，当动圈中有电流 I 通过时，便产生一电磁力矩而偏转，同时将张丝扭变。当张丝的扭矩与电磁力矩相等时，动圈将停留于某一偏转角 α。α 正比于流过动圈的电流 I，即正比于热电偶的热电势 E_t（t，t_o），即

$$\alpha = CI = C\frac{E_t(t,t_o)}{R_Z} \tag{13-13}$$

式中，R_z 为测量电路的总电阻；C 为表征仪表灵敏度的系数，它与动圈的几何尺寸、磁感应度以及张丝的弹性模数和几何尺寸有关。

角度 α 由固定连接在动圈上的指针显示。式（13-13）表明：热电势越大，动圈的偏转角也越大，指针指出的被测温度就越高。动圈式温度仪表刻度盘一般都把热电势换算成温度值进行刻度，可从刻度盘上直接读出所测温度值。由于不同分度号的热电偶的温度—热电势关系不同，因此一种规格的仪表只能与一种分度号的热电偶相配套，刻度盘上标注有热电偶的分度号。

3. 测量电路

XCT—101 仪表的测量电路如图 13-11 所示。式（13-13）中的总电阻 R_z 实际上是电路的内阻 R_i 和外阻 R_o 的总和，R_i 包括动圈电阻 R_d、温度补偿电阻 R_{t1}、R_1 和量程电阻 R_m。外电阻 R_o 包括热偶电阻 R_w 和连接导线电阻 R_l。为保证仪表的指示值与热偶的热电势成正比，必须保证 R_i 和 R_o 均为常数。但在使用过程中，动圈电阻 R_d 会随环境温度的升高而增大，R_o 也会因所选择的热电偶尺寸不同以及与仪表间距离的不同（决定连接导线长短的因素）而发生变化。为保证 R_i 为常数，量程电阻 R_m（200 ~ 1000Ω 之间）用温度系数很小的锰铜丝绕制。R_{t1} 是一负温度系数的热敏电阻（20℃时为 68Ω），热惯性和动圈电阻相当，它和 R_1（锰铜丝绕制，50Ω）并联后可以较好地补偿动圈电阻 R_d 的变化。为保证外阻 R_o 为常数，采用规定外电阻为一定值的办法（一般规定外阻为 15Ω）并标明在表盘上。仪表出厂时附加一个锰铜外阻，这个电阻处于串入测量电路的位置。安装仪表时，先将热电偶和连接导线的电阻测量出来，然后在外阻上减去这个阻值，以保证外阻 R_o 为 15Ω。

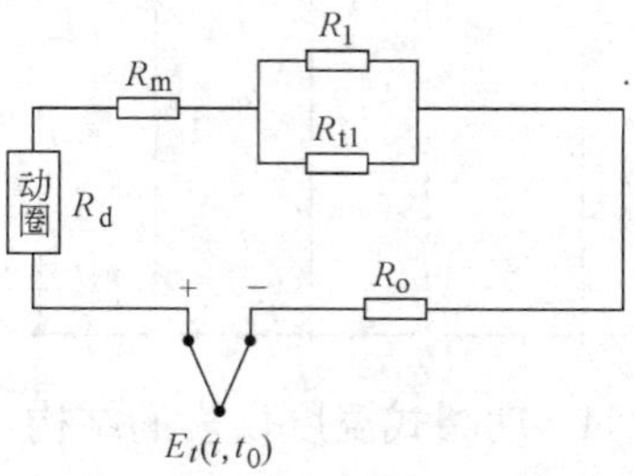

图 13-11 动圈仪表的测量电路

4. 温度调节原理

XCT—101 仪表是具有二位式调节功能的指示调节仪表。仪表的调节电路由偏差检测机构、高频振荡器、检波与直流放大器以及继电接触装置组成。测量指针上附着的小铝旗和检测线圈 L_3（图 13-10）组成偏差检测机构。检测线圈 L_3 由两个约 12mm × 12mm 的方形印刷线圈串联而成，两线圈间有 3 ~ 4mm 的间隙，小铝旗可以自由通过。当加热炉温度低于给定值时，指示针上的小铝旗在 L_3 间隙之外，此时振荡器产生高频振荡，输出的高频信号经检波—放大后输出 20 ~ 25mA 的直流电流，驱动继电器 K 动作，使加热炉通电，炉温上升。当炉温达到给定值时，指示针与给定针重合，指示针上的小铝旗进入 L_3 的间隙，使 L_3 的电感量减小，振荡器停振，直流放大器输出电流减少到继电器释放电流以下，继电器释放，使加热炉断电。如此循环，使炉温自动稳定在给定针所指定的范围。

5. 断偶保护原理

如果电炉在使用过程中热电偶回路断线，测温仪表中的动圈无电流流过，指示指针无偏转，振荡器总是处于振荡状态，电炉始终通电加热。当炉温超过规定值后，由于不能及时断

电往往造成跑温事故，轻者造成废品，重者出现重大设备事故，因此要设置断偶保护电路。

XCT—101 型仪表的断偶保护电路如图 13-12 所示。R_o 是仪表外电路的总电阻，R_i 是仪表内的总电阻。当热电偶未断时，由于断偶保护线路中的二极管 VD_p 对测量电路来说处于反接状态，且 1 与 2 端电阻值基本上等于热电偶回路的阻值 R_o，对二极管起短路作用，同时 R_p（数千欧至十几千欧）和 C_p 的阻抗都很大，因此在 1 与 2 端之间只有极微小的交流电压，对正常测量没有影响。当热电偶断线后，$R_o \to \infty$，由于 R_i 阻值较大，起不到对二极管 VD_p 的短路作用，而 VD_p 的正反向电阻相差很大。因此，1 与 2 端的电阻值对交流的正负半周是不一样的：正半周（2 端为正、1 端为负）时的电阻值小（基本上是 VD_p 的顺向电阻），这时 12V 的交流电源对 C_p 充电；负半周（2 端为正、1 端为负）时的阻值很大，被充了电的 C_p 放电很慢。这就使 1、2 两端间出现直流电压，其极性是 1 端为正，2 端为负，在测量回路中与热电偶电势的方向相同，在数值上比热电势大得多，故它必驱动动圈偏转，直到小铝旗进入检测线圈 L_3 中为止，使继电器 K 断电，加热炉电源被切断。热电偶正常工作，炉温达到给定温度时，仪表的指针是静止的；而当热电偶断路时，由于断偶保护电路在 50Hz 交流电的反复充放电过程，使仪表的指示指针发生颤动。

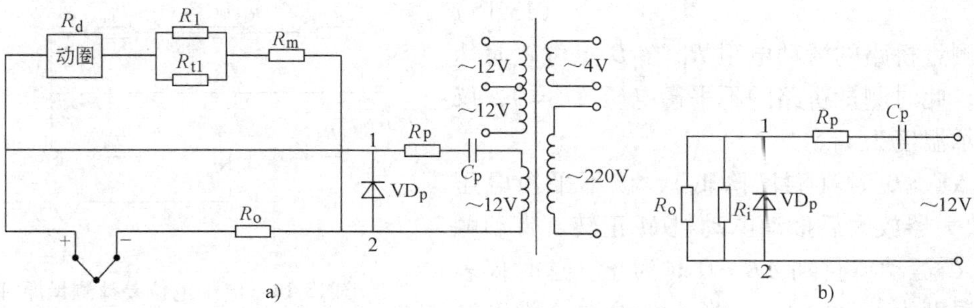

图 13-12　断偶保护电路

a）原理电路　b）等效电路

二、直流电位差计

电位差计的工作原理是电压平衡原理，即将被测电势与已知的标准电势进行比较，当两者的差值为零时，被测电势就等于已知的标准电势。

图 13-13 示出了直流电位差计的基本工作原理电路。

整个测量电路分为三个回路：由 E、R_B、R_H、R_p 组成的工作电流回路；由 E_B、R_B、G、S 组成的标准电池回路；E_X、S、G、R_H 组成的测量回路。

在测量未知电势前，首先将开关 S 扳向“标准”，标定工作电流。调整可变电阻 R_P，使检流计指针指零。这时

$$E_B = IR_B$$

由此可得

$$I = \frac{E_B}{R_B} = \text{C(常数)} \qquad (13\text{-}14)$$

当工作电流标定以后，将开关 S 扳向“测量”

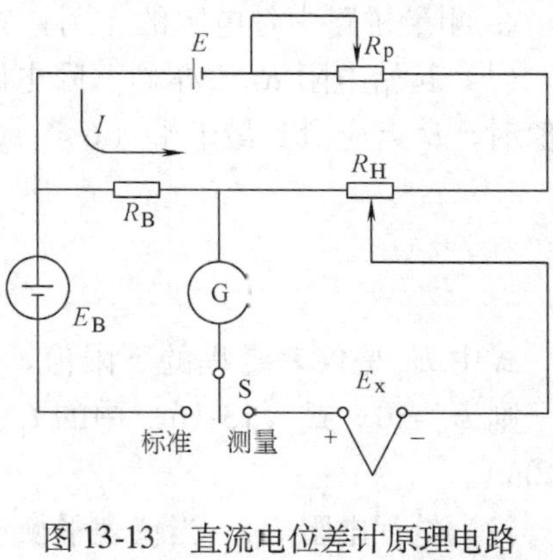

图 13-13　直流电位差计原理电路

E—工作电源　E_B—标准电池　R_p—调整工作电流的可变电阻　R_B—标准电阻　R_H—测量电阻　G—检流计　S—换向开关

位置，移动滑动电阻 R_H 的触点使检流计的指针指零。这时，滑动触点在刻度位置即为未知电势 E_X。可见，用电位差计测量未知电势时，标准回路和测量回路均无电流流过，所测电势不受线路电阻的影响，因此测量准确。当直流电位差计在标定工作电流后并使电路处于测量位置时，调整滑动电阻，可在接未知电势 E_X 的接线端子输出相应的标准电势，可用来检定电子电位差计。

三、电子电位差计

电子电位差计是一种能够连续显示与记录被测参数变化情况的自动平衡式显示仪表，又称为自动平衡电位差计。通常下附加各种调节器、报警器等装置以扩大使用功能，因而在工业部门得到广泛的应用。

1. 电子电位差计的工作原理

图 13-14 为 XWB—101 电子电位差计测量原理电路。

如果仪表的设定温度与指示温度不同时，测量桥路将产生不平衡电压 ΔE

$$\Delta E = U_{DC} + U_{CB} - U_{AB} - E_t = U_{DA} - E_t \tag{13-15}$$

设测量桥路的滑动电阻 R_H 在 D 点位置时达到平衡，此时测量桥路的不平衡电压 $\Delta E = 0$，仪表的指示温度为 t_D。

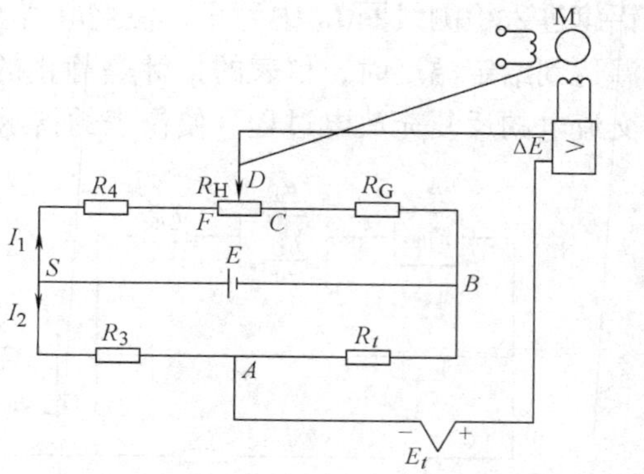

图 13-14 电子电位差计测量原理

当 $\Delta E > 0$ 时（温度降低），该不平衡电压 ΔE 经放大器放大后推动电动机 M 正转，带动触点 D 向 C 运动，直到 $\Delta E = 0$ 时为止。这时仪表的指示温度为 $t_{C'}$（$< t_D$）；当 $\Delta E < 0$ 时（温度升高），ΔE 经放大器放大后推动电动机反转，带动触点 D 向 F 方向运动，直到 $\Delta E = 0$。这时仪表的指示温度为 $t_{F'}$（$> t_D$）。

XWB—101 具有温度调节功能，在电动机正转的同时，接通交流接触器使炉子通电，而在电动机反转时，切断交流接触器使炉子断电，以将温度保持在一个恒定的温度上。

2. 测量桥路中各电阻的作用

（1）起始电阻 R_G　亦称下限电阻。当电路平衡（$\Delta E = 0$）时，仪表指针指在刻度的下限值时，D 点应滑到最下端（C 点），这时式（13-15）变为

$$U_{CB} - U_{AB} - E_{t1} = 0$$

即

$$U_{CB} = U_{AB} + E_{t1}$$

或

$$I_1 R_G = I_2 R_t + E_{t1} \tag{13-16}$$

式中 E_{t1} 是仪表量程的下限值。下限值为零的仪表 $E_{t1} = 0$。如果仪表量程不是从 0℃ 开始，则 $E_{t1} \neq 0$。式（13-16）中的 I_1、I_2 是上支路和下支路电流，电路设计规定分别为 4mA 和 2mA。

（2）量程电阻 R_H　当仪表平衡、指针在刻度的上限时，D 点在最上端（F 点），仿照式（13-16），可以写出

$$I_1 R_H + I_1 R_G = I_2 R_t + E_{t2} \tag{13-17}$$

式（13-17）与式（13-16）相减后得

$$I_1R_H = E_{t2} - E_{t1}$$

即

$$U_{FC} = E_{t2} - E_{t1} \tag{13-18}$$

式中 E_{t2}是仪表量程的上限值。可见滑线电阻 R_H 两端电压的大小代表了测量范围的大小。

（3）上支路限流电阻 R_4　与 R_H、R_G 串联，保证上支路电流 I_1 为4mA。

（4）下支路限流电阻 R_3　当 R_t 一定时，保证下支路电流 I_2 为2mA。

（5）冷端温度补偿电阻 R_t　起补偿热电偶冷端温度变化的作用。

四、TD、TE 系列电子式温度指示调节仪

TDA、TDW、TEA、TED 系列电子式温度指示调节仪体积小、质量轻、可靠性好、抗振动和抗干扰性能强，配热电偶的仪表具有冷端自动补偿功能，特殊订货可附加超温报警功能。其中 TDW 系列仪表安装开孔尺寸与 XC 系列动圈仪表相同，是 XC 系列动圈式仪表的更新产品，可广泛用于冶金、塑料机械、橡胶机械、包装机械、服装、食品、印染等行业作为 -200 ~ 1600℃范围的温度测量和自动控制。它也可用于压力、流量、液位等参数的测量或控制。TD、TE 系列电子式温度指示调节仪表型号见表 13-5。

表 13-5　TD、TE 系列电子式温度指示调节仪表型号

仪表类别					第二节								
口—	口	口	口	口	品种系列	显示方式		调节规律		报警方式		感温元件	
品种系列代号	显示方式	调节规律	报警方式	配用感温元件		代号	意义	代号	意义	代号	意义	代号	意义
					TDA	0	偏差显示	1	二位调节	0	无	1	热电偶
					TDW	2	全量程显示	3	时间比例调节	1	上限报警	2	热电阻
					TEA	4	无指示	6	二位脉冲调节				
					TED	8	全量程指示（TDA 专用）						

1. 工作原理

TD、TE 系列电子式温度指示调节仪工作原理框图如图 13-15 所示。桥路在接收到热电偶或热电阻的毫伏信号，经放大电路放大后，一路送入模拟式电压表，使指针偏转而直接显示温度，另一路与设定值比较后控制开关电路，通过继电器输出，同时控制仪表盘的红绿灯来指示输出状态。

2. 仪表的外形结构

仪表的外形结构如图 13-16 所示，仪表的面板是由设定旋钮、温度指示表、调零器、指示灯等组成。设定旋钮用于设定控制温度值；温度指示表指示炉内的实际温度；调零器用于在仪表未通电时调整机械零点；绿指示灯亮表示正在加热，红指示灯亮表示温度已经达到设定值。

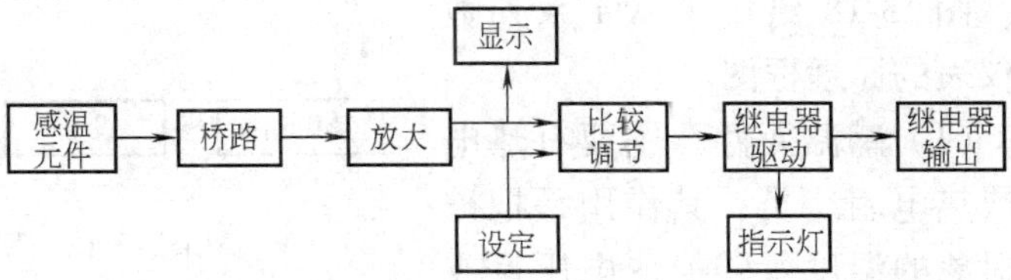

图 13-15　TD、TE 系列电子式温度指示调节仪工作原理框图

3. 仪表的使用

1）接线时要注意感温元件引线与电源及继电器的连线不要捆扎和绞绕在一起，也不要

放在同一根金属管内，以防产生电磁干扰。热电阻与仪表的三根连线要用同一截面积的导线，且其连线电阻应尽量小些，以免影响仪表精度。热电偶与仪表的连线应采用对应热电偶的补偿导线，其极性不得接反。

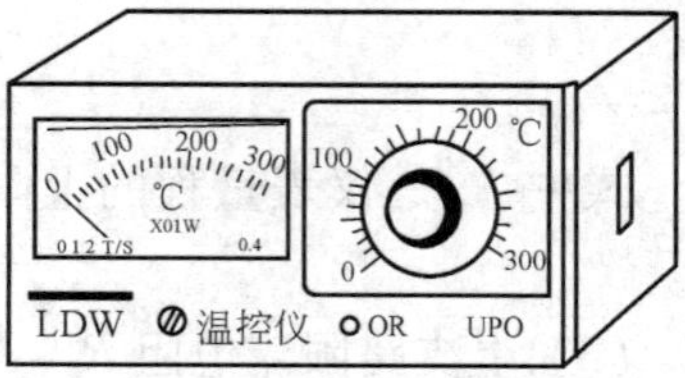

图 13-16 TDW 仪表的外形结构

2）感温元件座放置在能真实反映炉内温度之处，且与炉丝保持良好的绝缘。玻璃热电阻应有合适的保护套管，其引线应固定。

3）仪表通电前应仔细检查接线是否正确，感温元件与仪表分度号是否匹配等。

4）炉子的加热功率应能与所需温度值有较好的匹配。进入恒温后，若绿指示灯亮的时间长，说明加热功率不够；若红指示灯亮的时间长，则说明加热功率太大。红绿指示灯亮的时间比较一致，说明功率匹配，调节效果好。

5）初始加热时，由于炉子的热惯性，尽管炉丝已断电，但炉内温度还会上升，故每次开机前最好把设定值定在所需要温度值的 80% 左右，待几次开关动作后再把设定值定在所需值，就可避免开机的温升过冲现象。

6）如发现通电后仪表指针马上打到满刻度，应检查感温元件是否断路。

五、XM 系列数显仪表

XM 系列数显仪表与传统的 XC 系列动圈式仪表和普通 TE 系列模拟式仪表相比，具有精度高、抗振性强、可靠性好、安装方便、读数清晰、无视差、可远距离观察等独特优点。在调节形式上有二位式、三位式、时间比例式、可控硅连续调节式、PID 式等多种，并可根据需要增加超限声报警功能，是 XC 系列仪表的更新换代产品。XM 系列数显仪表可广泛应用于冶金、纺织、塑机、培养箱、烘烤箱、制冷、化工、医疗等行业作 200 ~ 1600℃ 范围内的温度测量和自动控制，配上相应的传感器也可用于压力、流量、液位等参数的显示和控制。图 13-17 所示为 XMT—171 数显仪表的面板结构。XMT 系列仪表的型号及各项所表示的意义见表 13-6。

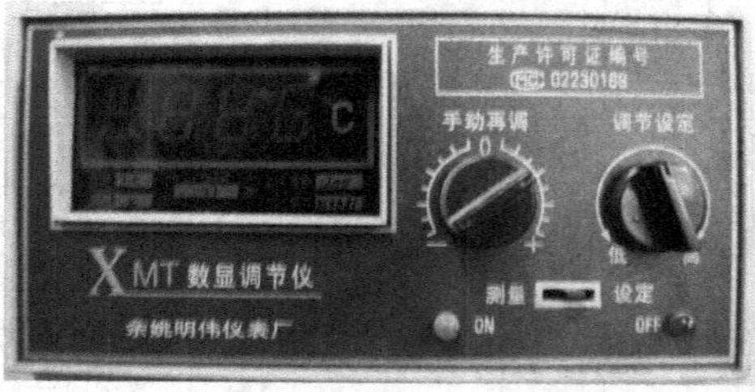

图 13-17 XMT—171 数显仪表的面板结构

1. 结构与原理

图 13-18 给出了 XM 系列数显仪表的原理框图。

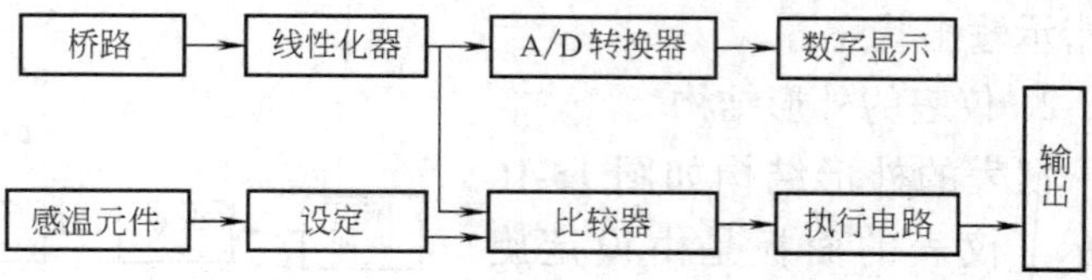

图 13-18 XM 系列数显仪表原理框图

（1）感温元件　主要有热电偶或热电阻二类，其作用是把被测对象的温度量转换成电压量或电阻量。

（2）桥路部分　其作用是对热电偶的冷端进行自动补偿或把热电阻随温度变化的电阻信号转换成电压信号。

（3）线性化器　由于感温元件与被测温度之间呈非线性关系，因而要对它的输出进行补偿以保证测量的精度。

(4) 显示部分　线性化器的输出电压经 A/D 转换器把模拟量转换成数字信号后送至七段发光二极管显示。

(5) 调节执行输出部分　调节式仪表有设定值、比较器，以及按不同控制方式执行的调节输出电路。位式仪表的输出信号是继电器开关信号，连续调中式仪表是移相脉冲、过零脉冲或 0～10mA 直流信号。

表 13-6　XMT 系列仪表型号说明

第一节						第二节									
前二位		第二位		第三位		第一位		第二位		第三位		第四位		尾注	
代号	意义	代号	意义	代号	意义	代号	意义	代号	意义	代号	意义	代号	意义	代号	意义
X	模数转换	Z	指示仪表调节仪	口	面板尺寸代号	1	单点	0	二位调节	口	无此项	1	配热电偶	A	输出配固态继电器
M		T		A				2	三位调节		无报警功能	2	配热电阻		
				D		2	双点	3	时间比例调节	1	上限报警	3	配电压信号	E	PID 调节接可控硅移相触发
				E				6	单相可控硅移相式调节	2	下限报警	4	配电阻信号		
				F						3	上下限报警	5	配电流信号		
				Y				7	单相可控硅过零式调节					G	PID 调节接可控硅过零触发
								8	三相可控硅过零式调节						
								9	PID 电流调节						

注：三位式仪表有二个设定、比较、执行、输出电路。单显示仪表无设定比较、执行、输出电路。

2. 仪表的使用

(1) 仪表的接线　XMT 仪表安装时需注意检查仪表的分度号与感温元件的分度号是否相同。配用热电偶的仪表可不接 15Ω 的外阻。配用热电阻的仪表一般不接三个 5Ω 的外阻，但热电阻三根连线的规格要相同，如引线较长时建议使用外阻。

(2) 温度设定与测量　将仪表连线接好后，把开关拨向“设定”位置，旋转设定电位器，此时数字显示的是所需温度值。调好后，把开关拨向“测量”位置，此时数字显示的是实际温度值。

(3) 温度调节

1) XMT—101 型（位式调节）。当实际值低于设定值时，绿灯亮，继电器的总、低两触头通，总、高两触头断。当实际值达到或高于设定值时，红灯亮，继电器的总高通、总低断。

2) XMT—161、171 型（比例调节）。当实际温度值低于比例带时，负载上的加热电压为供电电压的 90% 以上，温度上升。当进入比例带后，负载上的加热电压逐渐下降，直至降到供电电压的 5% 以下。由于该仪表是采用改变加热功率来改变温度值的调节方式，所以当散热功率与加热平衡时，温度可稳定在某一值上。如稳定值与所需值有偏差（这与加热器功率，散热情况等有关）时，可转动“手动再调”电位器，直至与所需值相符即可。一般控温精度可优于 0.1℃（如发现负载二端电压有抖动现象，可把仪表二根输出线对调）并保证可控硅元件的温度低于 100℃。

3) XMT—191 型（比例、微分与积分调节）。当实际温度未进入比例带时，输出为

10mA 信号。当负载升温，进入比例带后，输出电流逐渐减少，直至降低到 0.2mA 以下。仪表用 PID 调节方式，是通过配接的 ZK 型可控硅电压调整器改变可控硅导通角来改变负载加热功率。

六、数字式温度仪表简介

随着科学技术的快速发展，对温度控制的要求也越来越高，模拟式仪表或数显仪表已不能满足对温度进行精密控制的要求，因此，数字式温度控制仪表在工业控制中正在迅速取代传统的控温仪表。数字式温度控制仪表所具有的优点有：测温精度高，反应速度快，抗干扰能力强，体积小，质量轻，耗电少等。不仅方便读数，免除读数误差，能够对热处理过程进行程序化控制，更重要的是可以将测量和控制结果输入电子计算机，从而实现生产过程的高度自动化。

1. 结构与原理

数字式温度控温仪表的结构框图如图 13-19 所示。感温元件将炉子的温度变换为电信号，变送器继续将其变换为与炉温有线性关系的 0 ~ 10 mA 直流电流，经模数转换进入数字显示装置，就能得到炉温的数字显示。数字化的温度信号进入数据处理单元，与所输入的工艺参数进行比较，发出控制指令代码，控制指令代码经数模转换成为模拟信号推动执行机构，对炉子的温度进行调节与控制。同时，能够随时对所输入的工艺参数进行修改。比较先进的数字式温度控制器能够对多阶梯式热处理工艺进行全自动控制，包括升温速度、保温时间、冷却速度等。若将仪器的数据输出端子接入计算机，就能将整个工艺过程进行实时显示、存储和打印输出。

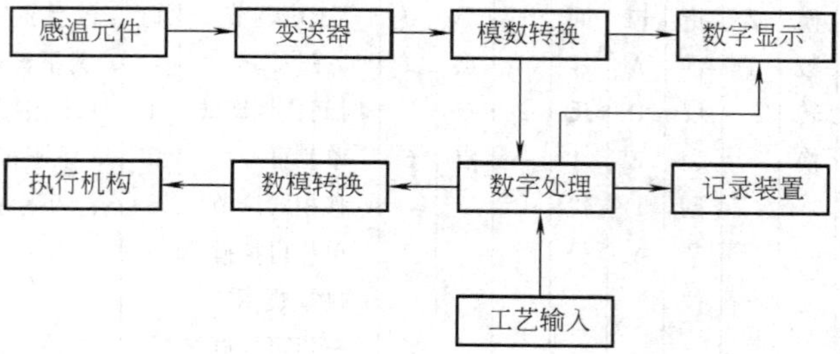

图 13-19 数字式控温仪表结构框图

2. 数字式温度仪表特点

1）具有人性化设计的面板操作方法，易学易用。

2）包含同类模拟式仪表的所有功能，通用性强。

3）采用全球通用的 100—240VAC 输入范围开关电源，并具备多种外形尺寸供用户选择。

4）输入采用数字校正系统，内置常用热电偶和热电阻非线性校正表格，测量精确稳定。

5）采用先进的模块化结构，提供多种输出规格，抗干扰性能高，能广泛满足各种应用场合的需要。

下面仅以厦门宇电自动化工程有限公司生产的 AI 系列智能化温度控制仪，简要介绍数字化控温仪表的功能。图 13-20 是 AI708 智能化温度控制仪表的面板结构。AI 系列控温仪表的功能有：

1）具备位式调节（二位/三位/四位）、手动调节、手动自整定和人工智能自动调节功能、位置比例输出等多种功能。

2）具备先进的新一代人工智能调节算法及自整定、自学习功能，除了无变送功能及部分输入规格以外，适合温度、压力、流量、液位湿度……的精确控制；无需人为设定控制参数即可获得满意的控制结果。

3）能够直接输入K、S、R、E、J、T、B、N等多种规格的热电偶，还可编程多种热电偶、热电阻、mV及标准信号的输入，可扩充输入信号。

4）模块化输出支持线性电流（电压）、直接驱动继电器触点开关、可控硅无触点开关及可控硅过零触发和移相触发输出。

5）有上限、下限、正偏差及负偏差等多种报警模式，以及上电免除等各种报警功能。

6）可定义参数查看和修改的权限。

7）支持加热、冷却双输出，且冷输出规格可独立设置。

由于AI智能化温度控制仪可直接带动0～500A晶闸管，免去了常规温控仪表所需的PID调解仪，从而简化了温控系统的构成，降低设备成本。

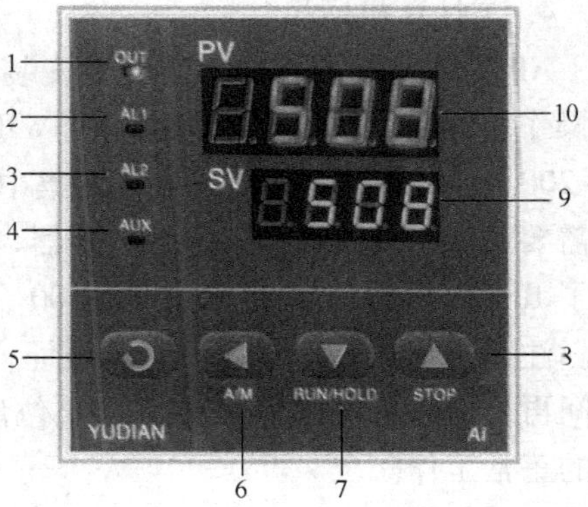

图13-20 AI708智能化温度控制仪面板

1—调节输出指示灯 2—报警1指示灯 3—报警2指示灯 4—辅助接口工作指示灯 5—显示转换（数据输入） 6—数据移位 7—数据减小键 8—数据增加键 9—设定值显示 10—测量值显示

对于一些使用$MoSi_2$、SiC和纯金属W、Mo等作为加热元件的高温电阻炉，由于低温电阻与高温电阻相差巨大，电阻的变化显著，如果在加热过程中不进行功率限制，将会导致加热设备或加热元件的损坏。所以传统的控温系统采用变压器调压方式进行功率控制，而AI智能化温度控制仪的分段功率控制功能，可以使热处理炉的输入功率由零到100%变化。这不仅免除了笨重的变压器，降低了设备的成本，而且消除了变压器的损耗，提高了能源效率。

当负载为感性或采用移相触发时，必须加阻容吸收保护电路，根据负载的电压和电流大小选择压敏电阻。推荐使用可控硅功率模块，一个可控硅模块内包含二个单项晶闸管，如图13-21中的点划线部分；也可以直接使用双向晶闸管。

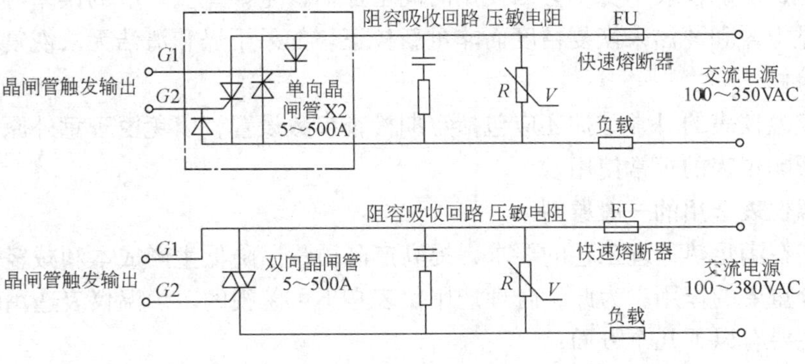

图13-21 可控硅触发电路接线图

3. 程序控制

高端的AI系列程序式控温仪表具有30段程序控制功能，适用于需要按一定时间规律自动改变给定值进行控制的场合。可设置任意大小的给定值升、降斜率；具有跳转、运行、暂停及停止等可编程/可操作命令，可在程序控制运行中修改程序；具备二路事件输出功能。

该仪表可通过报警输出控制其他设备联锁动作，进一步提高设备自动化能力；可通过安装外部开关执行程序运行/暂停/停止等操作，以实现连锁、同步启动运行或方便操作；具有停电处理模式、测量值启动功能及准备功能。

4. 与计算机通讯

AI 系列仪表可在 COMM 位置安装 RS485 通信接口模块，通过计算机可实现对仪表的各项操作。其应用软件可运行在中文 WINDOWS 98/ME/NT/2000/XP 等操作系统下。能实现对 1～200 台 AI 系列各种型号仪表的集中监控与管理，并可以自动记录测量数据及打印。计算机需要加一个 RS232C/RS485 转换器，无中继器时最多可直接连接 64 台仪表，图 13-22 就是加了 RS485 中继器后最多可连接 100 台仪表。一台计算机用 2 个通信口则可各连接 100 台仪表。注意每台仪表应设置不同的地址。仪表数量较多时，可用 2 台或多台计算机，各计算机之间再构成局部网络。AI 仪表在上位计算机/通信接口或线路发生故障时，仍能保持仪表本身的正常工作。

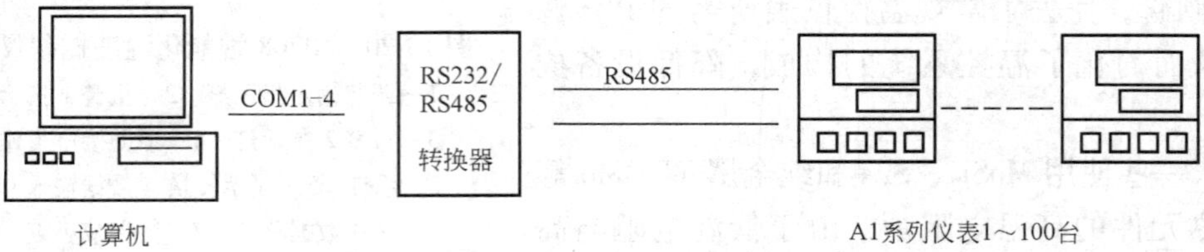

图 13-22 计算机温度控制系统示意图

5. 数字式仪表的维护

仪表每年应进行一次计量检定，如果仪表误差超出范围，通常都是由于潮湿、灰尘或腐蚀气体所导致，可对仪表内部进行清洁及干燥处理，一般都能解决问题。尽量不要采用修改参数的方法来修正仪表误差。

一般来说，技术先进的数字式控温仪表，不提供用户重新校正仪表的操作，它采用自动调零技术可使仪表在长期使用中不会产生零点漂移。采用数字校正技术，则消除了稳定性较差的可调电阻，所以仪表本身不会因使用时间增加而产生误差。一般的误差可能来自潮湿和腐蚀，应通过干燥和清洁来恢复精度而非重新校正。如果干燥和清洁无法恢复精度，应将仪表送回厂方检修。

数字式控温仪表的日常维护还应包括定期检查参数设置，以免由于意外原因造成设置参数的改变而影响仪表的正常使用。

七、炉温仪表选用的一般原则

炉温仪表在满足热处理工艺的要求，提高产品质量，降低生产成本和减轻劳动强度等方面，起着十分重要的作用。为此，合理选用仪表是不可忽视的。炉温仪表选用时必须考虑的因素很多，主要有以下几个方面：

1. 热处理工艺的要求

了解热处理工艺对测温与控温的具体要求。其中包括被处理工件的材质、热处理类型、加热温度以及工件的热处理时间和各项性能指标对温度的敏感程度（即处理温度偏离允许范围时对工件的组织及性能指标的影响大小）等因素，确定出热处理工艺温度的允许波动范围，以便为仪表的测量和控制精度的选择提供最基本的数据。显然，热处理工艺要求越高，对仪表的功能和精度的要求也就越高。

2. 自动化程度

尽可能地实现自动控制和连续调节。如以自动调节代替手动调节，以指示调节式仪表取代单纯的指示式仪表，以指示记录调节式仪表取代单纯的指示调节式仪表等，不仅有利于稳定质量，同时也有利于减轻劳动强度，便于检查分析各个工艺环节所出现的问题并加以适当处理。

3. 测温仪表的量程

选择恰当量程的仪表，一种温度规范的热处理炉使用一台相应量程的仪表，并且把常用的最高工艺温度作为仪表量程上限，而把最低温度取作为仪表的量程下限，这就相应地提高了仪表测量的精确度。

4. 仪表的工作环境

在仪表的选择上应尽量采用抗振性能较好的仪表。

5. 仪表的成本

在保证热处理质量的前提下，应尽量选用结构简单、价格低廉和稳定可靠的仪表。

6. 管理和维护

热处理车间是使用控温仪表较多的车间，为使管理维护方便起见，应尽量选用相同类型的控温仪表，提高仪表的互换性，减少仪表的备件以及简化仪表的管理和维护。

第三节　温度的自动控制

在金属热处理工艺中，必须进行准确的温度测量和控制，以确保产品的质量。在一般的情况下，热处理工艺要求能将炉温控制在一个稳定的数值上，将炉温保持给定的数值。在炉温控制系统中，调节器是一个关键的环节，调节器的输出信号与输入信号之间所依从的关系决定了温度的控制精度及特性。

一、位式调节

1. 二位式炉温调节系统

二位式调节是最常用的炉温控制方式，像 XCT—101 型动圈仪表、XWB—101 型电子电位差计等仪表都是采用这种调节器来实现位式调节功能的。它具有结构简单、使用方便等优点。在要求不高的场合，二位式调节系统得到广泛的应用。因为二位式调节器只有通、断两种状态，它的调节特性是非线性的，比较深入的分析需要应用较复杂的非线性调节理论，在此只定性地介绍一些基本概念以及典型的位式炉温自调系统电路。

图 13-23 是二位式调节器的特性曲线。横坐标表示炉子实际温度与给定值之差（偏差）$\Delta\sigma$，纵坐标表示调节器的输出功率信号，它只有“1”和“0”（通和断）两个状态。调节器在偏差 $\Delta\sigma=0$ 附近的不灵敏区为 $2\Delta\sigma$。

图 13-24 是二位式调节系统示意图，变送器是热电偶或热电阻，二位式调节器控制接触器 K 的通、断，从而控制电热丝的通电或断电。当炉温偏差在 $-\Delta\sigma$ 以下时（即炉温 $t\leqslant t_0-\Delta\sigma$，图 13-23b），调节器输出为“1”，接触器 K 接通，电热丝通电，电炉以 100% 功率加热，炉温上升。当炉温上升至 $t\geqslant t_0+\Delta\sigma$，调节器输出“0”，接触器 K 断开，电炉停止供电。由于电炉的热惯性（包括炉体和炉内工件等部件的惯性），炉温在停止供电后的一段时

间内仍继续上升一定温度后才开始下降。当炉温下降至 $t_0-\Delta\sigma$ 以下时，调节器又输出“1”，电炉又以全功率加热，同样由于热惯性，炉温继续下降一定温度后才又开始上升。调节器周期性地重复上述过程，实现温度自动控制。二位式调节过程是一个稳定的振荡过程，炉温在给定值上近似以正弦曲线波动（图 13-25），这一波动叫做调节的“动差”。波动的幅度与频率和调节器不灵敏区 $2\Delta\sigma$、电炉的功率、热惯性以及热电偶的热惰性等因素有关。不灵敏区与热惯性越大，波动的幅度越大，波动的频率则越小；反之，则波动幅度小而波动频率大。二位式炉温调节系统的温度波动幅度可达 ±10 ~ ±25℃。

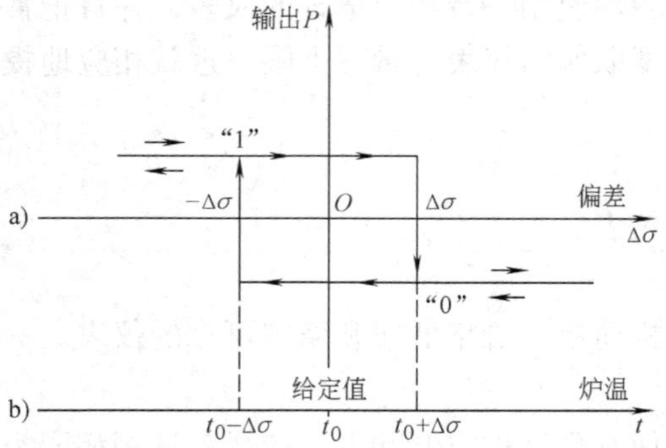

图 13-23 二位式调节器的特性图

a）二位式调节器特性 b）对应的炉温

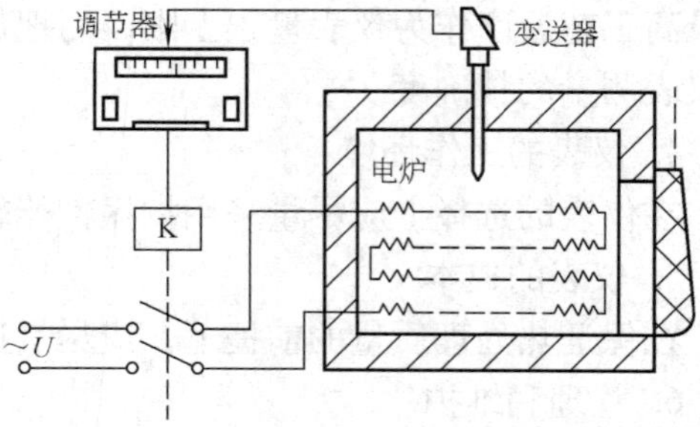

图 13-24 二位式炉温调节系统示意图

从图 13-25 还可以看出，当给定温度 t_0 改变时，温度波动的幅度和频率都要发生变化。图中虚线表示给定值改变时幅度和频率改变的情况。

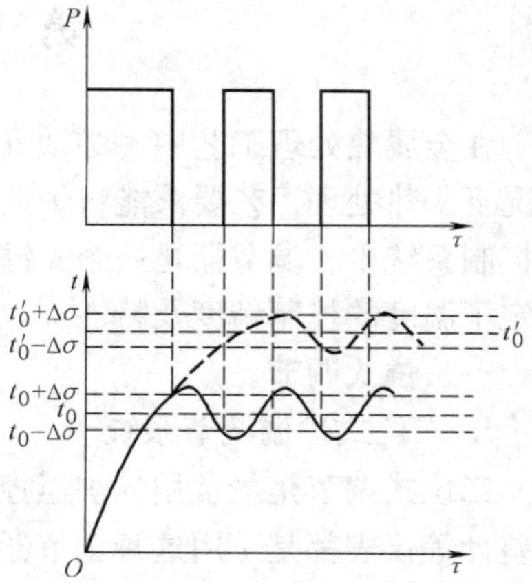

图 13-25 二位式炉温调节过程

2. 三位式调节系统

由二位式调节器的特性可知，炉子的输入功率只能有零和额定值这两种极端状态，故炉温波动大。为使炉温波动得以改善，可采用三位式调节系统。三位式调节器的特性如图 13-26 所示。它有三个输出状态：“1”、“1/2” 和 “0”（假定不灵敏区为零）。图中 $2\Delta\sigma$ 为“1”与“0”对应的两个给定值之差，称为调节器的中间带。图 13-27 为三位式自调系统示意图，其调节过程如图 13-28 所示。当炉温低于下限给定值（$t_0-\Delta\sigma$）时，调节器输出为“1”，高、低两接触器 K_1、K_2 均接通，两组电热丝加热，炉温上升。当炉温升至高于下限（$t_0-\Delta\sigma$）而低于上限（$t_0+\Delta\sigma$）时，调节器输出为“1/2”，K_1 释放，但 K_2 仍接通，电炉以 1/2 额定功率加热。若炉温继续上升的话，当温度升至等于或超过上限给定值（$t_0+\Delta\sigma$）时，调节器输出为“0”，两个接触器均释放，炉温经过一段滞后开始下降，直至温度小于 $t_0+\Delta\sigma$ 时，接触器 K_2 又接通，以 1/2 额定功率加热，炉温复又上升，如图 13-28 线 1 所示。

由此可见，若 1/2 加热功率能使炉温升过上限，则炉温将被调节在 $t_0+\Delta\sigma$ 上下持续振荡。显然如果 1/2 功率不能使炉温维持在下限给定值 $t_0-\Delta\sigma$，则炉温将在下限给定值上下波动（图 13-28 线 2）；如果 1/2 加热功率正好好使炉子在 $t_0-\Delta\sigma$ 与 $t_0+\Delta\sigma$ 之间某一温度上

（图 13-28 中 t_0）维持热平衡状态，则炉温在这一温度上作衰减振荡并最后稳定在这个温度上，见图 13-28 中的线 3。在一般情况下，稳定温度不会正好等于给定温度，所以这种情况将会使稳定温度和上下限给定温度的平均值之间有一个差值。

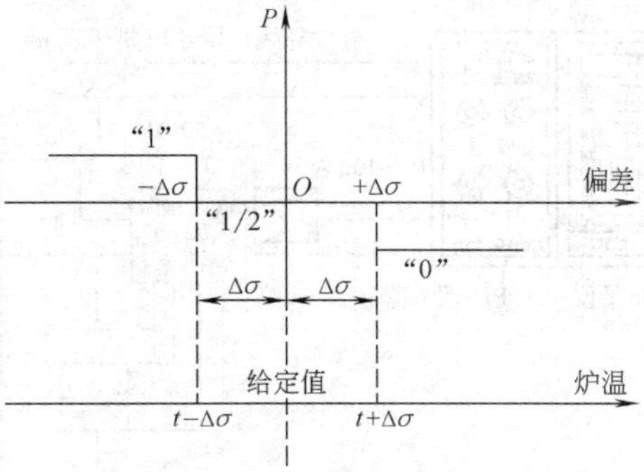

图 13-26　三位式调节器的特性

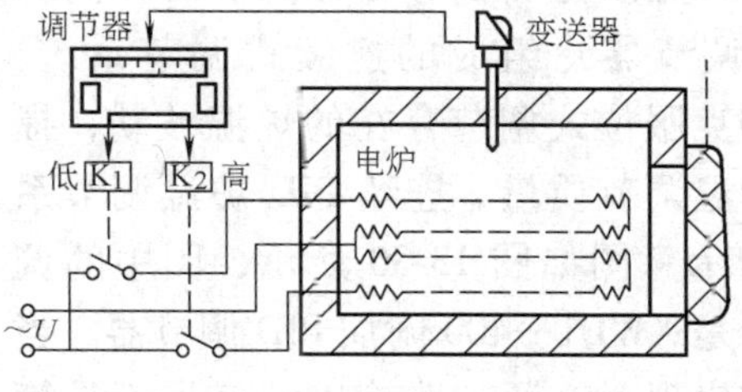

图 13-27　三位式调节系统示意图

综上所述，三位式调节系统可能出现稳定的持续振荡和衰减振荡这两种不同的调节过程，其振荡幅度和频率与二位式一样，与炉子的热惯性大小、最高温升以及调节器的中间带等因素有关。但是，即使在持续振荡的情况下，其幅度也比二位式的小。因此，三位系统比二位系统的调节精度有所提高。

3. 超前位式调节系统

无论是二位还是三位调节系统，炉温波动的幅度都比较大。为了进一步减小炉温的波动，必须设法补偿热电偶和炉子热惯性的影响（温度变送器采用热电偶时），补偿方法可以在热电偶回路中串联两支辅助热电偶，形成所谓的超前位式自调系统，其原理电路如图 13-29 所示。图中 T_1 是由直径 0.1 ~ 0.2mm 热电丝焊成的小惯性裸体热电偶，T_2 是有套管的惰性大的热电偶，两支热电偶反向串联后和测温热电偶串联。H_1、H_2 分别为 T_1、T_2 的加热灯泡，其电源随炉子一起通、断。

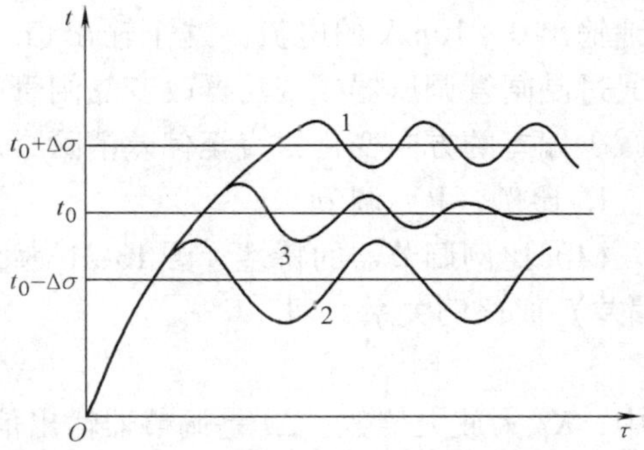

图 13-28　三位式调节系统的调节过程

1—输出 0 状态　2—输出 1/2 状态

3—输出 1 状态

电炉加热时，T_1、T_2 分别被 H_1、H_2 加热，由于 T_1 比 T_2 升温快，它们产生的热电势之差 ΔE 是正值（$E_{T_1} > E_{T_2}$），使仪表接收的热电势为 $E + \Delta E$，即指示值提前到达不灵敏区上限，电炉提前断电，炉温下降。与此同时，灯泡 H_1、H_2 也断电熄灭。在电炉降温过程中，由于 T_2 的热惯性远比 T_1 大，因而很快出现 $E'_{T_2} > E'_{T_1}$，使仪表接受的热电势为 $E - \Delta E'$，指示值提前下降到不灵敏区下限，使炉子提前通

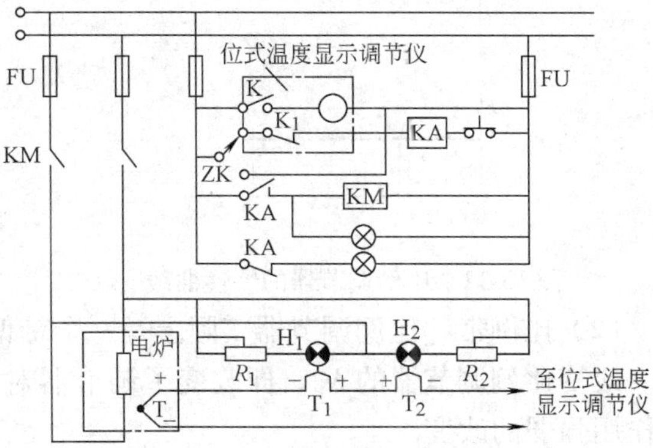

图 13-29　超前位式调节原理

电。通过调整 R_1、R_2 来选择适当的 ΔE 与 $\Delta E'$，就能够获得比较精确的调节效果。

超前位式调节的缺点是振荡频率增加，导致继电器与接触器动作频繁，不利于工作的稳定性并显著降低接触器的寿命，对供电网络的平衡也有影响。

二、连续式调节

采用以比例积分微分调节器（简称PID调节器）组成的连续式调节系统，能够克服位式调节存在的炉温波动，提高炉温调节质量。连续PID炉温调节系统的示意图如图13-30所示，图中的调节器是XWD1—400附加PID调节器。当偏差出现时，调节器输出的信号不是简单的"1"和"0"两个状态，而是与偏差信号成比例、积分、微分的关系，连续地输出0～10mA的电流。这个输出信号通过晶闸管调压器或调功器改变晶闸管的导通程度，从而调节炉子的输入功率，使炉温向着减少偏差的方向变化，直至偏差消除，炉温无波动地处在给定值上为止。

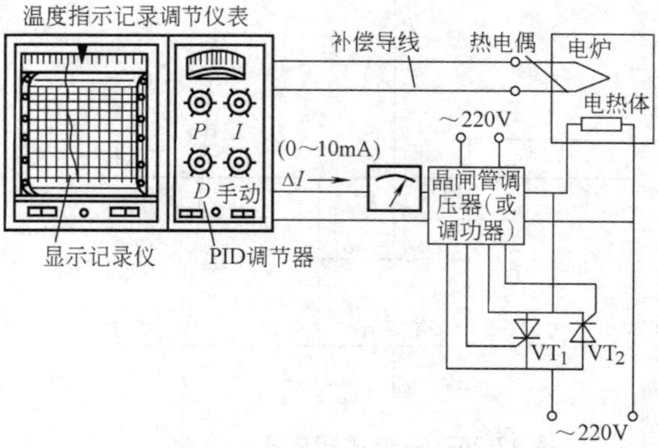

图 13-30 连续 PID 炉温调节系统

1. 比例（P）调节

（1）比例调节器的特性 图13-31为比例调节器的框图，其特性是输出信号与输入信号（偏差）成比例关系，即

$$\Delta I = -K_p\Delta\sigma \tag{13-19}$$

式中，K_P 为放大倍数；ΔI 是调节器输出信号；$\Delta\sigma$ 是调节器输入的偏差值。

式（13-19）中的负号表示 ΔI 与 $\Delta\sigma$ 的符号相反。比例调节的特性如图13-32所示。当炉温受到干扰而降低时（$\Delta\sigma$ 增加，且为负值），调节器输出电流便增大（ΔI）为正，使晶闸管输出功率增加，炉温回升，偏差被逐渐克服，最后炉温回到原值上。

图 13-31 比例调节器框图

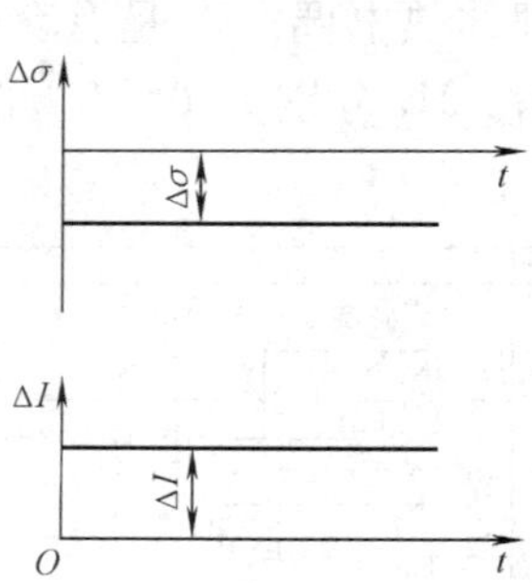

图 13-32 比例调节器的特性曲线

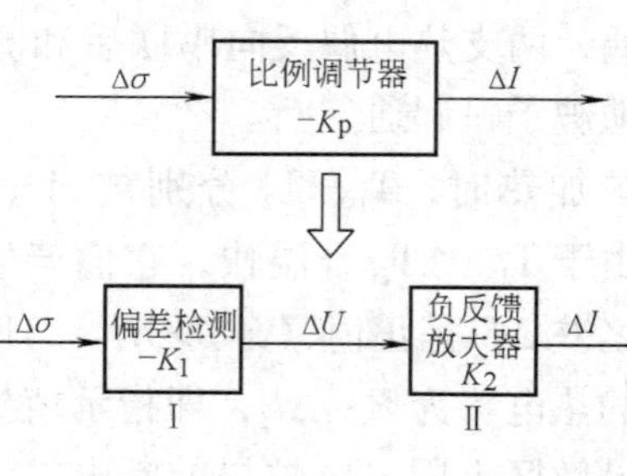

图 13-33 比例调节器的组成

（2）比例带 比例调节器实际上是一个带偏差检测电路的负反馈放大器，如图13-33所示。改变比例调节器的 K_P，即改变了调节器对偏差反应的灵敏度，也意味着比例调节器调节作用强弱的改变。

衡量比例调节作用范围和强弱习惯上不是用它的放大倍数 K_P，而是用 K_P 的倒数 δ_P 来

表示的，即

$$\delta_P = \frac{1}{K_P} \tag{13-20}$$

式中，δ_P 称为调节器的比例带，又称比例范围，表示调节器的输出电流作满量程变化（从 0 ~10mA 或从 10 ~0mA）时偏差值的变化范围。由于偏差值的变化范围常用占仪表全量程的百分数表示，因此比例带也是一个百分数。例如，设某台温度调节仪表的量程是 0 ~ 1000℃，给定指针设定在 980℃，指针从 980℃到 780℃变化时，对应调节器输出 0 ~ 10mA 电流（图 13-34），也就是说偏差 $\Delta\sigma$ 在零到 $-20\%\left(\frac{780-980}{1000}\times 100\% = -20\%\right)$范围内变化，对应于调节器输出电流的全量程变化，所以根据式（13-19）和式（13-20），调节器的比例带应为

$$\delta_P = \frac{1}{K_P} = -\frac{\Delta\sigma}{\Delta I} = \frac{20\%}{100\%}\times 100\% = 20\%$$

比例带越小，调节器的放大倍数越大。当比例调节器输出最大值（10mA）这种状态时，相当于位式调节器输出为“1”的状态；而当调节器输出为 0mA 时，这相当于位式调节器输出为“0”的状态。所以比例带也说明了比例调节作用的范围。由于调节器的比例带和它的放大倍数呈倒数关系，改变放大倍数 K_P 亦即改变了调节器的比例带 δ_P。δ_P 越小，越接近位式调节特性。当比例带小于 1% 时，比例调节器就可看做位式调节器了。

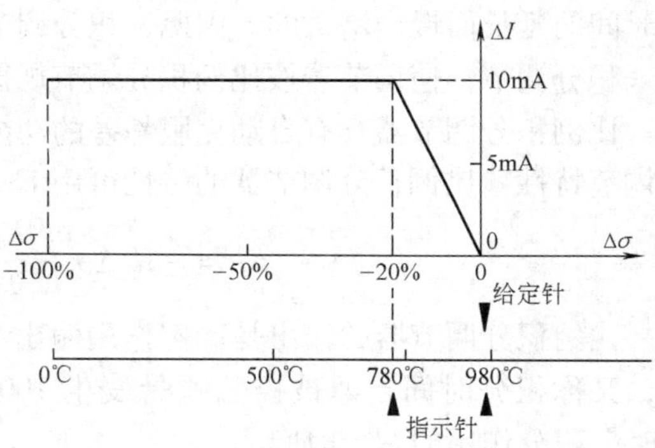

图 13-34　比例带的意义

（3）静差　比例调节能够较快地克服干扰所引起的温度波动，并且克服波动的能力还随偏差的增大而加强。但是这种调节系统不可避免地会出现静差。所谓静差，是指干扰产生后，炉温恢复到稳定态的数值与给定值之间的差值，如图 13-35 所示。

当电阻加热炉温度稳定时，在单位时间内由电热元件供给炉子的热量 Q_i（加热功率）必然与炉子所散失掉的热量 Q_o（耗散功率）相等。加热功率 Q_i 决定于调节器输出电流 ΔI，而要输出一定的电流 ΔI 就必须有一定的偏差 $\Delta\sigma$。因此，偏差是不可避免的，这就是静差产生的原因。

消除静差，需要“再调”。如图 13-35 所示，把原给定值 t_0 调整到 t_0'，使得炉温刚好达到符合要求的数值 t_0。在生产实际中，炉子工作过程是经常受到负荷及环境温度变化的干扰，因此要消除静差，就必须不断“再调”，这是纯比例调节系统的主要缺点。

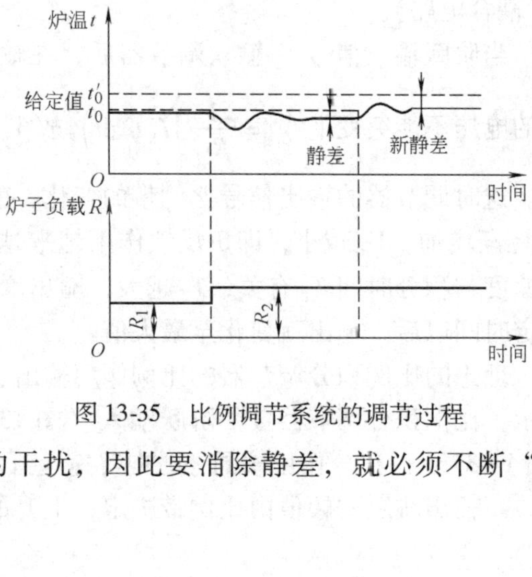

图 13-35　比例调节系统的调节过程

2. 积分（P）调节

积分调节器的输出信号 ΔI 与输入信号 $\Delta\sigma$ 的积分成正比，即

$$\Delta I = -A\int\Delta\sigma \mathrm{d}t \tag{13-21}$$

式中的负号表示 ΔI 与 $\Delta\sigma$ 的符号相反。当偏差为负时，电流 ΔI 为正。A 是积分速度，A 越大，调节器输出电流 ΔI 变化的速度也越快。由式（13-21）可知，只要偏差存在，积分作用就要不断地进行。只有当偏差等于零时，调节器的积分作用才停止。在炉温自动调节系统中采用理想的积分调节器时，可以完全消除静差。这是因为，只要有偏差存在，调节器的输出电流就要不断变化，而输出电流变化的结果总是使偏差减小。只有当偏差为零时，调节器的输出电流才停止变化，系统才能稳定下来。所以当系统稳定时，调节器的输入偏差必然是零（静差为零）。

3. 比例积分（PI）调节

（1）比例积分调节原理　尽管积分调节能够完全消除静差，但是积分调节作用缓慢，是随时间的延长而慢慢增大的。因此，积分调节很少单独使用，一般都是在比例调节的基础上加入积分调节，使调节器按比例积分调节规律动作，这种调节器叫比例积分调节器。

比例积分调节器具有自动克服静差的功能。这种调节器既具有比例调节特性，又具有积分调节特性。比例积分调节器的特性可用下式表示：

$$\Delta I = -K_P\Delta\sigma - \frac{K_P}{T_I}\int\Delta\sigma \mathrm{d}t = \Delta I_P + \Delta I_I \tag{13-22}$$

比例积分调节器的输出是比例作用输出与积分作用输出之和，式中的 T_I 是积分时间常数，又称积分时间，即被控偏差量发生 100% 变化时，积分作用的调节时间。

（2）比例积分调节特性　比例积分调节原理电路如图 13-36 所示，反馈电路中的电容 C_I 和电阻 R_I 是为了实现积分作用而设置的。由 C_I 和 R_I 组成的电路本来是微分电路，但因该电路置于反馈网络中，故起积分作用（输入阶跃信号的宽度应小于该 RC 电路的时间常数，否则，就成 RC 耦合电路）。

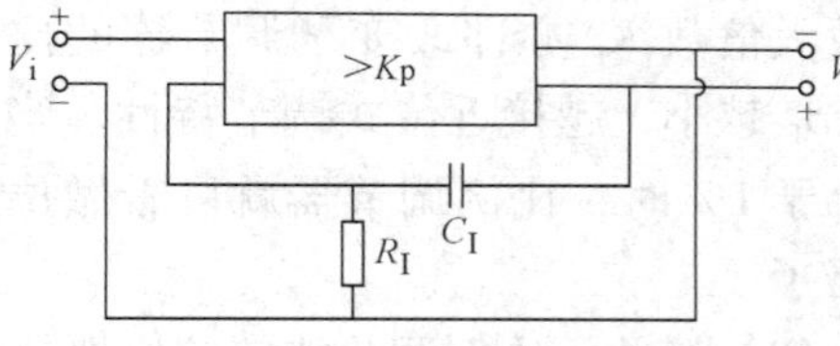

图 13-36　比例积分调节原理电路

当阶跃输入信号 V_i 输入调节器后，在输入阶跃信号的初始时刻，因为 C_I（积分电容）上的电压不能突变 $\left(V_{C_I} = \dfrac{1}{RC}\int_0^t I(t)\mathrm{d}t\right)$，故 $V_o = V_{R_I}$，积分调节的负反馈最大，因此输出最小。这时调节器的输出信号比例带的变化，就是比例作用。随着时间的增加，电容 C_I 充电，V_{C_I}逐渐增加，V_{R_I}减小，即负反馈作用越来越小，调节器的输出随时间的延长而增大。增加的速度与积分时间 T_I 有关，T_I 越大，输出增加的速度越慢，即积分作用的时间越长，达到一定时间以后，输出就变化至最大值。

理想的比例积分调节器的比例作用输出、积分作用输出以及调节器总的输出如图 13-37 表示。比例积分调节器接受阶跃输入（图 13-37a）后，其输出在比例作用下立即发生跳跃（图 13-37b）；积分作用按同一方向等速上升直至调节器的输出电流变到它的最大值（图 13-37c）。输出跳跃的幅值由比例带决定，上升的速度由积分时间决定。比例积分调节器的总输

出为比例输出与积分输出的叠加（图 13-37d）。

4. 微分（D）调节

微分调节的规律就是调节器的输出与偏差的变化速度成正比关系。其关系式为

$$\Delta I_{\mathrm{D}} = -T_{\mathrm{D}}\frac{\mathrm{d}\Delta\sigma}{\mathrm{d}t} \quad (13\text{-}23)$$

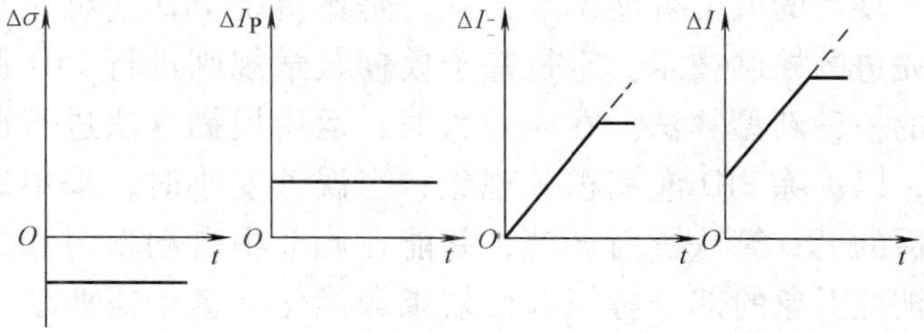

a) b) c) d)

图 13-37 比例积分调节器的输出特性

a）输入阶跃信号 b）比例输出 c）积分输出 d）总输出

式中 T_{D} 为微分速度，由调节器的电路参数确定。微分调节的基本电路如图 13-38 所示，即当输入信号 V_{i} 发生突变时的瞬间，输出 V_{o} 最大，随着时间的延长，$V_{C_{\mathrm{D}}}$ 增大，输出 V_{o} 逐渐减小，直至最终消失。由于微分调节对缓慢变化的输入信号不起作用，因此不能单独使用。

5. 比例微分（PD）调节

将微分调节与比例调节结合在一起就形成了比例微分调节，其调节规律为

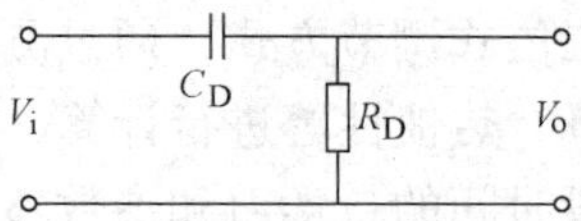

图 13-38 微分电路

$$\Delta I = \Delta I_{\mathrm{P}} + \Delta I_{\mathrm{D}} = -K_{\mathrm{P}}\Delta\sigma - K_{\mathrm{P}}T_{\mathrm{D}}\frac{\mathrm{d}\Delta\sigma}{\mathrm{d}t} = -K_{\mathrm{P}}\left(\Delta\sigma + T_{\mathrm{D}}\frac{\mathrm{d}\Delta\sigma}{\mathrm{d}t}\right) \quad (13\text{-}24)$$

式中，T_{D} 是微分时间常数。

比例微分调节的基本电路如图 13-39 所示，C_{D} 和 R_{D} 组成微分电路。当阶跃输入信号 V_{i} 输入微分调节器后，在输入阶跃信号的初始时刻，因为 C_{D} 上的电压不能突变，故 $V_{\mathrm{o}} \approx 0$，微分调节的负反馈最小，因此输出最大。随着时间的增加，电容 C_{D} 充电，$V_{C_{\mathrm{D}}}$ 逐渐增加，即负反馈作用越来越大，调节器的输出随时间的延长而减小。由此可见，微分调节的特点是能够对炉温的突然波动产生一个很大的输出，快速改变炉子的输入功率，以阻止炉温的变化。

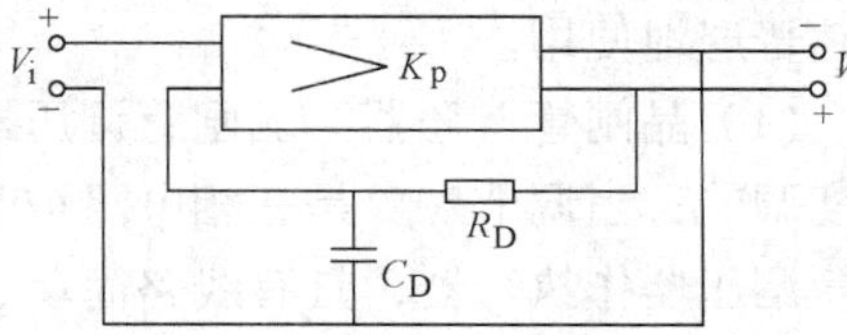

图 13-39 比例微分调节的基本电路

6. 比例积分微分（PID）调节

同时具有比例、微分、积分调节规律的调节器，称之为 PID 调节器，其调节特性为

$$\Delta I = \Delta I_{\mathrm{P}} + \Delta I_{\mathrm{I}} + \Delta I_{\mathrm{D}} = -K_{\mathrm{P}}\left(\Delta\sigma + \frac{1}{T_{\mathrm{I}}}\int\Delta\sigma\mathrm{d}t + T_{\mathrm{D}}\frac{\mathrm{d}\Delta\sigma}{\mathrm{d}t}\right) \quad (13\text{-}25)$$

实际 PID 调节器的输出特性如图 13-40 所示。当一阶跃的负偏差信号 $\Delta\sigma$ 输入 PID 调节器的瞬间，微分作用应为无穷大，但是由于调节器的最大输出为 10mA，微分输出与比例输出的总和不会超过 10mA，所以微分作用很快就会消失；由于偏差的存在，在到达比例调节的比例带之前，比例调节作用一直维持在其最大输出上；而积分调节的作用随时间的延长而越来越大。当 PID 调节器的总输出电流达到饱和后（10mA），该电流将一直维持下去。随着 PID 调节器的作用，偏差 $\Delta\sigma$ 逐渐减小，最终被消除，此时 PID 调节器的输出将被控对象的输入维持在一恒定值上。

7. 人工智能调节与 PID 参数自整定

现代的人工智能调节方式，是比传统 PID 连续调节更先进的控制技术。它是基于模糊数学规则进行 PID 调节的一种新型算法。在误差大时，运用模糊算法进行调节，以消除 PID 饱和积分现象；当误差变小时，采用改进后的 PID 算法进行调节，并能在调节中自动学习和记忆被控对象的部分特征以使效果最优化（基于需要学习的原因，自整定结束后初次使用，控制效果可能不是最佳，但使用一段时间后即可获得最佳效果），具有无超调、高精度、参数确定简单、对复杂对象也能获得较好的控制效果等特点。其整体调节效果比一般 PID 算法及模糊调节算法均更优越。

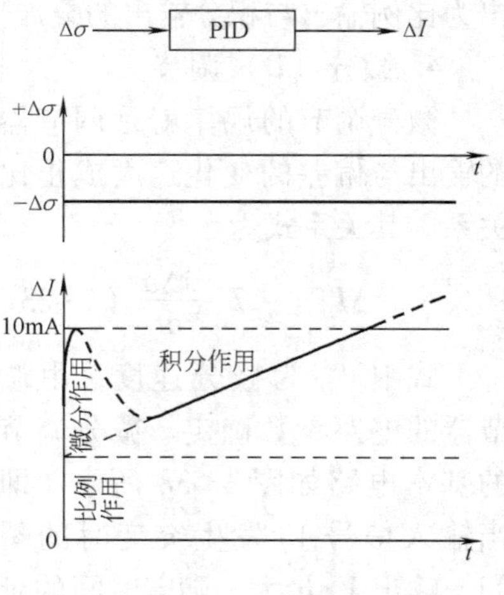

图 13-40 PID 调节器的输出特性

人工智能调节的过程是在控制温度下首先自动启动二位式调节方式，通过测量 2 ~ 3 个炉温波动周期与偏差的变化，对炉子的输入功率、热容量、热惯性等进行计算，初步整定调节参数，然后启动人工智能调节功能进行控制。经过一段时间的自学习和参数整定，能够将温度控制的十分精确。

8. 连续式调节的执行器

在炉温控制系统中，执行器是接受调节器输出的 0 ~ 10mA 直流信号，并按它自己的动作规律改变热处理炉的供热能源，达到自动控制炉温的目的。

连续 PID 炉温调节系统所用的执行器通常有：晶闸管调压器或调功器、饱和电抗器、磁性调压器以及 DKJ 型电动执行器等。DKJ 型电动执行器适用于燃料炉（油炉、煤气炉）系统，其他三种执行器则适用于电炉系统。由于晶闸管元件具有功率大、体积小、效率高、无惯性、使用方便、成本较低等一系列优点，因而在连续 PID 炉温调节系统的执行元件中被越来越普遍地使用。

（1）晶闸管调压器　晶闸管调压器作为 PID 温度调节仪的执行器，主要用于单相电阻炉温度调节，当调节对象是三相电阻炉时，需要三套同样的调压器分别控制三相负载。采用晶闸管调压器作执行器，具有线路简单、使用方便、工作稳定的优点，但是，负载上得到的电压是非正弦的缺角波，致使电网波形畸变，导致对周围电子设备的干扰。同时，此类调压器不能用于感性负载（如带变压器的盐炉等），因这类负载电流的变化滞后于电压的变化。当晶闸管触发导通时，电流上升缓慢，在脉冲结束时，晶闸管的电流可能还未上升到维持电流以上，故触发不开。另外，如果两只晶闸管元件不对称，输出电流中便有直流分量，将引起变压器的直流磁化，使励磁电流大大增加，造成变压器过热和晶闸管元件过载。另外，晶闸管在调压时，必须设置保护电路，以防止过压烧毁。

（2）晶闸管调功器　当调节对象为感性负载时，使用晶闸管调功器作为系统的执行元件，可以避免晶闸管调压器的缺点。它与晶闸管调压器的主要区别在于触发电路。晶闸管调功器的触发电路是过零触发电路。过零触发就是晶闸管触发导通的时刻总是在电压或电流过零的时刻进行，但每次过零时是否能触发导通则是受控制的。这样，负载上得到的电压或电流对一个周期来说是完整的正弦波，而在设定周期内其周期数则可以任意改变。在负载上的电压或电流波形是几个连续的正弦波（称全周波连续式，见图 13-41a），但也可以是间隔的正弦波（称全周波间隔式，见图 13-41b）。

（3）磁性调压器 磁性调压器也是一种执行器，它没有机械触点，可以带负载进行平滑无级调节。用于温度调节时可手动调节，也可以配 PID 调节器和加热电炉组成闭环自动调节系统。由于磁性调压器具有在带负载条件下进行无级调压和变压的作用，所以可成功地代替一般的盐浴炉变压器。常用的盐浴炉变压器是一种无载有级调压变压器，调压时必须停电操作，使用极不方便，而且触点容易损坏。采用磁性调压器可克服上述缺点。

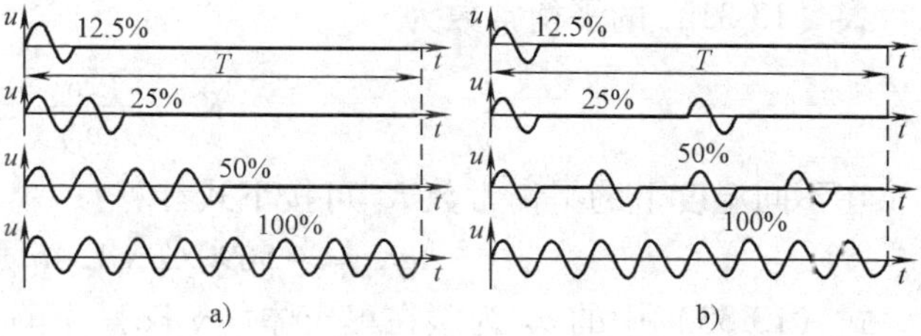

图 13-41 晶闸管调功器的电压输出波形
a）全周波连续式 b）全周波间隔式

如果磁性调压器的直流控制电流是由晶闸管整流电源供给，而整流电源电压接受 PID 调节器的控制，可组成对热处理电阻炉或盐浴炉温度的自动控制系统。

第四节 氧势和碳势控制仪

一、金属加热时的氧势

金属在含氧气氛中加热会产生如下氧化反应：

$$x\mathrm{Me} + \mathrm{O}_2 \rightleftharpoons \mathrm{Me}_x\mathrm{O}_2 \tag{13-26}$$

式中 Me 和 $\mathrm{Me}_x\mathrm{O}_2$ 分别表示金属和金属氧化物。假如 Me 和 $\mathrm{Me}_x\mathrm{O}_2$ 均为化学纯的凝聚相，则反应的平衡常数为

$$K_p = 1/p_{\mathrm{O}_2} \tag{13-27}$$

p_{O_2}是化学平衡系中氧的分压，即金属氧化物的分解压。式（13-27）的标准自由能变化为

$$\Delta G_f^0(\mathrm{Me}_x\mathrm{O}_2) = -RT\ln K_p = RT\ln p_{\mathrm{O}_2} \tag{13-28}$$

金属氧化物的 ΔG_f^0 负值越大，即其分解压越低时，该金属对氧的亲和力就越大，其氧化物就越稳定。若将金属及其氧化物置于温度恒定、氧分压为 p'_{O_2}的气氛中，则当 $p'_{\mathrm{O}_2} < p_{\mathrm{O}_2}$时，氧化物将分解；当 $p'_{\mathrm{O}_2} > p_{\mathrm{O}_2}$时，金属被氧化；当 $p'_{\mathrm{O}_2} = p_{\mathrm{O}_2}$时，反应处于平衡。因此，金属氧化物标准自由焓和化学平衡系中的氧分压可作为金属对氧亲和力的度量指标，即可表征金属加热时气氛的氧势。所谓氧势，是指金属及其氧化物在一定温度下的氧化气氛中加热，当金属氧化和其氧化物分解反应平衡时的气氛的氧分压。

二、炉气中的碳势

钢在含 O_2、$\mathrm{H}_2\mathrm{O}$、CO_2 及 H_2 气氛中加热时会发生下列反应：

$$[\mathrm{C}]_{\gamma\text{-Fe}} + \mathrm{O}_2 \rightleftharpoons 2\mathrm{CO} \tag{13-29}$$

$$[\mathrm{C}]_{\gamma\text{-Fe}} + \mathrm{H}_2\mathrm{O} \rightleftharpoons \mathrm{CO} + \mathrm{H}_2 \tag{13-30}$$

$$[\mathrm{C}]_{\gamma\text{-Fe}} + \mathrm{CO}_2 \rightleftharpoons 2\mathrm{CO} \tag{13-31}$$

$$[\mathrm{C}]_{\gamma\text{-Fe}} + 2\mathrm{H}_2 \rightleftharpoons \mathrm{CH}_4 \tag{13-32}$$

式中 $[\mathrm{C}]_{\gamma\text{-Fe}}$表示钢中所含的碳，各式的反应向右进行时为钢的脱碳反应，即钢中的 [C]

被氧化。脱碳的逆向反应则是增碳。

式（13-31）的平衡常数为

$$K_1 = \frac{p_{CO}^2}{a_C p_{CO_2}} \tag{13-33}$$

在不同温度下的平衡常数 K_1 可按下式计算：

$$\lg K_1 = -5690/T + 1.46\lg T + 2.995 \tag{13-34}$$

式（13-33）中的 a_C 为碳在奥氏体（γ-Fe）中的有效浓度，又称奥氏体中碳的活度，是指溶入奥氏体中的碳真正起作用的碳浓度。例如 $w_C = 0.8\%$ 的钢在1600℃时，由于分子间作用力的影响，只起到 $a_C = 0.45\%$ 的作用。因此，钢中实际碳浓度与活度之间存在着偏差，其值由实验求得。图13-42表示Fe-C（石墨）合金在奥氏体区和液相区碳的活度。如钢 w_C 为1.0%在900℃时，$a_C \approx 0.82$；在1000℃时，$a_C \approx 0.60$；在1200℃时，$a_C \approx 0.36$。

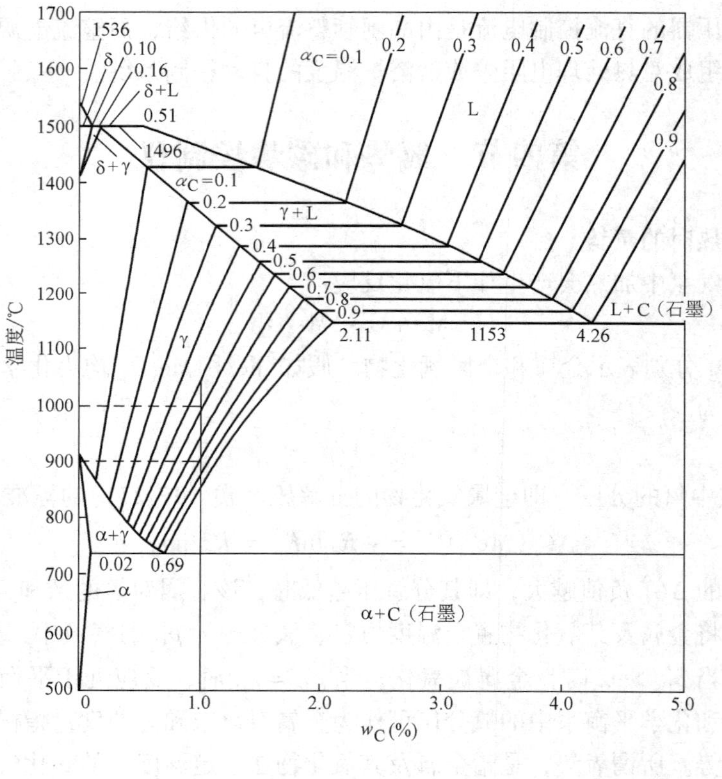

图13-42 Fe-C（石墨）合金中碳的活度

气氛的碳势是指碳钢在一定温度下，在该气氛中加热，气氛与钢中含碳量达到平衡（增碳与脱碳反应速度相等）时钢中的碳含量。钢的含碳量低于碳势时将发生渗碳，高于碳势时将发生脱碳。式（13-32）的反应平衡常数为

$$K_2 = \frac{p_{CH_4}}{a_C p_{H_2}^2} \tag{13-35}$$

在不同温度下的平衡常数 K_2 可按下式计算：

$$\lg K_2 = 3611/T - 2.678\lg T + 3.414 \tag{13-36}$$

三、根据氧势控制碳势原理

1. 碳势控制原理

在渗碳气氛中，存在如下的反应：

$$CO + 1/2O_2 \longleftrightarrow CO_2 \tag{13-37}$$

该反应的平衡常数为

$$K_3 = \frac{p_{CO_2}}{p_{CO} p_{O_2}^{1/2}} \tag{13-38}$$

$$\lg K_3 = 14754/T - 4.536 \tag{13-39}$$

将式（13-38）代入式（13-33），整理后得：

$$a_C = \frac{p_{CO}}{K_1 K_3 p_{O_2}^{1/2}} \tag{13-40}$$

式（13-40）表明，在一定温度下反应达到平衡时，若把气氛中的 p_{CO} 看成恒量，则可通过测定炉气中氧的分压求出气氛中碳的活度 a_C，即可表示气氛中碳势。

2. 氧化锆氧分析仪

氧分析仪又称氧探头，是根据固体电解质氧浓差电池的原理制成的，如图 13-43 所示。氧化锆是一种金属氧化物陶瓷，在高温下具有传导氧离子特性。在氧化锆内掺入一定量的氧化钇或氧化钙杂质，可使其内部形成“氧空穴”成为传导氧离子的通道。在氧化锆管（电解质）封闭端内外两侧涂一层多孔铂作电极。在高温下（$t > 600$℃），当氧化锆管两侧的氧浓度不同时，高浓度侧的氧分子即夺取铂电极上的自由电子，以离子的形式通过“氧空穴”到达低浓度侧，经铂电极释放出多余电子，从而形成氧离子流，在氧化锆管两侧产生氧浓度差电动势。在两电极上的反应分别为：

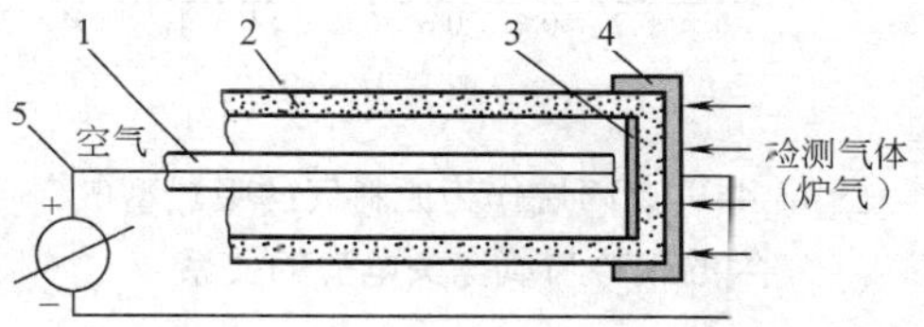

图 13-43　氧浓差电池结构原理

1—空气管　2—氧化锆管电极　3—标准电极　4—检测电极　5—铂电极

阴极：　$O_2 + 4e^- \rightleftharpoons 2O^{2-}$

阳极：　$2O^{2-} - 4e^- \rightleftharpoons O_2$

在两极间产生的浓差电动势 E 的大小可由 Nernst 公式确定如下：

$$E = \frac{RT}{nF} \lg \frac{p_0}{p_x}$$

式中，R 为气体常数（8.314J · mol^{-1} · K^{-1}）；T 为热力学温度（氧化锆氧浓差电池的实际工作温度）；F 为法拉第常数（96500J · V^{-1} · mol^{-1}）；n 为参加反应的电子数（$n=4$）；p_0 为参比气体的氧分压，采用空气时 $p_0 = 0.21 \times 10^5$Pa；p_x 为待测气体的氧分压；E 为氧浓度差电动势。因而上式可改写为

$$E = 4.96 \times 10^{-5} T \lg \frac{0.21 \times 10^5}{p_x}$$

$$p_x = \frac{0.21 \times 10^5}{10^{\frac{E}{4.96 \times 10^{-5} T}}}$$

因此，当温度 T（探头的温度）恒定时，根据测得的电动势 E，即可求得被测气体中的氧分压 p_x。图 13-44 为以丙烷为原料气制成的吸热型气氛的碳势与氧探头输出量的关系。在 935℃时气氛中 φ_{CO_2} 及氧探头给出的电势与碳势的关系如图 13-45 所示。

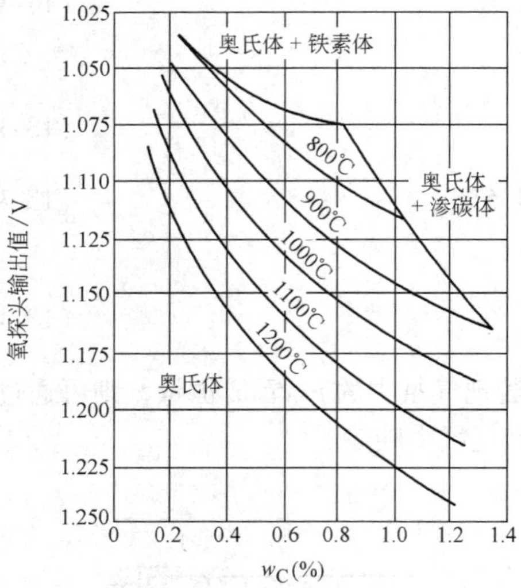

图 13-44 以丙烷作为原料气的吸热型气氛的碳势与氧探头电势的关系

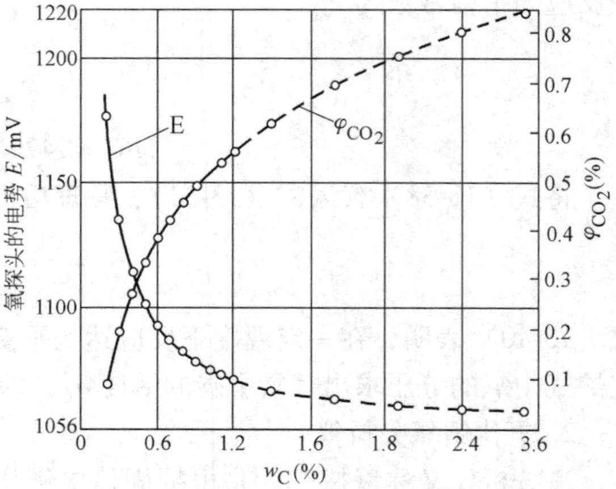

图 13-45 在 935℃时 φ_{CO_2} 和氧探头给出的电势与碳势的关系

氧化锆氧分析仪由探头、电源控制器、气泵、二次仪表及变压器等组成。探头是仪器的核心部分，由碳化硅过滤器、氧化锆元件、恒温室、气体导管等组成。过滤器安装在探头的前部，以过滤灰尘和减缓对氧化锆元件的冲击。氧化锆元件置于恒温室中，以保证在恒定温度 T 下测氧。

氧探头结构简单、灵敏度高、反应迅速（一般 $<1s$），可以测量由于气体成分变化而引起的微小碳势变化。

四、炉气成分测定仪

常用炉气成分测定仪来测定炉气成分以计算碳势和氧势。

1. 奥氏分析仪

奥氏分析仪的工作原理可以概括为吸收与燃烧。

（1）吸收法　某些化学试剂能吸收某种气体，因此可以选用适当试剂来吸收气氛中某一组分而不吸收其他气体。例如 KOH 溶液能吸收 CO_2，溴的饱和溶液能吸收不饱和烃，胶性梅食子酸的碱溶液能吸收 O_2，氯化亚铜氨水溶液能吸收 CO 等。当要测定炉气中的 CO_2 时，可将一定体积的炉气注入 KOH 溶液，CO_2 被吸收，测出剩余气体的体积，则吸收前后气体体积之差即为 CO_2 的体积。由此可确定炉气中 CO_2 的体积分数。

（2）燃烧法　当炉气中的 CO_2、不饱和烃、O_2、CO 被吸收后，剩下的组分为 H_2、CH_4 和 N_2。H_2 和 CH_4 可利用燃烧生成 CO_2 和水来测定其含量，其余为 N_2。

奥氏分析仪结构简单，容易操作，可在炉前使用。但精度较差，误差约 0.1% ~0.2%，分析时间也较长。

2. 色谱分析仪

气相色谱分析仪是一种精度较高的全成分分析仪。它利用分子筛、硅胶、GDX—01 有机试剂等物质对各种气体吸附和解吸作用速度的不同而将气氛中各种气体组分分开。当用 13X 分子筛作为吸附剂时，气氛中各组分的分离次序为 O_2、N_2、CH_4 和 CO 等，但 CO_2 被吸附而不能通过。用 GDX—01 试剂作吸附剂时，可分离 CO_2，但不能分离 O_2、H_2、CH_4 和 CO。再将被分离的气体顺次流过具有一定温度的电阻体，电阻体的温度因气体导热性的不同而随之变化，从而其电阻也随着变化。由电阻大小便可对应地测出各种气体组分的含量。

3. 红外线气体分析仪

红外线气体分析仪的工作原理，是基于各种气体对红外线的不同吸收效应而测定气体成分。它常用来测定和控制可控气氛中的 CO_2 含量，并借以控制气氛碳势。

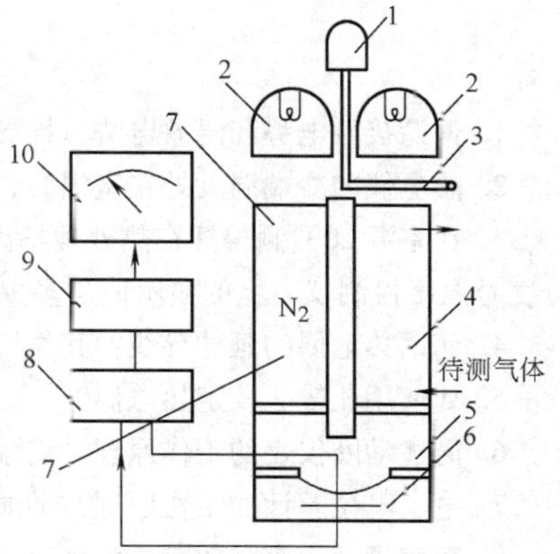

图 13-46　红外线气体分析仪的工作原理图

1—电动机　2—红外光源　3—切光片　4—测气室　5—检测室　6—密闭气室　7—参比室　8—前置放大器　9—主放大器　10—指示仪表

红外线气体分析仪的工作原理如图 13-46 所示。红外光源 2 产生两束强度相同的平行红外线，分别射入参比室 7 和测气室 4。进入测气室的红外线被 CO_2 吸收而强度减弱。参比气室中充 N_2，不吸收红外线。切光片 3 是一个半圆形的金属薄片，由电动机 1 带动，以 3. 125Hz 的频率轮流遮断参比光路和测量光路的红外线，使成为两束脉冲红外线。这两束红外线轮流射入检测室 5，其中充有 CO_2，因此检测室轮流地吸收两束强度不同的脉冲红外线。件 6 是二个密闭气室，装有一个由固定金属极板和金属薄膜组成的电容器。当两束不同强度的脉冲红外线轮流射入时，造成室内气体热膨胀的不同，引起薄膜振动，从而导致电容量的变化。电容量的变化经过变换、前置放大器 8 和主放大器 9 后给出电信号，指示仪表 10 示出测量气体的含量，并通过二次仪表来控制气氛的碳势。

4. 氢分析仪

氢分析仪是利用氢具有较高热导率的特性而设计的，故又称为氢热导仪。氢的热导率比氧、氮等高 7 ~8 倍。气氛中的氢含量越多，其导热能力越强。氢分析仪的结构为由一个工作电桥和一个比较电桥组成的双桥电路，如图 13-47 所示。加热工作电桥各臂的电阻值恒温，然后在 R_1 和 R_3 中通入被测气体。由于被测气体对 R_1 和 R_3 的冷却作用而使他们的电阻值发生变化，导致工作电桥对角线上产生与氢浓度成正比的电压，电路处于不平衡状态。不平衡电压信号输入 A 放大器，驱动可逆电动机 M 带动滑点移动，直到工作电桥输出电压和滑线电阻 R_x 相应线段上的电压平衡为止，滑动点的位置即指示相对应的氢含量。

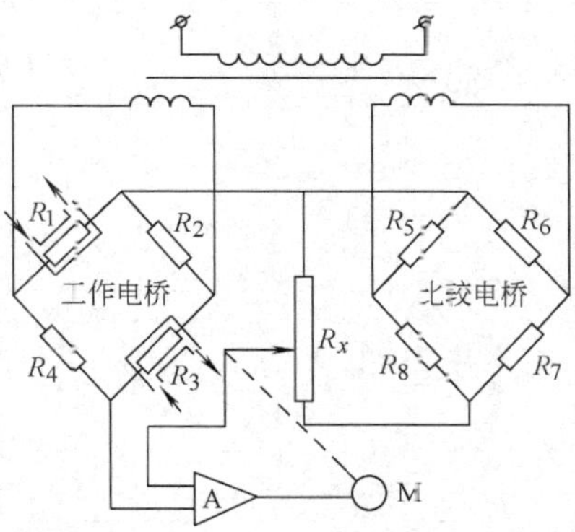

图 13-47　氢分析仪的双桥电路图

氢分析仪也常用于氨分解率的自动测量和控制，可连续测定氨分解气氛中的氢含量，以判定和控制渗氮气氛的氮势。

复习思考题

1. 何谓接触电势和温差电势？推导热电偶回路的热电势，说明影响热电势大小的因素。

2. 热电偶的冷端温度处在室温时，如何利用计算法对冷端温度进行补偿？

3. 在室温20℃测得插在热处理炉内的一支S型热电偶的热电势是8.5mV，求炉内的温度是多少？在K分度号温度控制仪表上的显示值是多少？

4. 何谓热电偶的延伸导线？其作用是什么？选择和使用延伸导线的要点有哪些？

5. 如何用比较法校定热电偶？

6. 简述动圈仪表的工作原理。控温仪表为什么要有断偶保护电路？如何实现？

7. 电子电位差计的工作原理与动圈仪表有何不同？

8. 数字显示仪表与数字式仪表有何不同？

9. 试说明当炉子的最高使用温度越接近仪表的量程上限时，仪表的指示值越准确。

10. 简述位式控制系统的组成和二位式温度控制特性。

11. 何谓静差？比例带的物理意义是什么？

12. 何谓PID控制？分别说明P、I、D各自的作用特点和在控制炉温波动的作用。

13. 氧探头测得某气氛电势为0.04V，探头的温度为700℃，试求该气氛的含氧量。

14. 钢在吸热型气氛中渗碳，$\varphi_{CO}=23\%$，900℃时$p_{O_2}=9.68\times10^{-16}$Pa，求此时气氛的碳势。

15. 某渗碳气氛含$\varphi_{CO}=99.5\%$，$\varphi_{CO_2}=0.5\%$，求900℃时气氛的碳势。

16. 何谓气氛碳势？何谓奥氏体中碳的活度？两者有什么区别？

17. 何谓氧势？其表示式的物理意义如何？怎样用于分析气氛的碳势？

18. 氧探头的测量原理是什么？用它测得的电动势与气体中的氧分压有什么关系？又怎样根据氧分压分析气氛中的碳势？

参考文献

[1] 冯端．金属物理学：第二卷相变［M］．北京：科学出版社，1998.
[2] 戚正风．金属热处理原理［M］．北京：机械工业出版社，1987.
[3] 刘宗昌，任慧平，宋义全．金属固态相变教程［M］．北京：冶金工业出版社，2003.
[4] 徐洲，赵连城．金属固态相变原理［M］．北京：科学出版社，2004.
[5] 胡光立，谢希文．钢的热处理［M］．西安：西北工业大学出版社，1993.
[6] D A 波特，K E 伊斯特林．金属和合金中的相变［M］．李长海，余永宁，译．北京：冶金工业出版社，1988.
[7] 戚正风．固态金属中扩散与相变［M］．北京：机械工业出版社，1998.
[8] 赵连城，金属热处理原理［M]，哈尔滨：哈尔滨工业大学出版社，1987.
[9] 刘云旭，金属热处理原理［M]，北京：机械工业出版社，1981.
[10] 李松瑞，周善初．金属热处理［M］．长沙：中南大学出版社，2003.
[11] 姚忠凯，等，钢的组织转变译文集［M]，北京：机械工业出版社，1980.
[12] 刘永铨．钢的热处理［M］.2 版．北京：冶金工业出版社，1987.
[13] 任颂赞，张静江，陈质如，等．钢铁金相图谱［M］．上海：上海科学技术文献出版社，2003.
[14] 王笑天．金属材料学［M］．北京：机械工业出版社，1987.
[15] 李漫云，孙本荣．钢的控制轧制和控制冷却技术手册［M］．北京：冶金工业出版社，1990.
[16] 《常用结构钢金相图谱》编写组．常用结构钢金相图谱［M］．北京：国防工业出版社，1982.
[17] 徐祖耀．马氏体相变与马氏体［M］．北京：科学出版社，1999.
[18] 方鸿生，王家军，杨志钢．贝氏体相变［M］．北京：科学出版社，1999.
[19] 肖纪美．合金相与相变［M］．北京：冶金工业出版社，2004.
[20] 哈森．材料的相变［M］．北京：科学出版社，1998.
[21] H K D H Bhadeshia. Bainite in steels［M］. London：The Institute of Materials，1992.
[22] K Otsuka and C M Wayman. Shape Memory Alloys［M］. London：Cambridge University Press，1998.
[23] G B Olson and W S Owen，Ed.. Martensite：A Tribute to Morris Cohen［M]，ASM International，1992.
[24] G Krauss. Principles of Heat Treatment of Steel［M］. American Society for Metals，1985.
[25] C R Brooks. Heat Treatment，Structure and Properties of Nonferrous Alloys［M］. American Society for Metals，1982.
[26] Honeycombe R W K. Steel—Microstructure and Properties［M］. London：Edward Arnold Ltd，1981.
[27] 崔忠圻，刘北兴．金属学与热处理原理［M］．哈尔滨：哈尔滨工业大学出版社，1998.
[28] 夏立芳．金属热处理工艺学［M］.2 版．哈尔滨：哈尔滨工业大学出版社，1996.
[29] 中国机械工程学会热处理学会《热处理手册》编委会．热处理手册：第 1 卷［M］.3 版．北京：机械工业出版社，2002.
[30] 中国机械工程学会热处理学会《热处理手册》编委会．热处理手册：第 3 卷［M］.3 版．北京：机械工业出版社，2002.
[31] 中国机械工程学会热处理学会《热处理手册》编委会．热处理手册：第 4 卷［M］.3 版．北京：机械工业出版社，2002.
[32] 中国标准出版社，金属热处理标准化技术委员会．中国机械工业标准汇编（金属热处理卷）［M］.2 版．北京：中国标准出版社，2002.
[33] 张玉庭．热处理技师手册［M］．北京：机械工业出版社，2006.

[34] 安运铮．热处理工艺学［M］．北京：机械工业出版社，1982.
[35] 宋维锡．金属学［M］．2 版．北京：冶金工业出版社，1989.
[36] 崔忠圻．金属学与热处理［M］．北京：机械工业出版社，1995.
[37] 彭其凤，丁洪太．热处理工艺及设计［M］．上海：上海交通大学出版社，1994.
[38] 王传雅．钢的亚温处理——临界区双相组织超细化强韧化理论及工艺［M］．北京：中国铁道出版社，2003.
[39] 夏国华，杨树蓉．现代热处理技术［M］．北京：兵器工业出版社，1996.
[40] 樊东黎．热加工工艺规范［M］．北京：机械工业出版社，2003.
[41] 孙盛玉，戴雅康．热处理裂纹分析图谱［M］．大连：大连出版社，2002.
[42] 阎承沛．真空热处理工艺与设备设计［M］．北京：机械工业出版社，1998.
[43] 胡明娟，潘健生．钢铁化学热处理原理［M］．上海：上海交通大学出版社，1996.
[44] 陈仁悟，林建生．化学热处理原理［M］．北京：机械工业出版社，1988.
[45] 夏立芳，高彩桥．钢的渗氮［M］．北京：机械工业出版社，1989.
[46] 韩立民．等离子热处理［M］．天津：天津大学出版社，1997.
[47] 刘江龙，邹至荣，苏宝嫆．高能束热处理［M］．北京：机械工业出版社，1997.
[48] 孙希泰．材料表面强化技术［M］．北京：化学工业出版社，2005.
[49] 潘林．表面改性热处理技术与应用［M］．北京：机械工业出版社，2005.
[50] 孟凡杰，黄国靖．热处理设备［M］．北京：机械工业出版社，1987.
[51] 藏尔寿．热处理炉［M］．北京：冶金工业出版社，1983.
[52] 《热处理设备及设计》编写组．热处理设备及设计［M］．济南：山东人民出版社，1977.
[53] 曾祥模．热处理炉［M］．西安：西北工业大学出版社，1989.
[54] 美国金属学会．金属手册：第 4 卷［M］．北京：机械工业出版社，1988.
[55] 李均宜．炉温仪表与热控制［M］．北京：机械工业出版社，1982.
[56] 严钟豪．非电量电测技术［M］．北京：机械工业出版社，1999.
[57] 王化祥，张淑英．传感器原理及应用［M］．天津：天津大学出版社，1999.
[58] 《热处理化学》编写组．热处理化学［M］．沈阳：辽宁人民出版社，1982.
[59] 《可控气氛热处理》编写组．可控气氛热处理［M］．北京：机械工业出版社，1982.
[60] Z Guo, N Kimura, S Tagashira, T Furuhara, T Maki. Kinetics and Crystallography of Intragranular Pearlite Transformation Nucleated at (MnS + VC) Complex Precipitates in Hypereutectoid Fe-Mn-C Alloys [J]. ISIJ International, 2002, 42 (9): 1033 - 1041.
[61] S Tagashira, K Sakai, T Furuhara, T Maki. Deformation Microstructure and Tensile Strength of Cold Rolled Pearlitic Steel Sheets [J]. ISIJ International, 2000, 40 (11): 1149 - 1155.
[62] 石德柯，孟庆奎，刘军海．相间沉淀钢的组织与性能［J］．钢铁，1994，29（4）：50 - 55.
[63] Y Yazawa, T Furuhara, T Maki. Effect of matrix recrystallization on morphology, crystallography and coarsening behavior of vanadium carbide in austenite [J]. Acta Materialia, 2004, 52: 3727 - 3736.
[64] 任瑞铭，李国柱，戚正风．37CrNi3 钢断口遗传的机理研究［J］．金属热处理学报，1992，13（2）：38.
[65] 孙淑华，熊毅，傅万堂．共析珠光体钢在冷轧过程中的组织变化［J］．金属学报，2005. 41（3）：267 - 270.
[66] M A Mangan G J Shiflet. The Pisch-Petch Orientation Relationship in Ferrous Pearlite at Small Undercooling [J]. Metall. Trans., 1999, 30A: 2767 - 2781.
[67] A R Marder. Structure-Property Relationships in Ferrous Transformation Products, Phase Transformation of Ferrous Alloys [J], Proc. Int. Conf., TMS 1984: 11 - 41.

[68] G Krauss. Martensite in Steel: Strength and Structure [J]. Mater. Sci. Eng. A, 1999, 273 - 275: 40 - 57.

[69] B P J Sandvik and C M Wayman. Characteristics of Lath Martensite. Part I. Crystallographic and Substructural Features [J]. Met. Mater. Trans. A, Phys. Metal. Mater. Sci., 1983, 14: 809 - 822.

[70] S Morito. H Tanaka, R Konishi, T Furuhara, T Maki. The morphology and crystallography of lath martensite in Fe-C alloys [J]. Acta Materialia 2003, 51: 1789 - 1799.

[71] D Z Yang and C M Wayman. Slow Growth of Isothermal Lath Martensite in an Fe-21Ni-4Mn Alloy [J]. Acta Metall., 1984, 2: 949 - 954.

[72] K Wakasa and C. M Wayman. The Morphology and Crystallography of Ferrous Lath Martensite Studies of Iron-20% Ni-5% Mn. I. Optical Microscopy [J]. Acta Metall., 1981, 9: 973 - 990.

[73] Hiromoto Kitahara, Rintaro Ueji, Nobuhiro Tsuji, Yoritoshi Minamino. Crystallographic features of lath martensite in low-carbon steel [J]. Acta Materialia, 2006, 54: 1279 - 1288.

[74] Manabu Takahashi. Recent progress: kinetics of the bainite transformation in steels [J]. Current Opinion in Solid State and Materials Science, 2004, 8: 213 - 217.

[75] B A Lindsley and A R Marder. The Morphology and Coarsening Kinetics of Spheroidized Fe-C Binary Alloys [J]. Acta Materials, 1997, 46: 341 - 351.

[76] S Yamasaki and H K D H Bhadeshia. Modeling and Characterization of Mo_2C Precipitation and Cementite Dissolution during Tempering of Fe-C-Mo Martensitic Steel [J]. Materials Science and Technology, 2003, 19: 723 - 731.

[77] http://www.msm.cam.ac.uk/phase-trans/2004/Tempered.Martensite.

[78] W G Chu, W D Fei, D Z Yang and J L Wang. Evolution of Fe-Co rich particles in Alnico alloy thermomechanically treated at 800℃ [J]. Materials Science and Technology. 2000, 16: 1023 - 1028.